建筑结构设计及工程应用丛书

建筑地基基础设计及工程应用

郭继武　编著

中国建筑工业出版社

图书在版编目(CIP)数据

建筑地基基础设计及工程应用/郭继武编著. —北京：中国建筑工业出版社，2008

(建筑结构设计及工程应用丛书)

ISBN 978-7-112-10153-5

Ⅰ.建… Ⅱ.郭… Ⅲ.地基—基础(工程)—建筑设计 Ⅳ.TU47

中国版本图书馆 CIP 数据核字(2008)第 079887 号

本书作为“建筑结构设计及工程应用丛书”之一，根据《建筑地基基础设计规范》(GB 50007—2002)编写而成。全书共分 12 章。主要内容包括：地基土的物理性质及岩土分类，地基中的应力和变形，土的抗剪强度与地基承载力，建筑地基基础设计原则，无筋和配筋扩展基础，柱下条形基础和交叉条形基础，筏形基础和箱形基础，软弱地基，桩基础，基槽检验与地基的局部处理等。

为了简化计算，提高设计效率，书中对地基基础中一些需要经常反复试算的内容，如按应力比法确定压缩层厚度，偏心受压基础底面尺寸和基础高度的确定，换土垫层厚度的确定，以及偏心荷载下桩基的设计等，都给出了直接计算法。该法克服了反复试算的缺点，并可直接得出精确的结果。

为了使读者更好地掌握书中的基础理论知识和有关规范条文内容，书中列举了有代表性的典型例题。在解题过程中，力求步骤清晰，说明详尽。

本书可供刚参加工作的土建类专业工程技术人员参考应用，也可作为工程施工和监理人员的参考用书。

* * *

责任编辑：赵梦梅 刘婷婷 刘瑞霞

责任设计：赵明霞

责任校对：兰曼利 王雪竹

建筑结构设计及工程应用丛书

建筑地基基础设计及工程应用

郭继武 编著

*

中国建筑工业出版社出版、发行(北京西郊百万庄)

各地新华书店、建筑书店经销

北京天成排版公司制版

北京云浩印刷有限责任公司印刷

*

开本：787×1092 毫米 1/16 印张：21¾ 字数：543 千字

2008 年 9 月第一版 2008 年 9 月第一次印刷

印数：1—3500 册 定价：**39.00** 元

ISBN 978-7-112-10153-5

(16956)

丛书编写委员会

（以姓氏笔画为序）

“建筑结构设计及工程应用丛书”出版说明

随着我国建设事业的迅猛发展，需要越来越多素质高、实践能力强的建设人才。高等院校已为学生打下坚实的理论及其应用的基础，但从学校到社会实践还需学生向有经验的工程人员学习，并结合实践磨练和提高。在技术日新月异、专业纷繁交错的今天，即使已有一些经验的工程人员，也要不断巩固已有的理论，吸收新的知识和借鉴别人的经验。我社早年出版过一套“建筑结构基本知识丛书”，供在职的初级技术人员学习参考应用，且随着我国建筑工程技术人员水平的提高而经多次修订，但今日的要求远非昔日可比，这套丛书已不能满足今日走向社会的大学生和在职人员的需要。

为了沟通理论与实践、学校教育与社会实际，我社在清华大学、浙江大学、中国建筑科学研究院、中国建筑设计研究院等多所高等院校和研究设计单位部分具有深厚理论基础和丰富实践经验的教授和高级工程师大力支持下，对上述丛书重新组织，编写了这套“建筑结构设计及工程应用丛书”，目的是给新参加建筑结构设计的大专院校学生，以及建筑结构设计、施工、监理人员提供参考。

丛书内容本着加深对基本概念和基本理论的理解，淡化理论计算分析过程的推导，着重理论分析与工程实践的联系，尤其突出从理论、规范规定到在实际工程中的具体应用，以及对实际问题包括电算结果的判断与分析，尽量介绍一些在实践中已得到广泛应用的实用分析方法和简捷设计图表，以求指出一条通向实践的方便之路。

本丛书包括以下 10 个分册：

◆《钢筋混凝土结构设计及工程应用》

◆《预应力混凝土结构设计及工程应用》

◆《砌体结构设计及工程应用》

◆《钢结构设计及工程应用》

◆《轻型钢结构设计及工程应用》

◆《建筑结构抗震设计及工程应用》

◆《多高层混凝土结构设计及工程应用》

◆《建筑地基基础设计及工程应用》

◆《建筑加固与改造》

◆《工程力学》

希望本丛书的出版能对即将从事建筑结构设计的大学生给予引导，对正在从事建筑结构设计的人员进一步提高提供参考。在设计、施工专家们的支持下，我社将会组织出版更多实用的技术丛书，以满足广大工程技术人员的需要。

中国建筑工业出版社

前言

《建筑地基基础设计及工程应用》是“建筑结构设计及工程应用丛书”之一。它是根据《建筑地基基础设计规范》GB 50007—2002 编写的。全书共分 12 章。主要内容包括：地基土的物理性质及岩土分类，地基中的应力和变形，土的抗剪强度与地基承载力，建筑地基基础设计原则，无筋和配筋扩展基础，柱下条形基础和交叉条形基础，筏形基础和箱形基础，软弱地基，桩基础，基槽检验与地基的局部处理等。

我国改革开放以后，大、中城市高层建筑日益增多，为了适应我国高层建筑的迅速发展，书中重点叙述了柱下条形基础和交叉条形基础，筏形基础和箱形基础的设计、计算，介绍了国内外常用的计算方法。

在编写本书过程中，作者在内容叙述上力求做到，由浅入深，循序渐进，理论联系实际。尽量对规范有关条文、公式的来源加以推证和说明。

为了简化计算，提高设计效率，书中对地基基础中一些经常需要反复试算的内容，如按应力比法确定压缩层厚度，偏心受压基础底面尺寸和基础高度的确定，换土垫层厚度的确定，以及偏心荷载下桩基的设计等，都给出了直接计算法。该法克服了反复试算的缺点，并可直接得出精确的结果。

为了使读者更好地掌握书中的基础理论知识和有关规范条文内容，书中列举了有代表性的典型例题。在解题过程中，力求步骤清晰，说明详尽。

在编写本书时，参考了公开发表的一些文献和资料，谨向这些作者表示感谢。

由于编者水平所限，书中可能存在不足和疏漏之处，请读者批评指正。

目录

主 要 符 号

A——基础底面面积；

a——压缩系数；

b——基础底面宽度；

c——黏聚力；

d——基础埋置深度，桩身直径；

d_s——土粒相对密度(比重)；

E_a——主动土压力；

E_s——土的压缩模量；

e——孔隙比；

F——基础顶面竖向力；

f——地基承载力设计值；

f_0——地基承载力基本值；

f_{ak}——地基承载力特征值；

f_k——岩石饱和单轴抗压强度标准值；

G——恒载；

H_f——自基础底面算起的建筑物高度；

H_g——自室外地面算起的建筑物高度；

L——房屋长度或沉降缝分隔的单元长度；

I_L——液性指数；

I_P——塑性指数；

l——基础底面长度；

M——作用于基础底面的力矩或截面的弯矩；

p——基础底面处平均压力；

p_0——基础底面处平均附加压力；

Q——竖向荷载，相应于荷载效应基本组合时桩基中单桩所受竖向力设计值；

q_{pa}——桩端土的承载力特征值；

q_{sa}——桩周土的摩擦力特征值；

R_a——单桩竖向承载力特征值；

s——沉降量；

u——周边长度；

w——土的含水量；

w_L——液限；

w_p——塑限；

z_0——标准冻深；

z_n——地基沉降计算深度；

α——附加应力系数；

$\bar{\alpha}$——平均附加应力系数；

β——边坡对水平面的坡角；

γ——土的重力密度，简称土的重度；

δ——土对挡土墙墙背的摩擦角；

θ——地基的压力扩散角；

μ——土对挡土墙基底的摩擦系数；

φ——内摩擦角；

η_b——基础宽度的承载力修正系数；

η_d——基础埋深的承载力修正系数；

ψ_s——沉降计算经验系数。

第1章 概　述

1.1 地基基础的概念

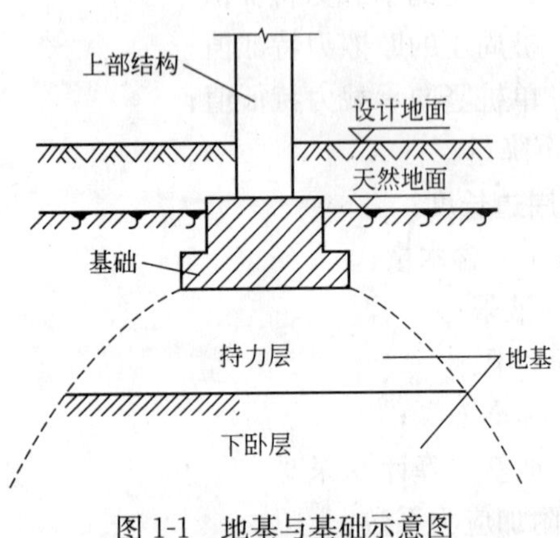

图 1-1　地基与基础示意图

任何建筑物都要建造在土层或岩石上面。土层受到建筑物的荷载作用后，就要产生压缩变形。土层的压缩性比建造墙或柱的建筑材料(如砖、混凝土等)的压缩性大得多，为了减小建筑物的下沉和保证它的稳定性，就需要将墙或柱与土接触部分的断面尺寸适当地扩大，以减小建筑物与土接触部分的压强。我们将建筑物最底下被扩大的这一部分称为基础，而将承受由基础传来荷载的土层(或岩层)称为地基，位于基础底面下的第一层土称为持力层，持力层以下的土层统称为下卧层。如图 1-1 所示。

基础是建筑物十分重要的组成部分，没有一个坚固而耐久的基础，上部结构就是建造得再结实，也是要出问题的。因此，为了保证建筑物的安全和必需的使用年限，基础应当具有足够的强度和耐久性。地基虽不是建筑物的组成部分，但是，它的好坏却直接影响整个建筑物的安危。实践证明，建筑物的事故很多是与地基基础有关的。例如，著名的意大利比萨斜塔的倾斜就是由于地基不均匀沉降而造成的。该塔高度约 55m，始建于 1173 年，当建至 24m 高时发现塔身倾斜而被迫停工，至 1273 年续建完工。该塔由于建造在不均匀的高压缩性地基上，致使北侧下沉 1m 有余，南侧下沉近 3m，沉降差达 1.8m，倾角达 5.8°之多。现在这个塔还以每年 1mm 的沉降速率下沉。又如，建于 1913 年的加拿大特朗斯康谷仓，由于设计前不了解地基埋藏有厚达 16m 的软黏土层，建成后谷仓的荷载超过了地基的承载能力，造成地基丧失稳定性，使谷仓西侧陷入土中 8.8m，东侧抬高 1.5m，仓身倾斜 27°。

为了保证建筑物的安全，地基应同时满足以下两个基本要求：

(1) 地基应具有足够的承载力，在荷载作用后，不致因地基失稳而破坏。

(2) 地基不能产生过大的变形而影响建筑物的安全与正常使用。

良好的地基一般有较高的强度与较低的压缩性，容易满足上述要求。软弱地基的工程性质较差，对这种地基必须进行人工处理，才能满足强度与变形的要求。经过人工处理而达到设计要求的地基称为人工地基，这种地基随着建设的发展已被广泛利用。若地基上部软弱，下部坚实，可考虑采用桩基础，将上部结构荷载穿过软弱土层，传至坚实土层。不需处理而直接利用的地基称为天然地基。建筑物应尽量建造在良好的天然地基上，以减少地基处理的费用。

在地基基础设计中，保证它具有足够的可靠性是十分重要的。为此，在设计地基基础前，要充分进行调查研究，掌握必要的设计资料。一方面通过地基勘探和验槽查清地基土的类别及其分布情况，有无软土层、暗塘、古井、古墓与地下人防工程等异常部位，以及地下水位高低，它对基础材料有无侵蚀作用；另一方面弄清建筑物使用要求，荷载大小，有无振动设备，振动频率与振幅大小等。根据这两方面情况，按照安全可靠、经济合理、技术先进和便于施工的原则，考虑上部结构和地基的共同作用，全面分析，权衡利弊，最后，拟出地基基础的设计方案，作出正确的设计。

1.2 荷载效应不利组合与相应抗力限值

地基基础设计时，荷载效应的最不利组合与相应的抗力限值，可按表 1-1 的规定采用。

地基基础设计时荷载效应不利组合与相应抗力限值　　表 1-1

项次	计算内容	荷载效应组合	抗力限值
1	按地基承载力确定基础底面积	按正常使用极限状态下荷载效应的标准组合，按式(1-1)计算	地基承载力特征值
2	按单桩承载力确定桩数	同上	单桩承载力特征值
3	按变形计算地基	按正常使用极限状态下荷载效应的准永久组合，按式(1-2)计算	地基变形容许值
4	计算挡土墙土压力、地基或斜坡稳定及滑坡推力	按承载力极限状态下荷载效应的基本组合(荷载分项系数均取 1.0)，按式(1-3)计算	挡土墙、地基或斜坡稳定性容许抗力
5	确定基础或承台高度及支挡结构截面、计算支挡结构截面内力以确定配筋和验算材料强度	按承载力极限状态下荷载效应的基本组合，用相应的荷载分项系数。按式(1-3)或式(1-4)计算	结构抗力设计值，按有关建筑结构设计规范的规定确定
6	验算基础裂缝宽度	按正常使用极限状态下荷载效应的标准组合，按式(1-1)计算	最大裂缝宽度限值

1.2.1 标准组合

标准组合主要用于当一个极限状态被超越时将产生严重的永久性损坏的情况。组合时，对永久荷载采用荷载标准值效应，对参加组合的其他可变荷载，除效应最大的主导荷载采用荷载标准值效应外，其余的可变荷载均采用荷载组合值效应。其表达式可写成：

$$S_k = S_{Gk} + S_{Q1k} + \sum_{i=2}^{n} \psi_{ci} S_{Qik} \tag{1-1}$$

式中　S_{Gk}——按永久荷载标准值 G_k 计算的荷载效应值；

S_{Qik}——按可变荷载标准值 Q_{ik} 计算的荷载效应值；

ψ_{ci}——可变荷载 Q_{ik} 的组合系数。按现行《建筑结构荷载规范》(GB 50009—2001)(2006 版)的规定取值。

1.2.2 准永久组合

准永久组合主要用于长期效应是决定性因素时的一些情况。组合时，对永久荷载采用荷载标准值效应，对可变荷载均采用荷载准永久值效应。其表达式可写成：

$$S_k = S_{Gk} + \sum_{i=1}^{n} \psi_{qi} S_{Qik} \tag{1-2}$$

式中 ψ_{qi}——准永久值系数，按现行《建筑结构荷载规范》(GB 50009—2001)(2006 版)的规定取值。

1.2.3 基本组合

基本组合用于承载能力极限状态计算。荷载效应组合的设计值应从下列组合值中取最不利值确定：

1. 由可变荷载效应控制的组合：

$$S = \gamma_G S_{Gk} + \gamma_{Q1} S_{Q1k} + \sum_{i=2}^{n} \gamma_{Qi} \psi_{ci} S_{Qik} \tag{1-3}$$

式中 γ_G——永久荷载分项系数，按现行《建筑结构荷载规范》(GB 50009—2001)(2006 版)的规定取值；

γ_{Qi}——可变荷载分项系数按现行《建筑结构荷载规范》(GB 50009—2001)(2006 版)的规定取值。

2. 由永久荷载效应控制的组合：

$$S = 1.35 S_k \leqslant R \tag{1-4}$$

式中 S_k——荷载效应的标准组合值；

R——结构构件抗力的设计值，按现行建筑结构设计规范的规定确定。

1.3 本书内容和学习要求

本书是参照国家新颁布的《建筑地基基础设计规范》(GB 50007—2002)编写的。书中反映了新规范的主要内容，特别是对新规范的条文作了必要的解释和说明。

全书共分 12 章，包括以下内容：

第 1 章为绪论。

第 2 章地基土的物理性质及岩土的分类，简要地介绍了土的成因、组成和反映土的物理性质的指标，以及岩土的分类方法。本章内容是学好地基基础的必备知识，不可忽视。

第 3、4、5 章较详细地叙述了土中的应力、变形及强度稳定性的计算方法。这些内容是地基基础设计的理论基础，必须掌握。

第 6 章建筑地基的计算原则，本章根据《建筑地基基础设计规范》(GB 50007—2002)的有关内容，叙述了地基基础设计等级，地基按承载力、变形和稳定性的计算规定。在学习本章时，要特别注意地基按承载能力计算，按变形计算和按稳定性计算，以及计算时结构荷载效应的组合方法。

第7章无筋和配筋扩展基础。过去，这两种基础分别称为刚性基础和钢筋混凝土基础。它们多用于浅基础工程中。本章主要叙述基础底面尺寸(特别重点介绍了偏心受压基底尺寸直接计算法)和剖面尺寸的确定，以及基础配筋的计算。无筋和配筋扩展基础应用最为广泛，因此，应重点掌握。

第8章柱下条形基础和交叉条形基础。这种类型基础多用于高层建筑。本章主要介绍其国内外几种常用的计算方法：倒梁法、文克尔方法、半无限大弹性地基链杆法等。读者要熟悉这些方法的适用范围和计算原理。

第9章筏形基础和箱形基础，这两种类型基础多用于高层建筑。前者适用于需要设置地下车库和地下商场的工程中，后者多用于横墙较多的高层住宅、旅馆的建筑中。关于筏形基础的基底反力和内力的计算，主要介绍了有限差分解法。箱形基础的基底反力和内力的计算，介绍了《高层建筑箱形与筏形基础技术规范》(JGJ 6—1999)的方法。

第10章软弱地基，叙述了关于软弱地基勘察、设计和施工的一般规定，软弱地基的利用与处理以及在软弱地基上兴建房屋所采取的建筑和结构措施。

第11章桩基础，较详细地介绍了桩的功能和种类、单桩竖向承载力特征值的确定以及桩基的设计方法。随着我国经济建设的发展，高层建筑的不断出现，桩基在高层建筑中广泛应用。因此，要掌握桩基设计。

第12章基槽检验与地基的局部处理，本章叙述了基槽检验的目的、方法和地基的局部处理。验槽是地基勘察的补充，是保证地基基础安全的重要措施。因此，在基础工程中，要十分重视验槽工作。

由于地基土的种类繁多，土层分布又十分复杂，所以，在设计地基基础前，必须通过地基原位测试和室内土工试验，获得土的各种计算资料。因此，土的现场原位测试和室内土工试验也是本学科的一个重要内容。

1.4 本学科发展简介

地基基础工程技术远溯到我国史前就已应用于建筑工程中。如在我国西安半坡村发现的新石器时代的遗址中就有土台石础，就是古代的地基基础。自公元前两世纪开始修建的驰名中外的万里长城、宏伟的宫殿和寺院以及宝塔建筑，都是因为有了坚固的地基基础，才能经受强风考验和历次大地震的袭击而保留至今。

隋朝石工李春所修赵州桥，不仅因其造型艺术高超而为后人所赞许，其地基基础设计合理也是令人称奇的。他把桥台埋在密实的粗砂层上，赵州桥迄今虽已逾1300余年，其下沉量也不过几厘米。现经计算，其基础底面压力为$500\sim600\text{kN/m}^2$，与持力层土的承载力设计值十分接近。

桩基和人工地基在我国建筑中也由来已久。如郑州隋朝所建超化寺的塔基，采用的就是桩基。许多古建筑的基础就应用了灰土垫层。但是，由于当时生产力发展水平的限制，这些地基基础高超技艺未能提炼成系统的科学理论。

18世纪工业革命后，随着资本主义工业化的发展，建筑、铁路和水利的兴建，推动了作为地基基础的理论基础的土力学的发展。1773年法国库伦(C. A. Coulomb)根据实验提出了砂土的抗剪强度公式，创立了滑动土楔的土压力理论。之后，1857年英国朗金

(W. J. M. Rankine)根据土体极限平衡条件，从另一途径建立了土压力理论。1885 年法国布辛奈斯克(J. Boussinesq)求得了半无限弹性体在竖向集中力作用下的应力和变形理论解答。1922 年瑞典费伦纽斯(B. H. Fellenius)解决了土坡稳定计算理论课题。以上这些古典理论和计算方法，至今仍在工程中沿用。1925 年美国太沙基(K. Terzaghi)发表了土力学专著，这对土力学理论的发展起了很大的推动作用。

近年来，世界各国大型水利工程、高层建筑及核电站巨型工程的兴建，促进了土力学和基础工程理论的进一步发展。我国建国五十多年来，在勘察、测试技术、土的物理力学性质研究、土力学理论以及地基基础设计和施工技术等方面，都取得了很多科研成果和实践经验。这对保证完成我国基本建设任务具有重大意义。

第2章

地基土的物理性质及岩土的分类

2.1 土的成因与组成

2.1.1 土的成因

地壳表面的岩石在大气中由于长期受到风、霜、雨、雪的侵蚀和生物活动的破坏作用(风化作用)，使其崩解和破碎而形成大小不同的松散物质，这种松散物质就称为土。风化后残留在原地的土称为残积土，它主要分布在地面岩石暴露受到强烈风化的山区和丘陵地带。由于残积土未经分选作用，所以无层理，厚度很不均匀。因此，在残积土地基上进行工程建设时应注意其不均匀性，防止建筑物的不均匀沉降。风化后的土受到各种自然力(例如重力、雨雪水流、山洪急流、河流、风力和冰川等)的作用，搬运到大陆低洼地区或海底沉积下来，在漫长的地质年代里沉积的土层逐渐加厚，并在自重和外力作用下逐渐压密，这样形成的土就称为沉积土。陆地上大部分平原地区的土都属于沉积土。由于沉积土在沉积过程中地质环境不同，生成年代不一，它的物理力学性质有很大差异。如洪水沉积的洪积土，有一定的分选作用，距山区较近地段，其颗粒较粗，远的地方颗粒较细。由于每次洪水搬运能力不同，就形成了土层粗细颗粒交错的地质剖面。通常，粗颗粒的土层压缩性较低，承载力高，细颗粒的土层压缩性高，承载力较低。在沉积土地基上进行工程建设时，应尽量选择粗颗粒土层作为基础的持力层。

土的沉积年代不同，其工程性质将有很大变化，所以，了解土的沉积年代的知识，对正确判断土的工程性质是有实际意义的。土的沉积年代通常采用地质学中的相对地质年代来划分。所谓相对地质年代，是指根据主要地壳运动和古生物演化顺序，将地壳历史所划分的时间段落。最大的时间单位称为代，每个代分为若干纪，纪分为若干世，世再分为若干期。

大多数的土是在第四纪地质年代沉积形成的，这一地质历史时期是距今较近的时间段落(大约100万年)。在第四纪中包括四个世，即早更新世(用符号 Q_1 表示)、中更新世(Q_2)，晚更新世(Q_3)和全新世(Q_4)。

2.1.2 土的组成

如前所述，土是一种松散物质，这种松散物质主要是矿物❶，在矿物颗粒之间有许多孔隙，通常孔隙中间有液体(一般是水)，也有气体(一般是空气)。所以，在一般情况下，

❶ 矿物是指在地壳中具有一定化学成分和物理性质的自然元素或化合物，如石英、云母等。

土是由固体颗粒、水和气体三部分(也称为三相)组成。

显然，土的工程性质与组成土的这三部分的性质及其之间的比例有关。因此，对这三个部分的性质和它们之间的比例关系应分别加以研究。本节仅叙述固体矿物颗粒、水和气体的性质。关于土的三个组成部分的比例关系及其对土的性质的影响，将在下一节讨论。

1. 土的固体颗粒

土的固体颗粒主要由矿物颗粒构成，对于有些土来说，除矿物颗粒外还含有有机质。土的固体颗粒的大小和形状、矿物成分及组成情况对土的物理力学性质有很大的影响。

(1) 土的颗粒级配

自然界中的土都是由大小不同的土粒组成的。大的颗粒粒径有几百毫米，小的颗粒粒径仅有几微米。试验表明，土粒的粒径随着由粗变细，土的性质相应地发生很大变化，例如，可使土的透水性由大变小，甚至变为不透水，可使土由无黏性变为有黏性等。因此，为了便于分析和利用土的工程性质，解决工程建设问题，可将性质相近的土粒划分若干粒组，见表 2-1。由表中可见，粒径较大的粒组与水之间几乎没有物理化学作用，而粒径小的粒组，例如黏粒组和胶粒组就受到水的强烈影响，遇水后出现黏性、可塑性等。

土的粒组划分 **表 2-1**

粒组名称		分界粒径(mm)	一般特征
漂石或块石颗粒 卵石或碎石颗粒		＞200 200～20	透水性大，无黏性，无毛细水，不能保持水分
圆砾或角砾颗粒	粗 中 细	20～10 10～5 5～2	透水性大，无黏性，无毛细水
砂粒	粗 中 细	2～0.5 0.5～0.25 0.25～0.075	易透水，无黏性，干燥时不收缩，呈松散状态，不表现可塑性，压缩性小，毛细水上升高度不大
粉粒	粗 细	0.075～0.01 0.01～0.005	透水性小，湿时稍有黏性，干燥时稍有收缩，毛细水上升高度较大，极易出现冻胀现象
黏粒 胶粒		0.005～0.002 ＜0.002	几乎不透水，结合水作用显著，潮湿时呈可塑性，黏性大，遇水膨胀，干燥时收缩显著，压缩性大

注：1. 漂石、卵石和圆砾颗粒均呈一定的磨圆形状(圆形或亚圆形)，块石、碎石和角砾颗粒都带有棱角。
2. 黏粒、粉粒可分别称为黏土粒、粉土粒。

显然，土中所含各粒组相对含量不同，表现出来的土的工程性质也必然不同。为此，工程上常以土中各个粒组的相对含量(各粒组占土粒总重的百分数)表示土中颗粒的组成情况。粒组的相对含量称为土的颗粒级配，它是确定土的名称和选用建筑材料的重要依据。

确定粒组相对含量的方法称为粒径分析法。对于粒径大于 0.075mm 的土采用筛分法，粒径小于 0.075mm 的土采用比重计法。所谓筛分法就是将所要分析的风干分散的代表性土样放进一套筛子［常用每套共计 6 个筛子，筛孔尺寸(mm)分别为 200、20、2、0.5、0.25 和 0.075，另外还有顶盖与底盘各一个］的顶部，当筛子振动时，大小不同的土粒就被筛分开来，直径大于 20mm 的颗粒留在最上边的筛子里，直径小于 0.075mm 的颗粒通过各层筛子，最后落到底盘里，留在每个筛子里的土重除以土的总重再乘以 100%，即可求得各粒组的相对含量。粒径小于 0.075mm 的土采用比重计法测定粒组的相对含量。关于比重计法可参阅《土工试验操作规程》。

颗粒分析结果常用图 2-1 的颗粒级配累积曲线表示。图中横坐标(为对数坐标)表示粒径，纵坐标表示小于某粒径的土粒占土总重的百分率，由颗粒级配累积曲线可求得各粒组的相对含量。对于图 2-1 所示土样，砂粒组占土总量为(80－7)%＝73%。同时，由曲线的坡度还可鉴别土的均匀程度。如曲线较平缓，则表示粒径大小相差悬殊，土粒不均匀，即级配良好；如曲线较陡，则表示粒径相差不多，土粒均匀，即级配不良。

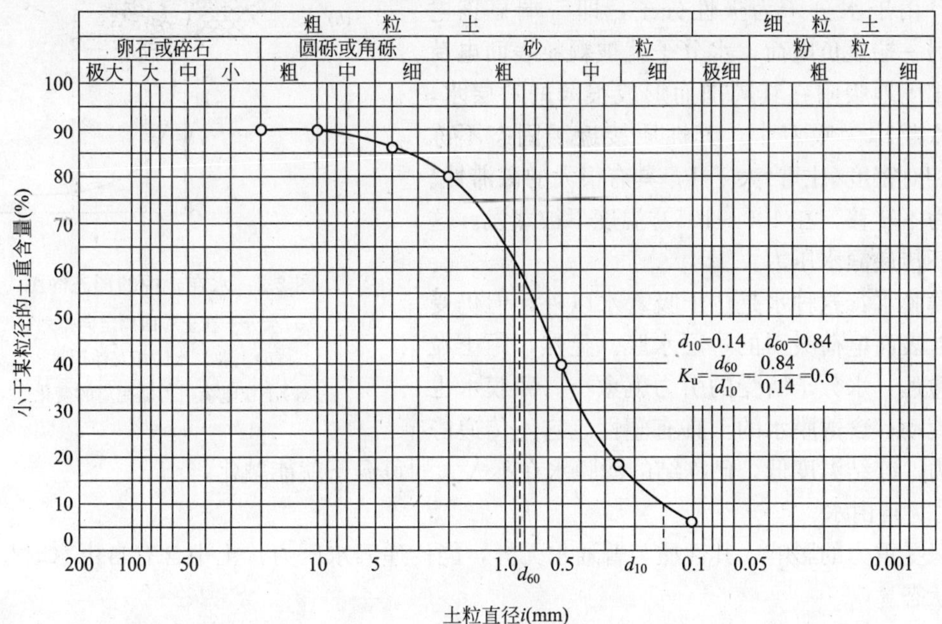

图 2-1　颗粒级配累积曲线

在工程上常采用不均匀系数 K_u 来衡量颗粒级配的不均匀程度：

$$K_u=\frac{d_{60}}{d_{10}}$$

式中　d_{60}——土中小于某粒径的土重百分比为 60%时相应的粒径，又称限定粒径；

d_{10}——土中小于某粒径的土重百分比为 10%时相应的粒径，又称有效粒径。

K_u 愈大，说明曲线愈平缓、土粒愈不均匀。工程中把 $K_u<5$ 的土看作是级配均匀，即级配不良的土；$5\leqslant K_u\leqslant 10$ 的土看作是中等均匀；$K_u>10$ 的土看作是不均匀，即级配良好的土。级配良好的土，粗粒间的孔隙为细粒所填充，压实时容易获得较大的密实度。这样的土强度高、压缩性小，适于做地基填方的土粒。

(2) 土粒的矿物成分

土粒中的矿物成分分为原生矿物和次生矿物。原生矿物是岩石经物理风化后颗粒的矿物成分，如石英、长石、云母等。原生矿物的性质比较稳定，在粗的土粒中常含有这些矿物成分。次生矿物是岩石经化学风化后而产生的新的矿物，如蒙脱石、伊利石、高岭石等。极细的黏粒常含有这些次生矿物。土粒中所含矿物成分不同，其性质就不同。如黏粒中蒙脱石含量较多时，这种土遇水就会强烈膨胀，失水后又会产生收缩，给工程建设带来不利影响。

2. 土中水

土中水按其性质可分以下几类(图 2-2)。

(1) 结合水

根据其与土颗粒表面结合的紧密程度又可分为吸着水(强结合水)和薄膜水(弱结合水)。

吸着水：实验表明，极细的黏粒表面带有负电荷，由于水分子为极性分子，即一端显正电荷，另一端显负电荷，水分子就被颗粒表面电荷引力牢固地吸附在其周围而形成很薄的一层水，这种水就称为吸着水。其性质接近于固态不冻结，相对密度(比重)大于 1，具有很大的黏滞性。受外力不转移，在 100～105℃温度下被蒸发。这种水不传递静水压力。

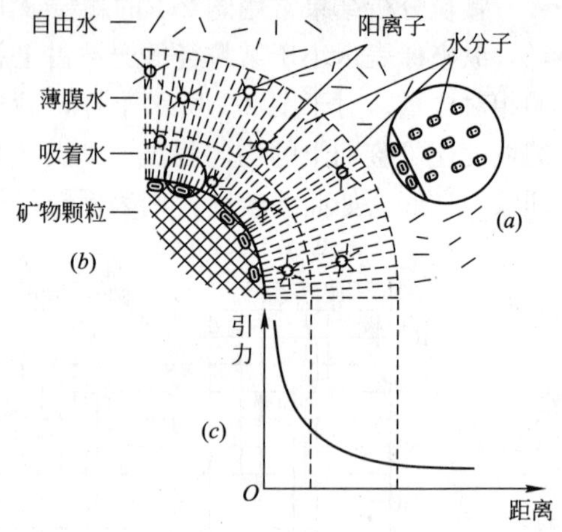

图 2-2 水在土中的形态简图

(a)水分子在土粒四周定向排列；

(b)土粒与水的相互作用；

(c)土粒电荷引力随距离的变化

薄膜水：这种水是位于吸着水以外，但仍受土颗粒表面电荷吸引的一层水膜。显然，距土粒表面愈远，水分子所受的引力就愈小。薄膜水也不能流动；含薄膜水的土具有塑性。它不传递静水压力，冻结温度低，已冻结的薄膜水在不太大的负温下就能融化。

(2) 自由水

只受重力的影响，其性质与普通水无异，能传递静水压力，土中含有自由水时呈现出流动状态。

3. 土中气体

土中气体可分为两类：与大气连通的自由气体和与大气隔绝的封闭气体。自由气体在外力作用下能很快逸出，它不影响土的性质，封闭气体则增加土的弹性，减小土的透水性。

2.2 土的物理性质指标

如前所述，土是由固体颗粒、水和气体三部分组成的。这三部分之间的不同比例，反映土处于各种不同的状态：稍湿或很湿、密实或松散。它们对于评定土的物理力学性质有很重要的意义。为了研究土的物理性质，就要掌握土的三个组成部分之间的比例关系。表示这三部分之间关系的指标，就称为土的物理指标。

为了便于说明和计算，用图 2-3 表示土的三个组成部分。

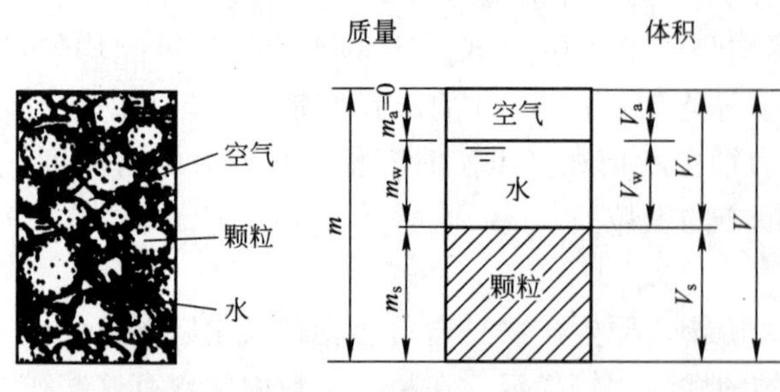

图 2-3 土的三相简图

m—土的总质量；m_s—土中颗粒质量；m_w—土中水的质量；V—土的总体积；V_s 土中颗粒体积；V_w—土中水的体积；V_v—土中孔隙体积；V_a—土中空气的体积

气体的质量比其他两部分质量小得多，可忽略不计。

1. 土的质量密度和重力密度

(1) 土的质量密度

单位体积土的质量称为土的质量密度，简称土的密度，用符号 ρ(t/m³)表示。

$$\rho=\frac{m}{V} \tag{2-1a}$$

土的密度随着土的矿物成分、孔隙大小和水的含量而不同，天然状态下土的密度一般为 1.6～2.0t/m³。

(2) 土的重力密度

单位体积土所受的重力称为土的重力密度，简称土的重度，用符号 γ(kN/m³)表示。

$$\gamma=\frac{G}{V} \tag{2-1b}$$

式中 G——土的重力(kN)。

因为 $G=mg$，把它代入式(2-1b)，得：

$$\gamma=\frac{mg}{V}=\rho g \tag{2-1c}$$

式(2-1c)说明，土的重度等于土的密度与重力加速度的乘积。

2. 土的含水量

土中水的质量与颗粒质量之比(用百分数表示)，称为土的含水量，用符号 w 表示。

$$w=\frac{m_{\mathrm{w}}}{m_{\mathrm{s}}}\times 100\% \tag{2-2}$$

3. 土粒相对密度(旧称比重)

土粒单位体积的质量与 4℃时蒸馏水的密度 ρ_{w} 之比，称为土粒相对密度，用符号 d_{s} 表示。

$$d_{\mathrm{s}}=\frac{m_{\mathrm{s}}}{V_{\mathrm{s}}\rho_{\mathrm{w}}} \tag{2-3}$$

土的相对密度是没有单位的，它的数值变化范围不大，一般为 2.65～2.75。

上面三个物理指标：ρ、w 和 d_{s} 是直接用实验方法测定的，通常称为实验指标。已知这三个基本指标就可以用公式算出下面一些指标——计算指标。

4. 土的干密度和干重度

(1) 土的干密度

土的单位体积内颗粒质量，称为土的干密度，用符号 ρ_{d}(t/m³)表示。

$$\rho_{\mathrm{d}}=\frac{m_{\mathrm{s}}}{V} \tag{2-4a}$$

土的干密度愈大，表示土愈密实。在填土夯实时，常以土的干密度来控制土的夯实标准。例如，房心填土和基础回填土夯实后的干密度一般要求达到 1.50～1.65t/m³。

如果已知土的密度 ρ 和含水量 w，就可以按下式算出土的干密度，即

$$\rho_{\mathrm{d}}=\frac{\rho}{1+w} \tag{2-5}$$

现将公式(2-5)推证如下：

$$\rho_d=\frac{m_s}{V}=\frac{m_s m}{V m}=\frac{\frac{m}{V}}{\frac{m}{m_s}}=\frac{\frac{m}{V}}{\frac{m_s+m_w}{m_s}}=\frac{\rho}{1+w}$$

(2) 土的干重度

土的单位体积内颗粒所受的重力称为土的干重度，用符号 γ_d(kN/m³)表示。

$$\gamma_d=\frac{G_s}{V} \tag{2-4b}$$

式中　G_s——颗粒的重力。

同理可得

$$\gamma_d=\rho_d g \tag{2-4c}$$

5. 土的饱和密度和饱和重度

(1) 饱和密度

土中孔隙完全被水充满时土的密度称为土的饱和密度，用符号 ρ_{sat}(t/m³)表示。

$$\rho_{sat}=\frac{m_s+V_v\rho_w}{V} \tag{2-6a}$$

(2) 饱和重度

土中孔隙完全被水充满时土的重度称为土的饱和重度，用符号 γ_{sat}(kN/m³)表示。

$$\gamma_{sat}=\frac{G_s+V_v\gamma_w}{V} \tag{2-6b}$$

6. 土的有效重度

在地下水位以下，土体受到水的浮力作用时土的重度称为土的有效重度，用符号 γ' 表示。

$$\gamma'=\frac{G_s+V_v\gamma_w}{V}-\frac{V\gamma_w}{V}=\gamma_{sat}-\gamma_w \tag{2-7}$$

式中第一项为饱和重度，第二项为单位体积土所受到的水的浮力，即排开与 V 同体积的水重，其中 γ_w 为水的重度。

7. 土的孔隙比

土中孔隙体积与土粒体积之比称为孔隙比，用符号 e 表示。

$$e=\frac{V_v}{V_s} \tag{2-8}$$

孔隙比也是反映土的密实程度的物理指标。一般 $e<0.6$ 的土是密实的低压缩性土，$e>1$ 的土是疏松的高压缩性土。

孔隙比可用下式计算：

$$e=\frac{d_s\rho_w(1+w)}{\rho}-1 \tag{2-9}$$

根据以上介绍的物理指标的定义，式(2-9)推导过程如下：

$$e=\frac{V_v}{V_s}=\frac{V-V_s}{V_s}=\frac{V}{V_s}\frac{m}{m}-1$$

$$=\frac{\dfrac{m_s+m_w}{V_s}}{\dfrac{m}{V}}-1=\frac{\dfrac{m_s(1+w)}{V_s}}{\rho}-1$$

$$=\frac{d_s\rho_w(1+w)}{\rho}-1$$

由式(2-8)知道，孔隙比 e 是两个体积之比，它不象干密度 ρ_d，与土粒的比重 d_s 有关。所以，用孔隙比表示土的密实程度，比用干密度表示要更好一些。但由于土的干密度可以通过实验指标，经过简单换算就可求出，所以在填土夯实时，仍采用土的干密度作为夯实标准❶。

8. 孔隙率

土中孔隙体积与土的体积之比(用百分数表示)，称为孔隙率，用符号 n 表示。

$$n=\frac{V_v}{V}\times100\% \tag{2-10a}$$

孔隙率与孔隙比有下列关系：

$$n=\frac{e}{1+e}\times100\% \tag{2-10b}$$

9. 饱和度

土中水的体积与孔隙体积之比称为饱和度，用符号 S_r 表示。

$$S_r=\frac{V_w}{V_v} \tag{2-11}$$

饱和度可按下式计算：

$$S_r=\frac{wd_s}{e} \tag{2-12}$$

现将式(2-12)推证如下：

$$S_r=\frac{V_w}{V_v}=\frac{m_w/\rho_w}{V_v}\frac{V_sm_s}{V_sm_s}=\frac{wd_s}{e}$$

饱和度是衡量砂土潮湿程度的物理指标。如土中孔隙完全被水充满，即当 $V_w=V_v$ 时，则 $S_r=1$，这种土就是饱和土，如土中不含水，即 $V_w=0$，则 $S_r=0$，土为干土。饱和度大小还可说明土的可能的压实程度，例如，对于 $S_r=1$ 的饱和黏性土，就不可能再把它夯实。所以在基础施工中遇到饱和土就不要再夯实了。因为在这种情况下不但夯不实，反而破坏了土的天然结构，降低了地基的强度。在工地有时遇到夯不实的“橡皮土”就是这个道理。

这里顺便说明，含水量虽然也是表示土的潮湿程度的一个指标，但它不如用饱和度 S_r 表示直观，所以在衡量砂土的潮湿程度时，常用饱和度而不用含水量。

土的物理性质指标汇总于表 2-2。

---

❶ 压实填土的质量也常以压实系数 λ_c 控制(见 10.5)。

土的物理性质指标换算公式 **表 2-2**

名称	符号	三相比例表达式	常用换算公式	单位	常见的数值范围
土粒相对密度	d_s	$d_s=\frac{m_s}{V_s\rho_w}$	$d_s=\frac{S_r e}{w}$		黏性土：2.72～2.75 粉　土：2.70～2.71 砂类土：2.65～2.69
含水量	w	$w=\frac{m_w}{m_s}\times100\%$	$w=\frac{S_r e}{d_s}$ $w=\frac{\rho}{\rho_d}-1$		20%～60%
密度	ρ	$\rho=\frac{m}{V}$	$\rho=\rho_d(1+w)$ $\rho=\frac{d_s(1+w)}{1+e}\rho_w$	g/cm³	1.6～2.0g/cm³
干密度	ρ_d	$\rho_d=\frac{m_s}{V}$	$\rho_d=\frac{\rho}{1+w}$ $\rho_d=\frac{d_s}{1+e}\rho_w$	g/cm³	1.3～1.8g/cm³
饱和密度	ρ_{sat}	$\rho_{sat}=\frac{m_s+V_v\rho_w}{V}$	$\rho_{sat}=\frac{d_s+e}{1+e}\rho_w$	g/cm³	1.8～2.3g/cm³
有效密度	ρ'	$\rho'=\frac{m_s-V_v\rho_w}{V}$	$\rho'=\rho_{sat}-\rho_w$ $\rho'=\frac{d_s-1}{1+e}\rho_w$	g/cm³	0.8～1.3g/cm³
重度	γ	$\gamma=\frac{m}{V}\cdot g=\rho\cdot g$	$\gamma=\frac{d_s(1+w)}{1+e}\gamma_w$	kN/m³	16～20kN/m³
干重度	γ_d	$\gamma_d=\frac{m_s}{V}\cdot g=\rho_d\cdot g$	$\gamma_d=\frac{d_s}{1+e}\gamma_w$	kN/m³	13～18kN/m³
饱和重度	γ_{sat}	$\gamma_{sat}=\frac{m_s+V_v\rho_w}{V}g=\rho_{sat}\cdot g$	$\gamma_{sat}=\frac{d_s+e}{1+e}\gamma_w$	kN/m³	18～23kN/m³
有效重度	γ'	$\gamma'=\frac{m_s-V_s\rho_w}{V}g=\rho'\cdot g$	$\gamma'=\frac{d_s-1}{1+e}\gamma_w$	kN/m³	8～13kN/m³
孔隙比	e	$e=\frac{V_v}{V_s}$	$e=\frac{d_s\rho_w}{\rho_d}-1$ $e=\frac{d_s(1+w)\rho_w}{\rho}-1$		黏性土和粉土：0.40～1.20 砂类土：0.30～0.90
孔隙率	n	$n=\frac{V_v}{V}\times100\%$	$n=\frac{e}{1+e}$ $n=1-\frac{\rho_d}{d_s\rho_w}$		黏性土和粉土：30%～60% 砂类土：25%～45%
饱和度	S_r	$S_r=\frac{V_w}{V_v}\times100\%$	$S_r=\frac{wd_s}{e}$ $S_r=\frac{w\rho_d}{n\rho_w}$		0～100%

注：水的重度 $\gamma_w=\rho_w\cdot g=1\text{t/m}^3\times9.807\text{m/s}^2=9.807\times10^3(\text{kg}\cdot\text{m/s}^2)/\text{m}^3\approx10\text{kN/m}^3$。

【例题 2-1】 某房屋房心填土夯实后的密度 $\rho=1.85\text{t/m}^3$，含水量 $w=15\%$，若要求夯实后的土的干密度达到 1.55t/m^3。试问此房心填土是否达到质量标准。

【解】 按公式(2-5)算出

$$\rho_d=\frac{\rho}{1+w}=\frac{1.85}{1+0.15}=1.61\text{t/m}^3$$

因为它大于要求的干密度 1.55t/m^3，故合乎质量标准。

【例题 2-2】 由钻探取得某原状土样，经实验测得土的天然密度 $\rho=1.70\text{t/m}^3$，含水量 $w=13.2\%$，土颗粒的相对密度 $d_s=2.69$。试求土的孔隙比 e 和饱和度 S_r。

【解】 按公式(2-9)算出孔隙比

$$e=\frac{d_s\rho_w(1+w)}{\rho}-1=\frac{2.69\times1\times(1+0.132)}{1.70}-1=0.791$$

按公式(2-12)算出饱和度

$$S_r=\frac{wd_s}{e}=\frac{0.132\times2.69}{0.791}=0.449$$

【例题 2-3】 某填土工程的填方量为 $V=30000\text{m}^3$，压实后的干密度要求不小于 $\rho_d=1.70\text{t/m}^3$，压实时的最优含水量[❶]为 $w_{op}=18\%$，取土现场土料的天然含水量 $w=15\%$，天然密度 $\rho=1.64\text{t/m}^3$。试确定：

(1) 需运来多少立方米的土料？

(2) 为使土料达到最优含水量，在压实前需加多少吨的水？

【解】 解法1：

(1) 求土料为最优含水量 $w_{op}=18\%$时，填土夯实后的密度 ρ_1 和土总重 m_1

$$\rho_1=\rho_d(1+w_{op})=1.70(1+0.18)=2.006\text{t/m}^3$$

$$m_1=\rho_1V=2.006\times30000=60180\text{t}$$

(2) 求土料为天然含水量 $w=15\%$时，压实后密度 ρ_2 和土总重 m_2

$$\rho_2=\rho_d(1+w)=1.70(1+0.15)=1.955\text{t/m}^3$$

$$m_2=\rho_2V=1.955\times30000=58650\text{t}$$

(3) 求需要运来的土料数量

$$V=\frac{m_2}{\rho}=\frac{58650}{1.64}=35762\text{m}^3$$

(4) 求压实前需加水量

$$m_w=m_1-m_2=60180-58650=1530\text{t}$$

解法2：

(1) 求取土现场土料的干密度

$$\rho_d=\frac{\rho}{1+w}=\frac{1.64}{1+0.15}=1.426\text{t/m}^3$$

(2) 压实后填土的干土重

$$m_{s2}=\rho_dV=1.70\times30000=51000\text{t}$$

(3) 取土现场待运土的总体积

$$V=\frac{m_{s2}}{\rho_d}=\frac{51000}{1.426}=35762\text{m}^3$$

(4) 压实前所需加水量

$$m_w=m_{s2}\Delta w=51000\times(0.18-0.15)$$
$$=1530\text{t}$$

---

❶ 在一定夯实能量下，使填土能达到最大干密度时的含水量(见10.5)。

2.3 黏性土的塑性

含水量对黏性土所处的状态影响很大，随着含水量的增加，黏性土可从固体状态经过塑性状态而变为流动状态(图 2-4)。土所处的状态不同，它的强度也就不同。下面研究不同状态转变时的含水量，这个含水量也就是分界含水量。

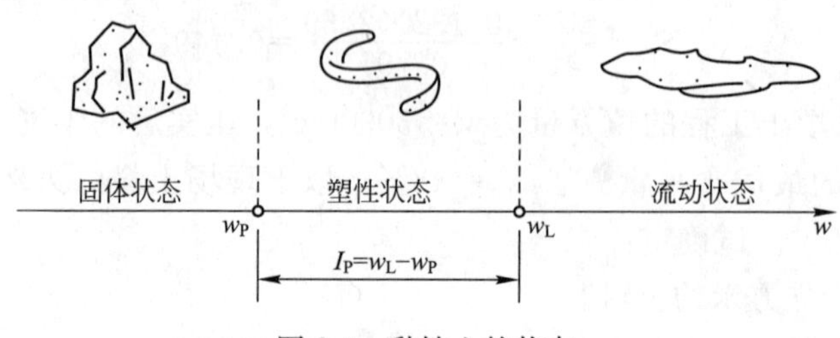

图 2-4 黏性土的状态

1. 塑限

当土由固体状态变到塑性状态时的分界含水量称为塑限、用符号 w_p 表示。

塑限的测定，一般常用搓条法。在干土内加适量的水，拌合均匀后，在毛玻璃板上用手掌内侧搓成土条，当土条搓到直径为 3mm 时，恰好开始断裂(图 2-5)，这时土的含水量称为塑限。

2. 液限

当土由塑性状态变到流动状态时的分界含水量称为液限，用符号 w_L 表示。

液限的测定，一般常用图 2-6 所示的锥式液限仪。测定时先在杯内装满调成糊状的土样，并刮平表面，然后将圆锥体放在土样表面中心，让它在自重作用下徐徐沉入土中，如圆锥体经 15s 恰好沉入土样 10mm(也就是圆锥体上刻线刚好与土样表面齐平)，这时土的含水量就是液限。

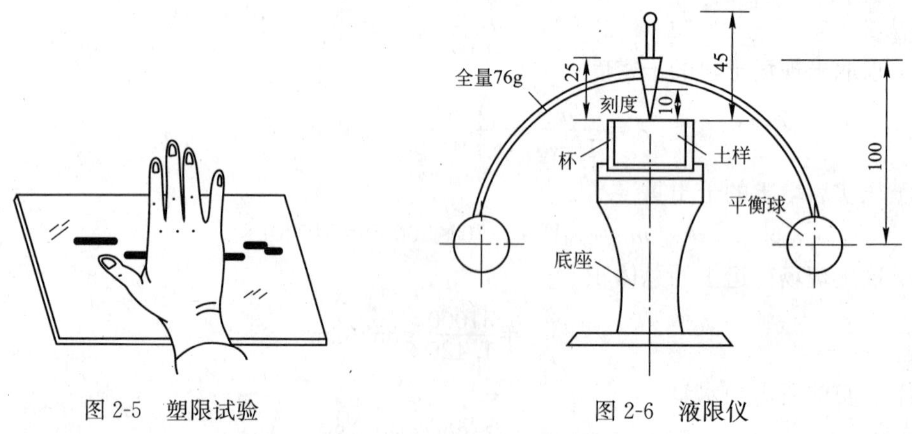

图 2-5 塑限试验

图 2-6 液限仪

3. 塑性指数

液限与塑限之差称为塑性指数，用符号 I_P 表示。

$$I_P = w_L - w_P \tag{2-13}$$

塑性指数以去掉百分数的数值表示，即不带%符号。塑性指数的大小主要与土内所含黏土粒组多少有关。如果土中含黏土粒组愈多，则其塑性指数就愈大，表示土处于塑性状态的含水量范围就愈大(图 2-7)。因此，工程上常以塑性指数来划分很细的砂土、粉土和黏性土的界限以及用来确定黏性土的名称。

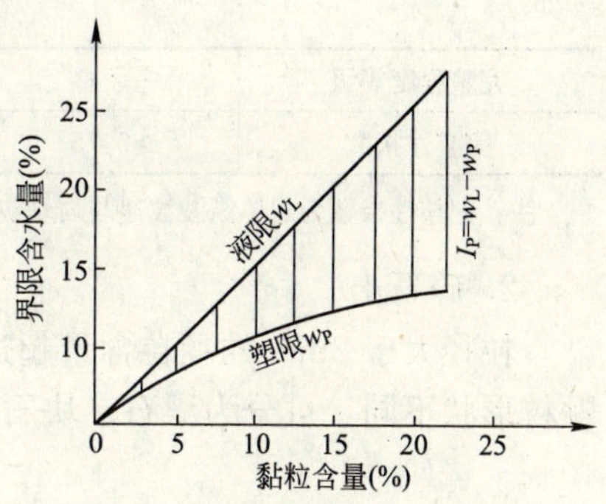

图 2-7　塑性指数与土中黏粒含量之间的关系

4. 液性指数

天然含水量与塑限之差除以塑性指数，用符号 I_L 表示。

$$I_L=\frac{w-w_p}{I_P} \tag{2-14}$$

液性指数是表示黏性土软硬程度的一个物理指标。如 $w \leqslant w_p$，即 $I_L \leqslant 0$，表示土处于坚硬状态；若 $w > w_L$，即 $I_L > 1$，则表示土处于流动状态(见表 2-14)。

2.4 地基岩土的分类及其物理状态

土的颗粒直径大小是很不相同的。有的颗粒直径大于 200mm；有的小于 0.005mm。实践证明，土颗粒的直径不同，它的物理和力学性质也就不同，如粗颗粒的砂土的承载力几乎与土的含水量无关；而细颗粒的黏性土的承载力却随含水量的增加而急剧降低。因此，要正确评定土的物理和力学性质，合理选择地基基础方案，就必须对地基岩土进行分类。

2.4.1 地基岩土的分类

《建筑地基基础设计规范》(GB 50007—2002)将地基岩土分为以下六大类。

1. 岩石

岩石应为颗粒间牢固连结，呈整体或具有节理裂隙的岩体。作为建筑物地基，除应确定岩石地质名称外，尚应划分其坚硬程度和完整程度。

岩石的坚硬程度应根据岩块的饱和单轴抗压强度标准值 f_{rk} 按表 2-3 分为坚硬岩、较硬岩、较软岩、软岩和极软岩。当缺乏饱和单轴抗压强度资料或不能进行该项试验时，可在现场通过观察定性划分，划分标准可按《建筑地基基础设计规范》附录 A.0.1 执行。岩石的风化程度可分为未风化、微风化、中风化、强风化和全风化。

岩石坚硬程度的划分　　**表 2-3**

坚硬程度类型	坚硬岩	较硬岩	较软岩	软　岩	极软岩
饱和单轴抗压强度标准值 f_{rk}(MPa)	$f_{rk}>60$	$60\geqslant f_{rk}>30$	$30\geqslant f_{rk}>15$	$15\geqslant f_{rk}>5$	$f_{rk}\leqslant 5$

岩石完整程度按表 2-4 划分为完整、较完整、较破碎、破碎和极破碎。当缺乏试验数据时可按《建筑地基基础设计规范》附录 A.0.2 执行。

岩石完整程度的划分　　表 2-4

完整程度等级	完　整	较完整	较破碎	破　碎	极破碎
完整性指数	>0.75	0.75～0.55	0.55～0.35	0.35～0.15	<0.15

注：完整性指数为岩体纵波波速与岩块纵波波速之比的平方。选定岩体、岩块测定波速时应有代表性。

2. 碎石土

粒径大于 2mm 的颗粒含量超过总重的 50%的土称为碎石土。碎石土根据粒组含量及颗粒形状不同，可分为漂石、块石、卵石、碎石、圆砾、角砾，见表 2-5。

碎石土的分类　　表 2-5

土的名称	颗粒形状	粒组含量
漂　石 块　石	圆形及亚圆形为主 棱角形为主	粒径大于 200mm 的颗粒超过全重 50%
卵　石 碎　石	圆形及亚圆形为主 棱角形为主	粒径大于 20mm 的颗粒超过全重 50%
圆　砾 角　砾	圆形及亚圆形为主 棱角形为主	粒径大于 2mm 的颗粒超过全重 50%

注：定名时应根据粒组含量由大到小以最先符合者确定。

3. 砂土

粒径大于 2mm 的颗粒含量小于或等于全重的 50%，粒径大于 0.075mm 的颗粒超过全重 50%的土称为砂土。根据粒组含量可分为砾砂、粗砂、中砂、细砂和粉砂，见表2-6。

砂土的分类　　表 2-6

土的名称	粒　组　含　量	土的名称	粒　组　含　量
砾　砂	粒径大于 2mm 的颗粒占全重 25%～50%	细　砂	粒径大于 0.075mm 的颗粒超过全重 85%
粗　砂	粒径大于 0.5mm 的颗粒超过全重 50%	粉　砂	粒径大于 0.075mm 的颗粒超过全重 50%
中　砂	粒径大于 0.25mm 的颗粒超过全重 50%		

注：定名时应根据粒组含量由大到小以最先符合者确定。

4. 粉土

塑性指数小于或等于 10，粒径大于 0.075mm 的颗粒含量不超过全重 50%的土称为粉土。

粉土的性质介于黏性土与砂土之间。在自然界的土体中，一般是砂粒、粉粒与黏粒三种土粒的混合体。对某一土体，当在某一级配下，一种土粒起主导作用，则该土体主要呈现那种土粒的特性。以往的分类中，碎石土以下，只承认两类；砂土与黏性土。但实际上介于砂土和黏性土之间，还有一种土，其粒组成分中 0.05～0.075mm 与 0.005～0.05mm 的粒组占绝大多数，水与土粒之间的作用明显地异于黏性土与砂土，主要表现“粉粒”的特性。因此，《建筑地基基础设计规范》(GBJ 7—1989)将它单独划出作为一类，定名为粉土。

5. 黏性土

塑性指标 I_P 大于 10 的土称为黏性土。

(1) 按塑性指数分类

黏性土按塑性指数划分为黏土和粉质黏土，见表2-7。

黏性土的分类　　表2-7

塑性指数	土的名称
$I_P>17$	黏土
$10<I_P\leqslant17$	粉质黏土

(2) 按工程地质特征分类

1) 一般黏性土：指第四纪全新世(Q_4)沉积的黏性土，通常其压缩性较低，强度较高，是建筑物的良好地基。

2) 淤泥和淤泥质土：在静水或缓慢的流水环境中沉积，经生物化学作用形成。天然含水量大于液限，天然孔隙比大于等于1.5的黏性土称为淤泥；当天然孔隙比小于1.5但大于1.0时称为淤泥质土。

沿海一带，内陆各地的河流下游、湖泊与沼泽地区有大面积淤泥和淤泥质土。这类土工程性质很差，利用这类土时，特别要注意当荷载过大或者受扰动而引起土体结构破坏时，土的强度会急剧下降。

3) 红黏土：碳酸盐岩系的岩石经红土化作用形成的棕红、褐黄等色的高塑性黏土称为红黏土，其液限一般大于50，上硬下软，具明显的收缩性，裂隙发育。

经再搬运后仍保留红黏土基本特征，液限大于45的土称为次生红黏土，其颜色较未搬运者浅，常含粗颗粒，但总体上仍保持红黏土的基本特征，明显有别于一般黏性土。

6. 人工填土

人工填土是指由于人类活动而堆填的土，其成分复杂，均匀性差，根据其堆积时间不同，用作地基时应慎重对待。

人工填土根据其组成和成因可分为：

(1) 素填土

由碎石土、砂土、粉土、黏性土等组成的填土，经分层压实者统称为压实填土。

(2) 杂填土

含有建筑垃圾、工业废料、生活垃圾等杂物的填土。

(3) 冲填土

由水力冲填泥砂形成的填土。

在地基基础设计与施工中，仅仅知道土的名称还不够，还要了解地基土所处的物理状态。例如：砂土可以从密实状态到松散状态各不相同。黏性土可以从坚硬状态到流动状态。土所处的物理状态不同，它的工程性质也就不同。

2.4.2 地基岩土的物理状态

根据《建筑地基基础设计规范》(GB 50007—2002)，地基岩土的物理状态按下列标准划分：

1. 碎石土

碎石土的密实度可根据重型圆锥动力触探锤击数划分松散、稍密、中密和密实，见表2-8。

碎石土的密实度　　表2-8

重型圆锥动力触探锤击数 $N_{63.5}$	密实度	重型圆锥动力触探锤击数 $N_{63.5}$	密实度
$N_{63.5}\leqslant5$	松散	$10<N_{63.5}\leqslant20$	中密
$5<N_{63.5}\leqslant10$	稍密	$N_{63.5}>20$	密实

注：1. 本表适用于平均粒径小于等于50mm且最大粒径不超过100mm的卵石、碎石、圆砾、角砾。

2. 表内 $N_{63.5}$ 为经综合修正后的平均值。

对于平均粒径大于 50mm 或最大粒径大于 100mm 的碎石土，可按野外鉴别方法鉴别其密实度，见表 2-9。

碎石土密实度野外鉴别方法 **表 2-9**

密实度	骨架颗粒含量和排列	可挖性	可钻性
密实	骨架颗粒含量大于总重的 70%，呈交错排列，连续接触	锹镐挖掘困难，用撬棍方能松动，井壁一般较稳定	钻进极困难，冲击钻探时，钻杆、吊锤跳动剧烈，孔壁较稳定
中密	骨架颗粒含量等于总重的60%～70%，呈交错排列，大部分接触	锹镐可挖掘，井壁有掉块现象，从井壁取出大颗粒处，能保持颗粒凹面形状	钻进极困难，冲击钻探时，钻杆、吊锤跳动不剧烈，孔壁有坍塌现象
稍密	骨架颗粒含量等于总重的55%～60%，排列混乱，大部分不接触	锹可以挖掘，井壁易坍塌，从井壁取出大颗粒后，砂土立即坍落	钻进较容易，冲击钻探时，钻杆稍有跳动，孔壁易坍塌
松散	骨架颗粒含量小于总重的 55%，排列十分混乱，绝大部分不接触	锹易挖掘，井壁极易坍塌	钻进很容易，冲击钻探时，钻杆无跳动，孔壁极易坍塌

注：1. 骨架颗粒指与表 2-5 相对应粒径的颗粒。
2. 碎石土的密实度应按表列各项要求综合确定。

2. 砂土

对于砂土的密实度，可根据天然孔隙比划分，见表 2-10。也可根据标准贯入试验锤击数 N 来划分，见表 2-11。

砂土的密实度 **表 2-10**

土的名称	密实	中密	稍密	松散
砾砂、粗砂、中砂	$e<0.60$	$0.60\leqslant e\leqslant 0.75$	$0.75<e\leqslant 0.85$	$e>0.85$
细砂、粉砂	$e<0.70$	$0.70\leqslant e\leqslant 0.85$	$0.85<e\leqslant 0.95$	$e>0.95$

砂土的密实度 **表 2-11**

标准贯入试验锤击数 N	密实度	标准贯入试验锤击数 N	密实度
$N\leqslant 10$	松散	$15<N\leqslant 30$	中密
$10<N\leqslant 15$	稍密	$N>30$	密实

砂土的密实度也可用土的相对密实度划分。相对密实度是指，土的最大孔隙比和天然孔隙比的差值与土的最大孔隙比和最小孔隙比的差值之比，用符号 D_r 表示。

$$D_r=\frac{e_{max}-e}{e_{max}-e_{min}} \tag{2-15}$$

式中 e_{max}——土的最大孔隙比；

e_{min}——土的最小孔隙比；

e——土的天然孔隙比。

砂土的最大孔隙比是处于疏松状态的孔隙比，一般用“松砂器法”测定；最小孔隙比是处于密实状态的孔隙比，一般用“振击法”测定。

在天然状态下，如果砂土的孔隙比 e 接近 e_{max} 值，则该土就处于疏松状态；如果砂土的孔隙比 e 接近 e_{min} 值，则该土就处于密实状态。因此，相对密度可用于评价砂土的密实度。见表 2-12。

砂土密实度 表2-12

相对密实度 D_r	$D_r \leqslant \frac{1}{3}$	$\frac{1}{3} \leqslant D_r \leqslant \frac{2}{3}$	$D_r \geqslant \frac{2}{3}$
密实度	疏松	中密	密实

砂土的含水饱和程度，对其工程性质影响较大。饱和度是衡量砂土潮湿程度的一个指标。根据饱和度 S_r 的数值，砂土可以分为稍湿、很湿、饱和三种湿度状态，见表2-13。

砂土的湿度 表2-13

湿度	稍湿	很湿	饱和
饱和度 S_r	$\leqslant 0.5$	$0.5 < S_r \leqslant 0.8$	>0.8

3．黏性土

黏性土按液性指数 I_L 分为：坚硬、硬塑、可塑、软塑和流塑状态，见表2-14。

黏性土的坚硬程度 表2-14

坚硬	硬塑	可塑	软塑	流塑
$I_L \leqslant 0$	$0 < I_L \leqslant 0.25$	$0.25 < I_L \leqslant 0.75$	$0.75 < I_L \leqslant 1$	$I_L > 1$

4．粉土

粉土的物理状态介于黏性土与砂土之间，其状态的分类参照黏性土与砂土的标准划分。

【例题2-4】 某地基土为砂土，设取烘干后的土样重500g，筛分试验结果如表2-15所示。并经物理指标实验测得土的天然密度 $\rho=1.72\text{t/m}^3$，土粒相对密度 $d_s=2.67$，天然含水量 $w=14.2\%$。试确定此砂土的名称及其物理状态。

筛分试验结果 表2-15

筛孔直径(mm)	20	2	0.5	0.25	0.075	<0.075（底盘）	总计
留在每层筛上的土重(g)	0	40	70	150	190	50	500
大于某粒径的颗粒占全部土重的百分率(%)	0	8	22	52	90	100	—

【解】 (1) 确定土的名称。

从表2-6中可以看出，粒径大于0.25mm的颗粒占全部土重的百分率为52%，即大于50%。同时，按表2-6排列的名称顺序又是第一个适合规定的条件，所以此砂土为中砂。

(2) 确定土的物理状态。

确定土的天然孔隙比 e。按式(2-9)得：

$$e=\frac{d_s\rho_w(1+w)}{\rho}-1=\frac{2.67\times1\times(1+0.142)}{1.72}-1=0.773$$

由表2-10内中砂一栏可知，因为 $e=0.773$ 是在孔隙比0.75～0.85之间，故此中砂为稍密的。

确定土的饱和度，按式(2-12)得：

$$S_r=\frac{wd_s}{e}=\frac{0.142\times2.67}{0.773}=0.49=49\%$$

由表2-13可知，此中砂为稍湿的。

第3章 地基中的应力

地基中的应力按其产生的原因不同，分为自重应力和附加应力❶。由土的自重在地基内所产生的应力称为自重应力；由建筑物的荷载或其他外载(如车辆、堆放在地面的材料重量等)在地基内所产生的应力称为附加应力。对于形成年代比较久的土，由于在自重应力作用下，其变形已经稳定，因此，除新填土外，一般说来，土的自重应力不再引起地基的变形。而附加应力则不同，因为它是地基中新增加的应力，将引起地基的变形，所以附加应力是引起地基变形的主要原因。

在计算土中应力时，一般假定地基为半无限空间❷直线变形体，应用弹性理论公式求解地基中的应力。理论分析和实验表明：只要土中应力不大于某一限值，按弹性理论公式求解土中应力所引起的误差，就不会超过工程所许可的范围。因此，目前工程界计算土中应力都是以弹性理论为依据的。

下面讨论土的自重应力和附加应力的确定方法。因为自重应力和附加应力的计算方法不同，所以需要分别计算，然后将它们叠加，就得到地基中的总应力。

3.1 自重应力的计算

在计算地基中的自重应力时，由于地基是半无限空间直线变形体，因而在土体自重作用下，任一竖直平面均为对称面。因此，在地基中任意竖直平面上，土的自重不会产生剪应力。根据剪应力互等定理，在任意水平面上的剪应力也应为零。现研究由于土的自重在水平面和竖直平面上产生的法向应力的计算。

3.1.1 均匀地基情形

以天然地面任一点为坐标原点 O，坐标轴 z 竖直向下为正。设土体的天然重度为 γ，则在天然地面以下任意深度 z 处水平面上的竖向自重应力 σ_{cz}，可取某一面积 A 以上的土柱来进行分析(图 3-1a)，这时

$$\sigma_{cz}=\frac{G}{A}=\frac{\gamma zA}{A}=\gamma z \tag{3-1}$$

式中 σ_{cz}——在天然地面以下 z 深处的自重应力(kN/m^2)；

G——面积 A 上高为 z 的土柱重量(kN)；

❶ 在工程中土的自重应力和附加应力也分别称为土的自重压力和附加压力。

❷ 假定天然地面是个无限大的水平面，而向下为无限深的物体，即称为半无限空间体。

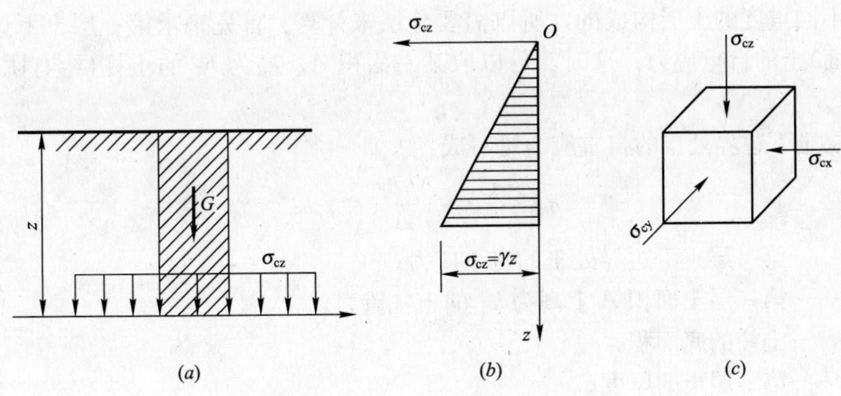

图 3-1 均质土中竖向自重应力

(a)任意水平面上的分布；(b)沿深度的分布；(c)水平自重应力

A——土柱底面积(m^2)。

由式(3-1)可知，均质土的自重应力与深度 z 成正比，即随深度按直线分布(图 3-1b)，而沿水平面上则为均匀分布(图 3-1a)。

地基中除作用在水平面上的竖向自重应力外，在竖直平面上还作用有水平自重应力(图 3-1c)。

$$\sigma_{cx}=\sigma_{cy}=k_0\sigma_{cz}=k_0\gamma z \tag{3-2}$$

式中 σ_{cx}、σ_{cy}——分别沿 x 轴和 y 轴方向的水平自重应力；

k_0——侧压力系数，$k_0=\dfrac{\mu}{1-\mu}$(μ 为土的泊松比，可查表 4-3)。

现将公式(3-2)推演如下：

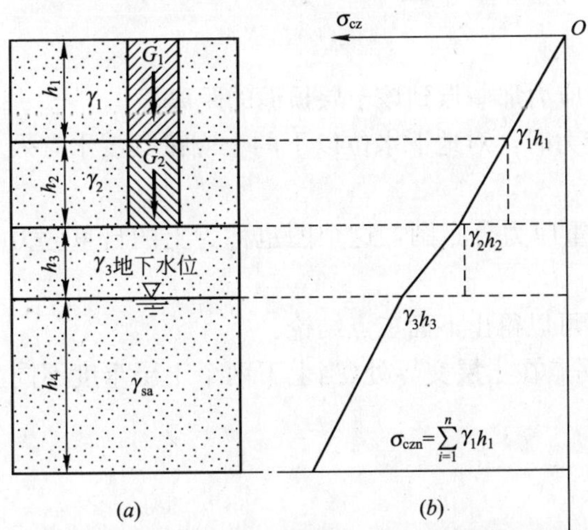

图 3-2 分层地基土中自重应力

(a)地基剖面图；(b)竖向自重应力沿深度分布

先来研究深度 z 处的微分土体的受力和变形情况(图 3-1c)。由于地基任一竖直平面均为对称面，故在竖向自重应力 σ_{cz} 作用下，沿水平(x，y)方向不会产生变形，但将产生水平自重应力 σ_{cx} 和 σ_{cy}。根据广义虎克定律，微分土体沿水平方向 x 和 y 的应变分别为：

$$\varepsilon_x=\frac{\sigma_{cx}}{E}-\frac{\mu}{E}(\sigma_{cy}+\sigma_{cz})=0 \qquad (a)$$

$$\varepsilon_y=\frac{\sigma_{cy}}{E}-\frac{\mu}{E}(\sigma_{cz}+\sigma_{cx})=0 \qquad (b)$$

解式(a)、(b)即可求得公式(3-2)。

3.1.2 分层地基情形

现以图 3-2a 所示的地基剖面图为例，说明求分层地基土自重应力[1]的方法。因为

[1] 在地基计算中，竖向自重应力应用最多，为了叙述简便起见，在不致混淆时，以后就将竖向自重应力称为自重应力。

地基是由不同重度的土层构成的，所以需要分层来计算。首先来求第一层土下边界(即第二层土顶面)土的自重应力，这时，可以取某一面积 A、高为 h_1 的土柱(绘有阴影线的部分)来计算。

第一层土下边界处土的自重应力可写成：

$$\sigma_{cz1}=\frac{G_1}{A}=\frac{Ah_1\gamma_1}{A}=\gamma_1 h_1 \tag{3-3a}$$

式中 σ_{cz1}——第一层土下边界处土的自重应力；

G_1——第一层土面积 A 上高为 h_1 的土柱重力；

A——土柱的底面积；

h_1——第一层土的厚度；

γ_1——第一层土的重度。

由公式(3-3a)可见，欲求第一层土下边界处土的自重应力，只需将第一层土的重度乘以该土层的厚度。

在第二层和第三层土交界处土的自重应力可写成下面的形式：

$$\sigma_{cz2}=\frac{G_1+G_2}{A}=\frac{h_1\gamma_1 A+h_2\gamma_2 A}{A}=\gamma_1 h_1+\gamma_2 h_2 \tag{3-3b}$$

式中 σ_{cz2}——第二层土下边界处土的自重应力；

G_2——第二层土面积 A 上高为 h_2 的土柱重力；

γ_2、h_2——分别为第二层土的重度和厚度。

其余符号意义同前。

同理，第 n 层土中任一点处土的自重应力公式可写成：

$$\sigma_{czn}=\gamma_1 h_1+\gamma_2 h_2+\cdots+\gamma_n h_n=\sum_{i=1}^{n}\gamma_i h_i \tag{3-4}$$

式中 γ_n——第 n 层土的重度；

h_n——第 n 层土(从地面算起)中所计算应力那一点到该土层顶面的距离。

应当指出，在求地下水位以下土的自重应力时，对地下水位以下的土应按其浸水有效重度代入式(3-4)。

图 3-2b 是按公式(3-4)计算结果绘出的自重应力分布图，这个图也称为土的自重应力分布曲线。

分析土的自重应力分布曲线的变化规律，可以得出下面三点结论：

1）土的自重应力分布曲线是一条折线，拐点在土层交界处(当上下两个土层重度不同时)和地下水位处。

2）同一层土的自重应力按直线变化。

3）自重应力随深度的增加而增大。

此外，地下水位的升降会引起土中自重应力的变化(图 3-3)。例如在软土地区，常因大量抽取地下水，以致地下水位长期大幅度下降，使地基中原水位以下的土的自重应力增加(图 3-3a)，而造成地表大面积下沉的严重后果。至于地下水位的长期上升(图 3-3b)，常发生在人工抬高蓄水水位地区(如筑坝蓄水)或工业用水大量渗入地下的地区，如果该地区土质具有遇水后发生湿陷的性质，则必须引起注意。

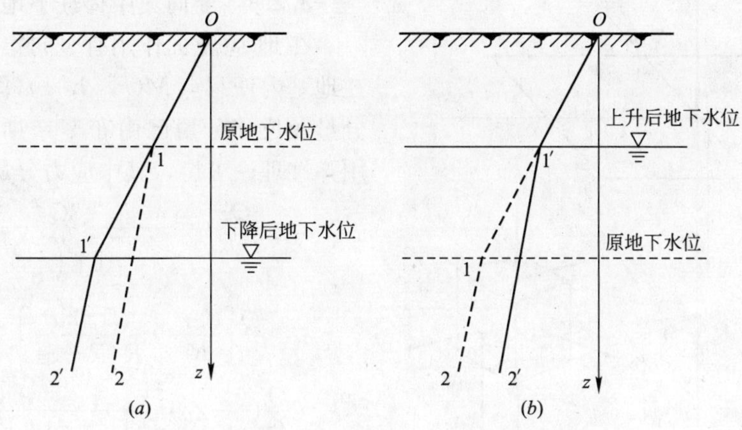

图 3-3 地下水位升降对土中自重应力的影响

（O12 线为原来的自重应力分布曲线；O1′2′线为地下水位升降后的自重应力分布曲线）

【例题 3-1】 图 3-4*a* 为某建筑物地基剖面图，土层厚度和各层土的重度如图所示。试绘出土的自重应力分布曲线。

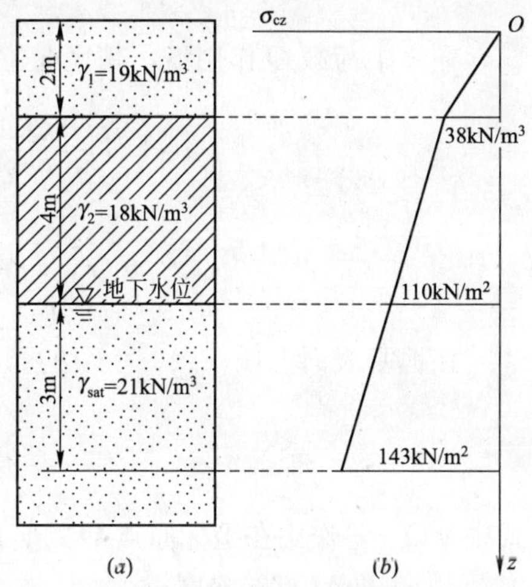

图 3-4 例题 3-1 附图

（*a*）地基剖面图；（*b*）土的自重应力分布曲线

【解】 在第一层土下边界处土的自重应力

$$\sigma_{cz1}=\gamma_1 h_1=19\times 2=38\text{kN/m}^2$$

在第二层土下边界处土的自重应力

$$\sigma_{cz2}=\gamma_1 h_1+\gamma_2 h_2=19\times 2+18\times 4=110\text{kN/m}^2$$

因为同一层土的自重应力按直线变化，所以绘第三层土的自重应力分布曲线时，只需求出该土层中任一点的自重应力数值。

设求第二层土下边界以下（即地下水位以下）3m 处的自重应力数值；

$$\begin{aligned}\sigma_{cz3}&=\gamma_1 h_1+\gamma_2 h_2+\gamma_3' h_3=\gamma_1 h_1+\gamma_2 h_2+(\gamma_{sat}-10)h_3\\&=19\times 2+18\times 4+(21-10)\times 3=143\text{kN/m}^2\end{aligned}$$

土的自重应力分布曲线如图 3-4*b* 所示。

3.2 附加应力的计算

如上所述，目前在确定地基中附加应力时，一般将地基看作是均质的，各向同性的半无限空间直线变形体，这样就可直接采用弹性力学中的关于半无限空间体在外力作用下的应力和应变的理论解答。

下面将分别介绍竖向集中荷载、矩形荷载、圆形荷载及条形荷载作用下，地基中的应力计算方法。

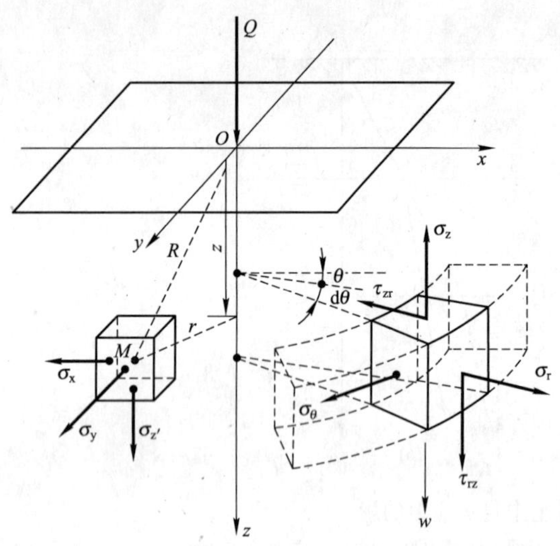

图 3-5　竖向集中荷载下地基应力的计算

3.2.1　竖向集中荷载下地基中的应力

在地基表面作用有竖向集中荷载 Q 时，在地基内任意点 $M(r，\theta，z)$(图 3-5)的应力分量及位移分量已由布辛奈斯克在 1885 年用弹性理论求得，其中应力分量为：

$$\sigma_z=\frac{3Qz^3}{2\pi R^5}=\frac{3Q}{2\pi z^2\left[1+\left(\frac{r}{z}\right)^2\right]^{5/2}} \tag{3-5}$$

$$\sigma_r=\frac{Q}{2\pi}\left[\frac{3zr^2}{R^5}-\frac{1-2\mu}{R(R+z)}\right] \tag{3-6}$$

$$\sigma_\theta=\frac{Q}{2\pi}(1-2\mu)\left[\frac{1}{R(R+z)}-\frac{z}{R^3}\right] \tag{3-7}$$

$$\tau_{rz}=\frac{3Qz^2r}{2\pi R^5} \tag{3-8}$$

$$\tau_{\theta z}=\tau_{r\theta}=0 \tag{3-9}$$

在集中荷载 Q 作用下，其径向位移和竖向位移分别按下列公式计算：

$$u(r，z)=\frac{Q(1+\mu)}{2\pi E}\left[\frac{rz}{R^3}-(1-2\mu)\frac{r}{R(R+z)}\right] \tag{3-10}$$

$$w(r，z)=\frac{Q(1+\mu)}{2\pi E}\left[\frac{z^2}{R^3}+\frac{2(1-\mu)}{R}\right] \tag{3-11}$$

在地基表面上任一点($z=0$)的竖向位移为：

$$w(r，0)=\frac{Q(1-\mu^2)}{\pi Er} \tag{3-12}$$

式中　Q——作用在坐标原点 O 的竖向集中荷载；

z——M 点的深度；

r——M 点与集中荷载作用线之间的距离 $r=\sqrt{x^2+y^2}$；

R——M 点与坐标原点的距离，$R=\sqrt{x^2+y^2+z^2}$；

μ——土的泊松比。

由公式(3-5)可知，竖向附加应力 σ_z 与地基土的性质(E，μ)无关。为了计算方便，可令

$$\alpha=\frac{3}{2\pi\left[1+\left(\frac{r}{z}\right)^2\right]^{5/2}} \tag{3-13}$$

则式(3-5)变成

$$\sigma_z=\alpha\frac{Q}{z^2} \tag{3-14}$$

式中 α 称为集中荷载作用下的地基竖向附加应力系数，其数值可按 r/z 值由表 3-1 查得。

集中荷载下竖向附加应力系数 α **表 3-1**

$\frac{r}{z}$	α	$\frac{r}{z}$	α	$\frac{r}{z}$	α	$\frac{r}{z}$	α	$\frac{r}{z}$	α
0.00	0.4775	0.40	0.3294	0.80	0.1386	1.20	0.0513	1.60	0.0200
0.01	0.4773	0.41	0.3238	0.81	0.1353	1.21	0.0501	1.61	0.0195
0.02	0.4770	0.42	0.3181	0.82	0.1320	1.22	0.0489	1.62	0.0191
0.03	0.4764	0.43	0.3124	0.83	0.1288	1.23	0.0477	1.63	0.0187
0.04	0.4756	0.44	0.3068	0.84	0.1257	1.24	0.0466	1.64	0.0183
0.05	0.4745	0.45	0.3011	0.85	0.1226	1.25	0.0454	1.65	0.0179
0.06	0.4732	0.46	0.2955	0.86	0.1196	1.26	0.0443	1.66	0.0175
0.07	0.4717	0.47	0.2899	0.87	0.1166	1.27	0.0433	1.67	0.0171
0.08	0.4699	0.48	0.2843	0.88	0.1138	1.28	0.0422	1.68	0.0167
0.09	0.4679	0.49	0.2788	0.89	0.1110	1.29	0.0412	1.69	0.0163
0.10	0.4657	0.50	0.2733	0.90	0.1083	1.30	0.0402	1.70	0.0160
0.11	0.4633	0.51	0.2679	0.91	0.1057	1.31	0.0393	1.72	0.0153
0.12	0.4607	0.52	0.2625	0.92	0.1031	1.32	0.0384	1.74	0.0147
0.13	0.4579	0.53	0.2571	0.93	0.1005	1.33	0.0374	1.76	0.0141
0.14	0.4548	0.54	0.2518	0.94	0.0981	1.34	0.0365	1.78	0.0135
0.15	0.4516	0.55	0.2466	0.95	0.0956	1.35	0.0357	1.80	0.0129
0.16	0.4482	0.56	0.2414	0.96	0.0933	1.36	0.0348	1.82	0.0124
0.17	0.4446	0.57	0.2363	0.97	0.0910	1.37	0.0340	1.84	0.0119
0.18	0.4409	0.58	0.2313	0.98	0.0887	1.38	0.0332	1.86	0.0114
0.19	0.4370	0.59	0.2263	0.99	0.0865	1.39	0.0324	1.88	0.0109
0.20	0.4329	0.60	0.2214	1.00	0.0844	1.40	0.0317	1.90	0.0105
0.21	0.4286	0.61	0.2165	1.01	0.0823	1.41	0.0309	1.92	0.0101
0.22	0.4242	0.62	0.2117	1.02	0.0803	1.42	0.0302	1.94	0.0097
0.23	0.4197	0.63	0.2070	1.03	0.0783	1.43	0.0295	1.96	0.0093
0.24	0.4151	0.64	0.2024	1.04	0.0764	1.44	0.0288	1.98	0.0089
0.25	0.4103	0.65	0.1998	1.05	0.0744	1.45	0.0282	2.00	0.0085
0.26	0.4054	0.66	0.1934	1.06	0.0727	1.46	0.0275	2.10	0.0070
0.27	0.4004	0.67	0.1889	1.07	0.0709	1.47	0.0269	2.20	0.0058
0.28	0.3954	0.68	0.1846	1.08	0.0691	1.48	0.0263	2.30	0.0048
0.29	0.3902	0.69	0.1804	1.09	0.0674	1.49	0.0257	2.40	0.0040
0.30	0.3840	0.70	0.1762	1.10	0.0658	1.50	0.0251	2.50	0.0034
0.31	0.3796	0.71	0.1721	1.11	0.0641	1.51	0.0245	2.60	0.0029
0.32	0.3742	0.72	0.1681	1.12	0.0626	1.52	0.0240	2.70	0.0024
0.33	0.3687	0.73	0.1641	1.13	0.0610	1.53	0.0234	2.80	0.0021
0.34	0.3632	0.74	0.1603	1.14	0.0595	1.54	0.0229	2.90	0.0017
0.35	0.3577	0.75	0.1565	1.15	0.0581	1.55	0.0224	3.00	0.0015
0.36	0.3521	0.76	0.1527	1.16	0.0567	1.56	0.0219	3.50	0.0007
0.37	0.3465	0.77	0.1491	1.17	0.0553	1.57	0.0214	4.00	0.0004
0.38	0.3408	0.78	0.1455	1.18	0.0359	1.58	0.0209	4.50	0.0002
0.39	0.3351	0.79	0.1420	1.19	0.0526	1.59	0.0204	5.00	0.0001

【例题 3-2】 在地面作用一集中荷载 Q=200kN，试确定：

(1) 在地基中 z=2m 的水平面上，水平距离 r=1m、2m、3m 和 4m 各点的竖向附加应力 σ_z 值，并绘出分布图。

(2) 在地基中 r=0 的竖直线上距地面 z=0、1m、2m、3m 和 4m 处各点的 σ_z 值，并绘出分布图。

(3) 取 σ_z=20kN/m^2、10kN/m^2、4kN/m^2 和 2kN/m^2，反算在地基中 z=2m 的水平面上的 r 值和在 r=0 的竖直线上的 z 值，并绘出相应于该四个应力值的 σ_z 等值线图。

【解】 (1) 在地基中 z=2m 的水平面上指定点的附加应力 σ_z 的计算数据，见表 3-2a；σ_z 的分布图见图 3-6。

表 3-2a

z(m)	r(m)	$\frac{r}{z}$	α(查表 3-1)	$\sigma_z=\alpha\frac{Q}{z^2}$(kN/m^2)
2	0	0	0.4775	23.89
2	1	0.5	0.2733	13.67
2	2	1.0	0.0844	4.22
2	3	1.5	0.0251	1.26
2	4	2.0	0.0085	0.43

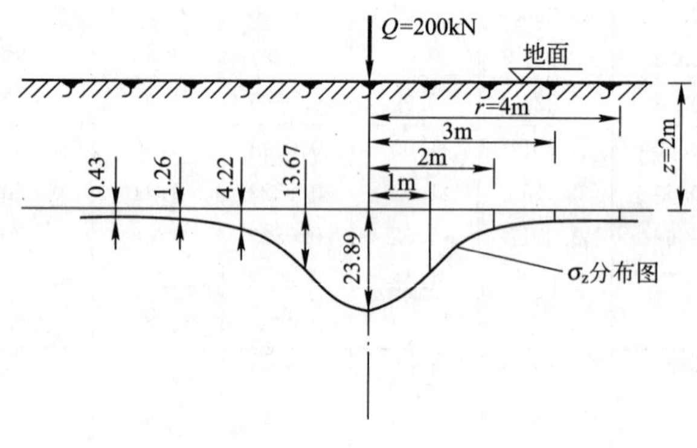

图 3-6　σ_z 分布图(一)

(2) 在地基中 r=0 竖直线上指定点的附加应力 σ_z 的计算数据见表 3-2b；σ_z 的分布图见图 3-7。

表 3-2b

z(m)	r(m)	$\frac{r}{z}$	α	$\sigma_z=\alpha\frac{Q}{z^2}$(kN/m^2)
0	0	0	0.4775	∞
1	0	0	0.4775	95.50
2	0	0	0.4775	23.88
3	0	0	0.4775	10.61
4	0	0	0.4775	5.97

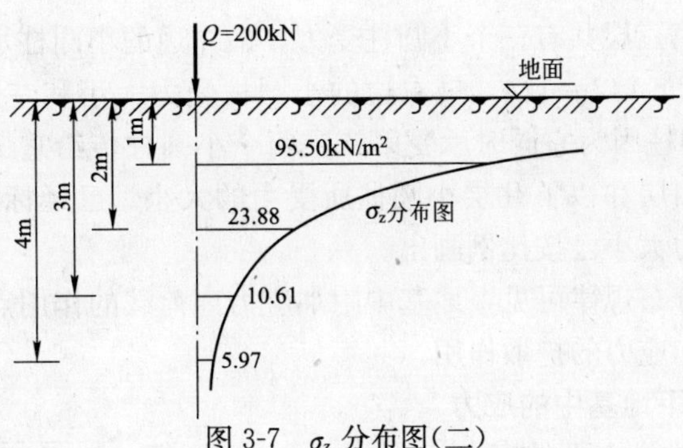

图 3-7 σ_z 分布图(二)

(3) 当指定附加应力 σ_z 时，反算 $z=2\text{m}$ 的水平面上的 r 值和在 $r=0$ 的竖直线上的 z 值的计算数据，见表 3-2*c*；附加应力 σ_z 的等值线绘于图 3-8。

表 3-2*c*

z(m)	r(m)	$\frac{r}{z}$	α	$\sigma_z=\alpha\frac{Q}{z^2}$(kN/m²)
2	0.54	0.27	0.4000	20
2	1.30	0.65	0.2000	10
2	2.04	1.02	0.0800	4
2	2.60	1.30	0.0400	2
2.19	0	0	0.4775	20
3.09	0	0	0.4775	10
4.88	0	0	0.4775	4
6.91	0	0	0.4775	2

通过上面的例题分析，可见土中附加应力分布的特点是：

(1) 在地面下同一深度的水平面上的附加应力不同，沿力的作用线上附加应力最大，向两边则逐渐减小。

(2) 距地面愈深，应力分布范围愈大，在同一铅直线上的附加应力不同，愈深则愈小。

为了进一步说明上述附加应力分布特点，我们将构成地基的土颗粒看作是无数个直径相同的小圆柱，如图 3-9 所示。设沿纵向作用一线荷载 $Q=1$，由图中可见，第二层两个小

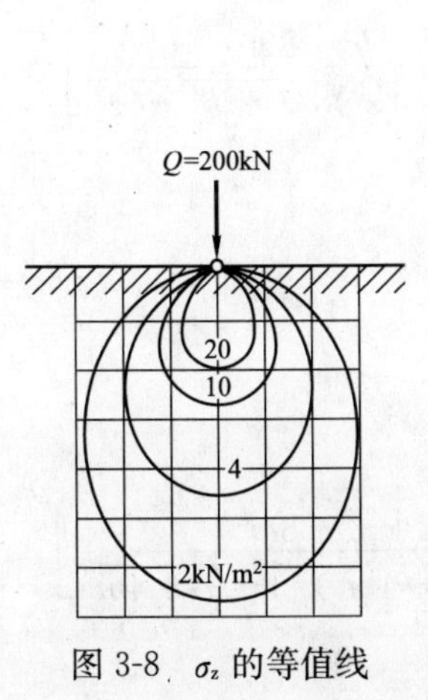

图 3-8 σ_z 的等值线

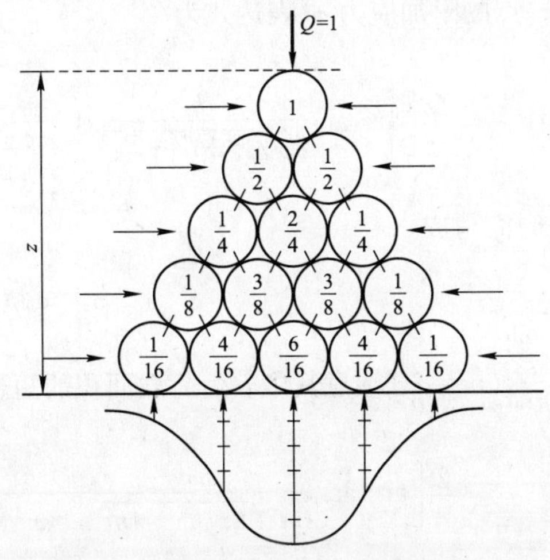

图 3-9 地基中附加应力扩散示意图

圆柱各受 1/2 的力；第三层共有三个小圆柱受力，最左边的小圆柱承受第二层左边小圆柱传来一半的力，即 1/2×1/2＝1/4，最右边的小圆柱受力大小和左边的小柱受的力相同，也是 1/4，中间的小圆柱因为它同时承受第二层两个小圆柱传给它 1/4 的力，所以它受力为 2×1/4＝1/2。第四层和以下几层小圆柱所受力的大小，已经标注在每个小圆柱上面。最下边一层小圆柱受力大小已按比例画出。

从上述附加应力分布规律可见，地基中附加应力离荷载的作用点愈远则应力愈小，我们把这种现象称为附加应力的扩散作用。

3.2.2 矩形荷载下地基中的应力

1. 矩形均布荷载中心点下的应力

设在地面作用有矩形均布竖向荷载 p，其承载面积为 bl，现求荷载面积中心点下任意深度 z 处 $M(0, 0, z)$ 点的附加应力(图 3-10)。

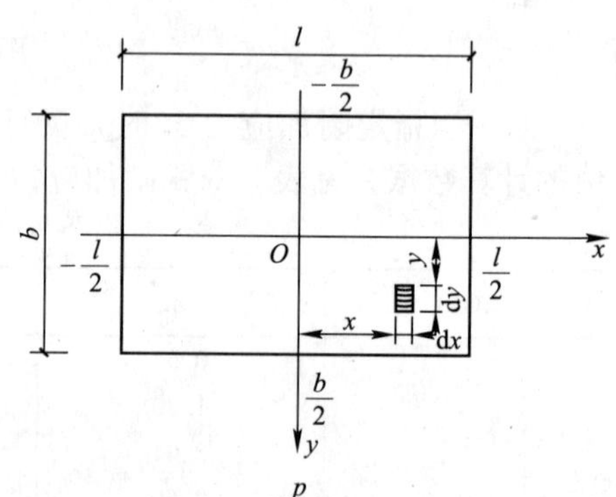

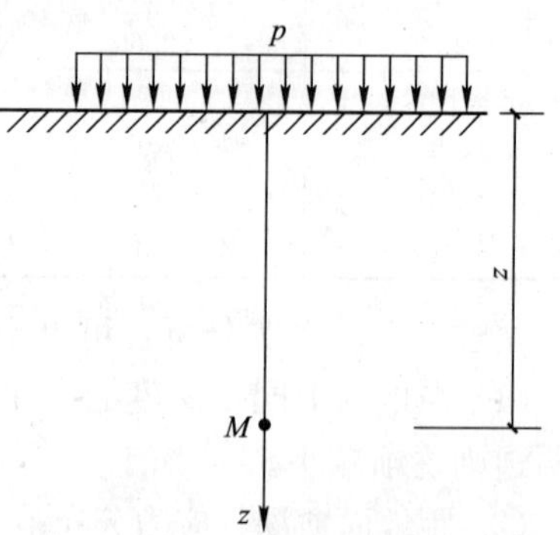

图 3-10 矩形均布荷载中心点下的附加应力计算

在矩形面积内坐标为 (x, y) 处取一微元面积 $dA=dxdy$，则作用在微元面积上的作用力可视为集中力 $dQ=pdxdy$，由任一集中力 dQ 在 $M(0, 0, z)$ 点所引起的附加应力可由式(3-5)求得：

$$d\sigma_z=\frac{3pz^3}{2\pi(x^2+y^2+z^2)^{5/2}}dxdy \qquad (3\text{-}15)$$

将微分式(3-15)对整个矩形荷载面积 $bl\left(\text{即}-\frac{l}{2}\leqslant x\leqslant\frac{l}{2}, -\frac{b}{2}\leqslant y\leqslant\frac{b}{2}\right)$ 进行积分：

$$\sigma_z=\frac{3pz^3}{2\pi}\int_{-l/2}^{+l/2}\int_{-b/2}^{+b/2}\frac{1}{(x^2+y^2+z^2)^{5/2}}dxdy$$

于是，荷载面积中心点 O 下，任意深度 z 处 $M(0, 0, z)$ 点的附加应力 σ_z 表达式为

$$\sigma_z=\frac{2p}{\pi}\left[\arctan\frac{lb}{2z\sqrt{l^2+b^2+4z^2}}+\frac{2zlb(l^2+b^2+8z^2)}{(l^2+4z^2)(b^2+4z^2)\sqrt{l^2+b^2+4z^2}}\right] \qquad (3\text{-}16)$$

将式(3-16)简写成

$$\sigma_z=\alpha_0 p \qquad (3\text{-}17)$$

并令 $n=\frac{l}{b}$，$m=\frac{z}{b}$(注意其中 b 为荷载面积的短边)，则：

$$\alpha_0=\frac{2}{\pi}\left[\arctan\frac{n}{2m\sqrt{1+n^2+4m^2}}+\frac{2nm(1+n^2+8m^2)}{(n^2+4m^2)(1+4m^2)\sqrt{1+n^2+4m^2}}\right]$$
$$=f(m, n)$$

α_0 为矩形均布荷载中心点下附加应力系数，根据 n、m 可由表 3-3 查得。

矩形均布荷载中心点下竖向附加应力系数 α_0 表 3-3

m \ n	1.0	1.2	1.4	1.6	1.8	2.0	2.4	2.8	3.2	3.6	4.0	5.0	≥10（条形）
0.0	1.000	1.000	1.000	1.000	1.000	1.000	1.000	1.000	1.000	1.000	1.000	1.000	1.000
0.1	0.994	0.996	0.996	0.996	0.996	0.996	0.997	0.997	0.997	0.997	0.997	0.997	0.997
0.2	0.960	0.968	0.972	0.974	0.975	0.976	0.976	0.977	0.977	0.977	0.977	0.977	0.977
0.3	0.892	0.910	0.920	0.926	0.930	0.932	0.934	0.935	0.936	0.936	0.936	0.937	0.937
0.4	0.800	0.830	0.848	0.859	0.866	0.870	0.875	0.878	0.879	0.880	0.880	0.881	0.881
0.5	0.701	0.740	0.764	0.782	0.792	0.800	0.808	0.812	0.815	0.816	0.817	0.818	0.818
0.6	0.606	0.650	0.682	0.703	0.717	0.727	0.740	0.746	0.749	0.751	0.753	0.754	0.755
0.7	0.523	0.569	0.603	0.628	0.645	0.658	0.674	0.682	0.687	0.690	0.692	0.694	0.696
0.8	0.449	0.496	0.532	0.558	0.578	0.593	0.612	0.623	0.630	0.634	0.636	0.639	0.642
0.9	0.388	0.433	0.469	0.496	0.518	0.534	0.556	0.569	0.577	0.582	0.585	0.590	0.593
1.0	0.336	0.379	0.414	0.441	0.463	0.481	0.505	0.520	0.530	0.536	0.540	0.545	0.550
1.1	0.293	0.333	0.367	0.394	0.416	0.434	0.460	0.476	0.487	0.494	0.499	0.506	0.511
1.2	0.257	0.294	0.325	0.352	0.374	0.392	0.419	0.437	0.449	0.457	0.462	0.470	0.477
1.3	0.226	0.260	0.290	0.315	0.337	0.355	0.382	0.401	0.414	0.423	0.429	0.438	0.446
1.4	0.201	0.232	0.260	0.284	0.304	0.322	0.350	0.369	0.383	0.393	0.400	0.410	0.419
1.5	0.179	0.208	0.233	0.256	0.276	0.293	0.320	0.340	0.355	0.365	0.372	0.384	0.395
1.6	0.160	0.187	0.210	0.232	0.251	0.267	0.294	0.314	0.329	0.340	0.348	0.360	0.373
1.7	0.144	0.168	0.191	0.211	0.228	0.244	0.271	0.291	0.300	0.317	0.326	0.339	0.352
1.8	0.130	0.153	0.173	0.192	0.209	0.224	0.250	0.270	0.285	0.296	0.305	0.320	0.335
1.9	0.118	0.139	0.158	0.176	0.192	0.206	0.231	0.250	0.266	0.278	0.287	0.301	0.318
2.0	0.108	0.127	0.145	0.161	0.176	0.190	0.214	0.235	0.248	0.260	0.270	0.285	0.303
2.1	0.099	0.116	0.133	0.148	0.163	0.176	0.198	0.217	0.232	0.244	0.254	0.270	0.290
2.2	0.091	0.107	0.122	0.137	0.150	0.163	0.185	0.203	0.218	0.230	0.239	0.256	0.277
2.3	0.084	0.099	0.113	0.127	0.139	0.151	0.172	0.190	0.204	0.216	0.226	0.242	0.265
2.4	0.077	0.092	0.105	0.118	0.130	0.141	0.161	0.178	0.192	0.204	0.213	0.230	0.254
2.5	0.072	0.085	0.097	0.110	0.121	0.131	0.150	0.167	0.180	0.192	0.202	0.219	0.244
2.6	0.068	0.080	0.092	0.103	0.114	0.124	0.142	0.158	0.171	0.183	0.193	0.210	0.236
2.7	0.064	0.075	0.086	0.097	0.107	0.117	0.134	0.149	0.162	0.174	0.183	0.200	0.227
2.8	0.059	0.070	0.081	0.091	0.100	0.110	0.126	0.141	0.154	0.164	0.174	0.191	0.219
2.9	0.055	0.065	0.075	0.085	0.094	0.102	0.118	0.132	0.145	0.155	0.164	0.181	0.210
3.0	0.051	0.060	0.070	0.078	0.087	0.095	0.110	0.124	0.136	0.146	0.155	0.172	0.202
3.1	0.048	0.057	0.066	0.075	0.083	0.091	0.105	0.118	0.130	0.140	0.148	0.165	0.196
3.2	0.046	0.054	0.063	0.071	0.079	0.086	0.100	0.112	0.124	0.133	0.142	0.158	0.190
3.3	0.043	0.051	0.059	0.067	0.074	0.081	0.095	0.106	0.117	0.127	0.135	0.152	0.183
3.4	0.041	0.048	0.056	0.063	0.070	0.077	0.089	0.100	0.111	0.120	0.129	0.145	0.177
3.5	0.038	0.045	0.052	0.059	0.066	0.072	0.084	0.095	0.105	0.114	0.122	0.138	0.171

续表

m \ n	1.0	1.2	1.4	1.6	1.8	2.0	2.4	2.8	3.2	3.6	4.0	5.0	≥10 (条形)
3.6	0.036	0.043	0.050	0.056	0.063	0.069	0.080	0.090	0.101	0.109	0.117	0.133	0.166
3.7	0.034	0.041	0.047	0.054	0.060	0.066	0.077	0.087	0.097	0.105	0.112	0.128	0.161
3.8	0.033	0.039	0.045	0.051	0.057	0.062	0.073	0.083	0.092	0.100	0.108	0.123	0.157
3.9	0.031	0.037	0.043	0.048	0.054	0.059	0.070	0.079	0.088	0.096	0.103	0.118	0.152
4.0	0.029	0.035	0.040	0.046	0.051	0.056	0.066	0.075	0.084	0.091	0.098	0.113	0.147
4.1	0.028	0.033	0.039	0.044	0.049	0.054	0.063	0.072	0.081	0.088	0.095	0.109	0.143
4.2	0.027	0.032	0.037	0.042	0.047	0.052	0.061	0.069	0.078	0.084	0.001	0.105	0.139
4.3	0.025	0.030	0.035	0.040	0.045	0.049	0.058	0.067	0.074	0.081	0.088	0.102	0.136
4.4	0.024	0.029	0.034	0.038	0.043	0.047	0.055	0.064	0.071	0.077	0.084	0.098	0.130
4.5	0.023	0.028	0.032	0.036	0.041	0.045	0.053	0.061	0.068	0.074	0.081	0.094	0.128
4.6	0.022	0.027	0.031	0.035	0.039	0.043	0.051	0.058	0.066	0.072	0.078	0.091	0.125
4.7	0.021	0.026	0.030	0.034	0.038	0.042	0.049	0.056	0.063	0.069	0.075	0.088	0.122
4.8	0.021	0.024	0.028	0.032	0.036	0.040	0.047	0.054	0.061	0.067	0.073	0.085	0.118
4.9	0.020	0.023	0.027	0.031	0.035	0.038	0.045	0.052	0.058	0.064	0.070	0.082	0.115
5.0	0.019	0.022	0.026	0.030	0.033	0.037	0.044	0.050	0.050	0.062	0.067	0.079	0.112

2. 矩形均布荷载角点下的应力

在地基基础计算中，经常要确定矩形承载面积角点 c 下任意点 M 的应力(图 3-11a)。为此，我们讨论这种情况下地基附加应力的计算。这时，仍可按式(3-17)计算，但要重新画一个矩形面积，使角点 c 恰好位于新矩形面积的中心点(图 3-11b)，并假定作用在这个新矩形面积上的荷载也等于 p。但是实际承载面积仅为新矩形面积的 1/4，因此，所求点 M 的附加应力等于新矩形均布荷载中心点 c 下同一点处附加应力的1/4，即：

$$\sigma_z=\frac{1}{4}\alpha_0 p \tag{3-18}$$

式中 α_0——矩形均布荷载角点附加应力系数，其值根据 $n=\frac{l}{b}$ 和$m=\frac{z}{2b}$$\left(注意中心点时 m=\frac{z}{b}\right)$仍由表 3-3查得；

p——作用矩形面积上的均布荷载。

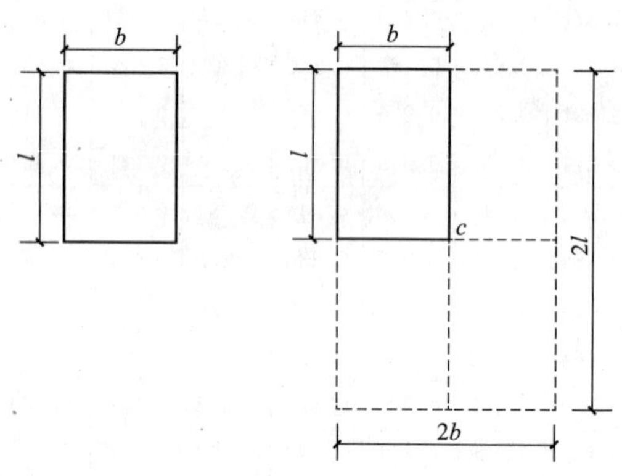

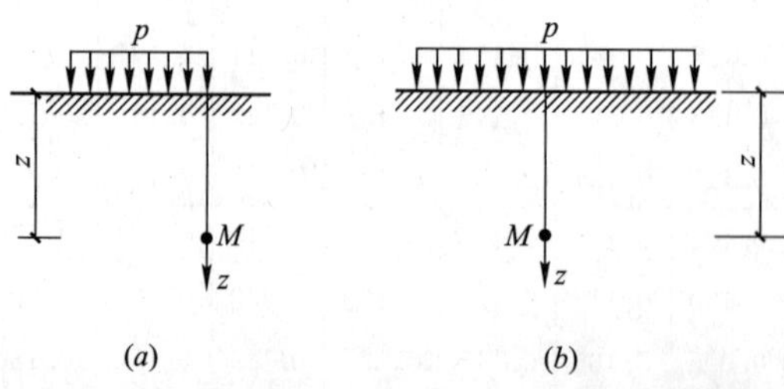

图 3-11 矩形均布荷载角点下附加应力计算附图

公式(3-18)通常称为角点公式。

【例题 3-3】 在地面作用矩形均布荷载$p=300\text{kN/m}^2$，承载面积 $lb=2\text{m}\times2\text{m}$。试求：(1) 承载面积中心 O 点 $z=2\text{m}$ 深处 M_o 点的附加应力 σ_{zo}；(2)角点 c 下 $z=4\text{m}$ 深处 M_c 点的附加应力 σ_{zc}(图 3-12)。

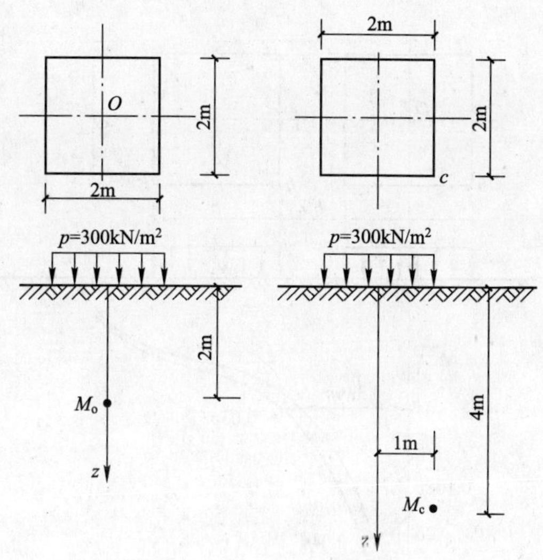

图 3-12 例题 3-3 附图

【解】 (1) 求 σ_{zo}

根据
$$m=\frac{z}{b}=\frac{2}{2}=1$$
$$n=\frac{l}{b}=\frac{2}{2}=1$$

由表 3-3 查得 $\alpha_0=0.336$，故承载面积中心 O 点下 $z=2\text{m}$ 处 M_o 点的附加应力

$$\sigma_{zo}=\alpha_0 p=0.336\times300=100.8\text{kN/m}^2。$$

(2) 求 σ_{zc}

根据
$$m=\frac{z}{2b}=\frac{4}{2\times2}=1$$
$$n=\frac{l}{b}=\frac{2}{2}=1$$

由表 3-3 查得 $\alpha_0=0.336$，故承载面积角点 c 下 $z=4\text{m}$ 处 M_c 点的附加应力。

$$\sigma_{zc}=\frac{1}{4}\alpha_0 p=\frac{1}{4}\times0.336\times300=25.2\text{kN/m}^2$$

由本例计算结果可见，矩形均布荷载角点 c 下深度 z 处的附加应力等于同一矩形荷载中心点 O 下深度 $z/2$ 处附加应力的 1/4。

在地基计算中，常需求出矩形荷载下地基内任意点的附加应力。为了解决这个问题，可以应用角点公式(3-18)和力的叠加原理求解。这一方法称为角点法。

今按下面三种情况说明角点法的具体应用。

第 1 种情形：求矩形承载面积某一边上任一点 e 下的附加应力(图 3-13a)。在这种情况下，所求点附加应力等于两个矩形 $abef$ 和 $efcd$ 角点 e 下的附加应力之和。

第 2 种情形：求承载面积内某点 e 下的附加应力(图 3-13b)。这时，所求点附加应力等于四个矩形 $afeh$、$fcie$、$hegb$ 和 $eidg$ 角点 e 下的附加应力之和。

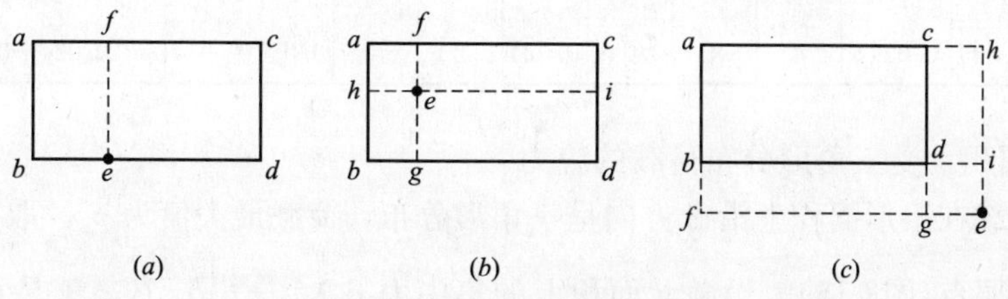

图 3-13 按角点法计算地基中任一点附加应力

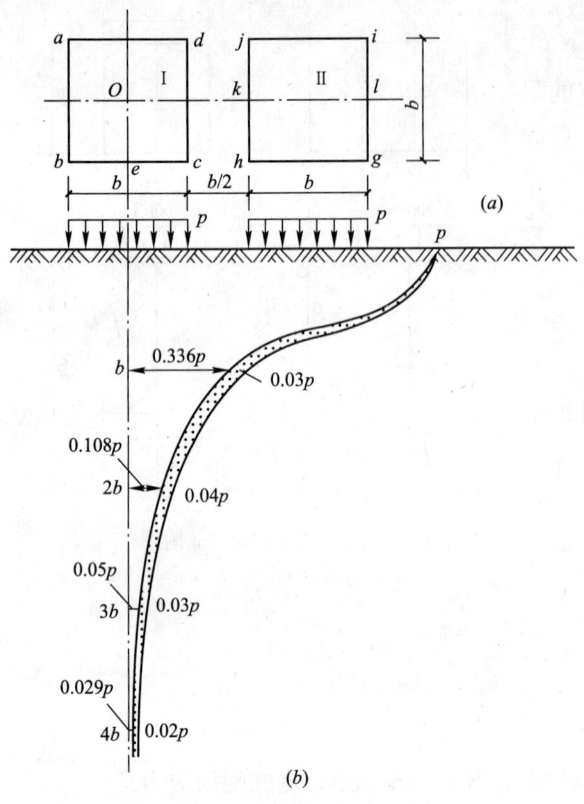

图 3-14　例题 3-4 附图

第 3 种情形：求矩形承载面积以外某一点 e 下的附加应力（图 3-13c）。这时，所求点的附加应力等于矩形 $ahef$ 和 $dieg$ 角点 e 下附加应力之和，再减去矩形 $bief$ 和 $cheg$ 角点 e 下附加应力之和。

【例题 3-4】 试绘图 3-14a 所示矩形面积Ⅰ上均布荷载 p 中心点下的附加应力分布图，同时考虑相邻矩形面积Ⅱ上均布荷载 p 的影响。

【解】 相邻荷载的影响可按应力叠加原理计算。总应力为 $\sigma_z=\sigma_{z\text{I}}+\sigma_{z\text{II},\text{I}}$，其中 $\sigma_{z\text{I}}$ 是面积Ⅰ上的荷载 p 在中点下产生的附加应力，按中点法计算；$\sigma_{z\text{II},\text{I}}$ 是面积Ⅱ上的荷载 p 在荷载面积Ⅰ中点以下产生的附加应力，按角点法计算，即 $\sigma_{z\text{II},\text{I}}=2[\sigma_{z,oegl}-\sigma_{z,oehk}]$，计算过程见表 3-4。附加应力曲线绘于图 3-14b，图中阴影部分表示相邻矩形面积Ⅱ上均布荷载对荷载面积Ⅰ中心点下附加应力的影响。

附加应力计算表 **表 3-4**

z(m)	面积Ⅰ的荷载影响				相邻面积的Ⅱ荷载影响								$\sigma_{z\text{II},\text{I}}=2(\sigma_{z,oegl}-\sigma_{z,oehk})$
					矩形 $oegl$				矩形 $oehk$				
	l/b	z/b	α_0	$\sigma_{z\text{I}}=\alpha_0 p$	l/b	z/b	α_0	$\frac{1}{4}\alpha_0$	l/b	z/b	α_0	$\frac{1}{4}\alpha_0$	
0	1	0	1	p	$\frac{4b}{b}=4$	0	1.000	0.250	$\frac{2b}{b}=2$	0	1.000	0.250	0
b	1	1	0.336	0.336p	4	1	0.540	0.135	2	1	0.481	0.120	2(0.135−0.120)p=0.03p
2b	1	2	0.108	0.108p	4	2	0.270	0.068	2	2	0.190	0.048	2(0.068−0.048)p=0.04p
3b	1	3	0.051	0.051p	4	3	0.155	0.039	2	3	0.095	0.024	2(0.039−0.024)p=0.03p
4b	1	4	0.029	0.029p	4	4	0.098	0.024	2	4	0.056	0.014	2(0.024−0.014)p=0.02p

3. 矩形面积承受三角形分布荷载的应力

设竖向荷载在矩形面积上沿 x 方向呈三角形分布，荷载最大值为 p_s，取荷载零值边的角点 1 为坐标原点（图3-15）。设微元面积上的集中力 $dQ=\frac{x}{b}p_s dxdy$，于是可按下式求得角点 1 下深度 z 处的 M_1 点由矩形面积承受三角形分布荷载引起的附加应力 σ_z。

$$\sigma_z=\frac{3}{2\pi}\int_0^b\int_0^l\frac{xp_s z^3}{b(x^2+y^2+z^2)^{5/2}}\mathrm{d}x\mathrm{d}y \tag{3-19}$$

由此可得，荷载面积角点1下深度 z 处附加应力 σ_z 为：

$$\sigma_z=\alpha_{c1}^s p_s \tag{3-20}$$

式中 $$\alpha_{c1}^s=\frac{nm}{2\pi}\left[\frac{1}{\sqrt{n^2+m^2}}-\frac{m^2}{(1+m^2)\sqrt{1+n^2+m^2}}\right] \tag{3-21}$$

同理可得荷载面积角点2下深度 z 处 M_2 点附加应力 σ_z 为：

$$\sigma_z=\alpha_{c2}^s p_s \tag{3-22}$$

式中 $$\alpha_{c2}^s=\frac{1}{2\pi}\left[\frac{\pi}{2}+\frac{nm(1+n^2+2m^2)}{(n^2+m^2)(1+m^2)\sqrt{1+n^2+m^2}}-\frac{nm}{\sqrt{n^2+m^2}}-\arctan\frac{m\sqrt{1+n^2+m^2}}{2}\right] \tag{3-23}$$

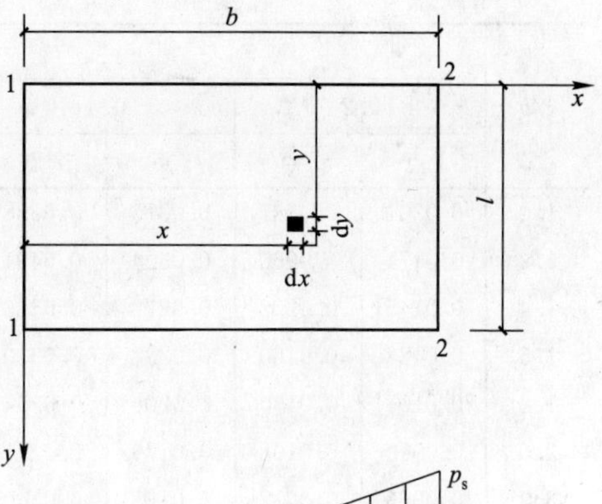

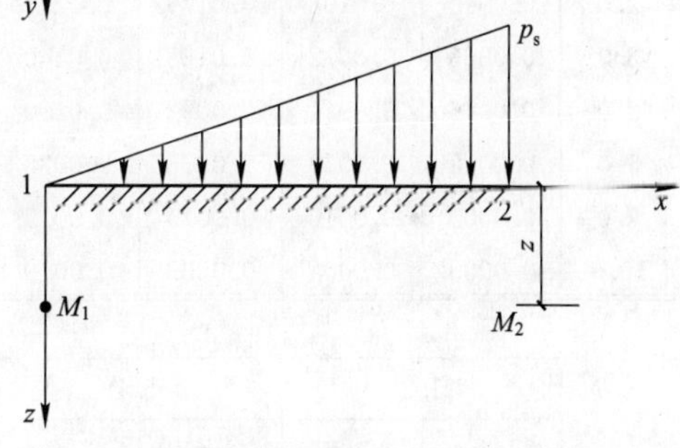

图 3-15 矩形面积三角形分布荷载下地基中附加应力计算

α_{c1}^s、α_{c2}^s 为三角形荷载附加应力系数，α_{c1}^s 为三角形荷载零值边角点下的附加应力系数，α_{c2}^s 为三角形荷载最大值边角点下的附加应力系数。根据 $n=\dfrac{l}{b}$ 和 $m=\dfrac{z}{b}$ 由表3-5查得 α_{c1}^s、α_{c2}^s。其中 b 为承载面积沿荷载呈三角形分布方向的边长。

矩形面积上三角形分布荷载作用下的附加压力系数 α_{c1}^s、α_{c2}^s **表3-5**

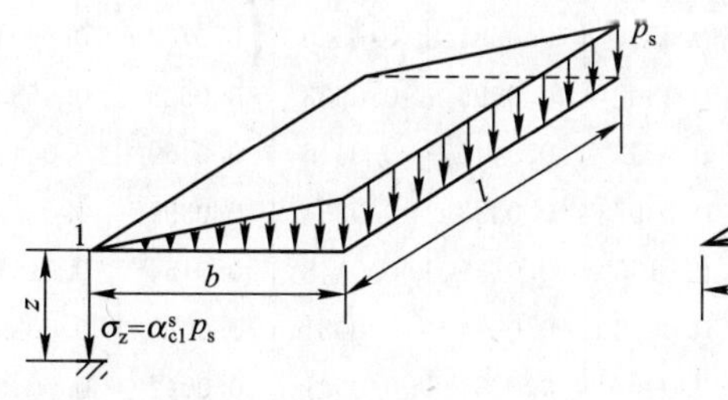

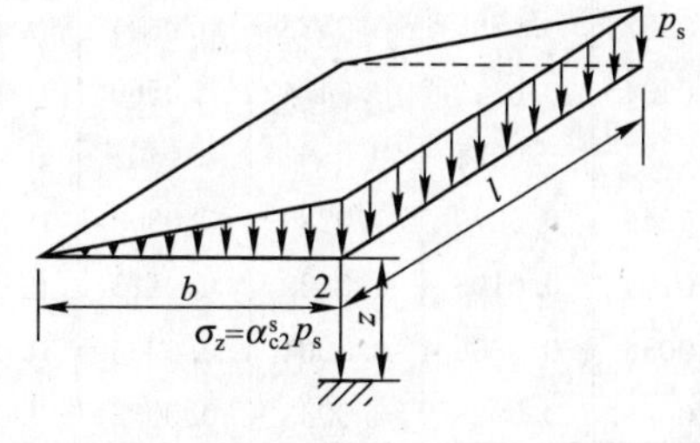

z/b	l/b 0.2		0.4		0.6		0.8		1.0	
	1点	2点	1点	2点	1点	2点	1点	2点	1点	2点
0.0	0.0000	0.2500	0.0000	0.2500	0.0000	0.2500	0.0000	0.2500	0.0000	0.2500
0.2	0.0223	0.1821	0.0280	0.2115	0.0296	0.2165	0.0301	0.2178	0.0304	0.2182
0.4	0.0269	0.1094	0.0420	0.1604	0.0487	0.1781	0.0517	0.1844	0.0531	0.1870
0.6	0.0259	0.0700	0.0448	0.1165	0.0560	0.1405	0.0621	0.1520	0.0654	0.1575
0.8	0.0232	0.0480	0.0421	0.0853	0.0553	0.1093	0.0637	0.1232	0.0688	0.1311

续表

z/b	l/b 0.2 1点	0.2 2点	0.4 1点	0.4 2点	0.6 1点	0.6 2点	0.8 1点	0.8 2点	1.0 1点	1.0 2点
1.0	0.0201	0.0346	0.0375	0.0638	0.0508	0.0852	0.0602	0.0996	0.0666	0.1086
1.2	0.0171	0.0260	0.0324	0.0491	0.0450	0.0673	0.0546	0.0807	0.0615	0.0901
1.4	0.0145	0.0202	0.0278	0.0386	0.0392	0.0540	0.0483	0.0661	0.0554	0.0751
1.6	0.0123	0.0160	0.0238	0.0310	0.0339	0.0440	0.0421	0.0547	0.0492	0.0628
1.8	0.0105	0.0130	0.0204	0.0254	0.0294	0.0363	0.0371	0.0457	0.0435	0.0534
2.0	0.0090	0.0108	0.0176	0.0211	0.0255	0.0304	0.0324	0.0387	0.0384	0.0456
2.5	0.0063	0.0072	0.0125	0.0140	0.0183	0.0205	0.0236	0.0265	0.0284	0.0318
3.0	0.0046	0.0051	0.0092	0.0100	0.0135	0.0148	0.0176	0.0192	0.0214	0.0233
5.0	0.0018	0.0019	0.0036	0.0038	0.0054	0.0056	0.0071	0.0074	0.0088	0.0091
7.0	0.0009	0.0010	0.0019	0.0019	0.0028	0.0029	0.0038	0.0038	0.0047	0.0047
10.0	0.0005	0.0004	0.0009	0.0010	0.0014	0.0014	0.0019	0.0019	0.0023	0.0024

z/b	l/b 1.2 1点	1.2 2点	1.4 1点	1.4 2点	1.6 1点	1.6 2点	1.8 1点	1.8 2点	2.0 1点	2.0 2点
0.0	0.0000	0.2500	0.0000	0.2500	0.0000	0.2500	0.0000	0.2500	0.0000	0.2500
0.2	0.0305	0.2184	0.0305	0.2185	0.0306	0.2185	0.0306	0.2185	0.0306	0.2185
0.4	0.0539	0.1881	0.0543	0.1886	0.0545	0.1889	0.0546	0.1891	0.0547	0.1892
0.6	0.0673	0.1602	0.0684	0.1616	0.0690	0.1625	0.0694	0.1630	0.0696	0.1633
0.8	0.0720	0.1355	0.0739	0.1381	0.0751	0.1396	0.0759	0.1405	0.0764	0.1412
1.0	0.0708	0.1143	0.0735	0.1176	0.0753	0.1202	0.0766	0.1215	0.0774	0.1225
1.2	0.064	0.0962	0.0698	0.1007	0.0721	0.1037	0.0738	0.1055	0.0749	0.1069
1.4	0.0606	0.0817	0.0644	0.0864	0.0672	0.0897	0.0692	0.0921	0.0707	0.0937
1.6	0.0545	0.0696	0.0586	0.0743	0.0616	0.0780	0.0639	0.0806	0.0656	0.0826
1.8	0.0487	0.0596	0.0528	0.0644	0.0560	0.0681	0.0585	0.0709	0.0604	0.0730
2.0	0.0434	0.0513	0.0474	0.0560	0.0507	0.0596	0.0533	0.0625	0.0553	0.0649
2.5	0.0326	0.0365	0.0362	0.0405	0.0393	0.0440	0.0419	0.0469	0.0440	0.0491
3.0	0.0249	0.0270	0.0280	0.0303	0.0307	0.0333	0.0331	0.0359	0.0352	0.0380
5.0	0.0104	0.0108	0.0120	0.0123	0.0135	0.0139	0.0148	0.0154	0.0161	0.0167
7.0	0.0056	0.0056	0.0064	0.0066	0.0073	0.0074	0.0081	0.0083	0.0089	0.0091
10.0	0.0028	0.0028	0.0033	0.0032	0.0037	0.0037	0.0041	0.0042	0.0046	0.0046

z/b	l/b 3.0 1点	3.0 2点	4.0 1点	4.0 2点	6.0 1点	6.0 2点	8.0 1点	8.0 2点	10.0 1点	10.0 2点
0.0	0.0000	0.2500	0.0000	0.2500	0.0000	0.2500	0.0000	0.2500	0.0000	0.2500
0.2	0.0306	0.2186	0.0306	0.2186	0.0306	0.2186	0.0306	0.2186	0.0306	0.2186
0.4	0.0548	0.1894	0.0549	0.1894	0.0549	0.1894	0.0549	0.1894	0.0549	0.1894
0.6	0.0701	0.1638	0.0702	0.1639	0.0702	0.1640	0.0702	0.1640	0.0702	0.1640
0.8	0.0773	0.1423	0.0776	0.1424	0.0776	0.1426	0.0776	0.1426	0.0776	0.1426

续表

z/b	l/b 3.0 1点	l/b 3.0 2点	4.0 1点	4.0 2点	6.0 1点	6.0 2点	8.0 1点	8.0 2点	10.0 1点	10.0 2点
1.0	0.0790	0.1244	0.0794	0.1248	0.0795	0.1250	0.0796	0.1250	0.0796	0.1250
1.2	0.0774	0.1096	0.0779	0.1103	0.0782	0.1105	0.0783	0.1105	0.0783	0.1105
1.4	0.0739	0.0973	0.0748	0.0982	0.0752	0.0986	0.0752	0.0987	0.0753	0.0987
1.6	0.0697	0.0870	0.0708	0.0882	0.0714	0.0887	0.0715	0.0888	0.0715	0.0889
1.8	0.0652	0.0782	0.0666	0.0797	0.0673	0.0805	0.0675	0.0806	0.0675	0.0808
2.0	0.0607	0.0707	0.0624	0.0726	0.0634	0.0734	0.0636	0.0736	0.0636	0.0738
2.5	0.0504	0.0559	0.0529	0.0585	0.0543	0.0601	0.0547	0.0604	0.0548	0.0605
3.0	0.0419	0.0451	0.0449	0.0482	0.0469	0.0504	0.0474	0.0509	0.0476	0.0511
5.0	0.0214	0.0221	0.0248	0.0256	0.0273	0.0290	0.0296	0.0303	0.0301	0.0309
7.0	0.0124	0.0126	0.0152	0.0154	0.0186	0.0190	0.0204	0.0207	0.0212	0.0216
10.0	0.0066	0.0066	0.0084	0.0083	0.0111	0.0111	0.0128	0.0130	0.0139	0.0141

应用均布和三角形分布荷载的角点公式(3-18)和公式(3-20)及叠加原理，可求得矩形承载面积上的三角形和梯形荷载作用下地基内任一点的附加应力。例如，若求图 3-16 所示矩形面积 $abcd$ 上的三角形荷载 O 点下任一深度处的竖向附加应力，则可先求矩形面积 $Okam$、$Ombl$、$Ondk$ 和 $Oncl$ 上的均布荷载及三角形荷载作用下的竖向附加应力，然后再叠加。

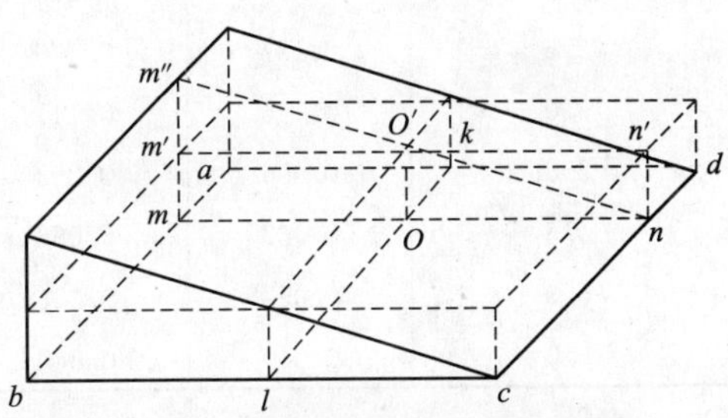

图 3-16 利用力的叠加原理确定矩形三角形荷载作用下地基附加应力

3.2.3 圆形荷载下地基中的应力

1. 圆形均布荷载作用下的应力

设圆形荷载面积的半径 r，作用于地基表面上的竖向均布荷载为 p，现求地面 M' 点下 z 深度处 M 点应力。以圆形荷载面积的中心点为坐标原点(图 3-17)，并在荷载面积上取微元面积 $\mathrm{d}A=\rho\mathrm{d}\varphi\mathrm{d}\rho$。以集中力 $p\mathrm{d}A$ 代替微元面积上的分布荷载，将 $R=(\rho^2+l^2+z^2-2l\rho\cos\varphi)^{\frac{1}{2}}$ 代入式(3-5)，然后进行积分得

$$\sigma_z=\frac{3pz^3}{2\pi}\int_0^r\int_0^{2\pi}\frac{\rho\mathrm{d}\varphi\mathrm{d}\rho}{(\rho^2+l^2+z^2-2l\rho\cos\varphi)^{5/2}} \tag{3-24}$$

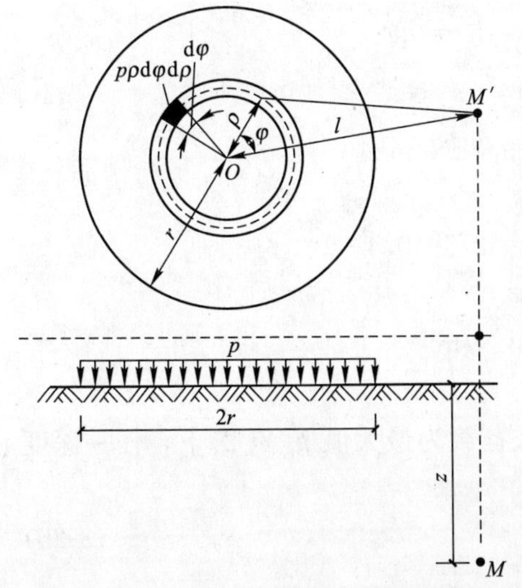

图 3-17 圆形均布荷载下地基附加应力

或

$$\sigma_z=\alpha_y p \tag{3-25}$$

式中　α_y——圆形均布荷载附加应力系数，其值根据 l/r 和 z/r 由表 3-6 查得，其中 r 为圆面积的半径；l 为所求应力的点 M 在地面的投影 M' 至圆面积中心的距离；z 为所求应力的点的深度。

圆形均布荷载作用下土中附加应力系数 α_y　　表 3-6

z/r \ l/r	0.0	0.4	0.8	1.2	1.6	2.0
0.0	1.000	1.000	1.000	0.000	0.000	0.000
0.2	0.998	0.987	0.890	0.077	0.005	0.001
0.4	0.949	0.922	0.712	0.181	0.026	0.006
0.6	0.864	0.813	0.591	0.224	0.056	0.016
0.8	0.756	0.699	0.504	0.237	0.083	0.029
1.0	0.646	0.593	0.434	0.235	0.102	0.042
1.4	0.461	0.425	0.329	0.212	0.118	0.062
1.8	0.332	0.311	0.254	0.182	0.118	0.072
2.2	0.246	0.233	0.198	0.153	0.109	0.074
2.6	0.187	0.179	0.158	0.129	0.098	0.071
3.0	0.146	0.141	0.127	0.108	0.087	0.067
3.8	0.096	0.093	0.087	0.078	0.067	0.055
4.6	0.067	0.066	0.063	0.058	0.052	0.045
5.0	0.057	0.056	0.054	0.050	0.046	0.041
6.0	0.040	0.040	0.039	0.037	0.034	0.031

【例题 3-5】 设半径 $r=5\text{m}$ 的圆面积上，作用有均布荷载 $p=200\text{kN/m}^2$。试确定圆心和圆周下深度 $z=2\text{m}$ 处 M 和 M' 点的附加应力(图 3-18)。

【解】 确定圆心下所求点 M 处附加应力

根据

$$n=l/r=0/5=0,\quad m=\frac{z}{r}=\frac{2}{5}=0.4$$

由表 3-6 查得 $\alpha_y=0.949$，则 M 点的附加应力

$$\sigma_z=\alpha_y p=0.949\times200=189.8\text{kN/m}^2$$

确定 M' 点附加应力

根据

$$n=l/r=5/5=1,\quad m=z/r=2/5=0.4$$

由表 3-6 查得 $\alpha_y=0.447$，则 M' 点附加应力

$$\sigma_z=0.447\times200=89.4\text{kN/m}^2$$

2. 圆形面积上三角形分布荷载作用下的应力

圆形面积上三角形分布荷载在荷载为零的点 1(或荷载为最大值 p_s 点 2)下，任一深度 z 处 M 点的附加应力可按下式计算(图 3-19)：

$$\sigma_z=\alpha_y^s p_s \tag{3-26}$$

式中　α_y^s——圆形面积上三角形分布荷载附加应力系数，根据点位 1、2 和 $\frac{z}{r}$ 由表 3-7 查得。

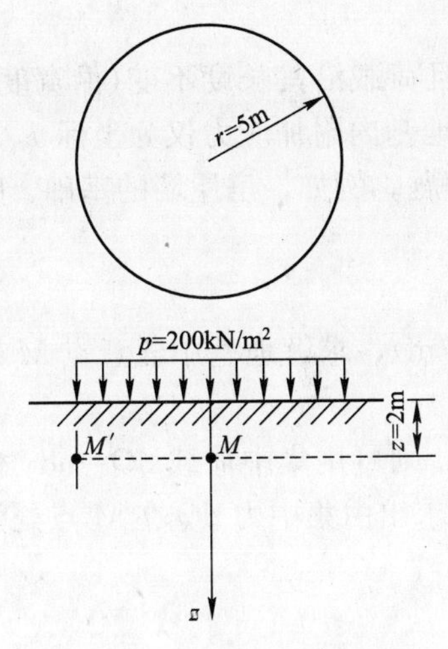

图 3-18 例题 3-5 附图

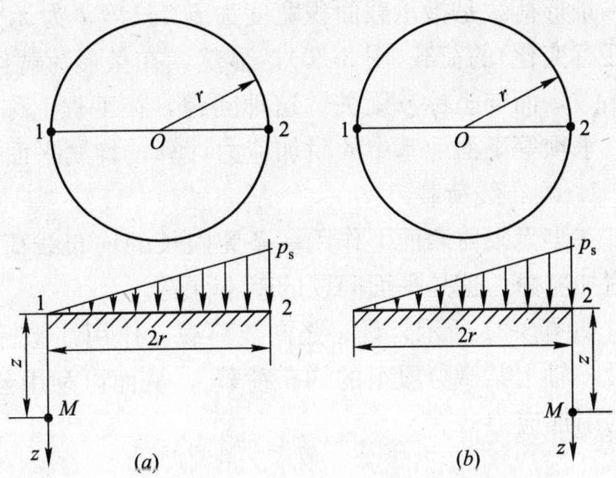

图 3-19 圆形面积上三角形分布荷载

圆形面积上三角形分布荷载附加压力系数 α_y^s **表 3-7**

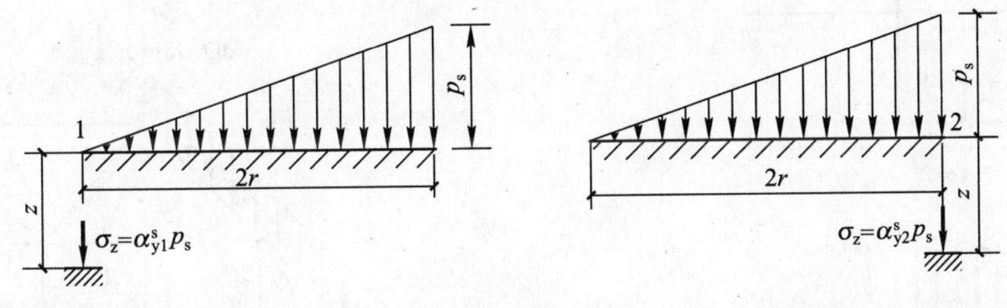

$\frac{z}{r}$	1点	2点	$\frac{z}{r}$	1点	2点	$\frac{z}{r}$	1点	2点
0.0	0.000	0.500	1.6	0.087	0.154	3.2	0.048	0.061
0.1	0.016	0.465	1.7	0.085	0.144	3.3	0.046	0.059
0.2	0.031	0.433	1.8	0.083	0.134	3.4	0.045	0.055
0.3	0.044	0.403	1.9	0.080	0.126	3.5	0.043	0.053
0.4	0.054	0.376	2.0	0.078	0.117	3.6	0.041	0.051
0.5	0.063	0.349	2.1	0.075	0.110	3.7	0.040	0.048
0.6	0.071	0.324	2.2	0.072	0.104	3.8	0.038	0.046
0.7	0.078	0.300	2.3	0.070	0.097	3.9	0.037	0.043
0.8	0.083	0.279	2.4	0.067	0.091	4.0	0.036	0.041
0.9	0.088	0.258	2.5	0.064	0.086	4.2	0.033	0.038
1.0	0.091	0.238	2.6	0.062	0.081	4.4	0.031	0.034
1.1	0.092	0.221	2.7	0.059	0.078	4.6	0.029	0.031
1.2	0.093	0.205	2.8	0.057	0.074	4.8	0.027	0.029
1.3	0.092	0.190	2.9	0.055	0.070	5.0	0.025	0.027
1.4	0.091	0.177	3.0	0.052	0.067			
1.5	0.089	0.165	3.1	0.050	0.064			

注：r——圆形面积的半径。

3.2.4 条形荷载下地基中应力

条形荷载是指承载面积宽度为 b，长度 l 为无穷大[1]，且荷载沿其长度不变(沿宽度 b 可任意变化)的荷载(图 3-20)。显然，在条形荷载作用下，地基内附加应力仅为坐标 x、z 的函数，而与坐标 y 无关。这种问题，在工程上称为平面问题。例如，房屋墙的基础、路堤、水坝等下面地基中的附加应力计算，均属平面问题。

1. 均布线荷载

在半无限体表面上作用一条无限长的均布线荷载 q(kN/m)，求解地基中任意点 M 处的附加应力，这是平面问题的基本课题。

如图 3-21 所示，设一竖向线荷载 q 作用在坐标轴 y 上，则可用集中荷载 $dQ=qdy$ 代替沿 y 轴上某微分段上的均布荷载 。从而可利用公式(3-5)求出由集中力 dQ 在 M 点处引起的附加应力 $d\sigma_z$。

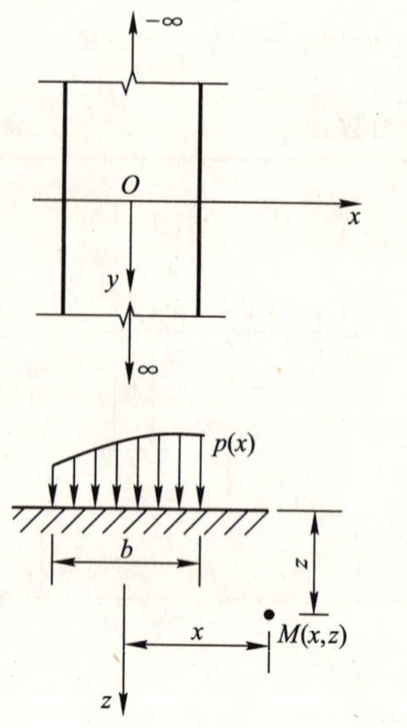

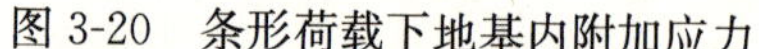

图 3-20 条形荷载下地基内附加应力

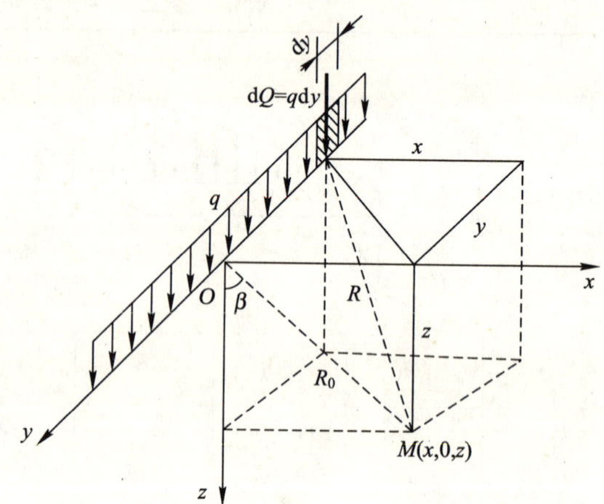

图 3-21 均布线荷载作用下地基中的附加应力

此时，若设 M 点位于与 y 轴垂直的 xOz 平面内，直线 OM 与 z 轴的夹角为 β，直线长为 $OM=R_0=\sqrt{x^2+z^2}$，则 $\cos\beta=\frac{z}{R_0}$，于是运用下列积分可求得均布线荷载作用下地基中任意点 M 的竖向附加应力 σ_z：

$$\sigma_z=\int_{-\infty}^{+\infty}d\sigma_z=\int_{-\infty}^{+\infty}\frac{3z^3qdy}{2\pi R^5}=\frac{2qz^3}{\pi R_0^4}=\frac{2q}{\pi z}\cos^4\beta \tag{3-27a}$$

同理可得

$$\sigma_x=\frac{2qx^2z}{\pi R_0^4}=\frac{2q}{\pi z}\cos^2\beta\cdot\sin^2\beta \tag{3-27b}$$

$$\tau_{xz}=\tau_{zx}=\frac{2qxz^2}{\pi R_0^4}=\frac{2q}{\pi z}\cos^3\beta\cdot\sin\beta \tag{3-27c}$$

[1] 当 $l\geqslant 10b$ 时，实用上即可认为是条形荷载。

由于均布线荷载沿坐标轴 y 均匀分布且无限延伸，因此与 y 轴垂直的任何平面上的应力状态都相同，

此时

$$\tau_{xy}=\tau_{yx}=\tau_{yz}=\tau_{zy}=0 \tag{3-27d}$$

$$\sigma_y=\mu(\sigma_x+\sigma_z) \tag{3-27e}$$

2. 均布条形荷载

设一竖向条形荷载沿宽度方向(图 3-22中 x 轴方向)均匀分布，则均布条形荷载 $p(\mathrm{kN/m^2})$沿 x 轴上某点微分段 $\mathrm{d}x$ 上的荷载，可以用线荷载 q 代替，同时设该点与 M 点连线与竖线的夹角为β，得：

$$q=p\mathrm{d}x=\frac{pR_0}{\cos\beta}\mathrm{d}\beta=\frac{pz}{\cos^2\beta}\mathrm{d}\beta \tag{3-28}$$

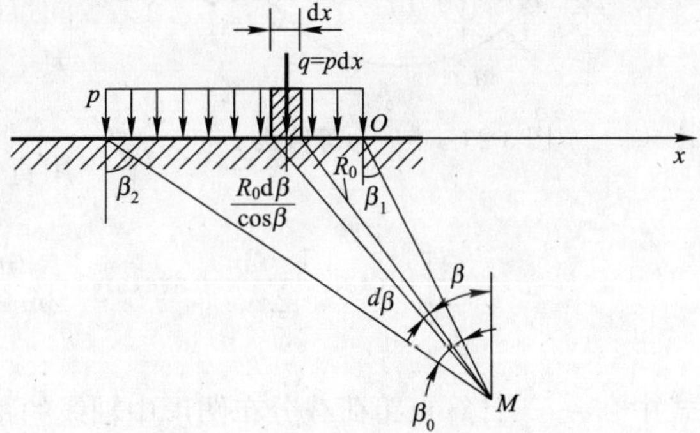

图 3-22 均布条形荷载作用下地基中的附加应力

将公式(3-28)代入公式(3-27a)得微分段 $\mathrm{d}x$ 的荷载在 M 点引起的附加应力 $\mathrm{d}\sigma_z$

$$\mathrm{d}\sigma_z=\frac{2q}{\pi z}\cos^4\beta=\frac{2\dfrac{pz}{\cos^2\beta}\mathrm{d}\beta}{\pi z}\cos^4\beta=\frac{2p}{\pi}\cos^2\beta\mathrm{d}\beta \tag{3-29}$$

将公式(3-29)在(β_1，β_2)范围内积分，即可求得条形均布荷载作用下地基中任意点 M 处附加应力的极坐标表达式

$$\sigma_z=\int_{\beta_1}^{\beta_2}\mathrm{d}\sigma_z=\int_{\beta_1}^{\beta_2}\frac{2p}{\pi}\cos^2\beta\mathrm{d}\beta=\frac{p}{\pi}\cdot[\sin\beta_2\cos\beta_2-\sin\beta_1\cos\beta_1+(\beta_2-\beta_1)] \tag{3-30}$$

同理可得

$$\sigma_y=\frac{p}{\pi}[-\sin(\beta_2-\beta_1)\cos(\beta_2+\beta_1)+(\beta_2-\beta_1)] \tag{3-31}$$

$$\tau_{xz}=\tau_{zx}=\frac{p}{\pi}[\sin^2\beta_2-\sin^2\beta_1] \tag{3-32}$$

以上各式中，当 M 点位于荷载分布宽度两端点竖直线之间时，β_1 取负值。

将公式(3-30)、公式(3-31)、公式(3-32)代入下列材料力学公式，可求得 M 点的最大主应力 σ_1 和最小主应力 σ_3

$$\left.\begin{matrix}\sigma_1\\ \sigma_3\end{matrix}\right\}=\frac{\sigma_z+\sigma_x}{2}\pm\sqrt{\left(\frac{\sigma_z-\sigma_x}{2}\right)^2+\tau_{xz}^2}$$

$$=\frac{p}{\pi}[(\beta_2-\beta_1)\pm\sin(\beta_2-\beta_1)] \tag{3-33a}$$

设 β_0 为 M 点与条形荷载两端连线的夹角(图 3-22)，并称为视角，$\beta_0=\beta_2-\beta_1$，于是上式变为

$$\left.\begin{matrix}\sigma_1\\ \sigma_3\end{matrix}\right\}=\frac{p}{\pi}(\beta_0\pm\sin\beta_0) \tag{3-33b}$$

视角 β_0 的二等分线即为最大主应力 σ_1 的方向，与二等分线垂直的方向就是最小主应力 σ_3 的方向。

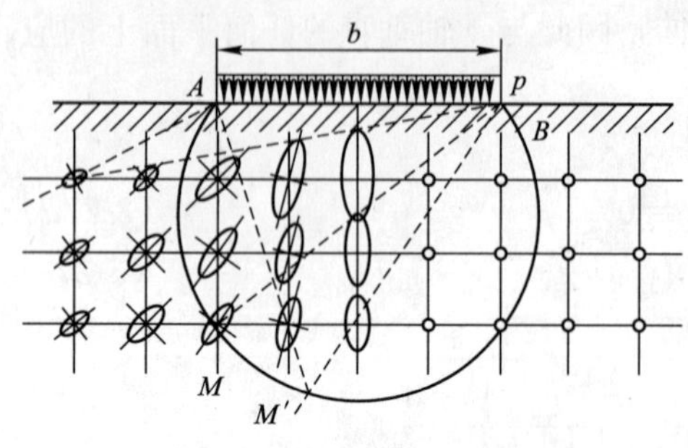

图 3-23 主应力等值线

从公式(3-33b)可见，在条形均布荷载作用下地基中主应力数值与视角 β_0 大小有关。这时，主应力等值线将是通过荷载的两个边缘点(A、B)的圆(图 3-23)，圆上任意点的视角是相等的($\angle AMB=\angle AM'B=\cdots=\beta_0$)。在图中也画出不同点的“应力椭圆”，其长轴与短轴分别表示最大主应力 σ_1 及最小主应力 σ_3 的方向和大小。

为了计算方便，还可将上述 σ_z 的计算公式改用直角坐标表示，此时

$$\sigma_z=\frac{p}{\pi}\left[\arctan\frac{1-2n}{2m}+\arctan\frac{1+2n}{2m}-\frac{4m(4n^2-4m^2-1)}{(4n^2+4m^2-1)^2+16m^2}\right]=\alpha_t p \tag{3-34}$$

式中 n——计算点距荷载分布图形中轴线的距离 x 与荷载分布宽度 b 的比值，$n=\frac{x}{b}$；

m——计算点的深度 z 与荷载宽度 b 的比值，$m=\frac{z}{b}$；

α_t——条形均布荷载下的附加应力系数，查表 3-8。

条形均布荷载下附加应力系数 α_t 值 **表 3-8**

z/b \ x/b	0.00	0.25	0.50	1.00	2.00
0.00	1.00	1.00	0.50	0	0
0.25	0.96	0.90	0.50	0.02	0.00
0.50	0.82	0.74	0.48	0.08	0.00
0.75	0.67	0.61	0.45	0.15	0.02
1.00	0.55	0.51	0.41	0.19	0.03
1.50	0.40	0.38	0.33	0.21	0.06
2.00	0.31	0.31	0.28	0.20	0.08
3.00	0.21	0.21	0.20	0.17	0.10
4.00	0.16	0.16	0.15	0.14	0.10
5.00	0.13	0.13	0.12	0.12	0.09

条形均布荷载下地基中的应力分布规律如图 3-24 所示。

3. 三角形分布条形荷载

当条形荷载沿承压面积宽度方向呈三角形分布而沿长度方向不变时(图 3-25)，可按上述均布条形荷载的推导方法，解得地基中任意点 $M(x, z)$的附加应力计算公式为：

$$\sigma_z^s=\frac{p_t^s}{\pi}\left[n\left(\arctan\frac{n}{m}-\arctan\frac{n-1}{m}\right)-\frac{m(n-1)}{(n-1)^2+m^2}\right]=\alpha_t^s p_t^s \tag{3-35}$$

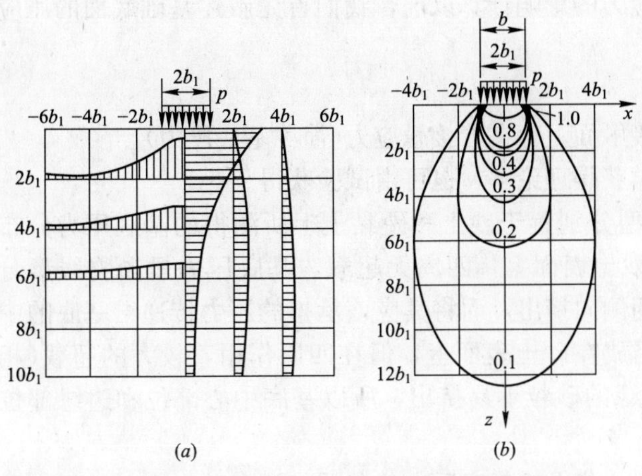

图 3-24 条形均布荷载下地基中应力分布等值线

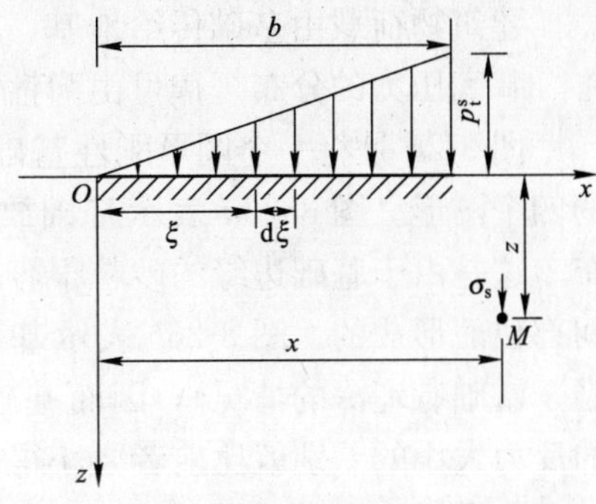

图 3-25 三角形分布条形荷载下地基中附加应力计算

式中 n——从计算点到荷载强度零点的水平距离 x 与荷载宽度 b 的比，$n=\dfrac{x}{b}$；

m——计算点的深度 z 与荷载宽度 b 的比，$m=\dfrac{z}{b}$；

α_t^s——三角形分布荷载下的附加应力系数，查表 3-9。

三角形分布条形荷载附加应力系数 α_t^s **表 3-9**

z/b \ x/b	−1.00	−0.50	0.00	0.50	1.00	1.50	2.00
0.00	0	0	0	0.500	0.500	0	0
0.25	0	0.001	0.075	0.480	0.424	0.015	0.003
0.50	0.003	0.023	0.127	0.410	0.353	0.056	0.017
0.75	0.016	0.042	0.153	0.335	0.293	0.108	0.024
1.00	0.025	0.061	0.159	0.275	0.241	0.129	0.045
1.50	0.048	0.096	0.145	0.200	0.185	0.124	0.062
2.00	0.061	0.092	0.127	0.155	0.153	0.108	0.069
3.00	0.064	0.080	0.096	0.104	0.104	0.090	0.071
4.00	0.060	0.067	0.075	0.085	0.075	0.073	0.060
5.00	0.052	0.057	0.059	0.063	0.065	0.061	0.051

3.3 基础埋置深度对附加应力的影响

在上一节所叙述的地基内附加应力的计算方法，均为荷载作用在地面的情形，但实际上，在工程计算中，所遇到的荷载多由建筑物基础传给地基，即大多数荷载都是作用在地面下某一深度处，这个深度就是基础埋置深度。这时，基础底面下地基内的附加应力的计算与前述方法有所不同。

在没有介绍基础埋置深度对附加应力的影响计算以前，我们首先叙述基础底面的压应力计算。

3.3.1 基础底面压力的计算

建筑物荷载由基础传给地基，在接触面上存在着接触应力(简称基底压力)。

基底压力的分布规律可由弹性力学获得理论解，也可由试验获得。

图 3-26 是将一个圆形刚性基础模型分别置于砂土和硬黏土上所测得的基底压力分布的四个图形。图 3-26*a* 表示基础放在砂土表面上，四周无超载，基底压力呈抛物线形分布。这是由于基础边缘的砂粒很容易朝侧向挤出，而将其应该承担的压力传递给基底的中间部位而形成的。图 3-26*b* 表示基础仍放在砂土表面上，但在四周作用着较大的超载(相当于基础有埋深的情况)，因而基础边缘的砂粒不易挤出，所以基底中心部位和边缘部位的反力大小的差别就比前者要小得多。

如果把刚性模型基础放在硬黏土上，测得的基底反力分布图与放在砂土上时相反，而是呈现中间小、边缘大的马鞍形。由于硬黏土有较大的黏聚力，不大容易发生土粒的侧向挤出，因此在基础四周无超载(图 3-26*c*)和有超载(图 3-26*d*)两种情况下的基底反力分布的差别不如砂土那样显著。

从以上试验可知，基底压力的大小和分布与地基土的种类、外部荷载、基础刚度、底面形状、基础埋深等许多因素有关。在计算时，如果完全考虑这些因素是十分复杂的。对于工业与民用建筑，当基底尺寸较小时(如柱下单独基础、墙下条形基础等)，一般基底压力分布可近似地按直线分布的图形计算，即可按材料力学公式进行简化计算。

1. 轴心受压基础

轴心受压基础所受荷载的合力通过基础底面形心。基底压力假定呈均匀分布(图 3-27)，其值按下式计算：

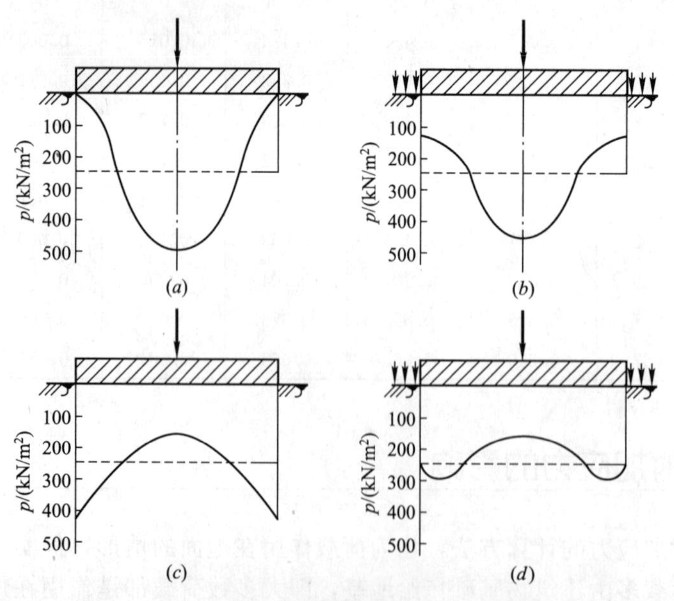

图 3-26 圆形刚性基础模型底面反力分布图

(*a*)在砂土上(无超载)；(*b*)在砂土上(有超载)；

(*c*)在硬黏土上(无超载)；(*d*)在硬黏土上(有超载)

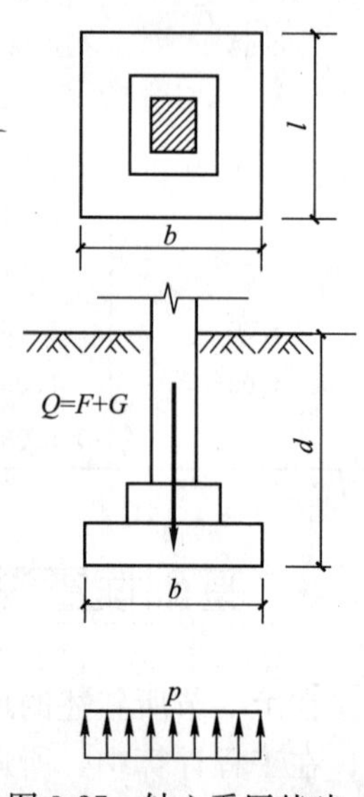

图 3-27 轴心受压基础

$$p=\frac{F+G}{A} \tag{3-36}$$

式中 p——基础底面压力(kN/m^2)；

F——上部结构传至基础顶面的荷载(kN)；

G——基础自重及基础台阶上的回填土重(kN)，$G=dA\overline{\gamma}$；

d——基础埋置深度(m)；

A——基础底面面积(m^2)，对于矩形基础 $A=lb$，其中 l，b 分别为基底面的长边和短边(m)；对于墙下条形基础，则沿墙长方向截取一单元长度的截条进行计算，这时式(3-36)中 A 改成 b(m)；

$\overline{\gamma}$——基础自重及基础台阶上的回填土平均重度，一般取 20kN/m^2。

2. 偏心受压基础

(1) 单向偏心受压基础

单向偏心受压基础，其所受竖向荷载的合力作用点位于基底一个对称轴上，其偏心距为 e(m)，对于矩形基础，设计时，一般取基底长边平行于力矩作用方向。这时基底最大和最小压力按下式计算：

$$p_{\max}=\frac{F+G}{A}+\frac{M}{W} \tag{3-37a}$$

$$p_{\min}=\frac{F+G}{A}-\frac{M}{W} \tag{3-37b}$$

式中 M——作用于基础底面的力矩(kN·m)；

W——基础底面的抵抗矩(m^3)。

其余符号意义与前相同。

对于矩形基础，式(3-37a)和式(3-37b)可写成：

$$p_{\max}=\frac{F+G}{lb}\left(1+\frac{6e}{l}\right) \tag{3-37c}$$

$$p_{\min}=\frac{F+G}{lb}\left(1-\frac{6e}{l}\right) \tag{3-37d}$$

按式(3-37d)计算，基础底面压力分布有下列三种情况：

(a) 当 $e<\frac{l}{6}$时，$p_{\min}>0$，表示基础底面压力呈梯形分布(图 3-28a)：

(b) 当 $e=\frac{l}{6}$时，$p_{\min}=0$，表示基础底面压力呈三角形分布(图 3-28b)：

(c) 当 $e>\frac{l}{6}$时，$p_{\min}<0$，表示基础底面与地基之间一部分出现拉力(3-28c)。实际上，它们之间并不能传递拉力。因此，基础底面与地基之间将局部脱开，基础底面压力必然重新分布。这时，可根据力的平衡条件确定基底受压宽度和压力大小。(图3-28d)；

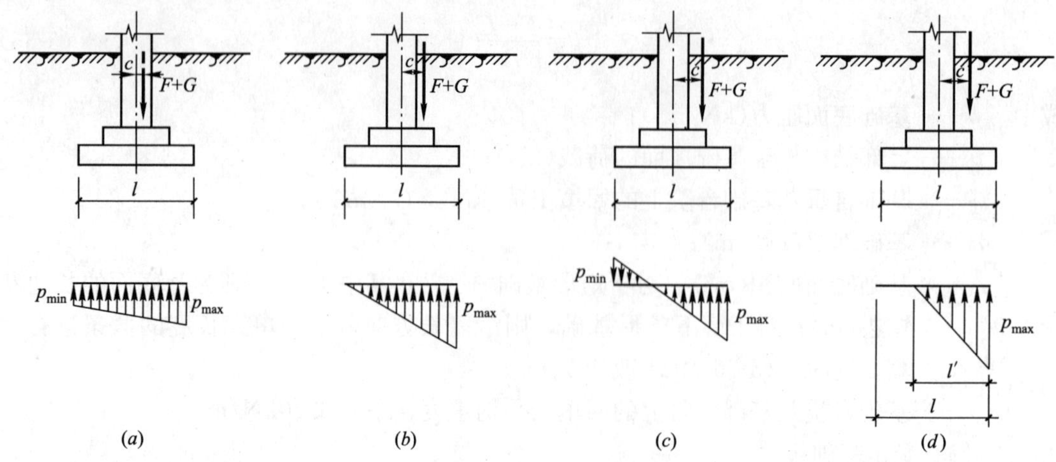

图 3-28　单向偏心受压基础

(*a*)当 $e<\frac{l}{6}$时；(*b*)当 $e=\frac{l}{6}$时；(*c*)当 $e>\frac{l}{6}$时按式(3-37*a*)和式(3-37*b*)计算结果绘制的基础底面应力分布图(不合理)；(*d*)当 $e>\frac{l}{6}$时，基础底面应力合理分布图

基础受压宽度：

$$l'=3\left(\frac{l}{2}-e\right) \tag{3-38a}$$

基础底面取最大压力：

$$p_{\max}=\frac{2(F+G)}{3\left(\dfrac{l}{2}-e\right)b} \tag{3-38b}$$

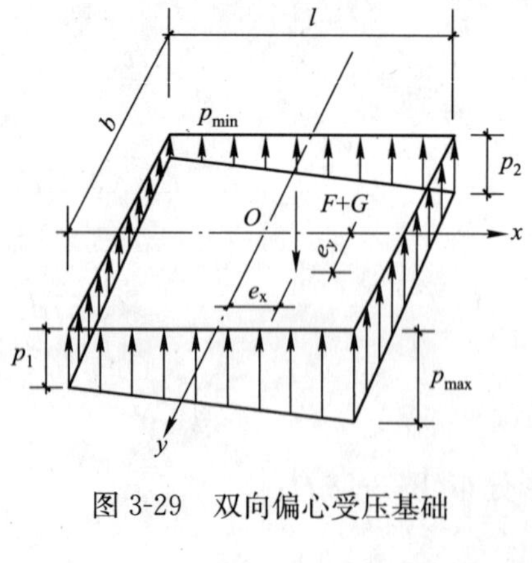

(2) 双向偏心受压基础

双向偏心受压基础，其所受竖向荷载的合力作用点不在对称轴上，而位于基底其他位置。其偏心距分别为 e_x 和 e_y(m)(图 3-29)。设计时，如控制 $p_{\min}\geqslant 0$，即使基底全部受压。这时基底四个角点的压力 $p_{\max}$、$p_{\min}$、p_1 和 p_2 可分别按下式计算：

图 3-29　双向偏心受压基础

$$\left.\begin{matrix}p_{\max}\\p_{\min}\end{matrix}\right\}=\frac{F+G}{A}\pm\frac{M_x}{W_x}\pm\frac{M_y}{W_y} \tag{3-39a}$$

$$\left.\begin{matrix}p_1\\p_2\end{matrix}\right\}=\frac{F+G}{A}\mp\frac{M_x}{W_x}\pm\frac{M_y}{W_y} \tag{3-39b}$$

式中　M_x、M_y——作用于基础底面的竖向荷载分别对 x 轴和 y 轴产生的力矩(kN·m)；

W_x、W_y——基础底面分别对 x 轴和 y 轴的抵抗矩(m^3)。

其余符号意义与前相同。

【例题 3-6】 已知正方形中心受压基础，底面尺寸为 1.5m×1.5m，作用在基础底面的竖向荷载 Q=390kN(图 3-30)。试求基础底面应力数值，并绘出应力分布图。

【解】 按公式(3-36)算出基础底面应力

$$p=\frac{Q}{lb}=\frac{390}{1.5\times1.5}=173\text{kN/m}^2$$

基础底面应力分布图如图 3-30 所示。

【例题 3-7】 柱基础底面尺寸为 1.2m×1.0m，作用在基础底面的偏心荷载 $F+G=150\text{kN}$(图 3-31*a*)。如偏心距分别为 0.1m、0.2m 和 0.3m。试确定基础底面应力数值，并绘出应力分布图。

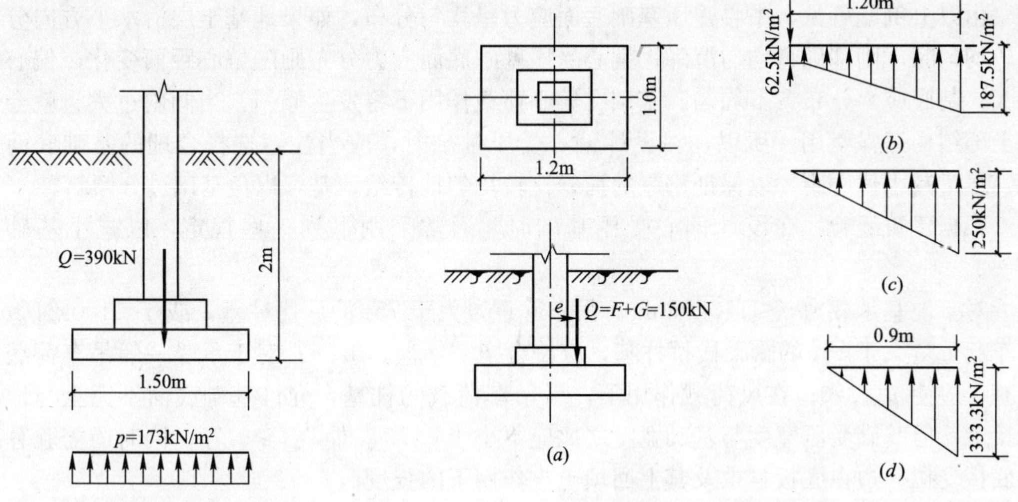

图 3-30 例题 3-6 附图　　　　图 3-31 例题 3-7 附图

【解】 (1) 当偏心距 $e=0.1\text{m}$ 时，

因为 $e=0.1\text{m}<\frac{l}{6}=\frac{1.2}{6}=0.2\text{m}$，故最大和最小应力可分别按公式(3-37*c*)和公式(3-37*d*)计算：

$$p_{\max}=\frac{F+G}{lb}\left(1+\frac{6e}{l}\right)=\frac{150}{1.2\times1.0}\left(1+\frac{6\times0.1}{1.2}\right)=187.5\text{kN/m}^2$$

$$p_{\min}=\frac{F+G}{lb}\left(1-\frac{6e}{l}\right)=\frac{150}{1.2\times1.0}\left(1-\frac{6\times0.1}{1.2}\right)=62.5\text{kN/m}^2$$

应力分布图见图 3-31*b*。

(2) 当偏心距 $e=0.2\text{m}$ 时，

因为 $e=0.2\text{m}=\frac{l}{6}=0.2\text{m}$，所以基础底面最大和最小应力仍可按公式(3-37*c*)和公式(3-37*d*)计算：

$$p_{\max}=\frac{150}{1.2\times1.0}\left(1+\frac{6\times0.2}{1.2}\right)=250\text{kN/m}^2$$

$$p_{\min}=\frac{150}{1.2\times1.0}\left(1-\frac{6\times0.2}{1.2}\right)=0$$

应力分布图见图 3-31*c*。

(3) 当偏心距 $e=0.3\text{m}$ 时，

因为 $e=0.3\text{m}>\frac{l}{6}=0.2\text{m}$，故基底应力需按公式(3-38*b*)计算：

$$p_{max}=\frac{2(F+G)}{3\left(\frac{l}{2}-e\right)b}=\frac{2\times150}{3\left(\frac{1.2}{2}-0.3\right)1.0}=333.3\text{kN/m}^2$$

基础受压宽度按公式(3-38a)计算：

$$l'=3\left(\frac{l}{2}-e\right)=3\left(\frac{1.2}{2}-0.3\right)=0.9\text{m}$$

应力分布图见图 3-31d。

由以上例题可见，中心受压基础底面应力呈均匀分布，如果地基土层沿水平方向分布比较均匀时，则基础将均匀沉降；偏心受压基础底面应力分布则随偏心距而变化，偏心距愈大，基底应力分布愈不均匀。基础在偏心荷载作用下将发生倾斜，当倾斜过大，就会影响上部结构正常使用。所以，在设计偏心受压基础时，应当注意选择合理的基础底面尺寸，尽量减小偏心距，以保证房屋的荷载比较均匀地传给地基，以免基础过分倾斜。

根据建筑经验，在设计偏心受压基础时，通常采用下列一些规定，以减小基础的倾斜。

对于地基承载力 $f\leqslant170\text{kN/m}^2$，吊车起重量大于 75t 的厂房柱基，或 $f<100\text{kN/m}^2$，吊车起重量大于 15t 的露天栈桥柱基，应符合 $p_{min}/p_{max}\geqslant0.25$；对于承受一般吊车荷载的柱基，应使 $p_{min}>0$；在风荷载作用下，无吊车荷载的柱基，允许基础底面不完全与地基土接触，但基础受压宽度与基础宽度之比应不小于 0.75，即 $l'/l\geqslant0.75$。同时尚需验算基础底板受拉一边在底板自重及其上回填土重作用下的强度。

3.3.2 基础底面附加应力的计算

在建造房屋以前，基础底面标高处就已受到土的自重应力的作用。设基础埋置深度为 d，在其范围内土的重度为 γ，则基底处土的自重应力为 γd。当挖好基槽后，就相当在槽底卸除荷载 γd。如地基土是理想的弹性体，则卸除荷载后，槽底必定产生向上的回弹变形。实际上，地基土并不是理想的弹性体，卸除荷载 γd 后，不会立刻产生回弹变形，而是逐渐回弹的。回弹变形的大小和速度与土的性质、基槽深度和宽度，以及开挖基槽后至砌筑基础前所经历的时间有关。在一般情况下，为了简化计算，通常假设基槽开挖后，槽底不产生回弹变形。因此，由于建筑物荷载在基础底面所引起的附加应力，即引起地基变形的应力(新增加的应力)(图 3-32)，对于中心受压基础

$$p_0=p-\gamma d \tag{3-40}$$

式中 p——基础底面总压应力；

γ——基础埋深范围内土的重度；

d——基础埋置深度。

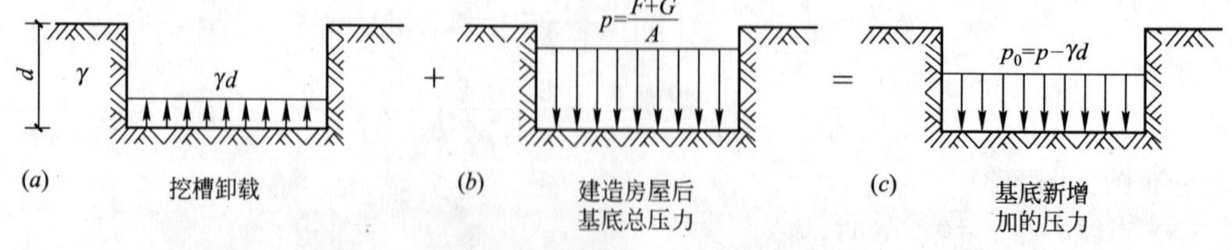

图 3-32 基底附加应力的计算

如果计算基础底面下任一点的附加应力时，应将式(3-17)、式(3-18)、式(3-25)和式(3-34)中的 p 以 $p_0=(p-\gamma d)$ 代替，即：

(1) 矩形均布荷载中心点下任一深度处附加应力公式变成

$$\sigma_z=\alpha_0(p-\gamma d) \tag{3-41}$$

(2) 矩形均布荷载角点下任一深度处附加应力公式变成

$$\sigma_z=\frac{1}{4}\alpha_0(p-\gamma d) \tag{3-42}$$

(3) 圆形均布荷载下任一点的附加应力公式变成

$$\sigma_z=\alpha_y(p-\gamma d) \tag{3-43}$$

(4) 条形均布荷载下任一点的附加应力公式变成

$$\sigma_z=\alpha_t(p-\gamma d) \tag{3-44}$$

对于矩形、圆形和条形面积上的三角形荷载下的附加应力公式，也应作相应的改变，这里就不叙述了。

【例题 3-8】 中心受压基础底面尺寸 $lb=1.5\text{m}\times1.5\text{m}$，基础埋置深度 $d=2\text{m}$，作用在基础上总的荷载 $F+G=390\text{kN}$，其他数据见图 3-33。试求基础底面处及中心点下 1.5m、3m、4.5m 和 6m 处的附加应力和土的自重应力。并绘出它们的应力分布曲线。

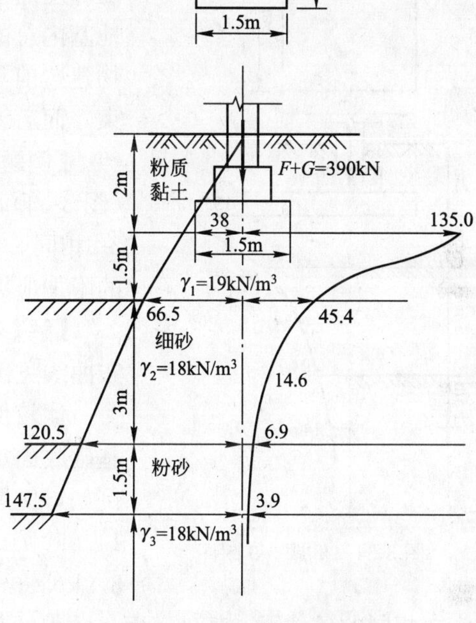

图 3-33　例题 3-8 附图

【解】 (1) 求基础底面处附加应力

$$p_0=p-\gamma_1 d=\frac{390}{1.5\times1.5}-19\times2=135\text{kN/m}^2$$

(2) 求距基底中心点下指定深度处的附加应力和绘附加应力分布曲线。

这些点的附加应力计算过程见表 3-10。

应力计算表　　　　**表 3-10**

z(m)	$\frac{z}{b}$	$\frac{l}{b}$	α_0	$\sigma_z=\alpha_0 p_0$ (kN/m²)	$\sigma_{cz}=\sum_{i=1}^{n}\gamma_i h_i$ (kN/m²)
0	0	1	1.000	135.0	38.0
1.5	1	1	0.336	45.4	66.5
3.0	2	1	0.108	14.6	—
4.5	3	1	0.051	6.9	120.5
6.0	4	1	0.029	3.9	147.5

为了绘制附加应力分布曲线，取基础底面中心点作原点，绘直角坐标系，横坐标轴(向右)表示附加应力，纵坐标轴(向下)表示深度，将表 3-10 中的数据以一定的比尺标在

坐标轴上，然后将所得各点连成曲线，就得到附加应力分布曲线。

(3) 求自重应力和绘自重应力分布曲线

自重应力计算结果见表 3-10。为了绘制自重应力分布曲线，取基础轴线与地面的交点为原点，横坐标轴(向左)表示自重应力，纵坐标轴(向下)表示深度，将表 3-10 中的数据以绘制附加应力分布曲线相同的比例尺标在坐标轴上，将所得各点连以直线，就得到自重应力分布曲线。

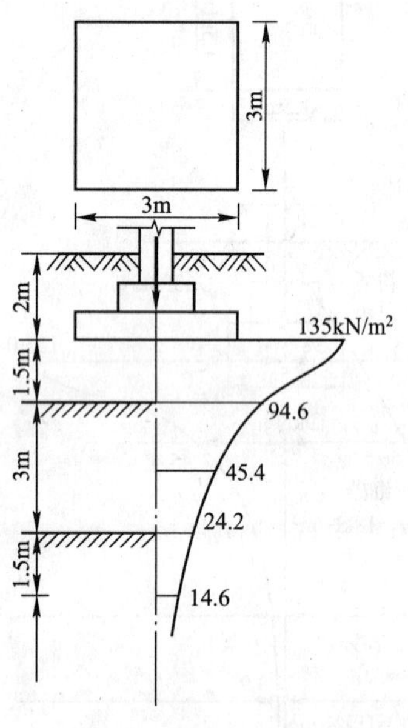

图 3-34　例题 3-9 附图

从这个例题的结果使我们清楚地看到，地基内附加应力随深度的增加而迅速减小，而自重应力随深度增加而增大。地基内总的应力等于自重应力与附加应力之和。前者在建筑物建造前早已存在，一般天然土层在其作用下变形早已结束，而后者是新增加的应力，故它将产生地基的变形。

【例题 3-9】 已知中心受压基础，底面尺寸 $lb=3\text{m}\times3\text{m}$ (图 3-34)，基底附加应力 $p_0=135\text{kN/m}^2$，其他条件与例题 3-8相同。试确定基底中点下 $z=1.5\text{m}$、3m、4.5m 和 6m 处的附加应力。

【解】 所求点附加应力计算过程见表 3-11。附加应力分布曲线见图 3-34。

比较例题 3-8 和例题 3-9 可见，在其他条件相同情况下，基础底面尺寸大的基础下的附加应力比尺寸小的收敛得慢，例如，例题 3-9 基础底面下 $z=6\text{m}$ 处的附加应力 $p_z=14.6\text{kN/m}^2$；而例题 3-8 的基础在同一点的附加应力 $p_z=3.9\text{kN/m}^2$，前者为后者的 3.74 倍。可以预见，在基底附加应力相同的条件下，基础底面尺寸大的基础比小的基础沉降大。这是在基础设计中应当注意的问题。

应力计算表　　　　**表 3-11**

z(m)	$\frac{z}{b}$	$\frac{l}{b}$	α_0	$\sigma_z=\alpha_0 p_0$(kN/m^2)
0	0		1.000	135.0
1.5	0.5		0.701	94.6
3.0	1.0	1	0.336	45.4
4.5	1.5		0.179	24.2
6.0	2.0		0.108	14.6

第4章 地基变形的计算

4.1 土的压缩性

4.1.1 基本概念

地基在荷载作用下，土层就将产生压缩变形，使建筑物产生沉降。土在压力作用下体积减小的特性称为土的压缩性。试验研究表明，在一般工程压力 100～600kN/m² 作用下，土颗粒和水的压缩很小，可以忽略不计，所以，土的压缩可看作是由于孔隙中水和空气被挤出，使土中孔隙体积减小产生的。饱和土压缩时，随着孔隙体积的减小，土中孔隙水被挤出。这种现象称为固结。

在荷载作用下，透水性大的无黏性土，其压缩过程在很短时间内就可完成，而透水性小的黏性土，其压缩过程需要很长时间才能完成。一般认为，砂土的压缩在施工期间即告完成；高压缩性黏性土的压缩，在施工期间只完成最后沉降量的 5%～20%。

研究土的固结理论，对于在房屋和构筑物设计时预留它们与有关部分之间的净空、考虑连接方法及施工顺序等，都是十分重要的。

4.1.2 压缩试验和压缩曲线

土的孔隙比与压力的关系，可由侧限压缩试验确定。压缩试验就是用环刀切取原状土样，放在压缩仪(也称为固结仪)(图 4-1)内，然后逐级加铅直压力 p，并用百分表测量相应稳定压缩量 S，再经过换算，求得相应的孔隙比 e。

设 h_0 为土样初始高度，h 为土样受压后的高度，S 为压力 p 作用下土样压缩稳定后的压缩量。则 $h=h_0-S$(图 4-2)。

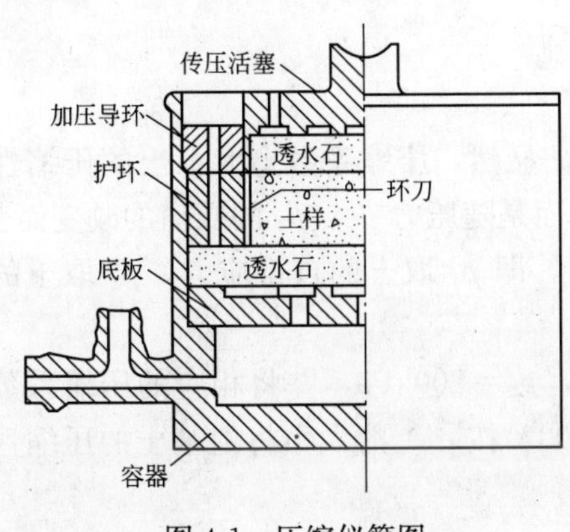

图 4-1　压缩仪简图

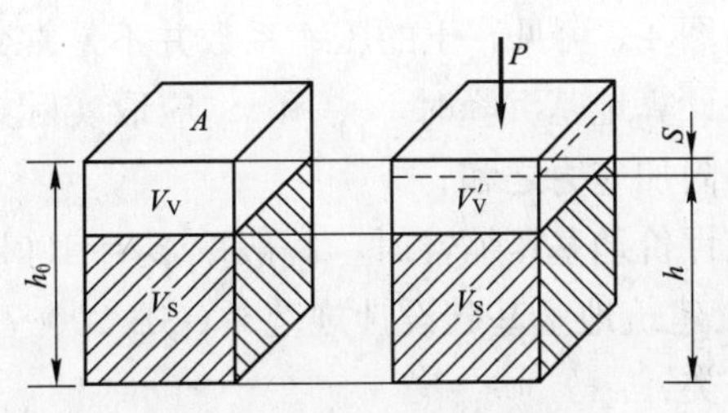

图 4-2　公式(4-1)推证附图

根据土的孔隙比的定义，初始孔隙比为：

$$e_0=\frac{V_v}{V_s}=\frac{V-V_s}{V_s}=\frac{V}{V_s}-1$$

设土样的横断面积为 A，于是 $V=h_0A$，把它代入上式，经简单变换后，得

$$V_s=\frac{h_0A}{1+e_0} \tag{a}$$

用某级压力 p 作用下的孔隙比 e 和稳定压缩量 S 表示土粒体积

$$V_s=\frac{hA}{1+e}=\frac{(h_0-S)A}{1+e} \tag{b}$$

因为土样受压前后土粒体积和横断面面积不变，故式(a)与式(b)相等

$$\frac{h_0}{1+e_0}=\frac{h_0-S}{1+e} \tag{c}$$

解得

$$e=e_0-\frac{S}{h_0}(1+e_0) \tag{4-1}$$

式中 $e_0=\frac{d_s\gamma_w(1+w_0)}{\gamma_0}-1$，其中 d_s、w_0、γ_0 分别为土颗粒相对密度、土样的初始含水量和初始重度。这样，只要测出土样在各级压力 p 作用下的稳定压缩量 S 后，即可按式(4-1)算出相应的孔隙比 e，从而就可绘出压力和孔隙比关系曲线，即压缩曲线(图 4-3)。

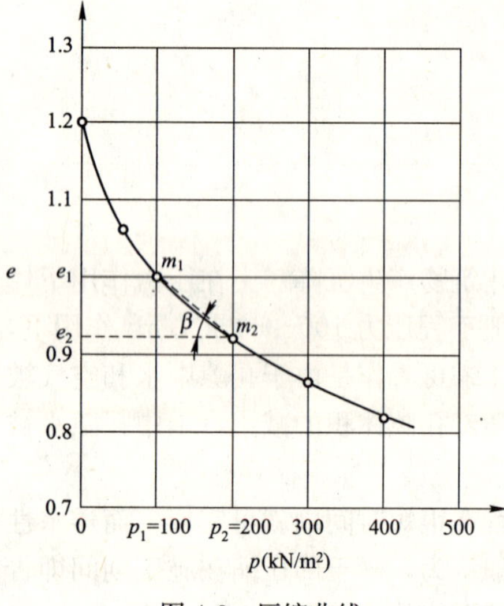

图 4-3　压缩曲线

4.1.3　压缩系数和压缩模量

从压缩曲线可以看出，孔隙比 e 随压力 p 增大而减小。当压力变化范围不大时，曲线段可近似地以直线 m_1m_2 表示。

令
$$a=\tan\beta=1000\times\frac{e_1-e_2}{p_2-p_1} \tag{4-2}$$

式中　1000——单位换算系数；

a——压缩系数(MPa^{-1})；

p_1、p_2——固结压力(kPa)；

e_1、e_2——相应于 p_1 和 p_2 时的孔隙比。

压缩系数 a 表示单位压力下孔隙比的变化。显然，压缩系数愈大，土的压缩性就愈大。由图 4-3 可见，土的压缩系数并不是常数，而是随压力 p_1、p_2 的数值的改变而变化。

在计算地基沉降时，p_1 和 p_2 应取实际应力，即 p_1 取土的自重应力，p_2 取土的自重应力与附加应力之和。

在评价地基压缩性时，一般取 $p_1=100$kPa，$p_2=200$kPa，并将相应的压缩系数记作 a_{1-2}。《建筑地基基础设计规范》(GB 50007—2002)按 a_{1-2} 的大小将地基土的压缩性分为以下三类：

当$a_{1-2} \geqslant 0.5\text{MPa}^{-1}$时，为高压缩性；

当$0.5\text{MPa}^{-1} > a_{1-2} \geqslant 0.1\text{MPa}^{-1}$时，为中压缩性；

当$a_{1-2} < 0.1\text{MPa}^{-1}$时，为低压缩性。

除了采用压缩系数a作为土的压缩性指标外，在工程上，还常采用压缩模量作为土的压缩性指标。

在压缩仪内完全侧限条件下，土的应力变化量Δp与其应变ε的比，称为压缩模量，用E_s表示。即

$$E_s = \frac{\Delta p}{\varepsilon} \tag{4-3a}$$

土的压缩模量E_s可按下式计算：

$$E_s = \frac{1+e_1}{a} \tag{4-3b}$$

式中 e_1——地基土自重应力下的孔隙比；

a——从土自重应力至土自重加附加应力段的压缩系数。

为了便于应用，在确定E_s时，压力段也可按表4-1数值采用。

确定E_s的压力区段 **表4-1**

土的自重应力+附加应力(kPa)	<100	100～200	>200
应力区段(kPa)	50～100	100～200	200～300

现将式(4-3b)推证如下：

设在压力p_1时土样的高度为h_1，孔隙比为e_1，总体积为V_1(图4-4a)。

显然，
$$V_1 = V_s + V_{v1} \tag{a}$$
$$V_{v1} = e_1 V_s \tag{b}$$

将式(b)代入(a)得：

$$V_s = \frac{1}{1+e_1} V_1 \tag{c}$$

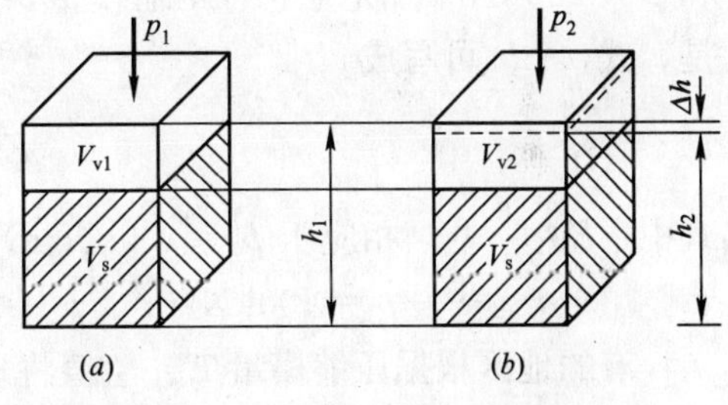

图4-4 E_s和a之间关系推证附图

在压力p_1时土的孔隙体积可写成

$$V_{v1} = V_1 - V_s = V_1 - \frac{1}{1+e_1} V_1 = \frac{e_1}{1+e_1} V_1 \tag{d}$$

当压力从p_1增至p_2时，土样孔隙比由原来e_1减小到e_2，相应的土样高度由h_1减小到h_2，土样体积由V_1减小到V_2(图4-4b)。于是

$$V_s = \frac{1}{1+e_2} V_2 \tag{e}$$

$$V_{v2} = \frac{e_2}{1+e_2} V_2 \tag{f}$$

因为压力由p_1增至p_2，土样颗粒体积不变，故式(c)与式(e)相等，即

$$\frac{1}{1+e_1} V_1 = \frac{1}{1+e_2} V_2$$

设 A 为压缩仪中土样横断面面积，由于土样无侧向变形，即 A 受压前后不变，故上式可写成

$$\frac{1}{1+e_1}Ah_1=\frac{1}{1+e_2}Ah_2$$

经过整理后得

$$h_2=\frac{1+e_2}{1+e_1}h_1 \tag{g}$$

压力由 p_1 增加到 p_2 时土样的压缩量

$$\Delta h=h_1-h_2 \tag{h}$$

将式(g)代入式(h)，经过简化后，得

$$\Delta h=\frac{e_1-e_2}{1+e_1}h_1$$

土样应变

$$\varepsilon=\frac{\Delta h}{h_1}=\frac{e_1-e_2}{1+e_1} \tag{4-4}$$

根据压缩模量定义

$$E_s=\frac{\Delta p}{\varepsilon}=\frac{p_2-p_1}{\dfrac{e_1-e_2}{1+e_1}}=\frac{1+e_1}{\dfrac{e_1-e_2}{p_2-p_1}}=\frac{1+e_1}{a}$$

压缩模量 E_s 也是土的压缩性指标，它与压缩系数相反，E_s 值愈大，说明土的压缩性愈小；E_s 值愈小，说明土的压缩性愈大。为了比较土的压缩性，工程上采用 $p_1=100\text{kN/m}^2$ 和 $p_2=200\text{kN/m}^2$ 所确定的压缩模量，作为评定土的压缩性指标，并用 $E_{s(1-2)}$ 表示。于是，式(4-3b)可写成

$$E_{s(1-2)}=\frac{1+e_1}{a_{1-2}}$$

式中　$E_{s(1-2)}$——相应于 $p_1=100\text{kN/m}^2$、$p_2=200\text{kN/m}^2$ 时土的压缩模量(MPa)；

a_{1-2}——$p_1=100\text{kN/m}^2$、$p_2=200\text{kN/m}^2$ 时土的压缩系数。

有的地区根据压缩模量 $E_{s(1-2)}$ 值将地基土的压缩性按表 4-2 分为六级。

地基土按 $E_{s(1-2)}$ 值划分压缩等级的规定　　**表 4-2**

$E_{s(1-2)}$ (MPa)	压缩性等级	$E_{s(1-2)}$ (MPa)	压缩性等级
<2	特高	7.6～11.0	中
2～4	高	11.1～15.0	中低
4.1～7.5	中高	>15.0	低

4.1.4　变形模量

土的压缩性，除了采用上述室内压缩试验测定的指标(压缩系数和压缩模量)表示外，还可通过野外载荷试验确定的变形模量来表示。由于变形模量是在现场原位进行测得的，所以它能比较准确地反映土在天然状态下的压缩性。

进行荷载试验前，先在现场挖掘一个正方形的试验坑，其深度等于基础的埋置深度，宽度一般不小于荷载板宽度(或直径)的三倍。荷载板的面积，应采用 0.25～0.5m²。

试验开始前，应保持试验土层的天然湿度和原状结构，并在试坑底部铺设约 20mm 厚的粗、中砂层找平。当测试土层为软塑、流塑状态的黏性土或饱和松散砂土时，荷载板周围应铺设 200～300mm 厚的原土作为保护层。当试坑标高低于地下水位时，应先将水疏干或降至试坑标高以下，并铺设垫层，待水位恢复后进行试验。

加载方法视具体条件采用重块或油压千斤顶。

图 4-5 为采用油压千斤顶加载装置示意图。试验的加荷标准应符合下列要求：加荷等级应不小于 8 级，最大加载量不应少于设计荷载的 2 倍。每级加载后，按间隔 10、10、10、15、15min，以后为每隔 0.5h 读一次沉降，当连续 2h，每 h 的沉降量小于 0.1mm 时，则认为已趋稳定，可加下一级荷载。第一级荷载(包括设备重量)，宜接近开挖试坑所卸除土的自重(其相应的沉降量不计)，其后每级荷载增量，对较松软土采用 10～25kPa，对较坚硬土采用 50kPa。并观测累计荷载下的稳定沉降量(mm)，直至地基土达到极限状态，即出现下列情况之一时加载终止：

(1) 荷载板周围的土有明显侧向挤出。

(2) 荷载 p 增加很小，但沉降量 S 却急剧增大。

(3) 在荷载不变的情况下，24h 内，沉降速率不能达到稳定标准。

(4) $S/b \geqslant 0.06$(b 为承压板宽度)。

满足前三种情况之一时，其对应的前一级荷载定为极限荷载。

根据试验观测记录，可以绘制荷载板底面应力与沉降量的关系曲线，即 p-S 曲线。如图 4-6 所示。从图中可以看出，荷载板的沉降量随应力(或称压力)的增大而增加；当应力 p 小于 p_{cr}时，沉降量和应力近似地成正比。这就是说，当 $p<p_{cr}$时，地基上可看成是直线变形体，可采用弹性力学公式计算土的变形模量 E_0(MPa)。

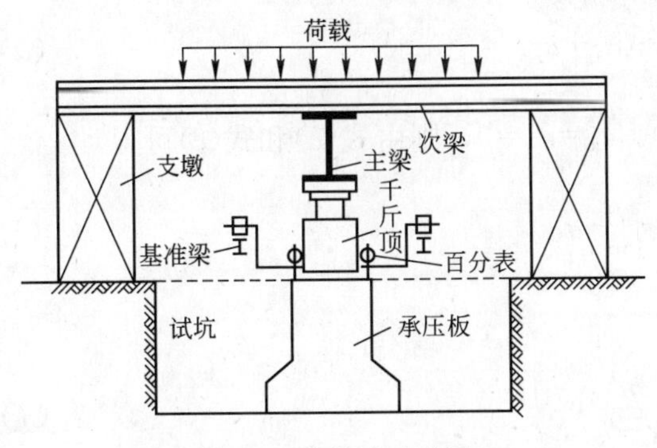

图 4-5　荷载试验装置

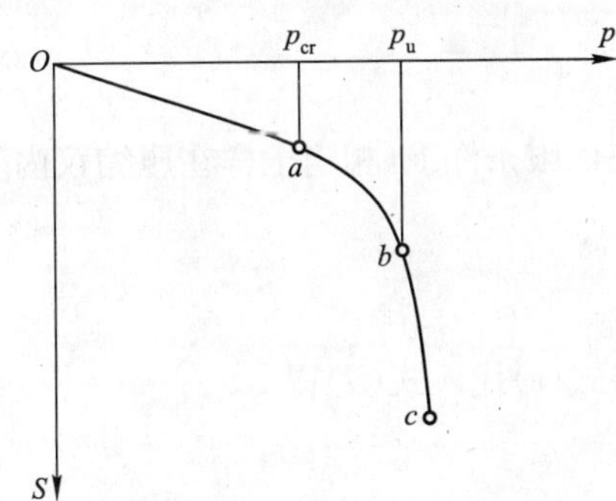

图 4-6　荷载试验 p-S 曲线

$$E_0=\omega(1-\mu^2)\frac{p_{cr}b}{S_1}\times10^{-3} \tag{4-5}$$

式中　ω——沉降量系数，刚性正方形荷载板时 $\omega=0.88$，刚性圆形荷载板时 $\omega=0.79$；

μ——土的泊松比，可按表 4-3 采用；

p_{cr}——p-S 曲线直线段终点所对应的应力(kPa)；

S_1——与直线段终点所对应的沉降量(mm)；

b——承压板宽度(mm)。

土的泊松比 μ 参考值 表 4-3

项　次	土的种类与状态		μ
1	碎石土		0.15～0.20
2	砂土		0.20～0.25
3	粉土		0.25
4	粉质黏土	坚硬状态 可塑状态 软塑及流塑状态	0.25 0.30 0.35
5	黏土	坚硬状态 可塑状态 软塑及流塑状态	0.25 0.35 0.42

4.1.5 变形模量与压缩模量之间的关系

土的变形模量 E_0 与压缩模量 E_s 之间存在一定的数学关系。根据压缩模量的定义，可得垂直应变

$$\varepsilon_z=\frac{\sigma_z}{E_s} \tag{a}$$

另一方面，在三向受力情况下的应变，由广义胡克定律得

$$\varepsilon_x=\frac{\sigma_x}{E_0}-\frac{\mu}{E_0}(\sigma_y+\sigma_z) \tag{b}$$

$$\varepsilon_y=\frac{\sigma_y}{E_0}-\frac{\mu}{E_0}(\sigma_z+\sigma_x) \tag{c}$$

$$\varepsilon_z=\frac{\sigma_z}{E_0}-\frac{\mu}{E_0}(\sigma_x+\sigma_y) \tag{d}$$

在侧限条件下(相当土样在压缩仪内受力情况)，$\varepsilon_x=\varepsilon_y=0$，则由式($b$)和式($c$)可得

$$\sigma_x=\sigma_y=\frac{\mu}{1-\mu}\sigma_z \tag{e}$$

将式(e)代入式(d)得

$$\varepsilon_z=\left(1-\frac{2\mu^2}{1-\mu}\right)\frac{\sigma_z}{E_0} \tag{f}$$

比较式(a)和式(f)，则得

$$E_0=\left(1-\frac{2\mu^2}{1-\mu}\right)E_s \tag{4-6}$$

令

$$\beta=\left(1-\frac{2\mu^2}{1-\mu}\right) \tag{4-7}$$

则

$$E_0=\beta E_s \tag{4-8}$$

4.2 地基最终沉降量的计算

地基最终沉降量是指地基在建筑物荷载作用下，最后的稳定沉降量。计算地基最终沉降量的目的，在于确定建筑物最大沉降量、沉降差和倾斜，并控制在容许范围以内，以保证建筑物的安全和正常使用。

计算地基沉降量的方法有许多种，目前，一般采用分层总和法和《建筑地基基础设计规范》(GB 50007—2002)推荐法，兹介绍如下。

4.2.1 分层总和法

假定：

(1) 地基土受荷后不能发生侧向变形；

(2) 按基础底面中心点下附加应力计算土层分层的压缩量；

(3) 基础最终沉降量等于基础底面下压缩层(见后)范围内各土层分层压缩量的总和。

我们将基础底面下压缩层范围内的土层划分为若干分层，现分析第 i 分层的压缩量的计算方法(参见图 4-7)。在房屋建造以前，第 i 分层仅受到土的自重应力作用，在房屋建成以后，该分层除受自重应力外，还受到房屋荷载所产生的附加应力的作用。如前所述，在一般情况下，土的自重应力产生的变形过程早已完毕，而只有附加应力(新增加的)才会产生土层新的变形，从而使基础沉降。由于假定土层受荷后不产生侧向变形，所以它的受力状态与压缩试验时的土样一样，故第 i 分层的压缩量可按下式计算：

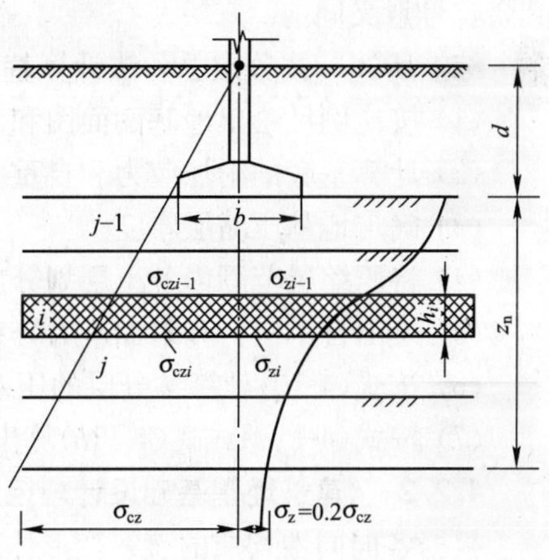

图 4-7 按分层总和法计算基础总沉降量图

$$s_i=\varepsilon_i h_i \tag{4-9}$$

将式(4-4)代入上式，得

$$s_i=\frac{e_{1i}-e_{2i}}{1+e_{1i}}h_i \tag{4-10}$$

则基础总沉降量

$$s=\sum_{i=1}^{n}s_i=\Sigma\frac{e_{1i}-e_{2i}}{1+e_{1i}}h_i \tag{4-11a}$$

式中 s——基础最终沉降量；

e_{1i}——第 i 分层在房屋建造前，在土的平均自重应力作用下的孔隙比；

e_{2i}——第 i 分层在房屋建成后，在土的平均自重应力[1]和平均附加应力作用下的孔隙比；

h_i——第 i 分层的厚度，为了保证计算的精确性，一般取 $h_i\leqslant 0.4b$(b 为基础宽度)；

[1] 由于分层顶面和底面应力不同，计算该分层土的压缩量时近似取其顶面和底面的应力的平均值。

n——压缩层范围内土层分层数目。

式(4-11a)是分层总和法的基本公式，它适用于采用压缩曲线计算。若在计算中采用土的压缩模量 E_s 作为计算指标，则式(4-11a)可变成另外的形式。

由式(4-2)得 $e_1-e_2=a(p_2-p_1)$，并由图 4-7 可见，第 i 分层内相应于上式中的应力 $p_1=\frac{1}{2}(\sigma_{cz_i}+\sigma_{cz_{i-1}})$，而 $p_2=\frac{1}{2}(\sigma_{cz_i}+\sigma_{cz_{i-1}})+\frac{1}{2}(\sigma_{z_i}+\sigma_{z_{i-1}})$，于是，第 i 层土的孔隙比的变化

$$e_{1i}-e_{2i}=a_i\frac{\sigma_{z_i}+\sigma_{z_{i-1}}}{2}$$

将上式代入式(4-11a)，并注意到 $E_{si}=\frac{1+e_{1i}}{a_i}$，则得

$$s=\sum_{i=1}^{n}\frac{1}{E_{si}}\frac{\sigma_{z_i}+\sigma_{z_{i-1}}}{2}h_i \tag{4-11b}$$

式中 E_{si}——第 i 分层土的压缩模量。

其余符号意义同前。

综上所述，按分层总和法计算基础沉降量的具体步骤如下：

(1) 按比例尺绘出地基剖面图和基础剖面图；

(2) 计算基底的附加应力和自重应力；

(3) 确定地基压缩层厚度；

(4) 将压缩层范围内各土层划分成厚度为 $h_i\leqslant 0.4b$(b 为基础宽度)的薄土层；

(5) 绘出自重应力和附加应力分布图(各分层的分界面应标明应力值)；

(6) 按式(4-10)计算各分层的压缩量；

(7) 按式(4-11a)或式(4-11b)算出基础总沉降量。

4.2.2 《建筑地基基础设计规范》(GB 50007—2002)推荐法

根据各向同性均质的直线变形体理论，《建筑地基基础设计规范》(GB 50007—2002)采用下式计算基础最终沉降量：

$$s=\psi_s s'=\psi_s\sum_{i=1}^{n}\frac{p_0}{E_{si}}(z_i\bar{\alpha}_i-z_{i-1}\bar{\alpha}_{i-1}) \tag{4-12}$$

式中 s——地基最终沉降量(mm)；

s'——理论计算沉降量(mm)；

ψ_s——沉降计算经验系数，根据地区沉降观测资料及经验确定，也可采用表 4-4的数值；

n——地基变形计算深度范围内压缩模量不同的土层数(图 4-8)；

p_0——对应于荷载效应准永久组合时的基础底面处的附加应力(MPa)；

E_{si}——基础底面下第 i 层土的压缩模量，按实际应力范围取值(MPa)；

z_i、z_{i-1}——基础底面至第 i 层和第 $i-1$ 层底面的距离(m)；

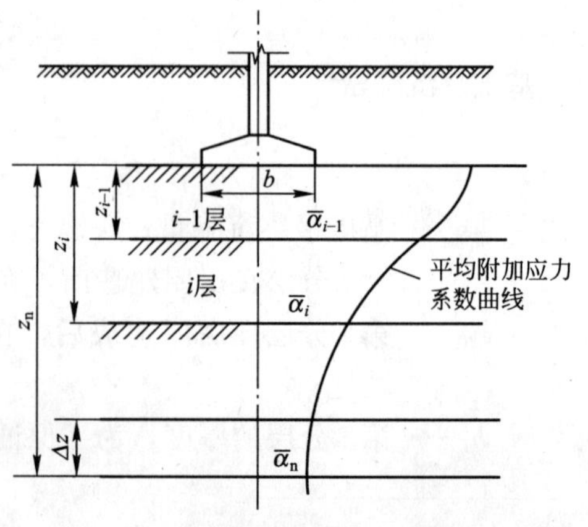

图 4-8 基础沉降分层示意图

$\overline{\alpha}_i$、$\overline{\alpha}_{i-1}$——基础底面计算点至第 i 和第 $i-1$ 层底面范围内平均附加应力系数，可按表 4-5 采用。

沉降计算经验系数 ψ_s **表 4-4**

$\overline{E}_s$/MPa 基底附加应力	2.5	4.0	7.0	15.0	20.0
$p_0 \geqslant f_{ak}$	1.4	1.3	1.0	0.4	0.2
$p_0 \leqslant 0.75 f_{ak}$	1.1	1.0	0.7	0.4	0.2

表 4-4 中 $\overline{E}_s$ 为沉降计算深度范围内压缩模量的当量值，按下式计算：

$$\overline{E}_s = \frac{\Sigma A_i}{\Sigma \dfrac{A_i}{E_{si}}} \tag{4-13}$$

式中 A_i——第 i 层土附加应力系数沿土层厚度的积分值，即第 i 层土的附加应力系数面积；

E_{si}——相应于该土层的压缩模量。

矩形面积上均布荷载作用中心点下平均附加应力系数 $\overline{\alpha}$ **表 4-5**

n m	1.0	1.2	1.4	1.6	1.8	2.0	2.4	2.8	3.2	3.6	4.0	5.0	≥10 (条形)
0.0	1.000	1.000	1.000	1.000	1.000	1.000	1.000	1.000	1.000	1.000	1.000	1.000	1.000
0.1	0.997	0.998	0.998	0.998	0.998	0.998	0.998	0.998	0.998	0.998	0.998	0.998	0.998
0.2	0.987	0.990	0.991	0.992	0.992	0.992	0.993	0.993	0.993	0.993	0.993	0.993	0.993
0.3	0.967	0.973	0.976	0.978	0.979	0.979	0.980	0.980	0.981	0.981	0.981	0.981	0.981
0.4	0.936	0.947	0.953	0.956	0.958	0.965	0.961	0.962	0.962	0.963	0.963	0.963	0.963
0.5	0.900	0.915	0.924	0.929	0.933	0.935	0.937	0.939	0.939	0.940	0.940	0.940	0.940
0.6	0.858	0.878	0.890	0.898	0.903	0.906	0.910	0.912	0.913	0.914	0.914	0.915	0.915
0.7	0.816	0.840	0.855	0.865	0.871	0.876	0.881	0.884	0.885	0.887	0.887	0.887	0.888
0.8	0.775	0.801	0.819	0.831	0.839	0.844	0.851	0.855	0.857	0.859	0.859	0.860	0.860
0.9	0.735	0.764	0.784	0.797	0.806	0.813	0.821	0.826	0.829	0.831	0.831	0.832	0.833
1.0	0.698	0.728	0.749	0.764	0.775	0.783	0.792	0.798	0.801	0.804	0.804	0.806	0.807
1.1	0.663	0.694	0.717	0.733	0.744	0.753	0.764	0.771	0.775	0.779	0.779	0.780	0.782
1.2	0.631	0.663	0.686	0.703	0.715	0.725	0.737	0.744	0.749	0.754	0.754	0.756	0.758
1.3	0.601	0.633	0.657	0.674	0.688	0.698	0.711	0.719	0.725	0.730	0.730	0.733	0.735
1.4	0.573	0.605	0.629	0.648	0.661	0.672	0.687	0.696	0.701	0.708	0.708	0.711	0.714
1.5	0.548	0.580	0.604	0.622	0.637	0.648	0.664	0.673	0.679	0.686	0.686	0.690	0.693
1.6	0.524	0.556	0.580	0.599	0.613	0.625	0.641	0.651	0.658	0.666	0.666	0.670	0.675
1.7	0.502	0.533	0.558	0.577	0.591	0.603	0.620	0.631	0.638	0.646	0.646	0.651	0.656
1.8	0.482	0.513	0.537	0.556	0.571	0.583	0.600	0.611	0.619	0.629	0.629	0.633	0.638
1.9	0.463	0.493	0.517	0.536	0.551	0.563	0.581	0.593	0.601	0.610	0.610	0.616	0.622
2.0	0.446	0.475	0.499	0.518	0.533	0.545	0.563	0.575	0.584	0.594	0.594	0.600	0.606
2.1	0.429	0.459	0.482	0.500	0.515	0.528	0.546	0.559	0.567	0.578	0.578	0.585	0.591
2.2	0.414	0.443	0.466	0.484	0.499	0.511	0.530	0.543	0.552	0.563	0.563	0.570	0.577
2.3	0.400	0.428	0.451	0.469	0.484	0.496	0.515	0.528	0.537	0.548	0.548	0.556	0.564
2.4	0.387	0.414	0.436	0.454	0.469	0.481	0.500	0.513	0.523	0.535	0.535	0.543	0.551
2.5	0.374	0.401	0.423	0.441	0.455	0.468	0.486	0.500	0.509	0.516	0.522	0.530	0.539

续表

m \ n	1.0	1.2	1.4	1.6	1.8	2.0	2.4	2.8	3.2	3.6	4.0	5.0	≥10（条形）
2.6	0.362	0.389	0.410	0.428	0.442	0.455	0.473	0.487	0.496	0.504	0.509	0.518	0.528
2.7	0.351	0.377	0.398	0.416	0.430	0.442	0.461	0.474	0.484	0.492	0.497	0.506	0.517
2.8	0.341	0.366	0.387	0.404	0.418	0.430	0.449	0.463	0.472	0.480	0.486	0.495	0.506
2.9	0.331	0.356	0.377	0.393	0.407	0.419	0.438	0.451	0.461	0.469	0.475	0.485	0.496
3.0	0.322	0.346	0.366	0.383	0.397	0.409	0.427	0.441	0.451	0.459	0.465	0.474	0.487
3.1	0.313	0.337	0.357	0.373	0.387	0.398	0.417	0.430	0.440	0.448	0.454	0.464	0.477
3.2	0.305	0.328	0.348	0.364	0.377	0.389	0.407	0.420	0.431	0.439	0.445	0.455	0.468
3.3	0.297	0.320	0.339	0.355	0.368	0.379	0.397	0.411	0.421	0.429	0.436	0.446	0.460
3.4	0.289	0.312	0.331	0.346	0.369	0.371	0.388	0.402	0.412	0.420	0.427	0.437	0.452
3.5	0.282	0.304	0.323	0.338	0.351	0.362	0.380	0.393	0.403	0.412	0.418	0.429	0.444
3.6	0.276	0.297	0.315	0.330	0.343	0.354	0.372	0.385	0.395	0.403	0.410	0.421	0.436
3.7	0.269	0.290	0.308	0.323	0.335	0.346	0.364	0.377	0.387	0.395	0.402	0.413	0.429
3.8	0.263	0.284	0.301	0.316	0.328	0.339	0.356	0.369	0.379	0.388	0.394	0.405	0.422
3.9	0.257	0.277	0.294	0.309	0.321	0.332	0.349	0.362	0.372	0.380	0.387	0.398	0.415
4.0	0.251	0.271	0.288	0.302	0.314	0.325	0.342	0.355	0.365	0.373	0.379	0.391	0.408
4.1	0.246	0.265	0.282	0.296	0.308	0.318	0.335	0.348	0.358	0.366	0.372	0.384	0.402
4.2	0.241	0.260	0.276	0.290	0.302	0.312	0.328	0.341	0.352	0.359	0.366	0.377	0.396
4.3	0.236	0.255	0.270	0.284	0.296	0.306	0.322	0.335	0.345	0.353	0.359	0.371	0.390
4.4	0.231	0.250	0.265	0.278	0.290	0.300	0.316	0.329	0.339	0.347	0.353	0.365	0.384
4.5	0.226	0.245	0.260	0.273	0.285	0.294	0.310	0.323	0.333	0.341	0.347	0.359	0.378
4.6	0.222	0.240	0.255	0.268	0.279	0.289	0.305	0.317	0.327	0.335	0.341	0.353	0.373
4.7	0.218	0.235	0.250	0.263	0.274	0.284	0.299	0.312	0.321	0.329	0.336	0.347	0.367
4.8	0.214	0.231	0.245	0.258	0.269	0.279	0.294	0.306	0.316	0.324	0.330	0.342	0.362
4.9	0.210	0.227	0.241	0.253	0.265	0.274	0.289	0.301	0.311	0.319	0.325	0.337	0.357
5.0	0.206	0.223	0.237	0.249	0.260	0.269	0.284	0.296	0.306	0.313	0.320	0.332	0.352

注：$n=\frac{l}{b}$；$m=\frac{z}{b}$；l 为基底长边；b 为基底短边；z 为从基础底面算起的土层深度。

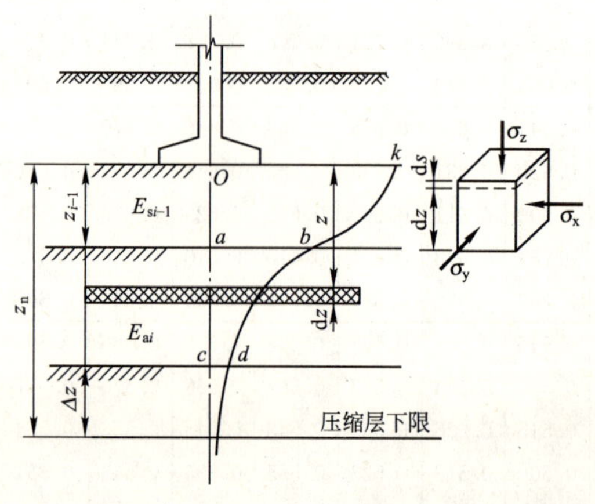

图 4-9 按规范法计算地基变形

现将式(4-12)推证如下：

设从基础底面中心点下，深度 z 处取出一微分体(在第 i 土层中)(图 4-9)，作用在该微分体上的附加应力为 σ_z，显然，微分体的压缩量为

$$ds=\frac{\sigma_z}{E_{si}}dz \qquad (a)$$

而第 i 土层中的压缩量为

$$s_i=\int_{z_{i-1}}^{z_i} ds=\int_{z_{i-1}}^{z_i}\frac{\sigma_z}{E_{si}}dz=\frac{1}{E_{si}}\int_{z_{i-1}}^{z_i}\sigma_z dz \qquad (b)$$

式中 $\int_{z_{i-1}}^{z_i}\sigma_z dz$ 等于附加应力图形的面积

$abcd$，用 A_i 表示，它又可写成

$$A_i=\int_0^{z_i}\sigma_z \mathrm{d}z-\int_0^{z_{i-1}}\sigma_z \mathrm{d}z \tag{c}$$

其中 $\int_0^{z_i}\sigma_z \mathrm{d}z$ 为附加应力图形 $Okdc$ 的面积，用 $A_{0,i}$ 表示；而 $\int_0^{z_{i-1}}\sigma_z \mathrm{d}z$ 为附加应力图形 $Okba$ 的面积，用 $A_{0,i-1}$ 表示。于是

$$A_i=A_{0,i}-A_{0,i-1} \tag{d}$$

$$A_{0,i}=\bar{\sigma}_{z_i}z_i \tag{e}$$

$$A_{0,i-1}=\bar{\sigma}_{z_{i-1}}z_{i-1} \tag{f}$$

其中 $\bar{\sigma}_{z_i}$ 和 $\bar{\sigma}_{z_{i-1}}$ 分别为从基底至深度 z_i 和 z_{i-1} 处的附加应力平均值。

令

$$\bar{\sigma}_{z_i}=\bar{\alpha}_i p_0 \tag{g}$$

$$\bar{\sigma}_{z_{i-1}}=\bar{\alpha}_{i-1}p_0 \tag{h}$$

于是

$$A_{0,i}=\bar{\alpha}_i p_0 z_i \tag{i}$$

$$A_{0,i-1}=\bar{\alpha}_{i-1}p_0 z_{i-1} \tag{j}$$

将式(i)、式(j)代入式(d)得

$$A_i=p_0(z_i\bar{\alpha}_i-z_{i-1}\bar{\alpha}_{i-1})$$

故式(b)可以写成

$$s_i=\frac{p_0}{E_{si}}(z_i\bar{\alpha}_i-z_{i-1}\bar{\alpha}_{i-1}) \tag{4-14}$$

将压缩层范围内各土层的压缩量总和起来，就得到基础总沉降量

$$s=\sum_{i=1}^{n}s_i=\sum_{i=1}^{n}\frac{p_0}{E_{si}}(z_i\bar{\alpha}_i-z_{i-1}\bar{\alpha}_{i-1}) \tag{4-15a}$$

《建筑地基基础设计规范》(GB 50007—2002)考虑到在式(4-15a)中所选用的压缩模量与实际的出入、土层的非均匀性对附加应力的影响，以及上部结构对基础沉降的调整作用等因素没有加以反映，因此，在式(4-15a)中引进一个经验系数 ψ_s，便得出《建筑地基基础设计规范》(GB 50007—2002)所建议的基础沉降公式(4-12)。

考虑到实际工程中有时设计压力小于地基承载力的情况，将基底压力小于 $0.75f_{ak}$ 值另列一栏。在表 4-4 中一个平均压缩模量值可对应给出一个 ψ_s 值，并允许采用内插方法，避免了旧规范中因对压缩模量区间取一个 ψ_s 值，使在区间分界处因 ψ_s 取值不同而引起的误差。

现将按《建筑地基基础设计规范》(GB 50007—2002)方法计算基础沉降量的步骤总结如下：

(1) 计算基底附加应力；

(2) 将地基土按压缩性分层(即按 E_s 分层)；

(3) 按式(4-14)计算各层的压缩量；

(4) 确定压缩层厚度；

(5) 按式(4-12)计算基础总沉降量。

4.2.3 《建筑地基基础设计规范》《GB 50007—2002》推荐的方法的简化

按《建筑地基基础设计规范》GB 50007—2002 推荐的方法计算基础的沉降，还可以进一步简化。由 4.2.2 中可知，$\int_0^{z_i}\sigma_z \mathrm{d}z$ 为附加应力图形 $Okdc$ 的面积(图 4-9)，并用 A_{0i}

表示：

$$A_{0i}=\int_0^{z_i}\sigma_z\mathrm{d}z \tag{a}$$

其中

$$\sigma_z=\frac{2}{\pi}\left[\arctan\frac{n}{m\sqrt{1+m^2+n^2}}+\frac{mn(1+n^2+2m^2)}{(m^2+n^2)(1+m^2)\sqrt{1+m^2+n^2}}\right]p_0=\alpha_0 p_0 \tag{b}$$

式中 m——第 i 层土下边界深度与基础底面短边之半的比，$m=\frac{2z}{b}$；

n——基础底面长边与短边之比，$n=\frac{l}{b}$；

p_0——基础底面附加应力。

将式(b)代入(a)经计算得到：

$$A_{0i}=p_0\,\frac{b}{2}\int_0^{m_i}\alpha_0\,\mathrm{d}m=p_0 bK \tag{c}$$

其中沉降系数 $K=\frac{1}{2}\int_0^{m_i}\alpha_0\mathrm{d}m$，其值根据 $n=\frac{l}{b}$ 和 $m=\frac{2z}{b}$ 由表 4-6 查得。于是，第 i 层土的压缩量为：

$$s_i=b\frac{p_0}{E_{si}}(K_i-K_{i-1}) \tag{d}$$

矩形基础中心沉降系数 K **表 4-6**

$m=\frac{2z}{b}$	$n=l/b$											
	1.0	1.2	1.4	1.6	1.8	2.0	3.0	4.0	5.0	6.0	10.0	条形
0.0	0.000	0.000	0.000	0.000	0.000	0.000	0.000	0.000	0.000	0.000	0.000	0.000
0.2	0.100	0.100	0.100	0.100	0.100	0.100	0.100	0.100	0.100	0.100	0.100	0.100
0.4	0.197	0.198	0.198	0.198	0.198	0.198	0.199	0.199	0.199	0.199	0.199	0.199
0.6	0.290	0.292	0.293	0.293	0.294	0.294	0.294	0.294	0.294	0.294	0.294	0.294
0.8	0.375	0.379	0.381	0.383	0.383	0.384	0.385	0.385	0.385	0.385	0.385	0.385
1.0	0.450	0.457	0.462	0.465	0.466	0.467	0.469	0.470	0.470	0.470	0.470	0.470
1.2	0.515	0.527	0.534	0.539	0.542	0.544	0.548	0.548	0.549	0.549	0.549	0.549
1.4	0.571	0.588	0.599	0.605	0.610	0.613	0.619	0.621	0.621	0.621	0.621	0.621
1.6	0.620	0.641	0.655	0.665	0.671	0.676	0.685	0.687	0.688	0.688	0.688	0.688
1.8	0.662	0.688	0.705	0.717	0.726	0.732	0.745	0.748	0.749	0.750	0.750	0.750
2.0	0.698	0.728	0.749	0.764	0.775	0.783	0.800	0.804	0.806	0.806	0.807	0.807
2.2	0.729	0.764	0.788	0.806	0.819	0.828	0.850	0.856	0.858	0.859	0.860	0.860
2.4	0.757	0.795	0.823	0.843	0.858	0.870	0.896	0.904	0.907	0.908	0.909	0.910
2.6	0.781	0.823	0.854	0.877	0.894	0.907	0.939	0.949	0.953	0.954	0.956	0.956
2.8	0.802	0.848	0.881	0.907	0.926	0.941	0.978	0.990	0.995	0.997	0.999	0.999
3.0	0.821	0.870	0.906	0.933	0.955	0.971	1.014	1.029	1.035	1.037	1.040	1.040
3.2	0.838	0.889	0.928	0.958	0.981	0.999	1.048	1.065	1.072	1.075	1.078	1.079
3.4	0.854	0.907	0.948	0.980	1.005	1.025	1.079	1.099	1.107	1.110	1.114	1.115
3.6	0.867	0.923	0.966	1.000	1.027	1.048	1.108	1.130	1.140	1.144	1.149	1.149
3.8	0.880	0.938	0.983	1.019	1.047	1.070	1.135	1.160	1.171	1.176	1.181	1.182

续表

$m=\frac{2z}{b}$	$n=l/b$											
	1.0	1.2	1.4	1.6	1.8	2.0	3.0	4.0	5.0	6.0	10.0	条形
4.0	0.891	0.951	0.998	1.035	1.065	1.090	1.160	1.188	1.200	1.206	1.212	1.214
4.2	0.902	0.963	1.012	1.051	1.082	1.108	1.183	1.214	1.228	1.235	1.242	1.244
4.4	0.911	0.974	1.025	1.065	1.098	1.125	1.205	1.238	1.254	1.262	1.270	1.272
4.6	0.920	0.985	1.036	1.078	1.113	1.141	1.225	1.262	1.279	1.288	1.297	1.300
4.8	0.928	0.994	1.047	1.091	1.126	1.155	1.244	1.284	1.302	1.312	1.323	1.326
5.0	0.935	1.003	1.057	1.102	1.138	1.169	1.262	1.304	1.325	1.336	1.348	1.351
6.0	0.966	1.039	1.099	1.149	1.190	1.225	1.338	1.394	1.423	1.439	1.460	1.465
7.0	0.988	1.065	1.130	1.183	1.228	1.267	1.396	1.463	1.501	1.523	1.553	1.562
8.0	1.005	1.085	1.153	1.209	1.258	1.299	1.441	1.518	1.564	1.591	1.633	1.646
9.0	1.018	1.101	1.171	1.230	1.280	1.324	1.477	1.563	1.615	1.649	1.701	1.721
10.0	1.028	1.113	1.185	1.246	1.299	1.345	1.506	1.600	1.659	1.697	1.761	1.788
12.0	1.044	1.133	1.207	1.271	1.327	1.376	1.551	1.658	1.727	1.774	1.861	1.904
14.0	1.055	1.146	1.223	1.290	1.347	1.400	1.584	1.700	1.778	1.833	1.940	2.002
16.0	1.064	1.156	1.235	1.303	1.363	1.415	1.609	1.732	1.817	1.878	2.003	2.087
18.0	1.071	1.164	1.244	1.314	1.375	1.429	1.628	1.758	1.848	1.914	2.055	2.162
20.0	1.076	1.171	1.252	1.322	1.384	1.439	1.644	1.778	1.873	1.944	2.099	2.229
25.0	1.086	1.182	1.265	1.338	1.402	1.438	1.673	1.816	1.920	1.999	2.183	2.372
30.0	1.092	1.190	1.274	1.348	1.413	1.471	1.692	1.842	1.952	2.036	2.241	2.488
35.0	1.097	1.196	1.281	1.355	1.421	1.481	1.706	1.860	1.974	2.063	2.283	2.587
40.0	1.100	1.200	1.286	1.361	1.488	1.487	1.716	1.873	1.991	2.083	2.310	2.672

注：l——基础底面长边(m)；b——基础底面短边(m)；z——计算点离基础底面垂直距离(m)。

设地基压缩层范围内有 n 层压缩性质不同的土，则地基压缩量 s 可写成：

$$s=\sum_{i=1}^{n}s_i=b\frac{p_0}{E_{si}}\sum_{i=1}^{n}(K_i-K_{i-1}) \tag{e}$$

考虑到沉降量计算经验系数 ψ_s 的影响，则地基沉降量计算公式的最后形式可写成：

$$s=\psi_s b\frac{p_0}{E_{si}}\sum_{i=1}^{n}(K_i-K_{i-1}) \tag{4-15b}$$

显然，上式较《建筑地基基础设计规范》(GB 50007—2002)公式更简捷一些。

4.2.4　地基压缩层厚度的确定

在建筑物荷载作用下，地基将产生变形。我们知道，地基内的附加应力随深度增加而减小。试验研究表明，在基础底面下某一深度以下的土层的压缩变形很小，可以忽略不计。因此，可以认为，仅在基础底面下某一深度范围内的土层才会引起压缩变形，这个范围内的土层称为压缩层或地基沉降计算的深度。

目前，确定地基压缩层厚度有以下两种方法：

1. GB 50007—2002 规范方法

(1) 当无相邻荷载影响时，基础中心点的地基沉降计算深度可按下列简化公式计算

$$z_n = b(2.5 - 0.4\ln b) \tag{4-16}$$

式中　b——基底宽度(m)。

在计算深度范围内存在基岩时，此值可取至基岩表面。

式(4-16)适用于基础宽度在 1～30m 的范围内。该公式是根据具有分层深层标高的载荷试验(面积 0.5～13.5m^2)和多个工程实例资料统计分析而得的。分析结果表明，对于一定的基础宽度，地基压缩层的深度不一定随荷载 p 的增加而增加；对于基础形状(如矩形基础)与地基土类别(如软土、非软土)对压缩层深度的影响亦无显著的规律；而基础宽度的大小与压缩层深度之间却有明显的有规律性的关系。因此，《建筑地基基础设计规范》(GB 50007—2002)给出了确定地基沉降计算深度的简化公式(4-16)。

(2) 当有相邻荷载影响时，地基沉降计算深度 z_n 应符合下式要求❶：

$$\Delta s'_n \leqslant 0.025 \sum_{i=1}^{n} \Delta s'_i \tag{4-17}$$

式中　$\Delta s'_i$——在计算深度范围内，第 i 层土的计算沉降量值；

$\Delta s'_n$——由计算深度向上取厚度为 Δz 的土层的计算沉降值，Δz 见图 4-8，并按表 4-7 确定。

Δz 值　　**表 4-7**

b(m)	$\leqslant 2$	$2<b\leqslant 4$	$4<b\leqslant 8$	$8<b$
Δz(m)	0.3	0.6	0.8	1.0

如确定的计算深度下部仍有较软土层时，应继续计算。

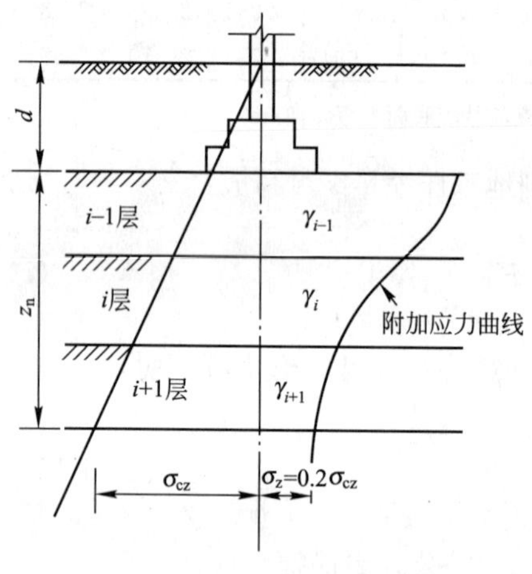

图 4-10　公式(4-19)附图

2. 附加应力与自重应力比值法(简称应力比法)

如前所述，地基内附加应力随深度增加而减小，而土的自重应力随深度增加而增大。附加应力将引起土层压缩而导致地基变形。在一般情况下，自重应力使土层产生的变形过程早已结束，不会再产生地基的变形。所以，当基底下某处附加应力与自重应力的比值小到一定程度即可认为该处就为压缩层的下限。一般认为，可取附加应力与自重应力的比值为 0.2(软土取 0.1)处作为压缩层的下限条件，并精确到 5kPa(图 4-10)，即满足下列条件：

$$|\sigma_z - 0.2\sigma_{cz}| \leqslant 5\text{kPa} \tag{4-18}$$

按式(4-18)确定压缩层厚度，需采用试算法。为了节约时间，加快工程设计速度，建议采用下述直接计算法。

直接计算法原理：

将地基压缩层下限土的自重应力写成下面形式：

❶ 当无相邻荷载影响时，也可按式(4-17)计算。

$$\sigma_{cz}=\gamma_0 d+\sum_{i=1}^{n}\gamma_i(z_i-z_{i-1}) \tag{4-19}$$

式中 γ_0——基础埋深范围内土的重度；

d——基础的埋置深度；

γ_i——第 i 土层的重度；

z_i——基础底面至第 i 土层下边界的距离；

n——压缩层范围内重度不同的土层数目。

将式(4-19)代入压缩层下限条件：

$$\sigma_z=0.2\sigma_{cz} \tag{a}$$

并注意到 $\sigma_z=\alpha_0 p_0$，经过整理后，得：

$$\alpha_0=C_1+Bm \tag{b}$$

其中

$$C_1=\frac{0.2}{p_0}\left[\gamma_0 d+\sum_{i=1}^{n-1}(\gamma_i-\gamma_{i+1})z_i\right] \tag{c}$$

$$B=\frac{0.2}{p_0}b\gamma_n \tag{d}$$

式中 p_0——基底附加应力，$p_0=p-\gamma_0 d$；

α_0——矩形均布荷载附加应力系数；

$$\alpha_0=f(n,m) \tag{e}$$

b——基础底面宽度(短边)；

γ_n——压缩层下限所在土层的重度(当该土层位于地下水位以下时，应按有效重度 γ' 采用)；

$m=z_n/b$(z_n 为压缩层厚度)，$n=l/b$。

在理论上，解联立方程(b)和(e)，即可求得 m，进而求得压缩层厚度 $z_n=mb$。但是由于 $\alpha_0=f(n,m)$ 的复杂性，采用解析法求解困难，我们采用图解法求解。现将按曲线图 4-11确定压缩层厚度的步骤说明如下：

(1) 按下式算出 C_1：

$$C_1=\frac{2}{p_0}\left[\gamma_0 d+\sum_{i=1}^{n-1}(\gamma_i-\gamma_{i+1})z_i\right] \tag{4-20}$$

(2) 按下式算出 C_2：

$$C_2=C_1+\frac{b}{p_0}\gamma_n{}^{❶}\times 10 \tag{4-21}$$

(3) 根据 C_1、C_2 和 $n=\frac{l}{b}$ 由曲线图 4-11 查得 m 值；

---

❶ γ_n 为压缩层下限所在土层的重度。因此，需预先估算压缩层下限所在土层。压缩层的下限可大致按下面条件确定：

$$z_n=(2\sim2.2)b$$

(4) 按下式算出压缩层厚度

$$z_n = bm \tag{4-22}$$

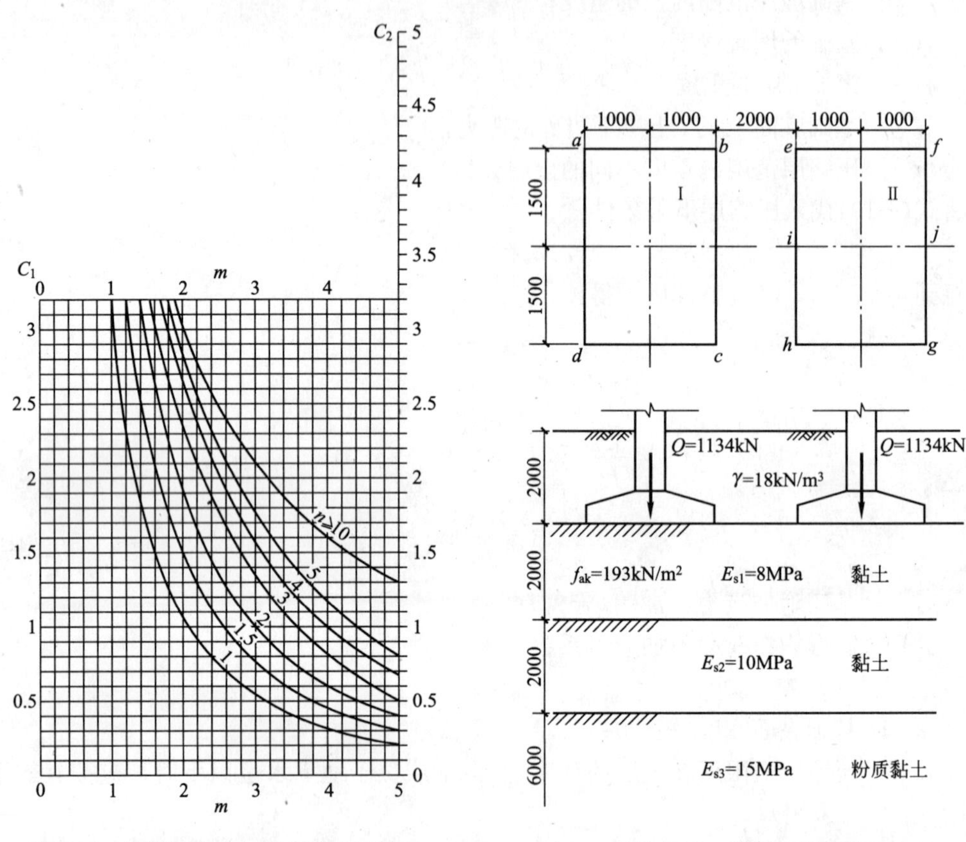

图 4-11 按附加应力与自重应力比值法确定压缩层厚度曲线

图 4-12 例题 4-1 附图

【例题 4-1】 试按规范推荐的方法计算图 4-12 所示基础Ⅰ的最终沉降量，并考虑相邻基础Ⅱ的影响。已知相应于荷载效应准永久组合时，作用于基础Ⅰ和Ⅱ的竖向力值均为 $Q=1134\text{kN}$，基础底面尺寸 $bl=2\text{m}\times3\text{m}$，基础埋置深度 $d=2\text{m}$。其他条件见图 4-12。

【解】 (1)计算基底附加应力基底处总应力

$$p=\frac{Q}{A}=\frac{1134}{2\times3}=189\text{kN/m}^2$$

基底处土的自重应力

$$p_{cz}=\gamma d=18\times2=36\text{kN/m}^2$$

基底附加应力

$$p_0=p-p_{cz}=189-36=153\text{kN/m}^2=0.153\text{N/mm}^2$$

(2) 计算压缩层范围内各土层压缩量

计算过程见表 4-8。

例题 4-1 附表 **表 4-8**

z_i(m)	基础Ⅰ			基础Ⅱ对基础Ⅰ的影响			$\bar{\alpha}_i$
	$n=\frac{l}{b}$	$m=\frac{z_i}{b}$	$\bar{\alpha}_{\mathrm{I}i}$	$n=\frac{l}{b}$	$m=\frac{z_i}{2b}$	$\bar{\alpha}_{\mathrm{II}i}$	
0	$\frac{3}{2}=1.5$	0	1.000		0	1.000	
2.0	1.5	$\frac{2.0}{2}=1$	0.7565	$\frac{5.0}{1.5}=3.3$	$\frac{2.0}{3}=0.67$	$2\times\frac{1}{4}(0.8934-0.8850)=0.0042$	0.7607
4.0	1.5	$\frac{4.0}{2}=2$	0.5085	$\frac{3.0}{1.5}=2.0$	$\frac{4.0}{3}=1.33$	$2\times\frac{1}{4}(0.7186-0.6902)=0.0142$	0.5227
3.7	1.5	$\frac{3.7}{2}=1.85$	0.5365		$\frac{3.7}{3}=1.23$	$2\times\frac{1}{4}(0.7428-0.7169)=0.0130$	0.5495

z_i(m)	$z_i\bar{\alpha}_i$(m)	$z_i\bar{\alpha}_i-z_{i-1}\bar{\alpha}_{i-1}$(m)	E_{si}(MPa)	$\Delta s_i'=\frac{P_0}{E_{si}}(z_i\bar{\alpha}_i-z_{i-1}\bar{\alpha}_{i-1})$(mm)	$\sum_{i=1}^{n}\Delta s_i'$ (mm)	$\frac{\Delta s_i'}{\sum_{i=1}^{n}\Delta s_i'}$
0	0					
2.0	1.522	1.522	8	29.1	29.1	
4.0	2.091	0.569	10	8.7	37.8	
3.7	2.033	0.058	10	0.88		0.023

(3) 确定压缩层下限

在基底下 4m 深范围内土层的总变形值 $s'=\sum_{i=1}^{n}\Delta s_i'=37.8\text{mm}$，在 $z=4\text{m}$ 处以上 $\Delta z=0.3\text{m}$(基础宽 $b=2\text{m}$，由表 4-6 查得 $\Delta z=0.3\text{m}$)厚土层变形值 $\Delta s_n'=0.88\text{mm}$。根据式(4-17)

$$\Delta s_n'=0.88\text{mm}<0.025\sum_{i=1}^{n}\Delta s_i'=0.025\times37.8=0.944\text{mm}$$

满足规范要求，故沉降计算深度 $z_n=4\text{m}$。

(4) 确定沉降计算经验系数

按式(4-13)计算压缩层范围内土层压缩模量的当量值

$$\bar{E}_s=\frac{\sum_{i=1}^{n}A_i}{\sum_{i=1}^{n}\frac{A_i}{E_{si}}}=\frac{2.091}{\frac{1.522}{8}+\frac{0.569}{10}}=8.46\text{MPa}$$

由表 4-4 查得 $\psi_s=0.9$。

(5) 计算基础Ⅰ最终沉降量

$$s=\psi_s\cdot s'=0.9\times37.8\text{mm}=34.02\text{mm}$$

【例题 4-2】 已知条件与例题 4-1 相同，不考虑相邻基础的影响。试按简化法计算基础Ⅰ的沉降量。

【解】 (1) 计算沉降系数

1) 第一层土

$$n=\frac{l}{b}=\frac{3}{2}=1.5,\quad m=\frac{2z_1}{b}=\frac{2\times2}{2}=2$$

由表 4-6 查得 $K_1=0.757$。

2) 第二层土

$$n=\frac{l}{b}=\frac{3}{2}=1.5,\quad m=\frac{2z_2}{b}=\frac{2\times4}{2}=4$$

由表 4-6 查得 $K_2=1.017$。

(2) 计算基础沉降量

按式(4-15b)算出

$$s=\psi_s b\frac{p_0}{E_{si}}\sum_{i=1}^{n}(K_i-K_{i-1})=0.9\times2000\times0.153\left[\frac{1}{8}\times0.757+\frac{1}{10}(1.077-0.757)\right]$$

$$=34.87\text{mm}$$

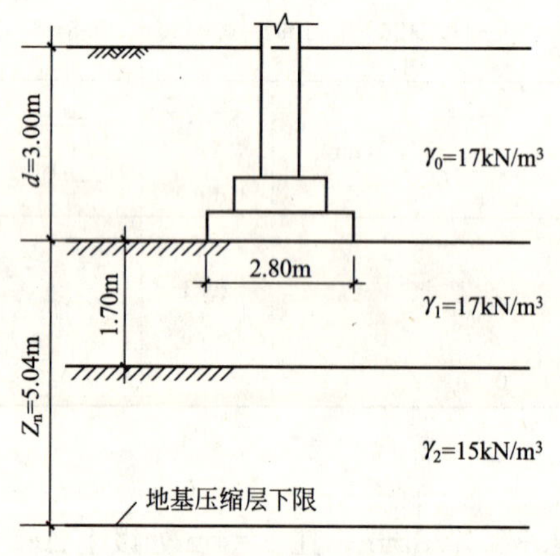

图 4-13 例题 4-3 附图

【例题 4-3】 正方形基础底面尺寸 $bl=2.8\text{m}\times2.8\text{m}$。基础埋置深度 $d=3\text{m}$，在基础底面下 1.70m 以上土的重度为 $\gamma_0=\gamma_1=17\text{kN/m}^3$，在基础底面下 1.70m 以下土的重度为 $\gamma_2=15\text{kN/m}^3$，相应于荷载效应准永久组合时的基础底面附加应力 $p_0=200\text{kN/m}^2$(图 4-13)。试按应力比法求地基压缩层厚度。

【解】 (1) 估计地基压缩层下限位置

$$z_n=2b=2\times2.8=5.6\text{m}>1.7\text{m}$$

即地基压缩层下限位于基底下 1.70m 以下土层中，即 $\gamma_n=\gamma_2=15\text{kN/m}^3$。

(2) 按式(4-20)计算系数

$$C_1=\frac{2}{p_0}\left[\gamma_0 d+\sum_{i=1}^{n-1}(\gamma_i-\gamma_{i+1})z_i\right]=\frac{2}{200}[17\times3+(17-15)\times1.7]=0.544$$

(3) 按式(4-21)计算系数

$$C_2=C_1+\frac{b\gamma_n}{p_0}\times10=0.544+\frac{2.8\times15}{200}\times10=2.64$$

(4) 计算地基压缩层厚度

在图 4-11 的左面和右面纵坐标上分别找到 $C_1=0.544$ 和 $C_2=2.64$ 的点，并连以直线，然后从该直线与 $n=1.0$ 的曲线交点作竖直线，在水平坐标上得到 $m=1.80$。于是，地基压缩层厚度为：

$$z_n=mb=1.80\times2.80=5.04\text{m}$$

(5) 验算

根据 $n=1.0$ 和 $m=1.80$，由表 3-3 查得 $\alpha_0=0.130$，地基压缩层下限附加应力为：

$$\sigma_z=\alpha_0 p_0=0.130\times200=26\text{kN/m}^2$$

而该处自重应力为：

$$\sigma_{cz}=\sum_{i=1}^{n}\gamma_i h_i=17\times4.7+15\times(5.04-1.7)=130\text{kN/m}^2$$

因为

$$\sigma_z=26\text{kN/m}^2=0.2\times\sigma_{cz}=0.2\times130=26\text{kN/m}^2$$

故计算无误。

4.3 地基沉降与时间关系的估算

以上介绍的地基沉降计算是最终沉降量，它是在荷载产生的附加应力作用下，使土的孔隙发生压缩而引起的。对于饱和土体压缩，必须使孔隙中的水分排出后才能完成。孔隙中水分的排出需要一定的时间，对于碎石土和砂土地基通常压缩性小、渗透性大，地基沉降趋于稳定的时间很短。对于饱和的厚黏性土地基，由于孔隙小、压缩性大，沉降往往需要几年甚至几十年时间才能达到稳定。一般建筑物在施工期间完成的沉降量，对于砂土可认为其最终沉降量已基本完成；对于低压缩性黏性土可以认为已完成最终沉降量的50%～80%；对于中压缩性黏性土可以认为已完成20%～40%；对于高压缩性黏性土可以认为完成最终沉降量的5%～20%。

在建筑物设计中，除了地基最终沉降量以外，有时还需要知道沉降与时间的关系，以便考虑建筑物有关的净空、连接方法和施工顺序。对发生裂缝、倾斜等事故的建筑物，也需要知道沉降与时间的关系，以便对沉降计算值和实测值进行分析。

地基沉降与时间关系的估算可采用固结理论或经验公式。实践表明，固结理论计算结果与实际情况出入较大，所以，国内外一些资料建议采用经验公式估算地基沉降与时间的关系。

在分析大量的建筑沉降观测资料的基础上总结出来的经验公式，具有重要的现实意义，它可以用来推算最终沉降量，研究建筑物沉降规律的发展趋势，甚至可以分析建筑物的安全性能和采取加固措施的必要性。

目前经验公式一般采用的有双曲线型和指数型两种，本书只介绍用双曲线经验公式估算地基沉降与时间的关系。

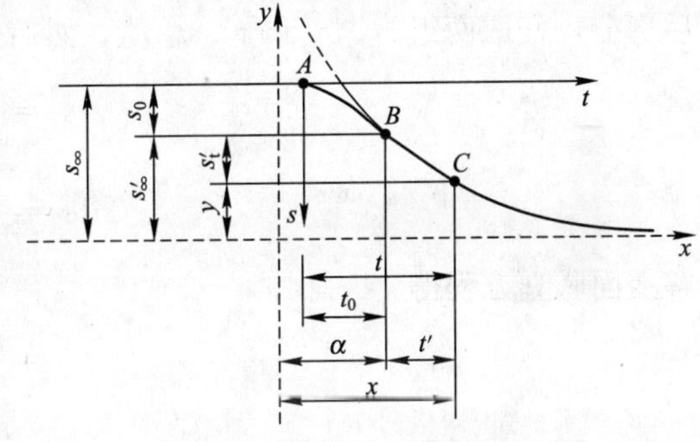

图 4-14 双曲线经验公式推证图

如图 4-14 所示，实测沉降曲线自拐点 B 以右的曲线，可近似地采用双曲线。

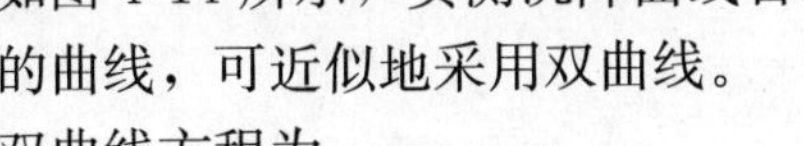

双曲线方程为

$$xy=k \tag{4-23}$$

其中

$$x=\alpha+t'$$
$$y=s'_\infty-s'_t$$

且当 $x=\alpha$；$y=s'_\infty$ 时

$$\alpha s'_\infty=k \tag{4-24}$$

将式(4-24)代入式(4-23)得

$$s'_t=s'_\infty\frac{t'}{\alpha+t'} \tag{4-25}$$

最终沉降量 s_∞

$$s_\infty=s_0+s'_\infty \tag{4-26}$$

在式(4-25)和式(4-26)中，α——待定系数；

t'——从实测沉降曲线拐点处开始计时的观测时间；

s'_t——以沉降曲线拐点处为原点在时间 t' 时测得的沉降量(mm)；

s_0——沉降曲线拐点处的沉降量(mm)；

s'_∞——待求的以沉降曲线拐点为原点的地基最终沉降量(mm)；

s_∞——建筑物最终沉降量(mm)。

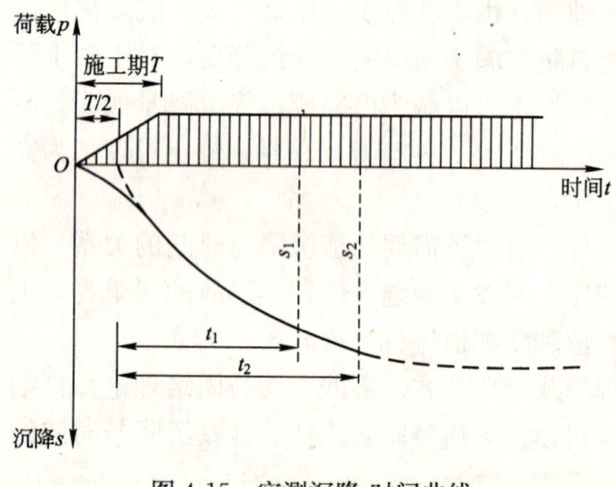

图 4-15　实测沉降-时间曲线

当实测数据较少时，可近似采用图 4-15的处理方法，将计时的起点选在施工期 T 一半时，这样经验公式简化为

$$s_t = s\frac{t}{\alpha + t} \tag{4-27}$$

式中　s_t——在时间 t(从施工期一半开始算)时的实测沉降量(mm)；

s——待求的地基最终沉降量(mm)；

α——待定的经验系数。

为了确定式(4-27)中两个待定值 s 和 α，可从实测沉降-时间曲线(s-t)曲线(图 4-15)的后部分，任取两组 s_1、t_1 和 s_2、t_2 值，然后代入式(4-27)中，得

$$\left.\begin{aligned} s_1 &= \frac{t_1}{\alpha + t_1}s \\ s_2 &= \frac{t_2}{\alpha + t_2}s \end{aligned}\right\} \tag{4-28}$$

解上面联立方程得

$$s = \frac{t_2 - t_1}{\dfrac{t_2}{s_2} - \dfrac{t_1}{s_1}} \tag{4-29}$$

$$\alpha = s\frac{t_1}{s_1} - t_1 = \frac{t_2}{s_2}s - t_2 \tag{4-30}$$

将 s 和 α 值代入式(4-27)，即可求得任意时间 t 的沉降量。

双曲线经验公式(4-25)还可以写成

$$\frac{1}{s'_t} = \frac{1}{s'_\infty} + \frac{\alpha}{s'_\infty}\left(\frac{1}{t'}\right) \tag{4-31}$$

式(4-31)是一个以 $\frac{1}{t'}$ 为自变量，$\frac{1}{s'_t}$ 为函数的线性方程，以 $\frac{1}{s'_t}$ 为纵坐标，$\frac{1}{t'}$ 为横坐标，根据实测沉降资料绘制 $\frac{1}{s'_t}$ 与 $\frac{1}{t'}$ 的散点图，求出回归直线(图 4-16)，则直线与 $\frac{1}{s'_t}$ 轴相交的截距，即为所求沉降量 s'_∞ 的倒数 $\frac{1}{s'_\infty}$。

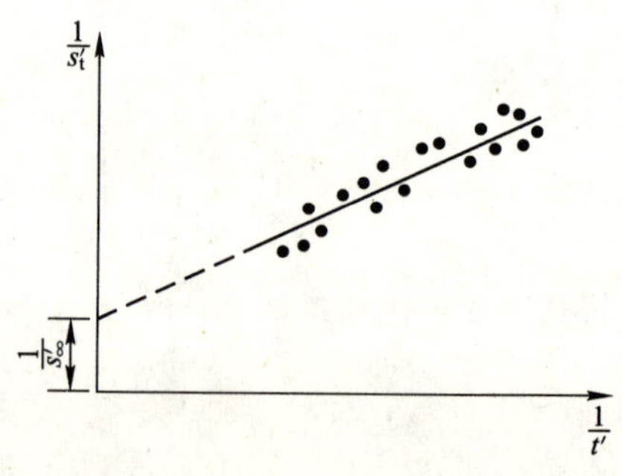

图 4-16　$\frac{1}{s'_t}$—$\frac{1}{t'}$ 回归直线图

4.4 建筑物的沉降观测

建筑物的沉降观测能反映地基的实际变形以及变形对建筑物的影响程度，是分析地基事故及判别施工质量的重要依据，也是验证地基基础设计是否正确的重要资料。对一级建筑物应在施工期间及使用期间进行沉降观测。沉降观测的内容大致可分为以下几个部分：

4.4.1 水准基点的设置

基点设置以保证其稳定可靠为原则，一般设置在基石上，或设在压缩性较低的土层上。通常在一个观测区内水准点不少于三个，离观测的建筑物约30～80m范围内，但必须在建筑所产生的压力影响范围外。

4.4.2 观测点设置

观测点布置，应根据建筑物平面和立面设计，并结合地质情况，尽量将其设置在建筑物具有代表性的部位，以便能够全面反映建筑物的变形，一般不少于六点。观测点宜设在下列各处：

(1) 建筑物的四周角点、中点和转角处。沿建筑物周边每隔10～20m可设一点；

(2) 沉降缝的两侧，新建与原有建筑物连接处的两侧和伸缩缝的任一侧；

(3) 宽度大于15m的建筑物内部承重墙(柱)上，同时宜设在纵、横轴线上；

(4) 重型设备基础和动力基础的四角；

(5) 有相邻荷载影响处；

(6) 受振源振动影响的区域；

(7) 基础下有暗浜等处；

(8) 框架结构每个或部分柱基上；

(9) 沿筏形或箱形基础的周边和纵、横轴线上。

4.4.3 水准测量

水准测量是沉降观测的一项主要工作，测量精度的高低，将直接影响资料的可靠性。为保证测量的精度要求，宜采用精密水平仪和钢尺，对每一观测对象宜固定测量工具和人员，观测前应严格检验仪器。测量精度宜采用Ⅰ级水准测量，视线长度一般为20～30m，视线高度不低于0.3m，水准测量应采用闭合法。观测次数和时间，根据具体情况确定。一般情况下，民用房屋每加高一层应观测一次；工业建筑物在不同荷载阶段分别进行观测。但施工期间的观测不应少于4次。建筑物竣工后，第一年不少于3～5次，第二年不少于2次，以后每年一次，至沉降稳定为止。沉降稳定的标准可采用半年沉降量不超过2mm。遇地下水位升降、打桩、地震、洪水淹没现场等情况，应及时观测。当建筑物出现严重裂缝、倾斜时，应连续观测沉降量和裂缝发展情况。在基坑较深时，可考虑开挖后的回弹观测，观测时应随记气象资料。

土的抗剪强度与地基承载力

5.1 概述

土体在荷载作用下，土中应力将发生变化，当土中剪应力超过土的抗剪强度时，土体将沿某一滑裂面滑动，而呈现剪切破坏，使土体丧失稳定性。因此，土的强度实质上就是土的抗剪强度。图 5-1 所示为土坝、基槽和建筑物地基失稳的示意图。

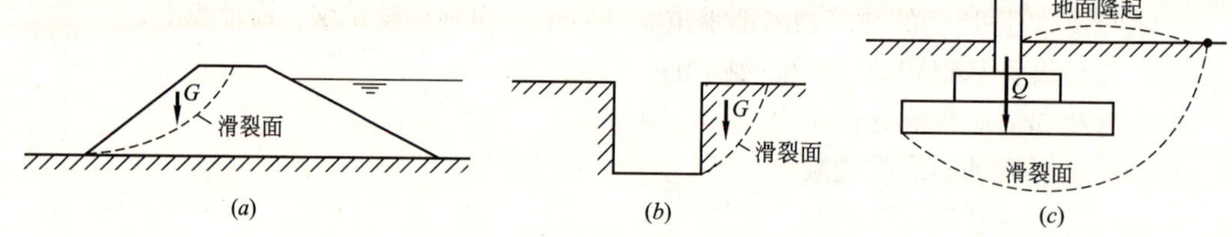

图 5-1　土坝、基槽和建筑物地基失稳示意图

(a)土坝；(b)基槽；(c)建筑物地基

在工程实践中，边坡、路基、土坝等土工构筑物丧失稳定性的例子是相当多的，而建筑物地基失稳的事故也有发生。因此，为了保证土工构筑物和地基的稳定性，就必须研究土的抗剪强度、土的极限平衡条件以及地基土的承载力。

5.2 土的抗剪强度

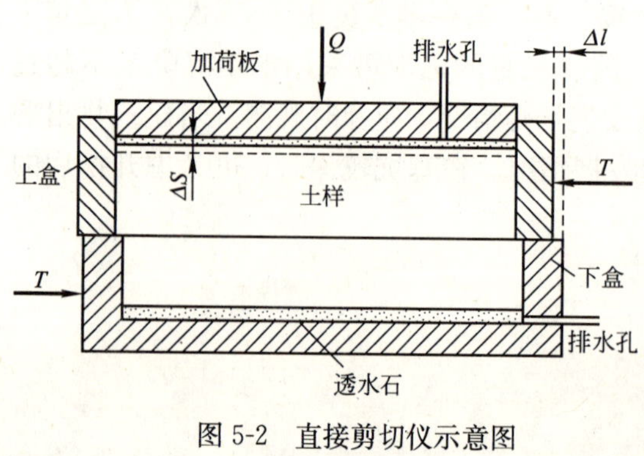

图 5-2　直接剪切仪示意图

当土体在荷载作用下发生剪切破坏时，作用在剪切面上的极限剪应力就称为土的抗剪强度。

测定土的抗剪强度可采用直接剪切试验。图 5-2 为直接剪切仪示意图。该仪器主要部分由固定的上盒和活动的下盒组成，土样放在盒内上下透水石(供排水之用)之间。试验时，先通过加荷板施加法向压力 Q，土样压缩 ΔS，然后在下盒施加水平力，使其发

生水平位移 Δl，而使土样沿上、下盒之间的水平接触面受剪切直至破坏。设这时的水平力为 T，土样的水平断面积为 A，则作用在土样的正应力为 $\sigma=\dfrac{Q}{A}$，而土的抗剪强度为 $\tau_f=\dfrac{T}{A}$。

为了绘出抗剪强度 τ_f 与正应力 σ 关系曲线，试验时，一般用六个相同的土样，分别对它们加不同的正应力使其剪切破坏，这样，可得到六个 τ_f 和 σ 的数值，以 τ_f 为纵坐标轴，以 σ 为横坐标轴，就可绘出抗剪强度 τ_f 和正应力 σ 的关系曲线。

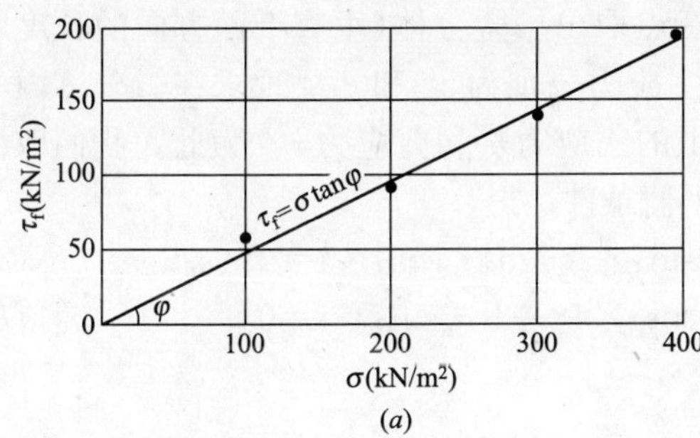

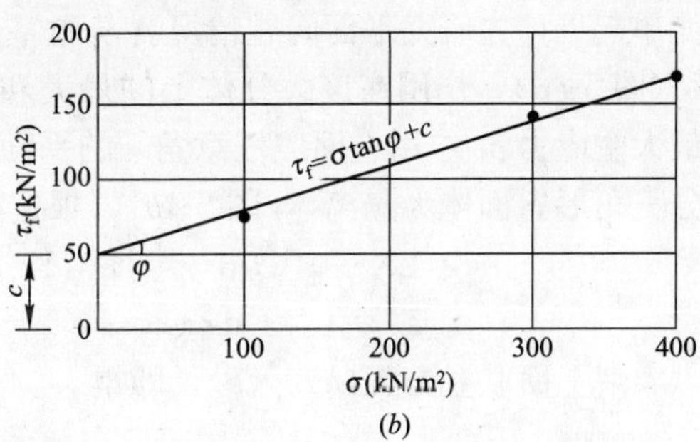

图 5-3 抗剪强度 τ_f 与正应力 σ 关系曲线

(*a*)砂土；(*b*)黏性土和粉土

对于砂土，τ_f 与 σ 的关系曲线是通过原点，而与横坐标轴成 φ 角的一条直线(图 5-3*a*)，其方程为

$$\tau_f=\sigma\tan\varphi \tag{5-1a}$$

式中 τ_f——土的抗剪强度(kN/m²)；

σ——正应力(kN/m²)；

φ——土的内摩擦角(°)。

对于黏性土和粉土，τ_f 和 σ 之间关系基本上仍成直线关系，但这条直线不通过原点，而与纵坐标轴形成一截距 c(图 5-3*b*)，其方程为

$$\tau_f=\sigma\tan\varphi+c \tag{5-1b}$$

式中 c——土的黏聚力(kN/m²)；

其余符号的意义与前相同。

由式(5-1)可以看出，砂土的抗剪强度是由正应力产生的内摩擦力 $\sigma\tan\varphi$($\tan\varphi$ 称为内摩擦系数)形成的；而黏性土和粉土的抗剪强度是由内摩擦力和黏聚力形成的。在正应力 σ 一定的条件下，c、φ 愈大，抗剪强度 τ_f 愈大，故称 c、φ 为土的抗剪强度指标。

5.3 土的极限平衡理论

在荷载作用下，地基内任一点都将产生应力，当通过该点某一方向的平面上的剪应力等于土的抗剪强度，即

$$\tau=\tau_f \tag{5-2}$$

时，就称该点处于极限平衡状态。式(5-2)就称为土的极限平衡条件。所以，土的极限平衡条件也就是土的剪切破坏条件。但是，直接应用式(5-2)来分析土的极限平衡状态，在

使用上是很不方便的。为了解决这一问题，一般做法是，将式(5-2)进行变换：将通过某点的剪切面上的剪应力以该点的主平面上的主应力表示；而土的坑剪强度以剪切面上的正应力和土的抗剪强度指标表示。然后代入式(5-2)，经化简后就可得到实用的土的极限平衡条件。

5.3.1 土中某点的应力状态

为了求得实用的土的极限平衡条件的表达式，我们先来研究土中某点的应力状态。为简单起见，先研究平面问题情况。从地基内任意点取出一微分体(垂直纸面方向的长度为1)(图 5-4*a*)，作用在该微分体上的最大和最小主应力分别为 σ_1 和 σ_3。现求在微分体内与最大主应力 σ_1 作用平面成任意角 α 的平面 *mn* 上的正应力 σ 和剪应力 τ。为此，我们取微分三角形斜面体为隔离体(图 5-4*b*)，根据静力平衡条件，得

$$\Sigma X=0,\ \sigma_3 \mathrm{d}s\cdot\sin\alpha\times 1-\sigma \mathrm{d}s\cdot\sin\alpha\times 1+\tau \mathrm{d}s\cdot\cos\alpha\times 1=0 \quad (a)$$

$$\Sigma Y=0,\ \sigma_1 \mathrm{d}s\cdot\cos\alpha\times 1-\sigma \mathrm{d}s\cdot\cos\alpha\times 1-\tau \mathrm{d}s\cdot\sin\alpha\times 1=0 \quad (b)$$

解上面联立方程(*a*)、(*b*)，即得

$$\left.\begin{aligned}\sigma&=\frac{1}{2}(\sigma_1+\sigma_3)+\frac{1}{2}(\sigma_1-\sigma_3)\cos 2\alpha\\ \tau&=\frac{1}{2}(\sigma_1-\sigma_3)\sin 2\alpha\end{aligned}\right\} \quad (5\text{-}3)$$

上式 σ 和 τ 就是所要求的斜面 *mn* 上的正应力和剪应力。它们还可以用图解法求得：在直角坐标系中(图 5-5)，以 σ 为横坐标轴，以 τ 为纵坐标轴，按一定比例尺，在 σ 轴上截取 *OB* 和 *OC* 分别等于 σ_3 和 σ_1，以 O_1 为圆心，以 $\frac{1}{2}(\sigma_1-\sigma_3)$ 为半径作一圆，并从 O_1C 开始逆时针旋转 2α 角，在圆周上得到一点 *A*。不难证明，*A* 点的横坐标就是斜面 *mn* 上的正应力 σ，纵坐标就是剪应力 τ。

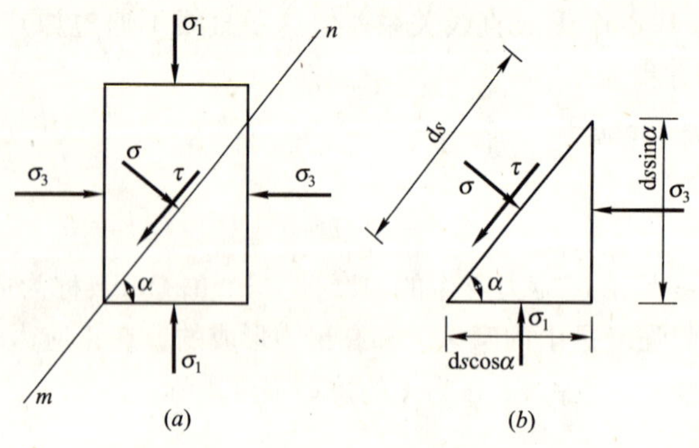

图 5-4 土中任一点的应力
(*a*)微分体上的应力；(*b*)隔离体上的应力

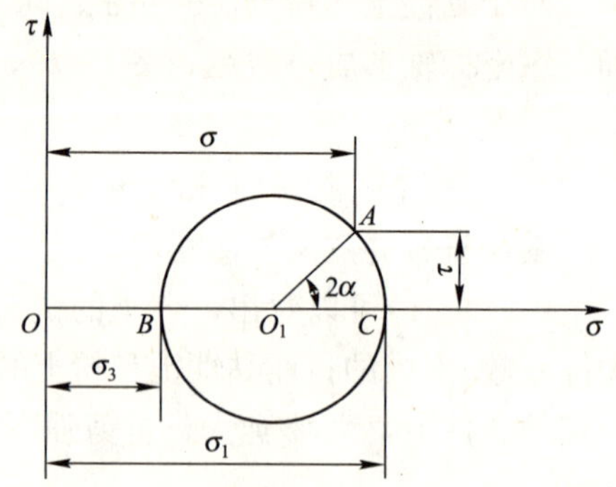

图 5-5 用应力圆求正应力和剪应力

实际上，*A* 点的横坐标

$$\overline{OB}+\overline{BO_1}+\overline{O_1A}\cos 2\alpha=\sigma_3+\frac{1}{2}(\sigma_1-\sigma_3)+\frac{1}{2}(\sigma_1-\sigma_3)\cos 2\alpha$$

$$=\frac{1}{2}(\sigma_1+\sigma_3)+\frac{1}{2}(\sigma_1-\sigma_3)\cos 2\alpha=\sigma$$

而 A 点的纵坐标

$$\overline{O_1A}\sin2\alpha=\frac{1}{2}(\sigma_1-\sigma_3)\sin2\alpha=\tau$$

上述用图解法求应力所采用的圆通常称为摩尔应力圆。因为应力圆上的点的横坐标表示土中某点在相应斜面上的正应力，纵坐标表示剪应力。所以，我们可应用应力圆来研究土中任一点的应力状态。

【例题 5-1】 已知土中某点的最大主应力 $\sigma_1=500\text{kN/m}^2$，最小主应力 $\sigma_3=200\text{kN/m}^2$。试分别用式(5-3)和图解法计算与最大主应力作用平面成 30°角的平面上的正应力和剪应力。

【解】 (1) 按式(5-3)计算

$$\begin{aligned}\sigma&=\frac{1}{2}(\sigma_1+\sigma_3)+\frac{1}{2}(\sigma_1-\sigma_3)\cos2\alpha\\&=\frac{1}{2}(500+200)+\frac{1}{2}(500\quad200)\cos60°-425\text{kN/m}^2\end{aligned}$$

$$\tau=(\sigma_1-\sigma_3)\sin2\alpha=\frac{1}{2}(500-200)\sin60°=130\text{kN/m}^2$$

(2) 按应力圆确定

绘直角坐标系，按比例尺在横坐标轴上标出 $\sigma_3=200\text{kN/m}^2$ 和 $\sigma_1=500\text{kN/m}^2$，以 $\sigma_1-\sigma_3=300\text{kN/m}^2$ 为直径绘圆，从横坐标轴开始逆时针旋转 $2\alpha=60°$角，在圆周上得 A 点(图 5-6)。以相同的比例尺量得 A 的横坐标，即 $\sigma=425\text{kN/m}^2$，纵坐标，即 $\tau=130\text{kN/m}^2$。

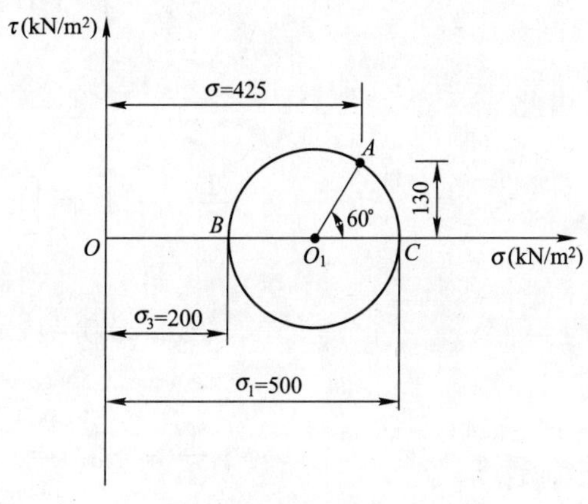

图 5-6　例题 5-1 附图

5.3.2　土的极限平衡条件

为了建立实用的土的极限平衡条件，将土体中某点的应力圆和土的抗剪强度与正应力关系曲线(简称抗剪强度线)画在同一直角坐标系中(图 5-7)，这样，就可判断土体在这一点上是否达到极限平衡状态。

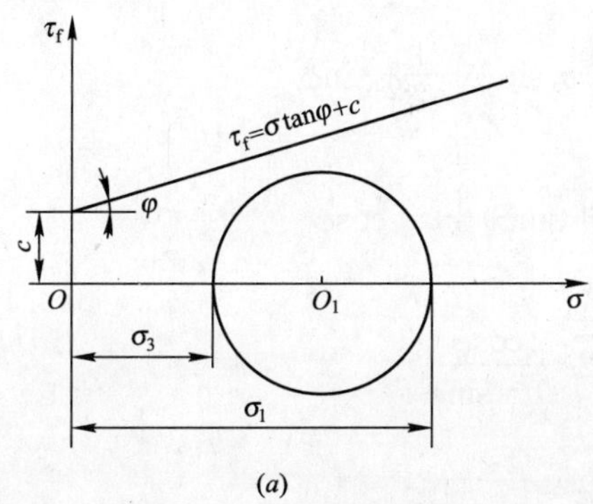

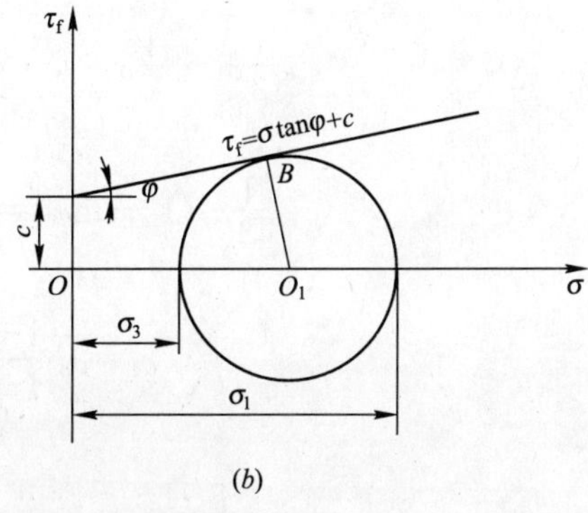

图 5-7　应力圆与土的抗剪强度之间的关系

(a)土处于弹性平衡状态；(b)土处于极限平衡状态

我们知道，应力圆上的每一点的横坐标和纵坐标分别表示通过土体中某点在相应平面上的正应力 σ 和剪应力 τ，若应力圆位于抗剪强度线下方(图 5-7a)，即通过该点任一方向的剪应力 τ 均小于土的抗剪强度 τ_f，则该点土不会发生剪切破坏，而处于弹性平衡状态；若应力圆恰好与抗剪强度线相切(图 5-7b)，切点为 B，则说明切点 B 所代表的平面上的剪应力 τ 等于抗剪强度 τ_f，即表示该点土处于极限平衡状态。

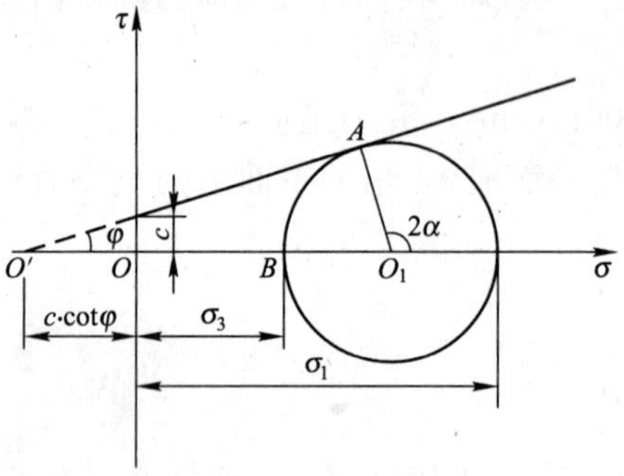

图 5-8　黏性土极限平衡状态

根据应力圆与抗剪强度曲线相切的几何关系，就可建立极限平衡条件。

下面以黏性土为例，说明建立极限平衡条件的过程。

将抗剪强度线延长，并与横坐标轴 σ 相交于 O' 点，见图 5-8，则 $\overline{O'O}=c\cdot\cot\varphi$。由图 5-8 中三角形 $AO'O_1$，得

$$\sin\varphi=\frac{\overline{AO_1}}{\overline{O'O_1}}=\frac{\frac{1}{2}(\sigma_1-\sigma_3)}{c\cdot\cot\varphi+\frac{1}{2}(\sigma_1+\sigma_3)} \tag{5-4}$$

由此

$$\frac{1}{2}(\sigma_1-\sigma_3)=\left[c\cdot\cot\varphi+\frac{1}{2}(\sigma_1+\sigma_3)\right]\sin\varphi$$

$$\frac{1}{2}(\sigma_1-\sigma_3)=\left[c\cdot\frac{\cos\varphi}{\sin\varphi}+\frac{1}{2}(\sigma_1+\sigma_3)\right]\sin\varphi$$

$$\frac{1}{2}(\sigma_1-\sigma_3)=c\cdot\cos\varphi+\frac{1}{2}(\sigma_1+\sigma_3)\sin\varphi$$

或

$$\frac{1}{2}\sigma_1-\frac{1}{2}\sigma_3=c\cdot\cos\varphi+\frac{1}{2}\sigma_1\sin\varphi+\frac{1}{2}\sigma_3\sin\varphi$$

$$\frac{1}{2}\sigma_1(1-\sin\varphi)=\frac{1}{2}\sigma_3(1+\sin\varphi)+c\cdot\cos\varphi$$

由此
$$\sigma_1=\sigma_3\frac{1+\sin\varphi}{1-\sin\varphi}+2c\frac{\cos\varphi}{1-\sin\varphi}$$

因为
$$\sin^2\varphi+\cos^2\varphi=1$$

所以
$$\cos\varphi=\sqrt{1-\sin^2\varphi}$$

由此
$$\sigma_1=\sigma_3\frac{1+\sin\varphi}{1-\sin\varphi}+2c\frac{\sqrt{1-\sin^2\varphi}}{\sqrt{(1-\sin\varphi)^2}}$$

$$=\sigma_3\frac{1+\sin\varphi}{1-\sin\varphi}+2c\sqrt{\frac{1+\sin\varphi}{1-\sin\varphi}} \tag{5-5}$$

因为

$$\frac{1+\sin\varphi}{1-\sin\varphi}=\frac{\sin90^\circ+\sin\varphi}{\sin90^\circ-\sin\varphi}$$

$$=\frac{2\sin\left(\frac{90^\circ+\varphi}{2}\right)\cos\left(\frac{90^\circ-\varphi}{2}\right)}{2\sin\left(\frac{90^\circ-\varphi}{2}\right)\cos\left(\frac{90^\circ+\varphi}{2}\right)}$$

$$=\frac{\sin\left(45^\circ+\frac{\varphi}{2}\right)\cos\left(45^\circ-\frac{\varphi}{2}\right)}{\sin\left(45^\circ-\frac{\varphi}{2}\right)\cos\left(45^\circ+\frac{\varphi}{2}\right)}$$

又因为

$$\cos\left(45^\circ-\frac{\varphi}{2}\right)=\sin\left(45^\circ+\frac{\varphi}{2}\right)$$

$$\sin\left(45^\circ-\frac{\varphi}{2}\right)=\cos\left(45^\circ+\frac{\varphi}{2}\right)$$

所以

$$\frac{1+\sin\varphi}{1-\sin\varphi}=\frac{\sin\left(45^\circ+\frac{\varphi}{2}\right)\sin\left(45^\circ+\frac{\varphi}{2}\right)}{\cos\left(45^\circ+\frac{\varphi}{2}\right)\cos\left(45^\circ+\frac{\varphi}{2}\right)}=\frac{\sin^2\left(45^\circ+\frac{\varphi}{2}\right)}{\cos^2\left(45^\circ+\frac{\varphi}{2}\right)}$$

$$=\tan^2\left(45^\circ+\frac{\varphi}{2}\right)$$

将上面关系式代入式(5-5)，得

$$\sigma_1=\sigma_3\tan^2\left(45^\circ+\frac{\varphi}{2}\right)+2c\cdot\tan\left(45^\circ+\frac{\varphi}{2}\right) \tag{5-6a}$$

或
$$\sigma_3=\sigma_1\tan^2\left(45^\circ-\frac{\varphi}{2}\right)-2c\cdot\tan\left(45^\circ-\frac{\varphi}{2}\right) \tag{5-6b}$$

式(5-6a)、式(5-6b)就是黏性土与粉土的极限平衡条件。

由图 5-8 的几何关系还可求得剪切面的位置，因为

$$2\alpha=90^\circ+\varphi$$

故滑动面与最大主应力作用平面的夹角为

$$\alpha=45^\circ+\frac{\varphi}{2} \tag{5-7}$$

对于砂土，由于黏聚力 $c=0$，则由式(5-6a)和式(5-6b)可求得无黏性土的极限平衡条件为

$$\sigma_1=\sigma_3\tan^2\left(45^\circ+\frac{\varphi}{2}\right) \tag{5-8a}$$

或

$$\sigma_3=\sigma_1\tan^2\left(45^\circ-\frac{\varphi}{2}\right) \tag{5-8b}$$

其滑动面与最大主应力作用平面的夹角仍为

$$\alpha=45^\circ+\frac{\varphi}{2}$$

5.4 土的抗剪强度指标的测定方法

土的抗剪强度指标 c、φ 是土的重要力学指标，在确定地基土的承载力、挡土墙的土压力以及验算土坡的稳定性等，都要用到土的抗剪强度指标。因此，正确地测定和选择土的抗剪强度指标是土工计算中十分重要的问题。

土的抗剪强度指标通过土工试验确定。室内试验常用的方法有直接剪切试验、三轴剪切试验；现场原位测试的方法有十字板剪切试验和大型直剪试验。

5.4.1 直接剪切试验

图 5-9 所示为应变控制式直剪仪示意图。垂直压力由杠杆系统通过加压活塞和透水石传给土样，水平剪力则由轮轴推动活动的下盒施加给土样，土的抗剪强度可由量力环的位移值确定。

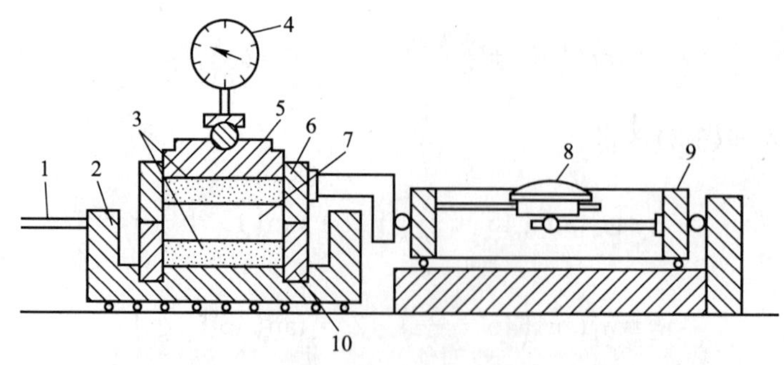

图 5-9 应变控制式直剪仪

1—轮轴；2—底座；3—透水石；4—测微表；5—活塞；6—上盒；7—土样；8—测微表；9—量力环；10—下盒

直接剪切试验是测定土的抗剪强度指标常用的一种试验方法。它具有仪器设备简单、操作方便等优点。它的缺点是，剪应力沿剪切面分布不均匀，不易控制排水条件，在试验过程中剪切面变化等。

直接剪切试验适用于乙、丙级建筑的可塑状态黏性土与饱和度不大于0.5的粉土。

5.4.2 三轴剪切试验

三轴剪切仪由受压室、周围压力控制系统、轴向加压系统、孔隙水压力系统以及试样体积变化量测系统等组成(图5-10)。

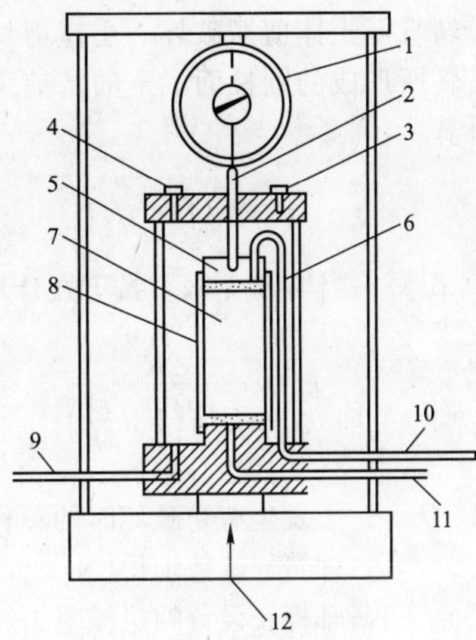

图5-10 三轴剪切仪

1—量力环；2—活塞；3—进水孔；4—排水孔；5—试样帽；6—受压室；7—试样；8—乳胶膜；9—接周围压力控制系统；10—接排水管；11—接孔隙水压力系统；12—接轴向加压系统

试验时，圆柱体土样用乳胶膜包裹，放入压力室内。先向压力室内压入液体，使试样受到周围压力σ_3并使压力σ_3在试验过程中保持不变，然后在压力室上端的活塞杆上施加垂直压力直至土样受剪破坏，设破坏时由活塞杆加在土样上的垂直压力为$\Delta\sigma_1$，则土样上的最大主应力为$\sigma_1=\sigma_3+\Delta\sigma_1$，而最小主应力为$\sigma_3$。由$\sigma_1$和$\sigma_3$可绘出一个摩尔圆。用同一种土制成若干土样按上述方法进行试验，对每个土样施加不同的周围压力σ_3，分别求得剪切破坏时对应的最大主应力σ_1，将这些结果绘成一组摩尔圆。根据土的极限平衡条件可知，通过这些摩尔圆的切点的直线就是土的抗剪强度线，由此可得抗剪强度指标c和φ值(图5-11)。

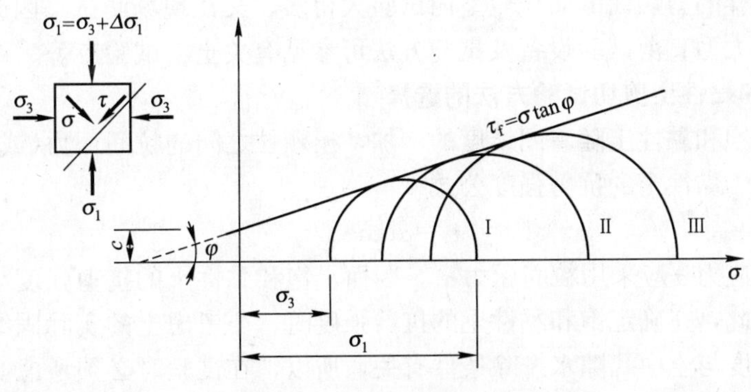

图5-11 三轴剪切试验原理

三轴剪切仪有较多的优点，所以《建筑地基基础设计规范》推荐采用，特别是对于甲级建筑物地基土应予采用。

5.4.3 十字板剪切试验

十字板剪切仪示意图如图5-12所示。试验时，先钻孔至需要试验的土层深度以上750mm处，然后将装有十字板的钻杆放入钻孔底部，并插入土中750mm，施加扭矩使钻杆旋转直至土体剪切破坏。土体剪切面为十字板旋转所形成的圆柱面。土的抗剪强度可按下式计算：

$$\tau_f = k_c(P_c - f_c) \tag{5-9a}$$

式中 k_c——十字板常数，按下式计算：

$$k_c = \frac{2R}{\pi D^2 h\left(1+\frac{D}{3h}\right)} \tag{5-9b}$$

P_c——土发生剪切破坏时的总作用力，由弹簧秤读数求得(N)；

f_c——轴杆及设备的机械阻力，在空载时由弹簧秤事先测得(N)；

h、D——十字板的高度和直径(mm)；

R——转盘的半径(mm)。

十字板剪切试验适用于软塑状态的黏性土。它的优点是不需钻取原状土样，对土的结构扰动较小。

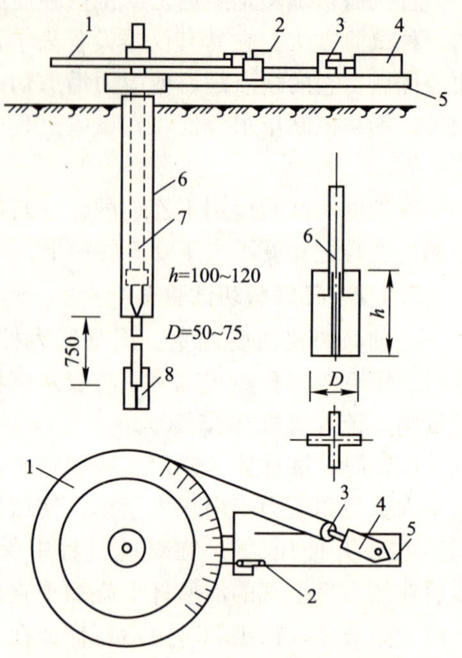

图 5-12 十字板剪切仪示意图

1—转盘；2—摇柄；3—滑轮；4—弹簧秤；5—槽钢；6—套管；7—钻杆；8—十字板

5.4.4 大型直剪试验

对于无法取得原状土样的土类，《建筑地基基础设计规范》(GB 50007—2002)规定采用现场大型直剪试验。这种试验方法适用于测定边坡和滑坡的岩体软弱结合面，岩石和土的接触面、滑动面，黏性土、砂土、碎石土的混合层及其他粗颗粒土层的抗剪强度。由于大型直剪试验土样的剪切面的面积较室内试验大得多，又在现场测试。因此，它更能符合实际情况。关于大型直剪试验设备及试验方法可参见有关土工试验专著。

5.4.5 饱和黏性土剪切试验方法的选择

我们知道，饱和黏性土随着固结度的增加，土颗粒之间的粒间压力(或称为有效压力)也随着增大。由于黏性土的抗剪强度公式

$$\tau_f = \sigma\tan\varphi + c$$

中的第一项的正应力 σ 应采用粒间压力 σ'。因而，饱和黏性土的抗剪强度与土的固结程度有密切关系。因此，在确定饱和黏性土的抗剪强度时，要考虑土的实际固结程度。试验表明，土的固结程度与土中孔隙水排除条件有关，所以，在试验时必须考虑实际工程地基土中孔隙水排除的可能性。

根据实际工程地基的排水条件，室内抗剪强度试验分别采用以下三种方法：

1. 不排水剪(或称为快剪)

这种试验方法在全部试验过程中都不让土样排水固结。在直接剪切试验中，在土样上下两面均贴以腊纸，在加法向压力后即施加水平剪力，使土样在 3～5min 内剪坏，而在三轴剪切试验中，由始至终关闭排水阀门，因而土样在剪切破坏时都不能将土中孔隙水排除。

2. 固结不排水剪(或称为固结快剪)

在直接剪切试验中，在法向压力作用下使土样完全固结，然后很快施加水平剪力，使土样在剪切过程中来不及排水；而在三轴剪切试验中，施加各向等值压力 σ_3 时，将排水阀门开启，让土样在 σ_3 应力作用下排水直至完全固结；然后关闭排水阀门，再加竖向应力 $\Delta\sigma_1$，使土样在不排水条件下剪切破坏。

3. 排水剪(或称为慢剪)

这种试验方法在全部试验过程中，允许土样中的孔隙水充分排除。在直剪试验中，在竖直压力作用下让土样充分固结，然后再慢慢施加水平剪力，直至土样发生剪切破坏；而在三轴剪切试验中，无论在施加等值周边压力 σ_3，还是施加竖向应力 $\Delta\sigma_1$ 时，均将排水阀门开启，并给以足够时间让土样中孔隙水压力完全消散。

在实际工程中应当采用上述哪种试验方法，这是个十分复杂的问题。总的原则是，要根据地基土的实际受力情况和排水条件而定。鉴于近年来国内房屋建筑施工周期缩短，结构荷载增长速率较快，因此验算施工结束时的地基短期承载力时，《建筑地基基础设计规范》建议采用不排水剪，以保证工程的安全。《建筑地基基础设计规范》还规定，对于施工周期较长，结构荷载增长速率较慢的工程，宜根据建筑物的荷载及预压荷载作用下地基的固结程度，采用固结不排水剪。

关于土的抗剪强度指标 c、φ 的标准值可按本书附录B的方法确定。

5.5 地基临塑压力、临界压力与极限压力

在第4章曾介绍野外载荷试验及由试验记录所绘制的 p-s 曲线。为了确定地基承载力，现在进一步研究压力 p 和沉降 s 之间的关系(图5-13)。

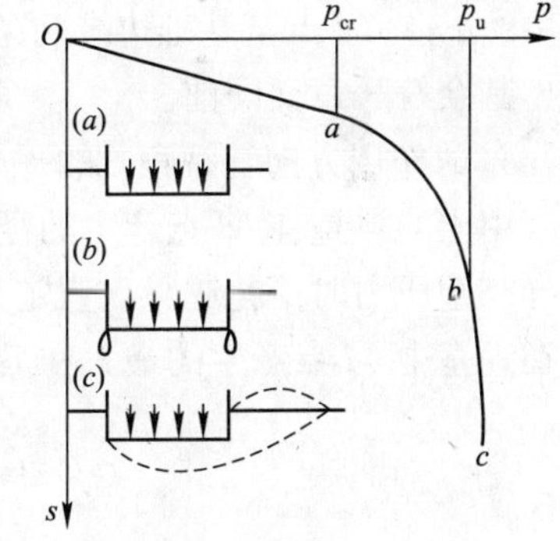

图5-13 载荷试验 p-s 曲线和地基中塑性区的发展

(a)直线变形阶段；(b)局部剪切阶段；(c)地基失稳阶段

由载荷试验 p-s 曲线可见，地基变形可分为三个阶段：

(1) 直线变形阶段

当 $p<p_{cr}$ 时(即 Oa 段)，压力与变形基本成直线关系。在这一阶段土的变形主要是由土的压实(孔隙减小)引起的。因此，这一阶段称为压密阶段(图5-13a)。我们称 p_{cr} 为临塑压力(或比例极限)。

(2) 局部剪切阶段

当 $p_{cr}<p<p_u$ 时(即 ab 段)，压力和变形之间成曲线关系。在这一阶段，随着压力的增加，地基除进一步压密外，在荷载板两个边缘还出现了剪切破坏区(也称为塑性区)(图5-13b)。

(3) 失稳阶段

当 $p>p_u$ 时(即 bc 段)，压力稍稍增加，地基变形急剧增大，这时塑性区扩大，形成连续的滑动面，土从荷载板下挤出，在地面隆起。这时地基已完全丧失稳定性(图5-13c)。我们称 p_u 为极限压力。

5.5.1 地基临塑压力(比例界限)

临塑压力是指地基上将出现塑性区时的基底压力。

现在说明条形均布荷载作用下(图 5-14)，临塑压力的确定方法。

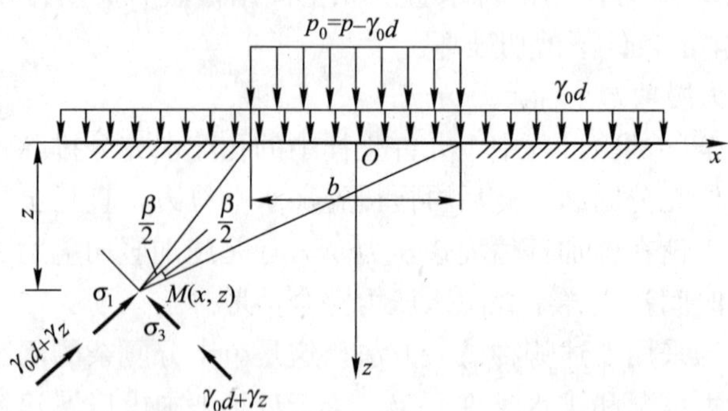

图 5-14 条形均布荷载下地基内的主应力

设基础埋置深度为 d，基础埋深范围内土的重度为 γ_0，基底总压力为 p，则基础底面下某点 $M(x、z)$处，由基底附加应力 $p_0=p-\gamma_0 d$ 产生的最大和最小主应力分别为

$$\sigma_1=\frac{p-\gamma_0 d}{\pi}(\beta+\sin\beta) \tag{5-10}$$

$$\sigma_3=\frac{p-\gamma_0 d}{\pi}(\beta-\sin\beta) \tag{5-11}$$

式中 β——M 点至基础边缘两条连线的夹角，称为视角；

其余符号意义同前。

σ_1 的作用方向与视角 β 的平分线方向一致；σ_3 的方向与 σ_1 垂直。

由土的自重在 M 点产生的竖向自重应力为 $p_{cz}=\gamma_0 d+\gamma z$($\gamma$ 为基底下土的重度)。为了推导临塑压力时简化起见，假定土的侧压力系数 $k_0=1$。这样，由基底附加应力和土的自重在地基中 M 点产生的最大和最小应力分别为

$$\sigma_1=\frac{p-\gamma_0 d}{\pi}(\beta+\sin\beta)+\gamma_0 d+\gamma z \tag{5-12}$$

$$\sigma_3=\frac{p-\gamma_0 d}{\pi}(\beta-\sin\beta)+\gamma_0 d+\gamma z \tag{5-13}$$

当 M 点处于极限平衡状态时，由图 5-8 可知，该点的最大和最小主应力应满足极限平衡条件：

$$\sin\varphi=\frac{\sigma_1-\sigma_3}{\sigma_1+\sigma_3+2c\cdot\cot\varphi} \tag{5-14}$$

将式(5-12)、式(5-13)代入式(5-14)，经整理后得

$$z=\frac{p-\gamma_0 d}{\pi\gamma}\left(\frac{\sin\beta}{\sin\varphi}-\beta\right)-\frac{\gamma_0}{\gamma}d-\frac{c\cdot\cot\varphi}{\gamma} \tag{5-15}$$

上式为塑性区的边界方程，表示塑性区边界上任一点的 z 与 β 之间的关系，当基础埋深 d、基底压力 p 和土的物理力学指标 γ_0、γ、c、φ 已知时，则根据式(5-15)可绘出塑性区的边界曲线，参见图 5-15。

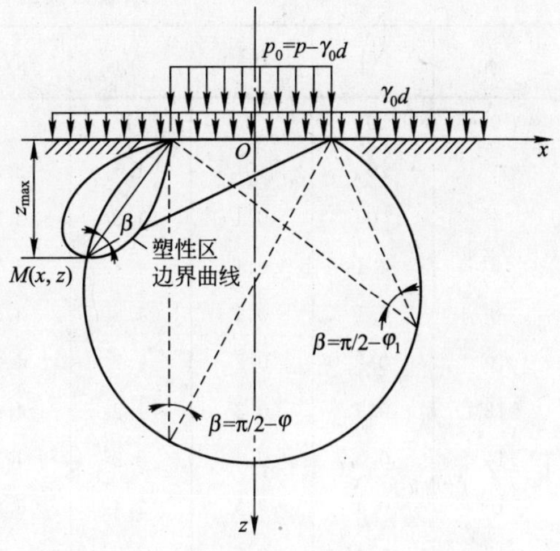

图 5-15 条形基础底面边缘的塑性区

塑性区的最大深度 z_{max}，可由 $\frac{dz}{d\beta}=0$ 的条件求得

$$\frac{dz}{d\beta}=\frac{p-\gamma_0 d}{\pi\gamma}\left(\frac{\cos\beta}{\sin\varphi}-1\right)=0$$

于是 $$\cos\beta=\sin\varphi$$

即

$$\beta=\frac{\pi}{2}-\varphi \tag{5-16}$$

将上式代回式(5-15)得塑性最大深度 z_{max} 的表达式为

$$z_{max}=\frac{p-\gamma_0 d}{\pi\gamma}\left[\cot\varphi-\left(\frac{\pi}{2}-\varphi\right)\right]-\frac{\gamma_0}{\gamma}d-\frac{c\cdot\cot\varphi}{\gamma} \tag{5-17}$$

由上式可见，当基底压 p 增大时，塑性区最大深度 z_{max} 也随之增大。若 $z_{max}=0$，则表示基础底面下土将要出现塑性区，根据临塑压力的定义，这时基础底面的压力 p 即为临塑压力 p_{cr}。因此，令式(5-17)中的 $z_{max}=0$，即得临塑压力表达式

$$p_{cr}=\frac{\pi(\gamma_0 d+c\cdot\cot\varphi)}{\cot\varphi+\varphi-\frac{\pi}{2}}+\gamma_0 d=N_d\cdot\gamma_0 d+N_c\cdot c \tag{5-18}$$

式中 p_{cr}——临塑压力；

γ_0——基础埋深范围内土的重度；

d——基础埋深；

c——地基土的黏聚力；

φ——地基土的内摩擦角；

N_d、N_c——承载力系数，它们是土的内摩擦角 φ 的函数，可按下式确定：

$$\left.\begin{aligned}N_d&=\frac{\cot\varphi+\varphi+\frac{\pi}{2}}{\cot\varphi+\varphi-\frac{\pi}{2}}\\N_c&=\frac{\pi\cot\varphi}{\cot\varphi+\varphi-\frac{\pi}{2}}\end{aligned}\right\} \tag{5-19}$$

N_d、N_c 也可根据 φ 值由表 5-1 查得。

承载力系数 $N_{\frac{1}{4}}$、$N_{\frac{1}{3}}$、N_d 及 N_c 值　　表 5-1

φ	$N_{\frac{1}{4}}$	$N_{\frac{1}{3}}$	N_d	N_c	φ	$N_{\frac{1}{4}}$	$N_{\frac{1}{3}}$	N_d	N_c
0°	0	0	1	3	24°	0.7	0.1	3.9	6.5
2°	0	0	1.1	3.3	26°	0.8	1.1	4.4	6.9
4°	0	0.1	1.2	3.5	28°	1.0	1.3	4.9	7.4
6°	0.1	0.1	1.4	3.7	30°	1.2	1.5	5.6	8.0
8°	0.1	0.2	1.6	3.9	32°	1.4	1.8	6.3	8.5
10°	0.2	0.2	1.7	4.2	34°	1.6	2.1	7.2	9.2
12°	0.2	0.3	1.9	4.4	36°	1.8	2.4	8.2	10.0
14°	0.3	0.4	2.2	4.7	38°	2.1	2.8	9.4	10.8
16°	0.4	0.5	2.4	5.0	40°	2.5	3.3	10.8	11.8
18°	0.4	0.6	2.7	5.3	42°	2.9	3.8	12.7	12.8
20°	0.5	0.7	3.1	5.6	44°	3.4	4.5	14.5	14.0
22°	0.6	0.8	3.4	6.0	45°	3.7	4.9	15.6	14.6

5.5.2 地基临界压力 $p_{\frac{1}{4}}$ 和 $p_{\frac{1}{3}}$

若基底压力小于地基临塑压力，则表明地基不会出现塑性区，这时，地基将有足够的安全储备。实践证明，采用临塑压力作为地基承载力设计值是偏于保守的。实际上，只要地基的塑性区范围不超过一定限度，并不会影响建筑物的安全和正常使用。这样，可采用地基土出现一定深度的塑性区的基底压力作为地基承载力设计值。至于塑性区控制在多大范围合理，一般认为，对于中心受压基础，塑性区最大深度宜控制在基底宽度的 1/4；对于偏心受压基础，则宜控制在基底宽度的 1/3。相应的基底压力分别以 $p_{\frac{1}{4}}$ 和 $p_{\frac{1}{3}}$ 表示。

在式(5-17)中，令 $z_{\max}=\frac{1}{4}b$，即可求得 $p_{\frac{1}{4}}$：

$$p_{\frac{1}{4}}=\frac{\pi\left(\gamma_0 d+\frac{1}{4}\gamma b+c\cdot\cot\varphi\right)}{\cot\varphi+\varphi-\frac{\pi}{2}}+\gamma_0 d$$

$$=N_{\frac{1}{4}}\gamma b+N_d\gamma_0 d+N_c\cdot c \tag{5-20}$$

将 $z_{\max}=\frac{1}{3}b$ 代入式(5-17)则可得 $p_{\frac{1}{3}}$：

$$p_{\frac{1}{3}}=\frac{\pi\left(\gamma_0 d+\frac{1}{3}\gamma b+c\cdot\cot\varphi\right)}{\cot\varphi+\varphi-\frac{\pi}{2}}+\gamma_0 d$$

$$=N_{\frac{1}{3}}\gamma b+N_d\gamma_0 d+N_c\cdot c \tag{5-21}$$

在式(5-20)、式(5-21)中

γ——基础底面下 $z=\frac{1}{4}b$(当 $p_{\frac{1}{4}}$时)和 $z=\frac{1}{3}b$(当 $p_{\frac{1}{3}}$时)范围内土的重度；

$N_{\frac{1}{4}}$、$N_{\frac{1}{3}}$——系数，由下式计算或按表 5-1 采用。

$$\left.\begin{aligned} N_{\frac{1}{4}} &= \frac{\pi}{4\left(\cot\varphi+\varphi-\dfrac{\pi}{2}\right)} \\ N_{\frac{1}{3}} &= \frac{\pi}{3\left(\cot\varphi+\varphi-\dfrac{\pi}{2}\right)} \end{aligned}\right\} \tag{5-22}$$

其余符号意义同前。

5.5.3 地基的极限压力

地基丧失稳定时，作用在基础底面的压力称为极限压力。这时，地基土的塑性区已形成连续的滑裂面，土从基底下挤出，在地面隆起，地基达到完全剪切破坏。地基极限压力相当于野外载荷试验曲线上的第二和第三阶段分界点 b 所对应的压力 p_u。

目前，确定地基的极限压力有两种途径：一种方法是用严密的数学方法建立土中某点达到极限平衡时的静力平衡方程组，然后解这个方程组，就可求得极限压力；另一种方法是，根据模型试验确定土的实际滑动面形状，然后加以简化，按假定的滑动面的极限平衡条件，求得极限压力。由于每个研究者的假定条件不同，所以得到各种不同的计算公式。

下面介绍其中一种比较简单的确定极限压力的方法：

设条形基础宽度为 b，基础埋置深度为 d，埋深范围内土的重度为 γ_0，基底下土的重度为 γ，土的内摩擦角为 φ，黏聚力为 c。

假定：(1) 当地基失稳时滑裂面为折线 ACE(图 5-16a)，滑裂面与最大主应力作用面成 $\alpha=45°+\dfrac{\varphi}{2}$。

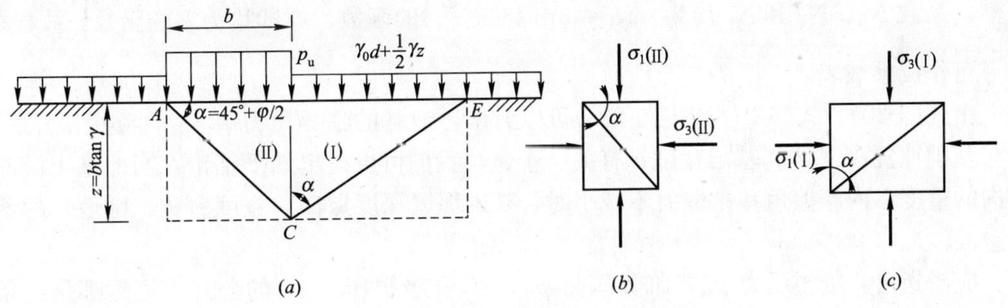

图 5-16 地基的极限压力计算

(2) 滑裂土体自重压力 $\gamma z=\gamma b\tan\alpha$ 假定各$\dfrac{1}{2}$作用于滑裂土体上下两面，即$\dfrac{1}{2}\gamma b\tan\alpha$。

现将地基滑裂土体分为矩形(Ⅰ)区和(Ⅱ)区，分别进行分析：

(Ⅰ)区的极限平衡条件：

设(Ⅰ)区的最大主应力为 σ_1(Ⅰ)，而最小主应力为 $\sigma_3(\text{Ⅰ})=\gamma_0 d+\dfrac{\gamma b}{2}\tan\alpha$，将最大、最小主应力代入极限平衡条件式(5-6$a$)得：

$$\sigma_1(\text{Ⅰ})=\left(\gamma_0 d+\frac{\gamma b}{2}\tan\alpha\right)\tan^2\alpha+2c\cdot\tan\alpha \tag{a}$$

(Ⅱ)区的极限平衡条件：

显然，(Ⅱ)区的最大主应力 $\sigma_1(\text{Ⅱ})=p_u+\frac{\gamma b}{2}\tan\alpha$，而最小主应力与(Ⅰ)区最大主应力相等，即：$\sigma_3(\text{Ⅱ})=\sigma_1(\text{Ⅰ})$，将它们代入式(5-6$a$)，得

$$p_u+\frac{\gamma b}{2}\tan\alpha=\sigma_1(\text{Ⅰ})\tan^2\alpha+2c\cdot\tan\alpha \tag{b}$$

将式(a)代入上式，得

$$p_u+\frac{\gamma b}{2}\tan\alpha=\left[\left(\gamma_0 d+\frac{\gamma b}{2}\tan\alpha\right)\tan^2\alpha+2c\cdot\tan\alpha\right]\tan^2\alpha+2c\cdot\tan\alpha$$

$$=\frac{\gamma b}{2}\tan^5\alpha+2c\cdot(\tan^3\alpha+\tan\alpha)+\gamma_0 d\tan^4\alpha$$

将上式整理后，可得极限压力公式

$$p_u=\frac{\gamma b}{2}(\tan^5\alpha-\tan\alpha)+2c(\tan^3\alpha+\tan\alpha)+\gamma_0 d\tan^4\alpha \tag{c}$$

若设

$$\left.\begin{aligned}N_b&=\frac{1}{2}(\tan^5\alpha-\tan\alpha)\\N_d&=\tan^4\alpha\\N_c&=2(\tan^3\alpha+\tan\alpha)\end{aligned}\right\} \tag{5-23a}$$

则式(c)可写成

$$p_u=N_b\gamma b+N_d\gamma_0 d+N_c\cdot c \tag{5-23b}$$

显然，系数 N_b、N_d 和 N_c 均为 $\tan\alpha=\tan\left(45°+\frac{\varphi}{2}\right)$的函数，亦即均为 φ 的函数，故根据 φ 值亦可作成系数表。

由式(5-20)、式(5-21)和式(5-23b)可以看出，地基的临界压力 $p_{\frac{1}{4}}$、$p_{\frac{1}{3}}$和极限压力 p_u 均与基础埋置深度 d 和基础宽度 b 有关。于是，我们可以得出如下结论：当地基土沿深度方向的重度、内摩擦角和黏聚力不减小时，基础埋置深度愈深、宽度愈宽，则地基的承载力愈高。

应当指出，临塑压力 p_{cr}，临界压力 $p_{\frac{1}{4}}$、$p_{\frac{1}{3}}$和极限压力 p_u 的公式，虽然都是在条形基础均布荷载作用下推导出来的，但是，这些公式也可用于矩形和圆形基础情形，其计算结果偏于安全。

【例题 5-2】 已知条形基础宽度 $b=2$m，埋置深度 $d=1.8$m，基础埋深范围内土的重度 $\gamma_0=17$kN/m³，基础底面下为比较厚的粉土，其重度 $\gamma=18$kN/m³，内摩擦角 $\varphi=22°$，黏聚力 $c=1$kN/m²。试求：

(1) 地基土的临塑压力 p_{cr}；

(2) 临界压力 $p_{\frac{1}{4}}$；

(3) 极限压力 p_u。

【解】 (1) 求临塑压力

由表 5-1 查得 $\varphi=22°$时，$N_d=3.4$，$N_c=6.0$，按式(5-18)求得

$$p_{cr}=N_d\gamma_0 d+N_c\cdot c=3.4\times17\times1.8+6\times1=110\text{kN/m}^2$$

(2) 求临界压力

由表 5-1 查得 $N_{\frac{1}{4}}=0.6$，按式(5-20)求得

$$p_{\frac{1}{4}}=N_{\frac{1}{4}}\gamma b+N_d\gamma_0 d+N_c\cdot c$$
$$=0.6\times18\times2+3.4\times17\times1.8+6\times1=131.6\text{kN/m}^2$$

(3) 求极限压力

由式(5-23*a*)算得 $N_b=2.84$，$N_d=4.83$，$N_c=9.48$，按式(5-23*b*)算得

$$p_u=N_b\gamma b+N_d\gamma_0 d+N_c\cdot c$$
$$=2.84\times18\times2+4.83\times17\times1.8+9.48\times1=259.5\text{kN/m}^2$$

由本例计算结果可以看出，$p_{cr}<p_{\frac{1}{4}}<p_u$。

5.6 地基承载力特征值的确定

5.6.1 基本要求

在设计地基基础时，需要知道地基承载力特征值。地基承载力特征值是指，由载荷试验测定的地基土压力变形曲线(即 *p-s* 曲线)线性变形段内规定的变形所对应的压力值，其最大值为比例界限值。

《建筑地基基础设计规范》(GB 50007—2002)规定，地基承载力特征值可由载荷试验或其他原位测试、公式计算结合工程实践经验等方法综合确定。

5.6.2 地基承载力特征值的确定

1. 按载荷载试验 *p-s* 曲线确定

地基承载力特征值应符合下列要求：

(1) 当载荷试验 *p-s* 曲线上有比例界限时，取该比例界限所对应的荷载值。

(2) 当极限荷载小于对应比例界限的荷载值 2 倍时，取极限荷载值的一半。

(3) 当不能按上述要求确定时，若压板面积为 0.25～0.50mm²，可取 $s/b=0.01$～0.015 所对应的荷载，但其值不应大于最大加载值的一半。

(4) 同一层土参加统计的试验点不应少于三点，当试验实测值的极差不超过其平均值的 30%时，取此平均值作为该土层的地基承载力的特征值 f_{ak}。

2. 按理论公式确定

当偏心距 *e* 小于或等于 0.033 倍基础底面宽度时，通过试验和统计得到土的抗剪强度指标标准值后，可按下式计算地基土承载力设计值

$$f_a=M_b\gamma b+M_d\gamma_m d+M_c c_k \tag{5-24}$$

式中 f_a——由土的抗剪强度指标标准值确定的地基承载力特征值(kN/m²)；

γ——基础底面以下土的重度，地下水位以下取有效重度(kN/m³)；

γ_m——基础底面以上土的加权平均重度，地下水位以下取有效重度(kN/m³)；

M_b、M_d、M_c——承载力系数，按表 5-2 确定；

b——基底宽度，当基底宽度大于 6m 按 6m 考虑，对于砂土小于 3m 时按 3m 考虑；

c_k——基底下一倍基础底面短边深度内土的黏聚力标准值[❶]。

承载力系数 M_b、M_d、M_c　　表 5-2

土的内摩擦角标准值 φ_k	M_b	M_d	M_c	土的内摩擦角标准值 φ_k	M_b	M_d	M_c
0°	0	1.00	3.14	22°	0.61	3.44	6.04
2°	0.03	1.12	3.32	24°	0.80	3.87	6.45
4°	0.06	1.25	3.51	26°	1.10	4.37	6.90
6°	0.10	1.39	3.71	28°	1.40	4.93	7.40
8°	0.14	1.55	3.93	30°	1.90	5.59	7.95
10°	0.18	1.73	4.17	32°	2.60	6.35	8.55
12°	0.23	1.94	4.42	34°	3.40	7.21	9.22
14°	0.29	2.17	4.69	36°	4.20	8.25	9.97
16°	0.36	2.43	5.00	38°	5.00	9.44	10.80
18°	0.43	2.72	5.31	40°	5.80	10.84	11.73
20°	0.51	3.06	5.66				

理论公式(5-24)是假定基底应力为均匀分布导出的，但当受到较大水平荷载而使合力的偏心距过大时，地基反力就会很不均匀，为了使理论计算的地基承载力符合假设条件，《建筑地基基础设计规范》(GB 50007—2002)规定了式(5-24)的适用范围。

实际上，$e \leqslant 0.033b$ 的条件就是基底最小应力和最大应力的比值 $\xi=\dfrac{p_{k\min}}{p_{k\max}} \geqslant 0.667$ 的条件。如满足这一条件，则验算地基承载力时，偏心受压基础条件 $p_{max} \leqslant 1.2f_a$ 将不起控制作用，而由中心受压基础条件 $p_k \leqslant f_a$ 起控制作用(参见第 7 章 131 页)。

式(5-24)中的承载力系数 M_b、M_d、M_c 是以临界荷载 $p_{\frac{1}{4}}$ 理论公式(5-20)中的系数为基础确定的，考虑到内摩擦角大时理论值偏小的实际情况，因此对 M_b 一部分系数值作了调整。

【例题 5-3】 某房屋墙下条形基础底面宽度 1.20m，基础埋置深度 $d=1.30$m，基础埋深范围内土的重度 $\gamma_m=18.0\text{kN/m}^3$。持力层为粉土，重度为 $\gamma=17.0\text{kN/m}^3$，对粉土取 6 组试样，每组取 4 个试样进行直剪试验，试验结果见表 5-3。

求粉土内摩擦角标准值 φ_k 和黏聚力标准值 c_k 并按式(5-24)确定地基承载力特征值。

实测水平剪力 τ(kPa)　　表 5-3

垂直压力 p(kPa) / 试样组别	100	200	300	400
1	96	150	200	250
2	97	146	194	248
3	98	148	195	249
4	100	150	202	251
5	95	145	201	247
6	100	152	207	254

❶ c_k 和 φ_k 的确定方法见附录 B。

【解】 (1) 首先求 φ_k 和 c_k

1) 求每组试样内摩擦角 φ_i 和黏聚力 c_i[1]

$$\Sigma p=100+200+300+400=1000\text{kPa}$$

$$p_m=\frac{\Sigma p}{k}=\frac{1000}{4}=250\text{kPa}$$

$$(\Sigma p)^2=1000^2\text{kPa}$$

$$\Sigma p^2=100^2+200^2+300^2+400^2=3\times10^5\text{kPa}$$

$$\Delta=k\Sigma p^2-(\Sigma p)^2=(4\times3\times10^5-1000^2)=2\times10^5\text{kPa}$$

第一组 φ_1 和 c_1 的计算

$$\Sigma\tau=96+150+200+250=696\text{kPa}$$

$$\tau_m=\frac{\Sigma\tau}{k}=\frac{696}{4}=174\text{kPa}$$

$$\Sigma p\cdot\Sigma\tau=1000\times696=6.96\times10^5\text{kPa}$$

$$\Sigma p\tau=100\times96+200\times150+300\times200+400\times250=2.00\times10^5\text{kPa}$$

$$\tan\varphi_1=\frac{k\Sigma p\tau-\Sigma p\cdot\Sigma\tau}{\Delta}=\frac{4\times2\times10^5-6.96\times10^5}{2\times10^5}=0.52$$

$$\varphi_1=\arctan0.52=27.47°$$

$$c_1=\tau_m-p_m\tan\varphi_1=174-250\times0.52=44\text{kPa}$$

其余各组试样的 φ_i 和 c_i 计算结果见表5-4。

各组内摩擦角 φ_i 和黏聚力 c_i 计算 **表5-4**

组别	$\Sigma\tau$ (kPa)	τ_m (kPa)	$\Sigma p\cdot\Sigma\tau$ ($\times10^5$kPa)	$\Sigma p\tau$ ($\times10^5$kPa)	$\tan\varphi_i=\frac{1}{\Delta}\times(k\Sigma p\cdot\tau-\Sigma p\Sigma\tau)$	φ_i	$c_i=\tau_m-p_m\tan\varphi_i$ (kPa)
1	696	174	6.96	2.000	0.520	27.47°	44.0
2	685	171	6.85	1.963	0.501	26.61°	45.8
3	690	173	6.90	1.975	0.500	26.56°	48.0
4	703	176	7.03	2.010	0.505	26.79°	49.75
5	688	172	6.88	1.976	0.512	27.11°	44.00
6	713	178	7.13	2.041	0.517	27.34°	48.75

2) 计算 φ_m、c_m、σ_φ、σ_c、δ_φ、δ_c

$$\varphi_m=\frac{\Sigma\varphi_i}{n}=\frac{27.47°+26.61°+26.56°+26.79°+27.11°+27.34°}{6}$$

$$=26.98°$$

[1] φ_i 和 c_i 的计算公式来源见附录B。

$$c_{\mathrm{m}}=\frac{\Sigma c_i}{n}=\frac{44+45.8+48+49.75+44+48.75}{6}=46.72\mathrm{kPa}$$

$$\sigma_{\varphi}=\sqrt{\frac{\sum_{i=1}^{n}\varphi_i^2-n\varphi_{\mathrm{m}}^2}{n-1}}$$

$$=\sqrt{\frac{(27.47°)^2+(26.61°)^2+(26.56°)^2+(26.79°)^2+(27.11°)^2+(27.34°)^2-6\times(26.98°)^2}{6-1}}$$

$$=0.384°$$

$$\sigma_c=\sqrt{\frac{\sum_{i=1}^{n}c_i^2-nc_{\mathrm{m}}^2}{n-1}}$$

$$=\sqrt{\frac{44^2+45.8^2+48^2+49.75^2+44^2+48.75^2-6\times46.72^2}{6-1}}$$

$$=2.396\mathrm{kPa}$$

$$\delta_{\varphi}=\frac{\sigma_{\varphi}}{\varphi_{\mathrm{m}}}=\frac{0.384}{26.98}=0.0142$$

$$\delta_{\mathrm{c}}=\frac{\sigma_{\mathrm{c}}}{c_{\mathrm{m}}}=\frac{2.396}{46.72}=0.0513$$

3）计算统计修正系数

$$\psi_{\varphi}=1-\left(\frac{1.704}{\sqrt{n}}+\frac{4.678}{n^2}\right)\delta_{\varphi}$$

$$=1-\left(\frac{1.704}{\sqrt{6}}+\frac{4.678}{6^2}\right)0.0142=0.998$$

$$\psi_{\mathrm{c}}=1-\left(\frac{1.704}{\sqrt{n}}+\frac{4.678}{n^2}\right)\delta_{\mathrm{c}}$$

$$=1-\left(\frac{1.704}{\sqrt{6}}+\frac{4.678}{6^2}\right)0.0513=0.958$$

4）计算抗剪强度指标标准值

$$\varphi_{\mathrm{k}}=\psi_{\varphi}\varphi_{\mathrm{m}}=0.998\times26.98°=26.93°$$

$$c_{\mathrm{k}}=\psi_{\mathrm{c}}c_{\mathrm{m}}=0.958\times46.72=44.76$$

（2）计算地基承载力特征值

由表 5-2 查得：$M_{\mathrm{b}}=1.25$、$M_{\mathrm{d}}=4.65$ 和 $M_{\mathrm{c}}=7.15$，按式(5-24)算得

$$f_{\mathrm{a}}=M_{\mathrm{b}}\gamma b+M_{\mathrm{d}}\gamma_{\mathrm{m}}d+M_{\mathrm{c}}c_{\mathrm{k}}$$

$$=1.25\times17\times1.20+4.65\times18\times1.3+7.15\times44.76$$

$$=454.3\mathrm{kN/m^2}$$

3. 按《建筑地基基础设计规范》(GBJ 7—1989)表格确定[1]

(1) 根据野外鉴别结果确定

对于岩石和碎石土可根据野外鉴别结果，分别按表5-5和表5-6确定其承载力特征值。

岩石承载力特征值 f_{ak}(kPa) 表5-5

岩石类别＼风化程度	强风化	中等风化	微风化
硬质岩石	150～500	1500～2500	4000
软质岩石		550～1200	1500～2000

注：对于微风化的硬质岩石，其承载力如取用大于4000kPa时，应有工程实践经验。

碎石土承载力特征值 f_{ak}(kPa) 表5-6

土的名称＼密实度	稍密	中密	密实
卵石	300～500	500～800	800～1000
碎石	250～400	400～700	700～900
圆砾	200～300	300～500	500～700
角砾	200～250	200～400	400～600

注：1. 表中数值适用于骨架颗粒空隙全部由中砂、粗砂或硬塑、坚硬状态的黏性土或饱和度不大于0.5的粉土所充填。

2. 当粗颗粒为中等风化或强风化时，可按其风化程度适当降低承载力，当颗粒间呈半胶结状时，可适当提高承载力。

(2) 根据室内物理、力学指标平均值确定

当根据室内物理、力学指标平均值确定地基承载力特征值时，应首先按表5-7～表5-11查出其基本值 f_0。

粉土承载力基本值 f_0(kPa) 表5-7

第一指标 孔隙比 e	第二指标含水量 w(%) 10	15	20	25	30	35	40
0.5	410	390	(365)				
0.6	310	300	280	(270)			
0.7	250	240	225	215	(205)		
0.8	200	190	180	170	(165)		
0.9	160	150	145	140	130	(125)	
1.0	130	125	120	115	110	105	(100)

注：1. 有括号者仅供内插用。

2. 折算系数 ξ 为0。

3. 在湖、塘、沟、谷与河漫滩地段新近沉积的粉土，其工程性质一般较差，应根据当地实践经验取值。

[1] 《建筑地基基础设计规范》(GB 50007—2002)没有收入按土的物理、力学指标确定土的承载力表，本书编入供读者参考。

黏性土承载力基本值 f_0(kPa) **表 5-8**

第一指标孔隙比 e	第二指标液性指数 I_L					
	0	0.25	0.50	0.75	1.00	1.20
0.5	475	430	390	(360)		
0.6	400	360	325	295	(265)	
0.7	325	295	265	240	210	170
0.8	275	240	220	200	170	135
0.9	230	210	190	170	135	105
1.0	200	180	160	135	115	
1.1		160	135	115	105	

注：1. 有括号者仅供内插用。

2. 折算系数 ξ 为 0.1。

3. 在湖、塘、沟、谷与河漫滩地段，新近沉积的黏性土，其工程性能一般较差。

沿海地区淤泥和淤泥质土承载力基本值 f_0(kPa) **表 5-9**

天然含水量 w(%)	36	40	45	50	55	65	75
f_0	100	90	80	70	60	50	40

注：对于内陆淤泥和淤泥质土，可参照使用。

红黏土承载力基本值 f_0(kPa) **表 5-10**

土的名称	第二指标液塑比 $I_r=\frac{w_L}{w_p}$	第一指标含水比 $\alpha_w=\frac{w}{w_L}$					
		0.5	0.6	0.7	0.8	0.9	1.0
红黏土	≤1.7	380	270	210	180	150	140
红黏土	≥2.3	280	200	160	130	110	100
次生红黏土		250	190	150	130	110	100

注：1. 本表仅适用于定义范围内的红黏土。

2. I_r=1.7～2.3 时，内插。

3. 折算系数 ξ 为 0.4。

素填土承载力基本值 f_0(kPa) **表 5-11**

压缩模量 E_{s1-2}(MPa)	7	5	4	3	2
f_0	160	135	115	85	65

注：本表只适用于堆填时间超过十年的黏性土，以及超过五年的粉土。

各类土的承载力基本值表是根据各地载荷试验资料，经回归分析建立的回归方程编制的。由于回归方程的方差、指示指标的变异性等因素的影响，不能将承载力基本值直接用于工程设计，必须予以降低。《建筑地基基础设计规范》(GBJ 7—1989)建议按下式计算地基承载力特征值

$$f_{ak}=\psi_f f_0 \tag{5-25}$$

式中 f_{ak}——地基承载力特征值；

f_0——地基承载力基本值；

ψ_f——回归修正系数；对于表5-7～表5-11所列土类，ψ_f值按下式计算：

$$\psi_f = 1-\left(\frac{2.884}{\sqrt{n}}+\frac{7.918}{n^2}\right)\delta \tag{5-26}$$

n——据以查表的土的性质指标参加统计的数据数，$n \geqslant 6$；

δ——变异系数。

当回归修正系数 $\psi_f < 0.75$ 时，应分析 δ 过大的原因，如分层是否合理，试验有无差错等，并应同时增加试验数量。

变异系数 δ 按下列规定计算：

1）当仅用一个指标来查表确定地基承载力基本值时，其变异系数按下式计算：

$$\delta = \frac{\sigma}{\mu} \tag{5-27a}$$

式中 μ——土性指标平均值；

$$\mu = \frac{\sum_{i=1}^{n}\mu_i}{n} \tag{5-28}$$

σ——土性指标标准差。

$$\sigma = \sqrt{\frac{\sum_{i=1}^{n}\mu_i^2 - n\mu^2}{n-1}} \tag{5-29}$$

2）当用两个指标查表确定地基承载力基本值时，应采用由该两个指标的变异系数折算后的综合变异系数

$$\delta = \delta_1 + \xi\delta_2 \tag{5-27b}$$

式中 δ_1——第一指标变异系数；

δ_2——第二指标变异系数；

ξ——第二指标折算系数，参见下列有关承载力表的附注。

表5-8中，第四纪晚更新世(Q_3)及其以前沉积的老黏性土，其工程性能通常较好。这些土均应根据当地实践经验取值。

(3) 根据标准贯入试验锤击数 N、轻便触探试验锤击数 N_{10} 确定。

按这种方法确定地基承载力特征值时，应按下列方法进行：首先算出现场试验锤击数的平均值 μ 和标准差 σ，然后按下式确定锤击数特征值

$$N(\text{或}N_{10}) = \mu - 1.645\sigma \tag{5-30}$$

计算值取至整数位。根据所求得的锤击数 N(或 N_{10})，即可由表5-12～表5-15查得地基承载力特征值。

砂土承载力特征值 f_{ak}(kPa) **表5-12**

土类 \ N	10	15	30	50
中、粗砂	180	250	340	500
粉、细砂	140	180	250	340

黏性土承载力特征值 f_{ak}(kPa) **表 5-13**

N	3	5	7	9	11	13	15	17	19	21	23
f_{ak}	105	145	190	235	280	325	370	430	515	600	680

黏性土承载力特征值 f_{ak}(kPa) **表 5-14**

N_{10}	15	20	25	30
f_{ak}	105	145	190	230

素填土承载力特征值 f_{ak}(kPa) **表 5-15**

N_{10}	10	20	30	40
f_{ak}	85	115	135	160

注：本表只适用于黏性土与粉土组成的素填土。

当基础宽度大于 3m 或埋置深度大于 0.5m 时，从载荷试验或其他原位测试、物理力学指标查表等方法确定的地基承载力特征值，尚应按下式修正

$$f_a = f_{ak} + \eta_b \gamma (b-3) + \eta_d \gamma_m (d-0.5) \tag{5-31}$$

式中 f_a——修正后地基承载力特征值(kN/m^2)；

f_{ak}——地基承载力特征值(kN/m^2)；

b——基础底面宽度(m)，当基础宽度小于 3m 按 3m 取值，大于 6m 按 6m 取值；

d——基础埋置深度(m)，一般自室外地面标高算起，在填方整平地区，可自填土地面标高算起，但填土在上部结构施工后完成时，应从天然地面标高算起，对于地下室如采用箱形基础或筏基时，基础埋置深度自室外地面标高算起，当采用独立基础或条形基础时，应从室内地面标高算起；

γ——基底以下土的重度(kN/m^3)，地下水位以下取有效重度；

γ_m——基底以上土的加权平均重度(kN/m^3)，地下水位以下取有效重度；

η_b、η_d——基础宽度和埋深的承载力修正系数，按基底下持力层土类查表 5-16 确定。

承载力修正系数 η_b、η_d **表 5-16**

土的类别		η_b	η_d
淤泥和淤泥质土		0	1.0
人工填土 e 或 I_L 大于等于 0.85 的黏性土		0	1.0
红黏土	含水比 $\alpha_w > 0.8$ 含水比 $\alpha_w \leqslant 0.8$	0 0.15	1.2 1.4
大面积压实填土	压实系数大于 0.95、黏粒含量 $\rho_c \geqslant 10\%$ 的粉土 最大干密度大于 2.1t/m^3 的级配砂石	0 0	1.5 2.0
粉　土	黏粒含量 $\rho_c \geqslant 10\%$ 的粉土 黏粒含量 $\rho_c < 10\%$ 的粉土	0.3 0.5	1.5 2.0
e 及 I_L 均小于 0.85 的黏性土		0.3	1.6
粉砂、细砂(不包括很湿与饱和时的稍密状态)		2.0	3.0
中砂、粗砂、砾砂和碎石土		3.0	4.4

注：1. 强风化和全风化的岩石，可参照所风化成的相应土类取值，其他状态下的岩石不修正。

2. 地基承载力特征值按深层平板载荷试验确定时 η_d 取 0。

【例题 5-4】 柱基础底面尺寸 bl=3.20m×3.60m，埋置深度 d=2.20m，埋深范围内有两层土。它们的厚度分别为 h_1＝1.00m，h_2＝1.20m，重度分别为 γ_1＝17kN/m³，γ_2＝16kN/m³，持力层为黏土（图 5-17），重度 γ_3＝19kN/m³，该土层的孔隙比 e 及液性指数 I_L 的试验数据参见表 5-17。计算地基承载力特征值。

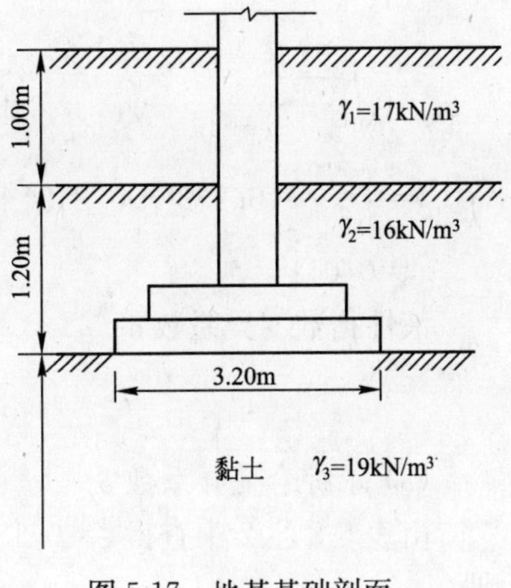

图 5-17　地基基础剖面

例题 5-4 附表　　表 5-17

第一指标孔隙比 e	0.597	0.599	0.598	0.599	0.603	0.600
第二指标液性指数 I_L	0.252	0.249	0.250	0.258	0.246	0.252

【解】 (1) 求第一指标孔隙比的变异系数 δ

孔隙比平均值

$$e_m = \frac{\sum_{i=1}^{n} e_i}{n} = \frac{0.597+0.599+0.598+0.599+0.603+0.600}{6} = 0.599$$

孔隙比标准差

$$\sigma_e = \sqrt{\frac{\sum_{i=1}^{n} e_i^2 - n e_m^2}{n-1}} = \left[\frac{1}{6-1}(0.597^2+0.599^2+0.598^2+0.599^2+0.603^2+0.600^2-6\times0.599^2)\right]^{0.5} = 0.022$$

孔隙比变异系数

$$\delta_e = \frac{\sigma_e}{e_m} = \frac{0.022}{0.599} = 0.036$$

(2) 求第二指标液性指数变异系数 δ_{I_L}

液性指数平均值 I_{L_m}

$$I_{L_m} = \frac{\sum_{i=1}^{n} I_{L_i}}{n} = \frac{0.252+0.249+0.250+0.258+0.246+0.252}{6} = 0.251$$

液性指数标准差 σ_{I_L}

$$\sigma_{I_L}=\sqrt{\frac{\sum_{i=1}^{n}I_{L_i}^2-nI_{L_m}^2}{n-1}}$$

$$=\left[\frac{1}{6-1}(0.252^2+0.249^2+0.250^2+0.258^2+0.246^2+0.252^2-6\times0.251^2)\right]^{0.5}$$

$$=0.011$$

液性指数变异系数 δ_{I_L}

$$\delta_{I_L}=\frac{\sigma_{I_L}}{I_{L_m}}=\frac{0.011}{0.251}=0.044$$

(3) 求综合变异系数 δ

由表 5-8 注 2 中查得 $\xi=0.1$

则

$$\begin{aligned}\delta&=\delta_e+\xi\delta_{I_L}\\&=0.036+0.1\times0.044\\&=0.041\end{aligned}$$

(4) 求地基承载力基本值 f_0

据第二指标液性指数平均值 $I_{L_m}=0.251$ 和第一指标孔隙比平均值 $e_m=0.599$，由表 5-8 查得第三层土的地基承载力基本值 $f_0=360\text{kN/m}^2$。

(5) 求地基承载力特征值 f_{ak}

由式(5-26)计算回归修正系数

$$\begin{aligned}\psi_f&=1-\left(\frac{2.884}{\sqrt{n}}+\frac{7.916}{n^2}\right)\times\delta\\&=1-\left(\frac{2.884}{\sqrt{6}}+\frac{7.916}{6^2}\right)\times0.041\\&=0.994\end{aligned}$$

地基承载力特征值

$$f_{ak}=\psi_f f_0=0.994\times360=340\text{kN/m}^2$$

(6) 求修正后的地基承载力特征值 f_a

基础底面以上土的加权平均重度 γ_m

$$\begin{aligned}\gamma_m&=\frac{\gamma_1h_1+\gamma_2h_2}{h_1+h_2}=\frac{17\times1+16\times1.2}{1+1.2}\\&=16.45\text{kN/m}^2\end{aligned}$$

根据持力层为黏土，由表 5-16 查出 $\eta_b=0.3$，$\eta_d=1.6$，于是

$$\begin{aligned}f_a&=f_{ak}+\eta_b\gamma(b-3)+\eta_d\gamma_m(d-0.5)\\&=340+0.3\times19\times(3.2-3)+1.6\times16.45\times(2.2-0.5)\\&=386\text{kN/m}^2\end{aligned}$$

最后取承载力特征值 $f_a=386\text{kN/m}^2$。

建筑地基基础设计原则

6.1 一般要求

在正常的条件下，建筑物的结构与构件在预期内均应满足预定的功能要求，以保证建筑物所必须具有的可靠性。

《建筑结构可靠度设计统一标准》(GB 50068—2001)规定，建筑结构在规定的设计使用年限内应满足以下功能要求。

1) 安全性：建筑结构应能承受在正常施工和正常使用过程中可能出现的各种作用，在偶然事件发生时及发生后，仍能保持必须的整体稳定性。

2) 适用性：建筑结构在使用过程中应具有良好的工作性能。

3) 耐久性：建筑结构在正常维护条件下，应能完好地使用到设计所规定的年限。

建筑物地基承受上部结构及基础传来的全部荷载。因此，地基计算的基本原则应从保证上部结构和基础的安全性、适用性和耐久性来考虑。

6.2 地基基础设计步骤

在一般情况下，进行地基基础设计时，需具备下列资料：

(1) 建筑场地的地形图。

(2) 建筑场地的工程地质勘察资料。

(3) 建筑的平面、立面、剖面图，作用在基础上的荷载、设备基础以及各种设备管道的布置及标高。

(4) 建筑材料的供应情况，以及施工单位的设备和技术力量。

天然地基与基础的设计应根据上述资料和建筑物的类型、结构特点，按下列步骤进行：

(1) 选择基础的材料和构造形式。

(2) 确定基础的埋置深度。

(3) 确定地基土承载力特征值。

(4) 根据地基土承载力确定基础的底面尺寸。

(5) 验算地基的变形(须作变形验算的建筑物)。

(6) 验算地基的稳定性(如建筑在斜坡上的建筑物)。

(7) 确定基础剖面尺寸，如为钢筋混凝土基础，尚应进行配筋计算。

(8) 绘制施工图，并编制施工说明。

6.3 基础埋置深度的确定

从室外设计地面到基础底面的距离称为基础埋置深度。

基础埋置深度的大小，对房屋的造价、施工技术措施、施工期限以及房屋正常使用等都有很大影响。基础埋得太深，不但会增加房屋造价，而且在有些情况下，还可能增大房屋的沉降；埋得太浅，常常不能保证房屋的稳定性。因此，在地基基础设计中，合理地确定基础埋置深度是一个十分重要的问题。

基础的埋置深度，应按下列条件确定：

6.3.1 建筑场地土的性质和建筑物的类型

由于地基土形成的地质环境不同，每个地区地基土的性质也就不会相同，即使在同一地区，性质也有很大变化。因此，在确定基础埋置深度时，应详细地分析地基勘察资料，在安全可靠和最经济条件下，确定合理的基础埋置深度。

在满足地基稳定和变形要求的前提下，基础宜浅埋，当上层地基承载力大于下层时，宜利用上层土作为持力层。基础不宜设置在地基承载力很低的土层(如新近沉积的软弱黏土、松散的填土层和年代较少的吹填土)上。当基础埋置在易风化的岩层上，施工时应在基坑开挖后立即铺筑垫层。除岩石地基外，基础埋深一般不宜小于 0.5m。

高层建筑筏形基础和箱形基础的埋置深度应满足地基承载力、变形和稳定性要求。在抗震设防区，除岩石地基外，天然地基上的筏形和箱形基础，其埋置深度不宜小于建筑物高度的 1/15；桩箱或桩筏基础的埋置深度(不计桩长)不宜小于建筑物高度的 1/18～1/20。位于岩石地基上的高层建筑，其基础埋置深度应满足抗滑要求。

6.3.2 地基土的冻胀性

当地基土的温度低于 0～1℃时，土内孔隙中的水大部分冻结。地基土冻结的极限深度称为冻结深度。

过去都是将基础埋到冻结深度以下，以防止地基土冻结以后对建筑物造成不良影响。这样，对于冻结深度较深的地区，就需要开挖大量土方，从而影响工期，增加工程造价。

实际上，土冻结以后是否对建筑物产生不良的影响，要看土冻结后会不会产生冻胀现象。如果有冻胀现象，在确定基础埋深时，就要考虑土的冻胀影响，否则就不必考虑。根据建筑经验和理论分析证明，土冻结后是否产生冻胀现象，主要与地基土颗粒的粗细程度、含水量大小和地下水位高低等条件有关。土的冻胀将对建筑物产生严重危害，在设计中应注意保证基础应有相应的最小埋置深度，并采取其他措施，以减小或消除冻胀的影响。因此，按照土的冻胀性来确定基础埋深时，须根据土的种类、含水量和地下水位高低，进行全面的分析，最后正确地确定基础埋深。

我国《建筑地基基础设计规范》(GB 50007—2002)根据冻土层的平均冻胀率 η 大小，将地基土的冻胀性划分为五类：不冻胀、弱冻胀、冻胀、强冻胀、特强冻胀(表 6-1)。

地基土的冻胀性分类 **表 6-1**

土的名称	冻前天然含水量 w(%)	冻结期间地下水位距冻结面的最小距离 h_w(m)	平均冻胀率 η(%)	冻胀等级	冻胀类别
碎(卵)石、砾、粗、中砂(粒径小于 0.075mm 的颗粒含量大于 15%),细砂(粒径小于 0.075mm 的颗粒含量大于 10%)	$w \leqslant 12$	>1.0	$\eta \leqslant 1$	Ⅰ	不冻胀
		≤1.0	$1 < \eta \leqslant 3.5$	Ⅱ	弱冻胀
	$12 < w \leqslant 18$	>1.0			
		≤1.0	$3.5 < \eta \leqslant 6$	Ⅲ	冻胀
	$w > 18$	>0.5			
		≤0.5	$6 < \eta \leqslant 12$	Ⅳ	强冻胀
粉砂	$w \leqslant 14$	>1.0	$\eta \leqslant 1$	Ⅰ	不冻胀
		≤1.0	$1 < \eta \leqslant 3.5$	Ⅱ	弱冻胀
	$14 < w \leqslant 19$	>1.0			
		≤1.0	$3.5 < \eta \leqslant 6$	Ⅲ	冻胀
	$19 < w \leqslant 23$	>1.0			
		≤1.0	$6 < \eta \leqslant 12$	Ⅳ	强冻胀
	$w > 23$	不考虑	$\eta > 12$	Ⅴ	特强冻胀
粉土	$w \leqslant 19$	>1.5	$\eta \leqslant 1$	Ⅰ	不冻胀
		≤1.5	$1 < \eta \leqslant 3.5$	Ⅱ	弱冻胀
	$19 < w \leqslant 22$	>1.5			
		≤1.5	$3.5 < \eta \leqslant 6$	Ⅲ	冻胀
	$22 < w \leqslant 26$	>1.5			
		≤1.5	$6 < \eta \leqslant 12$	Ⅳ	强冻胀
	$26 < w \leqslant 30$	>1.5			
		≤1.5	$\eta > 12$	Ⅴ	特强冻胀
	$w > 30$	不考虑			
黏性土	$w \leqslant w_p + 2$	>2.0	$\eta \leqslant 1$	Ⅰ	不冻胀
		≤2.0	$1 < \eta \leqslant 3.5$	Ⅱ	弱冻胀
	$w_p + 2 < w \leqslant w_p + 5$	>2.0			
		≤2.0	$3.5 < \eta \leqslant 6$	Ⅲ	冻胀
	$w_p + 5 < w \leqslant w_p + 9$	>2.0			
		≤2.0	$6 < \eta \leqslant 12$	Ⅳ	强冻胀
	$w_p + 9 < w \leqslant w_p + 15$	>2.0			
		≤2.0	$\eta > 12$	Ⅴ	特强冻胀
	$w > w_p + 15$	不考虑			

注:1. w_p——塑限含水量(%);

w——在冻土层内冻前天然含水量的平均值。

2. 盐渍化冻土不在表列。
3. 塑性指数大于 22 时,冻胀性降低一级。
4. 粒径小于 0.005mm 的颗粒含量大于 60%时,为不冻胀土。
5. 碎石类土当充填物大于全部质量的 40%时,其冻胀性按充填物土的类别判断。
6. 碎石土、砾砂、粗砂、中砂(粒径小于 0.075mm 颗粒含量不大于 15%)、细砂(粒径小于 0.075mm 颗粒含量不大于 10%)均按不冻胀考虑。

季节性冻土地基的设计冻深 z_d 应按下式设计：

$$z_d = z_0 \psi_{zs} \psi_{zw} \psi_{ze} \tag{6-1}$$

式中 z_d——设计冻深；若当地有多年实测资料时，也可按 $z_d = h' - \Delta z$ 计算，h' 和 Δz 分别为实测冻土层厚度和地表冻胀量；

z_0——标准冻深；系采用在地表平坦、裸露、城市之外的空旷场地中不少于 10 年实测最大冻深的平均值；当无实测资料时，按《建筑地基基础设计规范》附录 F 采用；

ψ_{zs}——土的类别对冻深的影响系数，按表 6-2 采用；

ψ_{zw}——土的冻胀性对冻深的影响系数，按表 6-3 采用；

ψ_{ze}——环境对冻深的影响系数，按表 6-4 采用。

土的类别对冻深的影响系数 **表 6-2**

土的类别	影响系数 ψ_{zs}	土的类别	影响系数 ψ_{zs}
黏性土	1.00	中、粗、砾砂	1.30
细砂、粉砂、粉土	1.20	碎石土	1.40

土的冻胀性对冻深的影响系数 **表 6-3**

冻胀性	影响系数 ψ_{zw}	冻胀性	影响系数 ψ_{zw}
不冻胀	1.00	强 冻 胀	0.85
弱冻胀	0.95	特强冻胀	0.80
冻 胀	0.90		

环境对冻深的影响系数 **表 6-4**

周围环境	影响系数 ψ_{ze}	周围环境	影响系数 ψ_{ze}
村、镇、旷野	1.00	城市市区	0.90
城市近郊	0.95		

注：环境影响系数一项，当城市市区人口为 20～50 万时，按城市近郊取值；当城市市区人口大于 50 万小于或等于 100 万时，按城市市区取值；当城市市区人口超过 100 万时，按城市市区取值，5km 以内的郊区应按城市近郊取值。

建筑基础底面之下允许有一定厚度的冻土层，可用下式计算基础的最小埋深

$$d_{min} = z_d - h_{max} \tag{6-2}$$

式中 h_{max}——基础底面下允许残留冻土层的最大厚度，按表 6-5 采用。

建筑基底下允许残留冻土层厚度 h_{max}(m) **表 6-5**

冻胀性	基础形式	采暖情况	基底平均压力 90	110	130	150	170	190	210
弱冻胀土	方形基础	采 暖	—	0.94	0.99	1.04	1.11	1.15	1.20
		不采暖	—	0.78	0.84	0.91	0.97	1.04	1.10
	条形基础	采 暖	—	>2.50	>2.50	>2.50	>2.50	>2.50	>2.50
		不采暖	—	2.20	2.50	>2.50	>2.50	>2.50	>2.50

续表

冻胀性 \ 基础形式 \ 采暖情况 \ 基底平均压力			90	110	130	150	170	190	210
冻胀土	方形基础	采暖	—	0.64	0.70	0.75	0.81	0.86	—
		不采暖	—	0.55	0.60	0.65	0.69	0.74	—
	条形基础	采暖	—	1.55	1.79	2.03	2.26	2.50	—
		不采暖	—	1.15	1.35	1.55	1.75	1.95	—
强冻胀土	方形基础	采暖	—	0.42	0.47	0.51	0.56	—	—
		不采暖	—	0.36	0.40	0.43	0.47	—	—
	条形基础	采暖	—	0.74	0.88	1.00	1.13	—	—
		不采暖	—	0.56	0.66	0.75	0.84	—	—
特强冻胀土	方形基础	采暖	0.30	0.34	0.38	0.41	—	—	—
		不采暖	0.24	0.27	0.31	0.34	—	—	—
	条形基础	采暖	0.43	0.52	0.61	0.70	—	—	—
		不采暖	0.33	0.40	0.47	0.53	—	—	—

注：1. 本表只计算法向冻胀力，如果基侧存在切向冻胀力，应采取防切向力措施。

2. 本表不适用于宽度小于0.6m的基础，矩形基础可取短边尺寸按方形基础计算。

3. 表中数据不适用于淤泥、淤泥质土和欠固结土。

4. 表中基底平均压力数值为永久荷载标准值乘以0.9，可以内插。

当有充分依据时，基底下允许残留冻土层厚度也可根据当地经验确定。

在冻胀、强冻胀、特强冻胀地基上，应采用下列防冻害措施：

1）对在地下水位以上的基础，基础侧面应回填非冻胀性的中砂或粗砂，其厚度不应小于10cm。对在地下水位以下的基础，可采用桩基础、自锚式基础(冻土层下有扩大板或扩底短桩)或采取其他有效措施。

2）宜选择地势高、地下水位低、地表排水良好的建筑场地。对低洼场地，宜在建筑四周向外一倍冻深距离范围内，使室外地坪至少高出自然地面300～500mm。

3）防止雨水、地表水、生产废水、生活污水浸入建筑地基，应设置排水设施。在山区应设截水沟或在建筑物下设置暗沟，以排走地表水和潜水流。

4）在强冻胀性和特强冻胀性地基上，其基础结构应设置钢筋混凝土圈梁和基础梁，并控制上部建筑的长高比，增强房屋的整体刚度。

5）当独立基础联系梁下或桩基础承台下有冻土时，应在梁或承台下留有相当于该土层冻胀量的空隙，以防止因土的冻胀将梁或承台拱裂。

6）外门斗、室外台阶和散水坡等部位宜与主体结构断开，散水坡分段不宜超过1.5m，坡度不宜小于3%，其下宜填入非冻胀性材料。

7）对跨年度施工的建筑，入冬前应对地基采取相应的防护措施；按采暖设计的建筑物，当冬季不能正常采暖，也应对地基采取保温措施。

6.3.3 相邻房屋和构筑物基础埋深的影响

如拟建房屋的邻近有其他建筑物时，除应根据上述条件决定基础埋深外，还应注意新建房屋基础对原有的建筑物的影响。如拟建房屋和原有的建筑物相距很近时，则拟建房屋的基础埋深最好采取小于或等于原有的建筑物的埋深，以免在施工期间影响原有建筑物的安全和正常使用。如果必须将拟建房屋基础做到原有建筑物基础底面以下时，则需满足下列条件

$$\frac{\Delta H}{l} \leqslant 0.5 \sim 1 \text{❶} \tag{6-3}$$

式中 ΔH——相邻两建筑物基础底面标高之差(m)；

l——相邻两建筑物基础边缘的最小距离(m)，见图 6-1。

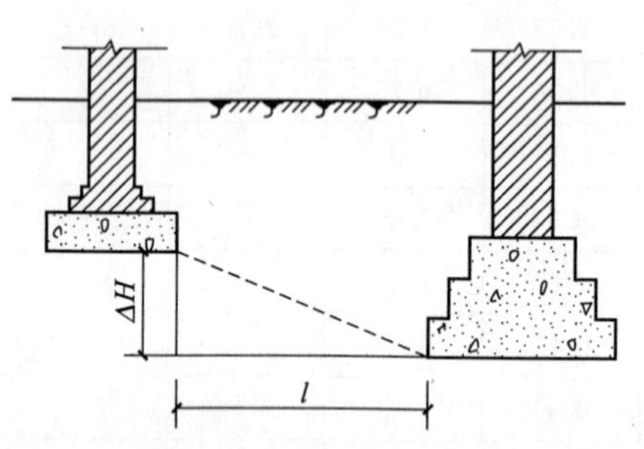

图 6-1 新基础底面标高低于原有基础时两基础应保持一定净距

如上述要求不能满足时，应采取分段施工、做护坡桩、设临时加固支撑、打板桩等施工措施。

6.3.4 地下水的情况

基础最好埋在地下水位以上，这样，可以避免施工时排水，同时，还可以防止或减轻地基土的冻胀。当必须埋在地下水位以下时，应采取地基土在施工时不受扰动的措施。

6.4 地基计算

实践和理论分析表明，为了保证建筑结构的承载能力和正常使用，地基计算应按下列要求进行。

6.4.1 按承载力计算

在进行地基承载力计算时，传至基础底面上的荷载效应应按正常使用极限状态下荷载效应的标准组合，土体自重，按实际重力密度计算。相应的抗力应采用地基承载力特征值。

地基按承载力计算应满足下列条件：

1. 中心受压基础

$$p_k \leqslant f_a \tag{6-4}$$

式中 p_k——相应于荷载效应标准组合时，基础底面处的平均压力值(kN/m^2)；

f_a——修正后的地基承载力特征值(kN/m^2)。

2. 偏心受压基础

除符合式(6-4)要求外，尚应符合下式要求：

$$p_{kmax} \leqslant 1.2 f_a \tag{6-5}$$

式中 p_{kmax}——相应于荷载效应标准组合时，基础底面边缘的最大压力值。

6.4.2 按变形计算

地基在建筑物荷载作用下将产生变形，变形过大会影响建筑物的安全或正常使用。为

❶ 当原有建筑物层数较少、荷载较小且土质较好时，$\frac{\Delta H}{l}$取 1，否则取$\frac{\Delta H}{l}<1$的数。

了防止出现这种情况，地基尚应按变形计算，即应满足下列条件：

$$s \leqslant w \tag{6-6}$$

式中 s——地基最终变形值；

w——地基允许变形值。

计算地基变形时，传至基础底面上的荷载效应应按正常使用极限状态下荷载效应的准永久组合，风荷载及地震作用均不参加组合。

6.4.3 按稳定性计算

对经常承受水平荷载的高层建筑和高耸结构，以及建造在斜坡上的建筑物和构筑物，应验算地基的稳定性。

计算地基稳定性时，荷载效应应按承载能力极限状态下荷载效应的基本组合，但其分项系数均取 1.0。

6.5 地基基础设计等级

根据地基复杂程度、建筑物规模和功能特征以及由于地基问题可能造成建筑物破坏或影响正常使用的程度，将地基基础设计分为三个设计等级，设计时应根据具体情况，按表 6-6选用。

地基基础设计等级　　表 6-6

设计等级	建筑和地基类型
甲　级	重要的工业与民用建筑物 30层以上的高层建筑 体型复杂，层数相差超过10层的高低层连成一体建筑物 大面积的多层地下建筑物(如地下车库、商场、运动场等) 对地基变形有特殊要求的建筑物 复杂地质条件下的坡上建筑物(包括高边坡) 对原有工程影响较大的新建建筑物 场地和地基条件复杂的一般建筑物 位于复杂地质条件及软土地区的二层及二层以上地下室的基坑工程
乙　级	除甲级、丙级以外的工业与民用建筑物
丙　级	场地和地基条件简单、荷载分布均匀的七层及七层以下民用建筑及一般工业建筑物；次要的轻型建筑物

6.6 地基基础设计的规定

根据建筑物地基基础设计等级及长期荷载作用下地基变形对上部结构的影响程度，地基基础设计应符合下列规定：

(1) 所有建筑物的地基计算均应满足承载力计算的有关规定。

(2) 设计等级为甲级、乙级的建筑物，均应按地基变形设计。

(3) 表 6-7 所列范围内设计等级为丙级的建筑物可不作变形验算，如有下列情况之一时，仍应作变形验算：

可不作地基变形计算设计等级为丙级的建筑物范围 表 6-7

<table>
<tr><td rowspan="2">地基主要受力层情况</td><td colspan="3">地基承载力特征值 f_{ak}(kPa)</td><td>$60\leqslant f_{ak}<80$</td><td>$80\leqslant f_{ak}<100$</td><td>$100\leqslant f_{ak}<130$</td><td>$130\leqslant f_{ak}<160$</td><td>$160\leqslant f_{ak}<200$</td><td>$200\leqslant f_{ak}<300$</td></tr>
<tr><td colspan="3">各土层坡度(%)</td><td>≤5</td><td>≤5</td><td>≤10</td><td>≤10</td><td>≤10</td><td>≤10</td></tr>
<tr><td rowspan="8">建筑类型</td><td colspan="3">砌体承重结构、框架结构层数(层)</td><td>≤5</td><td>≤5</td><td>≤5</td><td>≤6</td><td>≤6</td><td>≤7</td></tr>
<tr><td rowspan="4">单层排架结构(6m柱距)</td><td rowspan="2">单跨</td><td>吊车额定起重量(t)</td><td>5~10</td><td>10~15</td><td>15~20</td><td>20~30</td><td>30~50</td><td>50~100</td></tr>
<tr><td>厂房跨度(m)</td><td>≤12</td><td>≤18</td><td>≤24</td><td>≤30</td><td>≤30</td><td>≤30</td></tr>
<tr><td rowspan="2">多跨</td><td>吊车额定起重量(t)</td><td>3~5</td><td>5~10</td><td>10~15</td><td>15~20</td><td>20~30</td><td>30~75</td></tr>
<tr><td>厂房跨度(m)</td><td>≤12</td><td>≤18</td><td>≤24</td><td>≤30</td><td>≤30</td><td>≤30</td></tr>
<tr><td colspan="2">烟囱</td><td>高度(m)</td><td>≤30</td><td>≤40</td><td>≤50</td><td colspan="2">≤75</td><td>≤100</td></tr>
<tr><td colspan="2" rowspan="2">水塔</td><td>高度(m)</td><td>≤15</td><td>≤20</td><td>≤30</td><td colspan="2">≤30</td><td>≤30</td></tr>
<tr><td>容积(m^3)</td><td>≤50</td><td>50~100</td><td>100~200</td><td>200~300</td><td>300~500</td><td>500~1000</td></tr>
</table>

注：1. 地基主要受力层指条形基础底面下深度为 $3b$(b 为基础底面宽度)，独立基础下为 $1.5b$，且厚度均不小于 5m 的范围(二层以下一般的民用建筑除外)。

2. 地基主要受力层中如有承载力特征值小于 130kPa 的土层时，表中砌体承重结构的设计，应符合第 5 章的有关要求。

3. 表中砌体承重结构和框架结构均指民用建筑，对于工业建筑可按厂房高度、荷载情况折合成与其相当的民用建筑层数。

4. 表中吊车额定起重量、烟囱高度和水塔容积的数值指最大值。

1）地基承载力特征值小于 130kPa，且体型复杂的建筑；

2）在基础上及其附近有地面堆载或相邻基础荷载差异较大，可能引起地基产生过大的不均匀沉降时；

3）软弱地基上的建筑物存在偏心荷载时；

4）相邻建筑距离过近，可能发生倾斜时；

5）地基内有厚度较大或厚薄不均的填土，其自重固结未完成时。

(4) 对经常受水平荷载作用的高层建筑、高耸结构和挡土墙等，以及建造在斜坡上或边坡附近的建筑物和构筑物，尚应验算其稳定性。

(5) 基坑工程应进行稳定性验算。

(6) 当地下水埋藏较浅，建筑地下室或地下构筑物存在上浮问题时，尚应进行抗浮验算。

6.7 地基变形的分类

不同类型的建筑物，对地基变形的适应性是不同的。因此，应用公式(6-6)验算地基变形时，要考虑不同建筑物采用不同的地基变形特征来进行比较与控制。

《建筑地基基础设计规范》(GB 50007—2002)将地基变形依其特征分为以下四种：

1) 沉降量：指单独基础中心的沉降值(图 6-2)。

对于单层排架结构柱基和高耸结构基础须计算沉降量，并使其小于允许沉降值。

2) 沉降差：指两相邻单独基础沉降量之差(图 6-3)。

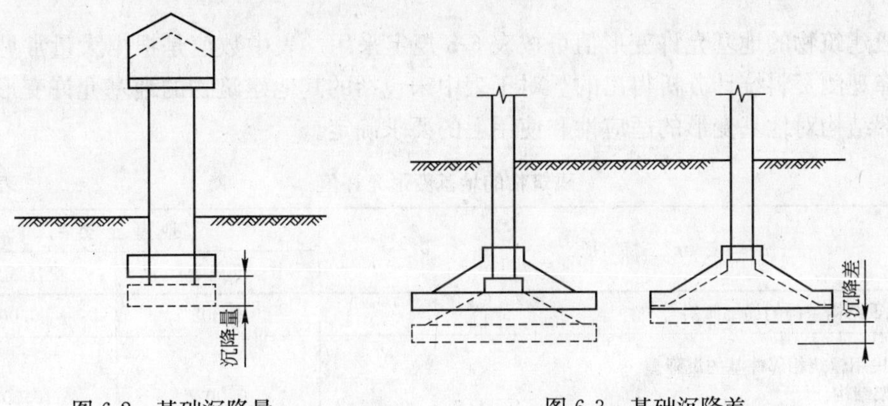

图 6-2 基础沉降量　　图 6-3 基础沉降差

对于建筑物地基不均匀，有相邻载荷影响和荷载差异较大的框架结构、单层排架结构，需验算基础沉降差，并把它控制在允许值以内。

3) 倾斜：指单独基础在倾斜方向上两端点的沉降差与其距离之比(图 6-4)。

当地基不均匀或有相邻荷载影响的多层和高层建筑基础及高耸结构基础，须验算基础的倾斜。

4) 局部倾斜：指砌体承重结构沿纵墙 6～10m 内基础两点的沉降差与其距离之比(图6-5)。

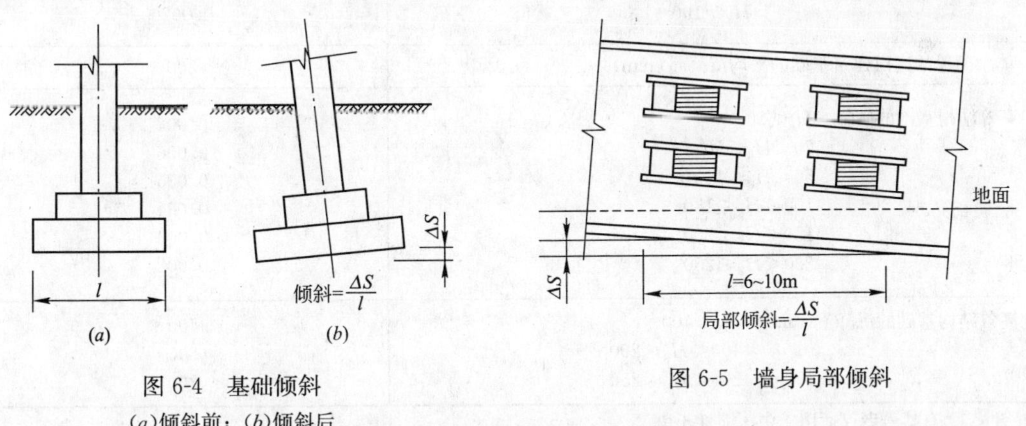

图 6-4 基础倾斜
(a)倾斜前；(b)倾斜后

图 6-5 墙身局部倾斜

根据调查分析，砌体结构墙身开裂，大多数情况下都是由于墙身局部倾斜超过允许值所致。所以，当地基不均匀、荷载差异较大、建筑体型(平面形状，建筑长高比)复杂时，就需要验算墙身的倾斜。

在地基计算中，有时需要分别预估房屋和结构物在施工期间与使用期间地基的变形值，以便预留房屋和结构物有关部分之间的净空，考虑连接方法及施工顺序。此时，一般建筑物在施工期间完成的沉降量，对于砂土可认为其最终沉降量已基本完成；对于低压缩性粉土和黏性土可认为已完成最终沉降量的50%～80%；对于中压缩性粉土和黏性土可认为已完成20%～50%；对于高压缩性的粉土和黏土可认为已完成最终沉降量的5%～20%。

6.8 地基允许变形值

一般建筑物的地基允许变形值可按表6-8规定采用。表中数值是根据大量常见建筑物系统沉降观测资料统计分析得出的。对于表中未包括的其他建筑物的地基允许变形值，可根据上部结构对地基变形的适应性和使用上的要求确定。

建筑物的地基变形允许值 **表6-8**

变形特征	地基土类别	
	中、低压缩性土	高压缩性土
砌体承重结构基础的局部倾斜	0.002	0.003
工业与民用建筑相邻柱基的沉降差 (1) 框架结构 (2) 砖石墙填充的边排柱 (3) 当基础不均匀沉降时不产生附加应力的结构	 $0.002l$ $0.0007l$ $0.005l$	 $0.003l$ $0.001l$ $0.005l$
单层排架结构(柱距为6m)柱基的沉降量(mm)	(120)	200
桥式吊车轨面的倾斜(按不调整轨道考虑) 纵向 横向	 0.004 0.003	
多层和高层建筑基础的倾斜 $H_g \leqslant 24$ $24 < H_g \leqslant 60$ $60 < H_g \leqslant 100$ $H_g > 100$	0.004 0.003 0.0025 0.0020	
体型简单的高层建筑基础的平均沉降量(mm)	200	
高耸结构基础的倾斜 $H_g \leqslant 20$ $20 < H_g \leqslant 50$ $50 < H_g \leqslant 100$ $100 < H_g \leqslant 150$ $150 < H_g \leqslant 200$ $200 < H_g \leqslant 250$	0.008 0.006 0.005 0.004 0.003 0.002	
高耸结构基础的沉降量(mm) $H_g \leqslant 100$ $100 < H_g \leqslant 200$ $200 < H_g \leqslant 250$	400 300 200	

注：1. 有括号者仅适用于中压缩性土。
2. l为相邻柱基的中心距离(mm)；H_g为自室外地面起算的建筑物高度(m)。

第7章

无筋和配筋扩展基础

无筋扩展基础是指由砖、毛石、混凝土或毛石混凝土、灰土和三合土等材料组成的墙下条形基础或柱下独立基础；配筋扩展基础是指墙下钢筋混凝土条形基础和柱下钢筋混凝土独立基础。配筋扩展基础简称扩展基础。

7.1 无筋扩展基础类型

7.1.1 砖基础

砖基础施工简便。其剖面一般都做成阶梯形，这个阶梯形通常称为大放脚。大放脚从垫层上开始砌筑，为保证大放脚的强度，应采用两皮一收或一皮一收与两皮一收相间砌法(基底必须保证两皮)。一皮即一层砖，标注尺寸为 60mm。每收一次两边各收 1/4 砖长(图 7-1)。

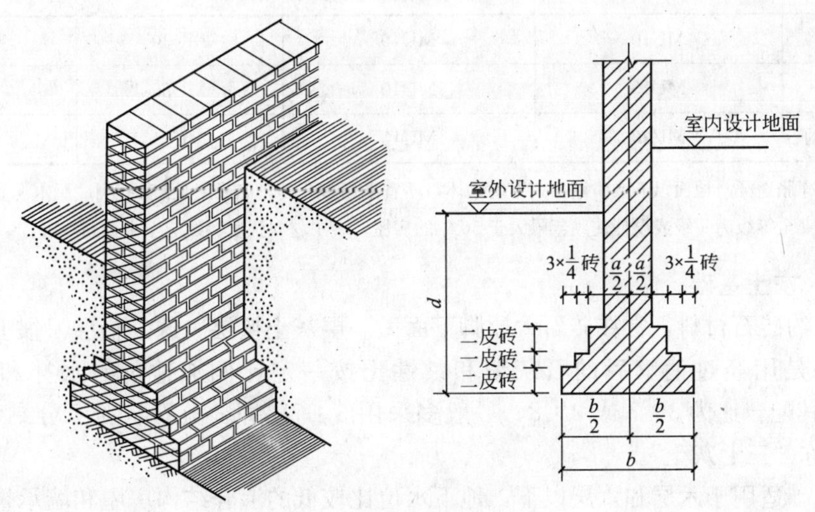

图 7-1　砖基础

砖基础所用材料的最低强度等级应符合表 7-1 要求。

7.1.2 毛石基础

这种基础用毛石砌成，毛石是指未经加工整平的石料(图 7-2)。由于毛石尺寸差别较大，为了便于砌筑和保证砌筑质量，毛石基础台阶高度和基础墙厚不宜小于 400mm，石块应错缝搭砌，缝内砂浆应饱满。

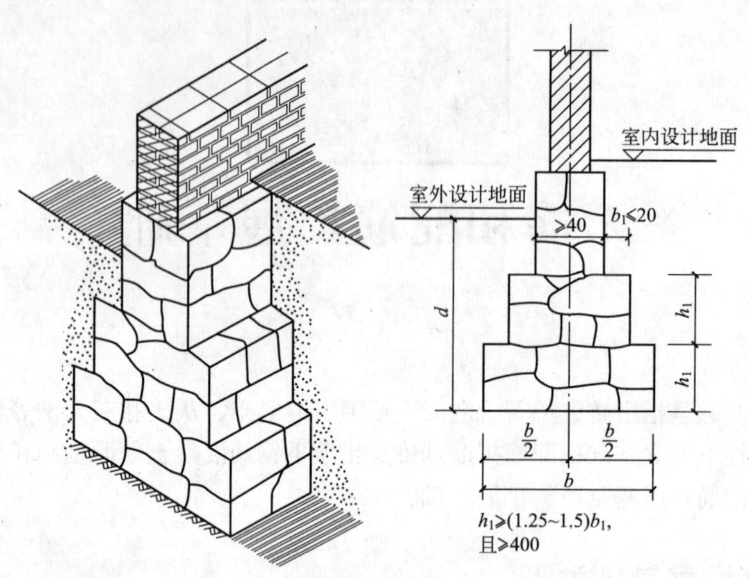

图 7-2 毛石基础

毛石和砂浆的强度等级应不低于表 7-1 所规定的要求。

地面以下或防潮层以下的砌体所用材料的最低强度等级 **表 7-1**

基土的潮湿程度	烧结普通砖、蒸压灰砂砖		石 材	水泥砂浆
	严寒地区	一般地区		
稍潮湿的	MU10	MU10	MU30	M5
很潮湿的	MU15	MU10	MU30	M7.5
含水饱和的	MU20	MU15	MU40	M10

注：1. 在冻胀地区，地面以下或防潮层以下的砌体，不宜采用多孔砖，如采用时，其孔洞应用水泥砂浆灌实。
2. 对安全等级为一级或设计使用年限大于 50 年的房屋，表中材料强度等级应至少提高一级。

7.1.3 灰土基础

为了节约砖石材料，常在砖石大放脚下面做一层灰土垫层。这个垫层习惯上称为灰土基础。灰土是用经过消解后的石灰粉和黏性土按一定比例加适量的水拌和夯实而成(图 7-3)。其配合比为 3∶7 或 2∶8，一般多采用 3∶7，即 3 分石灰粉 7 分黏性土(体积比)，通常称“三七灰土”。

灰土基础适用于六层和六层以下，地下水位比较低的混合结构房屋和墙承重的轻型厂房。根据建筑经验，三层以及三层以上的混合结构和轻型厂房多采用三步灰土，厚 450mm(灰土需分层夯实，每层夯实后为 150mm 厚，通称一步)；三层以下混合结构房屋多采用两步，厚 300mm。灰土基础的优点是施工简便、造价便宜，可以节约水泥和砖石材料。它的缺点是地下水位较高的地基不宜采用，此外，灰土的抗冻性能较差，所以灰土基础应设置在冰冻线以下。

灰土施工时，应适当控制其含水量。工地鉴定方法以用手紧握成团、两指轻捏即碎为

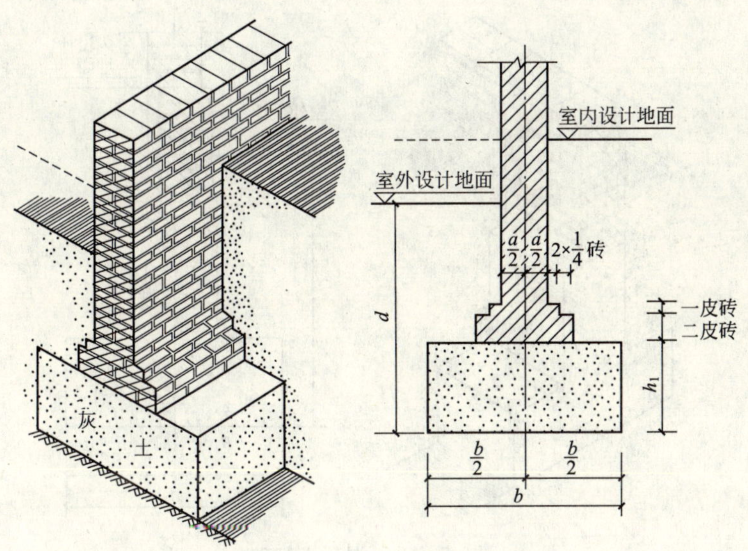

图 7-3 灰土基础

宜。如土料水分过多或不足时，可以晾干或洒水润湿。

7.1.4 三合土基础

这种基础是用石灰砂浆与碎砖经过充分拌和，均匀铺入基槽内，并分层夯实而成(虚铺 220mm，夯至 150mm)。然后在它上面砌大放脚。灰浆碎砖三合土的配合比为 1∶2∶4 或 1∶3∶6(石灰∶砂∶碎砖)。三合土铺至设计标高后，在最后一遍夯实时，宜浇浓灰浆。待表面灰浆略微风干后，再铺上薄薄一层砂子，最后整平夯实。

灰浆碎砖三合土基础在我国南方地区应用较为广泛，它的优点是施工简单，造价低廉。但强度较低，故这种基础不宜用于超过四层的一般混合结构房屋和墙承重的轻型厂房。

7.1.5 混凝土和毛石混凝土

混凝土基础是用水泥、砂和石子加水拌和浇筑而成(图 7-4)的。如果地下水的水质对普通硅酸盐水泥有侵蚀作用时，则应采用矿渣水泥或火山灰质水泥拌制混凝土。

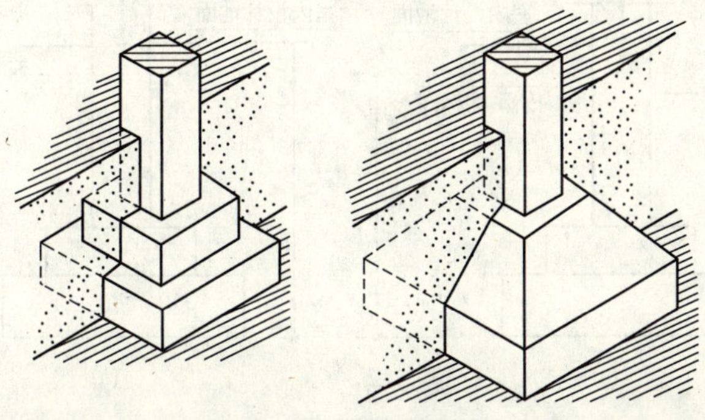

图 7-4 混凝土基础

为了节约水泥用量，在混凝土内掺入一些毛石，就称为毛石混凝土基础。毛石尺寸不宜超过 300mm，其体积可达基础体积的 25%～30%(图 7-5)。

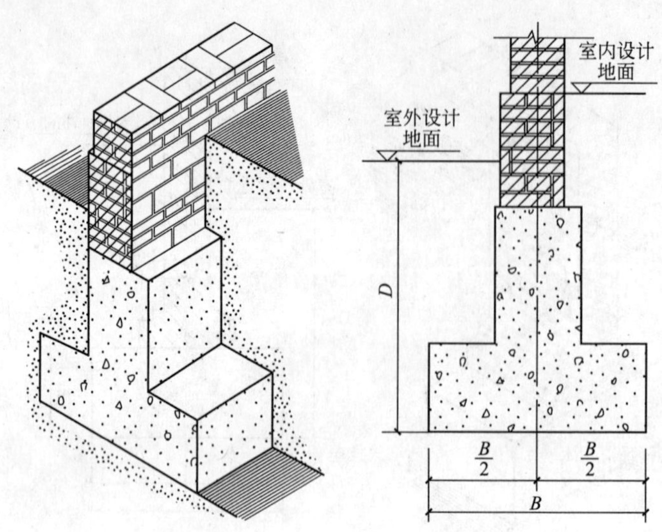

图 7-5　毛石混凝土基础

7.2　基础底面尺寸的确定

在确定基础底面尺寸时，应首先算出作用在基础上的总荷载。

作用在结构上的荷载按其性质分为恒载和活荷载两类。恒载是作用在结构上的永久荷载，如梁、板、柱和墙的自重；活荷载是作用在结构上的可变荷载，如屋面雪载、楼面使用荷载(人、家具的自重等)等。

计算作用在基础上的总荷载时，应从建筑物的屋顶开始计算：首先算出屋顶的自重和活荷载，其次算出由上至下各层结构(如梁、板)的自重及楼面活荷载，然后再算出墙和柱的自重。这些荷载在墙和柱的承载面积[1]以内的总和，就是作用在基础上的上部结构荷载(外墙和外柱算至室内设计地面与室外设计地面平均标高处；内墙和内柱算至室内设计地面标高处，见图 7-6)，再加上基础自重和基础台阶上的回填土重，便是作用在基础底面上的全部荷载。

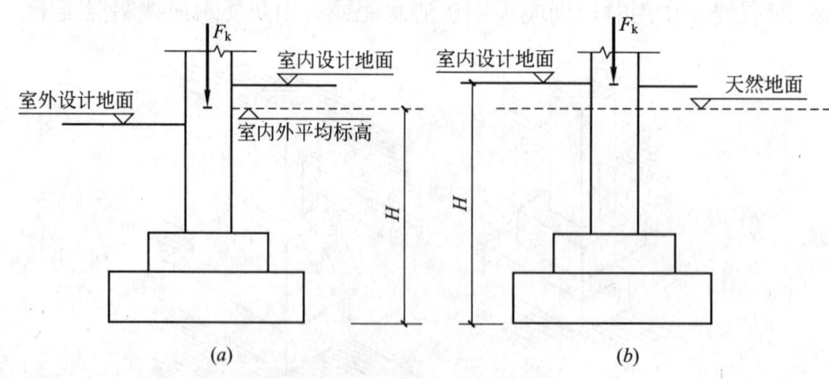

图 7-6　基础上的荷载计算
(a)外墙或外柱；(b)内墙或内柱

[1] 在水平面上，墙或柱应该负担荷载的范围称为承载面积。

基础按受力情况分为中心受压基础和偏心受压基础。

7.2.1 轴心受压基础

1. 墙下条形基础

计算条形基础时，取1m长的墙体进行计算(如计算带有窗洞口的墙下基础时，荷载应取相邻窗洞中心线间的总荷载除以窗洞中心线间的距离)。图7-7表示中心受压条形基础，作用在它上面的荷载有：

1) 相应于荷载效应标准组合时，上部结构传至基础顶面的竖向力

2) 基础自重和回填土重标准值，可近似取$G=bH\bar{\gamma}$(其中b为基础底面宽度；H为基础自重计算高度，外墙基础应从室内设计地面与室外设计地面平均标高处算起；内墙基础应从室内设计地面标高处算起；$\bar{\gamma}$为基础和基础台阶上的回填土的平均重度，一般取$\bar{\gamma}=20\text{kN/m}^3$)。

根据作用在基础底面的应力小于或等于地基土承载力特征值的条件，确定基础底面宽度，即

$$p_k=\frac{F_k+bH\bar{\gamma}}{b}\leqslant f_a \tag{7-1}$$

从而得到基础宽度

$$b\geqslant\frac{F_k}{f_a-\bar{\gamma}H} \tag{7-2}$$

2. 柱下单独基础

作用在基础上的荷载有(图7-8)：

1) 相应于荷载效应标准组合时，上部结构传至基础顶面的竖向力值

2) 基础自重和回填土重标准值$G_k=AH\bar{\gamma}$(kN)(式中A为基础底面积)。

根据相应于荷载效应标准组合时基础底面应力小于或等于地基土承载力特征值的条件，确定基础底面尺寸，即

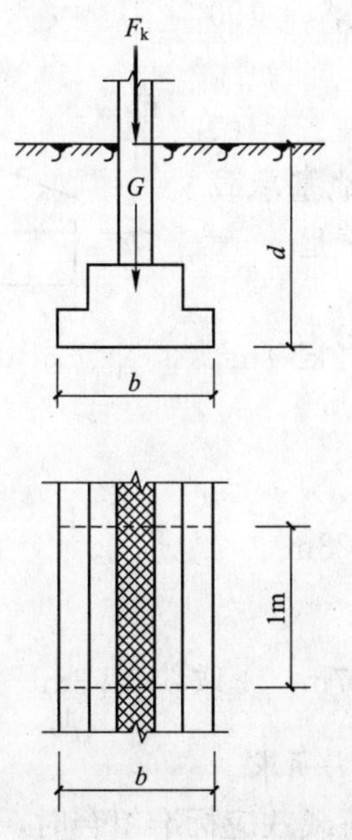

图7-7 中心受压条形基础的计算

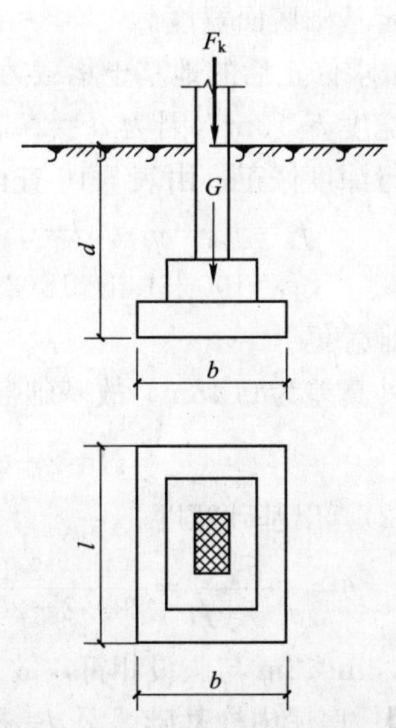

图7-8 中心受压单独基础的计算

$$p_k=\frac{F_k+AH\bar{\gamma}}{A}\leqslant f_a$$

从而得到基础底面积

$$A\geqslant\frac{F_k}{f_a-\bar{\gamma}H} \tag{7-3}$$

对于正方形基础

$$l=b=\sqrt{A}\geqslant\sqrt{\frac{F_k}{f_a-\bar{\gamma}H}} \tag{7-4}$$

对于矩形基础

$$b\geqslant\sqrt{\frac{F_k}{n(f_a-\bar{\gamma}H)}} \tag{7-5}$$

式中

$$n=\frac{l}{b}$$

其余符号意义同前。

由式(7-2)和式(7-5)可以看出，要求基础底面宽度 b，需要知道地基土承载力特征值 f_a，而 f_a 又与 b 有关［参见式(5-24)和式(5-31)］。因此，一般来说，应当采用试算法计算，即先假定 $b\leqslant3$m，这时仅按埋深确定地基承载力特征值，然后按式(7-4)或式(7-5)算出基础宽度 b。如 $b\leqslant3$m，表示假设正确，算得的基础宽度即为所求。否则需重新假定 b，再进行计算。工业与民用建筑基础的宽度多小于 3m，故大多数情况下不需再进行第二次计算。

【例题 7-1】 图 7-9 所示为某办公楼外墙基础剖面图。基础埋深 $d=2$m，室内外高差为 0.45m。相应于荷载效应标准组合时，上部结构传至基础顶面的竖向力 $F_k=240$kN，基础埋深范围内土的重度 $\gamma_0=18\text{kN/m}^3$，地基持力层为粉质黏土，孔隙比 $e=0.8$，液性指数 $I_L=0.833$，地基土承载力特征值 $f_{ak}=190$ kN/m^2。试确定基础底面宽度。

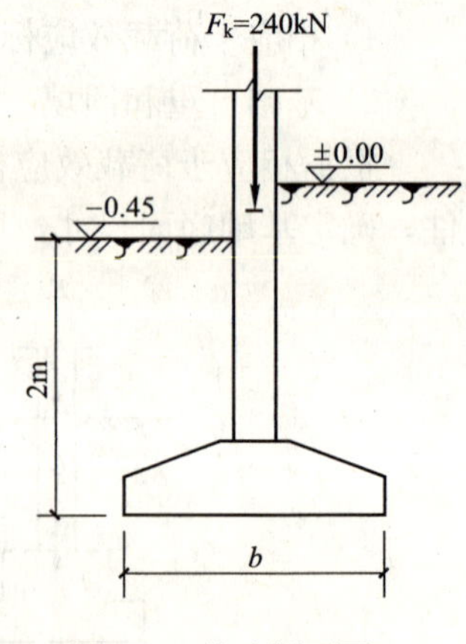

图 7-9　基础剖面图

【解】 (1) 求修正后的地基土承载力特征值

假定基础宽度 $b<3$m，因为 $d=2\text{m}>0.5$m，故地基承载力特征值需进行深度修正，由表 5-16 查得 $\eta_d=1.6$，于是

$$f_a=f_{ak}+\eta_d\gamma_0(d-0.5)$$
$$=190+1.6\times18(2-0.5)=233.2\text{kN/m}^2$$

(2) 求基础宽度

因为室内外高差为 0.45m，故基础自重计算高度

$$H=2+0.45\times\frac{1}{2}=2.23\text{m}$$

按公式(7-2)算出基础宽度

$$b=\frac{F_k}{f_a-\bar{\gamma}H}=\frac{240}{233.2-20\times2.23}=1.27\text{m},\quad 取\ b=1.3\text{m}$$

因为 $b=1.3\text{m}<3$m 与假设相符，故 $b=1.30$m 即为所求。

【例题 7-2】 房屋内柱基础埋深 $d=2$m，相应于荷载效应标准组合时，上部结构传至基础顶面的竖向力值 $F_k=470\text{kN}$，埋深范围内土的重度 $\gamma_0=19\text{kN/m}^3$（图 7-10），地基持力层为中砂，地基土承载力特征值 $f_{ak}=170\text{kN/m}^2$。试确定正方形基础底面的尺寸。

【解】 (1) 求修正后的地基土承载力特征值

假定 $b<3\text{m}$，因为 $d=2\text{m}>0.5\text{m}$，故地基承载力特征值须进行深度修正。由表5-16查得 $\eta_d=4.4$，于是

$$\begin{aligned}f_a&=f_{ak}+\eta_d\gamma_0(d-0.5)\\&=170+4.4\times19\times(2-0.5)\\&=295.4\text{kN/m}^2\end{aligned}$$

(2) 按公式(7-4)求基础底面尺寸

$$l=b=\sqrt{\frac{F_k}{f_a-\bar{\gamma}H}}=\sqrt{\frac{470}{295.4-20\times2}}=1.36\text{m}$$

最后，取 $l=b=1.4\text{m}$。

应当指出，只有符合表 6-2 中规定的可不作地基变形计算的丙级建筑物，按式(7-2)和式(7-3)所求得的基础底面尺寸，才是最后的尺寸，否则尚应进行地基变形验算。

3. 软弱下卧层承载力的验算

按式(7-2)或式(7-3)确定基础底面尺寸，如果在压缩层范围内持力层以下有软弱下卧层时，尚须按下式验算下卧层的承载力：

$$p_z+p_{cz}\leqslant f_{az} \tag{7-6}$$

式中 p_z——相应于荷载效应标准组合时，软弱下卧层顶面处的附加应力值(kN/m²)；

p_{cz}——软弱下卧层顶面处土的自重应力(kN/m²)；

f_{az}——软弱下卧层顶面处经深度修正后地基承载力特征值(kN/m²)。

当上层土与下卧层软弱土的压缩模量比值 $\alpha\geqslant3$ 时，对条形基础和矩形基础可用压力扩散角方法求土中附加应力。该方法是假设基底处的附加应力 p_0 是按某一扩散角 θ 向下扩散，且在任意深度处同一水平面上均匀分布(图 7-11)。根据应力扩散前后总压力相等的条件可得深度为 z 处的附加应力：

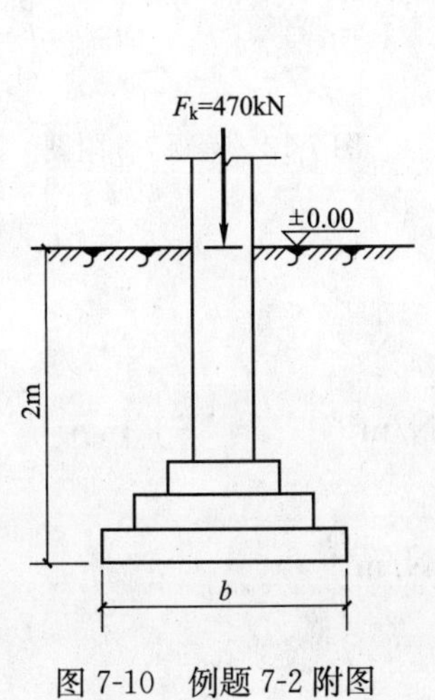

图 7-10 例题 7-2 附图

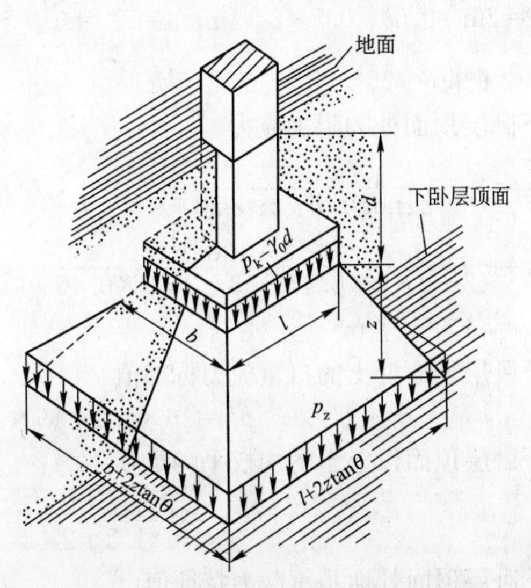

图 7-11 压力扩散角法计算土中附加应力

条形基础 $$p_z=\frac{bp_0}{b+2z\tan\theta} \tag{7-7a}$$

矩形基础 $$p_z=\frac{lbp_0}{(b+2z\tan\theta)(l+2z\tan\theta)} \tag{7-7b}$$

式中 p_0——相应于荷载效应标准组合时的基底附加应力 $p_0=p_k-\gamma_0 d$；

b——矩形基础或条形基础底边的宽度；

l——矩形基础底边的长度；

z——基础底面至软弱下卧层顶面的距离；

θ——地基的压力扩散角(压力扩散线与垂直线的夹角)，可按表 7-2 采用。

地基压力扩散角 **表 7-2**

$\frac{E_{s1}}{E_{s2}}$	z/b		$\frac{E_{s1}}{E_{s2}}$	z/b	
	0.25	0.50		0.25	0.50
3	6°	23°	10	20°	30°
5	10°	25°			

注：1. E_{s1}、E_{s2}分别为持力层和软弱下卧层土的压缩模量。

2. $z<0.25b$ 时，取 $\theta=0°$；必要时，宜由试验确定；$z>0.5b$ 时，θ 不变。

【例题 7-3】 某轴心受压矩形基础，基础底面尺寸为 3m×2m，相应于荷载效应标准组合时，上部结构传至基础顶面的竖向力值 $F_k=800$kN，地质剖面见图 7-12 所示。试进行下卧层承载力验算。

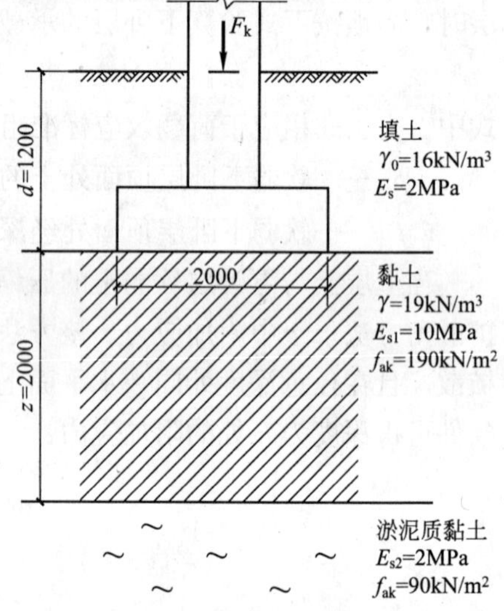

图 7-12 例题 7-3 附图

【解】 基底压力

$$p_k=\frac{F_k+G_k}{A}=\frac{800+20\times3\times2\times1.2}{2\times3}=157.3\text{kN/m}^2$$

基底附加应力

$$p_0=p_k-\gamma_0 d=(157.3-16\times1.2)=138.1\text{kN/m}^2$$

由于 $z=2\text{m}>0.5b=0.5\times2=1\text{m}$，$\alpha=\frac{E_{s1}}{E_{s2}}=\frac{10}{2}=5$

由表 7-2 查得$\theta=25°$。

下卧层顶面处的附加应力

$$p_z=\frac{lbp_0}{(b+2z\tan\theta)(l+2z\tan\theta)}$$
$$=\frac{3\times2\times138.1}{(2+2\times2\times0.466)(3+2\times2\times0.466)}$$
$$=44.09\text{kN/m}^2$$

下卧层顶面处土的自重应力标准值

$$p_{cz}=16\times1.2+19\times2=57.2\text{kN/m}^2$$

下卧层顶面以上土的加权平均重度

$$\gamma_0=\frac{1.2\times16+2\times19}{1.2+2}=17.88\text{kN/m}^3$$

下卧层顶面处地基承载力特征值

$$f_{az}=f_{ak}+\eta_d\gamma_0(d-0.5)=90+1.0\times17.88(3.2-0.5)=138.3\text{kN/m}^2$$

$$p_z+p_{cz}=44.09+57.2=101.29\text{kN/m}^2<f_{az}=138.3\text{kN/m}^2$$

所以满足要求。

7.2.2 偏心受压基础

在水平荷载作用下的框架柱基，单层空旷房屋墙基础以及工业厂房的柱基都是偏心受压基础的例子。确定这种基础底面尺寸时，其计算步骤如下。

第一步：按中心受压确定出底面尺寸，即按式(7-2)或式(7-3)求出 b 或 A。

第二步：根据偏心距的大小，把基底面积 A(或基底宽 b)提高 10%～40%，即 $A_1=(1.1\sim1.4)A$。

第三步：按假定的基础底面积 A_1，用下述公式进行验算：

(1) 单向偏心受压基础

$$p_{kmax}=\frac{F_k+G_k}{A_1}+\frac{M_k}{W}\leqslant1.2f_a \tag{7-8a}$$

和

$$p_k=\frac{F_k+G_k}{A_1}\leqslant f_a \tag{7-8b}$$

如果需要限制基础的偏心程度，尚应满足下列条件

$$\xi=\frac{p_{kmin}}{p_{kmax}}\geqslant[\xi] \tag{7-9}$$

当偏心荷载允许作用在基础底面核心以外$\left(\text{即 } e>\dfrac{l}{6}\right)$时，条件式(7-8a)和式(7-9)应改为

$$p_{kmax}=\frac{2(F_k+G_k)}{\rho lb}\leqslant1.2f_a \tag{7-10}$$

和

$$\rho=\frac{l'}{l}\geqslant[\rho] \tag{7-11}$$

式中 M_k——相应于荷载效应标准组合时，作用于基础底面的力矩值(kN·m)；

W——基础底面面积的抵抗矩(m^3)，对于矩形基础，$W=bl^2/6$，对于条形基础(l 取1m 长)，$W=b^2/6$；

ξ、$[\xi]$——基础底面边缘的最小应力与最大应力之比及其容许值；

ρ、$[\rho]$——基础底面受压宽度与基础宽度之比及其容许值。

(2) 双向偏心受压基础

当偏心荷载作用在基础底面核心以内$\left(\text{即 } e_x\leqslant\dfrac{l}{6},\ e_y\leqslant\dfrac{b}{6}\right)$时，

$$p_{kmax}=\frac{F_k+G_k}{A_1}+\frac{M_{xk}}{W_x}+\frac{M_{yk}}{W_y}\leqslant1.2f_a \tag{7-12}$$

同时要满足式(7-8b)的要求，即

$$p_k=\frac{F_k+G_k}{A_1}\leqslant f_a$$

如需限制基础的偏心程度，尚应满足式(7-9)的要求，即

$$\xi=\frac{p_{kmin}}{p_{kmax}}\geqslant[\xi]$$

其中

$$p_{kmin}=\frac{F_k+G_k}{A_1}-\frac{M_{xk}}{W_x}-\frac{M_{yk}}{W_y} \tag{7-13}$$

式中 M_{xk}、M_{yk}——相应于荷载效应标准组合时，作用在基底的偏心竖向力对 x 轴及 y 轴产生的力矩值(kN·m)；

W_x、W_y——基础底面面积对 x 轴及 y 轴的抵抗矩(m^3)。

其余符号意义同前。

如不满足上述要求，需重新假设一个基底尺寸，再进行验算，直至满足要求为止。

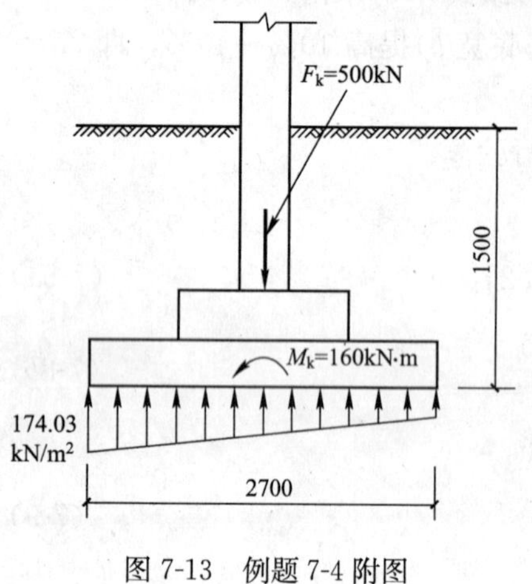

图 7-13 例题 7-4 附图

【例题 7-4】 设有某内柱单独基础，其设计资料如图 7-13 所示。已知基础埋深 $d=1.5$m，$f_a=180$kN/m^2(已进行深度修正)。求基底面积。

【解】 设 b 小于 3m，故 $f_a=180$kN/m^2；

(1) 按轴心受压初步估算基底面积

$$A=\frac{F_k}{f_a-\gamma H}=\frac{500}{180-20\times1.5}=3.33\text{m}^2$$

(2) 将初估底面积提高 40%

$$A_1=1.4A=1.4\times3.33=4.66\text{m}^2$$

设 $n=\frac{l}{b}=1.5$，则

$$lb=1.5b^2=4.66\text{m}^2$$

$$b=1.76\text{m}$$

取 $b=1.8$m，于是

$$l=1.5b=1.5\times1.8=2.7\text{m}$$

$$A_1=2.7\times1.8=4.86\text{m}^2$$

(3) 承载力验算

$$F_k+G_k=(500+1.8\times2.7\times1.5\times20)=645.8\text{kN}$$

$$M_k=160\text{kN}\cdot\text{m}$$

$$p_{kmax}=\frac{F_k+G_k}{A_1}+\frac{M_k}{W}$$

$$=\frac{645.8}{4.86}+\frac{160}{\frac{2.7^2\times1.8}{6}}=132.88+73.16\text{kN/m}^2$$

$$=206.04\text{kN/m}^2<1.2f_a=216\text{kN/m}^2$$

$$p_k=\frac{F_k+G_k}{A_1}=\frac{645.8}{4.86}=132.88\text{kN/m}^2<f_a=180\text{kN/m}^2$$

故所求基底尺寸满足要求。

由上可见，试算法的结果较为粗略，不易求得经济合理的基底尺寸，特别是对于要求控制基础的偏心程度时，采用试算法更显得繁琐。为了克服反复试算的缺点，可采用偏心受压基底尺寸直接计算法。

7.2.3 偏心受压基础基底尺寸直接计算法

7.2.3.1 墙下条形基础

1. 当竖向荷载作用在基底核心以内$\left(e\leqslant\frac{b}{6}\right)$[1]时(图 7-14)

基础底面边缘最大和最小应力分别按下式计算：

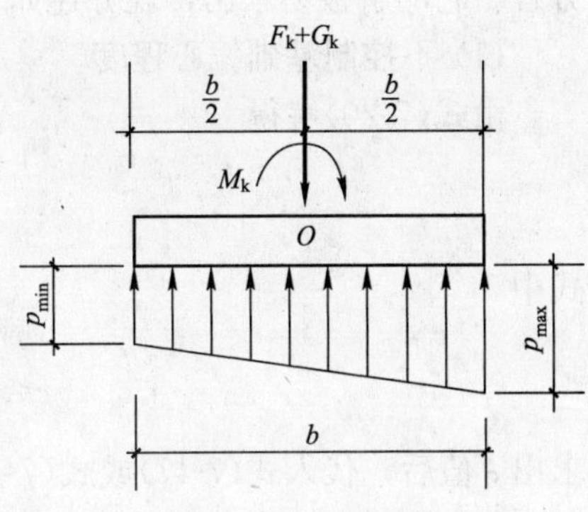

图 7-14 竖向荷载作用在基底核心以内

$$p_{kmax}=\frac{F_k}{b}+\frac{M_k}{W}+\bar{\gamma}H \tag{7-14}$$

$$p_{kmin}=\frac{F_k}{b}-\frac{M_k}{W}+\bar{\gamma}H \tag{7-15}$$

式中符号意义与前相同。

将式(7-14)和式(7-15)相加，经整理后，得：

$$p_{kmax}=2\left(\frac{F_k}{b}+\bar{\gamma}H\right)-p_{kmin}$$

令 $p_{kmin}=\xi p_{kmax}$，并代入上式，经整理后，得：

$$p_{kmax}=2\left(\frac{F_k}{b}+\bar{\gamma}H\right)\frac{1}{1+\xi} \tag{7-16}$$

根据 $p_{max}\leqslant 1.2f_a$ 的条件，可得条形基础宽度计算公式

$$b\geqslant\frac{F_k}{0.6(1+\xi)f_a-\bar{\gamma}H} \tag{7-17}$$

下面求由力矩作用所需基础的宽度。力矩所引起的基底应力

$$p_{kmax}-p_k=\frac{M_k}{W} \tag{7-18}$$

其中

$$p_k=p_{kmax}(1+\xi)\frac{1}{2}$$

$$W=\frac{1}{6}1\times b^2$$

将上列公式代入式(7-18)，可得基底边缘最大应力的另一表达式：

$$p_{kmax}=\frac{12M_k}{(1+\xi)b^2}$$

根据 $p_{max}\leqslant 1.2f_a$ 条件，可得到由力矩作用所需基础宽度计算公式：

$$b\geqslant\sqrt{\frac{10M}{(1-\xi)f_a}} \tag{7-19}$$

令式(7-17)与式(7-19)相等，经简单变换后，得：

$$\frac{10e_0f_a}{F_k}=\frac{1-\xi}{[0.6(1+\xi)-\Delta]^2} \tag{7-20}$$

式中 $e_0=\frac{M_k}{F_k}$ $\Delta=\frac{\bar{\gamma}H}{f_a}$

由式(7-20)可见，等号左边项只与已知条件有关；根据偏心距 e_0、地基承载力特征值 f_a 和上部结构荷载 F_k 就可算出它的数值，并用符号 Ω 表示。即

$$\Omega=\frac{10e_0f_a}{F_k} \tag{7-21}$$

---

[1] 为了叙述方便，当 $e\leqslant\frac{b}{6}$时，称为小偏心受压；当 $e>\frac{b}{6}$时，称为大偏心受压。

而等号右边项中的 Δ 也是已知的，只有 ξ 为未知，故式(7-20)是以 ξ 为未知数的一元二次方程。它的解极易求出，现分述如下：

(1) 不控制基础偏心程度

由式(7-20)解得

$$\xi=\frac{-b_1\pm\sqrt{b_1^2-4c}}{2} \tag{7-22}$$

式中

$$b_1=2-\frac{10}{3}\Delta+\frac{1}{0.36\Omega} \tag{7-23}$$

$$c=1-\frac{10}{3}\Delta+\frac{\Delta^2}{0.36}-\frac{1}{0.36\Omega} \tag{7-24}$$

求出 ξ 值后，代入式(7-17)或式(7-19)，即可求得基础宽度。

(2) 控制基础偏心程度

当控制基础偏心程度，即要求 $\xi \geqslant [\xi]$ 时，则式(7-20)等号右端项可改写成下面的形式，并用符号 $[\Omega]$ 表示：

$$[\Omega]=\frac{1-[\xi]}{[0.6(1+[\xi])-\Delta]^2} \tag{7-25}$$

这时求基底宽度分两种情况：

1) 当 $\Omega \leqslant [\Omega]$ 时

在这种情况下，按不控制基础偏心程度步骤计算基础宽度。这时由式(7-22)解出 ξ 值必定满足 $\xi \geqslant [\xi]$ 条件，同时也满足 $p_{\max} \leqslant 1.2 f_a$ 的条件。

2) 当 $\Omega > [\Omega]$ 时

在这种情况下，基底宽度由 $\xi \geqslant [\xi]$ 条件控制。地基承载力条件 $p_{\max} \leqslant 1.2 f_a$ 必然满足。因此，遇到 $\Omega > [\Omega]$ 的情形，可按 $\xi \geqslant [\xi]$ 条件确定基础宽度。

为此，令 $b=\alpha e_0$，并代入式(7-14)和式(7-15)中，经整理后，得：

$$p_{\max}=\frac{1}{\Omega_1}\left(\frac{1}{\alpha}+\frac{6}{\alpha^2}+1\right)\bar{\gamma}H \tag{a}$$

$$p_{\min}=\frac{1}{\Omega_1}\left(\frac{1}{\alpha}-\frac{6}{\alpha^2}+1\right)\bar{\gamma}H \tag{b}$$

式中

$$\Omega_1=\frac{e_0\bar{\gamma}H}{F_k} \tag{7-26}$$

令

$$p_{k\max}=[\xi]p_{k\min}$$

将式(a)、(b)代入上式，得：

$$\alpha^2+\frac{1}{\Omega_1}\alpha-\frac{6}{\Omega_1}\cdot\frac{1+[\xi]}{1-[\xi]}=0 \tag{7-27}$$

于是

$$\alpha=\frac{-b_1\pm\sqrt{b_1^2-4c_1}}{2} \tag{7-28}$$

其中

$$b_1=\frac{1}{\Omega_1} \tag{7-29}$$

$$c_1=\frac{-6}{\Omega_1}\cdot\frac{1+[\xi]}{1-[\xi]} \tag{7-30}$$

则基础宽度为：

$$b=\alpha e_0 \tag{7-31}$$

2. 当竖向力作用在基底核心以外$\left(e>\dfrac{b}{6}\right)$时(图 7-15)

当偏心距 $e>\dfrac{b}{6}$时，基底与地基之间将有一部分脱开，这时基底应力呈三角形分布(图 7-15)。基底边缘最大应力按下式计算：

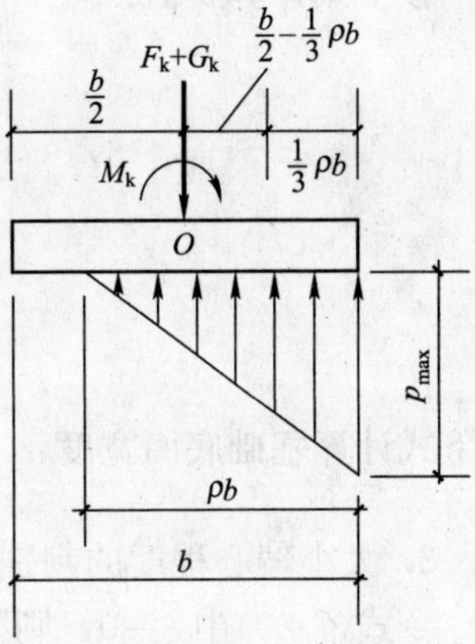

$$p_{\mathrm{kmax}}=\frac{2(F_{\mathrm{k}}+G_{\mathrm{k}})}{\rho b} \tag{7-32}$$

根据 $p_{\max}\leqslant 1.2f_{\mathrm{a}}$ 的条件，可求得基础宽度：

$$b\geqslant\frac{F_{\mathrm{k}}}{0.6\rho f_{\mathrm{a}}-\gamma H} \tag{7-33}$$

图 7-15 竖向力作用在基底核心以外

对基底中心 O 点取矩，并令其等于零，即：

$$\frac{p_{\mathrm{kmax}}\rho b}{2}\left(\frac{b}{2}-\frac{1}{3}\rho b\right)-M_{\mathrm{k}}=0$$

令 $p_{\max}\leqslant 1.2f_{\mathrm{a}}$，并代入上式，经整理后得：

$$b\geqslant\sqrt{\frac{M_{\mathrm{k}}}{(0.3-0.2\rho)\rho f_{\mathrm{a}}}} \tag{7-34}$$

令式(7-33)与式(7-34)相等，得：

$$\frac{10e_0f_{\mathrm{a}}}{F_{\mathrm{k}}}=\frac{(3-2\rho)\rho}{(0.6\rho-\Delta)^2} \tag{7-35}$$

式(7-35)是以 ρ 为未知数的二次方程，它的解很容易求出，现分述如下：

(1) 不控制基础偏心程度

解式(7-35)可得 ρ 的计算公式：

$$\rho=\frac{-b_1\pm\sqrt{b_1^2-4c}}{2} \tag{7-36}$$

式中

$$b_1=-\frac{1.2\Omega\Delta+3}{0.36\Omega+2} \tag{7-37}$$

$$c=\frac{\Delta^2\Omega}{0.36\Omega+2} \tag{7-38}$$

求出 ρ 值后，代入式(7-33)或式(7-34)，即可求出基础宽度。

(2) 控制基础偏心程度

这种情况与 $e\leqslant\dfrac{b}{6}$基本相同，公式推导从略。现将计算公式汇集如下：

1) 当 $\Omega\leqslant[\Omega]=\dfrac{(3-2[\rho])[\rho]}{(0.6[\rho]-\Delta)^2}$时

这时，按不控制基础偏心程度的步骤计算基础底面宽度。由式(7-36)解出 ρ 值必定满足 $\rho\geqslant[\rho]$条件，同时满足 $p_{\mathrm{kmax}}\leqslant 1.2f_{\mathrm{a}}$ 条件。

2) 当 $\Omega>[\Omega]$时

按下式计算 α 值：

$$\alpha=\frac{-b_1\pm\sqrt{b_1-4c}}{2} \tag{7-39}$$

其中

$$b_1=\frac{1}{\Omega_1},\quad \Omega_1=\frac{e_0\bar{\gamma}H}{F_k} \tag{7-40}$$

$$c=\frac{-0.6}{(0.3-0.2\rho)\Omega_1} \tag{7-41}$$

按下式计算基础底面宽度：

$$b=\alpha e_0 \tag{7-42}$$

3. 大小偏心程度的判别

令式(7-20)中 $\xi=0$，则得

$$\Omega=\frac{10e_0f_a}{F_k}=\frac{1}{(0.6-\Delta)^2}$$

由此可知，若

$$\Omega\leqslant\Omega_0=\frac{1}{(0.6-\Delta)^2} \tag{7-43a}$$

时，则竖向荷载作用在基底核心以内，即属小偏心受压基础；若

$$\Omega>\Omega_0=\frac{1}{(0.6-\Delta)^2} \tag{7-43b}$$

时，则竖向荷载作用在基底核心以外，即属大偏心受压基础。

综上所述，偏心受压条形基础宽度可按图 7-16 流程计算。

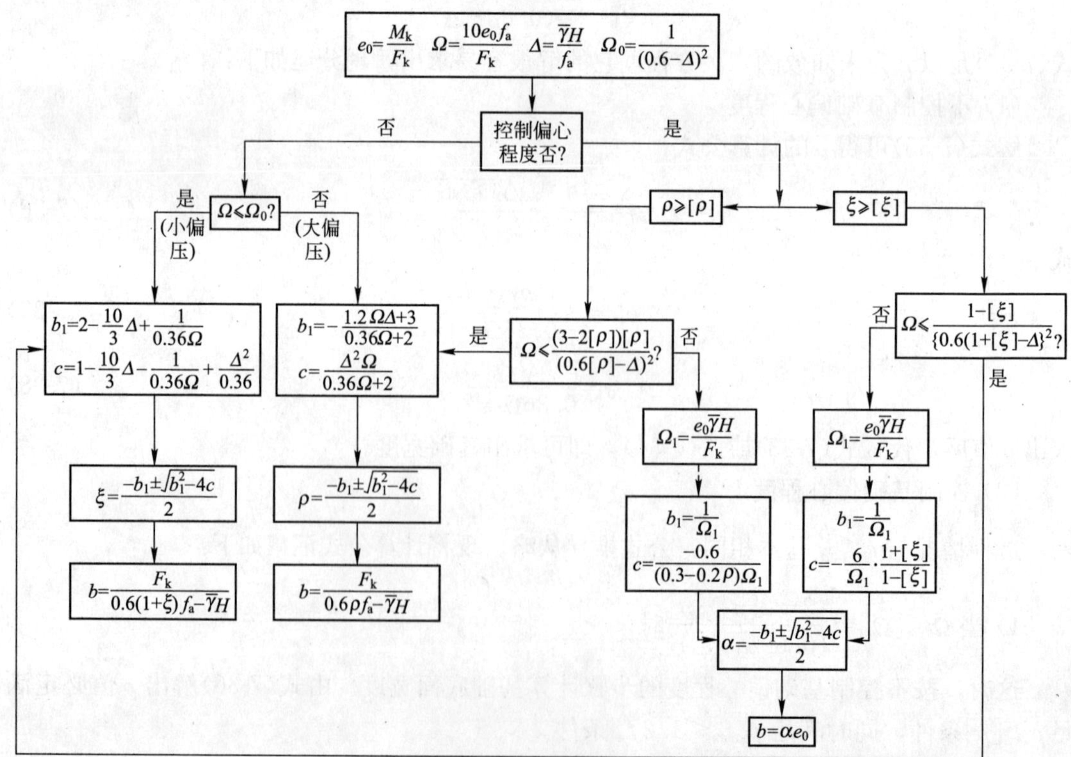

图 7-16 偏心受压条形基础宽度计算流程图

【例题 7-5】 条形基础顶面承受竖向力 $F_k=130kN/m$，力矩 $M_k=7.5kN\cdot m/m$，基础埋深 $H=1.60m$，地基承载力特征值 $f_a=180kN/m^2$，不控制基础偏心程度。试确定基础底面宽度。

【解】 (1) 计算参数

$$\Delta=\frac{\bar{\gamma}H}{f_a}=\frac{20\times1.60}{180}=0.178$$

$$e_0=\frac{M_k}{F_k}=\frac{7.50}{130}=0.0577m$$

$$\Omega=\frac{10e_0f_a}{F_k}=\frac{10\times0.0577\times180}{130}=0.799$$

(2) 判别大小偏心

因为 $\Omega=0.799<\Omega_0=\frac{1}{(0.6-\Delta)^2}=\frac{1}{(0.6-0.178)^2}=5.62$，故属于小偏心受压基础。

(3) 计算系数

$$b_1=2-\frac{10}{3}\Delta+\frac{1}{0.36\Omega}=2-\frac{10}{3}\times0.178+\frac{1}{0.36\times0.799}=4.883$$

$$c=1-\frac{10}{3}\Delta+\frac{\Delta^2}{0.36}-\frac{1}{0.36\Omega}=1-\frac{10}{3}\times0.178+\frac{0.178^2}{0.36}-\frac{1}{0.36\times0.799}=-2.982$$

(4) 按式(7-22)计算

$$\xi=\frac{-b_1\pm\sqrt{b_1^2-4c}}{2}=\frac{-4.883\sqrt{4.883^2+4\times2.982}}{2}=0.549$$

(5) 按式(7-17)计算

$$b=\frac{F_k}{0.6(1+\xi)f_a-\bar{\gamma}H}=\frac{130}{0.6(1+0.549)180-20\times1.60}=0.961m$$

(6) 验算

$$p_{kmax}=\frac{F_k}{b}+\frac{M_k}{W}+\bar{\gamma}H=\frac{130}{0.961}+\frac{7.5}{\frac{1}{6}\times1\times0.691^2}+20\times1.6=216.2kN/m^2$$

$$\approx1.2f_a=1.2\times180=216kN/m^2$$

$$p_{kmin}=\frac{F_k}{b}-\frac{M_k}{W}+\bar{\gamma}H=\frac{130}{0.961}-\frac{7.5}{\frac{1}{6}\times1\times0.691^2}+20\times1.6=118.54kN/m^2$$

$$\xi=\frac{p_{kmin}}{p_{kmax}}=\frac{118.54}{216.20}=0.548\approx0.549$$

证明无误。

【例题 7-6】 条形基础，承受竖向力 $F_k=160kN/m$，力矩 $M_k=30kN\cdot m/m$，基础埋深 $H=1.40m$，地基承载力特征值 $f_a=240kN/m^2$，控制基础偏心程度，要求 $\xi\geqslant[\xi]=0.1$。试确定基础底面宽度。

【解】 (1) 计算参数

$$\Delta=\frac{\bar{\gamma}H}{f_a}=\frac{20\times1.40}{240}=0.117$$

$$e_0=\frac{M_k}{F_k}=\frac{30}{160}=0.188\text{m}$$

$$\Omega=\frac{10e_0f_a}{F_k}=\frac{10\times0.188\times240}{160}=2.82$$

（2）确定计算方法

因为$\Omega=2.82<[\Omega]=\dfrac{1-[\xi]}{\{0.6(1+[\xi]-\Delta)\}^2}=\dfrac{1-0.1}{[0.6(1+0.1)-0.117]^2}=3.052$

故按不考虑偏心程度方法计算基础宽度。

（3）计算系数

$$b_1=2-\frac{10}{3}\Delta+\frac{1}{0.36\Omega}=2-\frac{10}{3}\times0.117+\frac{1}{0.36\times2.82}=2.595$$

$$c=1-\frac{10}{3}\Delta+\frac{\Delta^2}{0.36}-\frac{1}{0.36\Omega}=1-\frac{10}{3}\times0.117+\frac{0.117^2}{0.36}-\frac{1}{0.36\times2.82}=-0.337$$

（4）按式(7-22)计算

$$\xi=\frac{-b_1\pm\sqrt{b_1^2-4c}}{2}=\frac{-2.595\pm\sqrt{2.595^2+4\times0.337}}{2}=0.123$$

（5）按式(7-17)计算

$$b=\frac{F_k}{0.6(1+\xi)f_a-\bar{\gamma}H}=\frac{160}{0.6(1+0.123)240-20\times1.40}=1.20\text{m}$$

（6）验算

$$p_{kmax}=\frac{F_k}{b}+\frac{M_k}{W}+\bar{\gamma}H=\frac{160}{1.20}+\frac{30}{\frac{1}{6}\times1\times1.20^2}+20\times1.40$$

$$=286.33\text{kN/m}^2\approx1.2\times240=288\text{kN/m}^2$$

$$p_{kmin}=\frac{F_k}{b}-\frac{M_k}{W}+\bar{\gamma}H=\frac{160}{1.20}+\frac{30}{\frac{1}{6}\times1\times1.20^2}+20\times1.4=36.33\text{kN/m}^2$$

$$\xi=\frac{p_{kmin}}{p_{kmax}}=\frac{36.33}{286.33}=0.125>[\xi]=0.10$$

证明无误。

【例题 7-7】 条形基础，条件与例题 7-6 相同，但要求$[\xi]=0.25$。试确定基础底面宽度。

【解】（1）确定计算方法

由例题 7-6 知，$\Delta=0.117$，$e_0=0.188\text{m}$，$\Omega=2.82$

因为 $$\Omega=2.82>[\Omega]=\frac{1-0.25}{[0.6(1+0.25)-0.117]^2}=1.872$$

故应按$\xi\geqslant[\xi]$条件确定基础宽度。

（2）计算系数

$$b_1=\frac{1}{\Omega_1}=\frac{1}{\frac{e_0\gamma H}{F_k}}=\frac{1}{\frac{0.188\times20\times1.40}{160}}=30.40$$

$$c=\frac{-6}{\Omega_1}\cdot\frac{1+[\xi]}{1-[\xi]}=-6\times30.40\times\frac{1+0.25}{1-0.25}=-304.0$$

(3) 计算基础宽度

$$\alpha=\frac{-b_1\pm\sqrt{b_1^2-4c}}{2}=\frac{-30.40\pm\sqrt{30.40^2+4\times304.0}}{2}=7.93$$

$$b=\alpha e_0=7.93\times0.188=1.49\text{m}$$

(4) 验算

$$p_{\text{kmax}}=\frac{160}{1.49}+20\times1.40+\frac{6\times30}{1\times1.49^2}=216.5\text{kN/m}^2<1.2\times240=288\text{kN/m}^2$$

$$p_{\text{kmin}}=\frac{160}{1.49}+20\times1.40-\frac{6\times30}{1\times1.49^2}=54.30\text{kN/m}^2$$

$$\xi=\frac{p_{\text{kmin}}}{p_{\text{kmax}}}=\frac{54.30}{216.5}=0.251\approx0.25$$

计算无误。

【例题 7-8】 条形基础，$F_k=160\text{kN/m}$，$M_k=50\text{kN}\cdot\text{m/m}$，$H=1.40$，$f_a=240\text{kN/m}^2$，不限制基础偏心程度。试确定基础底面宽度。

【解】 (1) 计算参数

$$\Delta=\frac{\bar{\gamma}H}{f_a}=\frac{20\times1.40}{240}=0.117$$

$$e_0=\frac{M_k}{F_k}=\frac{50}{160}=0.313\text{m}$$

$$\Omega=\frac{10e_0f_a}{F_k}=\frac{10\times0.313\times240}{160}=4.69$$

(2) 判别大小偏心

因为$\Omega=4.69>\frac{1}{(0.6-\Delta)^2}=\frac{1}{(0.6-0.117)^2}=4.29$，故属于大偏心受压基础。

(3) 计算系数

$$b_1=-\frac{1.2\Omega\Delta+3}{0.36\Omega+2}=-\frac{1.2\times4.69\times0.117+3}{0.36\times4.69+2}=-0.991$$

$$c=\frac{\Delta^2\Omega}{0.36\Omega+2}=\frac{0.117^2\times4.69}{0.36\times4.69+2}=0.0174$$

(4) 计算基础宽度

$$\rho=\frac{-b_1\pm\sqrt{b_1^2-4c}}{2}=\frac{0.991\pm\sqrt{0.991^2-4\times0.0174}}{2}=0.973$$

$$b=\frac{F_k}{0.6\rho f_a-\bar{\gamma}H}=\frac{160}{0.6\times0.973\times240-20\times1.40}=1.43\text{m}$$

(5) 验算

$$G_k=1.43\times1\times1.4\times20=40.04\text{kN}$$

$$e=\frac{M_k}{F_k+G_k}=\frac{50}{160+40.04}=0.25\text{m}>\frac{b}{6}=\frac{1.43}{6}=0.238\text{m}$$

$$b'=3\left(\frac{b}{2}-e\right)=3\left(\frac{1.43}{2}-0.25\right)=1.395\text{m}$$

$$\rho=\frac{b'}{b}=\frac{1.395}{1.43}=0.975\approx0.973$$

$$p_{kmax}=\frac{2(F_k+G_k)}{\rho b}=\frac{2(160+40.04)}{0.973\times1.43}=28.72\text{kN/m}^2\approx1.2\times240=288\text{kN/m}^2$$

证明无误。

【例题 7-9】 条形基础，$F_k=150$kN/m，$M_k=100$kN·m/m，$H=1.40$，$f_a=300$kN/m²,限制基础偏心程度，要求$[\rho]\geqslant0.75$。试确定基础底面宽度。

【解】 (1) 计算参数

$$\Delta=\frac{\bar{\gamma}H}{f_a}=\frac{20\times1.40}{300}=0.0933$$

$$e_0=\frac{M_k}{F_k}=\frac{100}{150}=0.67\text{m}$$

$$\Omega=\frac{10e_0f_a}{F_k}=\frac{10\times0.67\times300}{150}=13.40$$

(2) 确定计算方法

因为$\Omega=13.40>[\Omega]=\frac{(3-2[\rho])[\rho]}{(0.6[\rho]-\Delta)^2}=\frac{(3-2\times0.75)0.75}{(0.6\times0.75-0.0933)^2}=8.86$，故按$\rho\geqslant[\rho]$的条件确定基础宽度。

(3) 计算系数

$$\Omega_1=\frac{e_0\bar{\gamma}H}{F_k}=\frac{0.67\times20\times1.40}{150}=0.125$$

$$b_1=\frac{1}{\Omega_1}=\frac{1}{0.125}=8$$

$$c=-\frac{0.6}{(0.3-0.2[\rho])\Omega_1}=\frac{-0.6}{(0.3-0.2\times0.75)0.125}=-32$$

(4) 计算基础宽度

$$\alpha=\frac{-b_1\pm\sqrt{b_1^2-4c}}{2}=\frac{-8\pm\sqrt{8^2+4\times32}}{2}=2.928$$

$$b=\alpha e_0=2.928\times0.67=1.96\text{m}$$

(5) 验算

$$G_k=1.96\times1\times1.4\times20=54.88\text{kN}$$

$$e=\frac{M_k}{F_k+G_k}=\frac{100}{150+54.88}=0.488\text{m}>\frac{b}{6}=\frac{1.96}{6}=0.327\text{m}$$

$$b'=3\left(\frac{b}{2}-e\right)=3\left(\frac{1.96}{2}-0.488\right)=1.476\text{m}$$

$$\rho=\frac{b'}{b}=\frac{1.476}{1.96}=0.753\approx[\rho]=0.75$$

$$p_{kmax}=\frac{2(F_k+G_k)}{\rho b}=\frac{2(150+54.88)}{0.75\times1.96}=278.75\text{kN/m}^2\leqslant1.2\times300=360\text{kN/m}^2$$

证明无误。

7.2.3.2 柱下独立矩形基础

1. 单向偏心受压时

(1) 当偏心荷载作用在基底核心以内时

基底边缘的最大和最小应力可分别按下列公式计算

$$p_{kmax}=\frac{F_k}{A}+\frac{M_k}{W}+\bar{\gamma}H \tag{7-44}$$

$$p_{kmin}=\frac{F_k}{A}-\frac{M_k}{W}+\bar{\gamma}H \tag{7-45}$$

式中符号意义与前相同。

将式(7-44)与式(7-45)相加得

$$p_{kmax}=2\left(\frac{F_k}{A}+\bar{\gamma}H\right)-p_{kmin}$$

令 $p_{kmin}=\xi p_{kmax}$，代入上式，经整理后得

$$p_{kmax}=2\left(\frac{F_k}{A}+\bar{\gamma}H\right)\frac{1}{1+\xi} \tag{7-46}$$

根据 $p_{kmax}\leqslant 1.2f_a$ 条件，就可得到基础底面积计算公式

$$A\geqslant\frac{F_k}{0.6(1+\xi)f_a-\bar{\gamma}H} \tag{7-47}$$

下面求与力矩作用平面平行的基底边长，由力矩所引起的基底应力

$$p_{kmax}-p_k=\frac{M_k}{W} \tag{7-48}$$

其中 $p_k=p_{kmax}(1+\xi)/2;\quad W=bl^2/6$

将上列公式代入式(7-48)，可得到基底边缘的最大应力的另一个表达式

$$p_{kmax}=\frac{12M_k}{(1-\xi)lA}$$

令 $p_{kmax}\leqslant 1.2f_a$，经整理后，就得到与力矩作用平面平行的基础边长的计算公式

$$l\geqslant\frac{10M_k}{(1-\xi)Af_a} \tag{7-49}$$

令 $n=\frac{l}{b}$，则 $A=lb=\frac{l^2}{n}$。其中 b 为与力矩作用平面垂直的基底边长。

将式(7-47)和式(7-49)代入关系式 $A=\frac{l^2}{n}$，经简单变换后得，

$$\frac{100e_0^2f_a}{nF_k}=\frac{(1-\xi)^2}{[0.6(1+\xi)-\Delta]^3} \tag{7-50}$$

式中 $e_0=\frac{M_k}{F_k}$；$\Delta=\frac{\bar{\gamma}H}{f_a}$。

由公式(7-50)可见，当给定 ξ 和 Δ 不同数值时，就可算出等号右边对应的数值，并令其等于 Ω。表 7-3 给出了 $\xi=0\sim0.66$ 和 $\Delta=0.10\sim0.5$ 的 Ω 值。另一方面，Ω 又等于 $\frac{100e_0^2f_a}{nF_k}$，所以，如果不要求控制基础的偏心程度，即不限制 ξ 值时，就可根据已知的 e_0、f_a、n、F_k 和 $\bar{\gamma}$、H 分别求出 Ω 值和 Δ 值，然后根据 Ω 和 Δ 值从表 7-3 中查得对应的 ξ 值。这样，就可根据公式(7-47)算出基础底面积 A，最后再算出基底的边长和短边尺寸

$$l=\sqrt{nA} \tag{7-51}$$

$$b=\frac{l}{n} \tag{7-52}$$

式中 n——基底的长边与短边之比，一般取 $n=1\sim2$。

Ω 值 表 表 7-3

e	$\xi=\frac{p_{kmin}}{p_{kmax}}$	$\rho=\frac{l'}{l}$	$\Delta=\frac{\bar{\gamma}H}{f_a}$（$\Delta$=0.10～0.22）						
			0.100	0.120	0.140	0.160	0.180	0.200	0.220
纵向力在基础底面核心以内	0.66	—	0.161	0.172	0.184	0.198	0.213	0.229	0.241
	0.64	—	0.188	0.210	0.216	0.232	0.249	0.269	0.201
	0.62	—	0.218	0.233	0.251	0.210	0.291	0.314	0.340
	0.60	—	0.252	0.270	0.290	0.312	0.337	0.364	0.395
	0.58	—	0.289	0.311	0.334	0.361	0.389	0.421	0.457
	0.56	—	0.331	0.356	0.384	0.414	0.448	0.486	0.527
	0.54	—	0.378	0.407	0.439	0.474	0.514	0.558	0.606
	0.52	—	0.430	0.464	0.501	0.542	0.587	0.638	0.695
	0.50	—	0.488	0.527	0.570	0.617	0.670	0.729	0.795
	0.48	—	0.553	0.597	0.646	0.701	0.762	0.830	0.907
	0.46	—	0.624	0.675	0.731	0.774	0.865	0.944	1.033
	0.44	—	0.703	0.761	0.826	0.899	0.980	1.071	1.174
	0.42	—	0.791	0.858	0.932	1.015	1.109	1.214	1.333
	0.40	—	0.888	0.965	1.050	1.145	1.252	1.373	1.511
	0.38	—	0.996	0.053	1.180	1.290	1.413	1.552	1.710
	0.36	—	1.116	1.215	1.326	1.451	1.592	1.752	1.935
	0.34	—	1.248	1.361	1.488	1.631	1.793	1.977	2.187
	0.32	—	1.395	1.524	1.668	1.832	2.017	2.229	2.414
	0.30	—	1.558	1.704	1.869	2.056	2.269	2.511	2.790
	0.28	—	1.739	1.905	2.093	2.307	2.550	2.829	3.150
	0.26	—	1.940	2.129	2.343	2.587	2.865	3.387	3.556
	0.24	—	2.163	2.377	2.621	2.900	3.220	3.588	4.015
	0.22	—	2.410	2.654	2.932	3.251	3.617	4.041	4.533
	0.20	—	2.685	2.963	2.280	3.644	4.064	4.552	5.120
	0.18	—	2.992	3.307	3.669	4.086	4.568	5.129	5.786
	0.16	—	3.333	3.692	3.105	4.582	5.136	5.782	6.542
	0.14	—	3.713	4.122	4.594	5.140	5.777	6.523	7.404
	0.12	—	4.138	4.604	4.143	5.770	6.502	7.364	8.386
	0.10	—	4.612	5.144	5.761	6.480	7.324	8.322	9.509
	0.08	—	5.143	5.750	5.456	7.283	8.257	9.413	10.796
	0.06	—	5.738	6.431	7.241	8.193	9.319	10.661	12.274
	0.04	—	6.405	7.199	8.128	9.225	10.529	12.091	13.976
	0.02	—	7.156	8.064	9.133	10.400	11.912	13.733	15.944
	0.00	—	8.000	9.042	10.274	11.739	13.497	15.625	18.224
纵向力在基础底面核心以外	—	1.00	8.000	9.042	10.274	11.739	13.497	15.625	18.224
	—	0.99	8.458	9.575	10.897	12.474	14.370	16.672	19.492
	—	0.98	8.938	10.134	11.553	13.249	15.295	17.784	20.844
	—	0.97	9.941	10.721	12.243	14.068	16.273	18.966	22.286

续表

Δ=0.10～0.22									
e	$\xi=\frac{p_{kmin}}{p_{kmax}}$	$\rho=\frac{l'}{l}$	$\Delta=\frac{\bar{\gamma}H}{f_a}$						
			0.100	0.120	0.140	0.160	0.180	0.200	0.220
纵向力在基础底面核心以外	—	0.96	9.967	11.337	12.970	14.932	17.310	20.222	23.825
	—	0.95	10.518	11.984	13.735	15.845	18.409	21.559	25.470
	—	0.94	11.095	12.663	14.541	16.809	19.575	22.982	27.228
	—	0.93	11.700	13.377	15.390	17.829	20.811	24.493	29.109
	—	0.92	12.333	14.127	16.285	18.907	22.124	26.113	31.123
	—	0.91	12.997	14.915	17.229	20.049	23.518	27.837	33.281
	—	0.90	13.693	15.743	18.225	21.257	25.000	29.676	35.596
	—	0.89	14.422	16.615	19.276	22.536	26.576	31.642	38.081
	—	0.88	15.187	17.532	20.835	23.893	28.253	33.743	40.753
	—	0.87	15.990	18.497	21.557	25.331	30.040	35.992	43.627
	—	0.86	16.832	19.513	22.796	26.858	31.945	38.402	46.724
	—	0.85	17.716	20.584	24.106	28.479	33.977	40.986	50.065
	—	0.84	18.645	21.713	25.492	30.202	36.147	43.761	53.672
	—	0.83	19.621	22.903	26.960	32.034	38.467	46.743	57.575
	—	0.82	20.647	24.159	28.515	33.985	40.949	49.952	61.801
	—	0.81	21.725	25.485	30.165	36.064	43.608	53.411	66.387
	—	0.80	22.860	26.886	31.915	38.281	46.459	57.143	71.370
	—	0.79	24.056	28.367	33.775	40.648	49.521	61.176	76.794
	—	0.78	25.315	29.935	35.751	43.178	52.812	65.540	82.710
	—	0.77	26.642	31.594	37.855	45.885	56.356	70.272	89.175
	—	0.76	28.041	33.353	40.095	48.784	60.176	75.410	96.259
	—	0.75	29.519	35.218	42.483	51.893	64.300	81.000	104.021

Δ=0.24～0.36									
e	$\xi=\frac{p_{kmin}}{p_{kmax}}$	$\rho=\frac{l'}{l}$	$\Delta=\frac{\bar{\gamma}H}{f_a}$						
			0.240	0.260	0.280	0.300	0.320	0.340	0.360
纵向力在基础底面核心以内	0.66	—	0.268	0.290	0.315	0.343	0.374	0.409	0.449
	0.64	—	0.315	0.341	0.371	0.405	0.443	0.485	0.533
	0.62	—	0.368	0.400	0.436	0.476	0.521	0.572	0.630
	0.60	—	0.429	0.466	0.509	0.557	0.610	0.671	0.741
	0.58	—	0.497	0.524	0.529	0.648	0.712	0.785	0.868
	0.56	—	0.574	0.627	0.686	0.753	0.828	0.914	1.013
	0.54	—	0.661	0.723	0.792	0.871	0.960	1.062	1.179
	0.52	—	0.759	0.831	0.913	1.005	1.110	1.231	1.370
	0.50	—	0.870	0.954	1.049	1.157	1.281	1.424	1.588
	0.48	—	0.994	1.092	1.203	1.300	1.476	1.643	1.837
	0.46	—	1.133	1.248	1.377	1.526	1.697	1.804	2.122
	0.44	—	1.291	1.423	1.574	1.748	1.948	2.180	2.450

续表

Δ=0.24～0.36									
e	$\xi=\frac{p_{kmin}}{p_{kmax}}$	$\rho=\frac{l'}{l}$	$\Delta=\frac{\bar{\gamma}H}{f_a}$						
			0.240	0.260	0.280	0.300	0.320	0.340	0.360
纵向力在基础底面核心以内	0.42	—	1.468	1.621	1.797	2.000	2.234	2.506	2.825
	0.40	—	1.667	1.845	2.050	2.286	2.560	2.880	3.255
	0.38	—	1.891	2.098	2.336	2.611	2.932	3.308	3.750
	0.36	—	2.143	2.383	2.660	2.981	3.357	3.798	4.320
	0.34	—	2.428	2.706	3.028	3.402	3.842	4.360	4.977
	0.32	—	2.749	3.071	3.445	3.883	4.397	5.007	5.735
	0.30	—	3.112	3.485	3.920	4.431	5.034	5.752	6.614
	0.28	—	3.522	3.954	4.461	5.075	5.765	6.612	7.633
	0.26	—	3.986	4.488	5.077	5.775	6.607	7.606	8.818
	0.24	—	4.512	5.094	5.782	6.599	7.578	8.760	10.201
	0.22	—	5.109	5.786	6.588	7.546	8.700	10.100	11.818
	0.20	—	5.787	6.575	7.513	8.638	10.000	11.663	13.717
	0.18	—	6.560	7.478	8.576	9.900	11.512	13.492	15.955
	0.16	—	7.442	8.513	9.801	11.362	13.274	15.639	18.601
	0.14	—	8.450	9.703	11.216	13.062	15.335	18.169	21.745
	0.12	—	9.605	11.073	12.856	15.043	17.756	21.162	25.498
	0.10	—	10.933	12.656	14.762	17.361	20.609	24.719	30.000
	0.08	—	12.462	14.490	16.984	20.083	23.986	28.968	35.432
	0.06	—	14.229	16.622	19.584	23.294	28.002	34.071	42.027
	0.04	—	16.276	19.109	22.639	27.096	32.804	40.233	50.083
	0.02	—	18.656	22.020	26.244	31.622	38.575	47.725	60.014
	0.00	—	21.433	25.443	30.518	37.034	45.554	56.896	72.338
纵向力在基础底面核心以外	—	1.00	21.433	25.443	30.518	37.037	45.554	56.896	72.338
	—	0.99	22.986	27.367	32.937	40.126	49.570	62.226	79.584
	—	0.98	24.648	29.437	35.552	43.485	53.965	68.103	87.642
	—	0.97	26.429	31.666	38.383	47.142	58.783	74.595	96.627
	—	0.96	28.338	34.067	41.449	51.128	64.072	81.781	106.667
	—	0.95	30.387	36.656	44.775	55.481	69.890	89.753	117.917
	—	0.94	32.588	39.452	48.388	60.239	76.300	98.616	130.557
	—	0.93	34.954	42.474	52.317	65.451	83.377	108.494	144.804
	—	0.92	37.500	45.745	56.596	71.169	91.207	119.532	160.912
	—	0.91	40.242	49.289	61.264	77.454	99.890	131.900	179.188
	—	0.90	43.200	53.134	66.363	84.375	109.542	145.800	200.000
	—	0.89	46.394	57.312	71.945	92.014	120.298	161.471	223.796
	—	0.88	49.846	61.859	78.064	100.463	132.318	179.199	251.120
	—	0.87	53.584	66.815	84.788	109.830	145.389	199.326	282.640
	—	0.86	57.635	72.227	92.189	120.242	160.934	222.269	319.185
	—	0.85	62.034	78.146	100.355	131.846	178.018	248.529	361.785

续表

$\Delta=0.24\sim0.36$									
e	$\xi=\frac{p_{kmin}}{p_{kmax}}$	$\rho=\frac{l'}{l}$	$\Delta=\frac{\bar{\gamma}H}{f_a}$						
			0.240	0.260	0.280	0.300	0.320	0.340	0.360
纵向力在基础底面核心以外	—	0.84	66.818	84.632	109.386	144.816	197.357	278.742	411.736
	—	0.83	72.039	91.756	119.398	159.357	219.334	313.613	470.983
	—	0.82	77.715	99.596	130.526	175.712	244.411	354.140	540.735
	—	0.81	83.931	108.244	142.931	194.173	273.152	401.485	624.622
	—	0.80	90.741	117.806	156.800	215.089	306.250	452.143	725.925
	—	0.79	98.216	128.407	172.356	238.882	344.563	523.018	849.408
	—	0.78	116.441	140.192	189.363	266.064	389.161	601.567	—
	—	0.77	115.512	153.332	209.639	297.264	441.389	695.996	—
	—	0.76	125.542	168.028	232.067	333.255	502.961	810.544	—
	—	0.75	136.662	184.520	257.607	375.000	676.070	950.883	—

$\Delta=0.38\sim0.50$									
e	$\xi=\frac{p_{kmin}}{p_{kmax}}$	$\rho=\frac{l'}{l}$	$\Delta=\frac{\bar{\gamma}H}{f_a}$						
			0.380	0.400	0.420	0.440	0.460	0.480	0.500
纵向力在基础底面核心以内	0.66	—	0.495	0.546	0.605	0.673	0.751	0.841	0.947
	0.64	—	0.588	0.651	0.722	0.805	0.901	1.012	1.143
	0.62	—	0.696	0.772	0.859	0.959	1.076	1.212	1.373
	0.60	—	0.820	0.911	1.016	1.138	1.280	1.447	1.644
	0.58	—	0.963	1.072	1.198	1.346	1.518	1.721	1.962
	0.56	—	1.126	1.257	1.409	1.587	1.795	2.042	2.336
	0.54	—	1.314	1.471	1.653	1.866	2.118	2.417	2.776
	0.52	—	1.530	1.717	1.935	2.191	2.495	2.858	3.295
	0.50	—	1.778	2.000	2.261	2.568	2.935	3.374	3.906
	0.48	—	2.063	2.327	2.638	3.007	3.449	3.981	4.629
	0.46	—	2.390	2.704	3.075	3.518	4.050	4.696	5.486
	0.44	—	2.766	3.139	3.588	4.114	4.756	5.538	6.502
	0.42	—	3.199	3.643	4.173	4.810	5.585	6.535	7.713
	0.40	—	3.699	4.226	4.859	5.625	6.561	7.716	9.159
	0.38	—	4.275	4.903	5.660	6.581	7.713	9.121	10.893
	0.36	—	4.942	5.690	6.596	7.705	9.078	10.798	12.985
	0.34	—	5.715	6.606	7.693	9.032	10.701	12.807	15.505
	0.32	—	6.612	7.676	8.982	10.602	12.827	15.225	18.572
	0.30	—	7.656	8.930	10.502	12.467	14.954	18.148	22.321
	0.28	—	8.875	10.402	12.301	14.691	17.742	21.701	26.931
	0.26	—	10.301	12.137	14.436	17.354	21.115	26.046	32.639
	0.24	—	11.976	14.189	16.982	20.559	25.216	31.392	39.761
	0.22	—	13.950	16.625	20.032	24.437	30.233	38.018	48.722
	0.20	—	16.283	19.031	23.704	29.154	36.413	46.296	60.105

续表

			Δ=0.38～0.50						
e	$\xi=\frac{p_{kmin}}{p_{kmax}}$	$\rho=\frac{l'}{l}$	$\Delta=\frac{\overline{\gamma}H}{f_a}$						
			0.380	0.400	0.420	0.440	0.460	0.480	0.500
纵向力在基础底面核心以内	0.18	—	19.055	23.013	28.148	34.932	44.083	56.731	74.720
	0.16	—	22.361	27.207	33.561	42.057	53.681	70.016	93.711
	0.14	—	26.325	32.288	40.196	50.913	65.804	87.118	118.725
	0.12	—	31.104	38.482	48.391	62.016	81.275	109.411	152.188
	0.10	—	36.899	46.086	58.594	76.071	101.250	138.889	197.754
	0.08	—	43.971	55.491	71.412	94.056	127.380	178.504	261.090
	0.06	—	52.667	67.223	87.679	117.351	162.075	232.746	351.268
	0.04	—	63.441	81.997	108.555	147.941	208.935	308.642	483.367
	0.02	—	70.911	100.706	135.690	188.741	278.477	417.571	683.593
	0.00	—	93.914	125.000	171.468	244.140	364.431	578.703	999.994
纵向力在基础底面核心以外	—	1.00	93.914	125.000	171.468	244.141	364.432	578.706	999.998
	—	0.99	104.047	139.658	193.563	279.196	423.795	688.270	
	—	0.98	115.433	156.331	219.074	320.431	495.324	824.012	
	—	0.97	128.263	175.364	248.662	369.224	582.204	996.219	
	—	0.96	142.765	197.175	283.150	427.340	688.676		
	—	0.95	159.211	222.273	323.563	497.054	820.454		
	—	0.94	177.926	251.281	271.197	581.336	985.352		
	—	0.93	199.304	284.973	427.699	684.117			
	—	0.92	223.824	324.310	495.188	810.658			
	—	0.91	252.071	370.500	576.414	968.121			
	—	0.90	284.766	425.073	675.000				
	—	0.89	322.803	489.988	795.765				
	—	0.88	367.302	567.779	945.230				
	—	0.87	419.676	661.758					
	—	0.86	481.725	776.323					
	—	0.85	555.769	917.374					
	—	0.84	644.824						
	—	0.83	752.868						
	—	0.82	885.223						

如果需要控制基础的偏心程度时，则可根据所确定的［ξ］值和按公式算出的Δ值，由表7-3中查得Ω值，并按下式算出。

$$n=\frac{100e_0^2 f_a}{\Omega F_k} \tag{7-53}$$

然后再按式(7-47)、式(7-51)和式(7-52)分别算出A、l和b。

此外，也可以根据所确定的［ξ］值，直接按式(7-47)和式(7-49)计算A和l值，然后再计算b值。

如上所述，计算偏心受压基础时，应该同时满足式(7-8a)和式(7-8b)。目前，在计算时，一般是按式(7-8a)试算求出基底尺寸，然后再按式(7-8b)复核。为了简化计算起见，这里给出一个判别条件，应用这个判别条件，可以直接确定出控制基底尺寸的相应公式。

下面介绍判别条件的确定方法：

按式(7-46)写出基底边缘最大应力控制条件：

$$p_{kmax}=2\left(\frac{F_k}{A}+\bar{\gamma}H\right)\frac{1}{1+\xi}\leqslant 1.2f_a \tag{7-54}$$

而基底平均应力控制条件

$$p_k=\frac{F_k}{A}+\bar{\gamma}H\leqslant f_a \tag{7-55}$$

为了便于比较式(7-54)和式(7-55)，将式(7-54)改写成如下形式

$$\frac{1}{0.6(1+\xi)}\left(\frac{F_k}{A}+\bar{\gamma}H\right)\leqslant f_a \tag{7-56}$$

比较式(7-55)和式(7-56)可知，当

$$\frac{F_k}{A}+\bar{\gamma}H>\frac{1}{0.6(1+\xi)}\left(\frac{F_k}{A}+\bar{\gamma}H\right)$$

即

$$\xi>0.67$$

时，基底尺寸应由条件式(7-8b)控制。也就是说，当$\xi>0.67$时，偏心受压基础应按中心受压基础相应公式计算；而当$\xi<0.67$时，应按偏心受压基础计算。

(2) 当偏心荷载作用在基底核心以外时

当偏心距$e>\frac{l}{6}$，基底与地基之间将有一部分脱开，这时基底压力呈三角形分布(图7-17)，基底边缘最大应力应按下式计算

$$P_{kmax}=\frac{2(F_k+G_k)}{\rho lb} \tag{7-57}$$

根据$p_{kmax}\leqslant 1.2f_a$条件，即可求出基底面积

$$A\geqslant\frac{F_k}{0.6\rho f_a-\bar{\gamma}H} \tag{7-58}$$

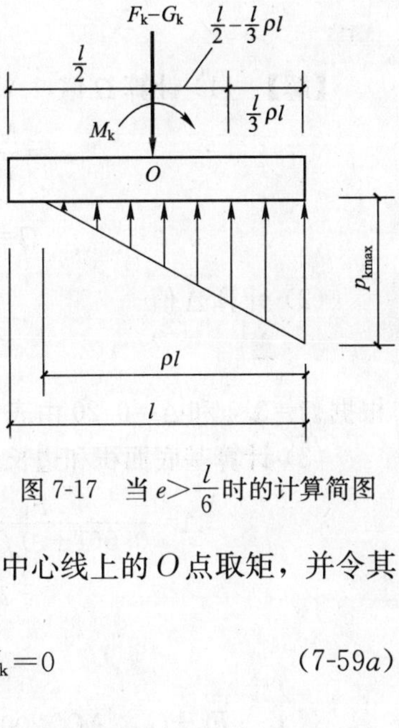

图7-17　当$e>\frac{l}{6}$时的计算简图

为了求出与力矩作用平面平行的基底边长，我们对基底中心线上的O点取矩，并令其等于零，即

$$\Sigma M_0=0\quad \frac{p_{kmax}\rho lb}{2}\left(\frac{l}{2}-\frac{1}{3}\rho l\right)-M_k=0 \tag{7-59a}$$

令$p_{kmax}\leqslant 1.2f_a$并代入上式，经整理后得：

$$l\geqslant\frac{M_k}{(0.3-0.2\rho)\rho Af_a} \tag{7-59b}$$

同理，令$n=\frac{l}{b}$，则

$$A=lb=\frac{l^2}{n}$$

将式(7-58)、式(7-59b)代入上式，经整理后得

$$\frac{100e_0^2 f_a}{nF_k}=\frac{100(0.3-0.2\rho)^2\rho^2}{(0.6\rho-\Delta)^3} \tag{7-60}$$

比较式(7-60)和式(7-50)可见，两式左端相同，而右端 ρ 和 ξ 相当，故可采用前述方法算出 Ω 值，表 7-3 给出了 $\rho=0.75\sim1.00$ 和 $\Delta=0.10\sim0.50$ 的 Ω 值，以供查用。

【例题 7-10】 如图 7-18 所示矩形基础，相应于荷载效应标准组合时，上部结构传至基础顶面的竖向力值 $F_k=2000\text{kN}$，基底上的力矩值 $M_k=1000\text{kN}\cdot\text{m}$，基础自重计算高度 $H=3.4\text{m}$，地基承载力特征值 $f_a=340\text{kN/m}^2$，基础和基础上的覆土平均重度 $\bar{\gamma}=20\text{kN/m}^3$，不限制基础的偏心程度。试确定基础底面尺寸。

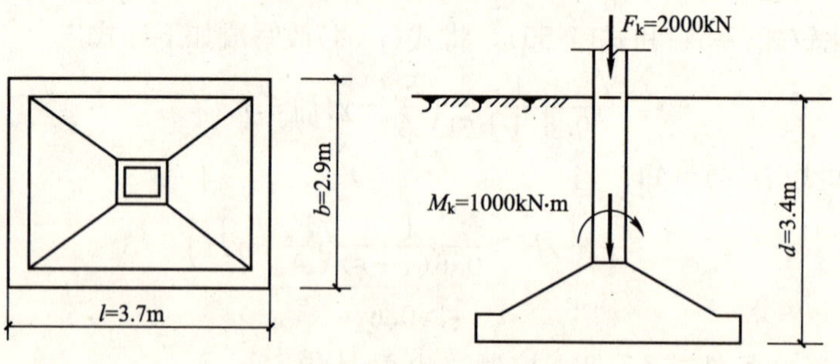

图 7-18 例题 7-10 附图

【解】 (1) 计算 Ω 值

$$e_0=\frac{M_k}{F_k}=\frac{1000}{2000}=0.5\text{m},\quad \text{设选取 } n=1.25$$

$$\Omega=\frac{100e_0^2 f_a}{nF_k}=\frac{100\times0.5^2\times340}{1.25\times2000}=3.40$$

(2) 计算 Δ 值

$$\Delta=\frac{\bar{\gamma}H}{f_a}=\frac{20\times3.4}{340}=0.20$$

根据 $\Omega=3.4$ 和 $\Delta=0.20$ 由表 7-3 查得 $\xi=0.25$。

(3) 计算基底面积和边长

$$A=\frac{F_k}{0.6(1+\xi)f_a-\bar{\gamma}H}=\frac{2000}{0.6(1+0.25)340-20\times3.4}=10.7\text{m}^2$$

$$l=\sqrt{nA}=\sqrt{1.25\times10.7}=3.65\text{m}$$

$$b=\frac{l}{n}=\frac{3.65}{1.25}=2.93\text{m}$$

验算 $p_{kmax}=\dfrac{F_k+G_k}{A}+\dfrac{M}{W}=\dfrac{2000+10.7\times3.4\times20}{10.7}+\dfrac{1000}{\dfrac{2.93\times3.65^2}{6}}=255+154=409\text{kN/m}^2$

$\approx1.2\times340=408\text{kN/m}^2$ （无误）

$$p_{kmin}=\frac{F_k+G_k}{A}-\frac{M_k}{W}=255-154=101\text{kN/m}^2$$

而 $\xi=\dfrac{p_{kmin}}{p_{kmax}}=\dfrac{101}{409}\approx0.25$ （无误）

最后取 $lb=3.70\text{m}\times2.90\text{m}$。

【例题 7-11】 已知 $F_k=250\text{kN}$，$M_k=100\text{kN}\cdot\text{m}$，$f_a=250\text{kN/m}^2$，$\bar{\gamma}=20\text{kN/m}^3$，$H=2\text{m}$(图 7-19)，要求 $\xi=0$。求基础底面尺寸。

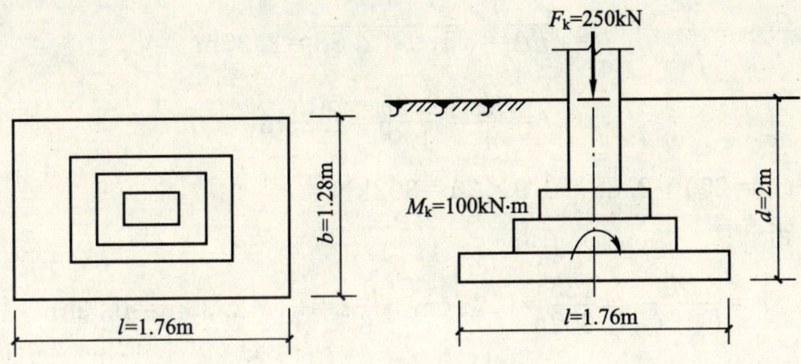

图 7-19 例题 7-11 附图

【解】

$$\Delta=\frac{\bar{\gamma}H}{f_a}=\frac{20\times2}{250}=0.16$$

由表 7-3 查得，当 $\xi=0$ 和 $\Delta=0.16$ 时，$\Omega=11.7$。

$$e_0=\frac{M_k}{F_k}=\frac{100}{250}=0.4\text{m}$$

$$n=\frac{100e_0^2f_a}{\Omega F_k}=\frac{100\times0.4^2\times250}{11.7\times250}=1.37$$

$$A=\frac{F_k}{0.6(1+\xi)f_a-\bar{\gamma}H}=\frac{250}{0.6\times250-20\times2}=2.27\text{m}^2$$

$$l=\sqrt{nA}=\sqrt{1.37\times2.27}=1.76\text{m}$$

$$b=\frac{l}{n}=\frac{1.76}{1.37}=1.28\text{m}$$

验算

$$p_{kmax}=\frac{250+2.27\times2\times20}{2.27}+\frac{100}{\frac{1.28\times1.76^2}{6}}$$

$$=150+151=301\text{kN/m}^2$$

$$\approx1.2f_a=1.2\times250=300\text{kN/m}^2$$

$$p_{kmin}=150-151\approx0 \text{ 故 } \xi=0 \quad \text{(无误)}$$

最后取 $lb=1.80\text{m}\times1.30\text{m}$。

【例题 7-12】 已知矩形基础，$F_k=250\text{kN}$，$M_k=125\text{kN}\cdot\text{m}$，$H=0.9\text{m}$，$\bar{\gamma}=20\text{kN/m}^3$，$f_a=180\text{kN/m}^2$，不限制基础的偏心程度。试确定基底尺寸。

【解】

$$\Delta=\frac{\bar{\gamma}H}{f_a}=\frac{20\times0.9}{180}=0.1$$

$$e_0=\frac{M_k}{F_k}=\frac{125}{250}=0.5\text{m}, \quad \text{设 } n=1.9$$

$$\Omega=\frac{100e_0^2f_a}{nF_k}=\frac{100\times0.5^2\times180}{1.9\times250}=9.44$$

由表 7-3 查得，当 $\Omega=9.44$ 和 $\Delta=0.1$ 时，$\rho=0.97$

基底面积

$$A=\frac{F_k}{0.6\rho f_a-\gamma H}=\frac{250}{0.6\times 0.97\times 180-20\times 0.9}=2.88\text{m}^2$$

$$l=\sqrt{nA}=\sqrt{1.9\times 2.88}=2.35\text{m}$$

$$b=\frac{l}{n}=\frac{2.35}{1.9}=1.23\text{m}$$

验算：$F_k+G_k=250+2.88\times 0.9\times 20=302\text{kN}$

竖向荷载的偏心距

$$e=\frac{M_k}{F_k+G_k}=\frac{125}{302}=0.414\text{m}>\frac{1}{6}l=\frac{1}{6}\times 2.35\text{m}=0.39\text{m}$$

基础受压宽度

$$l'=3\left(\frac{l}{2}-e\right)=3\left(\frac{2.35}{2}-0.414\right)=2.283\text{m}\approx\rho l$$

$$=0.97\times 2.35=2.28\text{m}\quad（无误）$$

基底最大应力

$$p_{kmax}=\frac{2(F_k+G_k)}{\rho lb}=\frac{2\times 302}{0.97\times 2.88}=216\text{kN/m}^2=1.2f_a$$

$$=1.2\times 1.80=216\text{kN/m}^2\quad（无误）$$

【例题 7-13】 已知矩形基础，$F_k=250\text{kN}$，$M_k=125\text{kN}\cdot\text{m}$，$H=0.9\text{m}$，$\bar{\gamma}=20\text{kN/m}^3$，$f_a=180\text{kN/m}^2$，要求 $[\rho]=0.9$。试求基底尺寸。

【解】

$$\Delta=\frac{\bar{\gamma}H}{f_a}=\frac{20\times 0.9}{180}=0.1$$

$$e_0=\frac{M_k}{F_k}=\frac{125}{250}=0.5\text{m}$$

根据 $\Delta=0.1$ 和 $[\rho]=0.9$，由表 9-3 查得 $\Omega=13.693$。

按式(7-53)算出

$$n=\frac{100e_0^2f_a}{\Omega F_k}=\frac{100\times 0.5^2\times 180}{13.693\times 250}=1.32$$

按式(7-58)算出基底面积

$$A\geqslant\frac{F_k}{0.6\rho f_a-\gamma H}=\frac{250}{0.6\times 0.9\times 180-20\times 0.9}=3.16\text{m}^2$$

基底尺寸

$$l=\sqrt{nA}=\sqrt{1.32\times 3.16}=2.04\text{m}$$

$$b=\frac{l}{n}=\frac{2.04}{1.32}=1.55\text{m}$$

验算：

$$F_k+G_k=250+3.16\times 0.9\times 20=306.88\text{kN}$$

$$e=\frac{M_k}{F_k+G_k}=\frac{125}{306.88}=0.407\text{m}>\frac{l}{6}=\frac{2.04}{6}=0.34\text{m}$$

$$l'=3\left(\frac{l}{2}-e\right)=3\left(\frac{2.04}{2}-0.407\right)=1.84\text{m}$$

$$\rho=\frac{l'}{l}=\frac{1.84}{2.04}=0.90=[\rho]=0.9$$

$$p_{\text{kmax}}=\frac{2(F_{\text{k}}+G_{\text{k}})}{\rho lb}=\frac{2\times306.88}{0.9\times2.04\times1.55}=215.8\text{kN/m}^2$$

$$\approx1.2f_{\text{a}}=1.2\times180=216\text{kN/m}^2$$

证明计算无误。

(3) 几个问题的讨论

① 关于在控制基础偏心程度的计算中出现 $n<1$ 的问题

按式(7-53)确定 n 值时，有时会出现 $n<1$ 的情形。产生这种情形的原因是由于在题设条件下，本来基础的偏心程度较小，即基础底面最小应力和最大应力的比值 ξ 较大，而在计算中，由于选择 $[\xi]$ 不当(太小)，致使基础出现较大的偏心，这样就出现了 $n<1$ 的情形。在控制基础偏心程度的计算中，如果出现 $n<1$ 时，则说明所选择的 $[\xi]$ 是不合理的。遇到这种情形，应按不考虑控制基础偏心程度的计算方法计算。显然，计算结果必然满足 $\xi>[\xi]$ 条件的要求。

② 关于控制基础偏心程度计算中出现 $n>2$ 的问题。

在确定基础底面尺寸时，在控制基础偏心程度计算中，有时会出现 $n>2$ 的情形。为了说明产生这种情形的原因，我们来分析公式

$$n=\frac{100e_0^2f_{\text{a}}}{\Omega F_{\text{k}}}$$

由式中可见，造成 $n>2$ 的原因是因为 F_{k} 较小，而 e_0、f_{a} 和 $[\xi]$ 或 $[\rho]$ 值较大所致。在基础设计中竖向荷载和偏心距是给定的，不能改变，所以要使 $n\leqslant2$，我们在计算中可采用较小的 f_{a} 值的办法来解决。这时地基承载力将不能充分利用。在这种情形下，基底尺寸则由基础的偏心程度条件 $\xi\geqslant[\xi]$ 或 $\rho\geqslant[\rho]$ 控制，而地基承载力条件 $p_{\text{kmax}}\leqslant1.2f_{\text{a}}$ 将必定满足。因此，在遇到 $n>2$ 的情形时，可按偏心程度条件来确定基底尺寸。下面分两种情形来讨论。

当 $e\leqslant\frac{l}{6}$ 时：

令 $l=\alpha e_0$，并注意到 $n=\frac{l}{b}$，$W=\frac{bl^2}{6}$，则基底边缘最大和最小应力可分别按下式计算

$$p_{\text{kmax}}=\left[\frac{1}{\Omega_0}\left(\frac{1}{\alpha_1^2}+\frac{6}{\alpha_1^3}\right)+1\right]\bar{\gamma}H \tag{7-61}$$

$$p_{\text{kmin}}=\left[\frac{1}{\Omega_0}\left(\frac{1}{\alpha_1^2}-\frac{6}{\alpha_1^3}\right)+1\right]\bar{\gamma}H \tag{7-62}$$

其中
$$\Omega_0=\frac{e_0^2\bar{\gamma}H}{nF_{\text{k}}} \tag{7-63}$$

而
$$p_{\text{kmax}}[\xi]=p_{\text{kmin}}$$

将式(7-61)和式(7-62)代入上式，并经整理后得

$$\alpha_1^3+b_0\alpha_1-c_0=0 \tag{7-64}$$

式中

$$\left.\begin{aligned} b_0&=\frac{1}{\Omega_0} \\ c_0&=\frac{1+[\xi]}{1-[\xi]}\cdot\frac{6}{\Omega_0} \end{aligned}\right\} \tag{7-65}$$

解方程(7-64)得实根

$$\alpha_1=u+v \tag{7-66}$$

其中

$$u=\sqrt[3]{\frac{c_0}{2}+r} \tag{7-67}$$

$$v=-\frac{b_0}{3u} \tag{7-68}$$

$$r=\sqrt{\left(\frac{c_0}{2}\right)^2+\left(\frac{b_0}{3}\right)^3} \tag{7-69}$$

而基础底面尺寸

$$\left.\begin{aligned} l&=\alpha_1 e_0 \\ b&=\frac{l}{n} \end{aligned}\right\} \tag{7-70a}$$

为了简化计算，式(7-64)中的 α_1 可直接根据 Ω_0 和 $[\xi]$ 由表 7-4 查得。

α_1 值表 **表 7-4**

ξ \ Ω_0	0.010	0.012	0.014	0.016	0.018	0.020	0.022	0.024
0.66	12.003	11.420	10.944	10.543	10.199	9.898	9.632	9.395
0.64	11.625	11.067	10.610	10.226	9.895	9.606	9.350	9.121
0.62	11.269	10.735	10.296	9.927	9.609	9.331	9.085	8.864
0.60	10.933	10.421	10.000	9.645	9.339	9.071	8.834	8.621
0.58	10.614	10.123	9.719	9.377	9.083	8.825	8.596	8.391
0.56	10.311	9.840	9.452	9.123	8.840	8.591	8.370	8.173
0.54	10.022	9.570	9.197	8.881	8.608	8.368	8.155	7.964
0.52	9.745	9.312	8.953	8.649	8.386	8.155	7.949	7.765
0.50	9.480	9.064	8.719	8.427	8.173	7.950	7.752	7.574
0.48	9.225	8.826	8.495	8.213	7.969	7.754	7.562	7.390
0.46	8.980	8.597	8.279	8.007	7.772	7.565	7.380	7.214
0.44	8.744	8.376	8.070	7.809	7.582	7.382	7.204	7.043
0.42	8.515	8.163	7.869	7.617	7.399	7.206	7.034	6.879
0.40	8.294	7.956	7.674	7.432	7.221	7.035	6.869	6.719
0.38	8.080	7.756	7.485	7.252	7.049	6.870	6.710	6.565
0.36	7.872	7.562	7.301	7.078	6.882	6.709	6.555	6.415
0.34	7.670	7.373	7.123	6.908	6.720	6.553	6.404	6.269
0.32	7.473	7.189	6.949	6.743	6.562	6.401	6.257	6.127
0.30	7.282	7.010	6.780	6.581	6.408	6.253	6.114	5.989

续表

ξ \ Ω_0	0.010	0.012	0.014	0.016	0.018	0.020	0.022	0.024
0.28	7.095	6.835	6.615	6.424	6.257	6.108	5.975	5.853
0.26	6.913	6.664	6.453	6.271	6.110	5.967	5.838	5.721
0.24	6.735	6.498	6.296	6.121	5.966	5.829	5.705	5.592
0.22	6.561	6.334	6.142	5.974	5.826	5.693	5.574	5.466
0.20	6.390	6.175	5.990	5.830	5.688	5.561	5.446	5.342
0.18	6.224	6.018	5.842	5.689	5.553	5.431	5.321	5.220
0.16	6.060	5.865	5.697	5.550	5.420	5.303	5.197	5.101
0.14	5.900	5.714	5.554	5.414	5.290	5.178	5.076	4.983
0.12	5.743	5.567	5.414	5.281	5.161	5.054	4.957	4.868
0.10	5.588	5.421	5.277	5.149	5.035	4.933	4.840	4.754
0.08	5.437	5.279	5.141	5.020	4.911	4.813	4.724	4.642
0.06	5.288	5.138	5.008	4.892	4.789	4.695	4.610	4.532
0.04	5.141	5.000	4.876	4.767	4.669	4.579	4.498	4.423
0.02	4.997	4.864	4.747	4.643	4.550	4.465	4.387	4.316
0.00	4.855	4.730	4.620	4.521	4.432	4.352	4.278	4.210

ξ \ Ω_0	0.026	0.028	0.030	0.032	0.034	0.036	0.038	0.040
0.66	9.180	8.985	8.806	8.642	8.490	8.348	8.216	8.093
0.64	8.914	8.726	8.554	8.396	8.249	8.113	7.985	7.866
0.62	8.665	8.483	8.317	8.164	8.023	7.891	7.768	7.653
0.60	8.429	8.254	8.094	7.946	7.809	7.682	7.563	7.451
0.58	8.206	8.037	7.882	7.739	7.607	7.484	7.369	7.261
0.56	7.993	7.830	7.681	7.542	7.414	7.295	7.184	7.080
0.54	7.791	7.633	7.489	7.355	7.231	7.116	7.008	6.907
0.52	7.598	7.445	7.305	7.176	7.056	6.944	6.840	6.742
0.50	7.412	7.265	7.129	7.004	6.888	6.780	6.679	6.584
0.48	7.234	7.091	6.960	6.839	6.727	6.622	6.524	6.432
0.46	7.063	6.925	6.798	6.681	6.572	6.470	6.375	6.286
0.44	6.897	6.764	6.641	6.528	6.422	6.324	6.232	6.145
0.42	6.738	6.609	6.490	6.380	6.278	6.182	6.093	6.009
0.40	6.583	6.458	6.343	6.237	6.138	6.046	5.959	5.878
0.38	6.433	6.312	6.201	6.098	6.002	5.913	5.829	5.750
0.36	6.287	6.171	6.063	5.963	5.871	5.784	5.703	5.626
0.34	6.146	6.033	5.929	5.833	5.743	5.659	5.580	5.506
0.32	6.008	5.899	5.798	5.705	5.618	5.537	5.460	5.389
0.30	5.874	5.768	5.671	5.581	5.497	5.418	5.344	5.274
0.28	5.743	5.641	5.547	5.459	5.378	5.302	5.230	5.163
0.26	5.615	5.516	5.425	5.341	5.262	5.188	5.119	5.054
0.24	5.489	5.394	5.307	5.225	5.149	5.077	5.010	4.947
0.22	5.366	5.275	5.190	5.111	5.038	4.969	4.904	4.842
0.20	5.246	5.158	5.076	5.000	4.929	4.862	4.799	4.740

续表

Ω_0 / ξ	0.026	0.028	0.030	0.032	0.034	0.036	0.038	0.040
0.18	5.128	5.043	4.964	4.891	4.822	4.758	4.697	4.640
0.16	5.012	4.930	4.854	4.783	4.717	4.655	4.596	4.541
0.14	4.898	4.819	4.746	4.678	4.614	4.554	4.497	4.444
0.12	4.786	4.710	4.640	4.574	4.512	4.454	4.400	4.348
0.10	4.676	4.603	4.535	4.472	4.412	4.357	4.304	4.254
0.08	4.567	4.497	4.432	4.371	4.314	4.260	4.209	4.161
0.06	4.460	4.393	4.330	4.272	4.217	4.165	4.116	4.070
0.04	4.354	4.290	4.230	4.174	4.121	4.071	4.024	3.979
0.02	4.250	4.188	4.131	4.077	4.026	3.978	3.933	3.890
0.00	4.146	4.088	4.033	3.981	3.932	3.887	3.843	3.802

Ω_0 / ξ	0.042	0.044	0.046	0.048	0.050	0.052	0.054	0.056
0.66	7.977	7.867	7.764	7.666	7.574	7.485	7.401	7.321
0.64	7.754	7.648	7.548	7.454	7.364	7.279	7.198	7.120
0.62	7.544	7.442	7.346	7.254	7.168	7.085	7.006	6.931
0.60	7.347	7.248	7.154	7.066	6.982	6.902	6.826	6.753
0.58	7.159	7.064	6.973	6.888	6.806	6.729	6.655	6.585
0.56	6.981	6.889	6.801	6.718	6.639	6.564	6.493	6.424
0.54	6.812	6.722	6.637	6.557	6.480	6.407	6.338	6.272
0.52	6.650	6.563	6.481	6.402	6.328	6.258	6.190	6.126
0.50	6.495	6.410	6.330	6.255	6.183	6.114	6.049	5.986
0.48	6.346	6.264	6.186	6.113	6.043	5.976	5.913	5.852
0.46	6.202	6.123	6.048	5.976	5.909	5.844	5.782	5.723
0.44	6.064	5.987	5.914	5.845	5.779	5.716	5.656	5.599
0.42	5.930	5.856	5.785	5.718	5.654	5.593	5.535	5.479
0.40	5.801	5.729	5.660	5.595	5.533	5.473	5.417	5.363
0.38	5.676	5.605	5.539	5.475	5.415	5.358	5.303	5.250
0.36	5.554	5.486	5.421	5.360	5.301	5.245	5.192	5.141
0.34	5.436	5.370	5.307	5.247	5.190	5.136	5.084	5.035
0.32	5.321	5.256	5.196	5.138	5.083	5.030	4.980	4.931
0.30	5.208	5.146	5.087	5.031	4.977	4.926	4.877	4.831
0.28	5.099	5.039	4.981	4.927	4.875	4.825	4.778	4.732
0.26	4.992	4.933	4.878	4.825	4.774	4.726	4.680	4.636
0.24	4.887	4.830	4.777	4.725	4.676	4.630	4.585	4.542
0.22	4.785	4.730	4.677	4.628	4.580	4.535	4.492	4.450
0.20	4.684	4.631	4.580	4.532	4.486	4.442	4.400	4.360
0.18	4.585	4.534	4.485	4.438	4.394	4.351	4.310	4.271
0.16	4.488	4.438	4.391	4.346	4.303	4.261	4.222	4.184
0.14	4.393	4.345	4.299	4.255	4.213	4.173	4.135	4.098
0.12	4.299	4.253	4.208	4.166	4.126	4.087	4.050	4.014
0.10	4.207	4.162	4.119	4.078	4.039	4.002	3.966	3.931

续表

ξ \ Ω_0	0.042	0.044	0.046	0.048	0.050	0.052	0.054	0.056
0.08	4.116	4.072	4.031	3.991	3.954	3.917	3.883	3.849
0.06	4.026	3.984	3.944	3.906	3.869	3.834	3.801	3.769
0.04	3.937	3.897	3.858	3.821	3.786	3.752	3.720	3.689
0.02	3.849	3.810	3.773	3.738	3.704	3.671	3.640	3.610
0.00	3.763	3.725	3.690	3.655	3.623	3.591	3.561	3.532

ξ \ Ω_0	0.058	0.060	0.062	0.064	0.066	0.068	0.70	0.072
0.66	7.244	7.171	7.100	7.033	6.968	6.905	6.845	6.787
0.64	7.046	6.975	6.907	6.841	6.778	6.718	6.659	6.603
0.62	6.859	6.791	6.725	6.661	6.600	6.542	6.485	6.431
0.60	6.684	6.617	6.553	6.492	6.433	6.376	6.321	6.268
0.58	6.517	6.453	6.391	6.331	6.274	6.219	6.165	6.114
0.56	6.359	6.296	6.236	6.178	6.123	6.069	6.018	5.968
0.54	6.208	6.147	6.089	6.033	5.979	5.927	5.877	5.829
0.52	6.064	6.005	5.949	5.894	5.842	5.791	5.743	5.696
0.50	5.927	5.869	5.814	5.761	5.710	5.661	5.614	5.568
0.48	5.794	5.739	5.685	5.634	5.584	5.537	5.491	5.446
0.46	5.667	5.613	5.561	5.511	5.463	5.416	5.372	5.329
0.44	5.544	5.492	5.441	5.393	5.346	5.301	5.257	5.215
0.42	5.426	5.375	5.325	5.278	5.233	5.189	5.147	5.106
0.40	5.311	5.261	5.214	5.168	5.123	5.081	5.040	5.000
0.38	5.200	5.152	5.105	5.061	5.018	4.976	4.936	4.897
0.36	5.092	5.045	5.000	4.957	4.915	4.874	4.836	4.798
0.34	4.987	4.942	4.898	4.856	4.815	4.776	4.738	4.701
0.32	4.885	4.841	4.798	4.757	4.718	4.679	4.643	4.607
0.30	4.786	4.743	4.701	4.661	4.623	4.586	4.550	4.515
0.28	4.689	4.647	4.606	4.568	4.530	4.494	4.459	4.426
0.26	4.594	4.553	4.514	4.476	4.440	4.405	4.371	4.338
0.24	4.501	4.461	4.423	4.387	4.351	4.317	4.284	4.253
0.22	4.410	4.372	4.335	4.299	4.265	4.232	4.200	4.169
0.20	4.321	4.284	4.248	4.213	4.180	4.148	4.117	4.087
0.18	4.233	4.197	4.163	4.129	4.097	4.065	4.035	4.006
0.16	4.148	4.113	4.079	4.046	4.015	3.984	3.955	3.927
0.14	4.063	4.029	3.996	3.965	3.934	3.905	3.876	3.849
0.12	3.980	3.947	3.915	3.885	3.855	3.826	3.799	3.772
0.10	3.898	3.866	3.835	3.806	3.777	3.749	3.723	3.697
0.08	3.817	3.786	3.757	3.728	3.700	3.673	3.647	3.622
0.06	3.738	3.708	3.679	3.651	3.624	3.598	3.573	3.549
0.04	3.659	3.630	3.602	3.575	3.549	3.524	3.500	3.476
0.02	3.581	3.553	3.526	3.500	3.475	3.451	3.427	3.404
0.00	3.504	3.477	3.451	3.426	3.402	3.378	3.355	3.333

续表

Ω_0 / ξ	0.074	0.076	0.078	0.080	0.082	0.084	0.086	0.088
0.66	6.731	6.676	6.624	6.573	6.524	6.476	6.430	6.385
0.64	6.549	6.496	6.446	6.396	6.349	6.303	6.258	6.214
0.62	6.378	6.327	6.278	6.230	6.184	6.140	6.096	6.054
0.60	6.217	6.168	6.120	6.074	6.029	5.986	5.944	5.903
0.58	6.065	6.017	5.971	5.926	5.882	5.840	5.799	5.759
0.56	5.920	5.873	5.829	5.785	5.743	5.702	5.662	5.623
0.54	5.782	5.737	5.693	5.651	5.610	5.570	5.531	5.494
0.52	5.650	5.607	5.564	5.523	5.483	5.444	5.407	5.370
0.50	5.524	5.482	5.440	5.400	5.362	5.324	5.287	5.252
0.48	5.403	5.362	5.322	5.283	5.245	5.208	5.173	5.138
0.46	5.287	5.247	5.207	5.170	5.133	5.097	5.063	5.029
0.44	5.175	5.135	5.097	5.061	5.025	4.990	4.957	4.924
0.42	5.066	5.028	4.991	4.955	4.921	4.887	4.854	4.822
0.40	4.962	4.924	4.888	4.853	4.820	4.787	4.755	4.724
0.38	4.860	4.824	4.789	4.755	4.722	4.690	4.659	4.629
0.36	4.762	4.726	4.692	4.659	4.627	4.596	4.566	4.536
0.34	4.666	4.631	4.598	4.566	4.535	4.504	4.475	4.446
0.32	4.573	4.539	4.507	4.475	4.445	4.416	4.387	4.359
0.30	4.482	4.449	4.418	4.387	4.358	4.329	4.301	4.274
0.28	4.393	4.361	4.331	4.301	4.272	4.244	4.217	4.191
0.26	4.306	4.276	4.246	4.217	4.189	4.162	4.135	4.109
0.24	4.222	4.192	4.163	4.135	4.107	4.081	4.055	4.030
0.22	4.139	4.110	4.081	4.054	4.028	4.002	3.977	3.952
0.20	4.057	4.029	4.002	3.975	3.949	3.924	3.900	3.876
0.18	3.978	3.950	3.923	3.898	3.872	3.848	3.824	3.801
0.16	3.899	3.872	3.847	3.821	3.797	3.773	3.750	3.728
0.14	3.822	3.796	3.771	3.747	3.723	3.700	3.677	3.655
0.12	3.746	3.721	3.697	3.673	3.650	3.627	3.606	3.584
0.10	3.671	3.647	3.623	3.600	3.578	3.556	3.535	3.514
0.08	3.598	3.574	3.551	3.529	3.507	3.486	3.465	3.445
0.06	3.525	3.502	3.480	3.458	3.437	3.416	3.396	3.377
0.04	3.453	3.431	3.409	3.388	3.368	3.348	3.329	3.310
0.02	3.382	3.361	3.340	3.319	3.299	3.280	3.261	3.243
0.00	3.312	3.291	3.271	3.251	3.232	3.213	3.195	3.177

Ω_0 / ξ	0.090	0.092	0.094	0.096	0.098	0.100	0.102	0.104
0.66	6.342	6.299	6.258	6.218	6.179	6.141	6.103	6.067
0.64	6.172	6.131	6.091	6.052	6.014	5.977	5.941	5.906
0.62	6.013	5.973	5.934	5.897	5.860	5.824	5.789	5.755
0.60	5.863	5.824	5.787	5.750	5.714	5.680	5.646	5.613
0.58	5.721	5.683	5.647	5.611	5.577	5.543	5.510	5.478

续表

Ω_0 / ξ	0.090	0.092	0.094	0.096	0.098	0.100	0.102	0.104
0.56	5.586	5.549	5.514	5.479	5.446	5.413	5.381	5.350
0.54	5.458	5.422	5.388	5.354	5.321	5.289	5.258	5.228
0.52	5.335	5.300	5.267	5.234	5.202	5.171	5.141	5.111
0.50	5.217	5.184	5.151	5.119	5.088	5.058	5.029	5.000
0.48	5.105	5.072	5.040	5.009	4.979	4.950	4.921	4.893
0.46	4.996	4.965	4.934	4.904	4.874	4.846	4.818	4.790
0.44	4.892	4.861	4.831	4.802	4.773	4.745	4.718	4.691
0.42	4.791	4.761	4.732	4.703	4.675	4.648	4.622	4.596
0.40	4.694	4.664	4.636	4.608	4.581	4.554	4.528	4.503
0.38	4.599	4.571	4.543	4.516	4.489	4.463	4.438	4.414
0.36	4.508	4.480	4.453	4.426	4.400	4.375	4.351	4.327
0.34	4.418	4.391	4.365	4.339	4.314	4.289	4.266	4.242
0.32	4.332	4.305	4.280	4.254	4.230	4.206	4.183	4.160
0.30	4.247	4.222	4.196	4.172	4.148	4.125	4.102	4.080
0.28	4.165	4.140	4.115	4.091	4.068	4.046	4.023	4.002
0.26	4.084	4.060	4.036	4.013	3.990	3.968	3.947	3.925
0.24	4.006	3.982	3.959	3.936	3.914	3.892	3.871	3.851
0.22	3.928	3.905	3.883	3.861	3.839	3.818	3.798	3.778
0.20	3.853	3.830	3.808	3.787	3.766	3.746	3.726	3.706
0.18	3.779	3.757	3.735	3.714	3.694	3.674	3.655	3.636
0.16	3.706	3.684	3.664	3.643	3.623	3.604	3.585	3.567
0.14	3.634	3.613	3.593	3.573	3.554	3.535	3.517	3.499
0.12	3.564	3.543	3.524	3.504	3.486	3.467	3.450	3.432
0.10	3.494	3.474	3.455	3.437	3.418	3.401	3.383	3.366
0.08	3.426	3.407	3.388	3.370	3.352	3.335	3.318	3.301
0.06	3.358	3.340	3.321	3.304	3.287	3.270	3.253	3.237
0.04	3.291	3.273	3.256	3.239	3.222	3.206	3.190	3.174
0.02	3.225	3.208	3.191	3.174	3.158	3.142	3.127	3.112
0.00	3.160	3.143	3.127	3.111	3.095	3.080	3.065	3.050

当$e>\frac{l}{6}$时：

当偏心荷载作用在基底核心以外时，为了求得基底尺寸，将式(7-57)代入式(7-59a)经整理后得：

$$\alpha_2^3+b_0\alpha_2-c_0=0 \tag{7-71}$$

式中

$$b_0=\frac{1}{\Omega_0} \tag{7-72}$$

$$c_0=\frac{0.6}{(0.3-0.2\rho)\Omega_0} \tag{7-73}$$

参照式(7-64)的解法求得α_2后，便可按式(7-70b)求得基底尺寸l和b。

$$\left.\begin{aligned} l&=\alpha_2 e_0 \\ b&=\frac{l}{n} \end{aligned}\right\} \tag{7-70b}$$

为了简化计算，式(7-71)中的 α_2 可直接根据 Ω_0 和 $[\rho]$ 由表 7-5 查得。

α_2 值 表 **表 7-5**

ρ \ Ω_0	0.010	0.012	0.014	0.016	0.018	0.020	0.022	0.024
1.00	4.855	4.730	4.620	4.521	4.432	4.352	4.278	4.210
0.99	4.786	4.664	4.557	4.461	4.375	4.296	4.224	4.158
0.98	4.719	4.601	4.496	4.403	4.319	4.242	4.172	4.107
0.97	4.653	4.539	4.437	4.347	4.264	4.190	4.121	4.057
0.96	4.589	4.478	4.380	4.291	4.211	4.138	4.071	4.009
0.95	4.527	4.419	4.323	4.237	4.159	4.088	4.023	3.962
0.94	4.466	4.362	4.268	4.185	4.109	4.039	3.975	3.916
0.93	4.407	4.305	4.215	4.133	4.059	3.991	3.929	3.871
0.92	4.350	4.251	4.163	4.083	4.011	3.945	3.884	3.827
0.91	4.293	4.197	4.112	4.034	3.964	3.899	3.840	3.784
0.90	4.239	4.145	4.062	3.986	3.918	3.855	3.796	3.742
0.89	4.185	4.094	4.013	3.940	3.873	3.811	3.754	3.701
0.88	4.133	4.045	3.966	3.894	3.829	3.768	3.713	3.661
0.87	4.082	3.996	3.919	3.849	3.785	3.727	3.672	3.622
0.86	4.032	3.949	3.874	3.806	3.743	3.686	3.633	3.583
0.85	3.983	3.902	3.829	3.763	3.702	3.646	3.594	3.546
0.84	3.936	3.857	3.786	3.721	3.662	3.607	3.556	3.509
0.83	3.889	3.813	3.743	3.680	3.622	3.569	3.519	3.473
0.82	3.844	3.769	3.702	3.640	3.583	3.531	3.483	3.437
0.81	3.799	3.727	3.661	3.601	3.546	3.494	3.447	3.402
0.80	3.756	3.685	3.621	3.562	3.508	3.458	3.412	3.368
0.79	3.713	3.644	3.582	3.525	3.472	3.423	3.378	3.335
0.78	3.672	3.605	3.544	3.488	3.436	3.389	3.344	3.302
0.77	3.631	3.566	3.506	3.452	3.401	3.355	3.311	3.270
0.76	3.591	3.527	3.469	3.416	3.367	3.321	3.279	3.239
0.75	3.552	3.490	3.433	3.381	3.333	3.289	3.247	3.208
ρ \ Ω_0	0.026	0.028	0.030	0.032	0.034	0.036	0.038	0.040
1.00	4.146	4.088	4.033	3.981	3.932	3.887	3.843	3.802
0.99	4.096	4.038	3.985	3.934	3.886	3.842	3.799	3.759
0.98	4.047	3.990	3.938	3.888	3.842	3.798	3.756	3.716
0.97	3.998	3.943	3.892	3.843	3.798	3.755	3.714	3.675
0.96	3.951	3.898	3.847	3.800	3.755	3.713	3.673	3.635
0.95	3.906	3.853	3.804	3.757	3.713	3.672	3.633	3.595
0.94	3.861	3.809	3.761	3.716	3.673	3.632	3.594	3.557
0.93	3.817	3.767	3.719	3.675	3.633	3.593	3.555	3.519

续表

ρ \ Ω_0	0.026	0.028	0.030	0.032	0.034	0.036	0.038	0.040
0.92	3.774	3.725	3.679	3.635	3.594	3.555	3.518	3.483
0.91	3.733	3.684	3.639	3.596	3.556	3.518	3.481	3.447
0.90	3.692	3.645	3.600	3.558	3.519	3.481	3.446	3.412
0.89	3.652	3.606	3.562	3.521	3.482	3.446	3.411	3.377
0.88	3.613	3.567	3.525	3.485	3.447	3.411	3.376	3.344
0.87	3.574	3.530	3.488	3.449	3.412	3.376	3.343	3.311
0.86	3.537	3.494	3.453	3.414	3.378	3.343	3.310	3.278
0.85	3.500	3.458	3.418	3.380	3.344	3.310	3.278	3.247
0.84	3.464	3.423	3.383	3.346	3.311	3.278	3.246	3.216
0.83	3.429	3.388	3.350	3.313	3.279	3.246	3.215	3.185
0.82	3.395	3.355	3.317	3.281	3.247	3.215	3.185	3.155
0.81	3.361	3.322	3.285	3.250	3.216	3.185	3.155	3.126
0.80	3.328	3.289	3.253	3.219	3.186	3.155	3.125	3.097
0.79	3.295	3.257	3.222	3.188	3.156	3.126	3.097	3.069
0.78	3.263	3.226	3.191	3.158	3.127	3.097	3.069	3.041
0.77	3.232	3.196	3.162	3.129	3.098	3.069	3.041	3.014
0.76	3.201	3.166	3.132	3.100	3.070	3.041	3.014	2.987
0.75	3.171	3.136	3.103	3.072	3.042	3.014	2.987	2.961
ρ \ Ω_0	0.042	0.044	0.046	0.048	0.050	0.052	0.054	0.056
1.00	3.763	3.725	3.690	3.655	3.623	3.591	3.561	3.532
0.99	3.720	3.683	3.648	3.615	3.583	3.552	3.522	3.494
0.98	3.679	3.643	3.608	3.575	3.544	3.514	3.485	3.457
0.97	3.638	3.603	3.569	3.537	3.506	3.476	3.448	3.420
0.96	3.598	3.564	3.531	3.499	3.469	3.440	3.412	3.384
0.95	3.560	3.526	3.493	3.462	3.432	3.404	3.376	3.350
0.94	3.522	3.489	3.457	3.426	3.397	3.369	3.342	3.316
0.93	3.485	3.452	3.421	3.391	3.362	3.335	3.308	3.283
0.92	3.449	3.417	3.386	3.357	3.329	3.301	3.275	3.250
0.91	3.414	3.382	3.352	3.323	3.295	3.269	3.243	3.218
0.90	3.379	3.348	3.319	3.290	3.263	3.237	3.211	3.187
0.89	3.345	3.315	3.286	3.258	3.231	3.205	3.181	3.157
0.88	3.312	3.283	3.254	3.226	3.200	3.175	3.150	3.127
0.87	3.280	3.251	3.223	3.196	3.170	3.145	3.121	3.098
0.86	3.248	3.219	3.192	3.165	3.140	3.115	3.092	3.069
0.85	3.217	3.189	3.162	3.136	3.111	3.086	3.063	3.041
0.84	3.187	3.159	3.132	3.106	3.082	3.058	3.035	3.013
0.83	3.157	3.129	3.103	3.078	3.054	3.030	3.008	2.986
0.82	3.127	3.100	3.075	3.050	3.026	3.003	2.981	2.960
0.81	3.098	3.072	3.047	3.022	2.999	2.977	2.955	2.934
0.80	3.070	3.044	3.019	2.996	2.973	2.950	2.929	2.908

续表

ρ \ Ω_0	0.042	0.044	0.046	0.048	0.050	0.052	0.054	0.056
0.79	3.042	3.017	2.993	2.969	2.946	2.925	2.904	2.883
0.78	3.015	2.990	2.966	2.943	2.921	2.899	2.879	2.859
0.77	2.989	2.964	2.940	2.918	2.896	2.875	2.854	2.834
0.76	2.962	2.938	2.915	2.892	2.871	2.850	2.830	2.811
0.75	2.936	2.913	2.890	2.868	2.847	2.826	2.806	2.787

ρ \ Ω_0	0.058	0.060	0.062	0.064	0.066	0.068	0.070	0.072
1.00	3.504	3.477	3.451	3.426	3.402	3.378	3.355	3.333
0.99	3.466	3.440	3.414	3.390	3.366	3.343	3.320	3.298
0.98	3.430	3.404	3.378	3.354	3.331	3.308	3.286	3.264
0.97	3.394	3.368	3.343	3.319	3.296	3.274	3.252	3.231
0.96	3.358	3.333	3.309	3.286	3.263	3.241	3.220	3.199
0.95	3.324	3.299	3.276	3.252	3.230	3.209	3.188	3.167
0.94	3.291	3.266	3.243	3.220	3.198	3.177	3.156	3.136
0.93	3.258	3.234	3.211	3.189	3.167	3.146	3.126	3.106
0.92	3.226	3.202	3.180	3.158	3.136	3.116	3.096	3.076
0.91	3.194	3.171	3.149	3.127	3.106	3.086	3.066	3.047
0.90	3.164	3.141	3.119	3.098	3.077	3.057	3.038	3.019
0.89	3.134	3.111	3.090	3.069	3.048	3.029	3.010	2.991
0.88	3.104	3.082	3.061	3.040	3.020	3.001	2.982	2.964
0.87	3.075	3.054	3.033	3.012	2.993	2.974	2.955	2.937
0.86	3.047	3.026	3.005	2.985	2.966	2.947	2.929	2.911
0.85	3.019	2.998	2.978	2.958	2.939	2.921	2.903	2.886
0.84	2.992	2.971	2.951	2.932	2.913	2.895	2.878	2.860
0.83	2.965	2.945	2.925	2.906	2.888	2.870	2.853	2.836
0.82	2.939	2.919	2.900	2.881	2.863	2.845	2.828	2.812
0.81	2.913	2.894	2.875	2.856	2.838	2.821	2.804	2.788
0.80	2.888	2.869	2.850	2.832	2.814	2.797	2.781	2.765
0.79	2.864	2.844	2.826	2.808	2.791	2.774	2.758	2.742
0.78	2.839	2.820	2.802	2.785	2.768	2.751	2.735	2.719
0.77	2.815	2.797	2.779	2.762	2.745	2.728	2.713	2.697
0.76	2.792	2.774	2.756	2.739	2.722	2.706	2.691	2.675
0.75	2.769	2.751	2.734	2.717	2.700	2.684	2.669	2.654

ρ \ Ω_0	0.074	0.076	0.078	0.080	0.082	0.084	0.086	0.088
1.00	3.312	3.291	3.271	3.251	3.232	3.213	3.195	3.177
0.99	3.277	3.257	3.237	3.218	3.199	3.180	3.162	3.145
0.98	3.244	3.224	3.204	3.185	3.166	3.148	3.131	3.113
0.97	3.211	3.191	3.172	3.153	3.135	3.117	3.100	3.083
0.96	3.179	3.159	3.140	3.122	3.104	3.086	3.069	3.053
0.95	3.147	3.128	3.109	3.091	3.074	3.056	3.040	3.023

续表

ρ \ Ω_0	0.074	0.076	0.078	0.080	0.082	0.084	0.086	0.088
0.94	3.117	3.098	3.079	3.062	3.044	3.027	3.011	2.994
0.93	3.087	3.068	3.050	3.032	3.015	2.999	2.982	2.966
0.92	3.057	3.039	3.021	3.004	2.987	2.971	2.954	2.939
0.91	3.029	3.011	2.993	2.976	2.959	2.943	2.927	2.912
0.90	3.001	2.983	2.966	2.949	2.932	2.916	2.901	2.886
0.89	2.973	2.956	2.939	2.922	2.906	2.890	2.875	2.860
0.88	2.946	2.929	2.912	2.896	2.880	2.864	2.849	2.835
0.87	2.920	2.903	2.886	2.870	2.855	2.839	2.824	2.810
0.86	2.894	2.877	2.861	2.845	2.830	2.815	2.800	2.786
0.85	2.869	2.852	2.836	2.820	2.805	2.790	2.776	2.762
0.84	2.844	2.827	2.812	2.796	2.781	2.767	2.752	2.738
0.83	2.819	2.803	2.788	2.773	2.758	2.743	2.729	2.716
0.82	2.795	2.780	2.764	2.749	2.735	2.720	2.707	2.693
0.81	2.772	2.756	2.741	2.726	2.712	2.698	2.684	2.671
0.80	2.749	2.733	2.719	2.704	2.690	2.676	2.663	2.649
0.79	2.726	2.711	2.696	2.682	2.668	2.654	2.641	2.628
0.78	2.704	2.689	2.674	2.660	2.647	2.633	2.620	2.607
0.77	2.682	2.667	2.653	2.639	2.626	2.612	2.599	2.587
0.76	2.661	2.646	2.632	2.618	2.605	2.592	2.579	2.566
0.75	2.639	2.625	2.611	2.598	2.584	2.572	2.559	2.547

ρ \ Ω_0	0.090	0.092	0.094	0.096	0.098	0.100	0.102	0.104
1.00	3.160	3.143	3.127	3.111	3.095	3.080	3.065	3.050
0.99	3.128	3.111	3.095	3.079	3.064	3.049	3.034	3.019
0.98	3.097	3.080	3.064	3.049	3.034	3.019	3.004	2.990
0.97	3.066	3.050	3.034	3.019	3.004	2.989	2.975	2.961
0.96	3.036	3.020	3.005	2.990	2.975	2.961	2.946	2.933
0.95	3.007	2.992	2.976	2.961	2.947	2.933	2.919	2.905
0.94	2.979	2.963	2.948	2.934	2.919	2.905	2.891	2.878
0.93	2.951	2.936	2.921	2.906	2.892	2.878	2.865	2.852
0.92	2.924	2.909	2.894	2.880	2.866	2.852	2.839	2.826
0.91	2.897	2.882	2.868	2.854	2.840	2.827	2.813	2.801
0.90	2.871	2.856	2.842	2.828	2.815	2.801	2.788	2.776
0.89	2.845	2.831	2.817	2.803	2.790	2.777	2.764	2.752
0.88	2.820	2.806	2.792	2.779	2.766	2.753	2.740	2.728
0.87	2.796	2.782	2.768	2.755	2.742	2.729	2.717	2.705
0.86	2.772	2.758	2.744	2.731	2.719	2.706	2.694	2.682
0.85	2.748	2.734	2.721	2.708	2.696	2.683	2.671	2.659
0.84	2.725	2.711	2.698	2.686	2.673	2.661	2.649	2.637
0.83	2.702	2.689	2.676	2.664	2.651	2.639	2.627	2.616
0.82	2.680	2.667	2.654	2.642	2.630	2.618	2.606	2.595

续表

Ω_0 / ρ	0.090	0.092	0.094	0.096	0.098	0.100	0.102	0.104
0.81	2.658	2.645	2.633	2.620	2.608	2.597	2.585	2.574
0.80	2.636	2.624	2.612	2.599	2.588	2.576	2.565	2.554
0.79	2.615	2.603	2.591	2.579	2.567	2.556	2.545	2.534
0.78	2.595	2.582	2.570	2.559	2.547	2.536	2.525	2.514
0.77	2.574	2.562	2.550	2.539	2.527	2.516	2.505	2.495
0.76	2.554	2.542	2.531	2.519	2.508	2.497	2.486	2.476
0.75	2.535	2.523	2.511	2.500	2.489	2.478	2.468	2.457

【例题 7-14】 条件与例题 7-11 相同，但要求 $[\xi]=0.25$。求基础底面尺寸。

【解】 根据 $\Delta=0.16$(见例题 7-11)和 $[\xi]=0.25$，由表 7-3 查得 $\Omega=2.7$。按式(7-53)算出

$$n=\frac{100e_0^2 f_a}{\Omega F_k}=\frac{100\times0.4^2\times250}{2.7\times250}=5.93>2$$

设取 $n=2$，按式(7-63)算出

$$\Omega_0=\frac{e_0^2\bar{\gamma}H}{nF_k}=\frac{0.4^2\times20\times2}{2\times250}=0.0128$$

$$b_0=\frac{1}{\Omega_0}=\frac{1}{0.0128}=78.125$$

$$c_0=\frac{1+[\xi]}{1-[\xi]}\cdot\frac{6}{\Omega_0}=\frac{1+0.25}{1-0.25}\times\frac{6}{0.0128}=781.25$$

按式(7-69)算出

$$r=\sqrt{\left(\frac{c_0}{2}\right)^2+\left(\frac{b_0}{3}\right)^3}=\sqrt{\left(\frac{781.25}{2}\right)^2+\left(\frac{78.125}{3}\right)^3}=412.61$$

按式(7-67)算出

$$u=\sqrt[3]{\frac{c_0}{2}+r}=\sqrt[3]{\frac{781.25}{2}+412.61}=9.296$$

按式(7-68)算出

$$v=-\frac{b_0}{3u}=\frac{-78.125}{3\times9.296}=-2.801$$

按式(7-66)算得

$$\alpha_1=u+v=9.296-2.801=6.495$$ ❶

于是基底尺寸

$$l=\alpha_1 e_0=6.495\times0.4=2.597\text{m}$$

$$b=\frac{l}{n}=\frac{2.597}{2}=1.298\text{m}$$

❶ 根据 $\Omega_0=0.0128$ 和 $[\xi]=0.25$ 由表 7-4 同样可查得 $\alpha_1=6.495$。

验算
$$p_{kmax}=\frac{F_k}{A}+\bar{\gamma}H+\frac{M_k}{W}$$
$$=\frac{250}{2.597\times1.298}+20\times2+\frac{100}{\frac{1.298\times2.597^2}{6}}$$
$$=114.16+68.53$$
$$=182.69\text{kN/m}^2$$
$$p_{kmin}=114.16-68.53=45.63\text{kN/m}^2$$
$$\xi=\frac{p_{kmin}}{p_{kmax}}=\frac{45.63}{182.69}=0.249=[\xi]=0.25\quad[\text{无误}]$$

【例题 7-15】 已知矩形基础，$F_k=220\text{kN}$，$M_k=200\text{kN}\cdot\text{m}$，$H=1\text{m}$，$\bar{\gamma}=20\text{kN/m}^3$，$f_a=200\text{kN/m}^2$，要求 $[\rho]=0.94$。求基底尺寸。

【解】
$$\Delta=\frac{\bar{\gamma}H}{f_a}=\frac{20\times1}{200}=0.10$$
$$e_0=\frac{M_k}{F_k}=\frac{200}{220}=0.91\text{m}$$

根据 $\Delta=0.10$ 和 $[\rho]=0.94$，由表 7-3 查得 $\Omega=11.095$，
$$n=\frac{100e_0^2f_a}{\Omega F_k}=\frac{100\times0.91^2\times200}{11.095\times220}=6.79>2$$

现选取 $n=2$，这时基底尺寸将由基础偏心程度条件 $\rho\geqslant[\rho]$ 控制。

按式(7-63)算出系数
$$\Omega_0=\frac{e_0^2\bar{\gamma}H}{nF_k}=\frac{0.91^2\times20\times1}{2\times220}=0.0376$$

根据 $\Omega_0=0.0376$ 和 $[\rho]=0.94$，由表 7-5 查得 $\alpha_2=3.602$，于是，基底尺寸为
$$l=\alpha_2e_0=3.602\times0.91=3.277\text{m}$$
$$b=\frac{l}{n}=\frac{3.277}{2}=1.639\text{m}$$

验算：
$$F_k+G_k=220+1.639\times3.277\times1\times20=327.4\text{kN}$$
$$e=\frac{M_k}{F_k+G_k}=\frac{200}{327.4}=0.611\text{m}>\frac{l}{6}=\frac{3.277}{6}=0.546\text{m}$$
$$l'=3\left(\frac{l}{2}-e\right)=3\left(\frac{3.277}{2}-0.611\right)=3.083\text{m}$$
$$\frac{l'}{l}=\frac{3.083}{3.277}=0.941\approx[\rho]=0.94$$
$$p_{kmax}=\frac{2(F_k+G_k)}{\rho lb}=\frac{2\times327.4}{0.94\times3.277\times1.639}=129.6\text{kN/m}^2<1.2f_a$$
$$=1.2\times200=240\text{kN/m}^2$$

证明无误。

综上所述，现将单向偏心受压矩形基础底面尺寸计算步骤汇总如下，参见图 7-20 计算流程图。

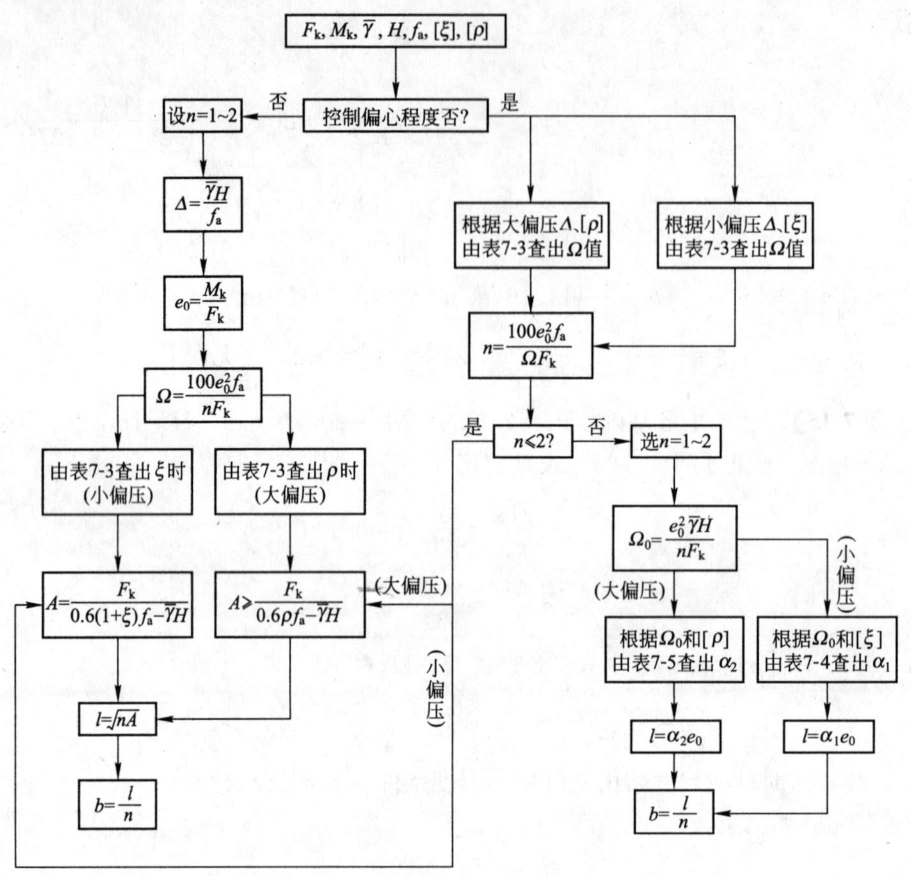

图 7-20 单向偏心受压矩形基础底面尺寸计算流程图

2. 双向偏心受压时

(1) 计算公式

当纵向偏心荷载作用在基底核心以内时，基底最大和最小应力分别按下式计算：

$$p_{kmax}=\frac{F_k}{A}+\bar{\gamma}H+\frac{M_{xk}}{W_x}+\frac{M_{yk}}{W_y} \tag{7-74}$$

$$p_{kmin}=\frac{F_k}{A}+\bar{\gamma}H-\frac{M_{xk}}{W_x}-\frac{M_{yk}}{W_y} \tag{7-75}$$

令

$$n=\frac{W_x}{W_y}=\frac{l}{b} \tag{7-76}$$

将式(7-76)代入式(7-74)和式(7-75)经简化得：

$$p_{max}=\frac{F_k}{A}+\gamma H+\frac{\overline{M}_{xk}}{W_x} \tag{7-77}$$

$$p_{max}=\frac{F_k}{A}+\gamma H-\frac{\overline{M}_{xk}}{W_x} \tag{7-78}$$

式中

$$\overline{M}_{xk}=M_{xk}+nM_{yk} \tag{7-79}$$

由式(7-77)和式(7-78)可见，双向偏心受压基础底面最大和最小应力，可按承受竖向荷载 F_k 和折算力矩 $\overline{M}_{xk}=M_{xk}+nM_{yk}$ 的单向偏心受压基础计算。根据这一结论，现将双向偏心受压基底尺寸计算步骤归纳如下：

1）不限制基础偏心程度时

(a) 确定基底长宽比 $n=\frac{M_{xk}}{M_{yk}}$[1]，当 $n>2$ 时，取 $n=1\sim2$，并计算 $\overline{M}_{xk}=M_{xk}+nM_{yk}$；

(b) 计算折算偏心距

$$e_0=\frac{\overline{M}_{xk}}{F_k} \tag{7-80}$$

和系数 $\Delta=\frac{\bar{\gamma}H}{f_a}$，并按式(7-50)计算 $\Omega=\frac{100e_0^2f_a}{F_k}$；

(c) 根据 Δ、Ω 由表 7-3 查得 ξ；

(d) 按式(7-47)、式(7-51)和式(7-52)算出基础底面尺寸。

2）限制基础偏心程度时

(a) 确定基底长宽比 $n=\frac{M_{xk}}{M_{yk}}$，当 $n>2$ 时，取 $n=1\sim2$，并计算力矩 $\overline{M}_{xk}=M_{xk+}nM_{yk}$；

(b) 计算折算偏心距 $e_0=\frac{\overline{M}_{xk}}{F_k}$、系数 $\Delta=\frac{\gamma H}{f_a}$，和 $\Omega=\frac{100e_0^2f_a}{F_k}$；

(c) 根据 Δ、Ω 由表 7-3 查得 ξ；

(d) 若 $\xi\geqslant[\xi]$，则按式(7-47)、式(7-51)和式(7-52)算出基础底面尺寸；

(e) 若 $\xi\leqslant[\xi]$，则按式(7-63)算出 $\Omega_0=\frac{e_0^2\gamma H}{nF_k}$，根据 Ω_0 和 $[\xi]$ 值由表 7-4 查得 α_1，最后算出基底长边 $l=\alpha_1e_0$ 和短边 $b=\frac{l}{n}$。

双向偏心受压矩形基础底面尺寸计算流程见图 7-21。

(2) 最经济的基底尺寸条件

由式(7-47)可见，在其他条件不变的情况下，ξ 值愈大，则基础底面积 A 愈小，分析表 7-3 又知道，当 $\Delta=\frac{\bar{\gamma}H}{f_a}$一定时，$\xi$ 值随 Ω 值的减小而增大。也就是说，在不限制基础偏心程度的计算中，要求得到最经济的基底面积，应选择最小的 Ω 值。

将式(7-80)代入式(7-53)，并经整理后得

$$\Omega=\frac{100f_a}{F_k^3}\left(\frac{M_{xk}^2}{n}+2M_{xk}M_{yk}+nM_{yk}^2\right) \tag{7-81}$$

在上式中，将 Ω 对 n 求一阶导数，并令其为零，得

$$\frac{d\Omega}{dn}=\frac{100f_a}{F_k^3}\left(-M_{xk}^2\frac{1}{n^2}+M_{yk}^2\right)=0$$

解上面方程式，就可求得相应于最小 Ω 值的最经济基底边长的比：

$$n=\frac{M_{xk}}{M_{yk}} \tag{7-82}$$

式(7-82)是个理论条件，在实际工程计算中，n 值可能大于 2，为了避免基底边长相

[1] 当取 $n=\frac{Mxk}{Myk}$时，基底面积为最小。参见最经济基底尺寸条件式(7-82)。

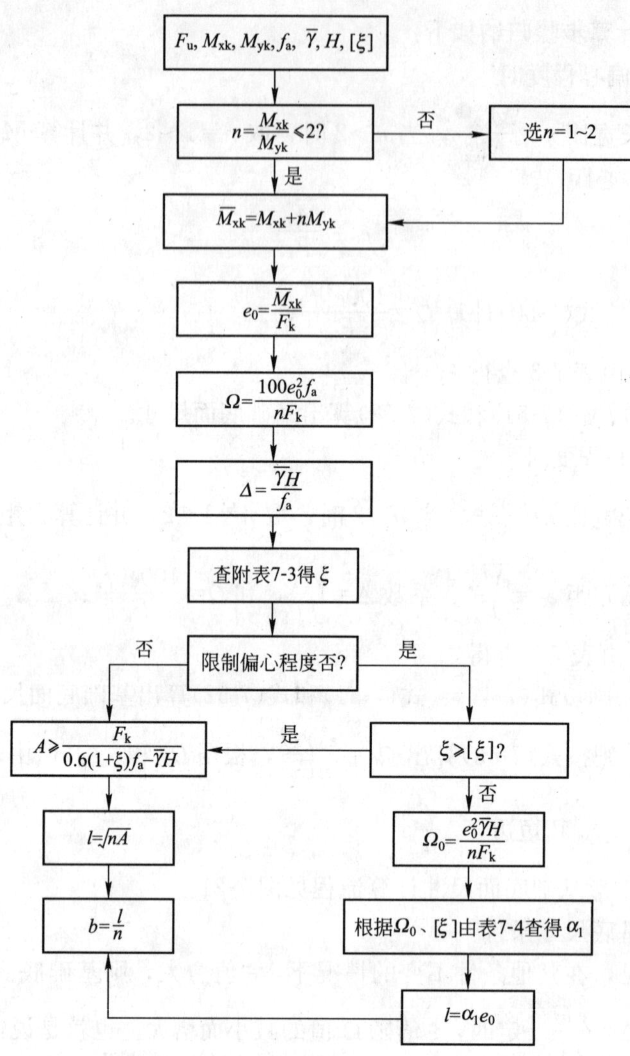

图 7-21　双向偏心受压矩形基础底面尺寸计算流程图

差过分悬殊，宜采用 $n=1\sim2$。

【例题 7-16】 矩形基础，相应于荷载效应标准组合时，上部结构传至基础顶面的竖向力值 $F_k=2000$kN，作用在基础底面处两个方向的力矩值：$M_{xk}=650$kN·m、$M_{yk}=500$kN·m，基础自重计算高度 $H=3.4$m，地基承载力特征值 $f_a=340$kN/m²，基础的平均重度 $\overline{\gamma}=20$kN/m³，不限制基础的偏心程度。试确定基础底面积。

【解】 取 $n=\frac{M_{xk}}{M_{yk}}=\frac{650}{500}=1.3$

$$\overline{M}_{xk}=M_{xk}+nM_{yk}=650+1.3\times500=1300\text{kN}\cdot\text{m}$$

$$e_0=\frac{\overline{M}_{xk}}{F_k}=\frac{1300}{2000}=0.65\text{m}$$

$$\Omega=\frac{100e_0^2f_a}{nF_k}=\frac{100\times0.65^2\times340}{1.3\times2000}=5.525$$

$$\Delta=\frac{\bar{\gamma}H}{f_a}=\frac{20\times3.4}{340}=0.2$$

根据$\Delta=0.2$和$\Omega=5.525$，由表7-3查得$\xi=0.1678$

基础底面积

$$A=\frac{F_k}{0.6(1+\xi)f_a-\bar{\gamma}H}$$

$$=\frac{2000}{0.6\times(1+0.1678)\times340-20\times3.4}=11.749\text{m}^2$$

$$l=\sqrt{n\cdot A}=\sqrt{1.3\times11.749}=3.908\text{m}$$

$$b=\frac{l}{n}=\frac{3.908}{1.3}=3.01\text{m}$$

验算
$$p_{kmax}=\frac{F_k}{A}+\bar{\gamma}H+\frac{M_{xk}}{W_x}+\frac{M_{yk}}{W_y}$$

$$=\frac{2000}{11.749}+20\times3.4+\frac{650}{\frac{11.749\times3.908}{6}}+\frac{500}{\frac{11.749\times3.01}{6}}$$

$$=238.23+170.03=408.26\text{kN/m}^2$$

$$\approx1.2f_a=1.2\times340=408\text{kN/m}^2$$

$$p_{kmin}=\frac{F_k}{A}+\bar{\gamma}H-\frac{M_{xk}}{W_x}-\frac{M_{yk}}{W_y}=238.23-170.03=68.2\text{kN/m}^2$$

$$\xi=\frac{p_{kmin}}{p_{kmax}}=\frac{68.2}{408.25}=0.1669\approx0.1678$$

【例题7-17】 试求偏心受压柱基础底面尺寸。已知：$F_k=2100\text{kN}$，$M_{xk}=276\text{kN}\cdot\text{m}$，$M_{yk}=147\text{kN}\cdot\text{m}$，$\bar{\gamma}=20\text{kN/m}^3$，$H=2\text{m}$，$f_a=250\text{kN/m}^2$，要求$[\xi]=0$。

【解】
$$n=\frac{M_{xk}}{M_{yk}}=\frac{276}{147}=1.88$$

这时
$$e_0=\frac{\overline{M}_{xk}}{F_k}=\frac{M_{xk}+nM_{yk}}{F_k}=\frac{276+1.88\times147}{2100}=\frac{552.36}{2100}=0.263\text{m}$$

根据
$$\Omega=\frac{100e_0^2f_a}{nF_k}=\frac{100\times0.263^2\times250}{1.88\times2100}=0.438$$

和
$$\Delta=\frac{20\times2}{250}=0.16$$

由表7-3查得$\xi=0.552>[\xi]=0$，所以基础底面积：

$$A=\frac{F_k}{0.6(1+\xi)f_a-\gamma H}=\frac{2100}{0.6(1+0.552)250-20\times2}=10.89\text{m}^2$$

基底长边和短边分别为：

$$l=\sqrt{nA}=\sqrt{1.88\times10.89}=4.525\text{m}$$

$$b=\frac{l}{n}=\frac{4.525}{1.88}=2.407\text{m}$$

验算：
$$p_{max}=\frac{F_k}{A}+\bar{\gamma}H+\frac{\overline{M}_{xk}}{\frac{1}{6}Al}=\frac{2100}{10.89}+20\times2+\frac{552.36}{\frac{1}{6}\times10.89\times4.525}$$

$$=192.83+40+67.36=300.1\text{kN/m}^2\approx 1.2\times 250=300\text{kN/m}^2$$

$$p_{\min}=192.83+40-67.36=165.57\text{kN/m}^2$$

$$\xi=\frac{p_{\min}}{p_{\max}}=\frac{165.57}{300.1}=0.5517\approx 0.552$$

计算无误。

【例题 7-18】 试求矩形基础底面尺寸。已知：$F_k=799\text{kN}$，$M_{xk}=633\text{kN}\cdot\text{m}$，$M_{yk}=50\text{kN}\cdot\text{m}$，$\bar{\gamma}=20\text{kN/m}^3$，$H=1.65\text{m}$，$f_a=150\text{kN/m}^2$，要求 $[\xi]=0.24$。

【解】 按式(7-82)计算

$$n=\frac{M_{xk}}{M_{yk}}=\frac{633}{50}=12.66>2$$

现选取 $n=2$，这时，

$$e_0=\frac{\overline{M}_{xk}}{F_k}=\frac{M_{xk}+nM_{yk}}{F_k}=\frac{633+2\times 50}{799}=\frac{733}{799}=0.917\text{m}$$

$$\Omega=\frac{100e_0^2f_a}{nF_k}=\frac{100\times 0.917^2\times 150}{2\times 799}=7.90$$

$$\Delta=\frac{\bar{\gamma}H}{f_a}=\frac{20\times 1.65}{150}=0.22$$

根据 $\Delta=0.22$ 和 $\Omega=7.90$ 由表 7-3 查得 $\xi=0.13\leqslant[\xi]=0.24$。因此，按条件 $\xi\geqslant[\xi]$ 确定基底尺寸。按式(7-63)计算：

$$\Omega_0=\frac{e_0^2\bar{\gamma}H}{nF_k}=\frac{0.917^2\times 20\times 1.65}{2\times 799}=0.0174$$

根据 $\Omega_0=0.0174$ 和 $[\xi]=0.24$，由表 7-4 查得 $\alpha_1=6.043$，基底尺寸为：

$$l=\alpha_1 e_0=6.043\times 0.917=5.54\text{m}$$

$$b=\frac{l}{n}=\frac{5.54}{2}=2.77\text{m}$$

验算：$$p_{\max}=\frac{F_k}{A}+\bar{\gamma}H+\frac{\overline{M}_{xk}}{\frac{1}{6}Al}=\frac{799}{5.54\times 2.77}+20\times 1.65+\frac{733}{\frac{1}{6}\times 2.77\times 5.54^2}$$

$$=52.07+20\times 1.65+51.73=136.8\text{kN/m}^2\leqslant 1.2\times 150=180\text{kN/m}^2$$

$$p_{\min}=52.07+20\times 1.65-51.73=33.34\text{kN/m}^2$$

$$\xi=\frac{p_{\min}}{p_{\max}}=\frac{33.34}{136.8}=0.243\approx[\xi]=0.24$$

计算无误

7.3 无筋扩展基础剖面设计计算

如前所述，混凝土、毛石、砖与灰土基础等均属于刚性基础(又称无筋扩展基础)，可用于六层和六层以下(三合土基础不宜超过四层)的一般民用建筑和墙承重的轻型厂房。

图 7-22 所示的基础实际轮廓表示刚性基础的设计剖面。由图可见，基础 abc 部分在反力(即基础底面应力)p 作用下有向上弯曲的趋势，如果弯曲过大，基础沿 ca 就会有裂开的可能。显然，p 和 b_1/h 的数值愈大，则基础愈容易破坏。根据实验研究和建筑实践证明，当基

础材料的强度和基础底面反力 p 确定后，只要 b_1/h 小于某一允许比值 $[b_1/h]$，就可以保证基础不会破坏。b_1/h 的数值也可以用基础斜面 ab 与铅直线的夹角 α 来表示。与 $[b_1/h]$ 相对应的角度 $[\alpha]$ 称为基础的刚性角。

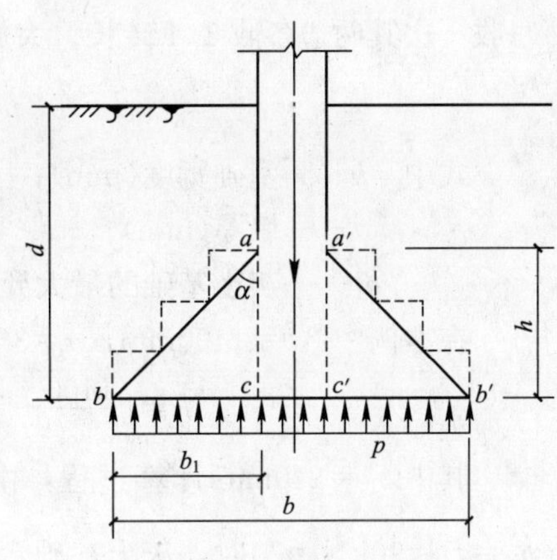

图 7-22 刚性基础的计算

为了方便施工，基础通常做成台阶状剖面。如图 7-22 虚线轮廓所示。每一台阶的宽度与高度之比也应小于允许比值 $[b_1/h]$ 的要求。刚性基础台阶宽高比的允许值见表 7-6。为了保证基础的质量，基础台阶的尺寸除满足表中所规定的数值外，尚需满足构造要求。

刚性基础台阶宽高比的允许值 **表 7-6**

基础材料	质量要求	台阶宽高比的允许值		
		$p_k \leqslant 100$	$100 < p_k \leqslant 200$	$200 < p_k \leqslant 300$
混凝土基础	C15 混凝土	1∶1.00	1∶1.00	1∶1.25
毛石混凝土基础	C15 混凝土	1∶1.00	1∶1.25	1∶1.50
砖基础	砖不低于 MU10、砂浆不低于 M5	1∶1.50	1∶1.50	1∶1.50
毛石基础	砂浆不低于 M5	1∶1.25	1∶1.50	—
灰土基础	体积比为 3∶7 或 2∶8 的灰土，其最小干密度： 粉土 1.55t/m³ 粉质黏土 1.50t/m³ 黏土 1.45t/m³	1∶1.25	1∶1.50	—
三合土基础	体积比 1∶2∶4～1∶3∶6(石灰∶砂∶骨料)，每层约虚铺 220mm，夯至 150mm	1∶1.50	1∶2.00	—

注：1. p_k 为荷载效应标准组合时基础底面处的平均压力值(kPa)。
2. 阶梯形毛石基础的每阶伸出宽度，不宜大于 200mm。
3. 当基础由不同材料叠合组成时，应对接触部分作抗压验算。
4. 基础底面处的平均压力值超过 300kPa 的混凝土基础，尚应进行抗剪验算。

【例题 7-19】 某办公楼外墙厚度 360mm，基础埋置深度 1.10m。相应于荷载效应标准组合时，上部结构传至基础顶面的竖向力值 $F_k=88\text{kN/m}$(图 7-23)。地基土经深度修正后的承载力特征值 $f_a=90\text{kN/m}^2$，室内外高差为 0.45m。试设计计算此外墙基础。

【解】 设采用两步灰土基础。基础自重计算高度

$$H=1.10+\frac{0.45}{2}=1.32\text{m}$$

按公式(7-2)算出基底宽度

$$b=\frac{F_k}{f_a-\bar{\gamma}H}=\frac{88}{90-20\times1.32}=1.38\text{m}，取 b=1.40\text{m}$$

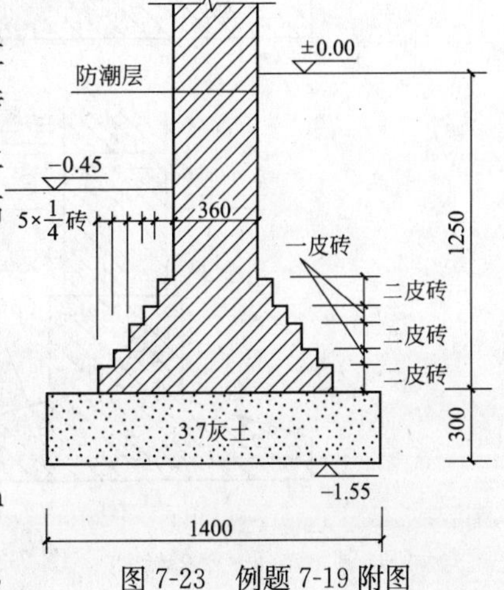

图 7-23 例题 7-19 附图

基础大放脚采用两皮一收与一皮一收相间的作法，

每收一次其两边各收 1/4 砖长。大放脚每边台阶数目可按下式计算

$$n \geqslant \left(\frac{b}{2}-\frac{a}{2}-b_1\right) \times \frac{1}{60} \tag{7-83}$$

式中 b——基础宽度(mm)；

a——墙厚(mm)；

b_1——灰土基础的最大允许悬挑长度(mm)。

在本例中：$b=1400\text{mm}$，$a=360\text{mm}$，$b_1=240\text{mm}$

$$n=\left(\frac{1400}{2}-\frac{360}{2}-240\right)\frac{1}{60}=4.67, \quad 取\ n=5$$

其中 $b_1=240\text{mm}$ 计算过程：由表 7-6 查得，当基底应力 $p_k \leqslant 100\text{kN/m}^2$（在本例中 $p_k=f_a=90\text{kN/m}^2$）时，灰土基础台阶宽高比允许值 $[b_1/h]=\frac{1}{1.25}$。本例灰土采用两步，即厚 300mm，于是最大允许悬挑长度 $b_1=\frac{1}{1.25}h=\frac{1}{1.25}\times 300=240\text{mm}$。

7.4 扩展基础剖面及配筋设计计算

7.4.1 扩展基础的构造要求

1. 现浇墙下条形基础

(1) 剖面形式

现浇墙下条形基础剖面形式分为：锥形(图 7-24*a*)、平板形(图 7-24*b*)、带肋锥形(图

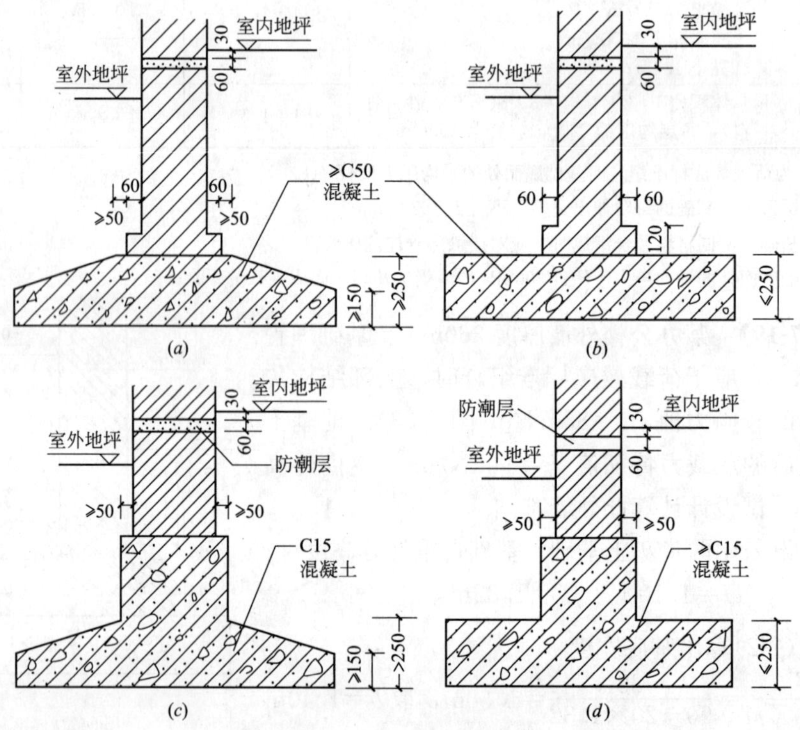

图 7-24 现浇墙下条形基础剖面形式

(*a*)锥形；(*b*)平板形；(*c*)带肋锥形；(*d*)带肋平板形

7-24c)和带肋平板形(图 7-24d)。剖面高度由计算确定。带肋条形基础适用于荷载沿墙长分布不均匀或地基中有局部软弱土层时。

(2) 底板配筋

底板受力钢筋面积由计算确定。钢筋的最小直径不宜小于 10mm，间距不宜大于 200mm，也不宜小于 100mm。墙下钢筋混凝土条形基础纵向分布钢筋的直径不小于 8mm；间距不大于 300mm；每延米分布钢筋的面积应不小于受力钢筋面积的 1/10(图 7-25a、b、c)。当有垫层时钢筋保护层的厚度不小于 40mm，当无垫层时不小于 70mm。

钢筋混凝土条形基础底板在十字形及 T 形交接处，底板横向受力钢筋仅沿一个主要受力方向通长布置，另一方向的横向受力钢筋可布置到主要受力方向底板宽度的 1/4 处(图 7-25a、b)；在拐角处底板横向受力钢筋应沿两个方向布置(图 7-25c)。

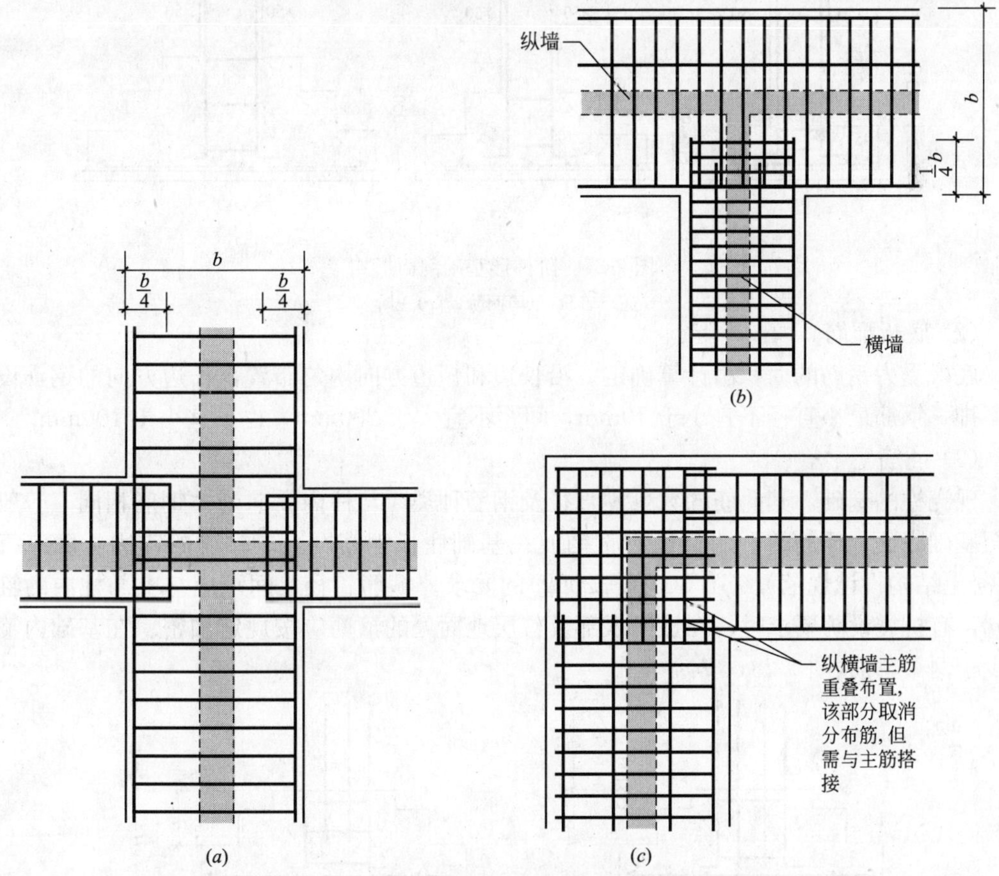

图 7-25 基础底板受力钢筋的布置

(a)十字交叉处；(b)T 形交接处；(c)L 形交接处

(3) 混凝土强度等级

基础的混凝土强度等级不应低于 C20；垫层一般采用 C10。

(4) 垫层要求

垫层厚度一般采用 100mm，每边伸出 50～100mm。

2. 现浇柱下独立基础

(1) 剖面形式

基础剖面形式分锥形和阶梯形两种。锥形基础的边缘高度 H_1 不宜小于 200mm(图 7-26*a*、*b*)；阶梯形基础的每阶高度，宜为 300～500mm(图 7-27*a*、*b*、*c*)。

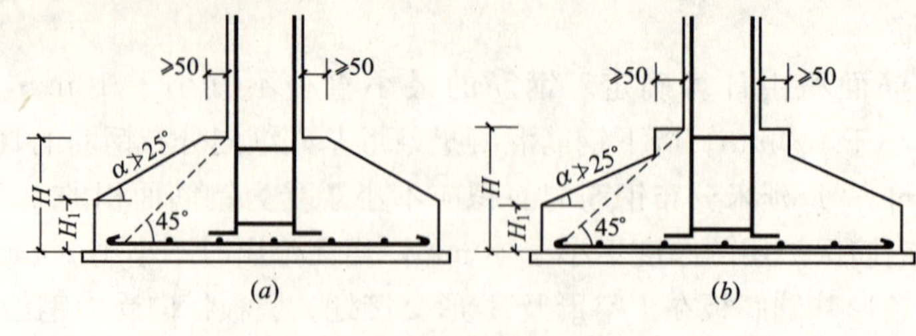

图 7-26　锥形基础剖面形式

(*a*)形式一；(*b*)形式二

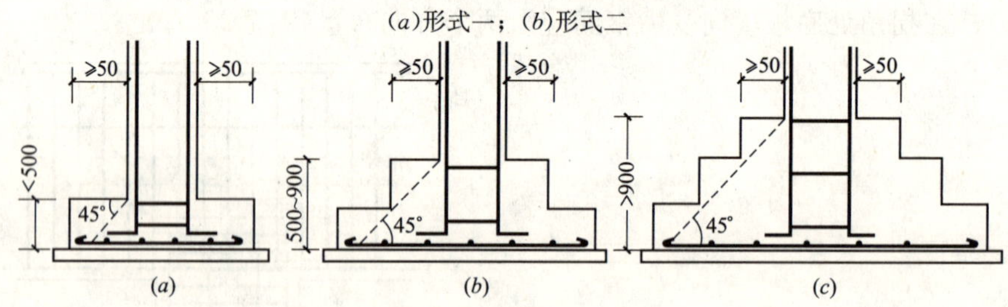

图 7-27　阶梯形基础剖面形式

(*a*)单阶；(*b*)两阶；(*c*)三阶

(2) 底板配筋

底板受力钢筋的面积由计算确定。沿长边和短边方向均匀布置，长边方向的钢筋设置在下排。钢筋最小直径不宜小于 10mm，间距不宜大于 200mm，也不宜小于 100mm。

(3) 插筋

现浇柱的基础，其插筋的数量、直径及钢筋种类应与柱内纵向受力钢筋相同。一般应伸至基础底面。插筋的下端宜作成直钩放在基础底板钢筋网上。插筋的锚固长度应符合《混凝土结构设计规范》(GB 50010—2002)的要求。箍筋直径、间距应与上部柱内的箍筋相同，有抗震设防要求时，在柱的根部及首层地面处的箍筋应按规定加密。在基础内箍筋不少于两个箍筋(图 7-28*a*、*b*)。

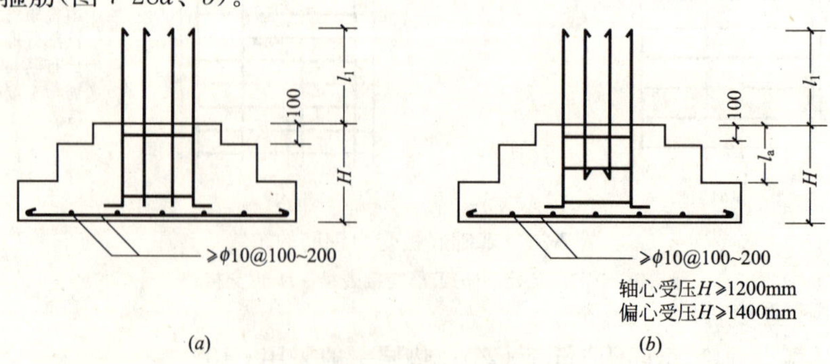

图 7-28　插筋构造

(*a*)一般基础；(*b*)一般基础二

(4) 钢筋保护层

钢筋保护层，当有垫层时钢筋保护层的厚度不小于 40mm；无垫层时不小于 70mm。

(5) 混凝土强度等级

基础的混凝土强度等级不应低于C20；垫层一般采用C10。

(6) 垫层要求

垫层厚度一般采用100mm，每边伸出50～100mm。

3. 预制钢筋混凝土柱杯形基础

杯形基础的剖面如图7-29所示。杯形基础的杯底厚度和杯壁厚度，可按表7-7选用。杯底配筋由计算决定。而杯壁配筋，当柱为中心或小偏心受压，且$0.5\leqslant\frac{t}{h_2}<0.65$时，可按表7-8选用。杯壁内配筋如图7-29所示。当柱为中心或小偏心受压，且$\frac{t}{h_2}\geqslant0.65$，或大偏心受压且$\frac{t}{h_2}\geqslant0.75$时，杯壁内一般不配筋。其他情况下，应按计算配筋。

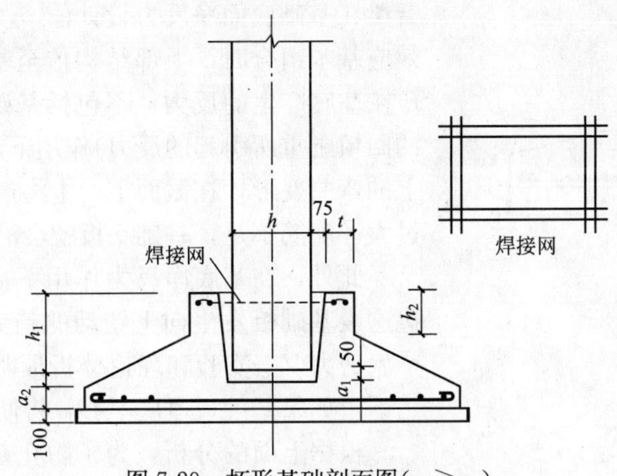

图7-29 杯形基础剖面图($a_2\geqslant a_1$)

基础的杯底厚度和杯壁厚度(mm) **表7-7**

柱截面长边尺寸h	杯底厚度a_1	杯壁厚度t	柱截面长边尺寸h	杯底厚度a_1	杯壁厚度t
$h<500$	≥150	150～200	$1000\leqslant h<1500$	≥250	≥350
$500\leqslant h<800$	≥200	≥200	$1500\leqslant h<2000$	≥300	≥400
$800\leqslant h<1000$	≥200	≥300			

注：1. 双肢柱的a_1值，可适当加大。

2. 当有基础梁时，基础梁下的杯壁厚度应满足其支承宽度的要求。

3. 柱子插入杯口部分的表面，应尽量凿毛。柱子与杯口之间的空隙，应用细石混凝土(比基础混凝土强度等级高一级)密实充填；其强度达到基础设计强度的70%以上(或采取其他相应措施)时，方能进行上部吊装。

杯壁构造配筋 **表7-8**

柱截面长边尺寸h(mm)	$h<1000$	$1000\leqslant h<1500$	$1500\leqslant h\leqslant2000$
钢筋网直径ϕ(mm)	8～10	10～12	12～16

注：表中钢筋置于杯口顶部，每边两根(图7-29)。

预制钢筋混凝土柱插入杯形基础深度h_1，除满足表7-9所列数值外，尚应满足钢筋锚固长度和吊装时柱的稳定性要求。钢筋锚固长度按《混凝土结构设计规范》(GB 50010—2002)式(9.3.1-1)计算，而保证吊装时柱的稳定性，则应符合$h_1\geqslant0.05$柱长(指吊装时的柱长)的规定。

柱的插入深度 h_1(mm)　　表 7-9

矩形或工字形柱				双肢柱
$h<500$	$500\leqslant h<800$	$800\leqslant h<1000$	$h>1000$	
$h_1=h\sim1.2h$	$h_1=h$	$h_1=0.9h$ 且 $\geqslant800$	$h_1=0.8h$ 且 $\geqslant1000$	$h_1=(1/3\sim2/3)h_a$；$(1.5\sim1.8)h_b$

注：1. h 为柱截面长边尺寸；d 为管柱的外直径；h_a 为双肢柱整个截面长边尺寸；h_b 为双肢柱整个截面短边尺寸。
2. 柱轴心受压或小偏心受压时，h_1 可以适当减小；偏心距 $e_0>2h$ 时，h_1 应适当加大。

7.4.2 条形基础底板厚度和配筋的确定

7.4.2.1 中心受压基础

墙下钢筋混凝土基础受力分析如图 7-30 所示。它的受力情况如同一倒置的悬臂梁，由图可见，这个悬臂梁在基础底面净反力设计值 p_n(p_n 是指相应于荷载效应基本组合时，上部结构传至基础顶面的竖向力值 F 在基底产生的反力，不包括基础自重和基础台阶上的回填土重所引起的反力)作用下，使基础底板发生向上的弯曲变形，在截面Ⅰ—Ⅰ将产生弯矩 M。如果 M 过大，配筋不足，基础底板就会沿截面Ⅰ—Ⅰ裂开。

此外，在基底净反力作用下，还使截面Ⅰ—Ⅰ左边这段基础板发生向上错动的趋势，在截面Ⅰ—Ⅰ将产生剪力 V。实验和理论分析证明，底板在剪力 V 作用下，如果基础板厚度不够，将使底板发生斜的裂缝。

根据上面的分析，为了防止基础板破坏，基础板应具有足够的厚度和配筋。

1. 基础底板厚度的确定

沿墙的长度方向取 1m 的基础板来分析，设相应于荷载效应基本组合时，上部结构传至基础顶面的竖向力设计值为 F(kN/m)，则基底净反力设计值为

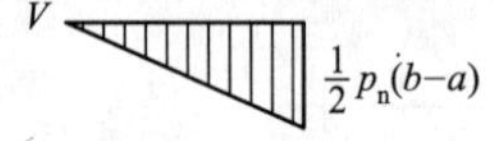

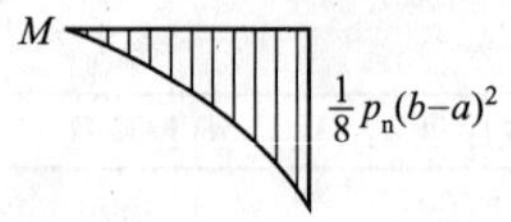

图 7-30　墙下柔性基础的受力分析

$$p_n=\frac{F}{b\times1}=\frac{F}{b} \tag{7-84}$$

截面Ⅰ—Ⅰ剪力设计值为

$$V=\frac{1}{2}p_n(b-a) \tag{7-85}$$

式中　a——墙的厚度；

b——基础宽度。

根据实验知道，当满足下列条件时，基础板在剪力设计值 V 作用下，不会产生斜裂缝破坏

$$h_0=\frac{1}{700}\times\frac{V}{\beta_{hs}f_t} \tag{7-86a}$$

$$\beta_{hs}=\left(\frac{800}{h_0}\right)^{\frac{1}{4}} \tag{7-86b}$$

式中　h_0——底板有效高度 $h_0=h-45$mm(有垫层)或 $h_0=h-75$mm(无垫层)；

f_t——混凝土轴心抗拉强度设计值(N/mm^2)；

β_{hs}——截面高度影响系数，当 $h_0 \leqslant 800mm$ 时，h_0 取 800mm；当 $h_0 \geqslant 2000mm$ 时，h_0 取 2000mm。

2. 基础板配筋的计算

截面Ⅰ—Ⅰ的弯矩设计值

$$M = \frac{1}{8} p_n (b-a)^2 \tag{7-87}$$

基础底板内受力钢筋面积按下式确定

$$A_s = \frac{M}{0.9 h_0 f_y} \tag{7-88}$$

式中 A_s——基础底板受力钢筋面积(mm^2)；

f_y——钢筋抗拉强度设计值(N/mm^2)。

其余符号意义同前。

【例题 7-20】 试设计某教学楼外墙钢筋混凝土基础(图 7-31)。相应于荷载效应标准组合时，上部结构传至基础顶面的竖向力值 $F_k = 240kN/m$，相应于荷载效应基本组合时，传至基础顶面的竖向力设计值 $F = 300kN/m$。室内外高差 0.45m，基础埋深 1.30m(从室外地面算起)，地基承载力特征值 $f_a = 155kN/m^2$，混凝土强度等级 C20，$f_t = 1.1N/mm^2$，采用 HRB335 级钢筋，$f_y = 300N/mm^2$。

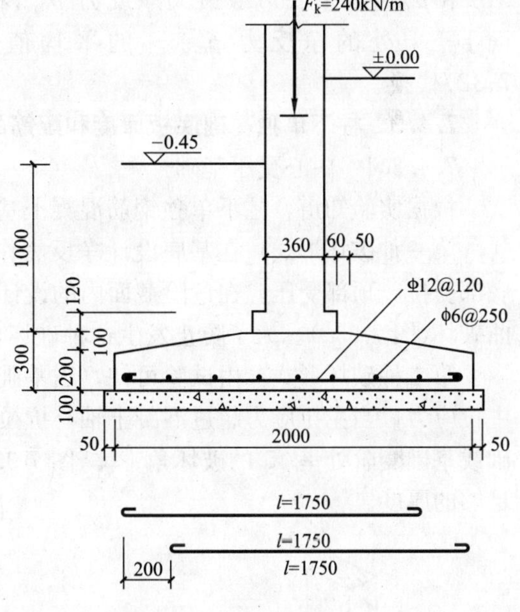

图 7-31 例题 7-20 附图

【解】 (1) 求基础宽度

$$b = \frac{F_k}{f_a - \bar{\gamma} H} = \frac{240}{155 - 20 \times 1.53} = 1.93 = 1930mm$$

取 $b = 2000mm$

(2) 确定基础板厚度

按式(7-84)计算基底净反力设计值

$$p_n = \frac{F}{b} = \frac{300}{2} = 150kN/m^2$$

按式(7-85)计算截面Ⅰ—Ⅰ(参见图 7-30)的剪力设计值

$$V = \frac{1}{2} p_n (b-a) = \frac{1}{2} \times 150 \times (2-0.36) = 123kN/m$$

按式(7-86*a*)算出底板有效高度

$$h_0 = \frac{1}{700} \times \frac{V}{\beta_{hs} f_t} = \frac{1}{700} \times \frac{123 \times 10^3}{1 \times 1.1} = 160mm$$

底板厚度(垫层厚度采用 100mm)

$h = h_0 + 45 = 160 + 45 = 205mm$，取 $h = 250mm$。这时，$h_0 = 250 - 45 = 205mm$

(3) 底板内配筋计算

按式(7-87)计算截面Ⅰ—Ⅰ的弯矩

$$M=\frac{1}{8}p_{n}(b-a)^{2}=\frac{1}{8}\times150\times(2-0.36)^{2}$$

$$=50.43=50.43\times10^{6}\text{N}\cdot\text{mm/m}$$

按式(7-88)算出受力钢筋面积

$$A_{s}=\frac{M}{0.9h_{0}f_{y}}=\frac{50.43\times10^{6}}{0.9\times205\times300}=911\text{mm}^{2}/\text{m}$$

选用Φ12@120($A_s=942\text{mm}^2>911\text{mm}^2$)，分布筋选Φ6@250。

7.4.2.2　偏心受压基础

偏心受压基础底板厚度和配筋计算与中心受压基础基本相同，但式(7-85)和式(7-87)中 p_n 应以基底边缘最大净反力 p_{nmax} 和截面Ⅰ—Ⅰ处的净反力 $p_{n,Ⅰ-Ⅰ}$ 的平均值(图7-32)代换。

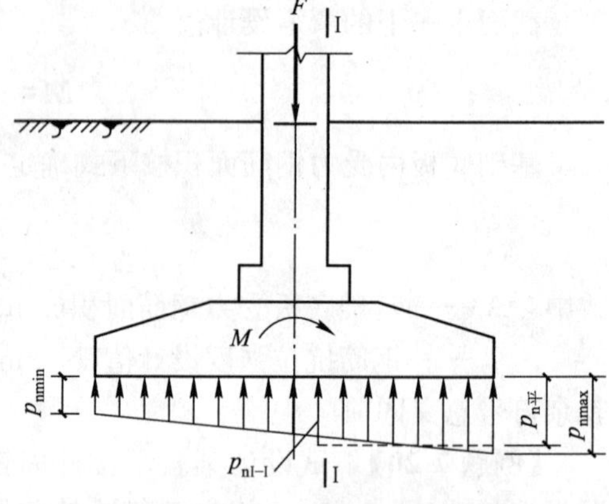

图 7-32　偏心受压柔性基础的计算

7.4.3　柱下单独基础底板厚度和配筋的计算

7.4.3.1　中心受压基础

根据实验知道，柱下单独钢筋混凝土基础有两种破坏形式。

第一种破坏形式：在基底设计净反力作用下，基础板在两个方向均发生向上的弯曲，底部受拉，顶部受压。在危险截面内的设计弯矩超过底板的抗弯承载力时，底板就发生弯曲破坏(图 7-33*a*)。为了防止发生这种破坏，需在基础底板下部配置钢筋。

第二种破坏形式：由试验可知，当基础在基底净反力设计值作用下，将在基础内产生主拉应力，当主拉应力超过混凝土轴心抗拉强度时，基础将发生冲切破坏，形成沿柱与基础或基础变阶处呈45°的破坏角锥体(图 7-33*b*)。为了防止发生这种破坏，基础底板应具有足够的厚度。

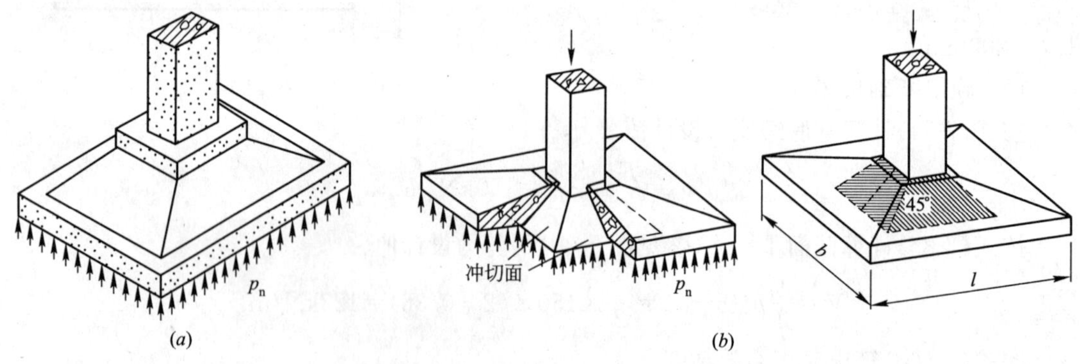

图 7-33　钢筋混凝土单独基础的破坏形式

(*a*)底板受弯破坏；(*b*)底板冲切破坏

1. 基础底板厚度的确定

基础底板厚度应根据相应于荷载效应基本组合时作用在基础底面上的局部净反力设计

值不超过基础受冲切承载力的条件确定。其表达式可写成下面形式：

$$F_l \leqslant 0.7\beta_{hp} f_t A_l \quad (7\text{-}89)$$

式中 F_l——相应于荷载效应基本组合时作用在基础底面 A_i 上的净反力设计值；

β_{hp}——截面高度影响系数，当 $h \leqslant 800$mm 时，β_{hp} 取 1.0；当 $h \geqslant 2000$mm 时，β_{hp} 取 0.9，其间按线性内插法取用；

f_t——混凝土轴心抗拉强度设计值；

A_l——基础冲切验算时取用的部分基底面积。

由图 7-34 可见，对于矩形基础，柱短边一侧冲切破坏较柱长边 b_c 一侧危险。所以，只需根据短边一侧冲切破坏条件来确定底板厚度。现在来分析矩形基础受冲切作用的承载力条件。引起冲切破坏的剪力等于作用在基础底面面积 $abcdef$ 上的地基净反力的合力，即

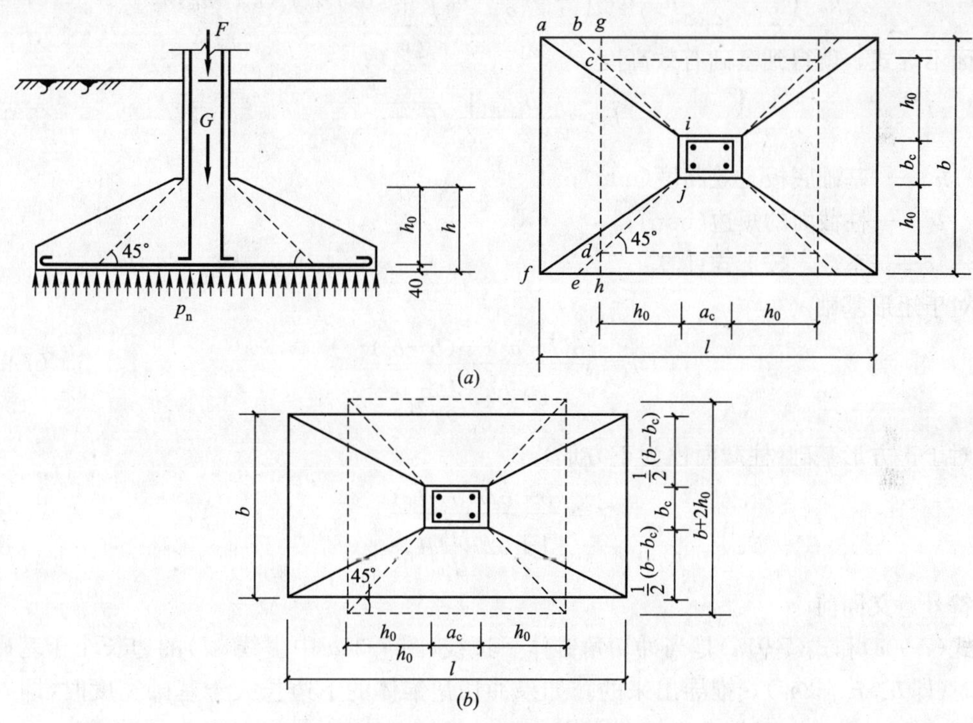

图 7-34 中心受压柱基础底板厚度的确定

(a)当 $b>b_c+2h_0$ 时；(b)当 $b<b_c+2h_0$ 时

$$F_l = p_n \cdot A_{abcdef} \quad (7\text{-}90a)$$

式中 p_n——相应于荷载效应基本组合时，基础底面净反力设计值，可根据下式计算；

$$p_n = \frac{F}{l \cdot b}$$

A_{abcdef}——底板 $abcdef$ 部分的面积，由图 7-34a 可见，它等于矩形面积 A_{aghf} 减去三角形面积 A_{bgc} 和 A_{dhe} 之和：

$$A_{aghf} = \left(\frac{l}{2} - \frac{a_c}{2} - h_0\right) b$$

而
$$A_{bgc}+A_{dhe}=\left(\frac{b}{2}-\frac{b_c}{2}-h_0\right)^2$$
于是
$$A_{abcdef}=A_{aghf}-(A_{bgc}+A_{dhe})$$
$$=\left(\frac{l}{2}-\frac{a_c}{2}-h_0\right)b-\left(\frac{b}{2}-\frac{b_c}{2}-h_0\right)^2 \tag{7-90b}$$

对于矩形基础，由图 7-34*a* 可知，角锥体冲切破坏面上的受冲切承载力可按 $0.7\beta_{hp}f_tA_{cijd}$计算。

其中 A_{cijd}——底板冲切面 *cijd* 的面积，由图 7-34*a* 不难求出
$$A_{cijd}=\frac{b_c+(b_c+2h_0)}{2}h_0=(b_c+h_0)h_0$$
将 A_{abcdef}和 A_{cijd}的计算公式代入式(7-89)得
$$p_n\left[\left(\frac{l}{2}-\frac{a_c}{2}-h_0\right)b-\left(\frac{b}{2}-\frac{b_c}{2}-h_0\right)^2\right]\leqslant 0.7\beta_{hp}f_t(b_c+h_0)h_0 \tag{7-90c}$$
解上面不等式，就得到基础有效高度
$$h_0=-\frac{b_c}{2}+\frac{1}{2}\sqrt{b_c^2+c} \tag{7-91a}$$
式中 h_0——基础底板有效高度(mm)；

b_c——柱截面的短边(mm)；

c——系数，按下式计算：

对于矩形基础
$$c=\frac{2b(l-a_c)-(b-b_c)^2}{1+0.7\dfrac{f_t}{p_n}\beta_{hp}} \tag{7-91b}$$

对于正方形基础(柱截面也为正方形)
$$c=\frac{(b+b_c)(b-b_c)}{1+0.7\dfrac{f_t}{p_n}\beta_{hp}} \tag{7-91c}$$
式中符号意义同前。

式(7-90*c*)和式(7-91*a*)是当冲切角锥体下边线(图 7-34*a* 中虚线 *cd*)的边长小于基础宽度 *b* 时(即 $b>b_c+2h_0$)，推导出来的。如果冲切角锥体的下边长大于基础宽度时(即 $b_c+2h_0\geqslant b$)(图 7-34*b*)，则公式(7-90*c*)变为
$$p_n\left(\frac{l}{2}-\frac{a_c}{2}-h_0\right)b\leqslant 0.7f_t\left[b\left(h_0-\frac{b-b_c}{2}\right)+\frac{b-b_c^2}{4}\right]\beta_{hp} \tag{7-91d}$$
这时，基础有效高度公式(7-91a)变成
$$h_0=\frac{(l-a_c)b+0.35\dfrac{f_t\beta_{hp}}{p_n}(b-b_c)^2}{2b\left(1+0.7\dfrac{f_t}{p_n}\beta_{hp}\right)} \tag{7-91e}$$
式中符号意义同前。

算出有效高度 h_0 后，即可求得基础底板厚度：

有垫层时，$h=h_0+45$mm；

无垫层时，$h=h_0+75\text{mm}$。

当基础剖面为阶梯形时(图 7-35)，除可能在柱子周边开始沿 45°斜面拉裂形成冲切角锥体外，还可能从变阶处开始沿 45°斜面拉裂。因此，还应验算变阶处的有效高度 h_{01}。验算方法与上述基本相同。仅需将式(7-91a)、式(7-91b)和式(7-91c)或式(7-91e)中的 b_c 和 a_c 分别换成变阶处台阶尺寸 b_1 和 a_1 即可。

2. 基础底板配筋计算

由于底板在基底净反力设计值作用下，在两个方向均发生弯曲，所以两个方向都要配受力钢筋。钢筋面积按两个方向的最大弯矩分别计算(图 7-36)。

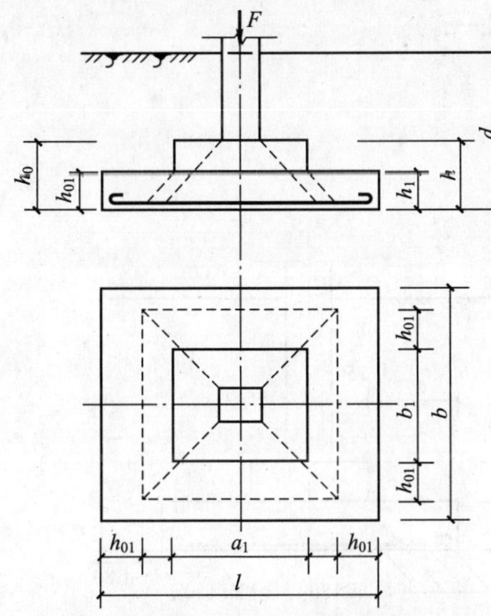

图 7-35 阶梯形基础底板厚度验算

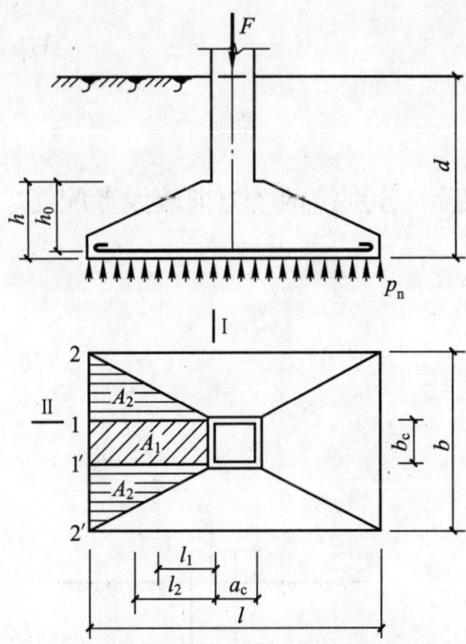

图 7-36 中心受压柱基础配筋的计算

当台阶的宽高比小于或等于 2.5 和偏心距小于或等于 1/6 基础宽度时，任意截面的弯矩可按下式计算：

截面Ⅰ—Ⅰ

$$M_{\mathrm{I}}=\frac{p_{\mathrm{n}}}{24}(l-a_{\mathrm{c}})^{2}(2b+b_{\mathrm{c}})\text{[1]} \tag{7-92}$$

$$A_{\mathrm{sI}}=\frac{M_{\mathrm{I}}}{0.9h_0f_{\mathrm{y}}}$$

式中 h_0——截面Ⅰ—Ⅰ的有效高度，其值按前述公式计算；

f_y——钢筋抗拉强度设计值。

截面Ⅱ—Ⅱ

$$M_{\mathrm{II}}=\frac{p_{\mathrm{n}}}{24}(b-b_{\mathrm{c}})^{2}(2l+a_{\mathrm{c}}) \tag{7-93}$$

$$A_{\mathrm{sII}}=\frac{M_{\mathrm{II}}}{0.9h_0f_{\mathrm{y}}}$$

[1] 将截面Ⅰ—Ⅰ左侧基底面积划分为 A_1 和 A_2，并将其反力合力对截面Ⅰ—Ⅰ取矩，经简化后就可得到式(7-92)。

当基础为阶梯形时(图 7-37)，除按截面Ⅰ—Ⅰ和截面Ⅱ—Ⅱ的弯矩分别计算钢筋面积 $A_{sⅠ}$ 和 $A_{sⅡ}$ 外，尚应按截面Ⅲ—Ⅲ和截面Ⅳ—Ⅳ的弯矩设计值计算变阶处的钢筋面积 $A_{sⅢ}$ 和 $A_{sⅣ}$。

Ⅲ—Ⅲ截面

$$M_{Ⅲ}=\frac{p_n}{24}(l-a_1)^2(2b+b_1) \tag{7-94}$$

$$A_{sⅢ}=\frac{M_{Ⅲ}}{0.9h_{01}f_y}$$

Ⅳ—Ⅳ截面

$$M_{Ⅳ}=\frac{p_n}{24}(b-b_1)^2(2l+a_1) \tag{7-95}$$

$$A_{sⅣ}=\frac{M_{Ⅳ}}{0.9h_{01}f_y}$$

最后，分别按两个方向较大者配筋。

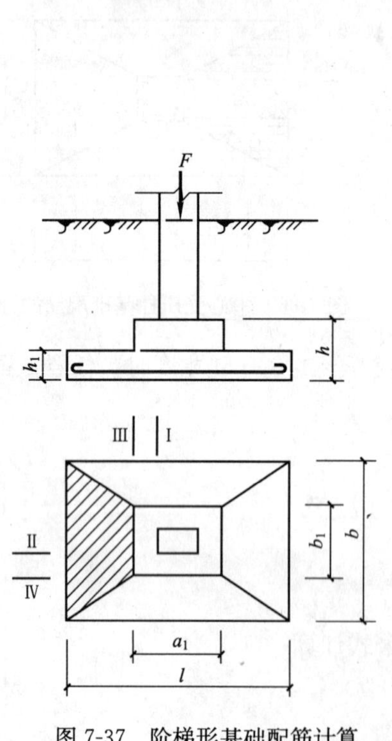

图 7-37 阶梯形基础配筋计算

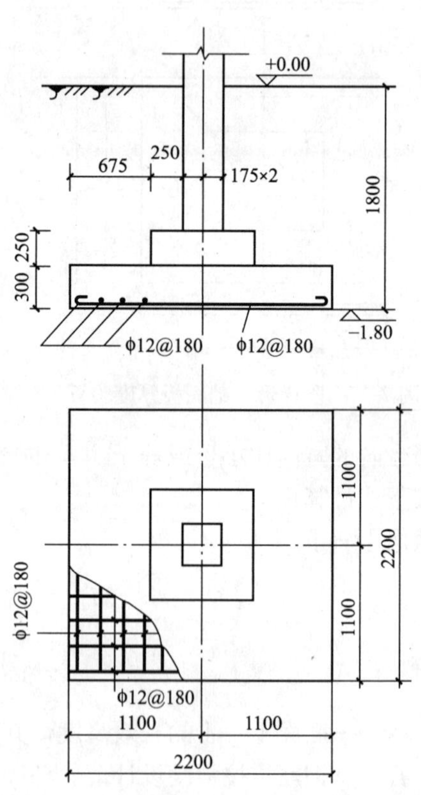

图 7-38 例题 7-21 附图

【例题 7-21】 试设计钢筋混凝土内柱基础。相应于荷载效应基本组合时，上部结构传至基础顶面的竖向力值 F_k=700kN，相应于荷载效应基本组合时，传至基础顶面的竖向力设计值 F=875kN。柱截面尺寸 350mm×350mm，基础埋深 1.8m(从室内设计地面起算)，地基土承载力特征值 f_a=180kN/m²。基础采用 HPB235 级钢筋，f_y=210N/mm² 混凝土强度等级 C15，f_t=0.96N/mm²(图 7-38)。

【解】 (1) 基础底面积计算

$$l=b=\sqrt{\frac{F_k}{f_a-\gamma H}}=\sqrt{\frac{700}{180-20\times1.8}}=2.2\text{m}$$

(2) 基础底板厚度计算

$$p_n=\frac{F}{lb}=\frac{875}{2.2^2}=180.8\text{kN/m}^2$$

已知 $f_t=0.96\text{N/mm}^2=960\text{kN/m}^2$

代入式(7-91c)和式(7-91a)

$$c=\frac{(b+b_c)(b-b_c)}{1+0.7\dfrac{f_t}{p_n}\beta_{hp}}=\frac{(2.2+0.35)(2.2-0.35)}{1+0.7\dfrac{960}{180.8}\times1}=1.00$$

$$h_0=-\frac{b_c}{2}+\frac{1}{2}\sqrt{b_c^2+c}=-\frac{0.35}{2}+\frac{1}{2}\sqrt{0.35^2+1.00}=0.355\text{m}=355\text{mm}$$

因为 $b=2.2\text{m}>b_c+2h_0=0.35+2\times0.355=1.06\text{m}$，故公式应用正确。

设不采用垫层，故 $h=355+75=430\text{mm}$，暂取 $h=500\text{mm}$。

设阶形基础采用两阶，第二阶距柱边为250mm。现求第一阶的厚度，这时

$$c=\frac{(b+b_1)(b-b_1)}{1+0.7\dfrac{f_t}{p_n}\beta_{hp}}=\frac{(2.2+0.85)(2.2-0.85)}{1+0.7\dfrac{960}{180.8}\times1}=0.87$$

$$h_{01}=-\frac{b_1}{2}+\frac{1}{2}\sqrt{b_1^2+c}=-\frac{0.85}{2}+\frac{1}{2}\sqrt{0.85^2+0.87}=0.205\text{m}=205\text{mm}$$

故 $h_1=h_{01}+75=(205+75)\text{mm}=280\text{mm}$，取 $h_1=300\text{mm}$。故第二阶厚度 $h_2=(500-300)\text{mm}=200\text{mm}$。如前所述，阶形基础阶厚一般采用300～500mm。为减少混凝土用量，现取 $h_2=250\text{mm}$。这样，基础厚度最后为

$$h=h_1+h_2=300+250=550\text{mm}$$

基础有效高度为

$$h_0=h-75=550-75=475\text{mm}$$

(3) 底板配筋计算

$$M_{\text{I}}=\frac{p_n}{24}(l-a_c)^2(2b+b_c)=\frac{180.8}{24}\times(2.2-0.35)^2\times(2\times2.2+0.35)$$

$$=122\cdot5\text{kN}\cdot\text{m}=122.5\times10^6\text{N}\cdot\text{mm}$$

$$A_{s\text{I}}=\frac{M_{\text{I}}}{0.9h_0f_y}=\frac{122.5\times10^6}{0.9\times475\times210}=1365\text{mm}^2$$

经计算 $A_{s\text{III}}<A_{s\text{I}}$，故按 $A_{s\text{I}}$ 配筋，沿基底两个方向每米配筋面积

$$\overline{A}_s=\frac{1365}{2.2}\text{mm}^2=620\text{mm}^2$$

选φ12@180。$A_s=628\text{mm}^2$。基础配筋见图7-38。

7.4.3.2 偏心受压基础

1. 基础底板厚度的计算

偏心受压基础底板厚度计算与中心受压基本相同。仅需将公式(7-91b)～式(7-91e)中的基底净反力 p_n 以基础边缘最大净反力 $p_{n\max}$ 代替即可。$p_{n\max}$ 按下式计算

$$p_{\text{nmax}}=\frac{F}{lb}\left(1+\frac{6e_0}{l}\right) \tag{7-96}$$

式中　e_0——偏心距，$e_0=\dfrac{M}{F}$。

同理，对于偏心受压阶梯形基础也需验算变阶处的有效高度 h_{01}。这时除将公式(7-91)中 p_n 以 p_{nmax} 代换外，还应分别以图 7-39 中的 a_1、b_1 代换式(7-91)中的 a_c 与 b_c。

2. 基础底板配筋计算

偏心受压基础底板配筋计算与中心受压基础相类似。对截面Ⅰ—Ⅰ将公式(7-92)中 p_n 换成偏心受压时柱边处基底反力设计值 $p_{\text{n边Ⅰ}}$ 与 p_{nmax} 的平均值(图 7-40)。

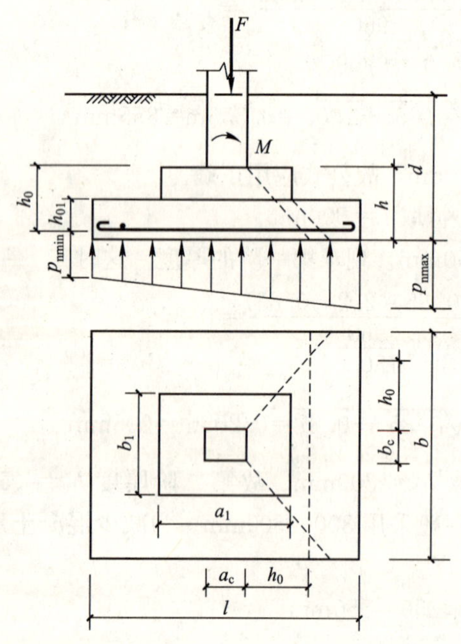

图 7-39　偏心受压柱基底板厚度计算

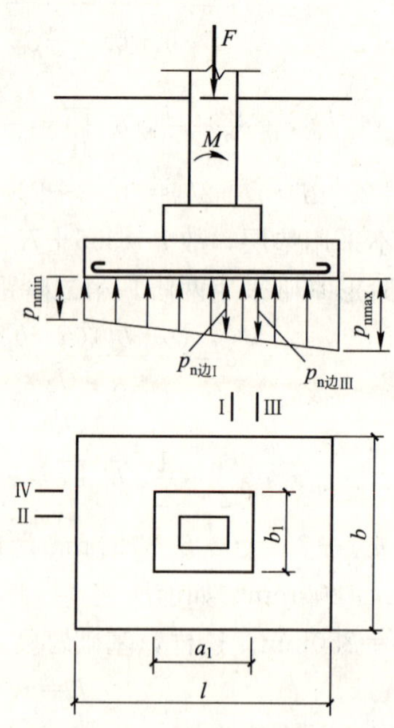

图 7-40　偏心受压基础底板配筋计算

$$p_n=\frac{1}{2}(p_{\text{nmax}}+p_{\text{n边Ⅰ}})$$

这样

$$M_{\text{Ⅰ}}=\frac{1}{48}(p_{\text{nmax}}+p_{\text{n边Ⅰ}})(l-a_c)^2(2b+b_c) \tag{7-97}$$

对于截面Ⅱ—Ⅱ：

$$p_n=\frac{1}{2}(p_{\text{nmax}}+p_{\text{nmin}})$$

式中

$$p_{\text{nmin}}=\frac{F}{lb}\left(1-\frac{6e_0}{l}\right) \tag{7-98}$$

这样

$$M_{\text{Ⅱ}}=\frac{1}{48}(p_{\text{nmax}}+p_{\text{nmin}})(b-b_c)^2(2l+a_c) \tag{7-99}$$

对于阶梯形基础，尚应求出变阶处两个方向的弯矩

$$M_{\text{Ⅲ}}=\frac{1}{48}(p_{\text{nmax}}+p_{\text{n边Ⅲ}})(l-a_1)^2(2b+b_1) \tag{7-100}$$

$$M_{\mathrm{IV}}=\frac{1}{48}(p_{\mathrm{nmax}}+p_{\mathrm{nmin}})(b-b_1)^2(2l+a_1) \tag{7-101}$$

求得截面弯距后，按前述求钢筋公式计算面积，最后根据各自方向的较大钢筋面积配筋。

【例题 7-22】 设计有单梁起重机的单层厂房的杯形基础(图 7-41)。

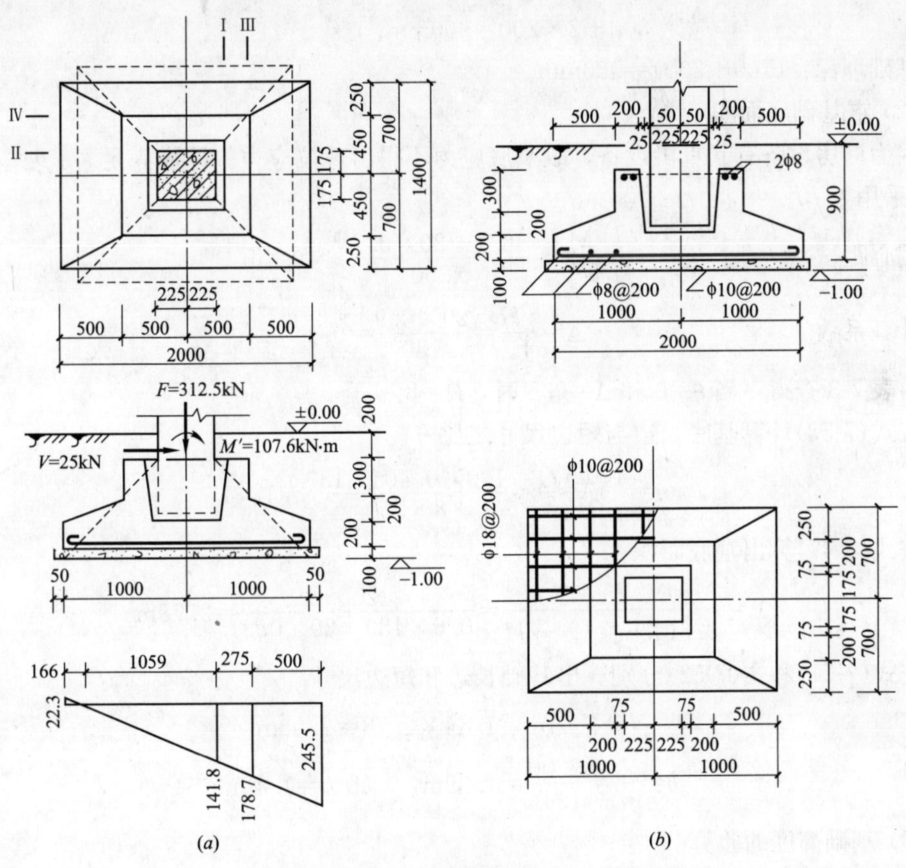

图 7-41 例题 7-22 附图

已知作用在杯口顶面处相应于荷载效应标准组合时的竖向力值 $F_k=250\text{kN}$，弯矩值 $M'_k=86.1\text{kN}\cdot\text{m}$，剪力值 $V=20\text{kN}$，相应于荷载效应基本组合时的竖向力设计值 $F=312.5\text{kN}$，弯矩设计值 $M'=107.6\text{kN}\cdot\text{m}$，剪力设计值 $V=25\text{kN}$。柱子截面尺寸 $a_c\times b_c=450\text{mm}\times350\text{mm}$，混凝土强度等级 C15，$f_t=960\ \text{kN/m}^2$，HPB235 级钢筋 $f_y=210\ \text{N/mm}^2$，地基承载力特征值 $f_a=180\text{kN/m}^2$，杯口顶面处标高为 -0.20。

【解】 (1) 确定基础各部初步尺寸

根据柱子尺寸和构造上的要求(参见图 7-29，表 7-7 和表 7-8)初步确定基础各部尺寸如下：

柱子插入深度 $h_1=a_c=450\text{mm}$，杯底厚度 $a_1=200\text{mm}$，底板边缘厚度 $a_2=200\text{mm}$，杯壁厚度 $t=200\text{mm}$，杯壁高度(即基础上阶高度)$h_2=300\text{mm}$。于是

杯口深度：$h_1+50=(450+50)=500\text{mm}$；

杯口顶部尺寸：长$=(450+2\times75)=600\text{mm}$；

宽=(350+2×75)=500mm;

杯口底部尺寸:长=(450+2×50)=550mm;

宽=(350+2×50)=450mm;

基础总高:500+200=700mm;

基础变阶处尺寸:长=600+2×200=1000mm;

宽=500+2×200=900mm;

基础埋深:(700+200)=900mm。

(2) 求基础底面积

因为厂房设备有起重机设备,故基底应力不得出现拉应力。即应满足 $\xi=p_{kmin}/p_{kmax}\geqslant 0$,今采用 $\xi=0$。

计算偏心距
$$e_0=\frac{M_k}{F_k}=\frac{86.1+20\times0.7^{❶}}{250}=0.4\text{m}$$

计算系数
$$\Delta=\frac{\bar{\gamma}H}{f_a}=\frac{20\times0.9}{180}=0.1$$

由表 7-3 查得,当 $\xi=0$ 和 $\Delta=0.1$ 时,$\Omega=8$。

按式(7-53)计算基底长边与短边尺寸之比

$$n=\frac{100e_0^2f_a}{\Omega F_k}=\frac{100\times0.40^2\times180}{8\times250}=1.44$$

按式(7-47)算出基底面积

$$A=\frac{F_k}{0.6(1+\xi)f_a-\bar{\gamma}H}=\frac{250}{0.6\times180-20\times0.9}=2.78\text{m}^2$$

按式(7-51)和式(7-52)分别算出基础长边和短边尺寸

$$l=\sqrt{nA}=\sqrt{1.44\times2.78}=2.00\text{m}$$

$$b=\frac{l}{n}=\frac{2.00}{1.44}=1.39\text{m},\quad 取\ b=1.40\text{m}$$

(3) 基础高度的验算

按式(7-96)算出基底边缘最大净反力设计值

$$e_0=\frac{M}{F}=\frac{107.6+25\times0.7}{312.5}=0.4\text{m}$$

$$p_{nmax}=\frac{F}{lb}\left(1+\frac{6e_0}{l}\right)=\frac{312.5}{2\times1.4}\left(1+\frac{6\times0.4}{2}\right)=245.5\text{kN/m}^2$$

按式(7-98)算出最小净反力设计值

$$p_{nmin}=\frac{F}{lb}\left(1-\frac{6e_0}{l}\right)=\frac{312.5}{2\times1.4}\left(1-\frac{6\times0.4}{2}\right)=-22.3\text{kN/m}^2$$

因设有垫层,故基础有效高度

$$h_0=700-45=655\text{mm}$$

$$h_{01}=400-45=355\text{mm}$$

因为杯壁厚度 $t=200$mm,小于杯壁高度 $h_1=300$mm,故仅需对台阶以下部分进行冲

---

❶ 这里 20×0.7 为剪力在基底产生的力矩。

切验算。

基础变阶处尺寸 $a_1=1000=1.00\text{m}$；

$b_1=900=0.9\text{m}$。

因为 $b=1.40\text{m}<b_1+2h_{01}=0.9+2\times0.36=1.62\text{m}$，所以，须按式(7-91$d$)计算❶。

$$p_{\text{nmax}}\left(\frac{l}{2}-\frac{a_1}{2}-h_{01}\right)b=245.5\times\left(\frac{2}{2}-\frac{1}{2}-0.355\right)\times1.4=49.83\text{kN}$$

而

$$\begin{aligned}&0.7f_t\left[b\left(h_{01}-\frac{b-b_1}{2}\right)+\frac{b^2-b_1^2}{4}\right]\beta_{\text{hp}}\\&=0.7\times960\times\left[1.4\times\left(0.355-\frac{1.4-0.9}{2}\right)+\frac{1.4^2-0.9^2}{4}\right]\times1\\&=291.64\text{kN}>49.83\text{kN}\end{aligned}$$

因此，变阶处的基础厚度满足要求。

(4) 基础底部配筋计算

1) 沿基础长边方向配筋

根据三角比例关系得到 $p_{\text{n边I}}=141.8\text{kN/m}^2$ 和 $p_{\text{n边III}}=178.7\text{kN/m}^2$。

按式(7-97)计算

$$\begin{aligned}M_{\text{I}-\text{I}}&=\frac{1}{48}(p_{\text{nmax}}+p_{\text{n边I}})(l-a_c)^2(2b+b_c)❷\\&=\frac{1}{48}\times(245.5+141.8)(2-0.45)^2(2\times1.4+0.35)\\&=61.1\text{kN}\cdot\text{m}=61.1\times10^6\text{N}\cdot\text{mm}\end{aligned}$$

按下式计算钢筋面积

$$A_{\text{sI}-\text{I}}=\frac{M_{\text{I}-\text{I}}}{0.9h_0f_y}=\frac{61100000}{0.9\times655\times210}=493.56\text{mm}^2$$

按式(7-100)计算

$$\begin{aligned}M_{\text{III}-\text{III}}&=\frac{1}{48}(p_{\text{nmax}}+p_{\text{n边III}})(l-a_1)^2(2b+b_1)\\&=\frac{1}{48}\times(245.5+178.7)(2-1)^2(2\times1.4+0.9)\\&=32.7\text{kN}\cdot\text{m}=32700000\text{N}\cdot\text{mm}\end{aligned}$$

按下式计算钢筋面积

$$A_{\text{sIII}-\text{III}}=\frac{M_{\text{III}-\text{III}}}{0.9h_0f_y}=\frac{32700000}{0.9\times355\times210}=487.4\text{mm}^2$$

$A_{\text{sI}-\text{I}}=493.56\text{mm}^2>A_{\text{sIII}-\text{III}}=487.4\text{mm}^2$，故按 $A_{\text{sI}-\text{I}}$ 配筋。沿基础短边方向每米长所需钢筋面积

$$\overline{A}_s=\frac{493.56}{1.40}=353\text{mm}^2$$

选φ10@200($A_s=393\text{mm}^2$)

---

❶ 因为这里验算的是变阶处的有效高度，故式(7-91d)中的 a_c、b_c 和 h_0 分别换成 a_1、b_1 和 h_{01}。

❷ 在本例中，在荷载设计值作用下，基底与土局部脱开(图 7-4a)，但其数值不大，为简化计算，故仍按式(7-47)计算。

2）沿基础短边方向的配筋

在柱边处对于截面Ⅱ—Ⅱ的弯矩，按式(7-99)计算

$$M_{Ⅱ-Ⅱ}=\frac{1}{48}(p_{nmax}+p_{nmin})(b-b_c)^2(2l+a_c)$$

$$=\frac{1}{48}\times(245.5-22.3)(1.4-0.35)^2(2\times2+0.45)$$

$$=23.1\text{kN}\cdot\text{m}=23100000\text{N}\cdot\text{mm}$$

$$A_{sⅡ-Ⅱ}=\frac{M_{Ⅱ-Ⅱ}}{0.9h_0f_y}=\frac{23100000}{0.9\times655\times210}=186.6\text{mm}^2$$

经验算，在变阶处的截面Ⅳ—Ⅳ所需钢筋面积也很少，故沿基础短边方向仅需按构造配筋φ8@200。

杯形基础结构详图见图 7-41*b*。

7.5 柱下独立基础底板弯矩简捷计算法

在图 7-42 中，三角形 *aeg* 和 *dfh* 的面积之和用 A_1 表示：矩形 *efhg* 的面积用 A_2 表示。于是，梯形 *aefd* 面积上的基底净反力的合力对柱边截面Ⅰ—Ⅰ的弯矩 $M_{Ⅰ-Ⅰ}$ 为：

$$M_{Ⅰ-Ⅰ}=p_{nm}A_1\times\frac{2}{3}C_1+p_{nm}A_2\times\frac{1}{2}C_1$$

或 $$M_{Ⅰ-Ⅰ}=p_{nm}C_1\cdot\left(\frac{2}{3}A_1+\frac{1}{2}A_2\right)\qquad(a)$$

矩形 *abcd* 面积上的基底净反力的合力对柱边截面Ⅰ—Ⅰ的弯矩为：

$$M'_{Ⅰ-Ⅰ}=p_{nm}C_1C_2\times2\times\frac{1}{2}C_1+p_{nm}C_1b_c\times\frac{1}{2}C_1$$

$$=p_{nm}C_1\left(C_1C_2+\frac{1}{2}C_1b_c\right)$$

或 $$M'_{Ⅰ-Ⅰ}=p_{nm}C_1\left(A_1+\frac{1}{2}A_2\right)\qquad(b)$$

式中 p_{nm}——基础边缘处最大净反力与截面Ⅰ—Ⅰ处净反力的平均值 $p_{nm}=\frac{1}{2}(p_{n,max}+p_{nl})$。

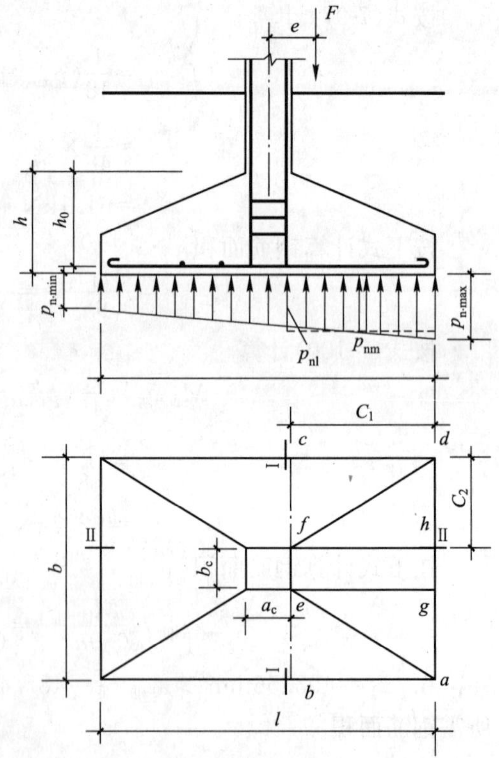

图 7-42　柱下独立基础底板弯矩简捷计算法附图

令

$$\beta_1=\frac{M_{Ⅰ-Ⅰ}}{M'_{Ⅰ-Ⅰ}}=\frac{p_{nm}C_1\left(\frac{2}{3}A_1+\frac{1}{2}A_2\right)}{p_{nm}C_1\left(A_1+\frac{1}{2}A_2\right)}=\frac{\frac{A_2}{2}\left(1+\frac{2}{3}\cdot\frac{A_1}{A_2}\cdot2\right)}{\frac{A_2}{2}\left(1+\frac{A_1}{A_2}\cdot2\right)}$$

或
$$\bar{\beta}_1=\frac{1+\frac{4}{3}\frac{A_1}{A_2}}{1+2\frac{A_1}{A_2}} \tag{c}$$

因为
$$\frac{A_1}{A_2}=\frac{C_2}{b_c} \tag{d}$$

将式(d)代入式(c)，得，

$$\bar{\beta}_1=\frac{1+\frac{4}{3}\frac{C_2}{b_c}}{1+2\frac{C_2}{b_c}} \tag{7-102}$$

因此，截面Ⅰ—Ⅰ的弯矩可写成：

$$M_{\text{I}-\text{I}}=\bar{\beta}_1\overline{M}'_{\text{I}-\text{I}}=\bar{\beta}_1 p_{nm}C_1\left(A_1+\frac{1}{2}A_2\right)$$
$$=\bar{\beta}_1 p_{nm}C_1\frac{A_2}{2}\left(1+\frac{2A_1}{A_2}\right)$$
$$=\bar{\beta}_1 p_{nm}C_1\frac{C_1 b_c}{2}\left(1+\frac{2C_2}{b_c}\right)$$

或
$$M_{\text{I}-\text{I}}=\frac{1}{2}\bar{\beta}_1 p_{nm}C_1^2(b_c+2C_2)=\frac{1}{2}\bar{\beta}_1 p_{nm}C_1^2 b$$

显然，对截面Ⅰ—Ⅰ沿b方向每米长的弯矩为

$$M_{\text{I}-\text{I}}=\beta_1 p_{nm}C_1^2 \tag{7-103}$$

式中 β_1——对截面Ⅰ—Ⅰ的弯矩系数，其值为：

$$\beta_1=\frac{1}{2}\bar{\beta}_1=\frac{1}{2}\frac{1+\frac{4}{3}\frac{C_2}{b_c}}{1+2\frac{C_2}{b_c}} \tag{7-104}$$

同理，对截面Ⅱ—Ⅱ沿l方向每米长的弯矩为：

$$M_{\text{II}-\text{II}}=\beta_2 p_n C_2^2 \tag{7-105}$$

式中 p_n——基底净反力平均值，$p_n=\frac{1}{2}(p_{n,\max}+p_{n,\min})$；

β_2——对截面Ⅱ—Ⅱ相应于$\frac{C_1}{a_c}$的弯矩系数，其值为：

$$\beta_2=\frac{1}{2}\bar{\beta}_2=\frac{1}{2}\cdot\frac{1+\frac{4}{3}\frac{C_1}{a_c}}{1+2\frac{C_1}{a_c}}$$

弯矩系数β_1、β_2值可按表7-10采用。

弯矩系数β_1、β_2值 **表7-10**

$\frac{C_2}{b_c}$或$\frac{C_1}{a_c}$	1.0	1.5	2.0	2.5	3.0	4.0	5.0	6.0	7.0	8.0	9.0	10.0
β_1或β_2	0.389	0.375	0.367	0.361	0.358	0.352	0.349	0.346	0.345	0.343	0.342	0.341

【例题7-23】 试用简捷法计算例题7-21基础底板Ⅰ—Ⅰ截面的弯矩M_1。

【解】 由图 7-38 中可知 $C_1=C_2=1100-175=925\text{mm}$，$a_c=b_c=350\text{mm}$，

$$\frac{C_2}{b_c}=\frac{925}{350}=2.64$$

由表 7-10 查得 $\beta_1=0.360$，沿 y 方向每延米的弯矩为：

$$\overline{M}_1=\beta_1 p_n C_1^2=0.360\times180.8\times0.925^2=55.69\text{kN}\cdot\text{m/m}$$

而沿 y 方向总弯矩：

$$M_1=55.69\times2.20=122.52\text{kN}\cdot\text{m}$$

与例题 7-21 计算结果一致。

柱下条形基础和交叉条形基础

8.1 柱下条形基础

8.1.1 概述

1. 应用范围

在一般情况下，柱下基础通常采用独立基础。如遇下列情况之一可设计成柱下条形基础(图 8-1)：

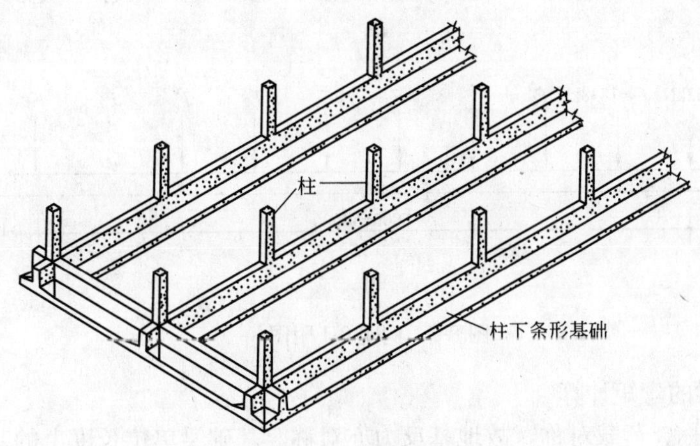

图 8-1 柱下条形基础

1）当地基软弱，承载力较低，而荷载较大，或地基中有局部软弱土层时。

2）当荷载分布不均匀，有可能导致不均匀沉降时。

3）当上部结构对基础沉降比较敏感，有可能产生较大的次应力时。

2. 计算方法

柱下条形基础计算的主要内容是求得基础梁的内力。在柱的荷载作用下基础底面将产生反力，若能求出基底反力大小及其分布，则基础梁的内力就不难确定。

目前，计算基础梁底面反力的方法很多，主要有：倒梁法、基床系数法、弹性半空间链杆法和分层地基法等。

8.1.2 倒梁法

《建筑地基基础设计规范》(GB 50007—2002)规定，在比较均匀的地基上，上部结构刚度比较好，荷载分布比较均匀，且条形基础梁高度不小于 1/6 柱距时，地基反力可按直线分布计算，条形基础梁内力可按连续梁计算。考虑到基础梁两端实际基底反力较中间偏大，《建筑地基基础设计规范》(GB 50007—2002)规定，按连续梁计算的边跨和第一内支座的弯矩值宜乘以 1.2 的系数。

【例题 8-1】 图 8-2*a* 所示为柱下条形基础平面图，各跨线刚度 $i=\dfrac{EI}{l}$ 相等，图 8-2*b* 为 JL-2 承受上部结构荷载的情况。试按倒梁法计算该基础梁的内力。

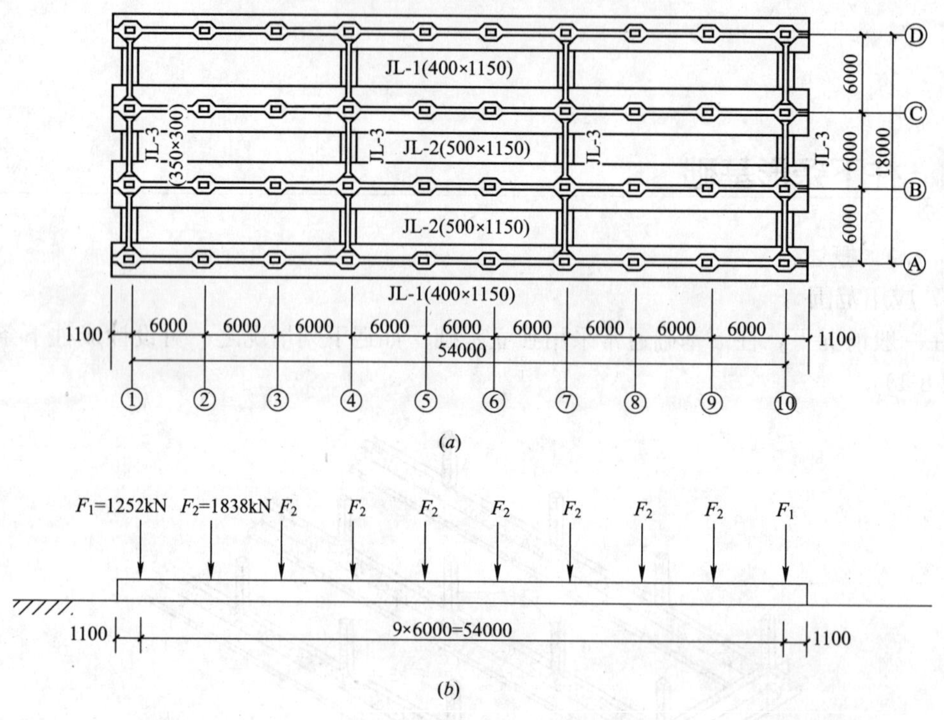

图 8-2　例题 8-1 附图(一)

【解】 1. 梁的弯矩计算

由于结构对称、荷载对称，故地基反力亦对称。基础梁单位长度上的基底反力为：

$$p=\frac{2\times1252+8\times1838}{54.0+2\times1.1}=306\text{kN/m}$$

基础梁可视为在均布线荷载 $p=306\text{kN/m}$ 作用下，以柱为支座的九跨连梁。其内力可按五跨连续梁计算。为了计算方便，现将基底反力分为两部分：基础梁外伸部分的反力(图 8-3*b*)和 $A—A'$ 范围内的反力(图 8-3*c*)，并分别计算它们对梁产生的内力。

在梁外伸部分的荷载作用下，在 A 截面产生的弯矩为：

$$M_{\text{A}}=\frac{1}{2}pa^2=\frac{1}{2}\times306\times1.1^2=185\text{kN}\cdot\text{m}$$

其他截面的弯矩按力矩分配法计算。

由于基础梁对称，荷载对称，且为奇数跨，故在对称轴上梁的截面只有竖向位移，而没有转角。因此，可取如图 8-3*b* 所示半边梁计算，对称截面处可取成滑动端(支座)。

弯矩分配过程及弯矩图见图 8-3*b*。

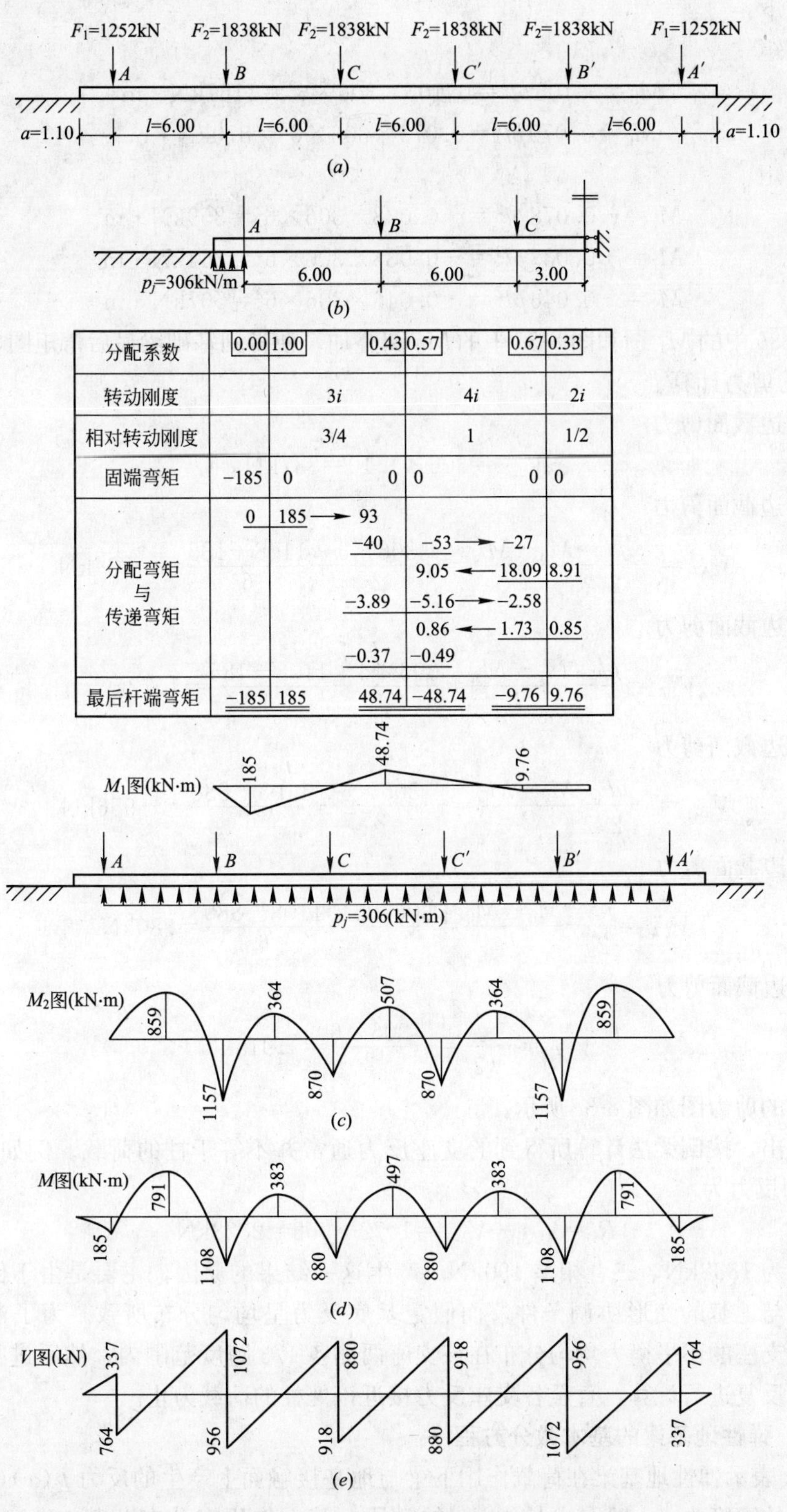

图 8-3 例题 8-1 附图(二)

在 $A—A'$范围内荷载作用下基础梁的弯矩可按五跨等跨连续梁弯矩系数进行计算。其计算过程如下：

支座弯矩

$$M_B=0.105pl^2=0.105\times306\times6^2=1157\text{kN}\cdot\text{m}$$
$$M_C=0.079pl^2=0.079\times306\times6^2=870\text{kN}\cdot\text{m}$$

跨中弯矩

$$M_1=-0.078pl^2=-0.078\times306\times6^2=859\text{kN}\cdot\text{m}$$
$$M_2=-0.033pl^2=-0.033\times306\times6^2=364\text{kN}\cdot\text{m}$$
$$M_3=-0.046pl^2=-0.046\times306\times6^2=507\text{kN}\cdot\text{m}$$

将图 8-3*b* 中的 M_1 图和图 8-3*c* 中的 M_2 图叠加，便得到基础梁最后弯矩图(图 8-3*d*)。

2. 梁的剪力计算

A 点左边截面剪力

$$V_{A左}=306\times1.10=337\text{kN}$$

A 点右边截面剪力

$$V_{A右}=-\frac{pl}{2}+\frac{M_B-M_A}{l}=-\frac{306\times6}{2}+\frac{1108-185}{6}=-764\text{kN}$$

B 点左边截面剪力

$$V_{B左}=\frac{pl}{2}+\frac{M_B-M_A}{l}=\frac{306\times6}{2}+\frac{1108-185}{6}=1072\text{kN}$$

B 点右边截面剪力

$$V_{B右}=-\frac{ql}{2}-\frac{M_B-M_C}{l}=-\frac{306\times6}{2}-\frac{1108-880}{6}=-956\text{kN}$$

C 点左边截面剪力

$$V_{C左}=\frac{pl}{2}-\frac{M_B-M_C}{l}=\frac{306\times6}{2}-\frac{1108-880}{6}=880\text{kN}$$

C 点右边截面剪力

$$V_{C右}=-\frac{ql}{2}=-\frac{306\times6}{2}=-918\text{kN}$$

基础梁的剪力图如图 8-3*e* 所示。

应当指出，按倒梁法计算所得到的支座反力通常并不等于柱的荷载。例如在例题 8-1 中 *B* 支座的反力为

$$R_B=V_{B左}+V_{B右}=1072+956=2028\text{kN}$$

而柱的荷载为 1838kN，二者相差 190kN。产生这一结果的原因，主要是由于倒梁法没有考虑基础梁与地基的变形协调条件，而假定基底反力呈均匀分布所致。为了消除这种影响，可将各支座的不平衡力均匀分布在该支座两侧各 1/3 跨度范围内，然后进行连续梁内力分析。并反复进行计算，直至各支座反力接近该处柱的荷载为止。

8.1.3 弹性地基梁的基本微分方程

图 8-4*a* 表示弹性地基梁在荷载作用下梁与地基接触面上产生的反力 $p(x)$(线集度)的情形。设梁的宽度为 b，现取出长为 $\mathrm{d}x$ 的微段，其上作用有分布荷载 $q(x)$和基底反力

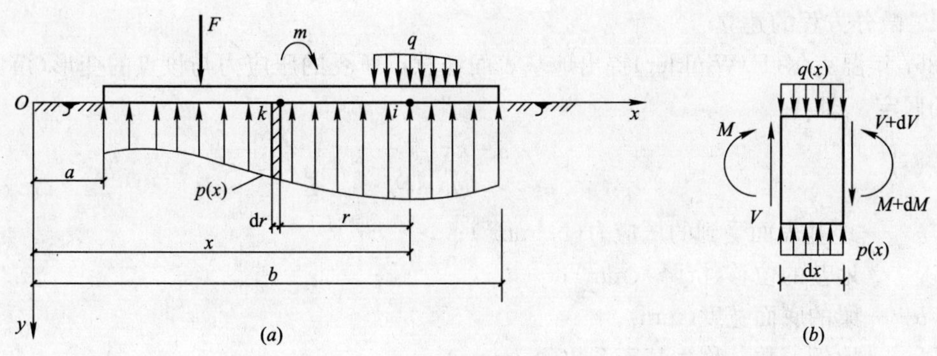

图 8-4 地基梁计算简图

$p(x)$以及截面上的弯矩$M(x)$和剪力$V(x)$(图 8-4b)；它们的正方向如图所示。考虑微段的平衡条件，得：

$$V-(V+\mathrm{d}V)+p(x)\mathrm{d}x-q(x)\mathrm{d}x=0$$

由此，得

$$\frac{\mathrm{d}V}{\mathrm{d}x}=p(x)-q(x) \tag{8-1}$$

根据材料力学可知，梁的挠曲线微分方程为：

$$EI\frac{\mathrm{d}^2y}{\mathrm{d}x^2}=-M(x) \tag{8-2a}$$

对式(8-2a)两边微分两次，并注意到$V=\frac{\mathrm{d}M}{\mathrm{d}x}$，则式(8-2$a$)可写成：

$$EI\frac{\mathrm{d}^4y}{\mathrm{d}x^4}=q(x)-p(x) \tag{8-2b}$$

式中 EI——梁的截面抗弯刚度；

$q(x)$——梁上的荷载；

$p(x)$——梁的底面反力。

式(8-2b)为基础梁的挠曲微分方程。其中y为基础梁的挠度，亦即地基的沉降，其值可由下式计算(图 8-4a)：

$$y=\int_0^{x-a}p(x-r)w(r)\mathrm{d}r+\int_0^{b-x}p(x+r)w(r)\mathrm{d}r \tag{8-2c}$$

式中 $w(r)$——当单位力$Q=1$作用于k点时，在距离该点为r的i点处所产生的沉降［见式(3-12)］；

$p(x-r)$、$p(x+r)$——在坐标$x-r$和$x+r$处的地基反力。

将式(8-2c)代入式(8-2b)，得：

$$\frac{d^4}{\mathrm{d}x^4}\left[\int_0^{x-a}p(x-r)w(r)\mathrm{d}r+\int_0^{b-x}p(x+r)w(r)\mathrm{d}r\right]=\frac{1}{EI}[q(x)-p(x)] \tag{8-2d}$$

式(8-2d)是以$p(x)$为未知数的微分方程。要求得它的解析解是十分困难的，一般都用近似解法求解，如链杆法、级数法、差分法、有限单元法等。

8.1.4 按基床系数法解弹性地基梁

1. 微分方程的建立与解答

(1) 微分方程的建立

1867 年温克尔(E. Winkler)提出地基表面任意点所受的压应力与该点的变形(沉降)成正比的假定，即

$$\sigma = ky \tag{8-3a}$$

或

$$p(x) = kby(x) \tag{8-3b}$$

式中 σ——地基表面受到的压应力(N/mm^2)；

y——地基的位移(沉降)(mm)；

b——梁的底面宽度(mm)；

k——比例系数，称为基床系数(N/mm^3)。

由式(8-3a)或式(8-3b)可见，基床系数的物理意义为：使地基发生单位位移(mm)时，而需施加于地基上的应力(N/mm^2)。表 8-1 列出了不同地基的基床系数 k 值，供参考。

基床系数 k 的数值 **表 8-1**

土的类别	基床系数 k($\times 10^4 kN/m^3$)	土的类别	基床系数 k($\times 10^4 kN/m^3$)
弱淤泥质或有机土	0.5～1.0	砂　土	
黏性土		松散状态	1.0～1.5
软弱状态	1.0～2.0	中密状态	1.5～2.5
可塑状态	2.0～4.0	密实状态	2.5～4.0
硬塑状态	4.0～10.0	中密的砾石土	2.5～4.0
		黄土及黄土状粉质黏土	4.0～5.0

注：本表适用于建筑物面积大于 $10m^2$。

温克尔假定实际上是将地基模拟为刚性支座上的一系列独立的弹簧(图 8-5)。弹簧的刚度即为基床系数 k。当地基表面某处受到压力 p 时，由于每个弹簧是独立的，彼此不发生联系。因此只在该处产生沉降 y，而在其他点不产生任何沉降。

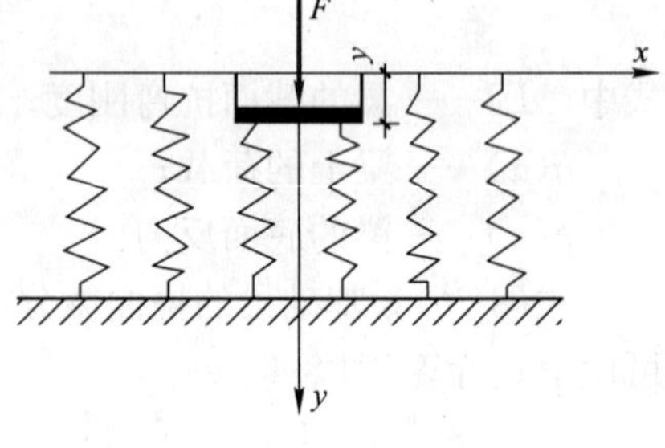

图 8-5　温克尔地基模型

将式(8-3b)代入式(8-2b)，得

$$EI\frac{d^4 y}{dx^4} + kby = q(x) \tag{8-4a}$$

令

$$\lambda = \sqrt[4]{\frac{kb}{4EI}} \tag{8-4b}$$

则式(8-4a)可写成

$$\frac{d^4 y}{dx^4} + 4\lambda^4 y = \frac{q(x)}{EI} \tag{8-5}$$

式(8-5)中的 λ 值与基床系数 k 和梁的抗弯刚度 EI 有关。它反映了弹性地基梁的弹性性质，故称为梁的弹性特征值。

式(8-5)就是根据温克尔假定建立的微分方程式。采用温克尔假定后，基本微分方程(8-2b)变成以 $y(x)$ 为未知函数的微分方程了。它是一个四阶常系数线性非齐次微分方程。

由此就可解出未知函数 $y(x)$。

(2) 微分方程的解

微分方程(8-5)的解由两部分组成：一部分是方程(8-5)对应的齐次方程的通解，另一部分是方程(8-5)的特解。

1) 齐次方程的通解：

对应式(8-5)的齐次微分方程为：

$$\frac{d^4 y}{dx^4}+4\lambda^4 y=0 \tag{8-6}$$

由高等数学可知，上式的通解为：

$$y_1=e^{\lambda x}(C_1\cos\lambda x+C_2\sin\lambda x)+e^{-\lambda x}(C_3\cos\lambda x+C_4\sin\lambda x) \tag{8-7}$$

式中 C_1、C_2、C_3、C_4 为积分常数，可根据基础梁的边界条件确定。

2) 非齐次方程特解：

不难证明，如作用在地基梁上的荷载 $q(x)$ 为不超过三次的多项式，则非齐次微分方程(8-5)的一个特解为：

$$y_2(x)=\frac{q(x)}{bk} \tag{8-8}$$

由此得出微分方程(8-5)的通解：

$$y(x)=y_1(x)+y_2(x)=e^{\lambda x}(C_1\cos\lambda x+C_2\sin\lambda x)+e^{-\lambda x}(C_3\cos\lambda x+C_4\sin\lambda x)+\frac{q(x)}{bk} \tag{8-9}$$

2. 无限长梁的计算

(1) 在集中荷载作用下

图 8-6 所示为一无限长梁。设在梁上任取一点 O 为原点，建立直角坐标系 xoy，并设集中荷载 F 作用在原点。

下面首先按式(8-9)计算梁的位移 $y(x)$，然后再确定梁的转角、弯矩、剪力和梁的反力。

因为在原点以右梁上并无荷载，故 $q(x)=0$，代入式(8-9)，得：

$$y(x)=e^{\lambda x}(C_1\cos\lambda x+C_2\sin\lambda x)+e^{-\lambda x}(C_3\cos\lambda x+C_4\sin\lambda x) \tag{8-10a}$$

1) 确定积分常数 C_1 和 C_2。

显然，当 $x\to\infty$ 时，$y(x)\to 0$，并注意到这时 $e^{\lambda x}\to\infty$ 和 $e^{-\lambda x}\to 0$。于是

$$y(x)=\infty(C_1\cos\lambda x+C_2\sin\lambda x)\to 0。$$

不难看出，$C_1=C_2=0$。因为只有当 $C_1=C_2=0$ 时上式才能成立。

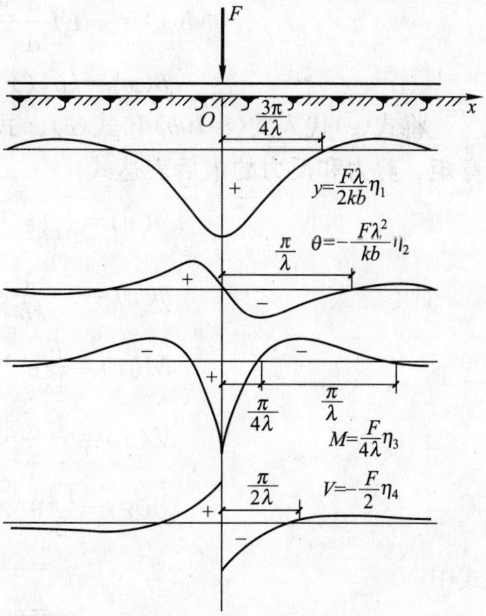

图 8-6 无限长梁受集中荷载作用下的位移和内力图

由此

$$y(x)=e^{-\lambda x}(C_3\cos\lambda x+C_4\sin\lambda x) \tag{8-10b}$$

2) 确定积分常数 C_3 和 C_4。

显然，当 $x=0$ 时，地基梁的转角 $\theta=0$，同时在集中荷载右侧无限接近原点的截面剪力 $V(0+\varepsilon)$[1] $=-\dfrac{F}{2}$。

将式(8-10*b*)经微分后得：

$$\theta=\frac{\mathrm{d}y}{\mathrm{d}x}=-C_3\lambda \mathrm{e}^{-\lambda x}(\cos\lambda x+\sin\lambda x)+C_4\lambda \mathrm{e}^{-\lambda x}(\cos\lambda x-\sin\lambda x) \tag{a}$$

考虑边界条件：当 $x=0$ 时，$\theta=0$ 代入式(*a*)得：

$$C_3=C_4=C \tag{b}$$

将式(*b*)代回式(*a*)，经整理后得：

$$\theta(x)=\frac{\mathrm{d}y}{\mathrm{d}x}=-2C\lambda \mathrm{e}^{-\lambda x}\sin\lambda x \tag{c}$$

写出剪力表达式：

$$V(x)=-EI\frac{\mathrm{d}^3 y}{\mathrm{d}x^3}=-4EIC\lambda^3 \mathrm{e}^{-\lambda x}\cos\lambda x \tag{d}$$

考虑边界条件：当 $x=0+\varepsilon$ 时，$V(x)=-\dfrac{F}{2}$，代入式(*d*)，得：

$$V(x)=-4EIC\lambda^3=-\frac{F}{2}$$

解得

$$C=C_3=C_4=\frac{F}{8EI\lambda^3} \tag{e}$$

最后写出地基梁的弯矩、地基梁的反力表达式：

$$M(x)=-EI\frac{\mathrm{d}^2 y}{\mathrm{d}x^2}=2CEI\lambda^2 \mathrm{e}^{-\lambda x}(\cos\lambda x-\sin\lambda x) \tag{f}$$

$$p(x)=kby(x)=kbC\mathrm{e}^{-\lambda x}(\cos\lambda x+\sin\lambda x) \tag{g}$$

将式(*e*)代入式(8-10*b*)和式(*c*)、式(*f*)、式(*d*)、式(*g*)，可得基础梁的位移、转角、弯矩、剪力和反力的最后表达式：

$$\left.\begin{aligned}
y(x)&=\frac{F\lambda}{2kb}\mathrm{e}^{-\lambda x}(\cos\lambda x+\sin\lambda x)=\frac{F\lambda}{2kb}\eta_1\\
\theta(x)&=-\frac{F\lambda^2}{kb}\mathrm{e}^{-\lambda x}\sin\lambda x=-\frac{F\lambda^2}{kb}\eta_2\\
M(x)&=\frac{F}{4\lambda}\mathrm{e}^{-\lambda x}(\cos\lambda x-\sin\lambda x)=\frac{F}{4\lambda}\eta_3\\
V(x)&=-\frac{F}{2}\mathrm{e}^{-\lambda x}\cos\lambda x=-\frac{F}{2}\eta_4\\
p(x)&=\frac{F\lambda}{2}\mathrm{e}^{-\lambda x}(\cos\lambda x+\sin\lambda x)=\frac{F\lambda}{2}\eta_1
\end{aligned}\right\} \tag{8-11a}$$

[2]

式中

$$\left.\begin{aligned}
\eta_1&=\mathrm{e}^{-\lambda x}(\cos\lambda x+\sin\lambda x)\\
\eta_2&=\mathrm{e}^{-\lambda x}\sin\lambda x\\
\eta_3&=\mathrm{e}^{-\lambda x}(\cos\lambda x-\sin\lambda x)\\
\eta_4&=\mathrm{e}^{-\lambda x}\cos\lambda x
\end{aligned}\right\} \tag{8-11b}$$

---

[1] $V(0+\varepsilon)$中 ε 表示无穷小量。

[2] 本节按温克尔方法算得的基底反力 p 为沿梁长的线集度，单位为 kN/m。

η_1、η_2、η_3 和 η_4 值，可根据 λx 由表 8-2 查得。

η_1、η_2、η_3、η_4、η_5、η_6 函数表 **表 8-2**

λx	η_1	η_2	η_3	η_4	η_5	η_6
0	1	0	1	1	∞	$-\infty$
0.02	0.99961	0.01960	0.96040	0.98000	382156	−382105
0.04	0.99844	0.03842	0.92160	0.96002	48802.6	−48776.6
0.06	0.99654	0.05647	0.88360	0.94007	14851.3	−14738.0
0.08	0.99393	0.07377	0.84639	0.92016	6354.30	−6340.76
0.10	0.99065	0.09033	0.80998	0.90032	3321.06	−3310.01
0.12	0.98672	0.10618	0.77437	0.88054	1962.18	−1952.78
0.14	0.98217	0.12131	0.73954	0.86085	1261.70	−1253.48
0.16	0.97702	0.13576	0.70550	0.84126	863.174	−855.840
0.18	0.97131	0.14954	0.67224	0.82178	619.176	−612.524
0.20	0.96507	0.16266	0.63975	0.80241	461.078	−454.971
0.22	0.95831	0.17513	0.60804	0.78318	353.904	−348.240
0.24	0.95106	0.18698	0.57710	0.76408	278.526	−273.229
0.26	0.94336	0.19822	0.54691	0.74514	223.862	−218.874
0.28	0.93522	0.20887	0.51748	0.72635	183.183	−178.457
0.30	0.92666	0.21893	0.48880	0.70773	152.233	−147.733
0.35	0.90360	0.24164	0.42033	0.66196	101.318	−97.2646
0.40	0.87844	0.26103	0.35637	0.61740	71.7915	−68.0628
0.45	0.85150	0.27735	0.29680	0.57415	53.3711	−49.8871
0.50	0.82307	0.29079	0.24149	0.53228	41.2142	−37.9185
0.55	0.79343	0.30156	0.19030	0.49186	32.8243	−29.6754
0.60	0.76284	0.30988	0.14307	0.45295	26.8201	−23.7865
0.65	0.73153	0.31594	0.09966	0.41559	22.3922	−19.4496
0.70	0.69972	0.31991	0.05990	0.37981	19.0435	−16.1724
0.75	0.66761	0.32198	0.02364	0.34563	16.4562	−13.6409
$\pi/4$	0.64479	0.32240	0	0.32240	14.9672	−12.1834
0.80	0.63538	0.32233	−0.00928	0.31305	14.4202	−11.6477
0.85	0.60320	0.32111	−0.03902	0.28209	12.7924	−10.0518
0.90	0.57120	0.31848	−0.06574	0.25273	11.4729	−8.75491
0.95	0.53954	0.31458	−0.08962	0.22496	10.3905	−7.68705
1.00	0.50833	0.30956	−0.11079	0.19877	9.49305	−6.79724
1.05	0.47766	0.30354	−0.12943	0.17412	8.74207	−6.04780
1.10	0.44765	0.29666	−0.14567	0.15099	8.10850	−5.41038
1.15	0.41836	0.28901	−0.15967	0.12934	7.57013	−4.86335
1.20	0.38986	0.28072	−0.17158	0.10914	7.10976	−4.39002
1.25	0.36223	0.27189	−0.18155	0.09034	6.71390	−3.97735
1.30	0.33550	0.26260	−0.18970	0.07290	6.37186	−3.61500

续表

λx	η_1	η_2	η_3	η_4	η_5	η_6
1.35	0.30972	0.25295	−0.19617	0.05678	6.07508	−3.29477
1.40	0.28492	0.24301	−0.20110	0.04191	5.81664	−3.01003
1.45	0.26113	0.23286	−0.20459	0.02827	5.59088	−2.75541
1.50	0.23835	0.22257	−0.20679	0.01578	5.39317	−2.52652
1.55	0.21662	0.21220	−0.20779	0.00441	5.21965	−2.31974
$\pi/2$	0.20788	0.20788	−0.20788	0	5.15382	−2.23953
1.60	0.19592	0.20181	−0.20771	−0.00590	5.06711	−2.13210
1.65	0.17625	0.19144	−0.20664	−0.01520	4.93283	−1.96109
1.70	0.15762	0.18116	−0.20470	−0.02354	4.81454	−1.80464
1.75	0.14002	0.17099	−0.20197	−0.03097	4.71026	−1.66098
1.80	0.12342	0.16098	−0.19853	−0.03756	4.61834	−1.52865
1.85	0.10782	0.15115	−0.19448	−0.04333	4.53732	−1.40638
1.90	0.09318	0.14154	−0.18989	−0.04835	4.46596	−1.29312
1.95	0.07950	0.13217	−0.18483	−0.05267	4.40314	−1.18795
2.00	0.06674	0.12306	−0.17938	−0.05632	4.34792	−1.09008
2.05	0.05488	0.11423	−0.17359	−0.05936	4.29946	−0.99885
2.10	0.04388	0.10571	−0.16753	−0.06182	4.25700	−0.91368
2.15	0.03373	0.09749	−0.16124	−0.06376	4.21988	−0.83407
2.20	0.02438	0.08958	−0.15479	−0.06521	4.18751	−0.75959
2.25	0.01580	0.08200	−0.14821	−0.06621	4.15936	−0.68987
2.30	0.00796	0.07476	−0.14156	0.06680	4.13495	−0.62457
2.35	−0.00084	0.06785	−0.13487	−0.06702	4.11387	−0.56340
$3\pi/4$	−0	0.06702	−0.13404	−0.06702	4.11147	−0.55610
2.40	−0.00562	0.06128	−0.12817	−0.06689	4.09573	−0.50611
2.45	−0.01143	0.05503	−0.12150	−0.06647	4.08019	−0.45248
2.50	−0.01663	0.04913	−0.11489	−0.06576	4.06692	−0.40229
2.55	−0.02127	0.04354	−0.10836	−0.06481	4.05568	−0.35537
2.60	−0.02536	0.03829	−0.10193	−0.06364	4.04618	−0.31156
2.65	−0.02894	0.03335	−0.09563	−0.06228	4.03821	−0.27070
2.70	−0.03204	0.02872	−0.08948	−0.06076	4.03157	−0.23264
2.75	−0.03469	0.02440	−0.08348	−0.05909	4.02608	−0.19727
2.80	−0.03693	0.02037	−0.07767	−0.05730	4.02157	−0.16445
2.85	−0.03877	0.01663	−0.07203	−0.05540	4.01790	−0.13408
2.90	−0.04026	0.01316	−0.06659	−0.05343	4.01495	−0.10603
2.95	−0.04142	0.00997	−0.06134	−0.05138	4.01259	−0.08020
3.00	−0.04226	0.00703	−0.05631	−0.04929	4.01074	−0.05650
3.10	−0.04314	0.00187	−0.04688	−0.04501	4.00819	−0.01505
π	−0.04321	0	−0.04321	−0.04321	4.00748	0
3.20	−0.04307	−0.00238	−0.03831	0.04069	4.00675	0.01910

续表

λx	η_1	η_2	η_3	η_4	η_5	η_6
3.40	−0.04079	−0.00853	−0.02374	−0.03227	4.00563	0.06840
3.60	−0.03659	−0.01209	−0.01241	−0.02450	4.00533	0.09693
3.80	−0.03138	−0.01369	−0.00400	−0.01769	4.00501	0.10969
4.00	−0.02583	−0.01386	−0.00189	−0.01197	4.00442	0.11105
4.20	−0.02042	−0.01307	0.00572	−0.00735	4.00364	0.10468
4.40	−0.01546	−0.01168	0.00791	−0.00377	4.00279	0.09354
4.60	−0.01112	−0.00999	0.00886	−0.00113	4.00200	0.07996
$3\pi/2$	−0.00898	−0.00898	0.00898	0	4.00161	0.07190
4.80	−0.00748	−0.00820	0.00892	0.00072	4.00134	0.06561
5.00	−0.00455	−0.00646	0.00837	0.00191	4.00085	0.05170
5.50	0.00001	−0.00288	0.00578	0.00290	4.00020	0.02307
6.00	0.00169	−0.00069	0.00307	0.00238	4.00003	0.00554
2π	0.00187	0	0.00187	0.00187	4.00001	0
6.50	0.00179	0.00032	0.00114	0.00147	4.00001	−0.00259
7.00	0.00129	0.00060	0.00009	0.00069	4.00001	−0.00479
$9\pi/4$	0.00120	0.00060	0	0.00060	4.00001	−0.00482
7.50	0.00071	0.00052	−0.00033	0.00019	4.00001	−0.00415
$5\pi/2$	0.00039	0.00039	−0.00039	0	4.00000	−0.00311
8.00	0.00028	0.00033	−0.00038	−0.00005	4.00000	−0.00266

式(8-11a)适用于原点以右($x>0$)的半边梁。根据式(8-11a)可绘出右半边梁的 $y(x)$、$\theta(x)$、$M(x)$、$V(x)$图形。再利用 $y(x)$、$M(x)$图形的对称性和 $\theta(x)$、$V(x)$图形的反对称性可绘出左半边梁($x<0$)的相应图形(图 8-6)。

(2) 在力偶作用下

设在梁的原点 O 处作用一力偶矩等于 m 的力偶(图 8-7)。首先仍讨论 $x>0$ 各截面处的位移、内力和基础梁的反力，并仍由式(8-10b)确定基础梁的位移：

$$y(x)=e^{-\lambda x}(C_3\cos\lambda x+C_4\sin\lambda x)$$

其中积分常数 C_3、C_4 按下列边界条件确定：

1) 当 $x=0$ 时，由于梁的位移为反对称，故 $y(0)=0$；

2) 在截面 $x=0+\varepsilon$ 处弯矩 $M(0+\varepsilon)=\dfrac{m}{2}$。

由边界条件 1，式(8-10b)得 $C_3=0$，因此，

$$y(x)=C_4e^{-\lambda x}\sin\lambda x \qquad (a)$$

$$\theta(x)=C_4\lambda e^{-\lambda x}(\cos\lambda x-\sin\lambda x) \qquad (b)$$

$$M(x)=-EI\frac{d^2y}{dx^2}=2EIC_4\lambda^2e^{-\lambda x}\cos\lambda x \qquad (c)$$

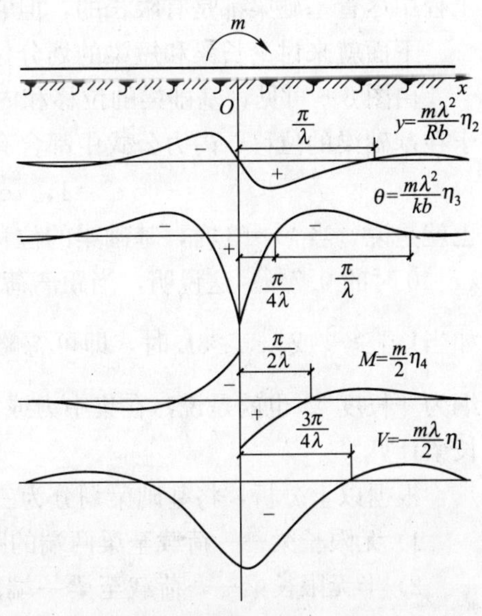

图 8-7 无限长梁受集中力偶作用位移和内力图

$$V(x)=-2EIC_4\lambda^3 e^{-\lambda x}(\cos\lambda x+\sin\lambda x) \tag{d}$$

$$p(x)=kbC_4 e^{-\lambda x}\sin\lambda x \tag{e}$$

由边界条件 2 和式(c)得：

$$M(0+\varepsilon)=2EIC_4\lambda^2=\frac{m}{2}$$

由此得

$$C_4=\frac{m}{4EI\lambda^2} \tag{f}$$

将式(f)代回式(a)～式(e)，并注意到$\lambda=\sqrt[4]{\frac{kb}{4EI}}$，经整理后得截面 $x>0$ 的全部解答：

$$\left.\begin{aligned}
&y(x)=\frac{m\lambda^2}{kb}e^{-\lambda x}\sin\lambda x=\frac{m\lambda^2}{kb}\eta_2\\
&\theta(x)=\frac{m\lambda^3}{kb}e^{-\lambda x}(\cos\lambda x-\sin\lambda x)=\frac{m\lambda^3}{kb}\eta_3\\
&M(x)=\frac{m}{2}e^{-\lambda x}\cos\lambda x=\frac{m}{2}\eta_4\\
&V(x)=-\frac{m\lambda}{2}e^{-\lambda x}(\cos\lambda x+\sin\lambda x)=-\frac{m\lambda}{2}\eta_1\\
&p(x)=m\lambda^2 e^{-\lambda x}\sin\lambda x=m\lambda^2\eta_2
\end{aligned}\right\} \tag{8-12}$$

式(8-12)适用于原点以右($x>0$)的半边梁。根据式(8-12)可绘出右半边梁的 $y(x)$、$\theta(x)$、$M(x)$、$V(x)$的图形，再利用 $y(x)$、$M(x)$图形的反对称性和 $\theta(x)$、$V(x)$图形的对称性可绘出左半边梁($x<0$)的图形(图 8-7)。

3. 长梁与短梁的划分标准

上面所得到的无限长梁的全部解答不仅有理论意义，而且也有实际意义。因为在实际工程中尽管基础梁都是有限长的，但它们在满足一定条件下可以按无限长梁来处理。

下面就来讨论长梁和短梁的划分标准。

由图 8-6 可见，基础梁的位移和内力随离开原点的距离 x 的增大而迅速减小。这是由于在基础梁的位移、内力公式中都含有衰减函数 $e^{-\lambda x}$的缘故。例如

$$e^0=1,\quad e^{-3}=0.05,\quad e^{-5}=0.007$$

也就是说，当 $\lambda x=3$ 时，基础梁的位移和内力仅为 $\lambda x=0$ 时的 5%；而当 $\lambda x=5$ 时，仅为 $\lambda x=0$ 时的 0.7%。这说明，当距离荷载作用点 O 稍远处，梁的位移和内力已经很小。例如当$|x|\geqslant\frac{3}{\lambda}$或$|x|\geqslant 3L$ 时，即可忽略不计。这里的 $L=\frac{1}{\lambda}$称为基础梁的特征长度。其量纲为［长度］。也就是说，在集中力或集中力偶作用点至梁端的距离大于 $3L$，即可按无限长梁计算。

根据以上分析，将基础梁划分为三种类型：

1）无限长梁——荷载至梁两端的距离均大于 $3L$(图 8-8a)；

2）半无限长梁——荷载至梁一端的距离小于或等于 $3L$，而至另一端的距离大于 $3L$(图8-8b)；

3）短梁——荷载至梁两端的距离均小于或等于 $3L$(图 8-8c)。

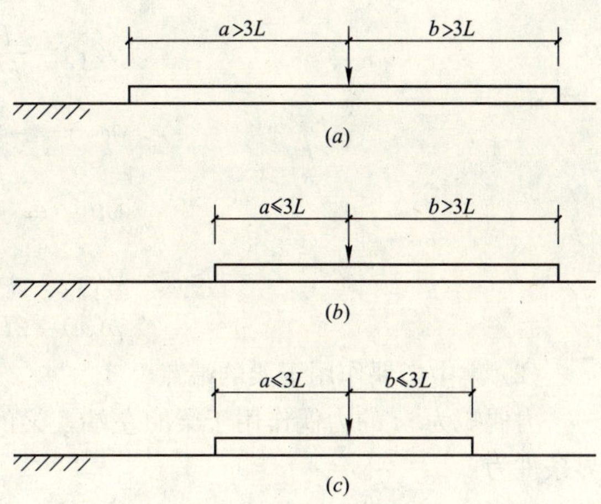

图 8-8 长梁与短梁的划分

(a)无限长梁；(b)半无限长梁；(c)短梁

应当指出，基础梁的特征长度

$$L=\frac{1}{\lambda}=\sqrt[4]{\frac{4EI}{kb}} \tag{8-13}$$

与其截面抗弯刚度 EI、地基的基床系数 k 的比值有关。例如，梁的抗弯刚度愈大，基床系数愈小，即其比值愈大，则梁的特征长度愈大，反之愈小。同样的基础梁放在软土地基上，其特征长度就大，放在硬土地基上，其特征长度就小。因此，划分梁的长短标准，不仅要看梁的实际长度，还要看梁的抗弯刚度和地基土的压缩性质。

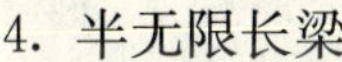

4. 半无限长梁

(1) 集中荷载作用于梁的端点

取梁的左端为原点 O，建立直角坐标系，并设集中荷载 F 作用于原点。梁的右端延伸至无限远(图 8-9)。这时可按式(8-10a)确定梁的位移。

$$y(x)=e^{\lambda x}(C_1\cos\lambda x+C_2\sin\lambda x)+e^{-\lambda x}(C_3\cos\lambda x+C_4\sin\lambda x)$$

式中积分常数由下列边界条件确定：

1) 当 $x\to\infty$ 时，$y(x)=0$；

2) 当 $x=0$ 时，$M(x)=-EI\dfrac{d^2y}{dx^2}=0$；

3) 当 $x=0$ 时，$V(x)=-EI\dfrac{d^3y}{dx^3}=-F$。

由以上边界条件，可求得式(8-10a)中的积分常数：

$$C_1=C_2=0，C_4=0$$

$$C_3=\frac{F}{2EI\lambda^3}=\frac{2\lambda}{kb}F$$

将上面积分常数代回式(8-10a)，并根据材料力学公式及基础梁反力表达式，就可求得半无限长梁在集中荷载作用下的全部解答：

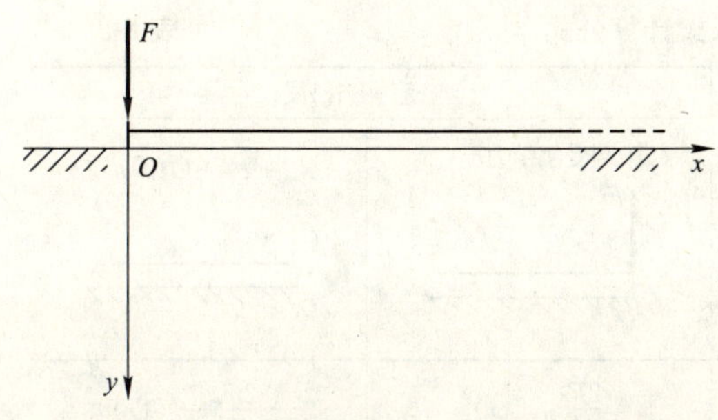

图 8-9 集中荷载作用于半无限长梁端点

图 8-10 集中力偶作用于半无限梁端点

$$\left.\begin{aligned}y(x)&=\frac{2F\lambda}{kb}\eta_4\\\theta(x)&=-\frac{2F\lambda^2}{kb}\eta_1\\M(x)&=-\frac{F}{\lambda}\eta_2\\V(x)&=-F\eta_3\\p(x)&=2F\lambda\eta_4\end{aligned}\right\}\tag{8-14}$$

(2) 集中力偶作用于梁的端点

力偶矩为 m 的力偶作用于梁的左端，梁的右端延伸至无限远(图 8-10)。这时梁的边界条件为：

1）当 $x\to\infty$时，$y(x)=0$；

2）当 $x=0$ 时，$M(x)=-EI\dfrac{d^2y}{dx^2}=m$；

3）当 $x=0$ 时，$V(x)=0$。

由上面边界条件可求得方程(8-10a)中的积分常数：

$$C_1=C_2=0$$

$$C_3=C_4=-\frac{m}{2EI\lambda^2}=-\frac{2m\lambda^2}{kb}$$

将上面积分常数代回式(8-10a)，并根据材料力学公式及基础梁反力表达式，就可求得半无限长梁在力偶作用下的全部解答：

$$\left.\begin{aligned}y(x)&=-\frac{2m\lambda^2}{kb}\eta_3\\\theta(x)&=\frac{4m\lambda^3}{kb}\eta_4\\M(x)&=m\eta_1\\V(x)&=-2m\lambda\eta_2\\p(x)&=-2m\lambda^2\eta_3\end{aligned}\right\}\tag{8-15}$$

为了便于查阅，现将无限长梁和半无限长梁在集中力 F 和集中力偶 m 作用下的挠度、转角、弯矩和剪力计算公式汇总于表 8-3。

无限长梁和半无限长梁计算公式　　表 8-3

位移和内力	无限长梁		半无限长梁	
	受集中力F	受集中力偶m	梁端受集中力F	梁端受集中力偶m
$y(x)$	$\frac{F\lambda}{2kb}\eta_1(\lvert\lambda x\rvert)$	$\pm\frac{m\lambda^2}{kb}\eta_2(\lvert\lambda x\rvert)$	$\frac{2F\lambda}{kb}\eta_4(\lambda x)$	$-\frac{2m\lambda^2}{kb}\eta_3(\lambda x)$
$\theta(x)$	$\mp\frac{F\lambda^2}{kb}\eta_2(\lvert\lambda x\rvert)$	$\frac{m\lambda^3}{kb}\eta_3(\lvert\lambda x\rvert)$	$-\frac{2F\lambda^2}{kb}\eta_1(\lambda x)$	$\frac{4m\lambda^3}{kb}\eta_4(\lambda x)$

续表

位移和内力	无限长梁		半无限长梁	
	受集中力F	受集中力偶m	梁端受集中力F	梁端受集中力偶m
$M(x)$	$\frac{F}{4\lambda}\eta_3(\lvert\lambda x\rvert)$	$\pm\frac{m}{2}\eta_4(\lvert\lambda x\rvert)$	$-\frac{F}{\lambda}\eta_2(\lambda x)$	$m\eta_1(\lambda x)$
$V(x)$	$\mp\frac{F}{2}\eta_4(\lvert\lambda x\rvert)$	$-\frac{m\lambda}{2}\eta_1(\lvert\lambda x\rvert)$	$-F\eta_3(\lambda x)$	$-2m\lambda\eta_2(\lambda x)$

表 8-3 中公式不仅适用于 $x>0$，也适用于 $x<0$ 的情形。由于无限长梁在集中力 F 作用下的转角 $\theta(x)$ 和剪力 $V(x)$ 为反对称图形，在原点 O 左右两边对称截面处的值相反(异号)。因此，当 $x>0$ 时，公式应取负号［见式(8-11a)］；当 $x<0$ 时，公式应取正号。无限长梁在集中力偶 m 作用下的挠度 $y(x)$、弯矩 $M(x)$ 为反对称图形，故当 $x>0$ 时，公式应取正号［见式(8-12)］；当 $x<0$ 时，公式应取负号。

(3) 集中荷载作用于梁端附近

图 8-11a 所示为半无限长梁在距梁端点(即坐标原点 O)为 $a\leqslant 3L$ 处作用一集中荷载 F。现求距端点为 x 的截面 m-n 的弯矩 $M(x)$。

为便于制表，引入相对坐标。设 $a=\beta L$ 和 $x=\xi L$。即

$$\beta=\frac{a}{L}=\lambda a \tag{a}$$

$$\xi=\frac{x}{L}=\lambda x \tag{b}$$

其中 β 称为集中荷载作用点至梁的端点的折算距离；ξ 称为计算截面至梁的端点的折算距离。

利用力的叠加原理求解图 8-11(a)所示的半无限长梁的内力和反力。现将其计算步骤说明如下：

1) 将半无限长梁的左端向左无限延伸，使其成为无限长梁(图 8-11b)。由表 8-3 中的无限长梁弯矩公式可求得截面 m-n 的弯矩：

$$M_1(\xi)=\frac{F}{4\lambda}\eta_3(\lvert\xi-\beta\rvert) \tag{c}$$

和截面 O 的弯矩、剪力：

$$M_0=\frac{F}{4\lambda}\eta_3(\beta) \tag{d}$$

$$V_0=\frac{F}{2}\eta_4(\beta) \tag{e}$$

如果将梁沿截面 O 切开，并取右边部分为隔离体，则无限长梁变成如图

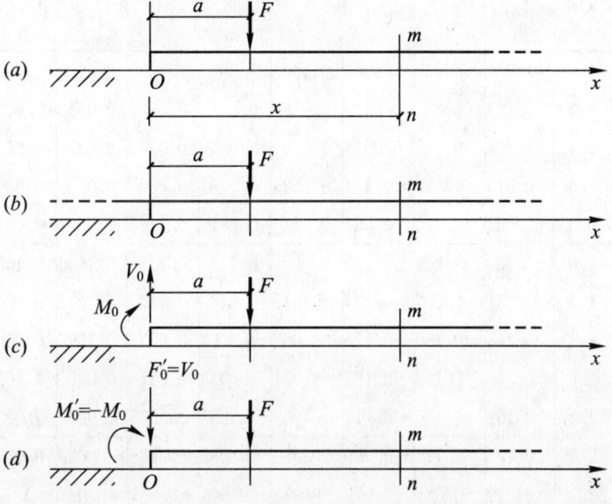

图 8-11 集中荷载作用于梁端附近的半无限长梁

8-11c 所示的在梁端 O 作用有 M_0 和 V_0 的半无限长梁。将图 8-11a 和图 8-11c 加以比较，就会发现后者比前者多了两个端点荷载 M_0 和 V_0。为了获得图 8-11a 的真实解答，必须设法消去端点荷载的影响。

2）为了消除图 8-11c 中的端点荷载的影响，我们在图 8-11d 中加两个端点荷载 M_0' 和 F_0'，其大小分别等于 M_0 和 V_0，方向相反，即

$$M_0'=-M_0=-\frac{F}{4\lambda}\eta_3(\beta) \tag{f}$$

$$F_0'=V_0=\frac{F}{2}\eta_4(\beta)\quad\text{（方向相反）} \tag{g}$$

由 M_0' 和 F_0' 在截面 m-n 共同产生的 $M(\xi)$，可利用表 8-3 中半无限长梁公式叠加求得：

$$\begin{aligned}M_2(\xi)&=M_0'\eta_1(\xi)-\frac{F_0'}{\lambda}\eta_2(\xi)\\&=-\frac{F}{4\lambda}\eta_3(\beta)\eta_1(\xi)-\frac{F}{2\lambda}\eta_4(\beta)\eta_2(\xi)\end{aligned} \tag{h}$$

显然，基础梁截面 m-n 的弯矩等于 $M_1(\xi)$ 与 $M_2(\xi)$ 之和：

$$\begin{aligned}M(\xi)&=M_1(\xi)+M_2(\xi)\\&=\frac{F}{4\lambda}\eta_3(|\xi-\beta|)-\frac{F}{4\lambda}\eta_3(\beta)\eta_1(\xi)-\frac{F}{2\lambda}\eta_4(\beta)\eta_2(\xi)\end{aligned} \tag{i}$$

或写成更简洁的形式：

$$M(\xi)=\overline{M}_F\frac{F}{\lambda} \tag{8-16a}$$

式中

$$\overline{M}_F=\frac{1}{4}\eta_3(|\xi-\beta|)-\frac{1}{4}\eta_3(\beta)\eta_1(\xi)-\frac{1}{2}\eta_4(\beta)\eta_2(\xi) \tag{8-16b}$$

式(8-16a)就是所要求的集中荷载作用于半无限长梁梁端附近($a\leqslant 3L$)，在截面 x 处的弯矩表达式。其中系数 $\overline{M}$ 可根据折算距离 β 和 ξ 由表 8-4a 查得。

半无限长梁受集中力 F 作用的弯矩系数 $\overline{M}_F$ 值　　**表 8-4a**

ξ \ β	0.0	0.2	0.4	0.6	0.8	1.0	1.2	1.4	1.6	1.8	2.0	2.2	2.4	2.6	2.8
0.0	0.000	0.000	0.000	0.000	0.000	0.000	0.000	0.000	0.000	0.000	0.000	0.000	0.000	0.000	0.000
0.2	−0.163	0.030	0.024	0.018	0.012	0.008	0.005	0.002	0.000	−0.001	−0.002	−0.002	−0.002	−0.003	−0.002
0.4	−0.261	−0.085	0.091	0.069	0.050	0.034	0.021	0.011	0.003	−0.002	−0.005	−0.007	−0.008	−0.008	−0.007
0.6	−0.310	−0.157	−0.004	0.152	0.113	0.080	0.052	0.030	0.013	0.001	−0.007	−0.012	−0.015	−0.015	−0.015
0.8	−0.322	−0.195	−0.067	0.064	0.201	0.146	0.099	0.061	0.032	0.010	−0.005	−0.015	−0.021	−0.023	−0.023
1.0	−0.309	−0.208	−0.105	0.000	0.113	0.233	0.165	0.103	0.063	0.029	0.004	−0.013	−0.024	−0.023	−0.031
1.2	−0.281	−0.203	−0.124	−0.042	0.046	0.142	0.251	0.174	0.110	0.069	0.023	−0.003	−0.021	−0.031	−0.036
1.4	−0.243	−0.186	−0.128	−0.068	−0.002	0.073	0.159	0.260	0.175	0.108	0.055	0.017	−0.010	−0.028	−0.028
1.6	−0.202	−0.163	−0.123	−0.081	−0.033	0.021	0.086	0.165	0.261	0.173	0.104	0.050	0.011	−0.016	−0.033
1.8	−0.161	−0.136	−0.111	−0.084	−0.053	−0.015	0.030	0.093	0.167	0.259	0.170	0.099	0.045	0.006	−0.021
2.0	−0.123	−0.110	−0.096	−0.080	−0.062	−0.038	−0.006	0.036	0.093	0.165	0.256	0.166	0.095	0.041	0.002
2.2	−0.090	−0.084	−0.079	−0.073	−0.064	−0.051	−0.032	−0.003	0.037	0.092	0.163	0.254	0.164	0.083	0.039
2.4	−0.061	−0.062	−0.063	−0.063	−0.062	−0.057	−0.046	−0.029	−0.002	0.036	0.090	0.162	0.252	0.162	0.091

续表

ξ \ β	0.0	0.2	0.4	0.6	0.8	1.0	1.2	1.4	1.6	1.8	2.0	2.2	2.4	2.6	2.8
2.6	−0.038	−0.043	−0.048	−0.052	−0.056	−0.056	−0.053	−0.045	−0.029	−0.003	0.035	0.089	0.160	0.251	0.160
2.8	−0.020	−0.028	−0.035	−0.042	−0.048	−0.053	−0.054	−0.053	−0.045	−0.029	−0.004	0.035	0.088	0.160	0.250
3.0	−0.007	−0.015	−0.024	−0.032	−0.040	−0.047	−0.052	−0.054	−0.052	−0.045	−0.030	−0.004	0.035	0.088	0.159
3.2	0.002	−0.006	−0.015	−0.023	−0.032	−0.040	−0.046	−0.052	−0.054	−0.053	−0.045	−0.030	−0.004	0.034	0.088
3.4	0.008	0.000	−0.008	−0.016	−0.024	−0.032	−0.040	−0.047	−0.052	−0.054	−0.052	−0.045	−0.029	−0.004	0.034
3.6	0.012	0.005	−0.003	−0.010	−0.018	−0.025	−0.033	−0.040	−0.047	−0.052	−0.054	−0.052	−0.044	−0.029	−0.003
3.8	0.014	0.007	0.001	−0.005	−0.012	−0.019	−0.026	−0.033	−0.040	−0.047	−0.052	−0.054	−0.052	−0.044	−0.029
4.0	0.014	0.009	0.004	−0.002	−0.008	−0.013	−0.020	−0.026	−0.033	−0.040	−0.046	−0.051	−0.053	−0.051	−0.044
4.2	0.013	0.009	0.005	0.001	−0.004	−0.009	−0.014	−0.020	−0.027	−0.033	−0.040	−0.046	−0.051	−0.053	−0.051
4.4	0.012	0.009	0.006	0.002	−0.001	−0.005	−0.010	−0.015	−0.020	−0.026	−0.033	−0.040	−0.046	−0.500	−0.056

类似地，可求地基梁剪力 $V(\xi)$ 和反力 $p(\xi)$ 的表达式：

$$V(\xi)=\overline{V}_{\mathrm{F}}\cdot F \tag{8-17a}$$

$$\overline{V}_{\mathrm{F}}=\frac{1}{2}[\mp\eta_4(|\xi-\beta|)+\eta_3(\beta)\eta_2(\xi)-\eta_4(\beta)\eta_3(\xi)] \tag{8-17b}$$

系数 $\overline{V}_{\mathrm{F}}$ 可根据折算距离 β 和 ξ 由表 8-4*b* 查得。

$$p(\xi)=\overline{p}_{\mathrm{F}}\frac{F}{L} \tag{8-18a}$$

半无限长梁受集中力 F 作用的剪力系数 $\overline{V}_{\mathrm{F}}$ 值　　表 8-4*b*

ξ \ β	0.0	0.2	0.4	0.6	0.8	1.0	1.2	1.4	1.6	1.8	2.0	2.2	2.4	2.6	2.8
0.0	0.000	0.000	0.000	0.000	0.000	0.000	0.000	0.000	0.000	0.000	0.000	0.000	0.000	0.000	0.000
0.2	−0.640	0.295	0.233	0.175	0.126	0.084	0.051	0.025	0.006	−0.007	−0.015	−0.020	−0.021	−0.021	−0.020
0.4	−0.356	−0.461	0.436	0.339	0.252	0.177	0.115	0.066	0.028	0.002	−0.016	−0.027	−0.033	−0.035	−0.033
0.6	−0.143	−0.267	−0.390	0.490	0.377	0.277	0.192	0.122	0.068	0.026	−0.003	−0.022	−0.034	−0.039	−0.040
0.8	0.009	−0.120	−0.248	−0.376	0.500	0.384	0.281	0.194	0.123	0.067	0.025	−0.004	−0.025	−0.035	−0.041
1.0	0.11	−0.013	−0.137	−0.261	−0.385	0.494	0.381	0.279	0.194	0.124	0.068	0.027	−0.002	0.022	−0.034
1.2	0.172	0.059	−0.054	−0.167	−0.283	−0.400	0.485	0.377	0.279	0.195	0.127	0.072	0.031	0.001	−0.019
1.4	0.201	0.104	0.006	−0.094	−0.196	−0.302	−0.411	0.480	0.375	0.281	0.199	0.131	0.077	0.36	0.006
1.6	0.208	0.127	0.045	−0.038	−0.125	−0.217	−0.315	−0.417	0.478	0.377	0.285	0.204	0.137	0.082	0.041
1.8	0.198	0.134	0.069	0.002	−0.069	−0.146	−0.229	−0.321	−0.419	0.480	0.331	0.290	0.209	0.142	0.087
2.0	0.179	0.130	0.080	0.028	−0.027	−0.088	−0.157	−0.235	−0.322	−0.417	0.484	0.386	0.295	0.214	0.147
2.2	0.155	0.119	0.082	0.044	0.003	−0.044	−0.099	−0.162	−0.236	−0.320	−0.414	0.488	0.390	0.290	0.219
2.4	0.128	0.104	0.079	0.052	0.023	−0.012	−0.053	−0.103	−0.163	−0.235	−0.318	−0.410	0.492	0.394	0.303
2.6	0.102	0.086	0.071	0.054	0.034	0.011	−0.019	−0.056	−0.104	−0.162	−0.233	−0.315	−0.407	0.495	0.397
2.8	0.078	0.070	0.061	0.052	0.040	0.025	0.005	−0.021	−0.057	−0.102	−0.160	−0.231	−0.313	−0.405	0.497
3.0	0.056	0.053	0.050	0.046	0.041	0.033	0.021	0.003	−0.022	−0.056	−0.101	−0.159	−0.229	−0.311	−0.403
3.2	0.038	0.039	0.040	0.040	0.039	0.036	0.030	0.020	0.003	−0.021	−0.055	−0.100	−0.158	−0.228	−0.310
3.4	0.024	0.027	0.030	0.033	0.035	0.036	0.035	0.029	0.020	0.003	−0.021	−0.055	−0.100	−0.157	−0.227
3.6	0.012	0.017	0.022	0.026	0.031	0.034	0.035	0.034	0.029	0.020	0.004	−0.020	−0.054	−0.099	−0.156
3.8	0.004	0.009	0.015	0.020	0.025	0.030	0.033	0.035	0.034	0.029	0.020	0.004	−0.020	−0.054	−0.099
4.0	−0.002	0.004	0.009	0.015	0.020	0.026	0.030	0.033	0.035	0.034	0.029	0.020	0.004	−0.020	−0.054
4.2	−0.006	0.00	0.005	0.010	0.015	0.020	0.026	0.030	0.033	0.035	0.034	0.029	0.020	0.004	−0.020
4.4	−0.008	−0.003	0.001	0.006	0.011	0.016	0.021	0.026	0.030	0.033	0.035	0.034	0.029	0.020	0.004

$$\bar{p}_F=\frac{1}{2}\eta_1(|\xi-\beta|)+\eta_4(\beta)\eta_4(\xi)+\frac{1}{2}\eta_3(\beta)\eta_3(\xi) \tag{8-18b}$$

系数 $\bar{p}_F$ 可根据折算距离 β 和 ξ 由表 8-4c 查得。

半无限长梁受集中力 F 作用的反力系数 $\bar{p}_F$ 值　　表 8-4c

ξ \ β	0.0	0.2	0.4	0.6	0.8	1.0	1.2	1.4	1.6	1.8	2.0	2.2	2.4	2.6	2.8
0.0	2.000	1.605	1.235	0.906	0.626	0.398	0.218	0.084	0.012	0.075	0.113	0.130	0.134	0.127	0.115
0.2	1.605	1.348	1.092	0.848	0.630	0.442	0.287	0.164	0.071	0.004	0.041	0.069	0.082	0.087	0.084
0.4	1.235	1.092	0.945	0.788	0.681	0.484	0.354	0.244	0.154	0.084	0.031	0.006	0.031	0.045	0.052
0.6	0.906	0.848	0.788	0.715	0.624	0.521	0.419	0.322	0.237	0.164	0.104	0.057	0.022	0.003	0.019
0.8	0.626	0.630	0.631	0.624	0.598	0.545	0.474	0.396	0.316	0.243	0.178	0.123	0.078	0.042	0.016
1.0	0.398	0.442	0.484	0.521	0.545	0.546	0.514	0.459	0.392	0.321	0.253	0.191	0.136	0.091	0.055
1.2	0.218	0.287	0.354	0.419	0.474	0.514	0.527	0.505	0.456	0.394	0.327	0.260	0.199	0.144	0.099
1.4	0.084	0.164	0.244	0.322	0.396	0.459	0.505	0.522	0.503	0.458	0.397	0.331	0.264	0.203	0.148
1.6	−0.012	0.061	0.154	0.237	0.316	0.392	0.456	0.503	0.522	0.503	0.458	0.398	0.331	0.265	0.203
1.8	−0.075	0.004	0.084	0.164	0.243	0.321	0.394	0.458	0.503	0.521	0.502	0.457	0.397	0.330	0.264
2.0	−0.113	−0.041	0.031	0.104	0.178	0.253	0.327	0.397	0.458	0.503	0.519	0.500	0.455	0.394	0.328
2.2	−0.130	−0.069	−0.006	0.057	0.123	0.191	0.260	0.331	0.398	0.547	0.500	0.516	0.497	0.451	0.391
2.4	−0.134	−0.082	−0.031	0.022	0.078	0.136	0.199	0.264	0.331	0.397	0.455	0.497	0.513	0.493	0.448
2.6	−0.127	−0.087	−0.045	−0.003	0.042	0.091	0.144	0.203	0.265	0.330	0.394	0.451	0.493	0.509	0.490
2.8	−0.115	−0.084	−0.052	−0.019	0.016	0.055	0.099	0.148	0.203	0.264	0.328	0.391	0.448	0.490	0.506
3.0	−0.099	−0.076	−0.053	−0.029	−0.003	0.027	0.061	0.102	0.148	0.202	0.262	0.325	0.388	0.445	0.488
3.2	−0.081	−0.066	−0.050	−0.034	−0.015	0.006	0.032	0.064	0.102	0.148	0.201	0.260	0.323	0.386	0.443
3.4	−0.064	−0.055	−0.045	−0.035	−0.023	−0.008	0.011	0.034	0.064	0.102	0.146	0.199	0.258	0.321	0.384
3.6	−0.019	−0.044	−0.039	−0.033	−0.026	−0.017	−0.005	0.012	0.035	0.064	0.101	0.145	0.197	0.256	0.319
3.8	−0.035	−0.034	−0.032	−0.030	−0.027	−0.022	−0.014	−0.003	0.013	0.034	0.063	0.099	0.144	0.196	0.255
4.0	−0.024	−0.025	−0.025	−0.026	−0.025	−0.024	−0.020	−0.013	−0.003	0.013	0.034	0.062	0.099	0.144	0.196
4.2	−0.015	−0.017	−0.019	−0.021	−0.023	−0.024	−0.023	−0.019	−0.013	−0.003	−0.012	0.033	0.062	0.098	0.143
4.4	−0.008	−0.011	−0.014	−0.017	−0.019	−0.022	−0.023	−0.022	−0.019	−0.013	−0.003	0.012	0.033	0.062	0.098

（4）集中力偶作用于梁端附近（图8-12a）

这种情况与求解集中荷载作用于半无限长梁梁端附近时的步骤相似，现简述如下：

1）将半无限长梁从坐标原点 O 向左无限延伸形成无限长梁（图 8-12b）。由表 8-3 中无限长梁在集中力偶 m 作用下的弯矩公式，可求得截面 m-n 的弯矩

$$M_1(\xi)=\pm\frac{m}{2}\eta_4(|\xi-\beta|) \tag{a}$$

截面 O 的弯矩和剪力

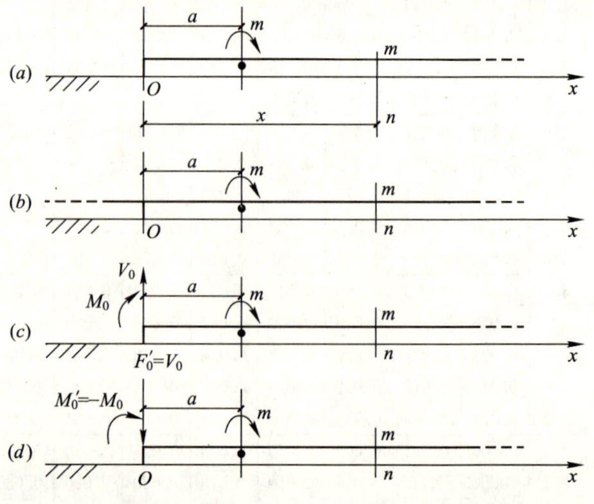

图 8-12　集中力偶作用于梁端附近的半无限长梁

$$M_0 = -\frac{m}{2}\eta_4(\beta) \tag{b}$$

$$V_0 = -\frac{m\lambda}{2}\eta_1(\beta) \tag{c}$$

同样，将截面 O 切开，并取 O 点以右为隔离体，则梁变成如图 8-12c 所示的半无限长梁，并在梁的端点作用有 M_0 和 V_0。

2）为了消除 M_0 和 V_0 的影响，我们在图 8-12d 中加两个端点荷载 M_0' 和 F_0'，其大小分别等于 M_0 和 V_0，而方向相反，即

$$M_0' = -M_0 = \frac{m}{2}\eta_4(\beta) \tag{d}$$

$$F_0' = V_0 = -\frac{m\lambda}{2}\eta_1(\beta) \tag{e}$$

由 M_0' 和 F_0' 在截面 m-n 产生的弯矩为：

$$M_2(\xi) = M_0'\eta_1(\xi) - \frac{F_0'}{\lambda}\eta_2(\xi) = \frac{m}{2}\eta_4(\beta)\eta_1(\xi) + \frac{m}{2}\eta_1(\beta)\eta_2(\xi) \tag{f}$$

将式(a)与式(f)相加，就得到截面 m-n 的最后弯矩表达式

$$M(\xi) = M_1(\xi) + M_2(\xi) = \pm\frac{m}{2}\eta_4(|\xi-\beta|) + \frac{m}{2}\eta_4(\beta)\eta_1(\xi) + \frac{m}{2}\eta_1(\beta)\eta_2(\xi) \tag{g}$$

或写成：

$$M(\xi) = \overline{M}_{\mathrm{m}}m \tag{8-19a}$$

$$\overline{M}_{\mathrm{m}} = \frac{1}{2}\left[\pm\eta_4(|\xi-\beta|) + \eta_4(\beta)\eta_1(\xi) + \eta_1(\beta)\eta_2(\xi)\right] \tag{8-19b}$$

系数 $\overline{M}_{\mathrm{m}}$ 可根据 β 和 ξ 由表 8-5a 查得。

半无限长梁受集中力偶 m 作用下弯矩系数 $\overline{M}_{\mathrm{m}}$ 值　　**表 8-5a**

ξ \ β	0.0	0.2	0.4	0.6	0.8	1.0	1.2	1.4	1.6	1.8	2.0	2.2	2.4	2.6	2.8
0.0	0.000	0.000	0.000	0.000	0.000	0.000	0.000	0.000	0.000	0.000	0.000	0.000	0.000	0.000	0.000
0.2	0.965	−0.034	−0.032	0.028	−0.024	−0.019	−0.015	−0.011	−0.008	−0.005	−0.003	−0.001	0.000	0.001	0.001
0.4	0.878	0.880	−0.114	−0.103	−0.088	−0.073	−0.058	−0.044	−0.032	−0.021	−0.013	−0.007	−0.002	0.001	0.003
0.6	0.763	0.764	0.773	−0.209	−0.183	−0.154	−0.124	−0.096	−0.071	−0.050	−0.032	−0.018	−0.008	0.000	0.005
0.8	0.635	0.637	0.646	0.668	−0.298	−0.256	−0.211	−0.167	−0.127	−0.091	−0.062	−0.038	−0.019	−0.005	0.004
1.0	0.508	0.510	0.519	0.551	0.579	−0.371	−0.313	−0.254	−0.198	−0.147	−0.103	−0.067	−0.039	−0.017	−0.001
1.2	0.390	0.391	0.400	0.422	0.459	0.511	−0.424	−0.353	−0.282	−0.216	−0.158	−0.109	−0.068	−0.037	−0.013
1.4	0.285	0.286	0.291	0.314	0.348	0.399	0.464	−0.459	−0.378	−0.299	−0.226	−0.163	−0.110	−0.067	−0.034
1.6	0.196	0.197	0.294	0.221	0.251	0.297	0.359	0.434	−0.481	−0.392	−0.307	−0.230	−0.164	−0.108	−0.064
1.8	0.123	0.124	0.130	0.144	0.170	0.210	0.265	0.334	0.417	−0.492	−0.399	−0.311	−0.231	−0.162	−0.106
2.0	0.067	0.067	0.071	0.083	0.104	0.137	0.184	0.245	0.320	−0.407	−0.498	−0.402	−0.311	−0.230	−0.161
2.2	0.024	0.025	0.028	0.037	0.053	0.080	0.118	0.170	0.235	0.314	0.403	−0.500	−0.402	−0.311	−0.229
2.4	−0.006	−0.005	−0.003	0.003	0.015	0.036	0.066	0.108	0.163	0.230	0.311	0.402	−0.500	−0.402	−0.310
2.6	−0.025	−0.025	−0.024	−0.019	−0.011	−0.004	0.027	0.059	0.103	0.159	0.228	0.310	0.402	−0.500	−0.401
2.8	−0.037	−0.037	−0.036	−0.033	−0.027	−0.017	−0.001	0.023	0.057	0.101	0.158	0.228	0.310	0.402	−0.499
3.0	−0.042	−0.042	−0.042	−0.040	−0.037	−0.031	−0.020	−0.003	0.022	0.056	0.101	0.158	0.228	0.310	0.402
3.2	−0.043	−0.043	−0.043	−0.043	−0.041	−0.037	−0.031	−0.020	−0.003	0.022	0.056	0.101	0.158	0.228	0.310

续表

β ξ	0.0	0.2	0.4	0.6	0.8	1.0	1.2	1.4	1.6	1.8	2.0	2.2	2.4	2.6	2.8
3.4	−0.041	−0.041	−0.041	−0.041	−0.041	−0.040	−0.036	−0.030	−0.019	−0.003	0.022	0.056	0.101	0.158	0.228
3.6	−0.037	−0.037	−0.037	−0.037	−0.038	−0.033	−0.038	−0.035	−0.029	−0.019	−0.002	0.022	0.056	0.101	0.158
3.8	−0.031	−0.031	−0.032	−0.032	−0.034	−0.035	−0.036	−0.036	−0.034	−0.028	−0.018	−0.002	0.022	0.056	0.100
4.0	−0.026	−0.026	−0.026	−0.027	−0.029	−0.031	−0.033	−0.034	−0.035	−0.033	−0.028	−0.018	−0.002	0.022	0.055
4.2	−0.020	−0.021	−0.021	−0.022	−0.023	−0.025	−0.028	−0.031	−0.033	−0.034	−0.032	−0.028	−0.018	−0.002	0.022
4.4	−0.016	−0.016	−0.016	−0.017	−0.018	−0.021	−0.023	−0.027	−0.030	−0.032	−0.033	−0.032	−0.028	−0.018	−0.002

类似地，同样可求得基础梁的剪力 $V(\xi)$和反力 $p(\xi)$的表达式：

$$V(\xi)=\overline{V}_{\mathrm{m}}\frac{m}{L} \tag{8-20a}$$

$$\overline{V}_{\mathrm{m}}=-\frac{1}{2}\eta_1(|\xi-\beta|)+\frac{1}{2}\eta_1(\beta)\eta_3(\xi)-\eta_4(\beta)\eta_2(\xi) \tag{8-20b}$$

系数 $\overline{V}_{\mathrm{m}}$ 可根据 β 和 ξ 由表 8-5b 查得。

$$p(\xi)=\overline{p}_{\mathrm{m}}\frac{m}{L^2} \tag{8-21a}$$

$$\overline{p}_{\mathrm{m}}=\pm\eta_2(|\xi-\beta|)-\eta_4(\beta)\eta_3(\xi)-\eta_1(\beta)\eta_4(\xi) \tag{8-21b}$$

系数 $\overline{p}_{\mathrm{m}}$ 可根据 β 和 ξ 由表 8-5c 查得。

半无限长梁受集中力偶 m 作用下剪力系数 $\overline{V}_{\mathrm{m}}$ 值　　表 8-5b

β ξ	0.0	0.2	0.4	0.6	0.8	1.0	1.2	1.4	1.6	1.8	2.0	2.2	2.4	2.6	2.8
0.0	0.000	0.000	0.000	0.000	0.000	0.000	0.000	0.000	0.000	0.000	0.000	0.000	0.000	0.000	0.000
0.2	−0.325	−0.322	−0.302	−0.269	−0.229	−0.187	−0.147	−0.111	−0.079	−0.052	−0.031	−0.015	−0.003	0.005	0.010
0.4	−0.522	−0.520	−0.505	−0.465	−0.408	−0.313	−0.276	−0.214	−0.158	−0.111	−0.071	−0.040	−0.017	0.000	0.011
0.6	−0.620	−0.619	−0.611	−0.586	−0.534	−0.464	−0.387	−0.310	−0.238	−0.174	−0.120	−0.076	−0.041	−0.015	0.003
0.8	−0.645	−0.644	−0.642	−0.632	−0.604	−0.549	−0.476	−0.396	−0.317	−0.243	−0.177	−0.122	−0.076	−0.041	−0.015
1.0	−0.619	−0.619	−0.621	−0.622	−0.615	−0.590	−0.538	−0.468	−0.390	−0.313	−0.240	−0.176	−0.121	−0.077	−0.042
1.2	−0.562	−0.562	−0.566	−0.574	−0.582	−0.582	−0.564	−0.519	−0.454	−0.381	−0.308	−0.238	−0.176	−0.122	−0.079
1.4	−0.486	−0.487	−0.493	−0.504	−0.521	−0.539	−0.548	−0.539	−0.501	−0.442	−0.374	−0.304	−0.237	−0.177	−0.125
1.6	−0.404	−0.405	−0.411	−0.425	−0.447	−0.474	−0.502	−0.521	−0.519	−0.488	−0.435	−0.371	−0.304	−0.239	−0.180
1.8	−0.322	−0.323	−0.329	−0.314	−0.368	−0.400	−0.438	−0.471	−0.501	−0.506	−0.480	−0.431	−0.370	−0.305	−0.241
2.0	−0.246	−0.247	−0.253	−0.266	−0.290	−0.324	−0.366	−0.412	−0.456	−0.489	−0.409	−0.477	−0.430	−0.371	−0.307
2.2	−0.179	−0.180	−0.185	−0.198	−0.220	−0.252	−0.294	−0.343	−0.396	−0.445	−0.483	−0.496	−0.476	−0.432	−0.373
2.4	−0.123	−0.123	−0.127	−0.138	−0.159	−0.188	−0.227	−0.275	−0.330	−0.387	−0.440	−0.480	−0.495	−0.477	−0.433
2.6	−0.076	−0.077	−0.081	−0.089	−0.106	−0.131	−0.166	−0.211	−0.264	−0.322	−0.383	−0.438	−0.480	−0.496	−0.478
2.8	−0.041	−0.041	−0.044	−0.051	−0.064	−0.085	−0.115	−0.154	−0.202	−0.258	−0.319	−0.381	−0.438	−0.480	−0.497
3.0	−0.014	−0.014	−0.016	−0.022	−0.032	−0.049	−0.073	−0.106	−0.148	−0.198	−0.256	−0.318	−0.381	−0.438	−0.481
3.2	0.005	0.005	0.003	−0.001	−0.008	−0.021	−0.010	−0.067	−0.102	−0.145	−0.196	−0.255	−0.318	−0.381	−0.439
3.4	0.017	0.017	0.016	0.013	0.008	−0.001	−0.016	−0.036	−0.064	−0.100	−0.144	−0.196	−0.255	−0.318	−0.381
3.6	0.024	0.024	0.024	0.022	0.018	0.012	0.002	−0.013	−0.034	−0.063	−0.099	−0.143	−0.196	−0.255	−0.318
3.8	0.027	0.027	0.027	0.026	0.025	0.020	0.013	0.003	−0.013	−0.034	−0.063	−0.099	−0.143	−0.196	−0.255
4.0	0.028	0.028	0.028	0.027	0.026	0.024	0.020	0.014	0.003	−0.013	−0.034	−0.063	−0.099	−0.143	−0.196
4.2	0.026	0.026	0.026	0.026	0.026	0.025	0.024	0.020	0.013	0.043	−0.013	−0.034	−0.063	−0.099	−0.143
4.4	0.023	0.024	0.024	0.024	0.024	0.025	0.024	0.023	0.019	0.013	0.002	−0.013	−0.034	−0.063	−0.099

半无限长梁受集中力偶 m 作用的反力系数 $\overline{p}_m$ 值　　　表 8-5c

ξ \ β	0.0	0.2	0.4	0.6	0.8	1.0	1.2	1.4	1.6	1.8	2.0	2.2	2.4	2.6	2.8
0.0	−2.000	−1.930	−1.757	−1.526	−1.271	−1.017	−0.780	−0.570	−0.392	−0.247	−0.133	−0.049	0.011	0.051	0.074
0.2	−1.280	−1.288	−1.262	−1.163	−1.020	−0.857	−0.692	−0.536	−0.396	−0.277	−0.178	−0.101	−0.042	0.000	0.028
0.4	−0.713	−0.719	−0.762	−0.795	−0.765	−0.694	−0.602	−0.500	−0.400	−0.306	−0.223	−0.153	−0.096	−0.051	−0.018
0.6	−0.286	−0.291	−0.323	−0.410	−0.495	−0.520	−0.502	−0.457	−0.397	−0.331	−0.265	−0.204	−0.149	−0.102	−0.065
0.8	0.019	0.015	−0.008	−0.072	−0.196	−0.320	−0.382	−0.399	−0.384	−0.349	−0.302	−0.251	−0.201	−0.154	−0.112
1.0	0.222	0.220	0.204	0.160	0.071	−0.079	−0.228	−0.313	−0.349	−0.351	−0.329	−0.293	−0.249	−0.204	−0.160
1.2	0.343	0.342	0.332	0.304	0.245	0.141	−0.024	−0.187	−0.283	−0.330	−0.339	−0.323	−0.292	−0.251	−0.208
1.4	0.402	0.402	0.397	0.382	0.346	0.280	0.168	−0.004	−0.172	−0.274	−0.324	−0.336	−0.323	−0.292	−0.253
1.6	0.415	0.415	0.414	0.408	0.391	0.354	0.286	0.173	0.000	−0.170	−0.272	−0.323	−0.336	−0.323	−0.293
1.8	0.397	0.398	0.399	0.399	0.396	0.381	0.346	0.280	0.169	−0.003	−0.171	−0.273	−0.323	−0.336	−0.322
2.0	0.359	0.359	0.362	0.367	0.373	0.374	0.364	0.333	0.271	0.163	−0.006	−0.173	−0.273	−0.323	−0.335
2.2	0.310	0.310	0.314	0.322	0.333	0.345	0.352	0.347	0.322	0.263	0.158	−0.009	−0.173	−0.273	−0.321
2.4	0.256	0.257	0.261	0.270	0.285	0.302	0.321	0.334	0.335	0.313	0.258	0.156	−0.009	−0.173	−0.271
2.6	0.204	0.205	0.208	0.218	0.233	0.255	0.279	0.303	0.321	0.326	0.308	0.256	0.156	−0.008	−0.171
2.8	0.155	0.156	0.160	0.168	0.184	0.206	0.233	0.263	0.291	0.314	0.322	0.306	0.256	0.156	−0.007
3.0	0.113	0.113	0.116	0.124	0.133	0.159	0.186	0.218	0.252	0.285	0.310	0.320	0.306	0.256	0.158
3.2	0.077	0.077	0.080	0.087	0.099	0.117	0.143	0.174	0.210	0.247	0.281	0.308	0.320	0.306	0.257
3.4	0.047	0.048	0.050	0.056	0.066	0.082	0.105	0.133	0.167	0.205	0.244	0.280	0.308	0.320	0.307
3.6	0.025	0.025	0.026	0.031	0.040	0.053	0.072	0.097	0.128	0.164	0.202	0.243	0.280	0.308	0.321
3.8	0.008	0.008	0.009	0.013	0.019	0.030	0.046	0.067	0.093	0.125	0.162	0.202	0.243	0.280	0.309
4.0	−0.004	−0.003	−0.003	0.000	0.005	0.013	0.025	0.042	0.064	0.091	0.124	0.161	0.202	0.243	0.280
4.2	−0.011	−0.011	−0.011	−0.009	−0.006	0.000	0.009	0.022	0.040	0.062	0.090	0.124	0.161	0.202	0.243
4.4	−0.016	−0.016	−0.016	−0.015	−0.012	−0.008	−0.002	0.008	0.021	0.039	0.062	0.090	0.124	0.161	0.202

5. 短梁的计算

在实际工程中，经常会遇到集中荷载或集中力偶作用点至梁的两端距离均小于 $3L$ 的短梁情形。

对于短梁仍可利用无限长梁的解答，采用叠加原理来计算。图 8-13a 所示为一长度为 l，上面作用有集中荷载 F 和集中力偶 m 的 AB 梁（简称梁Ⅰ）。现将梁的两端向外无限延伸，形成无限长梁（简称梁Ⅱ）（图 8-13b）。这样，梁Ⅱ在外部荷载作用下，在与梁Ⅰ对应的端点 A、B 截面将产生弯矩 M_a、剪力 V_a 和 M_b、V_b。但是，在梁Ⅰ中并不存在这种内力。因此，必须设法消除它们的影响，以满足原来梁Ⅰ的边界条件。为此，我们在梁ⅡAB 段的端点分别施加一对集中力偶和集中力：M_A、F_A 和 M_B、F_B，并使这两对附加荷载在 A、B 截面产生的弯矩和剪力分别等于 $-M_a$、$-V_a$、$-M_b$、$-V_b$。根据这一条件利用表 8-3 中无限长梁相应公式，并注意到当 $x=0$ 时，$\eta_3=\eta_4=1$，于是，

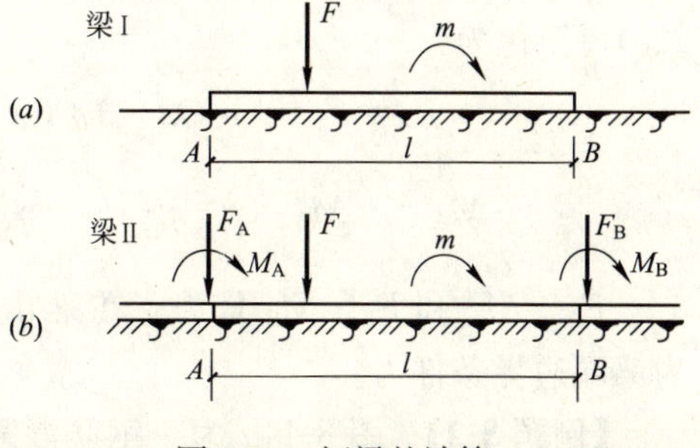

图 8-13　短梁的计算

$$\left.\begin{aligned}
&\frac{F_{\mathrm{A}}}{4\lambda}+\frac{F_{\mathrm{B}}}{4\lambda}\eta_3(\lambda l)+\frac{M_{\mathrm{A}}}{2}-\frac{M_{\mathrm{B}}}{2}\eta_4(\lambda l)=-M_{\mathrm{a}}\\
&-\frac{F_{\mathrm{A}}}{2}+\frac{F_{\mathrm{B}}}{2}\eta_4(\lambda l)-\frac{\lambda M_{\mathrm{A}}}{2}-\frac{\lambda M_{\mathrm{B}}}{2}\eta_1(\lambda l)=-V_{\mathrm{a}}\\
&\frac{F_{\mathrm{A}}}{4\lambda}\eta_3(\lambda l)+\frac{F_{\mathrm{B}}}{4\lambda}+\frac{M_{\mathrm{A}}}{2}\eta_4(\lambda l)-\frac{M_{\mathrm{B}}}{2}=-M_{\mathrm{b}}\\
&-\frac{F_{\mathrm{A}}}{2}\eta_4(\lambda l)+\frac{F_{\mathrm{B}}}{2}-\frac{M_{\mathrm{A}}}{2}\eta_1(\lambda l)-\frac{\lambda M_{\mathrm{B}}}{2}=-V_{\mathrm{b}}
\end{aligned}\right\}\tag{8-22a}$$

由此解得：

$$\begin{aligned}
F_{\mathrm{A}}=&[\eta_5(\lambda l)+\eta_6(\lambda l)\eta_4(\lambda l)]V_{\mathrm{a}}+\lambda[\eta_5(\lambda l)-\eta_6(\lambda l)\eta_1(\lambda l)]M_{\mathrm{a}}\\
&-[\eta_6(\lambda l)+\eta_5(\lambda l)\eta_4(\lambda l)]V_{\mathrm{b}}+\lambda[\eta_6(\lambda l)-\eta_5(\lambda l)\eta_1(\lambda l)]M_{\mathrm{b}}
\end{aligned}\tag{8-22b}$$

$$\begin{aligned}
M_{\mathrm{A}}=&-[\eta_5(\lambda l)+\eta_6(\lambda l)\eta_3(\lambda l)]\frac{V_{\mathrm{a}}}{2\lambda}-[\eta_5(\lambda l)-\eta_6(\lambda l)\eta_4(\lambda l)]M_{\mathrm{a}}\\
&+[\eta_6(\lambda l)+\eta_5(\lambda l)\eta_3(\lambda l)]\frac{V_{\mathrm{b}}}{2\lambda}-[\eta_6(\lambda l)-\eta_5(\lambda l)\eta_4(\lambda l)]M_{\mathrm{b}}
\end{aligned}\tag{8-22c}$$

$$\begin{aligned}
F_{\mathrm{B}}=&[\eta_6(\lambda l)+\eta_5(\lambda l)\eta_4(\lambda l)]V_{\mathrm{a}}+\lambda[\eta_6(\lambda l)-\eta_5(\lambda l)\eta_1(\lambda l)]M_{\mathrm{a}}\\
&-[\eta_5(\lambda l)+\eta_6(\lambda l)\eta_4(\lambda l)]V_{\mathrm{b}}+\lambda[\eta_5(\lambda l)-\eta_6(\lambda l)\eta_1(\lambda l)]M_{\mathrm{b}}
\end{aligned}\tag{8-22d}$$

$$\begin{aligned}
M_{\mathrm{B}}=&[\eta_6(\lambda l)+\eta_5(\lambda l)\eta_3(\lambda l)]\frac{V_{\mathrm{a}}}{2\lambda}+[\eta_6(\lambda l)-\eta_5(\lambda l)\eta_4(\lambda l)]M_{\mathrm{a}}\\
&-[\eta_5(\lambda l)+\eta_6(\lambda l)\eta_3(\lambda l)]\frac{V_{\mathrm{b}}}{2\lambda}+[\eta_5(\lambda l)-\eta_6(\lambda l)\eta_4(\lambda l)]M_{\mathrm{b}}
\end{aligned}\tag{8-22e}$$

其中

$$\left.\begin{aligned}
\eta_5(\lambda l)&=\frac{2e^{\lambda l}\,\mathrm{sh}(\lambda l)}{\mathrm{sh}^2(\lambda l)-\sin^2(\lambda l)}\\
\eta_6(\lambda l)&=\frac{2e^{\lambda l}\sin(\lambda l)}{\sin^2(\lambda l)-\mathrm{sh}^2(\lambda l)}
\end{aligned}\right\}\tag{8-23}$$

$\eta_5(\lambda l)$、$\eta_6(\lambda l)$值，可根据 λl 由表 8-2 查得。

如作用于短梁上的外部荷载对称，则 $V_{\mathrm{a}}=-V_{\mathrm{b}}$，$M_{\mathrm{a}}=M_{\mathrm{b}}$，于是，式(8－22$b$)～式(8-22$e$)可简化为：

$$F_{\mathrm{A}}=F_{\mathrm{B}}=[\eta_5(\lambda l)+\eta_6(\lambda l)]\{[1+\eta_4(\lambda l)]V_{\mathrm{a}}+\lambda[1-\eta_1(\lambda l)]M_{\mathrm{a}}\}\tag{8-24a}$$

$$M_{\mathrm{A}}=-M_{\mathrm{B}}=-[\eta_5(\lambda l)+\eta_6(\lambda l)]\left\{[1+\eta_3(\lambda l)]\frac{V_{\mathrm{a}}}{2\lambda}+[1-\eta_4(\lambda l)]M_{\mathrm{a}}\right\}\tag{8-24b}$$

F_{A}、M_{A} 和 F_{B}、M_{B} 是为了在梁Ⅱ上实现梁Ⅰ的边界条件所施加的附加荷载，一般称为梁端边界条件力。

【例题 8-2】 图 8-14a 为一钢筋混凝土基础。承受集中荷载 $F=2300\mathrm{kN}$。混凝土采用 C30，弹性模量 $E_{\mathrm{c}}=3.00\times10^4\mathrm{N/mm^2}$，基础梁的截面惯性矩 $I=10.2\times10^{10}\mathrm{mm^4}$，基础梁宽度 $b=3900\mathrm{mm}$，基床系数 $k=0.005\mathrm{N/mm^3}$。试按基床系数法求基底反力、梁的弯矩和剪力。

【解】 (1) 计算梁的弹性特征值和特征长度

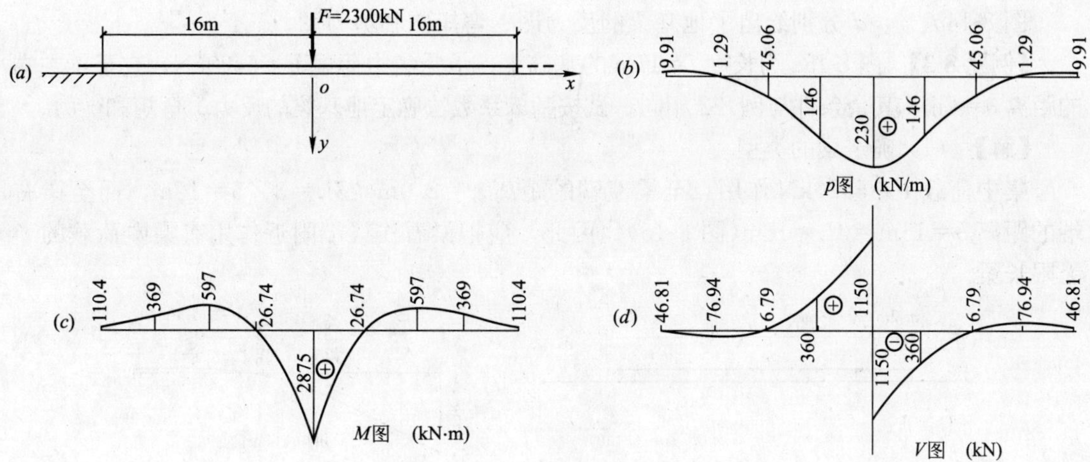

图 8-14　例题 8-2 附图

$$\lambda=\sqrt[4]{\frac{kb}{4E_cI}}=\sqrt[4]{\frac{0.005\times3900}{4\times3\times10^4\times10.2\times10^{10}}}$$
$$=0.2\times10^{-3}\text{mm}^{-1}$$
$$=0.2\text{m}^{-1}$$

$$L=\frac{1}{\lambda}=\frac{1}{0.2}=5\text{m}$$

(2) 计算基础梁的反力、弯矩和剪力

取 F 的作用点为坐标原点 o，并建立 xoy 直角坐标系(图 8-14a)。荷载作用点至梁左、右两端的距离 $a=b=16\text{m}>3L=3\times5=15\text{m}$。因此，可按无限长梁计算，计算过程见表 8-6。

内力计算表　　表 8-6

x/m	−16	−12	−8.0	−4.0	0	4.0	8.0	12	16
λx	−3.2	−2.4	−1.6	−0.8	0	0.8	1.6	2.4	3.2
$\eta_1(\lvert\lambda x\rvert)$	−0.0431	−0.0056	0.1959	0.6354	1.0000	0.6354	0.1959	−0.0056	−0.0431
$\eta_3(\lvert\lambda x\rvert)$	−0.0383	−0.1282	−0.2077	−0.0093	1.0000	−0.0093	−0.2077	−0.1282	−0.0383
$\eta_4(\lvert\lambda x\rvert)$	−0.0407	−0.0669	−0.0059	0.3131	1.0000	0.3131	−0.0059	−0.0669	−0.0407
$p(x)=\frac{F\lambda}{2}\eta_1(\lvert\lambda x\rvert)$ (kN·m)	−9.91	−1.29	45.06	146.14	230.00	146.14	45.06	−1.29	−9.91
$M(x)=\frac{F}{4\lambda}\eta_3(\lvert\lambda x\rvert)$ (kN·m)	−110.40	−368.58	−597.14	−26.74	2875	−26.74	−597.14	−368.58	−110.40
$V(x)=\mp\frac{F}{2}\eta_4(\lvert\lambda x\rvert)$ (kN)	−46.81	−76.94	−6.79	360.07	∓1150	−360.07	6.79	76.94	46.81

图 8-14b、c、d 分别给出了地基梁的反力图、弯矩图和剪力图。

【例题 8-3】 图 8-15a 为长度 $l=17$m 的基础梁，承受集中荷载 $F=5420$kN，它至梁左端的距离 $a=2$m，其余条件与例 8-2 相同。试按基床系数法确定地基梁的反力、弯矩和剪力。

【解】 (1) 确定梁的类型

集中荷载 $F=5420$kN 作用点至梁左端的距离 $a=2.0\text{m}<3L=3\times5=15$m，而至梁右端的距离 $b=15\text{m}=3L=15$m(图 8-15)。因此，应把梁看作梁端附近作用有集中荷载的半无限长梁。

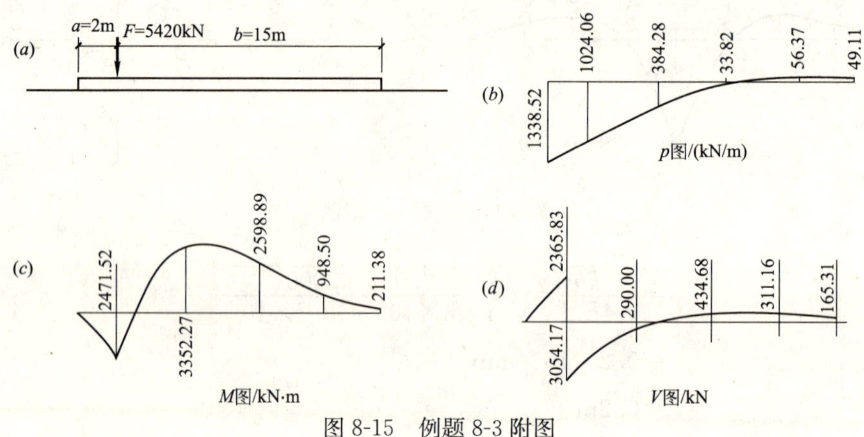

图 8-15　例题 8-3 附图

(2) 计算梁的反力、弯矩和剪力

因为本题基础梁可看作梁端附近作用集中荷载的半无限长梁，故应分别按式(8-18a)、式(8-16a)和式(8-17a)计算梁的反力、弯矩和剪力。

这时 $\beta=\dfrac{a}{L}=\dfrac{2}{5}=0.4$，$p(x)$、$M(x)$和$V(x)$计算过程见表 8-7。

图 8-15b、c、d 分别给出了地基梁的反力图、弯矩图和剪力图。

内力计算表　　**表 8-7**

x/m	0	2	6	10	14	17
$\xi=\dfrac{x}{L}$	0	0.40	1.2	2.0	2.8	3.4
$\overline{p}_F$	1.235	0.945	0.354	0.031	−0.052	−0.045
$\overline{M}_F$	0	0.091	−0.124	−0.096	−0.035	−0.008
$\overline{V}_F$	0	$\dfrac{0.436}{-0.564}$	−0.054	0.080	0.061	0.030
$p(\xi)=\overline{p}_F\dfrac{F}{L}/(\text{kN}\cdot\text{m})$	1338.52	1024.06	384.28	33.82	−56.37	−49.11
$M(\xi)=\overline{M}_F\dfrac{F}{\lambda}/(\text{kN}\cdot\text{m})$	0	2471.52	−3352.27	−2598.89	−948.50	−211.38
$V(\xi)=\overline{V}_F F/\text{kN}$	0	$\dfrac{2365.83}{-3054.17}$	−290.0	434.68	311.16	165.31

【例题 8-4】 已知长度为 8m 的基础梁，在梁的中部承受集中荷载 $F=1800$kN (图 8-16)。梁的弹性特征值 $\lambda=0.2\text{m}^{-1}$，特征长度 $L=5$m。试按基床系数法求梁在荷载作用点截面的弯矩和剪力。

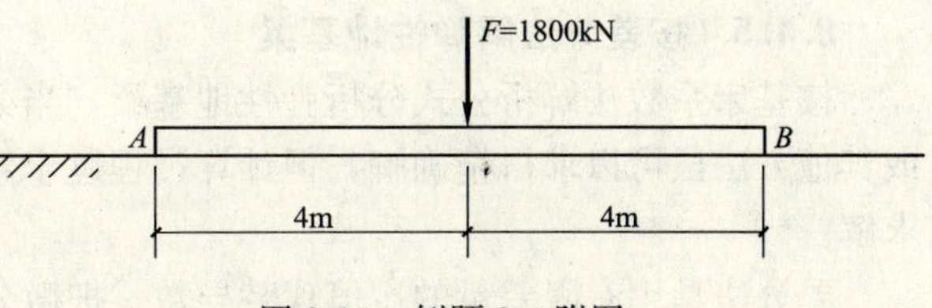

图 8-16 例题 8-4 附图

【解】 (1) 确定梁的类型

因为集中荷载作用点至梁的左、右端的距离相等，$a=b=\frac{l}{2}=\frac{8}{2}\text{m}=4\text{m}<3L=3\times5=15\text{m}$，故属于短梁。

(2) 计算无限长梁相应于原梁 A、B 处截面由外荷载产生的弯矩和剪力。

这时$|x|=a=4\text{m}$，$|\lambda x|=0.2\times4=0.8$，由表 8-2 查得：

$$\eta_1=0.6354，\eta_3=-0.0093，\eta_4=0.3131$$

按表 8-3 中相关公式可求得梁截面 A、B 的弯矩和剪力：

$$M_a=M_b=\frac{F}{4\lambda}\eta_3=\frac{1800}{4\times0.2}\times(-0.0093)=-20.93\text{kN}\cdot\text{m}$$

$$V_a=-V_b=\frac{F}{2}\eta_4=\frac{1800}{2}\times0.3131=281.79\text{kN}$$

(3) 求边界条件力

按式(8-24a)计算集中荷载 F_A、F_B，

其中 $\lambda l=0.2\times8=1.6$，$\eta_1(\lambda l)=0.1959$，$\eta_3(\lambda l)=-0.2077$，$\eta_4(\lambda l)=-0.0059$，$\eta_5(\lambda l)=5.0671$，$\eta_6(\lambda l)=-2.1321$。

于是

$$\begin{aligned}F_A=F_B&=[\eta_5(\lambda l)+\eta_6(\lambda l)]\{[1+\eta_4(\lambda l)]V_a+\lambda[1-\eta_1(\lambda l)]M_a\}\\&=(5.0671-2.1321)\{[1+(-0.0059)]\times281.79+0.2\times(1-0.1959)(-20.93)\}\\&=812.30\text{kN}\end{aligned}$$

按式(8-24b)计算力偶 M_A、M_B

$$\begin{aligned}M_A&=-M_B=-[\eta_5(\lambda l)+\eta_6(\lambda l)]\left\{[1+\eta_3(\lambda l)]\frac{V_a}{2\lambda}+[1+\eta_4(\lambda l)]M_a\right\}\\&=-(5.0671-2.1321)\left[(1-0.2077)\times\frac{281.79}{2\times0.2}+(1-0.0059)(-20.93)\right]\\&=-1577.12\text{kN}\cdot\text{m}\end{aligned}$$

(4) 计算外荷载和梁端边界力在对称截面产生的弯矩和剪力

由无限长梁公式算得：

$$\begin{aligned}M(0)&=\frac{F}{4\lambda}+\frac{F_A}{4\lambda}\eta_3\times2+\frac{M_A}{2}\eta_4\times2\\&=\frac{1800}{4\times0.2}+\frac{812.30}{4\times0.2}(-0.0093)\times2-\frac{1577.12}{2}\times0.3131\times2\\&=1737\text{kN}\cdot\text{m}\end{aligned}$$

$$V(0\pm\varepsilon)=\mp\frac{F}{2}\eta_4\text{❶}=\mp\frac{1800}{2}\times1.000=\mp900\text{kN}$$

❶ 因为 F_A、F_B 和 M_A、M_B 为对称荷载，它们在对称截面内产生的反对称内力(即剪力)为零。因此，仅须考虑外荷载 F 的影响项。

8.1.5 按差分法解弹性地基梁

按基床系数法解析公式分析弹性地基梁，当梁上外部荷载稍微复杂时，利用叠加原理或其他方法虽可以求得精确解，但计算过程过于繁琐，而不便应用。这时可采用差分法来求解。

差分法是用有限差量的比值代替导数，把微分方程变成差分方程(代数方程)，把解微分方程的问题变成解代数方程的问题。

1. 差分方程的推导

设已知连续函数 $y=f(x)$的曲线，并已知此函数在 $i-1$，i 和 $i+1$ 点的函数值分别为 y_{i-1}、y_i 和 y_{i+1}。且取 i 点与原点重合，各点之间的距离(步长)相等，均为Δx(图 8-17)。试用这三个已知函数值近似地表示函数 $y=f(x)$在 i 点的导数。

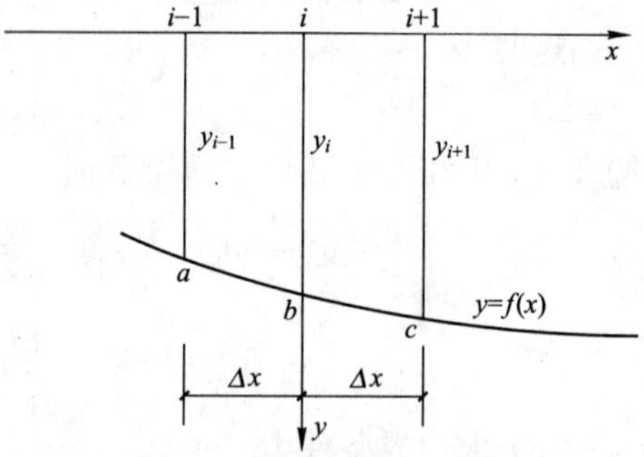

图 8-17 差分法原理

现以通过 a、b、c 三点的二次抛物线近似地代替函数，则 $y=f(x)$可写成

$$y=Ax^2+Bx+C \tag{a}$$

待定系数 A、B、C 可由下列条件确定：

$$y|_{x=-\Delta x}=y_{i-1},\quad y|_{x=0}=y_i,\quad y|_{x=\Delta x}=y_{i+1}$$

分别将它们代入式(a)，得：

$$\left.\begin{aligned}&\Delta x^2A-\Delta xB+C=y_{i-1}\\&C=y_i\\&\Delta x^2A+\Delta xB+C=y_{i+1}\end{aligned}\right\} \tag{b}$$

解联立方程(b)，得：

$$\left.\begin{aligned}&A=\frac{y_{i-1}+y_{i+1}-2y_i}{2\Delta x^2}\\&B=\frac{y_{i+1}-y_{i-1}}{2\Delta x}\\&C=y_i\end{aligned}\right\} \tag{c}$$

将式(c)代入式(a)，得：

$$y(x)=\frac{y_{i-1}+y_{i+1}-2y_i}{2\Delta x^2}x^2+\frac{y_{i+1}-y_{i-1}}{2\Delta x}x+y_i \tag{8-25}$$

现求 $y(x)$一阶和二阶导数：

$$y'(x)=\frac{y_{i-1}+y_{i+1}-2y_i}{\Delta x^2}x+\frac{y_{i+1}-y_{i-1}}{2\Delta x} \tag{8-26}$$

$$y''(x)=\frac{y_{i-1}+y_{i+1}-2y_i}{\Delta x^2} \tag{8-27}$$

而 i 点的一阶和二阶导数(注意这时 $x=0$)为：

$$y'(0)=\frac{y_{i+1}-y_{i-1}}{2\Delta x} \tag{8-28}$$

$$y''(0)=\frac{y_{i-1}-2y_i+y_{i+1}}{\Delta x^2} \tag{8-29}$$

式(8-28)和式(8-29)分别是函数 $y=f(x)$ 在 i 点的一、二阶导数以 i 点及其相邻点 $i-1$、$i+1$ 的函数值表达的近似计算公式。这样，就可将弹性地基梁挠曲线方程(8-2a)

$$EI\frac{\mathrm{d}^2y}{\mathrm{d}x^2}=-M(x)$$

中的二阶导数$\frac{\mathrm{d}^2y}{\mathrm{d}x^2}$以式(8-29)代换：

$$EI\left(\frac{y_{i-1}-2y_i+y_{i+1}}{\Delta x^2}\right)=-M_i \tag{8-30a}$$

或改写成：

$$-\frac{M_i}{EI}=\frac{y_{i-1}-2y_i+y_{i+1}}{\Delta x^2} \tag{8-30b}$$

式中　M_i——地基梁在 i 点处截面的弯矩；

y_i——地基梁在 i 点的挠度；

EI——地基梁的抗弯刚度。

因为式(8-30b)右端项分子为 i 点及相邻点 $i-1$ 和 $i+1$ 函数值的差值，在数学上称为差分，故式(8-30b)的代数方程称为差分方程。

随着 i 点的取值不同，可建立各函数值为未知数的差分方程组，从而解出各未知数。

2. 按差分法计算温克尔地基梁

图 8-18a 所示为温克尔弹性地基梁、梁长为 l，宽度为 b。在外载作用下梁底实际反力呈曲线分布。为了采用差分法计算地基梁，我们将梁分成几个相等的小段，分段长度为 c，并假设每个分段范围内梁的反力 p_i 呈均匀分布，根据温克尔假定，其合力为：

$$R_i=bcp_i=bcky_i \tag{8-31}$$

其中 k 为基床系数。合力 R_i 作用在每个分段面积的形心处(图 8-18b)。

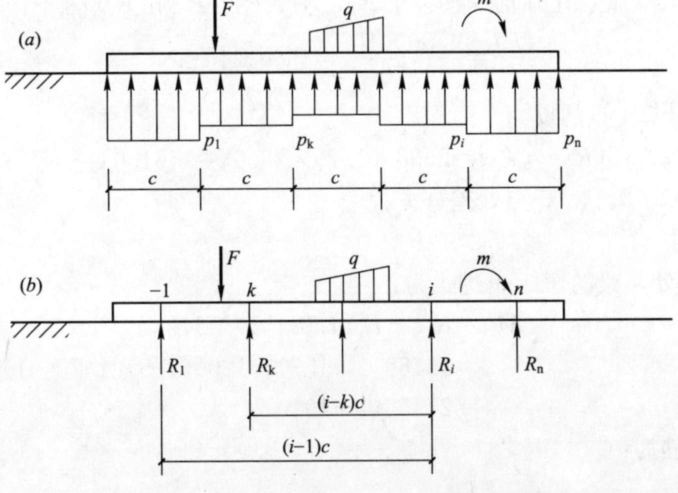

图 8-18　按差分法计算温克尔弹性地基梁

为了按式(8-30b)求解地基梁各点的挠度 y_i，现将式中 i 点处的截面弯矩 M_i 也写成梁各点 y_i 的函数。设取梁 i 点处截面以左为隔离体，则 M_i 等于截面以左各力对截面形心的力矩代数和：

$$M_i = c\sum_{k=1}^{i-1} R_{\mathrm{k}}(i-k) - M_{\mathrm{F}i} \tag{8-32}$$

其中 $M_{\mathrm{F}i}$ 为截面以左各已知外力对截面形心力矩的代数和。

将式(8-32)代入式(8-30b)，则地基梁的差分方程可变成以梁的若干点挠度为未知数的方程。对于 i=2，3，…，(n−1)点，可以得到 n−2 个方程。再由静力平衡条件得二个补充方程：

$$\left.\begin{array}{ll}\Sigma M_{\mathrm{n}}=0, & \displaystyle\sum_{i=1}^{n} R_i(n-i)c-\Sigma M_{\mathrm{Fn}}=0\\ \Sigma Y=0, & \displaystyle\sum_{i=1}^{n} R_i-\Sigma F=0\end{array}\right\} \tag{8-33}$$

式中 ΣM_{Fn}——全部外部荷载对 n 点力矩之和；

ΣF——全部外部荷载之和。

将式(8-31)代入式(8-33)，则式(8-33)同样可表示成以梁的挠度 y_i 为未知数的方程。这样由 n 个方程可求得 n 个未知数 y_i。进而求出各分段上梁底反力和梁的某一截面的内力。

【例题 8-5】 图 8-19a 所示为钢筋混凝土框架柱下条形基础。长度 l=17m，宽度 b=2.50m，抗弯刚度 $EI=4.5\times10^6\mathrm{kN\cdot m^2}$，地基基床系数 $k=3800\mathrm{kN/m^3}$。基础承受柱传来的对称荷载 $F_1=1200\mathrm{kN}$，$F_2=2000\mathrm{kN}$，对称力偶 $M_1=50\mathrm{kN\cdot m}$，$M_2=100\mathrm{kN\cdot m}$。试按温克尔地基模型并采用差分法计算地基反力和地基梁的弯矩和剪力。

【解】（1）确定地基梁的分段和计算参数

沿梁长方向将梁分成 10 等分，每段长度 $c=\dfrac{l}{10}=\dfrac{17.0}{10}=1.70\mathrm{m}$。由于荷载对称，地基均匀、基底反力对称。因此，只需对梁的半边进行计算。每段基底反力的合力作用于分段中心，即 1，2，…5 点，并分别令其等于 R_1、R_2、R_3、R_4 和 R_5(图 8-19b)。

$$\frac{EI}{c^2}=\frac{4.50\times10^6}{1.70^2}=1560\times10^3\mathrm{kN}$$

按式(8-31)计算 i 点的反力

$$R_i=bcky_i=2.50\times1.70\times3800y_i=16150y_i$$

（2）建立 i=2、3、4、5 点处差分方程

1）当 i=2 时

对于 i=2 点处，梁的弯矩表达式为：

$$\begin{aligned}M_2 &= R_1c-F_1(1.5c-1)-M_{\mathrm{F1}}\\ &=16150y_1\times1.70-1200(1.5\times1.70-1)-50\\ &=27455y_1-1910\end{aligned}$$

而 2 点的差分方程为：

$$\frac{EI}{c^2}(y_1-2y_2+y_3)+M_2=0$$

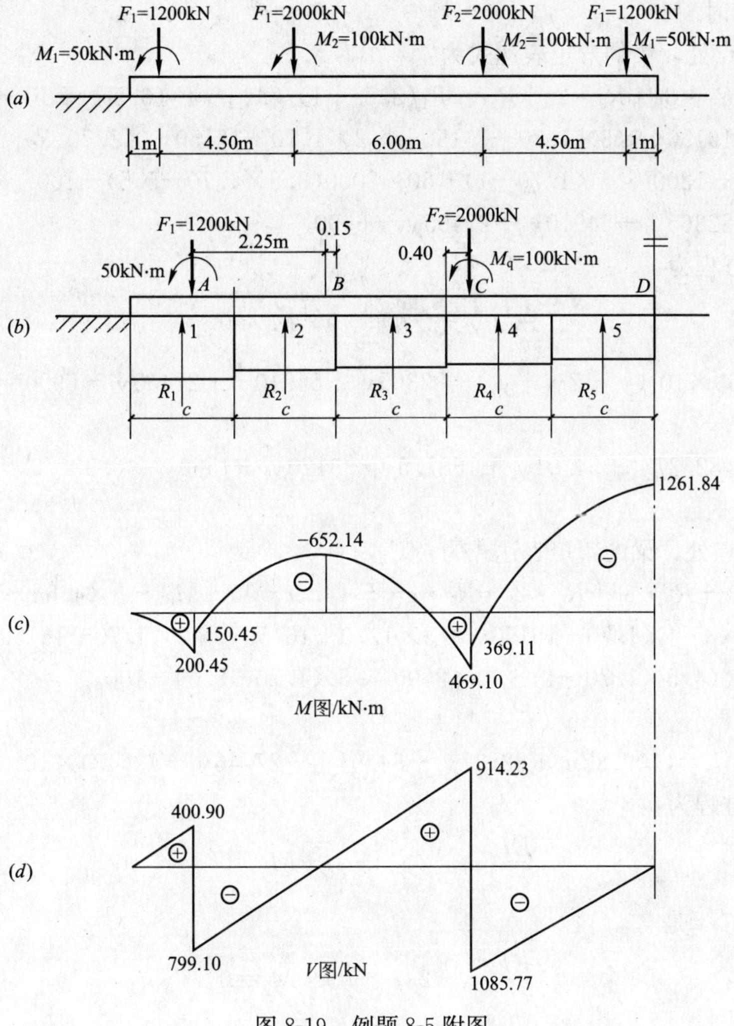

图 8-19　例题 8-5 附图

$$1560\times10^3(y_1-2y_2+y_3)+27455y_1-1910=0$$

整理后得

$$1587.50y_1-3120y_2+1560y_3-1.91=0$$

2）当 $i=3$ 时

对于 $i=3$ 点处，梁的弯矩表达式为：

$$\begin{aligned}M_3&=R_1\cdot 2c+R_2c-F_1(2.5c-1)-M_{F1}\\&=16150y_1\times2\times1.70+16150y_2\times1.70-1200(2.5\times1.70-1)-50\\&=54910y_1+27455y_2-3950\end{aligned}$$

而 3 点的差分方程为：

$$\frac{EI}{c^2}(y_2-2y_3+y_4)+M_3=0$$

$$1560\times10^3(y_2-2y_3+y_4)+54910y_1+27455y_2-3950=0$$

经整理后得：

$$54.9y_1+1587.5y_2-3120y_3+1560y_4-3.95=0$$

3）当 $i=4$ 时

对于 $i=4$ 点处，梁的弯矩表达式为：

$$\begin{aligned}M_4 &= R_1 \cdot 3c + R_2 \cdot 2c + R_3 c - F_1(3.5c-1) - M_{F1} - F_2(3.5c-5.5) - M_{F2}\\ &= 16150y_1 \times 3 \times 1.70 + 16150y_2 \times 2 \times 1.70 + 16150y_3 \times 1.70\\ &\quad -1200(3.5 \times 1.70 - 1) - 50 - 2000(3.5 \times 1.70 - 5.5) - 100\\ &= 82365y_1 + 54910y_2 + 27455y_3 - 6990\end{aligned}$$

而 4 点的差分方程为：

$$\frac{EI}{c^2}(y_3 - 2y_4 + y_5) + M_4 = 0$$

$$1560 \times 10^3(y_3 - 2y_4 + y_5) + 82365y_1 + 54910y_2 + 27455y_3 - 6990 = 0$$

经整理后得：

$$82.37y_1 + 54.91y_2 + 1587.5y_3 - 3120y_4 + 1560y_5 - 6.99 = 0$$

4）当 $i=5$ 时

对于 $i=5$ 点处，梁的弯矩表达式为：

$$\begin{aligned}M_5 &= R_1 \cdot 4c + R_2 \cdot 3c + R_3 \cdot 2c + R_4 \cdot c - F_1(4.5c-1) - M_{F1} - F_2(4.5c-5.5) - M_{F2}\\ &= 16150y_1 \times 4 \times 1.70 + 16150y_2 \times 3 \times 1.70 + 16150y_3 \times 2 \times 1.70 + 16150y_4 \times 1.70\\ &\quad -1200(4.5 \times 1.70 - 1) - 50 - 2000(4.5 \times 1.70 - 5.5) - 100\end{aligned}$$

经整理后，得：

$$M_5 = (109.82y_1 + 82.37y_2 + 54.91y_3 + 27.46y_4 - 12.43) \times 10^3$$

而 5 点的差分方程为：

$$\frac{EI}{c^2}(y_4 - 2y_5 + y_6) + M_5 = 0$$

注意到 $y_6 = y_5$，于是

$$\frac{EI}{c^2}(y_4 - 2y_5 + y_5) + M_5 = 0$$

$$1560y_4 - 3120y_5 + 1560y_5 + 109.82y_1 + 82.37y_2 + 54.91y_3 + 27.46y_4 - 12.43 = 0$$

经整理后得：

$$109.82y_1 + 82.37y_2 + 54.91y_3 + 1587.50y_4 - 1560y_5 - 12.43 = 0$$

由静力平衡条件 $\Sigma Y=0$，得补充方程：

$$(R_1 + R_2 + R_3 + R_4 + R_5) \times 2 - \Sigma F = 0$$

$$16150(y_1 + y_2 + y_3 + y_4 + y_5) - 1200 - 2000 = 0$$

经整理后，得：

$$16.15(y_1 + y_2 + y_3 + y_4 + y_5) - 3.20 = 0$$

由上面 5 个方程可求解 5 个未知数 y_1、y_2、…、y_5。把它写成矩阵形式：

$$\begin{bmatrix} 1587.50 & -3120 & 1560 & & \\ 54.91 & 1587.50 & -3120 & 1560 & \\ 82.37 & 54.91 & 1587.50 & -3120 & 1560 \\ 109.82 & 82.37 & 54.91 & 1587.50 & -1560 \\ 16.15 & 16.15 & 16.15 & 16.15 & 16.15 \end{bmatrix} \begin{Bmatrix} y_1 \\ y_2 \\ y_3 \\ y_4 \\ y_5 \end{Bmatrix} = \begin{Bmatrix} 1.91 \\ 3.95 \\ 6.99 \\ 12.43 \\ 3.20 \end{Bmatrix} \tag{a}$$

(3) 解联立方程组

现采用高斯主元素法解上述联立方程组：

1) 将上面方程组系数填写在表 8-8a 中。选取方程中系数绝对值最大的元素 a_{ij}（称为主元素），这时主元素为 $a_{12}=|-3120|$。

2) 用主元素去除它所在列中各元素（这时为 a_{i2}），将所得的商改变正负号后填在所在的那一行 m_i 栏内（参见表 8-8a）。

3) 把含有主元素的那一行中的各元素（表 8-8a 中的第 1 行）分别乘以 m_i 后再与第 i 行相应元素相加后填入表 8-8b 的相应栏内。含有主元素的行和列，以后不再写出（见表 8-8b）。

表 8-8a

i	m_i	a_{i1}	a_{i2}	a_{i3}	a_{i4}	a_{i5}	b_i
1		1587.5	[−3120]	1560	0	0	1.91
2	0.5088	54.91	1587.5	−3120	1560	0	3.95
3	0.01760	82.37	54.91	1587.5	−3120	1560	6.99
4	0.02640	109.82	82.37	54.91	1587.5	−1560	12.43
5	0.00518	16.15	16.15	16.15	16.15	16.15	3.20

表 8-8b

i	m_i	a_{i1}	a_{i2}	a_{i3}	a_{i4}	a_{i5}	b_i
2	0.5000	862.63		−2326.27	1560	0	4.922
3		110.31		1614.96	[−3120]	1560	7.023
4	0.5088	151.73		96.094	1587.5	−1560	12.48
5	0.00518	24.37		24.23	16.15	16.15	3.210

4) 对表 8-8b 和对表 8-8a 作同样的计算，即首先选取主元素（这时主元素为 $a_{34}=|-3120|$），并以 a_{34} 除它所在的列（即第 4 列）的各元素，将所得的商改变符号后，填入 m_i 列的相应行（表 8-8b）。

5) 按以上步骤循序进行计算，直至只剩下一行为止（见表 8-8c、d 和 e）。

表 8-8c

i	m_i	a_{i1}	a_{i2}	a_{i3}	a_{i4}	a_{i5}	b_i
3		917.79		[−1518.79]		780	8.434
4	0.6043	207.86		917.79		−766.27	16.053
5	0.0215	24.94		32.595		24.23	3.247

表 8-8d

i	m_i	a_{i1}	a_{i2}	a_{i3}	a_{i4}	a_{i5}	b_i
4		[762.48]				−294.92	21.149
5	−0.05859	44.67				41.00	3.247

表 8-8e

i	m_i	a_{i1}	a_{i2}	a_{i3}	a_{i4}	a_{i5}	b_i
5						58.279	2.187

6）将表8-8e的第5行、表8-8d第4行、表8-8c的第2行、表8-8b的第3行和表8-8a的第1行汇总如下：

$$\left.\begin{aligned}&58.279y_5=2.187\\&762.48y_1-294.92y_5=21.149\\&917.79y_1-1518.79y_3+780y_5=8.434\\&110.31y_1+1614.96y_3-3120y_4+1560y_5=7.023\\&1587.5y_1-3120y_2+1560y_3=1.91\end{aligned}\right\}\quad(b)$$

由式(b)解得：

$$y_5=\frac{2.187}{58.279}=0.0375\text{m}$$

$$y_1=\frac{21.149+294.92\times0.0375}{762.48}=0.0422\text{m}$$

$$y_3=\frac{917.79\times0.0422+780\times0.0375-8.434}{1518.79}=0.0392\text{m}$$

$$y_4=\frac{110.31\times0.0422+1614.96\times0.0392+1560\times0.0375-7.023}{3120}=0.0383\text{m}$$

$$y_2=\frac{1587.5\times0.0422+1560\times0.0392-1.91}{3120}=0.0405\text{m}$$

（4）计算地基每段反力 p_i 和合力 R_i

计算结果见表8-9。

地基反力 p_i 和合力 R_i **表8-9**

点　号	y_i(m)	$p_i=ky_i=3800y_i$(kN/m²)	$R_i=bcp_i=2.5\times1.7p_i$(kN)
1	0.0422	160.36	681.53
2	0.0405	153.90	654.08
3	0.0392	148.96	633.08
4	0.0383	145.54	618.55
5	0.0375	142.50	605.63

（5）计算梁的弯矩和剪力

1）弯矩的计算

现计算控制截面 $A_{左}$、$A_{右}$、B、$C_{左}$、$C_{右}$ 和 D 的弯矩

$M_{A左}=\frac{1}{2}p_1ba^2=\frac{1}{2}\times160.36\times2.5\times1^2=200.45\text{kN}$

$M_{A右}=M_{A左}-M_{F1}=200.45-50=150.45\text{kN}\cdot\text{m}$

$$\begin{aligned}M_B&=R_1(1.5c-0.15)+\frac{1}{2}p_2b(c-0.15)^2-F_1\times2.25-M_{F1}\\&=681.53\times(1.5\times1.7-0.15)+\frac{1}{2}\times153.9\times2.5\times(1.7-0.15)^2-1200\times2.25-50\\&=-652.14\text{kN}\cdot\text{m}\end{aligned}$$

$$M_{C左}=R_1(2.5c+0.40)+R_2(1.5c+0.4)+R_3\left(\frac{1}{2}c+0.4\right)+\frac{1}{2}p_4b\times0.4^2-F_1\times4.5-50$$

$$=681.53(2.5\times1.7+0.4)+654.08(1.5\times1.7+0.4)+633.08\left(\frac{1}{2}\times1.7+0.4\right)+\frac{1}{2}\times145.54\times2.5\times0.4^2-1200\times4.5-50$$

$$=469.10\text{kN}$$

$$M_{C右}=M_{C左}-M_{F2}=469.11-100=369.11\text{kN}\cdot\text{m}$$

$$M_D=R_1\times4.5c+R_2\times3.5c+R_3\times2.5c+R_4\times1.5c+R_5\times\frac{1}{2}c-F_1\times7.5-M_{F1}-F_2\times3-M_{F2}$$

$$=681.53\times4.5\times1.7+654.08\times3.5\times1.7+633.08\times2.5\times1.7+618.55\times1.5\times1.7+605.63\times\frac{1}{2}\times1.7-1200\times7.5-50-2000\times3-100$$

$$=-1261.84\text{kN}\cdot\text{m}$$

基础梁的弯矩图如图 8-19*c* 所示。

2）剪力的计算

现计算控制截面 $A_{左}$、$A_{右}$、$C_{左}$、$C_{右}$ 和 D 的剪力

$$V_{A左}=p_1b\times1=160.36\times2.5\times1=400.9\text{kN}$$

$$V_{A右}=V_{A左}-F_1=400.9-1200=-799.1\text{kN}$$

$$V_{C左}=R_1+R_2+R_3+p_4b\times0.4-F_1$$

$$=681.53+654.08+633.08+145.54\times2.5\times0.4-1200$$

$$=914.23\text{kN}$$

$$V_{C右}=V_{C左}-F_2=914.23-2000=-1085.77\text{kN}$$

$$V_D=R_1+R_2+R_3+R_4+R_5-F_1-F_2$$

$$=681.53+654.08+633.08+618.55+605.63-1200-2000$$

$$\approx0$$

基础梁的剪力图如图 8-19*d* 所示。

8.1.6 按链杆法解弹性地基梁

1. 基本原理

1947 年前苏联学者日莫契金(Б. Н. Жемочкин)提出用链杆法解弹性地基梁。该法假定地基为半无限弹性体，将连续支承在地基上的梁(图 8-20*a*)简化成用有限个链杆支承在地基上的梁，并假定每一链杆的反力分布在相邻链杆间距的$\frac{1}{2}$地基范围内，且其集度呈均匀分布(图 8-20*b*)。换句话说，链杆法是将地基梁下的光滑连续的反力分布图形简化成阶梯状的反力分布图形。

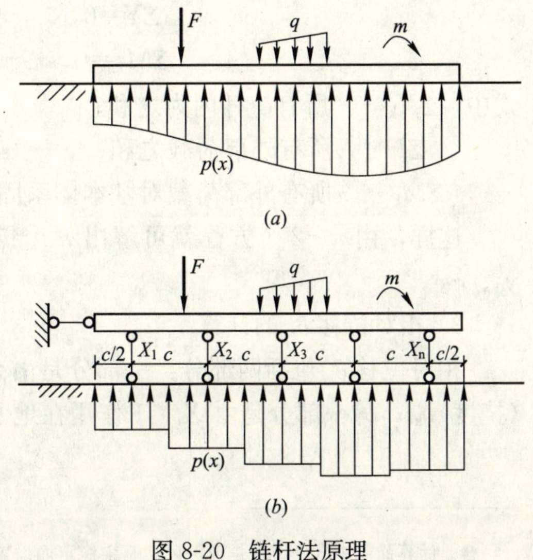

图 8-20 链杆法原理

这样，链杆法将原来无限次超静定结构简化成有限次超静定结构，并且用代数方程就可

获得问题的解答。显然，所设链杆数目愈多，计算结果精度愈高，但计算工作量亦愈大。

2. 链杆法方程的建立

为了求解图 8-20*b* 的超静定体系，现采用结构力学中的混合法。将链杆内力 X_1、X_2、…、X_n 和梁端转角 φ_0、竖向位移 y_0 作为未知数。因此，未知数共有 $n+2$ 个❶。

为了获得混合法基本体系，将全部竖向链杆切断，并在竖向位移 y_0 方向加一竖向链杆，在转角方向加一刚臂(图 8-21*a*)。因梁的左端两根链杆和一个刚臂相当于固定端，于是，基本体系便成为一个悬臂梁，如图8-21*b* 所示。

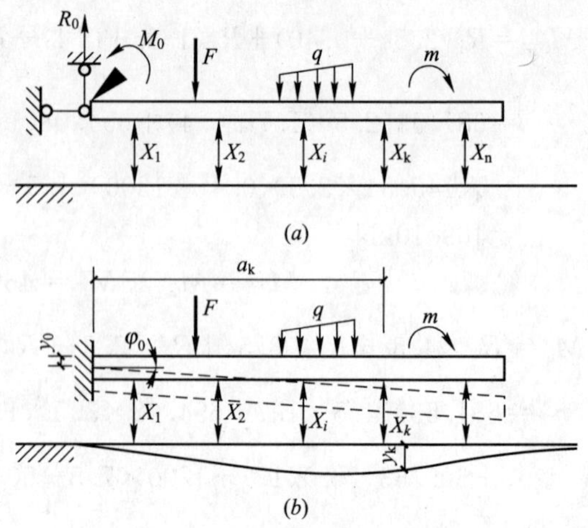

图 8-21　链杆法基本体系

根据任一链杆 *k* 在切口处相对位移等于零的条件，可写出 *n* 个方程。应当指出，在计算相对位移时，应注意包含为消除竖向链杆的反力和刚臂中的力矩，而使梁左端产生竖向位移 y_0 和转角 φ_0 的影响项。于是，典型方程中第 *k* 个方程可写成：

$$\sum_{i=1}^{n}\delta_{ki}X_i-y_0-a_k\varphi_0+\Delta_{kF}=0\quad(k=1,\ 2,\cdots,\ n)\tag{8-34}$$

式中　δ_{ki}——基本体系由 *i* 点作用单位力 $X_i=1$ 在 *k* 点产生的相对位移；

Δ_{kF}——基本体系在荷载作用下在梁的 *k* 点产生的位移；

y_0——基本体系固定端的竖向位移；

a_k——从基本体系固定端至 *k* 点的距离；

φ_0——基本体系固定端的转角。

同时，对于地基梁还可列出两个静力平衡方程式，即作用在基本体系上所有外力在竖直轴上投影的代数和为零，以及所有外力对基本体系固定端的力矩的代数和为零：

$$\left.\begin{aligned}\Sigma Y=0,&\quad -\Sigma X_k+\Sigma F=0\\ \Sigma M_0=0,&\quad -\Sigma X_k a_k+\Sigma M_F=0\end{aligned}\right\}\tag{8-35}$$

式中　ΣX_k——所有链杆内力之和；

ΣF——所有外部荷载之和；

ΣM_F——所有外部荷载对基本体系固定端的力矩代数和。

这样，由 $n+2$ 个方程就可解出 *n* 个链杆内力 $X_k(k=1,\ 2,\ \cdots,\ n)$和梁端两个位移 y_0、φ_0。

3. 相对位移 δ_{ki} 的计算

相对位移 δ_{ki} 包括两部分：一部分是由 $X_i=1$ 作用于梁上使梁在 *k* 点处产生的竖向位移(挠度)v_{ki}；另一部分是由 $X_i=1$ 作用在地基上使 *k* 点产生的沉降 y_{ki}(图 8-22)，即

$$\delta_{ki}=v_{ki}+y_{ki}\tag{8-36}$$

---

❶ 计算简图中水平链杆是为保证地基梁稳定而设置的，它不计入链杆数目内。

(1) 梁的位移(挠度)v_{ki}的计算

当悬臂梁上 i 点作用单位集中力 $X_i=1$ 时，则在梁 k 点的挠度 v_{ki} 可由结构力学中图乘法求得：

当 $a_i \leqslant a_k$ 时(图 8-23)

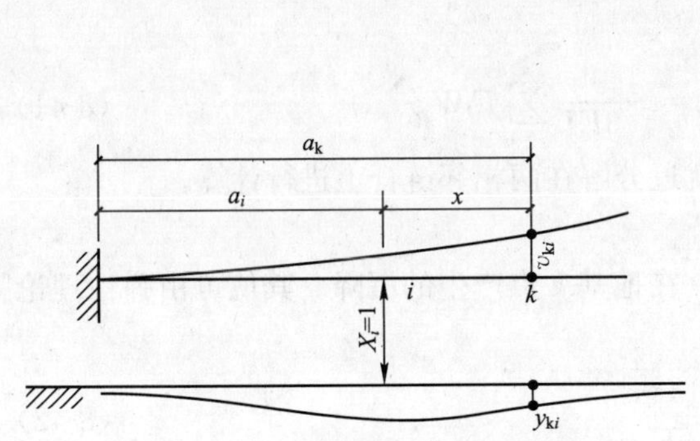

图 8-22 相对位移 δ_{ki} 的计算

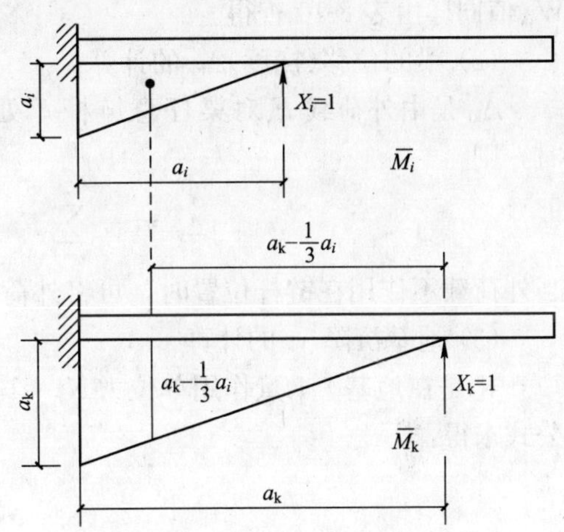

图 8-23 梁的挠度 v_{ki} 的计算

$$v_{ki}=\frac{1}{EI}\cdot\frac{a_i^2}{2}\left(a_k-\frac{1}{3}a_i\right)=\frac{a_i^2}{6EI}(3a_k-a_i)$$

或
$$v_{ki}=\frac{c^3}{6EI}W_{ki} \tag{8-37}$$

式中
$$W_{ki}=\left(\frac{a_i}{c}\right)^2\left(3\frac{a_k}{c}-\frac{a_i}{c}\right) \tag{8-38}$$

其中 c 为梁的分段长度，W_{ki} 与 $\frac{a_i}{c}$ 和 $\frac{a_k}{c}$ 有关，可由表 8-10 查得。

悬臂梁挠度系数 W_{ki} **表 8-10**

$\frac{a_i}{c}$ \ $\frac{a_k}{c}$	1	2	3	4	5	6	7	8	9	10
1	2	5	8	11	14	17	20	23	26	29
2		16	28	40	52	64	76	88	100	112
3			54	81	108	135	162	189	216	243
4				128	176	224	272	320	368	416
5					250	325	400	475	550	625
6						432	540	648	756	864
7							686	833	980	1127
8								1024	1216	1408
9									1458	1701
10										2000

当 $a_i > a_k$ 时

$$v_{ik}=\frac{c^3}{6EI}W_{ik} \tag{8-39}$$

$$W_{ik}=\left(\frac{a_k}{c}\right)^2\left(3\frac{a_i}{c}-\frac{a_k}{c}\right) \tag{8-40}$$

W_{ik}值同样由表 8-10 查得。

(2) 梁的位移(挠度)Δ_{kF}的计算

Δ_{kF}是由外荷载 F 对梁任意链杆 k 处产生的位移，当外荷载恰好作用在链杆位置 i 时，则

$$\Delta_{kF}=-\sum_{i=1}^{n}F_i\cdot v_{ki}=-\frac{c^3}{6EI}\sum_{i=1}^{n}F_iW_{ki} \tag{8-41}$$

当外荷载不作用在链杆位置时，可将外荷载就近分解在两相邻链杆上进行计算。

(3) 地基沉降 y_{ki}的计算

y_{ki}是在地基上 i 点作用单位力 $X_i=1$ 时，在地基 k 点产生的沉降。其值可由弹性理论公式求得：

$$y_{ki}=\frac{1-\mu_0^2}{\pi E_0 r} \tag{8-42}$$

式中 E_0、μ_0 分别为地基的弹性模量和泊松比；r 为 i 点至 k 点的距离(图 8-24)。

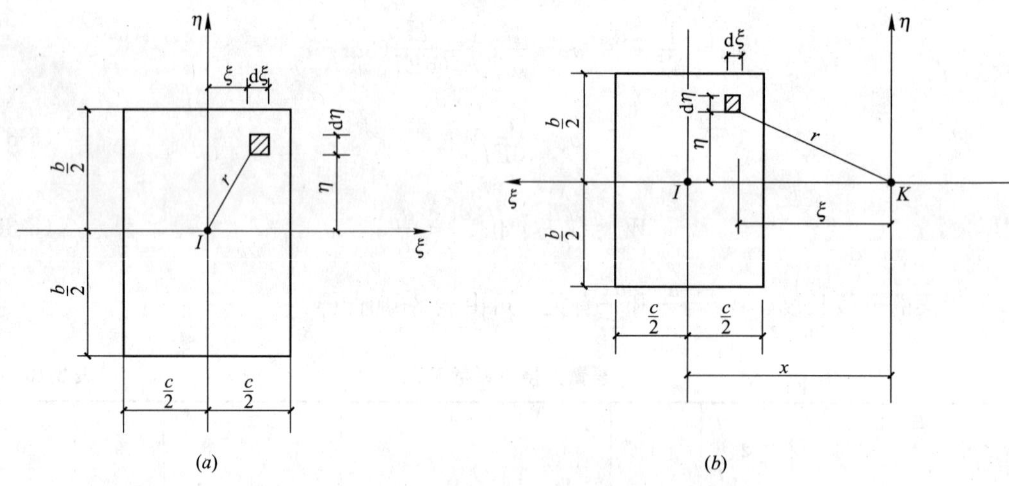

图 8-24　地基沉降的计算

为了避免式(8-42)当 $r=0$ 时 $y_{ki}=\infty$，现令 $X_i=1$ 分布在 bc 的矩形面积上，其集度为 $\frac{1}{bc}$，其中 b，c 分别为地基梁的宽度和分段长度。这样，矩形面积中点(即 $i=k$)的沉降(图 8-24a)为

$$y_{ii}=\frac{4(1-\mu_0^2)}{\pi E_0 bc}\int_0^{\frac{c}{2}}\left[\int_0^{\frac{b}{2}}\frac{1}{\sqrt{\xi^2+\eta^2}}\mathrm{d}\eta\right]\mathrm{d}\xi$$

$$=\frac{1-\mu_0^2}{\pi E_0 c}\cdot 2\left(\frac{c}{b}\operatorname{arcsh}\frac{b}{c}+\operatorname{arcsh}\frac{c}{b}\right) \tag{8-43a}$$

或 $$y_{ii}=\frac{1-\mu_0^2}{\pi E_0 c}F_{ii} \tag{8-43b}$$

其中

$$F_{ii}=2\left(\frac{c}{b}\operatorname{arcsh}\frac{b}{c}+\operatorname{arcsh}\frac{c}{b}\right) \tag{8-43c}$$

而当 $i\neq k$，且 $x\geqslant\frac{c}{2}$ 时，则作用在 i 点处矩形面积上的荷载 $\frac{1}{bc}$ 在 k 点产生的地基沉降（图 8-24b）为

$$y_{ki}=\frac{2(1-\mu_0^2)}{\pi E_0 bc}\int_{x-\frac{c}{2}}^{x+\frac{c}{2}}\left[\int_0^{\frac{b}{2}}\frac{1}{\sqrt{\xi^2+\eta^2}}\mathrm{d}\eta\right]\mathrm{d}\xi \tag{8-44a}$$

经计算得

$$y_{ki}=\frac{1-\mu_0^2}{\pi E_0 c}F_{ki} \tag{8-44b}$$

其中

$$F_{ki}=\left[\frac{2\frac{x}{c}+1}{\frac{b}{c}}\operatorname{arcsh}\left(\frac{\frac{b}{c}}{2\frac{x}{c}+1}\right)+\operatorname{arcsh}\left(\frac{2\frac{x}{c}+1}{\frac{b}{c}}\right)\right]-\left[\frac{2\frac{x}{c}-1}{\frac{b}{c}}\operatorname{arcsh}\left(\frac{\frac{b}{c}}{2\frac{x}{c}-1}\right)+\operatorname{arcsh}\left(\frac{2\frac{x}{c}-1}{\frac{b}{c}}\right)\right] \tag{8-44c}$$

式(8-43b)和式(8-44b)就是所要求的地基沉降 y_{ii} 和 y_{ki} 的公式。它们可综合表示成：

$$y_{ki}=\frac{1-\mu_0^2}{\pi E_0 c}F_{ki} \tag{8-45}$$

当 $x=0$ 时 k 点与 i 点重合，F_{ii} 由式(8-43b)计算。当 $x\geqslant\frac{c}{2}$ 时，F_{ki} 由式(8-44b)计算。

F_{ki} 与 $\frac{x}{c}$ 和 $\frac{b}{c}$ 有关，可由表 8-11 查得。经分析可知，当 $\frac{x}{c}>10$ 时，不论 $\frac{b}{c}$ 为何值，F_{ki} 值与 $\frac{c}{x}$ 十分接近，故可近似取 $F_{ki}=\frac{c}{x}$。

空间问题沉降系数 F_{ki} **表 8-11**

$\frac{x}{c}$	$\frac{c}{x}$	F_{ki}					
		$\frac{b}{c}=\frac{2}{3}$	$\frac{b}{c}=1$	$\frac{b}{c}=2$	$\frac{b}{c}=3$	$\frac{b}{c}=4$	$\frac{b}{c}=5$
0	∞	4.265	3.525	2.406	1.867	1.542	1.322
1	1	1.069	1.038	0.929	0.829	0.746	0.678
2	0.500	0.508	0.505	0.490	0.469	0.446	0.424
3	0.333	0.336	0.335	0.330	0.323	0.315	0.305
4	0.250	0.251	0.251	0.249	0.246	0.242	0.237
5	0.200	0.200	0.200	0.199	0.197	0.196	0.193
6	0.167	0.167	0.167	0.166	0.165	0.164	0.163

续表

$\frac{x}{c}$	$\frac{c}{x}$	F_{ki}					
		$\frac{b}{c}=\frac{2}{3}$	$\frac{b}{c}=1$	$\frac{b}{c}=2$	$\frac{b}{c}=3$	$\frac{b}{c}=4$	$\frac{b}{c}=5$
7	0.143	0.143	0.143	0.143	0.142	0.141	0.140
8	0.125	0.125	0.125	0.125	0.124	0.124	0.123
9	0.111	0.111	0.111	0.111	0.111	0.111	0.110
10	0.100	0.100	0.100	0.100	0.100	0.100	0.099

将式(8-37)、和式(8-45)代入式(8-36)得：

$$\delta_{ki}=\frac{c^3}{6EI}W_{ki}+\frac{1-\mu_0^2}{\pi E_0 c}F_{ki}$$

将上式和式(8-41)代入式(8-34)，得：

$$\sum_{i=1}^{n}\left(\frac{c^3}{6EI}W_{ki}+\frac{1-\mu_0^2}{\pi E_0 c}F_{ki}\right)X_i-y_0-a_k\varphi_0-\frac{c^3}{6EI}\sum_{i=1}^{n}F_iW_{ki}=0$$

为了简化计算，将上式两边同乘以$\frac{\pi E_0 c}{1-\mu_0^2}$，则得链杆变形协调方程的最后形式：

$$\sum_{i=1}^{n}\delta'_{ki}X_i-\frac{\pi E_0 c}{1-\mu_0^2}y_0-\frac{\pi E_0 c}{1-\mu_0^2}a_k\varphi_0-\alpha\sum_{i=1}^{n}F_iW_{ki}=0\quad(k=1,\ 2,\ \cdots,\ n)\tag{8-46}$$

式中

$$\delta'_{ki}=\alpha W_{ki}+F_{ki}\tag{8-47}$$

$$\alpha=\frac{\pi E_0 c^4}{6EI(1-\mu_0^2)}\tag{8-48}$$

【例题 8-6】 图 8-25a 所示为钢筋混凝土地基梁，梁长 $l=5.40$m，底面宽度 $b=1.20$m，梁的混凝土弹性模量 $E_c=3\times10^7$kN/m²，截面惯性矩 $I=0.0327$m⁴。地基变形模量 $E_0=28000$kN/m²，泊松比 $\mu_0=0.28$，承受对称集中荷载 $F=400$kN。试按链杆法确定地基反力和地基梁的内力。

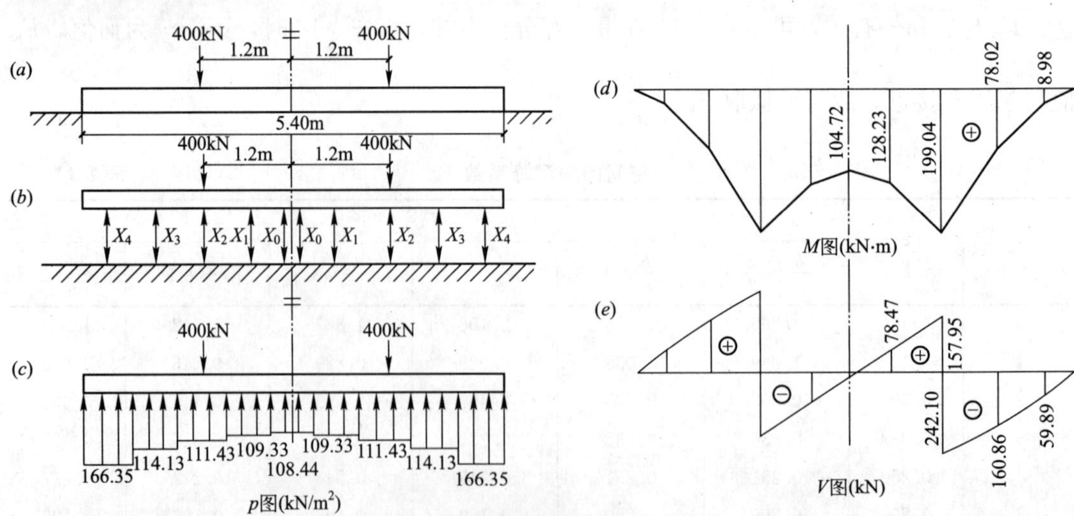

图 8-25　例题 8-6 附图

【解】 (1) 选择基本体系

本题地基梁和荷载均对称，为计算方便，将基本体系的固定端选在梁的中间，并在固定端处设置两个链杆，设其内力为 X_0，在固定端两侧各设置四个链杆，设它们的内力分别为 X_1、X_2、X_3 和 X_4。显然，在对称位置上的链杆内力相等。这样，虽有 10 个链杆，但仅有 5 个未知数。此外，在固定端处梁的转角 $\varphi_0=0$，只有竖向位移 y_0。由于利用了对称性，未知数减少了一半。这时链杆间距 $c=\dfrac{5.40\text{m}}{9}=0.60\text{m}$(见图 8-25$b$)。

(2) 计算相对位移 δ'_{ki} 和荷载位移 Δ_{kF}

$$\frac{\pi E_0 c}{1-\mu_0^2}=\frac{3.1416\times28000\times0.6}{1-0.28^2}=57269\text{kN/m}$$

按式(8-48)计算：

$$\alpha=\frac{\pi E_0 c^4}{6E_c I(1-\mu_0^2)}=\frac{3.1416\times28000\times0.6^4}{6\times3\times10^7\times0.0327(1-0.28^2)}=0.00210$$

按式(8-47)计算 $\delta'_{ki}=\alpha W_{ki}+F_{ki}\left(\dfrac{b}{c}=\dfrac{1.20}{0.60}=2\right)$

$$\delta'_{00}=2F_{00}^{❶}=2\times2.406=4.812$$

$$\delta'_{01}=2F_{01}=2\times0.929=1.858$$

$$\delta'_{02}=2F_{02}=2\times0.490=0.980$$

$$\delta'_{03}=2F_{03}=2\times0.330=0.660$$

$$\delta'_{04}=2F_{04}=2\times0.249=0.498$$

$$\delta'_{11}=0.0021\times2+2.406+0.490=2.900$$

$$\delta'_{12}=0.0021\times5+0.929+0.330=1.269$$

$$\delta'_{13}=0.0021\times8+0.490+0.249=0.756$$

$$\delta'_{14}=0.0021\times11+0.330+0.199=0.552$$

$$\delta'_{22}=0.0021\times16+2.406+0.249=2.688$$

$$\delta'_{23}=0.0021\times28+0.929+0.199=1.189$$

$$\delta'_{24}=0.0021\times40+0.490+0.166=0.740$$

$$\delta'_{33}=0.0021\times54+2.406+0.166=2.685$$

$$\delta'_{34}=0.0021\times81+0.929+0.143=1.242$$

$$\delta'_{44}=0.0021\times128+2.406+0.125=2.799$$

按下式计算变形协调方程(8-46)中的自由项：

$$\Delta_{kF}=\alpha\sum_{i=1}^{n}F_iW_{ki}$$

$$\Delta_{0F}=0$$

---

❶ δ'_{ki} 中 $W_{0i}=0$，此外 F_{ki} 前的乘数 2 是考虑 0、1、2、3 和 4 点及其对称点 $X_i=1$ 对 O 点共同产生的沉降。

$$\Delta_{1F}=0.0021\times400\times5=4.20$$

$$\Delta_{2F}=0.0021\times400\times16=13.44$$

$$\Delta_{3F}=0.0021\times400\times28=23.52$$

$$\Delta_{4F}=0.0021\times400\times40=33.60$$

(3) 列出变形协调方程及平衡方程

将上面系数 δ'_{ki} 和自由项代入式(8-46)，并同时列出平衡方程，则得：

$$4.812X_0+1.858X_1+0.980X_2+0.660X_3+0.498X_4-57269y_0=0$$

$$1.858X_0+2.900X_1+1.269X_2+0.756X_3+0.552X_4-57269y_0-4.20=0$$

$$0.980X_0+1.269X_1+2.688X_2+1.189X_3+0.740X_4-57269y_0-13.44=0$$

$$0.660X_0+0.756X_1+1.189X_2+2.685X_3+1.242X_4-57269y_0-23.52=0$$

$$0.498X_0+0.552X_1+0.740X_2+1.242X_3+2.799X_4-57269y_0-33.60=0$$

$$x_0+x_1+x_2+x_3+x_4-400=0$$

解上面联立方程组，得链杆内力和梁固定端竖向位移：

$$X_0=39.04\text{kN}$$

$$X_1=78.72\text{kN}$$

$$X_2=80.23\text{kN}$$

$$X_3=82.17\text{kN}$$

$$X_4=119.77\text{kN}$$

$$y_0=0.00919\text{m}$$

(4) 求地基反力

$$p_0=\frac{2X_0}{bc}=\frac{2\times39.04}{1.20\times0.60}=108.44\text{kN/m}^2$$

$$p_1=\frac{X_1}{bc}=\frac{78.72}{1.20\times0.60}=109.33\text{kN/m}^2$$

$$p_2=\frac{X_2}{bc}=\frac{80.23}{1.20\times0.60}=111.43\text{kN/m}^2$$

$$p_3=\frac{X_3}{bc}=\frac{82.17}{1.20\times0.60}=114.13\text{kN/m}^2$$

$$p_4=\frac{X_4}{bc}=\frac{119.77}{1.20\times0.60}=166.35\text{kN/m}^2$$

(5) 求梁的内力

弯矩 M 的计算

$$M_0=\frac{2}{0.60}\times\frac{0.3^2}{2}X_0+0.60X_1+1.20X_2+1.80X_3+2.40X_4-1.20F$$

$$=\frac{2}{0.60}\times\frac{0.3^2}{2}\times39.04+0.60\times78.72+1.20\times80.23+1.80$$

$$\times82.17+2.40\times119.77-1.20\times400$$

$$=104.72\text{kN}\cdot\text{m}$$

$$M_1=\frac{1}{0.60}\times\frac{0.3^2}{2}X_1+0.60X_2+1.20X_3+1.80X_4-0.60F$$

$$=\frac{1}{0.60}\times\frac{0.3^2}{2}\times78.72+0.60\times80.23+1.20\times82.17+1.80\times119.77-0.60\times400$$

$$=128.23\text{kN}\cdot\text{m}$$

$$M_2=\frac{1}{0.60}\times\frac{0.3^2}{2}X_2+0.60X_3+1.20X_4$$

$$=\frac{1}{0.60}\times\frac{0.3^2}{2}\times80.23+0.60\times82.17+1.20\times119.77$$

$$=199.04\text{kN}\cdot\text{m}$$

$$M_3=\frac{1}{0.60}\times\frac{0.3^2}{2}X_3+0.60X_4$$

$$=\frac{1}{0.60}\times\frac{0.3^2}{2}\times82.17+0.60\times119.77=78.02\text{kN}\cdot\text{m}$$

$$M_4=\frac{1}{0.60}\times\frac{0.3^2}{2}X_4=\frac{1}{0.60}\times\frac{0.3^2}{2}\times119.77=8.98\text{kN}\cdot\text{m}$$

剪力 V 的计算

$$V_0=0$$

$$V_1=-X_4-X_3-X_2-\frac{X_1}{2}+F$$

$$=-119.77-82.17-80.23-\frac{78.72}{2}+400$$

$$=78.47\text{kN}$$

$$V_{2左}=-X_4-X_3-\frac{X_2}{2}+F$$

$$=-119.77-82.17-\frac{80.23}{2}+400$$

$$=157.95\text{kN}$$

$$V_{2右}=-X_4-X_3-\frac{X_2}{2}=-119.77-82.17-\frac{80.23}{2}$$

$$=-242.1\text{kN}$$

$$V_3=-X_4-\frac{X_3}{2}=-119.77-\frac{82.17}{2}=-160.86\text{kN}$$

$$V_4=-\frac{X_4}{2}=-\frac{119.77}{2}=-59.89\text{kN}$$

地基反力 $p(x)$、梁的弯矩 $M(x)$ 和剪力 $V(x)$ 图分别见图 8-25b、c、d。

8.1.7　非均质地基上梁的计算

在实际工程中，地基多由成层的非均匀土构成，此外，地基受荷载后只在压缩层范围内产生土的压缩。因此，按非均匀地基模型计算地基梁将更能符合地基的实际受力情况。

早在上世纪60年代，我国工程界在工程设计中就采用了非均匀地基模型计算基础梁、板。并取得了较好的效果。但在计算地基沉降系数时采用了完全侧限的分层总和法，而没有考虑土体的水平应变分量，即假定 $\varepsilon_x=\varepsilon_y=0$，这样，在理论上似乎不够完善。为此建议，在计算地基沉降系数时应考虑水平应力分量 σ_x、σ_y 的影响，并根据广义虎克定律推导沉降系数的计算公式。下面，应用链杆法说明采用非均匀地基模型计算地基梁的计算方法。

1. 地基沉降系数 η_{ki}的计算

所建议的方法与B. H. 日莫契金方法的主要区别仅在于典型方程

$$\sum_{i=1}^{n}\delta_{ki}-y_0-a_k\varphi_0+\Delta_{kF}=0 \quad (k=1,\ 2,\ \cdots,\ n)$$

的系数 $\delta_{ki}=v_{ki}+\eta_{ki}$中的 η_{ki}计算方法不同。现将地基沉降系数 η_{ki}公式推证如下：

由广义虎克定律可知，地基受荷载后其内部任一点微分土体的竖向应变分量为：

$$\varepsilon_z=\frac{\sigma_z}{E_0}-\frac{\mu_0}{E_0}(\sigma_x+\sigma_y) \tag{8-49a}$$

或改写成：

$$\varepsilon_z=(1+\mu_0)\frac{\sigma_z}{E_0}-\frac{\mu_0}{E_0}\Theta \tag{8-49b}$$

式中 ε_z——土体竖向应变分量；

σ_z——土体竖向法向应力分量；

σ_x、σ_y——土体水平法向应力分量；

Θ——土体三向法向应力分量之和，$\Theta=\sigma_x+\sigma_y+\sigma_z$；

E_0、μ_0——地基土变形模量和泊松比。

(1) 当 $i=k$ 时

设 $\eta_{kk,j}$表示地基在矩形均布荷载$\frac{1}{bc}$作用下，在其承载面积中心点下第 j 层土的压缩量(图 8-26)，则对式(8-49b)积分，就得到：

$$\eta_{kk,j}=\int_{z_{j-1}}^{z_j}\frac{1}{E_0}[(1+\mu_0)\sigma_z-\mu_0\Theta]\mathrm{d}z \tag{8-50}$$

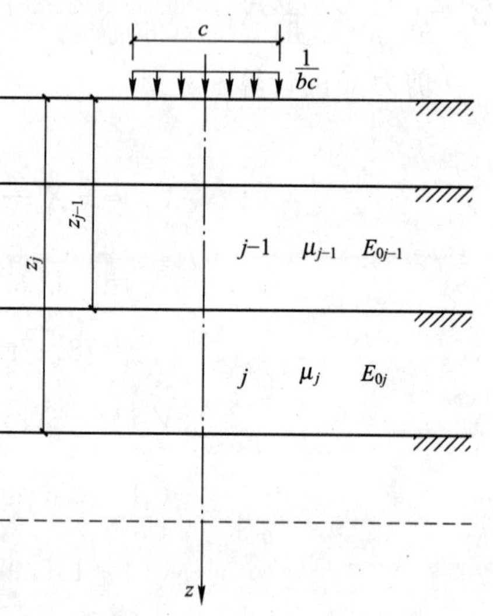

图 8-26 在荷载$\frac{1}{bc}$作用下第 j 层土的压缩量

同时注意到，地基在矩形均布荷载$\frac{1}{bc}$作用下，在其承载面积中心点下任一深度处

$$\left.\begin{aligned}\sigma_z&=\frac{2}{\pi}\left[\arctan\frac{n}{m\sqrt{1+m^2+n^2}}+\frac{mn(1+n^2+2m^2)}{(m^2+n^2)+(1+m^2)\sqrt{1+m^2+n^2}}\right]\frac{1}{bc}\\ \Theta&=\frac{4}{\pi}(1+\mu_0)\left[\arctan\frac{n}{m\sqrt{1+m^2+n^2}}\right]\frac{1}{bc}\end{aligned}\right\} \tag{8-51}$$

式中 m——所考虑点深度与承载面积短边之半之比，若 $b<c$，则 $m=\frac{2z}{b}$；

n——承载面积的长边与短边之比，若 $b<c$，则 $n=\frac{c}{b}$；

$\frac{1}{bc}$——作用于矩形面积 bc 上的均布荷载。

将式(8-51)代入式(8-50)，经计算整理后，就得到第 j 层土的压缩量公式：

$$\left.\begin{aligned}\eta_{kk,j}&=\frac{1}{c}\cdot\frac{\Omega_j-\Omega_{j-1}}{E_{0j}} \quad (\text{当 } b\leqslant c \text{ 时})\\ \eta_{kk,j}&=\frac{1}{b}\cdot\frac{\Omega_j-\Omega_{j-1}}{E_{0j}} \quad (\text{当 } b>c \text{ 时})\end{aligned}\right\} \tag{8-52}$$

式中　E_{0j}——第 j 层土变形模量；

Ω_j——第 j 层土无因次系数，$\Omega_j = f_1(n, m_j, \mu_{0j})$，其值可由表 8-12$a$～表 8-12$d$ 查得，其中，当 $b \leqslant c$ 时，$n = \frac{c}{b}$，$m_j = \frac{2z_j}{b}$；当 $b > c$ 时，$n = \frac{b}{c}$，$m_j = \frac{2z_j}{c}$；

μ_{0j}——第 j 层土的泊松比。

将压缩层范围内各土层的压缩量总和起来，就得到当 $i = k$ 时地基沉降系数计算公式的最后形式：

$$\eta_{kk} = \frac{1}{c} \sum_{j=1}^{\lambda} \frac{\Omega_j - \Omega_{j-1}}{E_{0j}} \quad (\text{当 } b \leqslant c \text{ 时}) \tag{8-53a}$$

$$\eta_{kk} = \frac{1}{b} \sum_{j=1}^{\lambda} \frac{\Omega_j - \Omega_{j-1}}{E_{0j}} \quad (\text{当 } b > c \text{ 时}) \tag{8-53b}$$

式中　λ——压缩层范围内压缩性质不同的土层数目。

(2) 当 $i \neq k$ 时

根据叠加原理不难求得 $i \neq k$ 时地基沉降系数计算公式的最后形式：

1) 当 $b \leqslant [2(|k-i| \pm 1]c$ 时(图 8-27)

$$\eta_{ki} = \frac{1}{2c} \sum_{j=1}^{\lambda} \frac{F_j - F_{j-1}}{E_{0j}} \tag{8-54a}$$

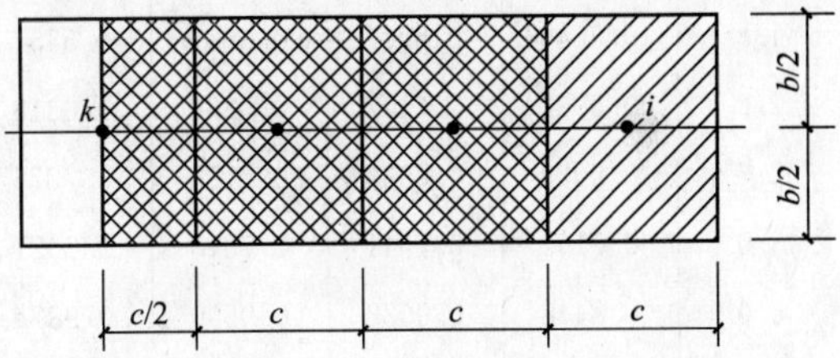

图 8-27　$b \leqslant [2(|k-i| \pm 1]c$ 时计算图

式中
$$F_j = \Omega_{1j} - \Omega_{2j}$$

$$\left.\begin{aligned} \Omega_{1j} &= f_2(n_1, m_{1j}, \mu_{0j}) \\ \Omega_{2j} &= f_2(n_2, m_{2j}, \mu_{0j}) \end{aligned}\right\}$$

其中
$$n_1 = [2(|k-i|)+1]\frac{c}{b}$$

$$n_2 = [2(|k-i|)-1]\frac{c}{b}$$

$$m_{1j} = m_{2j} = \frac{2z_j}{b}$$

2) 当 $b > [2(|k-i|) \pm 1]c$ 时

$$\eta_{ki} = \frac{1}{bc} \sum_{j=1}^{\lambda} \frac{F_j - F_{j-1}}{E_{0j}} \tag{8-54b}$$

式中
$$F_j = a_1\Omega_{1j} - a_2\Omega_{2j}$$
$$a_1 = [(|k-i|)+0.5]c$$
$$a_2 = [(|k-i|)-0.5]c$$
$$\Omega_{1j} = f_2(n_1, m_{1j}, \mu_{0j})$$
$$\Omega_{2j} = f_2(n_2, m_{2j}, \mu_{0j})$$

其中
$$n_1 = \frac{b}{2a_1}, \quad m_{1j} = \frac{z_j}{a_1}$$

$$n_2 = \frac{b}{2a_2}, \quad m_{2j} = \frac{z_j}{a_2}$$

Ω_{1j}、Ω_{2j} 值由表 8-12a～表 8-12d 查得。

地基沉降公式中(砂土)的 Ω 值　　表 8-12a

m \ n	1.0	1.2	1.4	1.6	1.8	2.0	3.0	4.0	≥10.0
0.0	0	0	0	0	0	0	0	0	0
0.2	0.0604	0.0601	0.0596	0.0593	0.0592	0.0591	0.0588	0.0587	0.0585
0.4	0.1310	0.1298	0.1287	0.1280	0.1275	0.1269	0.1262	0.1256	0.1251
0.6	0.2060	0.2043	0.2028	0.2018	0.2011	0.2000	0.1976	0.1969	0.1956
0.8	0.2798	0.2789	0.2774	0.2763	0.2748	0.2737	0.2704	0.2691	0.2673
1.0	0.3484	0.3498	0.3491	0.3483	0.3470	0.3460	0.3419	0.3395	0.3372
1.2	0.4103	0.4146	0.4160	0.4159	0.4151	0.4143	0.4100	0.4074	0.4035
1.4	0.4649	0.4729	0.4768	0.4783	0.4781	0.4778	0.4739	0.4709	0.4662
1.6	0.5125	0.5245	0.5312	0.5346	0.5367	0.5364	0.5338	0.5304	0.5245
1.8	0.5540	0.5704	0.5800	0.5857	0.5888	0.5903	0.5893	0.5859	0.5792
2.0	0.5902	0.6107	0.6236	0.6318	0.6362	0.6393	0.6409	0.6380	0.6303
2.5	0.6629	0.6930	0.7134	0.7276	0.7374	0.7436	0.7528	0.7588	0.7443
3.0	0.7163	0.7541	0.7815	0.8021	0.8163	0.8266	0.8468	0.8509	0.8421
5.0	0.8448	0.9038	0.9500	0.9874	1.0170	1.0420	1.1055	1.1311	1.1397
7.0	0.9013	0.9709	1.0271	1.0743	1.1135	1.1453	1.2449	1.2939	1.1370
10.0	0.9452	1.0230	1.0880	1.1432	1.1901	1.2282	1.3628	1.4386	1.5444

地基沉降公式中(粉土)的 Ω 值　　表 8-12b

m \ n	1.0	1.2	1.4	1.6	1.8	2.0	3.0	4.0	≥10.0
0.0	0	0	0	0	0	0	0	0	0
0.2	0.0566	0.0561	0.0558	0.0555	0.0553	0.0552	0.0550	0.0548	0.0547
0.4	0.1244	0.1231	0.1218	0.1210	0.1205	0.1200	0.1189	0.1184	0.1179
0.6	0.1974	0.1955	0.1936	0.1926	0.1902	0.1901	0.1881	0.1871	0.1858
0.8	0.2699	0.2686	0.2667	0.2651	0.2638	0.2623	0.2589	0.2573	0.2555
1.0	0.3377	0.3382	0.3372	0.3361	0.3346	0.3333	0.3285	0.3262	0.3233
1.2	0.3988	0.4024	0.4043	0.4027	0.4016	0.4006	0.3956	0.3925	0.3885
1.4	0.4531	0.4603	0.4632	0.4645	0.4640	0.4635	0.4585	0.4551	0.4499
1.6	0.4903	0.5114	0.5175	0.5213	0.5214	0.5213	0.5175	0.5138	0.5072
1.8	0.5416	0.5573	0.5659	0.5722	0.5735	0.5746	0.5725	0.5685	0.5612
2.0	0.5776	0.5971	0.6092	0.6167	0.6207	0.6233	0.6236	0.6199	0.6112
2.5	0.6500	0.6791	0.6985	0.7119	0.7210	0.7271	0.7341	0.7399	0.7236
3.0	0.7039	0.7402	0.7664	0.7867	0.7996	0.8093	0.8274	0.8305	0.8201
5.0	0.8314	0.8892	0.9505	0.9710	0.9998	1.0228	1.0849	1.1088	1.1135
7.0	0.8879	0.9566	0.9851	1.0577	1.0954	1.1269	1.2238	1.2710	1.3097
10.0	0.9317	1.0081	1.0721	1.1266	1.1719	1.2104	1.3414	1.4158	1.5205

地基沉降公式中(粉质黏土)的 Ω 值 表 8-12*c*

m \ n	1.0	1.2	1.4	1.6	1.8	2.0	3.0	4.0	≥10.0
0.0	0	0	0	0	0	0	0	0	0
0.2	0.0442	0.0436	0.0430	0.0427	0.0426	0.0425	0.0422	0.0419	0.0416
0.4	0.1029	0.1011	0.0995	0.0986	0.0978	0.0970	0.0956	0.0951	0.0945
0.6	0.1695	0.1666	0.1641	0.1625	0.1595	0.1594	0.1567	0.1554	0.1540
0.8	0.2376	0.2345	0.2318	0.2296	0.2274	0.2258	0.2211	0.2189	0.2167
1.0	0.3022	0.3011	0.2984	0.2962	0.2940	0.2921	0.2855	0.2828	0.2789
1.2	0.3613	0.3628	0.3614	0.3598	0.3578	0.3559	0.3485	0.3447	0.3392
1.4	0.4139	0.4187	0.4195	0.4192	0.4176	0.4159	0.4083	0.4036	0.3968
1.6	0.4501	0.4685	0.4721	0.4732	0.4727	0.4716	0.4644	0.4592	0.4498
1.8	0.5005	0.5132	0.5192	0.5225	0.5233	0.5231	0.5178	0.5113	0.5014
2.0	0.5359	0.5521	0.5617	0.5672	0.5694	0.5705	0.5661	0.5606	0.5488
2.5	0.6071	0.6327	0.6494	0.6603	0.6675	0.6716	0.6732	0.6730	0.6557
3.0	0.6597	0.6929	0.7160	0.7338	0.7447	0.7524	0.7630	0.7636	0.7477
5.0	0.7865	0.8404	0.8812	0.9157	0.9420	0.9626	1.0163	1.0349	1.0291
7.0	0.8425	0.9067	0.9585	1.0017	1.0370	1.0656	1.1533	1.1944	1.2190
10.0	0.8859	0.9585	1.0185	1.0705	1.1133	1.1483	1.2694	1.3368	1.4199

地基沉降公式中(黏土)的 Ω 值 表 8-12*d*

m \ n	1.0	1.2	1.4	1.6	1.8	2.0	3.0	4.0	≥10.0
0.0	0	0	0	0	0	0	0	0	0
0.2	0.0352	0.0344	0.0341	0.0336	0.0333	0.0331	0.0327	0.0326	0.0324
0.4	0.0872	0.0849	0.0832	0.0821	0.0812	0.0804	0.0790	0.0781	0.0776
0.6	0.1492	0.1455	0.1424	0.1402	0.1402	0.1373	0.1340	0.1325	0.1308
0.8	0.2139	0.2098	0.2064	0.2036	0.2013	0.1988	0.1935	0.1912	0.1884
1.0	0.2762	0.2735	0.2699	0.2671	0.2640	0.2617	0.2541	0.2507	0.2465
1.2	0.3335	0.3333	0.3308	0.3282	0.3254	0.3229	0.3139	0.3094	0.3034
1.4	0.3850	0.3878	0.3872	0.3858	0.3832	0.3807	0.3711	0.3655	0.3579
1.6	0.4302	0.4365	0.4385	0.4385	0.4360	0.4348	0.4253	0.3974	0.4092
1.8	0.4700	0.4802	0.4848	0.4867	0.4862	0.4850	0.4760	0.4692	0.4577
2.0	0.5048	0.5186	0.5262	0.5304	0.5314	0.5312	0.5240	0.5166	0.5031
2.5	0.5751	0.5981	0.6125	0.6218	0.6277	0.6303	0.6280	0.6214	0.6057
3.0	0.6270	0.6576	0.6785	0.6943	0.7036	0.7101	0.7183	0.7140	0.6943
5.0	0.7525	0.8034	0.8426	0.8742	0.8985	0.9171	0.9644	0.9794	0.9664
7.0	0.8080	0.8691	0.9182	0.9594	0.9920	1.0191	1.1001	1.1367	1.1514
10.0	0.8511	0.9207	0.9780	1.0468	1.0682	1.1012	1.2151	1.2777	1.3480

注：在制表时土的泊松比 μ 值采用——砂土 0.29，粉土 0.31，粉质黏土 0.37，黏土 0.41。

2. 压缩层的确定问题

按非均匀地基模型计算地基梁时要确定地基压缩层厚度，即《建筑地基基础设计规范》所指地基沉降计算深度。

为了简化计算，基础梁链杆 $k(k=1, 2, \cdots, n)$ 下的压缩层厚度 z'_{nk} 可统一按基础梁中心点下的压缩层厚度采用。即对于无相邻荷载时按式(4-16)计算；对有相邻荷载时，则按式(4-17)计算，这时，基础梁底面压力按直线分布采用。

【例题 8-7】 钢筋混凝土基础梁，长 28m，高 2m，宽 1m，钢筋混凝土的弹性模量 $E=2.1\times10^7\text{kN/m}^2$，泊松比 $\mu=\frac{1}{6}$；地基由两层土构成：$z=0\sim2.5$m 为粉质黏土($\mu_0=0.37$)，其变形模量 $E_0=10000\text{kN/m}^2$，重度为：在地下水位以上等于 17kN/m^3；在地下水位以下等于 20kN/m^3(饱和重度)；$z=2.5$m 以下为粉土($\mu_0=0.31$)，其变形模量 $E_0=20000\text{kN/m}^2$，重度为 20kN/m^3(饱和重度)，在梁的中央作用一集中荷载 $P=2400$kN(图 8-28*a*)。

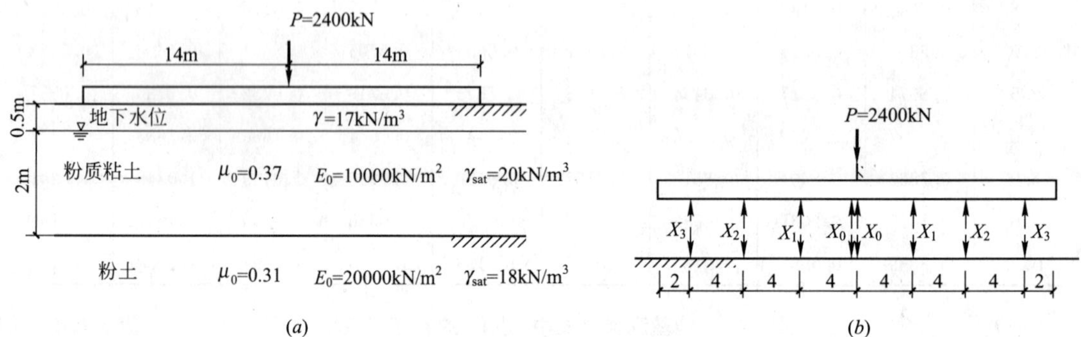

图 8-28 例题 8-7 附图(一)

(*a*)已知条件；(*b*)基本结构

试画出基础梁的反力分布图、剪力图、弯矩图和挠度图(沉降曲线)。

【解】 将梁分成 7 个区段，各支承链杆的间距为 $\frac{28}{7}=4$m。因为结构、荷载和地基土层分布均对称，所以将基本结构的刚臂加在梁的中央，如图 8-28*b* 所示。

计算地基沉降 η_{kk} 和 η_{ki}：

经计算确定压缩层 $z'=5$m。因为 $c>b$，故 $n=\frac{c}{b}=\frac{4}{1}=4$。

按公式(8-52)第 1 式计算所需要的数据的计算程序如表 8-13*a* 所示：

表 8-13*a*

土层 j	z_j(m)	$\frac{2z_j}{b}$	Ω_j	$\Omega_j-\Omega_{j-1}$	E_{0j}(kN/m²)	$\frac{\Omega_j-\Omega_{j-1}}{E_{0j}}$
1	2.5	5	1.035 1.109	1.035	10000	1035×10^{-7}
2	5	10	1.416	1.416 −1.109 0.307	20000	154×10^{-7}

$\Sigma=1189\times10^{-7}$

$$\eta_{00}=2\times\frac{1}{c}\sum_{j=1}^{2}\frac{\Omega_j-\Omega_{j-1}}{E_{0j}}=2\times\frac{1}{4}\times1189\times10^{-7}=594\times10^{-7}$$

$$\eta_{11}=\eta_{22}=\eta_{33}=\frac{\eta_{00}}{2}=297\times10^{-7}$$

因为 $b=1$m，而 $[2(|k-i|)\pm1]c$ 恒大于 1m，故应按公式(8-54a)计算 η_{ki}。

按式(8-54a)计算地基沉降 η_{01} 所需的数据的计算过程如表 8-13b 所示：

表 8-13b

土层 j	$\frac{2z_j}{b}$	$\{2(k-i)+1\}\frac{c}{b}$	$\{2(k-i)-1\}\frac{c}{b}$	Ω_{1j}	Ω_{2j}	$F_j=\Omega_{1j}-\Omega_{2j}$	F_j-F_{j-1}	E_{0j}	$\frac{E_j-F_{j-1}}{E_{0j}}$
1	5	12	4	1.029 1.114	1.035 1.109	−0.006 0.005	−0.006	10000	-6×10^{-7}
2	10	12	4	1.521	1.416	0.105	0.105 −0.005 0.100	20000	50×10^{-7}

$\Sigma=44\times10^{-7}$

所以 $\eta_{01}=2\times\frac{1}{2c}\sum_{j=1}^{2}\frac{F_j-F_{j-1}}{E_{0j}}=2\times\frac{1}{2\times4}\times44\times10^{-7}=11\times10^{-7}$，

不难看出：$\eta_{12}=\eta_{23}=\frac{\eta_{01}}{2}=5.5\times10^{-7}$。

按同样的步骤求得：$\eta_{02}=\eta_{13}=\eta_{03}=0$

由表 8-10 查出梁的挠度公式中的 W_{ki} 值；按公式算出法方程中各系数，并列出方程，于是就可联立解得所要求的未知量 X_i：

$X_0=292$kN，$X_1=490$kN，$X_2=303$kN 和 $X_3=117$kN。

同时可求得右半梁下面的反力强度为：

$p_0=146\text{kN/m}^2$，$p_1=125\text{kN/m}^2$，$p_2=76\text{kN/m}^2$ 和 $p_3=29\text{kN/m}^2$。

右半梁内的剪力为：

$V_0=-1200$kN （荷载右边），$V_1=-482$kN，$V_2=-269$kN，$V_3=-54$kN。

右半梁内的弯矩为：

$M_0=6080$kN·m，$M_1=2390$kN·m，$M_2=619.5$kN·m，$M_3=54$kN·m

右半梁的挠度(沉降)为：

$y_0=18.0$mm，$y_1=15.1$mm，$y_2=9.0$mm，$y_3=3.6$mm。

反力分布图、剪力图、弯矩图和挠度图如图 8-29 所示。图 8-29 中括弧内的数值是将地基视为半无限大的理想弹性体按日莫契金方法所得结果。

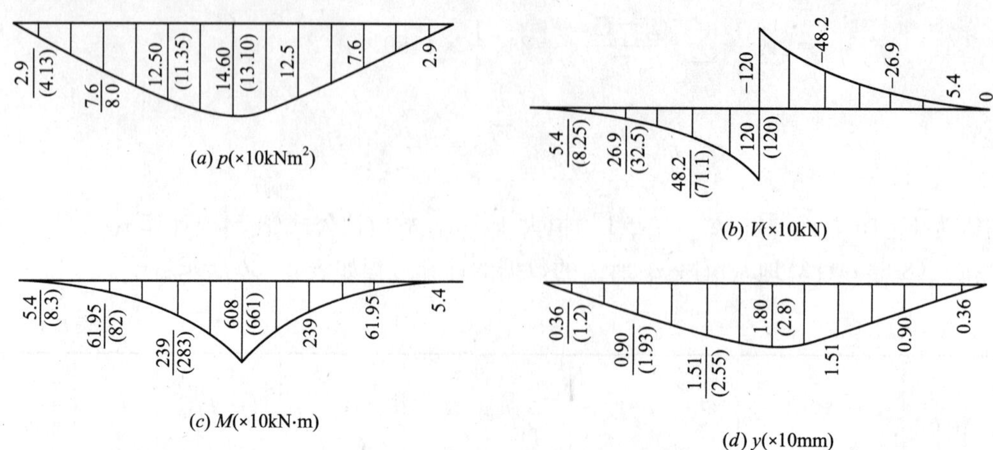

图 8-29 例题 8-7 附图(二)

(*a*)反力分布图；(*b*)剪力图；(*c*)弯矩图；(*d*)挠度图

8.2 柱下交叉条形基础

对于框架和框架-剪力墙结构，当地基较软，上部结构荷载较大时，通常采用柱下交叉基础(图 8-30)，以减小基础底面压力和增加基础刚度，进而达到减小地基变形的目的。

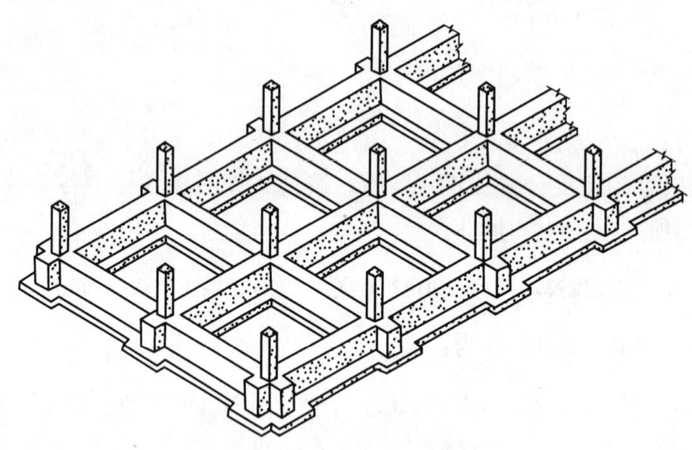

图 8-30 柱下交叉条形基础

8.2.1 柱下交叉条形基础内力分析——简化法

柱下交叉条形基础精确分析甚为冗繁，在工程设计中，通常采用简化分析法。

图 8-31 表示柱下交叉条形基础的计算简图。基础梁每个交叉点(又称节点)作用有上部结构传来的竖向荷载 F_i 和沿 x、y 方向的力偶 M_{ix}、M_{iy}($i=1, 2, \cdots, n$)。计算时通常假定某个方向的力偶完全由该方向的基础梁承担，而忽略它对另一方向的梁扭转的影响。因此，柱下交叉条形基础计算的关键问题，在于如何求出节点荷载在 x、y 方向基础梁间的分配值 F_{ix} 和 F_{iy}。一旦求出它们的数值，则沿 x、y 方向基础梁就可按 8.1.4 节中的柱下条形基础公式进行分析。

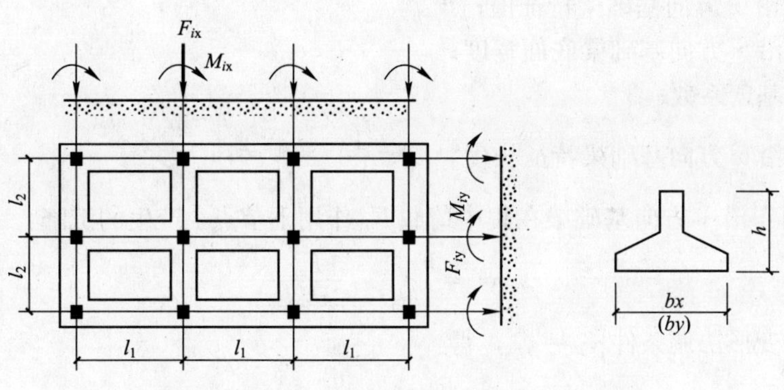

图 8-31 柱下交叉条形基础计算简图

由 8.1.4 中温克尔地基上梁的解答可知，当柱距 $x \geqslant 3L$（L 为地基梁的特征长度）时，即可不考虑邻近柱荷载的影响。这样，根据节点静力平衡条件和变形协调条件就可很方便地求出分配荷载 F_{ix} 和 F_{iy}。

1. 中柱节点

中柱节点如图 8-32a 所示。在节点荷载 F_i 作用下，柱下交叉条形基础可分解成 F_{ix} 作用下沿 x 方向的无限长梁和在 F_{iy} 作用下沿 y 方向的无限长梁。根据无限长梁在集中荷载下的解答，由式(8-11a)第 1 式可得沿 x 方向基础梁在集中荷载 F_{ix} 作用下节点 i 产生的沉降为：

$$y_{ix}=\frac{F_{ix}\lambda_x}{2kb_x}=\frac{F_{ix}}{2kb_xL_x} \tag{a}$$

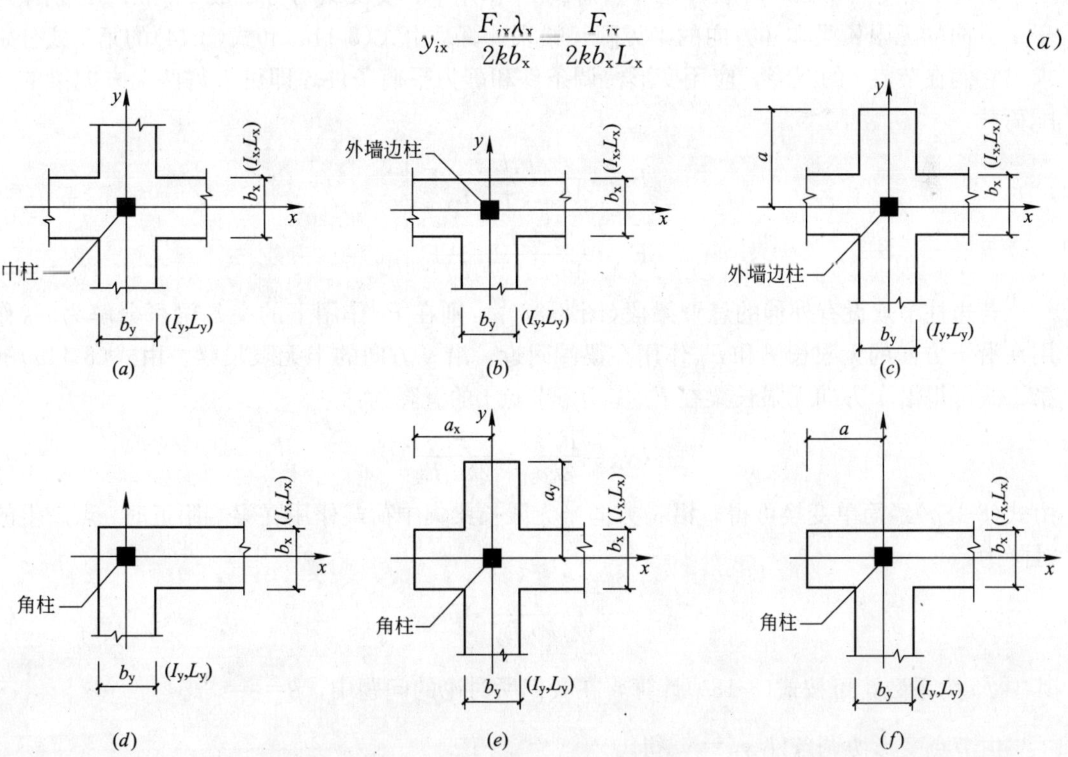

图 8-32 柱下交叉条形基础节点

式中 λ_x——沿 x 方向基础梁特征值；

b_x——沿 x 方向基础梁底面宽度；

k——基床系数；

L_x——沿 x 方向基础梁特征长度，$L_x=\dfrac{1}{\lambda_x}$。

同样，可得沿 y 方向基础梁在集中荷载 F_{iy} 作用下节点 i 产生的沉降：

$$y_{iy}=\frac{F_{iy}\lambda_y}{2kb_y}=\frac{F_{iy}}{2kb_yL_y} \tag{b}$$

由节点 i 变形协调条件 $y_{ix}=y_{iy}$，得：

$$\frac{F_{ix}}{2kb_xL_x}=\frac{F_{iy}}{2kb_yL_y} \tag{c}$$

由节点 i 静力平衡条件，得：

$$F_i=F_{ix}+F_{iy} \tag{d}$$

由式(c)和式(d)解得：

$$\left.\begin{aligned}F_{ix}&=\frac{b_xL_x}{b_xL_x+b_yL_y}F_i\\F_{iy}&=\frac{b_yL_y}{b_xL_x+b_yL_y}F_i\end{aligned}\right\} \tag{8-55}$$

2. 边柱节点

边柱节点如图 8-32b 所示，在节点荷载 F_i 作用下，交叉梁可分解成 F_{ix} 和 F_{iy} 分别作用于 x 方向的无限长梁和 y 方向的半无限长梁来计算。由式(8-11a)和式(8-14)的第 1 式分别求出它们在节点 i 的沉降。应用变形协调条件和静力平衡条件，即可求得两个方向梁的分配荷载：

$$\left.\begin{aligned}F_{ix}&=\frac{4b_xL_x}{4b_xL_x+b_yL_y}F_i\\F_{iy}&=\frac{b_yL_y}{4b_xL_x+b_yL_y}F_i\end{aligned}\right\} \tag{8-56}$$

若边柱节点设有外伸的悬臂梁段(图 8-32c)，则在 F_i 作用下的交叉梁可分解为 F_{ix} 作用在沿 x 方向的无限长梁和 F_{iy} 作用在梁端附近，沿 y 方向的半无限长梁。由式(8-11a)的第 1 式可得沿 x 方向无限长梁在 F_{ix} 作用下节点 i 的沉降为：

$$y_{ix}=\frac{F_{ix}\lambda_x}{2kb_x}=\frac{F_{ix}}{2kb_xL_x} \tag{a}$$

由式(8-18a)经简单变换可得，沿 y 方向半无限长梁集中荷载作用在梁端附近时 i 点产生的沉降为：

$$y_{iy}=\frac{F_{iy}}{kb_yL_y}\cdot\bar{p}_F \tag{b}$$

其中 $\bar{p}_F$ 为系数，可按式(8-18b)计算，在我们所讨论的问题中，$\beta=\xi=\dfrac{a}{L_y}$。

由节点变形协调条件 $y_{ix}=y_{iy}$ 得

$$\frac{F_{ix}}{2kb_xL_x}=\frac{F_{iy}}{kb_yL_y}\bar{p}_F \tag{c}$$

和静力平衡条件

$$F_i = F_{ix} + F_{iy} \tag{d}$$

由式(c)和式(d)可解得

$$\left.\begin{aligned} F_{ix} &= \frac{\gamma_1 b_x L_x}{\gamma_1 b_x L_x + b_y L_y} \cdot F_i \\ F_{iy} &= \frac{b_y L_y}{\gamma_1 b_x L_x + b_y L_y} \cdot F_i \end{aligned}\right\} \tag{8-57}$$

其中系数 $\gamma_1 = 2\bar{p}_F$。例如悬臂长度 $a = x = 0.6L$，则由表 8-4c 可查得 $\bar{p}_F = 0.715$，而 $\gamma_1 = 2\bar{p}_F = 2\times0.715 = 1.43$。表 8-14 给出了不同$\frac{a}{L}$值时的系数 γ_1 值。

系数 γ_1、γ_2 值表　　表 8-14

a/L	0	0.10	0.20	0.30	0.40	0.50	0.60	0.62	0.64
γ_1	4.00	3.28	2.70	2.24	1.89	1.62	1.43	1.41	1.38
γ_2	1.00	1.22	1.48	1.79	2.12	2.46	2.80	2.84	2.91
a/L	0.65	0.66	0.67	0.68	0.69	0.70	0.71	0.73	0.75
γ_1	1.36	1.35	1.34	1.32	1.31	1.30	1.29	1.26	1.24
γ_2	2.94	2.97	3.00	3.03	3.05	3.08	3.10	3.18	3.23

3. 角柱节点

角柱节点如图 8-32d 所示。这时，作用于节点 i 处的集中荷载 F_i 可分解成 F_{ix} 和 F_{iy}，并分别作用于两个半无限长梁上。同理，可求得荷载分配公式，其形式与式(8-55)相同。

若角柱节点沿 x、y 方向均外伸悬臂梁段，且 $a_x = \beta L_x$ 和 $a_y = \beta L_y$，如图 8-32e 所示，则其荷载分配公式形式亦与式(8-55)相同。

若角柱节点仅沿一个方向(例如沿 x 方向)，伸出悬臂梁段，如图 8-32f 所示，则应按两个半无限长梁计算，但其中一个方向(x 方向)应按集中荷载作用于梁端附近半无限长梁计算。同理，可求得节点荷载分配公式：

$$\left.\begin{aligned} F_{ix} &= \frac{\gamma_2 b_x L_x}{\gamma_2 b_x L_x + b_y L_y} \cdot F_i \\ F_{iy} &= \frac{b_y L_y}{\gamma_2 b_x L_x + b_y L_y} \cdot F_i \end{aligned}\right\} \tag{8-58}$$

其中系数 $\gamma_2 = \frac{2}{\bar{p}_F}$，可由表 8-14 查得。

8.2.2 节点分配荷载的修正

由上可见，柱下交叉条形基础梁的计算，最后归结为沿两个方向的柱下条形基础梁的计算。但这样计算将把两个方向的梁在交叉点处的基底面积重复计算了一次，而使基础梁底部反力有所减小，从而造成梁的内力也随之减小，这是偏于不安全的。为此，我们采用增加作用在交叉条形基础梁节点上的荷载的方法来考虑这一影响。

设交叉条形基础拆分前基础底面平均压力为：

$$p = \frac{\Sigma F_i}{A} \tag{8-59}$$

式中　ΣF_i——作用在交叉条形基础梁上的全部竖向荷载；

A——交叉条形基础梁基底总面积。

设作用在交叉条形基础梁节点上的竖向荷载增量为 $\Sigma\Delta F_i$；交叉条形基础节点下底部重叠面积之和为 $\Sigma\Delta A_i$。根据基础梁拆分前、后基础底面平均压力相等的条件

$$p=\frac{\Sigma F_i}{A}=\frac{\Sigma F_i+\Sigma\Delta F_i}{A+\Sigma\Delta A_i} \tag{8-60}$$

可求得作用在节点上竖向荷载总增量：

$$\Sigma\Delta F_i=p\Sigma\Delta A_i \tag{8-61}$$

将 $\Sigma\Delta F_i$ 按各节点重叠面积与总面积的比例分配给各节点：

$$\Delta F_i=\frac{\Delta A_i}{\Sigma\Delta A_i}p\Sigma\Delta A_i=\Delta A_i p \tag{8-62}$$

式中　ΔA_i——第 i 节点下底部重叠面积。

将 ΔF_i 按交叉条形基础梁的荷载分配比例分配给 x 方向和 y 方向各梁：

$$\begin{aligned}\Delta F_{ix}&=\frac{F_{ix}}{F_i}\Delta F_i=\frac{F_{ix}}{F_i}\Delta A_i p\\ \Delta F_{iy}&=\frac{F_{iy}}{F_i}\Delta F_i=\frac{F_{iy}}{F_i}\Delta A_i p\end{aligned} \tag{8-63}$$

式中　ΔF_{ix}、ΔF_{iy}——第 i 节点沿 x 方向和 y 方向分配的荷载增量；

F_{ix}、F_{iy}——第 i 节点沿 x 方向和 y 方向的分配荷载；

F_i——作用在第 i 节点上的竖向荷载。

这样，第 i 节点沿 x 方向和 y 方向梁上荷载修正后值为：

$$\left.\begin{aligned}F'_{ix}&=F_{ix}+\Delta F_{ix}\\ F'_{iy}&=F_{iy}+\Delta F_{iy}\end{aligned}\right\} \tag{8-64}$$

应当指出，在计算柱下交叉条形基础的重叠面积时，应注意不同节点的计算方法：

对于中柱节点、带悬臂的边柱和角柱节点(图 8-33a、b)，重叠面积为

$$\Delta A_i=b_x\cdot b_y$$

对于无悬臂的边柱节点(图 8-33c)，认为横梁伸至纵梁宽度的 1/2 处，故重叠面积为

$$\Delta A_i=\frac{1}{2}b_xb_y$$

对于无悬臂的角柱节点(图 8-33d)，计算时假定沿横向和纵向的基础梁各伸至对方梁宽的 1/2 处，虽该处重叠面积为$\frac{1}{4}b_xb_y$，但却有$\frac{1}{4}b_xb_y$ 梁底的面积未予计算。因此，两者抵消，故重叠面积为零。

$$\Delta A_i=0$$

式中　ΔA_i——第 i 节点的重叠面积；

b_x、b_y——分别为基础沿 x 方向和 y 方向的宽度。

【例题 8-8】 图 8-34 所示为柱下交叉条形基础，采用混凝土强度等级 C20，弹性模量 $E_c=2.6\times10^7\text{kN/m}^2$。$x$ 方向梁的惯性矩 $I_x=0.029\text{m}^4$，y 方向梁的惯性矩 $I_y=0.0114\text{m}^4$。框架柱的荷载 $F_1=1500\text{kN}$，$F_2=2100\text{kN}$，$F_3=1700\text{kN}$，$F_4=2400\text{kN}$，地基的基床系数 $k=4000\text{kN/m}^3$。试按简化方法计算各节点分配荷载，并进行修正。

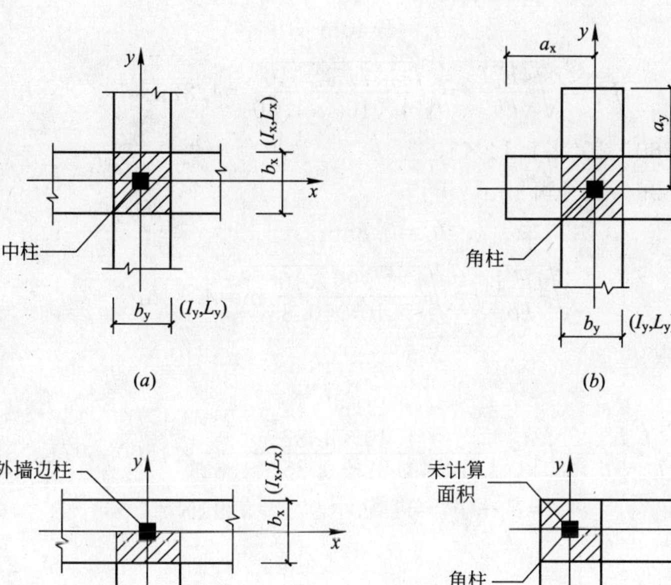

图 8-33 柱下交叉基础重叠面积的计算

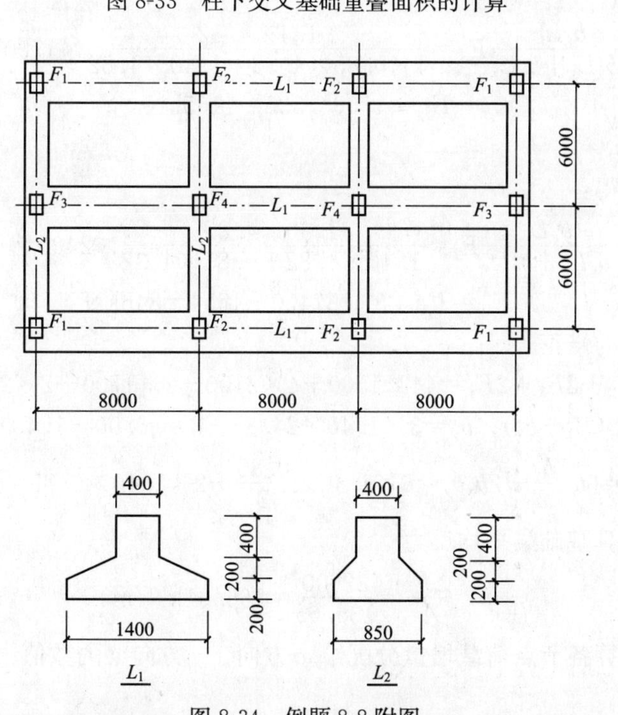

图 8-34 例题 8-8 附图

【解】 (1) 计算梁的特征长度

梁 L_1：$E_c I_x = 2.60 \times 10^7 \times 2.9 \times 10^{-2}$

$= 7.54 \times 10^5 \text{kN} \cdot \text{m}^2$

$$b_x=1.40\text{m}$$

$$L_x=\sqrt[4]{\frac{4E_cI_x}{kb_x}}=\sqrt[4]{\frac{4\times7.54\times10^5}{4\times10^3\times1.40}}=4.82\text{m}$$

梁 L_2：$E_cI_y=2.60\times10^7\times1.14\times10^{-2}$
$=2.96\times10^5\text{kN}\cdot\text{m}^2$

$$b_y=0.85\text{m}$$

$$L_y=\sqrt[4]{\frac{4E_cI_y}{kb_y}}=\sqrt[4]{\frac{4\times2.96\times10^5}{4\times10^3\times0.85}}\text{m}=4.32\text{m}$$

(2) 计算分配荷载

角柱节点 1：

$$F_{1x}=\frac{b_xL_x}{b_xL_x+b_yL_y}F_1=\frac{1.40\times4.82}{1.40\times4.82+0.85\times4.32}\times1500=971\text{kN}$$

$$F_{1y}=F_1-F_{1x}=1500-971=529\text{kN}$$

边柱节点 2：

由式(8-56)算得：

$$F_{2x}=\frac{4b_xL_x}{4b_xL_x+b_yL_y}F_2=\frac{4\times1.40\times4.82}{4\times1.40\times4.82+0.85\times4.32}\times2100=1849\text{kN}$$

$$F_{2y}=2100-1849=251\text{kN}$$

边柱节点 3：

$$F_{3x}=\frac{b_xL_x}{4b_yL_y+b_xL_x}F_3=\frac{1.4\times4.82}{4\times0.85\times4.32+1.40\times4.82}\times1700=535\text{kN}$$

$$F_{3y}=1700-535=1165\text{kN}$$

中柱节点 4：

由式(8-55)算得：

$$F_{4x}=\frac{b_xL_x}{b_xL_x+b_yL_y}F_4=\frac{1.40\times4.82}{1.40\times4.82+0.85\times4.32}\times2400=1554\text{kN}$$

$$F_{4y}=F_4-F_{4x}=2400-1554=846\text{kN}$$

(3) 分配荷载的修正

$$\Sigma F=4F_1+4F_2+2F_3+2F_4=(4\times1500+4\times2100+2\times1700+2\times2400)=22600\text{kN}$$

$$\Sigma A=3\times b_x\times L+8(B_1-b_x)\times b_y=3\times1.40\times24.85+8\times(6.00-1.40)\times0.85=135.65\text{m}^2$$

$$\Sigma\Delta A=6b_x\frac{b_y}{2}+2b_xb_y=6\times1.40\times\frac{0.85}{2}+2\times1.40\times0.85=5.95\text{m}^2$$

按式(8-59)计算基础梁平均反力

$$p=\frac{\Sigma F_i}{A}=\frac{22600}{135.65}=166.61\text{kN/m}^2$$

按式(8-63)计算各节点荷载增量分配给 x 方向、y 方向梁的数值：

节点 1：

$$\Delta A_1=0\quad\Delta F_1=0$$

节点 2：

$$\Delta F_{2x}=\frac{F_{2x}}{F_2}\Delta A_2p=\frac{1849}{2100}\times\frac{1.40}{2}\times0.85\times166.61=87.28\text{kN}$$

$$\Delta F_{2y}=\frac{F_{2y}}{F_2}\Delta A_2 p=\frac{251}{2100}\times\frac{1.40}{2}\times 0.85\times 166.61=11.85\text{kN}$$

节点 3：

$$\Delta F_{3x}=\frac{F_{3x}}{F_3}\Delta A_3 p=\frac{535}{1700}\times 1.40\times\frac{0.85}{2}\times 166.61=31.20\text{kN}$$

$$\Delta F_{3y}=\frac{F_{3y}}{F_3}\Delta A_3 p=\frac{1165}{1700}\times 1.40\times\frac{0.85}{2}\times 166.61=67.94\text{kN}$$

节点 4：

$$\Delta F_{4x}=\frac{F_{4x}}{F_4}\Delta A_4 p=\frac{1554}{2400}\times 1.40\times 0.85\times 166.61=128.38\text{kN}$$

$$\Delta F_{4y}=\frac{F_{4y}}{F_4}\Delta A_4 p=\frac{846}{2400}\times 1.40\times 0.85\times 166.61=69.89\text{kN}$$

最后，按式(8-64)计算各节点分配荷载修正值：

节点 2：

$$F'_{2x}=F_{2x}+\Delta F_{2x}=1849+87.28=1936.28\text{kN}$$

$$F'_{2y}=F_{2y}+\Delta F_{2y}=251+11.85=262.85\text{kN}$$

节点 3：

$$F'_{3x}=F_{3x}+\Delta F_{3x}=535+31.20=566.20\text{kN}$$

$$F'_{3y}=F_{3y}+\Delta F_{3y}=1165+67.94=1232.94\text{kN}$$

节点 4：

$$F'_{4x}=F_{4x}+\Delta F_{4x}=1554+128.32=1682.32\text{kN}$$

$$F'_{4y}=F_{4y}+\Delta F_{4y}=846+69.89=915.89\text{kN}$$

8.3 柱下条形和交叉条形基础构造

柱下条形和交叉条形基础构造除满足扩展基础有关规定外，尚应符合下列要求：

1. 梁的高度

基础梁的高度应根据基底反力大小，按柱距的 1/4～1/8 之间选取。反力小时取下限，反力大时取上限。柱距大时可在梁端加腋。

2. 梁的宽度

当柱宽 b_c＜600mm 时，基础梁的宽度应比该方向柱宽两侧宽出 50mm 以上，参见图 8-35*a* 和图 8-36*a*；当柱宽 b_c≥600mm 时，基础梁应加腋，其尺寸应符合图 8-35*b* 和图 8-36*b*的构造要求。

3. 基础梁端部外伸长度

基础梁的端部宜向外伸出，其长度宜为第一跨度的 0.25 倍(图 8-37、图 8-38)。

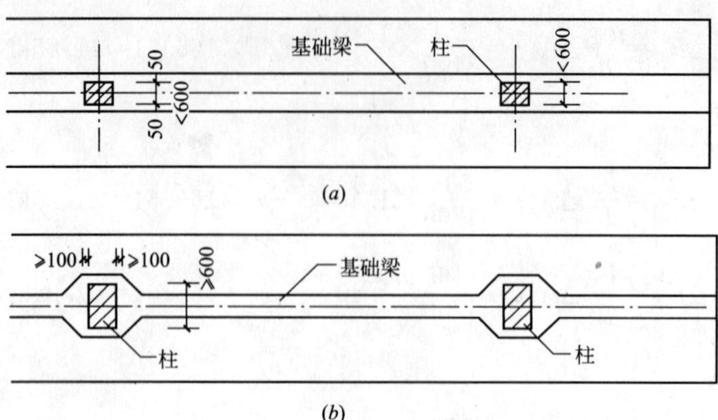

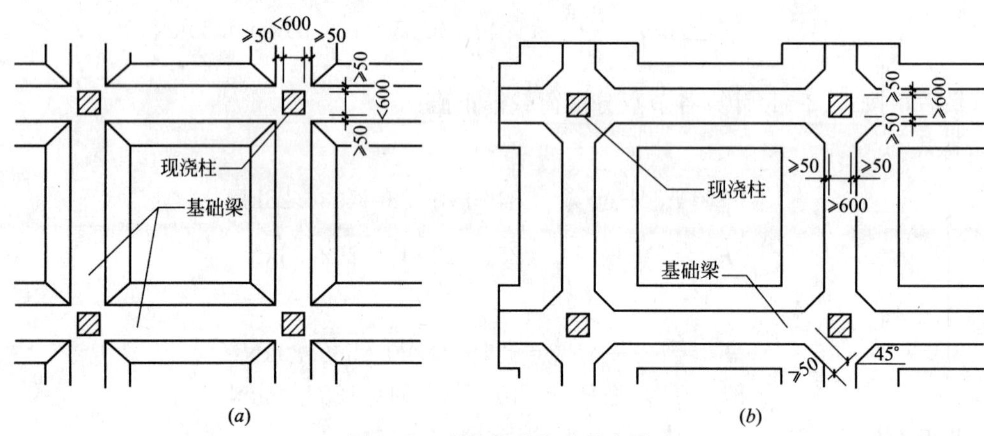

图 8-35　基础梁与柱的连接平面

图 8-36　交叉条形基础示意图

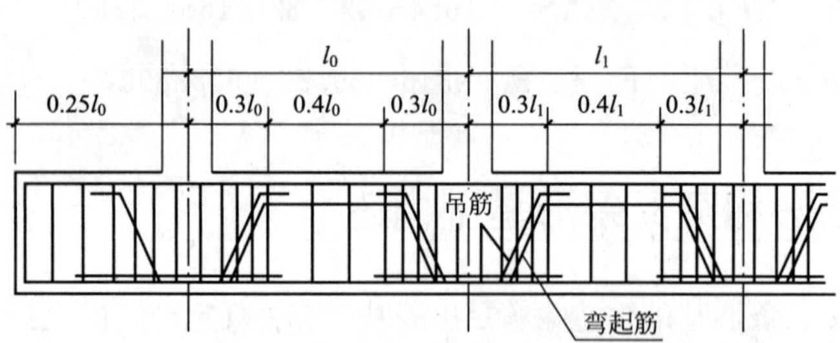

图 8-37　等截面基础梁配筋示意图

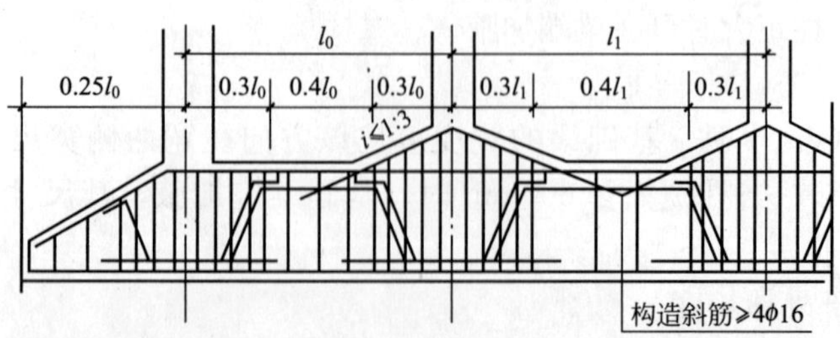

图 8-38　加腋基础梁配筋示意图

4. 基础梁翼板厚度

基础梁翼板厚度 h_f 不应小于 200mm，当 $h_f \leqslant 250$mm 时宜采用等厚翼缘板(图 8-39*a*)；当翼板厚度大于 250mm 时，宜采用变厚度翼板，其坡度小于或等于 1∶3(图 8-39*b*)。

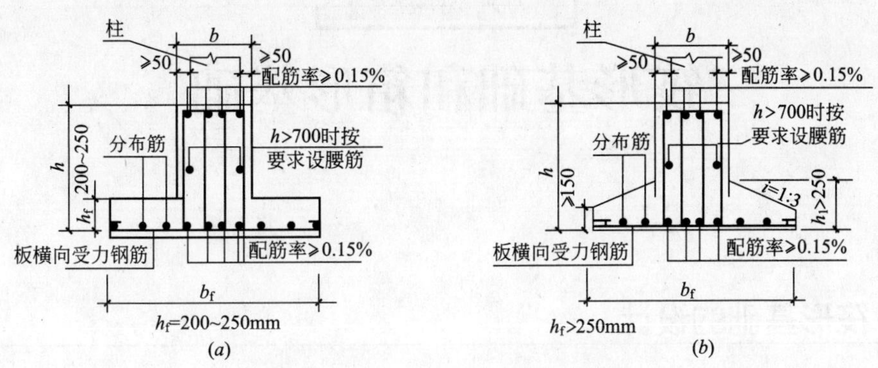

图 8-39 条形基础基础梁截面和配筋构造

5. 基础梁和翼板的配筋

基础梁顶部的纵向受力钢筋除满足计算要求外，顶部钢筋按计算配筋全部贯通，底部通长钢筋不应少于底部受力钢筋截面总面积的 1/3。当梁高 $h \geqslant 700$mm 时，两侧沿高度应配置构造钢筋，每侧不应少于腹板横截面积的 0.1%。箍筋应采用封闭式，直径不小于 8mm，间距不大于 15*d* 和 400mm(*d* 为纵向受力钢筋直径)。距柱轴线 0.25～0.30 倍柱距范围内箍筋应当加密。当柱宽 $b \leqslant 350$mm 时，采用双肢箍，当 350mm$<b\leqslant$800mm 时，采用四肢箍，当 $b>800$mm 时，采用六肢箍(图 8-39*a*、*b*)。

基础梁翼板的横向受力钢筋除满足计算要求外，其直径不应小于 10mm，间距不应大于 200mm，也不应小于 100mm。每沿米分布钢筋的面积不应小于受力钢筋的 1/10。

6. 基础连梁构造

柱下条形基础要在适当位置设置连梁。一般采用矩形截面，连梁应具有一定的承载力和刚度。其截面尺寸和配筋一般按经验确定。

7. 现浇柱的插筋

预埋在基础梁内柱的插筋应满足柱受力钢筋锚固长度的要求。

8. 基础梁混凝土强度等级

基础梁混凝土强度等级不低于 C20。

筏形基础和箱形基础

9.1 筏形基础的设计

9.1.1 一般规定

当上部结构荷载较大，地基土压缩性较高，采用人工地基或桩基不经济时，可采用筏形基础。这种基础可降低基底压力，增加整个基础刚度，调整地基不均匀沉降。因此，筏形基础广泛用于高层建筑，特别是需要设置地下停车场的高层建筑中。

筏形基础分为平板式和梁板式两种类型，图 9-1*a* 和图 9-1*b* 分别为某工程平板式和梁板式筏形基础的实例。筏形基础选型应根据工程地质、上部结构体系、柱距、荷载大小以及施工条件等因素确定。

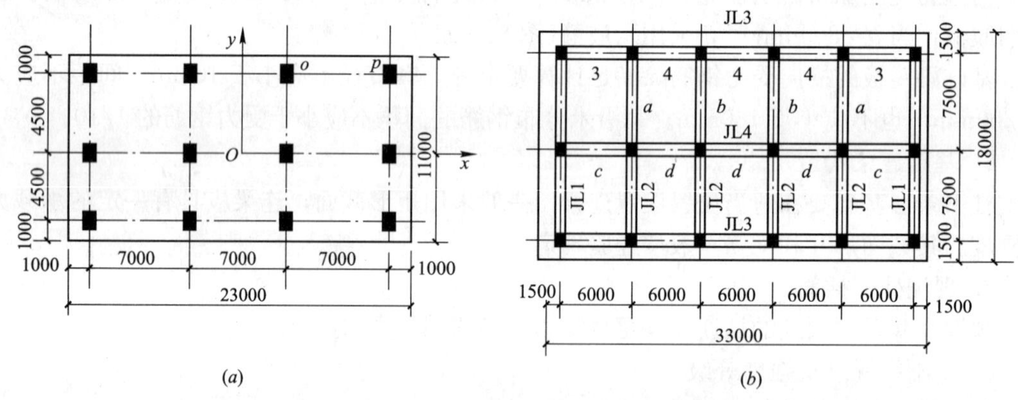

图 9-1 筏形基础类型

(*a*)平板式；(*b*)梁板式

筏形基础的平面尺寸，应根据地基土的承载力、上部结构的布置及荷载分布按 7.2 节的方法确定，并应进行地基变形计算❶。对单幢建筑物，为避免基础产生倾斜，在地基土比较均匀的情况下，基底平面形心宜与结构竖向永久荷载重心重合。当不能重合时，在荷载效应准永久组合下，偏心距 e 宜符合下式要求：

$$e \leqslant 0.1\frac{W}{A} \tag{9-1}$$

❶ 见 9.2 节箱形基础。

式中 W——与偏心距方向一致的基础底面抵抗矩；

A——基底面积。

不难证明，对于矩形筏形基础，式(9-1)相当于要求基底边缘最小压力与最大压力之比 $\xi = P_{min}/P_{max} \geqslant 0.818$。可见对偏心距的要求是比较严格的。

平板式筏形基础底板厚度应能满足受冲切承载力的要求。板的最小厚度不宜小于400mm。梁板式筏形基础底板的板格应满足受冲切承载力的要求。梁板式筏形基础的板厚不应小于 400mm，且板厚与板格的最小跨度之比不应小于 1/14。

地下室底层柱、剪力墙与梁板式筏形基础基础梁的构造要求应符合下列规定：

1）当交叉基础梁的宽度小于柱截面的边长时，交叉基础梁连接处应设置八字角，柱角和八字角之间的净距不宜小于 50mm(图 9-2*a*)。

2）当单向基础梁与柱连接时，柱截面的边长大于 400mm，可按图 9-2*b*、*c* 采用；柱截面的边长小于或等于 400mm 时，可按图 9-2*d* 采用。

3）当基础梁与剪力墙连接时，基础梁边至剪力墙边的距离不宜小于 50mm(图 9-2*e*)。

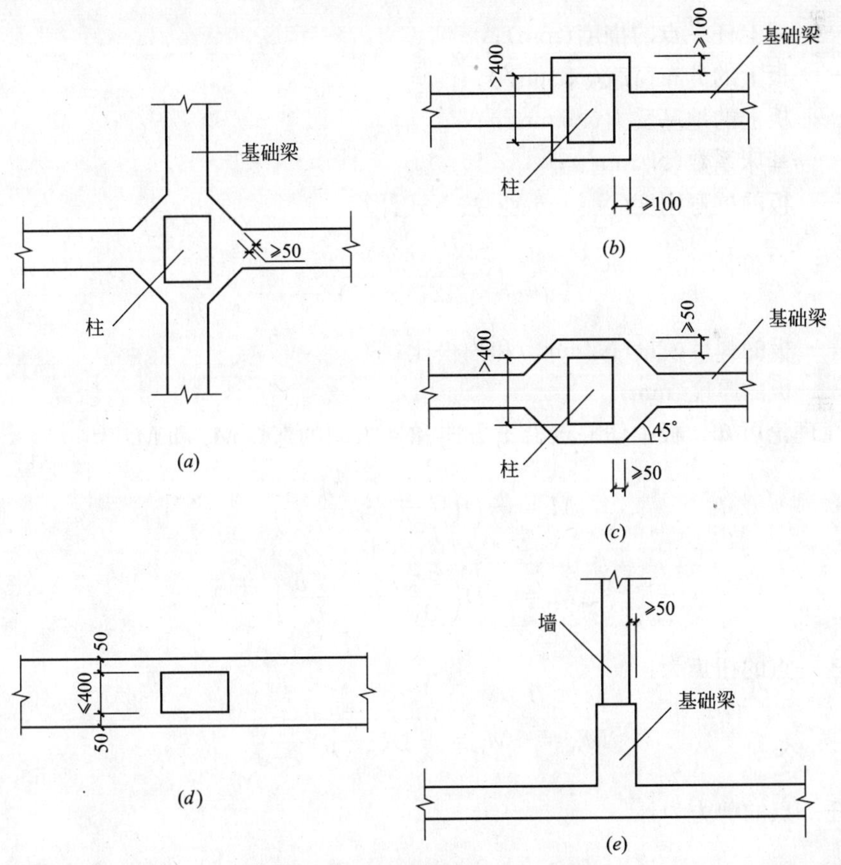

图 9-2 柱、剪力墙与基础梁的连接

关于筏形基础的内力计算，《建筑地基基础设计规范》(GB 50007—2002)规定，当地基土比较均匀，上部结构刚度较好，平板式筏基厚跨比或梁板式筏基梁的高跨比不小于 1/6，且相邻柱荷载及柱间距的变化不超过 20%时，筏板基础可仅考虑局部弯曲作用。筏形基础的内力，可按基底反力直线分布进行计算，计算时基底反力应扣除底板自重和其上填土自重。筏形基础的内力，对于平板式筏基按倒置的无梁楼盖进行计算；而对于梁板式筏基则按倒置的肋形楼盖进行计算。

当不满足上述要求时，筏形基础内力应按弹性地基板方法进行计算。目前，通常采用差分法、有限单元法计算。

9.1.2 弹性地基板的内力计算——差分法

1. 弹性地基板微分方程和板的内力

设地基符合温克尔假定，即地基反力 p 与地基沉降(板的挠度 w)成正比：

$$p(x, y)=kw(x, y) \tag{9-2}$$

由弹性理论可知，这时在分布荷载 $q(x, y)$ 作用下，弹性地基板(图 9-3a)的偏微分方程为：

$$\frac{\partial^4 w}{\partial x^4}+2\frac{\partial^4 w}{\partial x^2\,\partial y^2}+\frac{\partial w^4}{\partial y^4}=\frac{q(x, y)-p(x, y)}{D} \tag{9-3}$$

式中 w——板上任一点的挠度(mm)；

$q(x, y)$——板上的分布荷载(N/mm^2)；

$p(x, y)$——板上的地基反力(N/mm^2)；

k——基床系数(N/mm^3)；

D——板的抗弯刚度(N·mm)，按下式计算：

$$D=\frac{Eh^3}{12(1-\mu^2)} \tag{9-4}$$

E、μ——板的弹性模量(N/mm^2)和泊松比；

h——板的厚度(mm)。

由弹性理论可知，板中任一点沿 x 方向和 y 方向的弯矩 M_x 和 M_y 为：

$$M_x=-D\left(\frac{\partial^2 w}{\partial x^2}+\mu\frac{\partial^2 w}{\partial y^2}\right) \tag{9-5}$$

$$M_y=-D\left(\frac{\partial^2 w}{\partial y^2}+\mu\frac{\partial^2 w}{\partial x^2}\right) \tag{9-6}$$

板中任一点的扭矩为：

$$M_{xy}=-M_{yx}=-D(1-\mu)\frac{\partial^2 w}{\partial x\,\partial y} \tag{9-7}$$

板中任一点的剪力为：

$$V_x=-D\left(\frac{\partial^3 w}{\partial x^3}+\frac{\partial^3 w}{\partial x\,\partial y^2}\right) \tag{9-8}$$

$$V_y=-D\left(\frac{\partial^3 w}{\partial y^3}+\frac{\partial^3 w}{\partial y\,\partial x^2}\right) \tag{9-9}$$

板中正方向的内力如图 9-3b 所示。

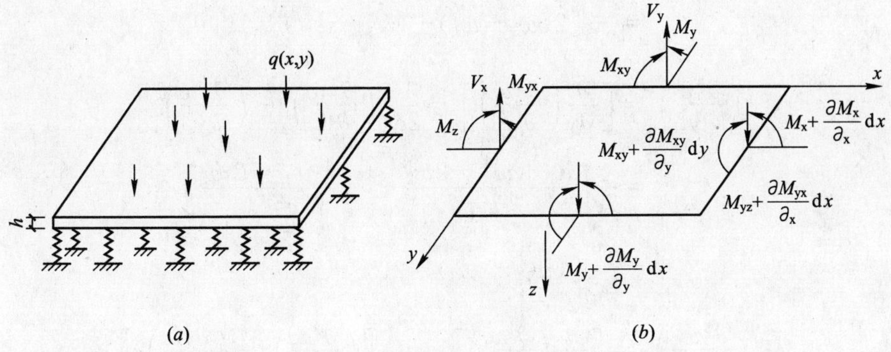

图 9-3 弹性地基板及其内力

2. 偏导数差分表达式

用差分法解弹性地基板，必须将偏微分方程转化为差分方程。为此，首先要将板划分成边长为 c 的正方形网格(图 9-4)，并对所有节点编号，取网格节点处板的挠度 w 作为未知数。设板内某点 0 的挠度为 w_0，在它周围各节点的挠度分别为 w_1、w_2、w_3、…、w_{12}。由差分方程可求出各节点的挠度，进而求得各节点的反力和内力。

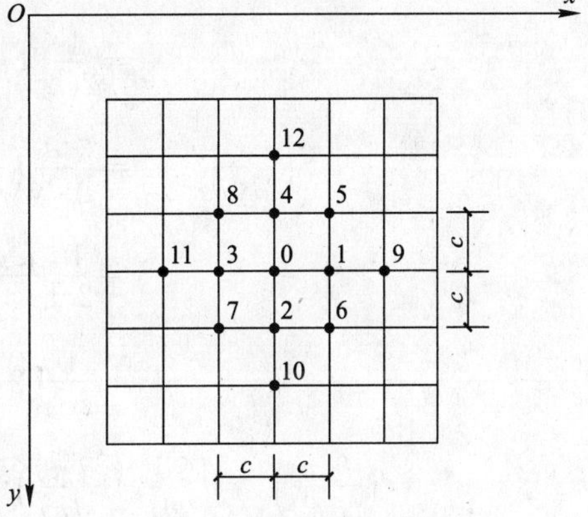

图 9-4 地基板网格节点编号

利用地基梁一维差分公式(8-28)和公式(8-29)不难得到 $w(x, y)$在 0 点的各阶偏导数的差分表达式：

$$\left(\frac{\partial w}{\partial x}\right)_0=\frac{1}{2c}(w_1-w_3) \tag{9-10}$$

$$\left(\frac{\partial^2 w}{\partial x^2}\right)_0=\frac{1}{c^2}(w_1+w_3-2w_0) \tag{9-11}$$

$$\left(\frac{\partial w}{\partial y}\right)_0=\frac{1}{2c}(w_2-w_4) \tag{9-12}$$

$$\left(\frac{\partial^2 w}{\partial y^2}\right)_0=\frac{1}{c^2}(w_2+w_4-2w_0) \tag{9-13}$$

$$\begin{aligned}\left(\frac{\partial^2 w}{\partial x\,\partial y}\right)_0&=\left[\frac{\partial}{\partial y}\left(\frac{\partial w}{\partial x}\right)\right]_0=-\frac{1}{2c}\left[\left(\frac{\partial w}{\partial x}\right)_2-\left(\frac{\partial w}{\partial x}\right)_4\right]\\&=\frac{1}{2c}\left[\frac{w_6-w_7}{2c}-\frac{w_5-w_8}{2c}\right]=\frac{1}{4c^2}[(w_6+w_8)-(w_5+w_7)]\end{aligned} \tag{9-14}$$

$$\begin{aligned}\left(\frac{\partial^3 w}{\partial x^3}\right)_0&=\left[\frac{\partial}{\partial x}\left(\frac{\partial w^2}{\partial x^2}\right)\right]_0=\frac{1}{2c}\left[\left(\frac{\partial^2 w}{\partial x^2}\right)_1-\left(\frac{\partial^2 w}{\partial x^2}\right)_3\right]\\&=\frac{1}{2c}\left[\frac{w_0+w_9-2w_1}{c^2}-\frac{w_{11}+w_0-2w_3}{c^2}\right]\end{aligned}$$

$$=\frac{1}{2c^3}[2(w_3-w_1)+(w_9-w_{11})] \tag{9-15}$$

$$\left(\frac{\partial^3 w}{\partial y^3}\right)_0=\left[\frac{\partial}{\partial y}\left(\frac{\partial^2 w}{\partial y^2}\right)\right]_0=\frac{1}{2c}\left[\left(\frac{\partial^2 w}{\partial y^2}\right)_2-\left(\frac{\partial^2 w}{\partial y^2}\right)_4\right]$$

$$=\frac{1}{2c}\left[\frac{w_0+w_{10}-2w_2}{c^2}-\frac{w_0+w_{12}-2w_4}{c^2}\right]$$

$$=\frac{1}{2c^3}[(w_{10}-w_{12})-2(w_2-w_4)] \tag{9-16}$$

$$\left(\frac{\partial^3 w}{\partial x\,\partial y^2}\right)_0=\left[\frac{\partial}{\partial x}\left(\frac{\partial^2 w}{\partial y^2}\right)\right]_0=\frac{1}{2c}\left[\left(\frac{\partial^2 w}{\partial y^2}\right)_1-\left(\frac{\partial^2 w}{\partial y^2}\right)_3\right]$$

$$=\frac{1}{2c}\left[\frac{w_5+w_6-2w_1}{c^2}-\frac{w_7+w_8-2w_3}{c^2}\right]$$

$$=\frac{1}{2c^3}[(w_5+w_6-w_7-w_8)-2(w_1-w_3)] \tag{9-17}$$

$$\left(\frac{\partial^3 w}{\partial y\,\partial x^2}\right)_0=\left[\frac{\partial}{\partial y}\left(\frac{\partial^2 w}{\partial x^2}\right)\right]_0=\frac{1}{2c}\left[\left(\frac{\partial^2 w}{\partial x^2}\right)_2-\left(\frac{\partial^2 w}{\partial x^2}\right)_4\right]$$

$$=\frac{1}{2c}\left[\frac{w_7+w_6-2w_2}{c^2}-\frac{w_5+w_8-2w_4}{c^2}\right]$$

$$=\frac{1}{2c^3}[2(w_4-w_2)-w_5+w_6+w_7-w_8] \tag{9-18}$$

$$\left(\frac{\partial^4 w}{\partial x^4}\right)_0=\left[\frac{\partial^2}{\partial x^2}\left(\frac{\partial^2 w}{\partial x^2}\right)\right]_0=\frac{1}{c^2}\left[\left(\frac{\partial^2 w}{\partial x^2}\right)_1+\left(\frac{\partial^2 w}{\partial x^2}\right)_3-2\left(\frac{\partial^2 w}{\partial x^2}\right)_0\right]$$

$$=\frac{1}{c^2}\left[\frac{w_9+w_0-2w_1}{c^2}+\frac{w_0+w_{11}-2w_3}{c^2}-2\,\frac{w_1+w_3-2w_0}{c^2}\right]$$

$$=\frac{1}{c^4}[6w_0-4(w_1+w_3)+(w_9+w_{11})] \tag{9-19}$$

$$\left(\frac{\partial^4 w}{\partial y^4}\right)_0=\left[\frac{\partial^2}{\partial y^2}\left(\frac{\partial^2 w}{\partial y^2}\right)\right]_0=\frac{1}{c^2}\left[\left(\frac{\partial^2 w}{\partial y^2}\right)_2+\left(\frac{\partial^2 w}{\partial y^2}\right)_4-2\left(\frac{\partial^2 w}{\partial y^2}\right)_0\right]$$

$$=\frac{1}{c^4}[6w_0-4(w_2+w_4)+(w_{10}+w_{12})] \tag{9-20}$$

$$\left(\frac{\partial^4 w}{\partial x^2\partial y^2}\right)_0=\left[\frac{\partial^2}{\partial y^2}\left(\frac{\partial^2 w}{\partial x^2}\right)\right]=\frac{1}{c^2}\left[\left(\frac{\partial^2 w}{\partial x^2}\right)_2+\left(\frac{\partial^2 w}{\partial x^2}\right)_4-2\left(\frac{\partial^2 w}{\partial x^2}\right)_0\right]$$

$$=\frac{1}{c^4}[4w_0-2(w_1+w_2+w_3+w_4)+(w_5+w_6+w_7+w_8)] \tag{9-21}$$

3. 基础板的差分方程

将式(9-19)～式(9-21)代入式(9-3)，就可得到 A 类节点 0(图 9-6a)的差分方程：

$$\left(\frac{c^4}{D}k+20\right)w_0-8(w_1+w_2+w_3+w_4)+2(w_5+w_6+w_7+w_8)$$

$$+(w_9+w_{10}+w_{11}+w_{12})=\frac{c^4}{D}q_0 \tag{9-22}$$

式中 w_0——节点 0 的挠度；

$w_1 \sim w_{12}$——节点 1～12 的挠度；

c——网格的边长；

q_0——作用在节点 0 处的分布荷载，若在节点 0 处尚作用有集中荷载 F_0，则假定 F_0 均匀分布在 c^2 范围内，在上式荷载项 q_0 内应增加$\frac{F_0}{c^2}$。

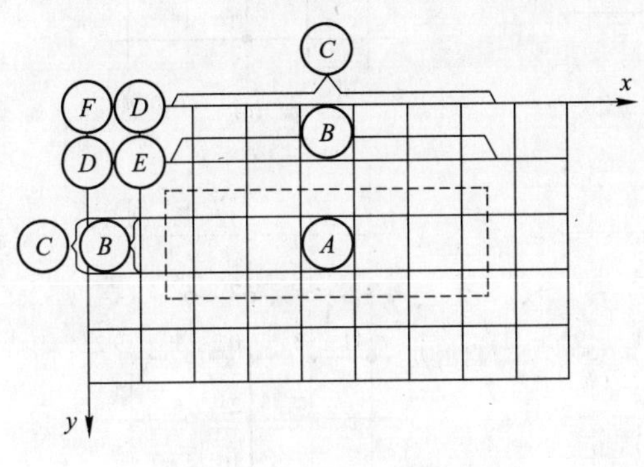

图 9-5 网格节点分类

不难看出，对于图 9-5 所示的 A 类节点，即从板的边界起第 3 排及其以内的节点，都可按式(9-22)写出它们的差分方程。但对于板边界附近的一些节点，例如图 9-5 中的 B、C、D、E 和 F 类节点，按式(9-22)建立差分方程时，要在板边界外增设虚拟节点。为了使计算不发生困难，我们利用边界条件将出现的虚拟节点挠度用边界内网格节点的挠度表示。这样即可避免在公式中出现虚拟节点挠度，使计算得以顺利进行。

现以 B、C 类节点为例，说明这类节点差分方程的建立过程。

B 类节点(图 9-6b)

这时节点 12 为虚拟节点。利用边界条件

$$(M_y)_4 = -D\left(\frac{\partial^2 w}{\partial y^2} + \mu\frac{\partial^2 w}{\partial x^2}\right)_4 = 0 \tag{a}$$

可得

$$\frac{D}{c^2}[w_0 + w_{12} - 2w_4 + \mu(w_5 + w_8 - 2w_4)] = 0 \tag{b}$$

于是，虚拟节点 12 的挠度

$$w_{12} = (2+2\mu)w_4 - w_0 - \mu(w_5 + w_8) \tag{c}$$

将式(c)代入式(9-22)，并经整理后，得 B 类节点 0 的差分方程：

$$\left(\frac{c^4 k}{D} + 19\right)w_0 - 8(w_1 + w_2 + w_3) + 2(w_6 + w_7) + (2\mu - 6)w_4 + (2-\mu)(w_5 + w_8) + w_9 + w_{10} + w_{11} = \frac{c^4}{D}q_0 \tag{9-23}$$

C 类节点(图 9-6c)

这时节点 4、5、8 和 12 为虚拟节点。现利用边界条件

$$\left.\begin{aligned}
(M_y)_0 &= -D\left(\frac{\partial^2 w}{\partial y^2} + \mu\frac{\partial^2 w}{\partial x^2}\right)_0 = 0 \\
(M_y)_1 &= -D\left(\frac{\partial^2 w}{\partial y^2} + \mu\frac{\partial^2 w}{\partial x^2}\right)_1 = 0 \\
(M_y)_3 &= -D\left(\frac{\partial^2 w}{\partial y^2} + \mu\frac{\partial^2 w}{\partial x^2}\right)_3 = 0 \\
(V_y)_0 &= -D\left(\frac{\partial^3 w}{\partial y^3} + \frac{\partial^3 w}{\partial y\,\partial x^2}\right)_0 = 0
\end{aligned}\right\} \tag{a}$$

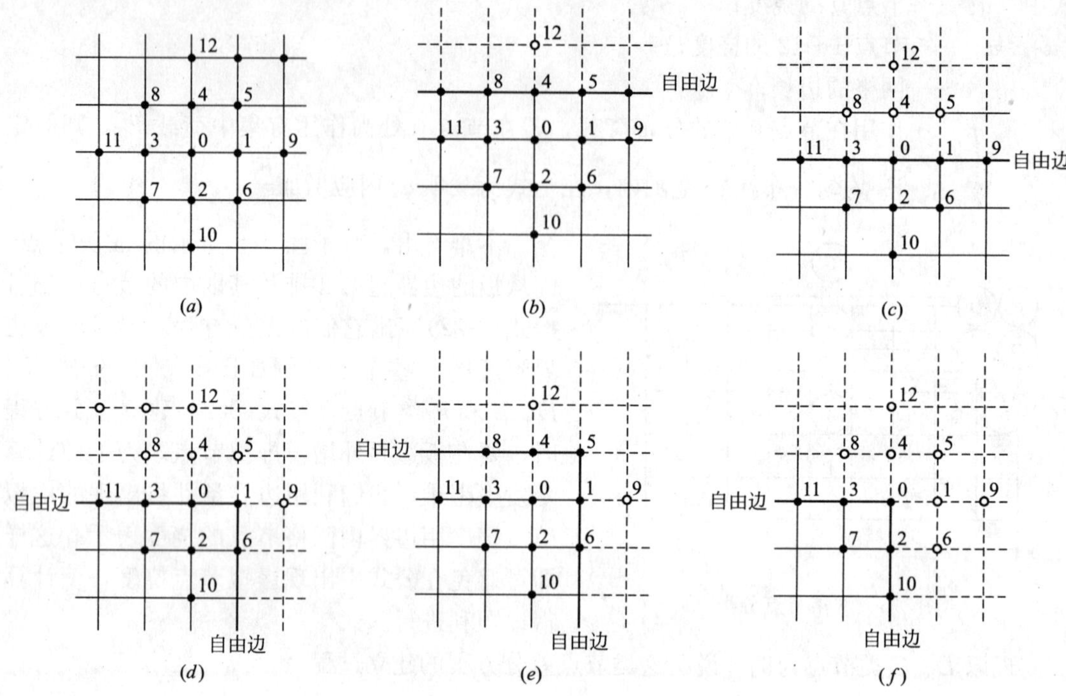

图 9-6　A、B、C、D、E、F 类节点编号

可得

$$\left.\begin{aligned}
w_4&=-\mu(w_1+w_3)-w_2+2(1+\mu)w_0\\
w_5&=-\mu(w_0+w_9)-w_6+2(1+\mu)w_2\\
w_8&=-\mu(w_0+w_{11})-w_7+2(1+\mu)w_3\\
w_{12}&=w_6-w_5+w_7-w_8+w_{10}-4(w_2-w_4)
\end{aligned}\right\}\qquad(b)$$

将式(b)代入式(9-22)，经整理后得 C 类节点 0 的差分方程：

$$\left(\frac{c^4k}{2D}+8-4\mu-3\mu^2\right)w_0+(-4+2\mu+2\mu^2)(w_1+w_3)+(2-\mu)(w_6+w_7)$$

$$+\frac{1}{2}(1-\mu^2)(w_9+w_{11})+(2\mu-6)w_2+w_{10}=\frac{c^4}{2D}q_0\qquad(9\text{-}24)$$

类似地，可以得出其他几种类型邻近边缘节点 0 的差分方程：

D 类节点(图 9-6d)

$$\left(\frac{c^4k}{2D}+7.5-4\mu-2.5\mu^2\right)w_0+(-3+2\mu+\mu^2)w_1+(-6+2\mu)w_2$$

$$+(-4+2\mu+2\mu^2)w_3+(2-\mu)(w_6+w_7)+w_{10}+\frac{1}{2}(1-\mu^2)w_{11}$$

$$=\frac{c^4}{2D}q_0\qquad(9\text{-}25)$$

E 类节点(图 9-6e)

$$\left(\frac{c^4k}{D}+18\right)w_0+(-6+2\mu)(w_1+w_4)-8(w_2-w_3)$$
$$+2(1-\mu)w_5+(2-\mu)(w_6+w_8)+2w_7+w_{10}+w_{11}=\frac{c^4}{D}q_0 \tag{9-26}$$

F 类节点(图 9-6f)

$$\left(\frac{c^4k}{4D}+3-2\mu-\mu^2\right)w_0+(-3+2\mu+\mu^2)(w_2+w_3)$$
$$+2(1-\mu)w_7+\frac{1}{2}(1-\mu^2)(w_{10}+w_{11})=\frac{c^4}{4D}q_0 \tag{9-27}$$

由式(9-22)～式(9-27)，可列出与网格节点数目相同的差分方程，求解方程组，便可求出板的全部节点处的挠度，进而算出板的节点处反力和内力。

4. 板的内力差分表达式

将式(9-11)、式(9-13)～式(9-18)有关公式代入式(9-5)～式(9-9)，可得板内0点的弯矩、扭矩和剪力差分表达式：

$$(M_x)_0=-\frac{D}{c^2}[w_1+w_3+\mu(w_2+w_4)-2(1+\mu)w_0] \tag{9-28}$$

$$(M_y)_0=-\frac{D}{c^2}[w_2+w_4+\mu(w_1+w_3)-2(1+\mu)w_0] \tag{9-29}$$

$$(M_{xy})_0=-(M_{yx})_0=-\frac{D(1-\mu)}{4c^2}(-w_5+w_6-w_7+w_8) \tag{9-30}$$

$$(V_x)_0=-\frac{D}{2c^3}[w_9-w_{11}-4(w_1-w_3)+(w_5+w_6-w_7-w_8)] \tag{9-31}$$

$$(V_y)_0=-\frac{D}{2c^3}[w_{10}-w_{12}-4(w_2-w_4)+(-w_5+w_6+w_7-w_8)] \tag{9-32}$$

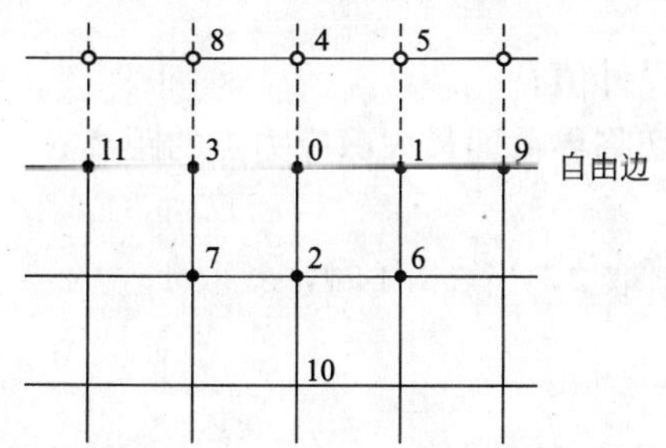

图 9-7 M_x 差分表达式推导(节点 C)

当求解板在 B、C、D、E 和 F 类节点处的弯矩、扭矩和剪力时，同样可利用边界条件将虚拟节点的挠度以边界内网格节点挠度表示，从而求得这些节点的内力差分表达式。

现以 C 类节点为例(图 9-7)，说明该点处板的弯矩 M_x 差分表达式的建立过程。

由 M_x 的差分表达式(9-28)可见，其中 w_4 为虚拟节点挠度，根据边界条件

$$(M_y)_0=-D\left(\frac{\partial^2 w}{\partial y^2}+\mu\frac{\partial^2 w}{\partial x^2}\right)_0=-D\left(\frac{w_2+w_4-2w_0}{c^2}+\mu\frac{w_1+w_3-2w_0}{c^2}\right)=0 \tag{a}$$

并经整理得到

$$w_4=2(1+\mu)w_0-\mu(w_1+w_3)-w_2 \tag{b}$$

将上式代入式(9-28)，即得 C 类节点处板的弯矩$(M_x)_0$ 差分表达式：

$$(M_x)_0=-\frac{D}{c^2}[2(\mu^2-1)w_0+(1-\mu^2)(w_1+w_3)] \tag{9-33}$$

其他边缘节点板的内力差分表达式推导从略。

由上可见，采用差分法计算温克尔地基上的板，其计算精度与网格划分大小有关。网格分得多一些，计算结果就更精确些，但计算工作量就增加一些。一般取网格宽度为板宽的$\frac{1}{16}\sim\frac{1}{20}$，其计算精度即可满足工程要求。

9.1.3 筏形基础底板承载力的计算

1. 平板式筏基

(1) 受冲切承载力计算

平板式筏基的板厚应能满足受冲切承载力的要求。计算时应考虑作用在冲切临界截面重心上的不平衡弯矩所产生的附加剪力。距柱边 $h_0/2$ 处冲切临界截面的最大剪应力 $\tau_{\max}$应按下列公式计算：

$$\tau_{\max}=\frac{F_l}{u_m h_0}+\alpha_s\frac{M_{unb}c_{AB}}{I_s} \tag{9-34}$$

$$\tau_{\max}\leqslant 0.7\left(0.4+\frac{1.2}{\beta_s}\right)\beta_{hp}f_t \tag{9-35}$$

$$\alpha_s=1-\frac{1}{1+\frac{2}{3}\sqrt{\frac{c_1}{c_2}}} \tag{9-36}$$

式中 F_l——相应于荷载效应基本组合时的集中力设计值，对于内柱取轴力设计值减去筏板冲切破坏锥体内的地基反力设计值；对于边柱和角柱，取轴力设计值减去筏板冲切临界截面范围内的地基反力设计值；地基反力应扣除底板自重及其上的土重；

u_m——距柱边 $h_0/2$ 处冲切临界截面的周长；

h_0——筏板的有效高度；

M_{unb}——作用在冲切临界截面重心上的不平衡弯矩设计值；

c_{AB}——沿弯矩作用方向，冲切临界截面重心至冲切临界截面最大剪应力点的距离；

I_s——冲切临界截面对其重心的极惯性矩；

β_s——柱截面长边与短边的比值，当 $\beta_s<2$ 时，β_s 取 2，当 $\beta_s>4$ 时，β_s 取 4；

c_1——沿弯矩作用方向，冲切临界截面的边长；

c_2——垂直于 c_1 的冲切临界截面的边长；

α_s——不平衡弯矩通过冲切临界截面上的偏心剪力来传递的分配系数。

为了正确应用式(9-34)和式(9-35)，现进一步说明其物理意义和各计算参数的确定方法。

1) 关于式(9-34)中集中力 F_l 取值的问题，国内外大量试验结果表明，内柱的冲切破坏呈完整的锥体状，我国工程实践中一直沿用柱所承受的轴向力设计值减去冲切破坏锥体范围内相应的地基反力作为集中力；对边柱和角柱，由于我国在这方面试验积累的成果不多，《建筑地基基础设计规范》(GB 50007—2002)参考了国外经验，取柱轴力设计值减去冲切临界截面范围内相应的地基反力作为集中力 F_l 设计值。

2) 不平衡弯矩 M_{unb}的计算。

根据 N. W. Hanson 和 J. M. Hanson 在他们的“混凝土板、柱之间和弯矩的传递”试验报告中指出：板与柱之间的不平衡弯矩传递，一部分不平衡弯矩(其分配系数为 α_m)是通过临界截面周边的弯曲应力的合力 T 和 C 来传递，而另一部分不平衡弯矩则是通过临界截面上的偏心剪力对临界截面重心产生的弯矩来传递的。因此，在验算距柱边 $h_0/2$ 处的冲切临界截面剪应力时，除需考虑竖向荷载产生的剪力外，尚应考虑作用在冲切截面重心上的不平衡弯矩所产生的附加剪应力。

式(9-34)右侧第 1 项是根据我国《混凝土结构设计规范》(GB 50010—2002)在集中力作用下冲切承载力公式换算得到的在距柱边 $h_0/2$ 处临界截面上的剪应力，右侧第 2 项就是考虑作用在冲切临界截面重心上不平衡弯矩对相同处产生的附加剪应力。

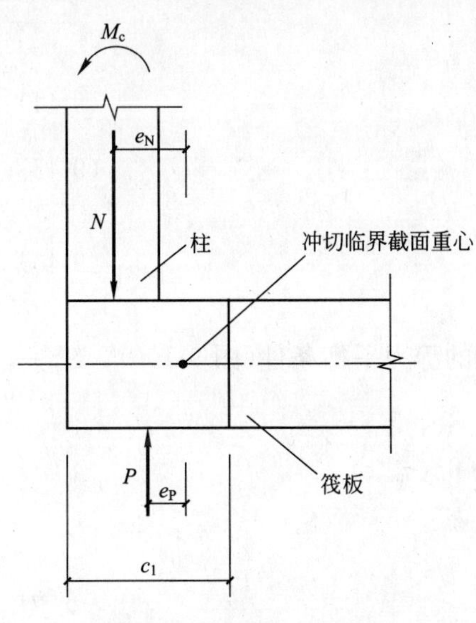

图 9-8 边柱 M_{unb} 的计算

公式(9-34)中的 M_{unb} 是作用在距柱边 $h_0/2$ 处冲切临界截面重心上的弯矩设计值。对边柱，它包括由柱根处轴力设计值 N 和该处筏板冲切临界截面范围内相应地基反力的合力 P 对临界截面重心产生的弯矩，以及柱根部的弯矩设计值 M_c，如图 9-8 所示。M_{unb} 的表达式可写成：

$$M_{unb} = Ne_N - Pe_P \pm M_c \tag{9-37}$$

对于内柱，由于对称性，柱截面的形心与冲切临界截面重心重合，$e_N = e_P = 0$，于是

$$M_{unb} = \pm M_c \tag{9-38}$$

3）极惯性矩 I_s 的计算。

① 对于内柱(图 9-9*a*)

$$c_1 = h_c + h_0 \tag{9-39}$$

$$c_2 = b_c + h_0 \tag{9-40}$$

冲切临界截面周长：

$$u_m = 2c_1 + 2c_2 \tag{9-41}$$

平行于弯矩作用方向的极惯性矩：

$$I_x + I_y = 2\left(\frac{1}{12}c_1 h_0^3 + \frac{1}{12}h_0 c_1^3\right)$$

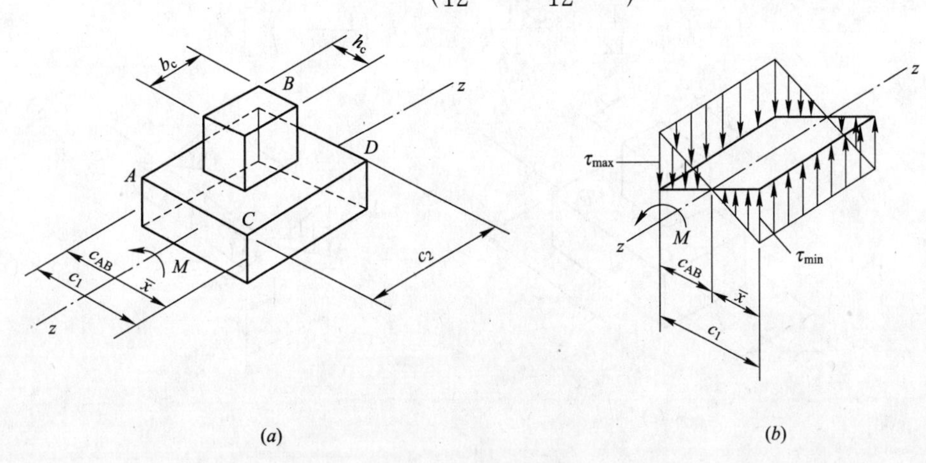

图 9-9 内柱 I_s 的确定

垂直于弯矩作用方向的极惯性矩：

$$I=c_2h_0\left(\frac{c_1}{2}\right)^2\times 2$$

冲切临界截面对其重心(图 9-9*b*)的极惯性矩：

$$I_s=I_x+I_y+I=\frac{c_1h_0^3}{6}+\frac{h_0c_1^3}{6}+\frac{c_2h_0c_1^2}{2} \tag{9-42}$$

$$c_{AB}=\frac{c_1}{2} \tag{9-43}$$

式中 h_c——沿弯矩作用方向柱截面的边长；

b_c——垂直于弯矩作用方向柱截面的边长。

② 对于边柱(图 9-10*a*)：

$$c_1=h_c+\frac{h_0}{2} \tag{9-44}$$

$$c_2=b_c+h_0 \tag{9-45}$$

冲切临界截面周长：

$$u_m=2c_1+c_2 \tag{9-46}$$

冲切临界截面重心位置：

由不平衡弯矩 M_{unb} 在冲切临界截面上产生的剪应力的静力平衡条件(图 9-10*b*)，$\Sigma Y=0$，得：

$$\frac{1}{2}\tau_{max}(c_1-x)\times 2=\frac{1}{2}\tau_{min}\cdot\bar{x}\times 2+\tau_{min}c_2 \tag{a}$$

再根据剪应力分布三角形的比例关系，得：

$$\frac{\tau_{max}}{\tau_{min}}=\frac{c_1-\bar{x}}{\bar{x}} \tag{b}$$

由式(*a*)和式(*b*)，可得边柱冲切临界截面重心位置计算公式：

$$\bar{x}=\frac{c_1^2}{2c_1+c_2} \tag{9-47}$$

平行于弯矩作用方向的极惯性矩：

$$I_x+I_y=\left[\frac{1}{12}c_1h_0^3+\frac{1}{12}h_0c_1^3+c_1h_0\left(\frac{c_1}{2}-\bar{x}\right)^2\right]\times 2$$

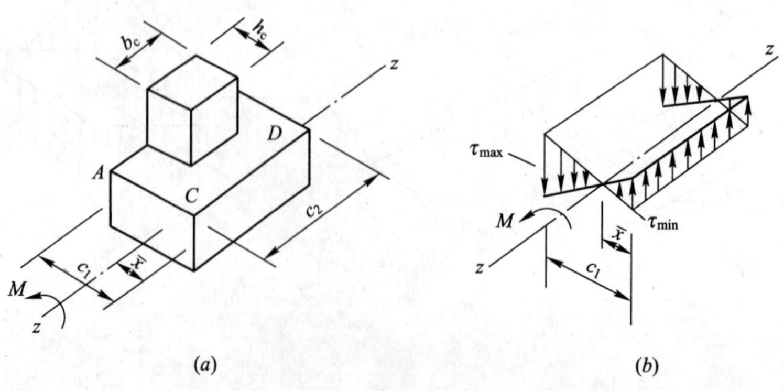

图 9-10 边柱 I_s 的计算

垂直于弯矩作用方向的极惯性矩：

$$I=c_2h_0\bar{x}^2$$

冲切临界截面对其重心的极惯性矩：

$$I_s=I_x+I_y+I=\frac{c_1h_0^3}{6}+\frac{h_0c_1^3}{6}+2h_0c_1\left(\frac{c_1}{2}-\bar{x}\right)^2+c_2h_0\bar{x}^2 \tag{9-48}$$

$$c_{AB}=c_1-\bar{x} \tag{9-49}$$

③ 对于角柱(图 9-11)：

$$c_1=h_c+\frac{h_0}{2} \tag{9-50}$$

$$c_2=b_c+\frac{h_0}{2} \tag{9-51}$$

冲切临界截面周长：

$$u_m=c_1+c_2 \tag{9-52}$$

冲切临界截面重心位置(图 9-11*b*)：

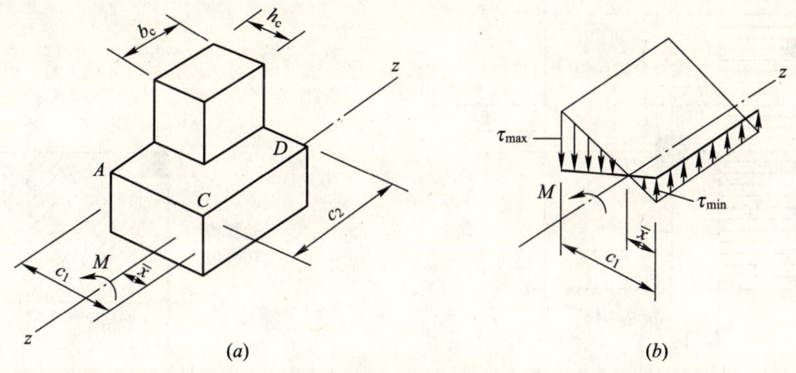

图 9-11 角柱 I_s 的计算

同样，根据 $\Sigma Y=0$，得：

$$\frac{1}{2}\tau_{max}(c_1-\bar{x})=\frac{1}{2}\tau_{min}\bar{x}+\tau_{min}c_2 \tag{a}$$

和三角形比例关系，得：

$$\frac{\tau_{max}}{\tau_{min}}=\frac{c_1-\bar{x}}{\bar{x}} \tag{b}$$

由式(*a*)和式(*b*)，就可得到角柱冲切临界截面重心位置公式：

$$\bar{x}=\frac{c_1^2}{2(c_1+c_2)} \tag{9-53}$$

平行于弯矩作用方向的极惯性矩：

$$I_x+I_y=\frac{1}{12}c_1h_0^3+\frac{1}{12}h_0c_1^3+c_1h_0\left(\frac{c_1}{2}-\bar{x}\right)^2$$

垂直于弯矩作用方向的极惯性矩：

$$I=c_2h_0\bar{x}^2$$

冲切临界截面对其重心的极惯性矩：

$$I_s=I_x+I_y+I=\frac{c_1h_0^3}{12}+\frac{h_0c_1^3}{12}+c_1h_0\left(\frac{c_1}{2}-\bar{x}\right)^2+c_2h_0\bar{x}^2 \tag{9-54}$$

$$c_{AB}=c_1-\bar{x} \tag{9-55}$$

(2) 受剪承载力计算

平板式筏基除满足受冲切承载力外，尚应验算距柱边缘 h_0 处筏板的受剪承载力(图 9-12)。受剪承载力应按下式验算：

$$V_s = 0.7\beta_{hs} f_t b_w h_0 \tag{9-56}$$

式中 V_s——荷载效应基本组合下，地基净反力平均值产生的距柱边缘 h_0 处筏板单位宽度的剪力设计值，即图 9-12 中阴影面积内的地基净反力平均值乘以阴影面积宽度；

b_w——筏板计算截面单位长度；

h_0——距柱边 h_0 处筏板的截面有效高度。

当筏板变厚度时，尚应验算变厚度处筏板的受剪承载力。

验算角柱下筏板受剪部位取距角柱 h_0 处(图 9-13)，这时公式(9-56)中的 V_s 取阴影面积范围内地基净反力平均值(设计值)的合力，除以距角柱角点 h_0 处 45°斜线的长度。

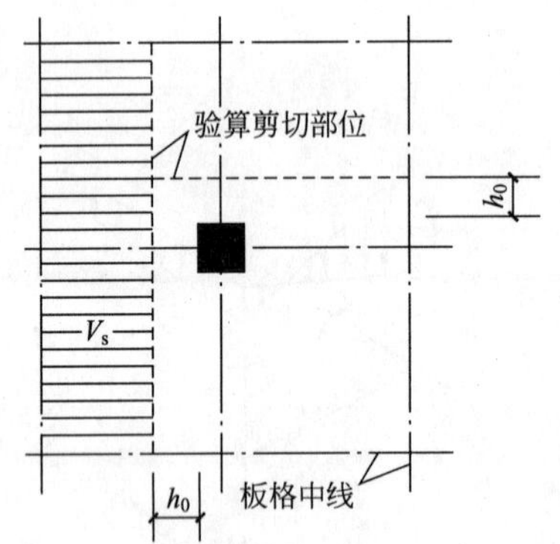

图 9-12 内柱下筏板受剪承载力的验算

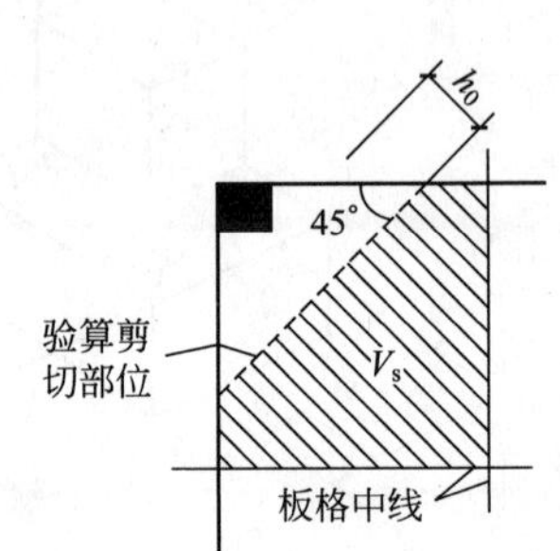

图 9-13 角柱下筏板受剪承载力验算

(3) 受弯承载力计算

按基底反力直线分布计算的平板式筏基，可按柱下和跨中板带分别进行内力分析，并进行配筋计算。

柱下板带中，柱宽及其两侧各 0.5 倍板厚且不大于 1/4 板跨的有效宽度范围内(图 9-14)，

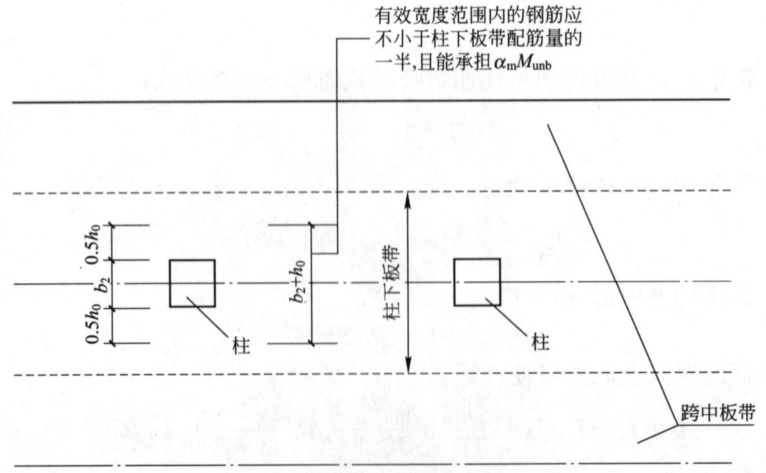

图 9-14 柱下板带有效宽度

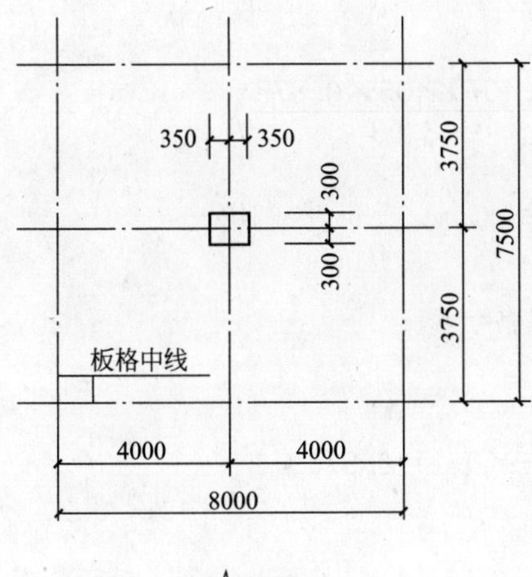

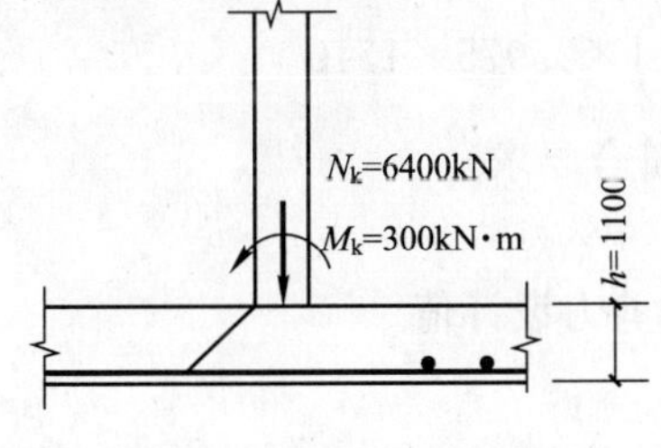

图 9-15 例题 9-1 附图

其钢筋配置量不应小于柱下板带钢筋数量的一半，且应能承受部分不平衡弯矩 $\alpha_m M_{unb}$。其中 $\alpha_m=1-\alpha_s$。α_m 为不平衡弯矩通过板弯曲来传递的分配系数；α_s 按式(9-36)计算。

平板式筏基柱下板带和跨中板带的底部钢筋应有 1/2～1/3 贯通全跨，且配筋率不应小于 0.15%；顶部钢筋应按计算配筋全部连通。

【例题 9-1】 图 9-15 是某高层框架结构内柱，其横截面尺寸 $b_c h_c=600\text{mm}\times700\text{mm}$，柱的混凝土强度等级为 C50，按荷载效应标准组合时首层柱根部轴力值 $N_k=6400\text{kN}$，弯距值 $M_k=300\text{kN}\cdot\text{m}$。柱网尺寸 $l_1 l_2=7.50\text{m}\times8.00\text{m}$，采用平板筏形基础，基底净反力值 $p_k=114.3\text{kN/m}^2$，筏板混凝土强度等级为 C40 ($f_t=1.71\text{N/mm}^2$)。筏板厚度为 $h=1.10\text{m}$。

试验算柱下筏板受冲切和受剪切承载力。

【解】 (1) 验算筏板受冲切承载力

沿弯矩作用方向的冲切临界截面的边长

$$c_1=h_c+h_0=0.70+1.05=1.75\text{m}$$

垂直于弯矩作用方向的冲切临界截面的边长

$$c_2=b_c+h_0=0.6+1.05=1.65\text{m}$$

冲切临界截面的周长

$$u_m=2(c_1+c_2)=2\times(1.75+1.65)=6.80\text{m}$$

冲切临界截面对其重心的极惯性矩

$$I_s=\frac{c_1h_0^3}{6}+\frac{h_0c_1^3}{6}+\frac{c_2h_0c_1^2}{2}$$

$$=\frac{1.75\times1.05^3}{6}+\frac{1.05\times1.75^3}{6}+\frac{1.65\times1.05\times1.75^2}{2}=3.93\text{m}^4$$

$$c_{AB}=\frac{c_1}{2}=\frac{1.75}{2}\text{m}=0.875\text{m}$$

相应于荷载效应基本组合时的集中力设计值

$$F_l=1.35[N_k-p_k(h_c+2h_0)(b_c+2h_0)]^{❶}$$

$$=1.35\times[6400-114.3(0.7+2\times1.05)(0.6+2\times1.05)]=7473\text{kN}$$

作用于冲切临界截面重心上的不平衡弯矩设计值

$$M_{unb}=1.35M_k=1.35\times300=405\text{kN}\cdot\text{m}$$

不平衡弯矩通过冲切临界截面上的偏心剪力传递分配系数

$$\alpha_s=1-\frac{1}{1+\frac{2}{3}\sqrt{\frac{c_1}{c_2}}}=1-\frac{1}{1+\frac{2}{3}\sqrt{\frac{1.75}{1.65}}}=0.407$$

❶ 式中 1.35 取值见式(1-4)。

冲切临界截面上的最大剪应力

$$\tau_{max}=\frac{F_l}{u_m h_0}+\frac{\alpha_s M_{unb} c_{AB}}{I_s}=\left(\frac{7473}{6.80\times1.05}+\frac{0.407\times405\times0.875}{3.93}\right)$$
$$=1083.3\text{kN/m}^2$$

柱截面长边与短边的比值

$$\beta_s=\frac{h_c}{b_c}=\frac{0.70}{0.60}=1.17<2 \quad 取 \beta_s=2$$

受冲切承载力截面高度影响系数

$$\beta_{hp}=1-\frac{h-0.8}{1.2}\times0.1=1-\frac{1.10-0.8}{1.2}\times0.1=0.975$$

受冲切时混凝土抗剪强度设计值

$$\tau_c=0.7\left(0.4+\frac{1.2}{\beta_e}\right)\beta_{hp}f_t=0.7\times\left(0.4+\frac{1.2}{2}\right)\times0.975\times1710$$
$$=1167\text{kN/m}^2>\tau_{max}=1083.3\text{kN/m}^2 \quad （符合要求）$$

（2）验算柱下筏板受剪承载力

地基净反力平均值在距柱边缘 h_0 处产生的单位宽度的剪力设计值

$$V_s=1.35p_k\left[(l_1-h_c)\frac{1}{2}-h_0\right]$$
$$=1.35\times114.3\times\left[(8.00-0.70)\times\frac{1}{2}-1.05\right]=401\text{kN/m}$$

其中 $l_1=8.00\text{m}$ 为柱网长边尺寸。

受剪切承载力截面高度影响系数

$$\beta_{hs}=\left(\frac{800}{h_0}\right)^{1/4}=\left(\frac{800}{1050}\right)^{1/4}=0.934$$

$$0.7\beta_{hs}f_t h_0=0.7\times0.934\times1710\times1.05=1173.8\text{kN/m}$$
$$>V_s=401\text{kN/m} \quad （符合要求）$$

【例题 9-2】 图 9-16 为高层框架结构的角柱，其横截面尺寸为 600mm×600mm，柱的混凝土强度等级为 C40。相应于荷载效应标准组合时，首层柱轴力值 $N_k=1450\text{kN}$，弯矩值 $M_k=100\text{kN}\cdot\text{m}$。柱网尺寸 $l_1 l_2=6.0\text{m}\times7.0\text{m}$，采用平板式筏板基础，地基净反力标准值 $p_k=114.3\text{kN/m}^2$，筏板混凝土强度等级为 C40，筏板厚度为 $h=1.10\text{m}$。

试验算角柱下筏板受冲切和受剪承载力。

【解】 （1）验算筏板受冲切承载力

沿弯矩作用方向的冲切临界截面边长

$$c_1=a+h_c+\frac{h_0}{2}=0.25+0.60+\frac{1.05}{2}=1.375\text{m}$$

垂直于弯矩作用方向的冲切临界截面边长

$$c_2=b+b_c+\frac{h_0}{2}=0.25+0.60+\frac{1.05}{2}=1.375\text{m}$$

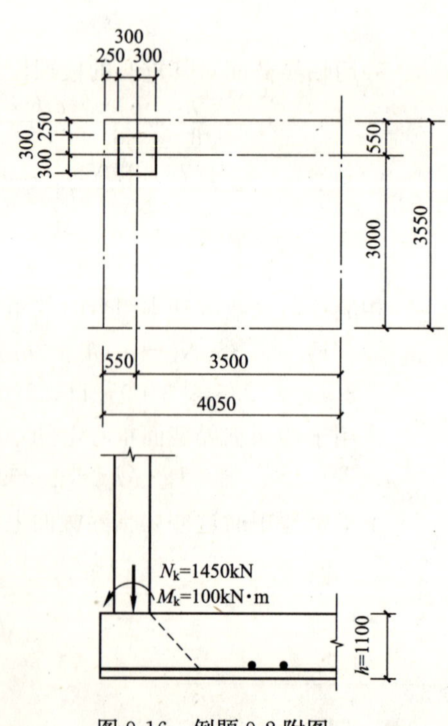

图 9-16 例题 9-2 附图

冲切临界截面周长

$$u_m = c_1 + c_2 = 1.375 + 1.375 = 2.75\text{m}$$

按式(9-53)计算冲切临界截面重心位置

$$\bar{x} = \frac{c_1^2}{2(c_1 + c_2)} = \frac{1.375^2}{2(1.375 + 1.375)} = 0.344$$

按式(9-54)计算冲切临界截面对其重心的极惯性矩

$$\begin{aligned} I_s &= I_x + I_y + I = \frac{1}{12}c_1 h_0^3 + \frac{1}{12}h_0 c_1^3 + c_1 h_0\left(\frac{c_1}{2} - \bar{x}\right)^2 + c_2 h_0 \bar{x}^2 \\ &= \frac{1}{12} \times 1.375 \times 1.05^3 + \frac{1}{12} \times 1.05 \times 1.375^3 + 1.375 \times 1.05\left(\frac{1.375}{2} - 0.344\right)^2 \\ &\quad + 1.375 \times 1.05 \times 0.344^2 = 0.702\text{m}^4 \end{aligned}$$

$$c_{AB} = c_1 - \bar{x} = 1.375 - 0.344 = 1.031\text{m}$$

相应于荷载效应基本组合时的集中力设计值

$$\begin{aligned} F_l &= 1.35(N_k - p_k c_1 c_2) = 1.35 \times (1450 - 114.3 \times 1.375 \times 1.375) \\ &= 1665.8\text{kN} \end{aligned}$$

作用于冲切临界截面重心上的不平衡弯矩设计值

$$\begin{aligned} M_{unb} &= 1.35\left[N_k\left(c_1 - a - \frac{h_c}{2} - \bar{x}\right) - p_k c_1 c_2\left(\frac{c_1}{2} - \bar{x}\right) + M_c\right] \\ &= 1.35 \times \left[1450 \times \left(1.375 - 0.25 - \frac{0.60}{2} - 0.344\right) - 114.3 \times 1.375 \times 1.375 \right. \\ &\quad \left. \times \left(\frac{1.375}{2} - 0.344\right) + 100\right] = 976.3\text{kN} \cdot \text{m} \end{aligned}$$

按式(9-36)计算不平衡弯矩传递分配系数

$$\alpha_s = 1 - \frac{1}{1 + \frac{2}{3}\sqrt{\frac{c_1}{c_2}}} = 1 - \frac{1}{1 + \frac{2}{3} \times 1} = 0.40$$

按式(11-34)计算冲切临界截面上的最大剪应力

$$\begin{aligned} \tau_{max} &= \frac{F_l}{u_m h_0} + \alpha_s \frac{M_{unb} c_{AB}}{I_s} \\ &= \frac{1665.8}{2.75 \times 1.05} + 0.40 \times \frac{976.3 \times 1.031}{0.702} = 1151.3\text{kN/m}^2 \end{aligned}$$

柱截面长边与短边之比 $\beta_s = \frac{h_c}{b_c} = \frac{0.60}{0.60} = 1$，故取 $\beta_s = 2$。由例题 9-1 得 $\beta_{hp} = 0.975$。

底板受冲切时混凝土抗剪强度设计值

$$\begin{aligned} \tau_c &= 0.7\left(0.4 + \frac{1.2}{\beta_s}\right)\beta_{hp} f_t = 0.7 \times \left(0.4 + \frac{1.2}{2}\right) \times 0.975 \times 1710 \\ &= 1167\text{kN/m}^2 > \tau_{max} = 1151.3\text{kN/m}^2 \quad \text{（符合要求）} \end{aligned}$$

(2) 验算柱下筏板受剪承载力

经计算产生 V_s 的阴影面积为 $A_s = 13.36\text{m}^2$，而距角柱角点 h_0 处的斜线长度 $l_{ab} =$

4.50m(图 9-13)，故

$$V_s = 1.35 p_k A_s \frac{1}{l_{ab}} = 1.35 \times 114.3 \times 13.36 \times \frac{1}{4.50} = 458.3\text{kN/m}$$

而

$$0.7\beta_{hs} f_t h_0 = 0.7 \times 0.934 \times 1710 \times 1.05 = 1173.8\text{kN/m} > V_s = 458.3\text{kN/m} \quad (\text{符合要求})$$

2. 梁板式筏基

(1) 受冲切承载力的计算

底板受冲切承载力按下式计算：

$$F_l \leqslant 0.7\beta_{hp} f_t u_m h_0 \tag{9-57}$$

式中 F_l——作用在图 9-17 中阴影部分面积上的地基平均净反力设计值；

u_m——距基础梁边 $h_0/2$ 处冲切临界截面的周长。

当底板区格为矩形双向板时，底板受冲切所需要的厚度 h_0 按下式计算：

$$h_0 = \frac{(l_{n1}+l_{n2}) - \sqrt{(l_{n1}+l_{n2})^2 - \dfrac{4pl_{n1}l_{n2}}{p+0.7\beta_{hp}f_t}}}{4} \tag{9-58}$$

式中 l_{n1}、l_{n2}——计算板格的短边和长边的净长度；

p——相应于荷载效应基本组合的地基上平均净反力设计值。

(2) 底板受剪承载力计算

梁板式筏基底板斜截面受剪承载力应符合下式要求：

$$V_s \leqslant 0.7\beta_{hs} f_t (l_{n2} - 2h_0) h_0 \tag{9-59}$$

式中 V_s——距梁边缘 h_0 处，作用在图 9-18 中阴影部分面积上的地基土平均净反力设计值；

β_{hs}——受剪切承载力截面高度影响系数，按式(7-86b)计算。

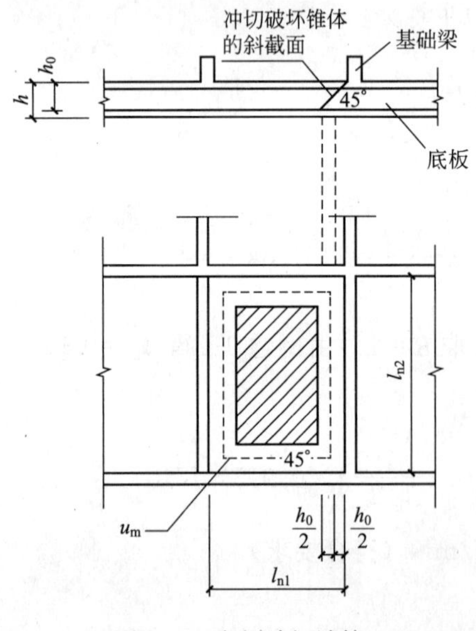

图 9-17 底板冲切计算

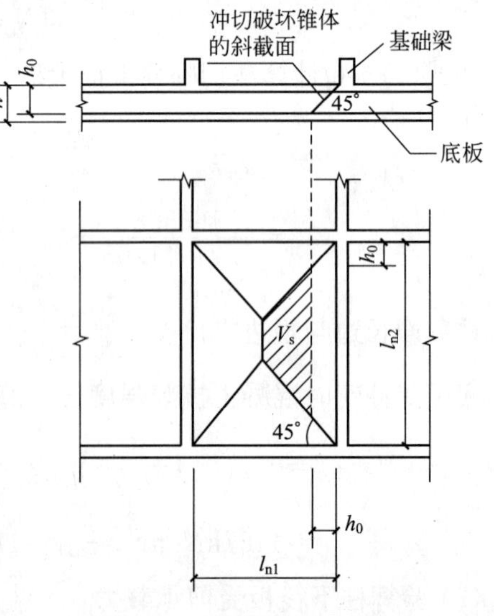

图 9-18 底板剪切计算

(3) 受弯承载力计算

按基底反力直线分布计算的梁板式筏基，其基础梁的内力可按连续梁分析，边跨跨中弯矩以及第 1 内支座的弯矩宜乘以 1.2 的系数。梁板式筏基的底板和基础梁的配筋除满足计算要求外，纵横方向的底部钢筋尚应有 1/2～1/3 贯通全跨，且其配筋率不应小于 0.15%，顶部钢筋按计算配筋全部连通。

9.2 箱形基础的设计

9.2.1 概述

当层数较多，荷载较大，而地下室不需设计成大空间的建筑(如地下停车场等)时，通常将基础设计成箱形基础(图 9-19)。在 20 世纪 50 年代初期，北京展览馆中央大厅基础首先采用了箱形基础。之后，我国在许多高层建筑中，特别是上部结构为钢筋混凝土剪力墙结构时，大多采用了箱形基础。80 年代后期高层建筑需要设置地下停车场日益增多，箱形基础在工程中的应用日渐减少。

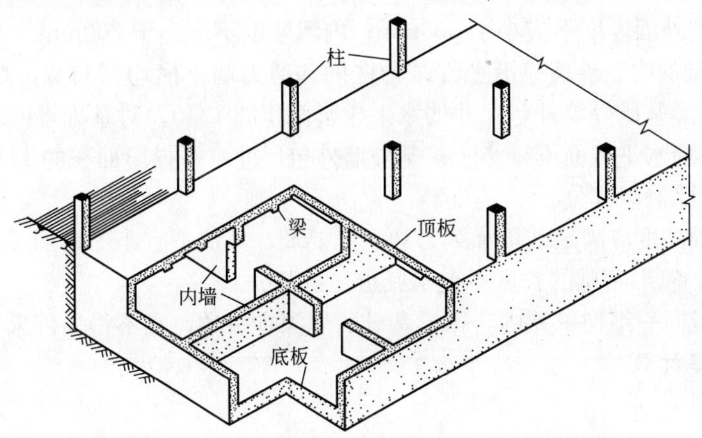

图 9-19 箱形基础

箱形基础由钢筋混凝土顶板、底板和墙体组成。其间形成地下室，可作为人防、设备层以及贮藏室等。由于箱形基础埋深都很深，需挖除很厚的土层，因此可大幅度降低基底附加应力，从而可减小地基沉降。国内不少高层建筑设计就成功地利用了箱形基础这一特点，将建筑物的沉降控制在许可范围以内。箱形基础是一种地下空间结构，它比其他类型基础有较大的刚度，对地基不均匀沉降可起到调整作用。此外，上部钢筋混凝土结构与箱形基础整浇在一起，形成刚接，而箱形基础埋深又较深，这样就降低了建筑物的重心，从而大大地提高了建筑抗倾覆的稳定性。

9.2.2 一般规定

1) 箱形基础的平面尺寸，亦应根据地基承载力、上部结构的布置及荷载分布等因素确定。当为满足地基承载力的要求而扩大基底面积时，扩大部位宜设在建筑物的宽度方向。

对单幢建筑物，在均匀地基的条件下，箱形基础的基底平面形心宜与结构竖向永久荷载重心重合。当不能重合时，在永久荷载与楼（屋）面活荷载长期效应组合下，偏心距宜满足式(9-1)的要求。

2）箱形基础的混凝土强度等级不应低于C20，桩箱基础的混凝土强度等级不应低于C30。采用防水混凝土时，防水混凝土的抗渗等级应根据地下水的最大水头与混凝土厚度的比值，按表9-1选用，且其抗渗等级不应小于0.6MPa。对重要建筑宜采用自防水并设架空防水层方案。

箱形和筏形基础防水混凝土的抗渗等级 **表9-1**

最大水头(H)与防水混凝土厚度(h)的比值	设计抗渗等级(MPa)	最大水头(H)与防水混凝土厚度(h)的比值	设计抗渗等级(MPa)
$\frac{H}{h}<10$	0.6	$25\leqslant\frac{H}{h}<35$	1.6
$10\leqslant\frac{H}{h}<15$	0.8		
$15\leqslant\frac{H}{h}<25$	1.2	$\frac{H}{h}\geqslant35$	2.0

3）箱形基础外墙厚度不应小于250mm；内墙厚度不应小于200mm。

4）箱形基础的内、外墙应沿上部结构柱网和剪力墙纵横均匀布置，墙体水平截面总面积不宜小于箱形基础外墙外包尺寸的水平投影面积的1/10。对基础平面长宽比大于4的箱形基础，其纵墙水平截面不得小于箱基外墙外包尺寸水平投影面积的1/18。计算墙体水平截面时，不扣除洞口部分。

5）箱形基础高度应满足结构承载力和刚度要求，其值不宜小于箱形基础长度的1/20，并不宜小于3m。箱形基础的长度不包括底板悬挑部分。

6）高层建筑同一结构单元内，箱形基础的埋深宜一致，且不得局部采用箱形基础。

9.2.3 地基计算

1. 计算原则

箱形基础的地基应进行承载力和变形计算，必要时应验算地基的稳定性。

2. 埋置深度的确定

在确定高层建筑的地基埋置深度时，应考虑建筑物的高度、体形、地基土质、抗震设防烈度等因素，并应满足抗倾覆和抗滑移的要求。抗震设防区天然土质地基上的箱形基础，其埋置深度不宜小于建筑物高度的1/15。

3. 地基承载力的计算

箱形基础底面压力值，应符合下列公式的要求：

(1) 当轴心荷载作用时

$$p_k=\frac{F_k+G_k}{A}\leqslant f_a \tag{9-60}$$

式中 p_k——相应于荷载效应标准组合时，基础底面处的平均压力值；

F_k——相应于荷载效应标准组合时，上部结构传至基础顶面的竖向力；

G_k——基础自重和基础上的土重；

A——基础底面积；

f_a——修正后的地基承载力特征值。

(2) 当偏心荷载作用时

当偏心荷载作用时，除符合式(9-60)外，尚应符合下式要求：

$$p_{max}=\frac{F_k+G_k}{A}+\frac{M_k}{W}\leqslant 1.2f_a \quad (9\text{-}61)$$

$$p_{min}=\frac{F_k+G_k}{A}-\frac{M_k}{W}>0 \quad (9\text{-}62)$$

对于抗震设防的建筑，箱形基础的基底压力除应符合公式(9-60)～式(9-62)的要求外，尚应按下列公式进行地基抗震承载力的验算：

$$p_E\leqslant f_{aE} \quad (9\text{-}63)$$

$$p_{E,max}\leqslant 1.2f_{aE} \quad (9\text{-}64)$$

$$f_{aE}=\zeta_s f_a \quad (9\text{-}65)$$

式中 p_E——地震作用效应标准组合的基础底面平均压力；

$p_{E,max}$——地震作用效应标准组合的基础底面边缘最大压力；

f_{aE}——调整后地基土抗震承载力；

ζ_s——地基土抗震承载力调整系数，按表 9-2 采用；

f_a——经深度、宽度修正后地基土静承载力特征值，按 5.6 节方法确定。

地基土抗震承载力调整系数 **表 9-2**

岩土名称和性状	ζ_s
岩石，密实的碎石土，密实的砾、粗、中砂，$f_{ak}\geqslant$300kPa 的黏性土和粉土	1.5
中密、稍密的碎石土，中密和稍密的砾、粗、中砂，密实和中密的细、粉砂，150kPa$\leqslant f_{ak}<$300kPa 的黏性土和粉土，坚硬的黄土	1.3
稍密的细、粉砂，100kPa$\leqslant f_{ak}<$150kPa 的黏性土和粉土，新近沉积的黏性土和粉土，可塑的黄土	1.1
淤泥，淤泥质土，松散的砂，杂填土，新近堆积的黄土及流塑的黄土	1.0

《建筑抗震设计规范》(GB 50011—2001)规定，高宽比大于 4 的建筑，在地震作用下基础底面不宜出现拉力；其他建筑，基础底面与地基土之间零应力区域面积不应超过基底面积的 15%。根据后一规定，对基础底面为矩形的基础，其受压宽度与基础宽度之比应大于 85%，即

$$b'\geqslant 0.85b \quad (9\text{-}66)$$

式中 b'——矩形基础底面受压宽度(图 9-20)；

b——矩形底面宽度。

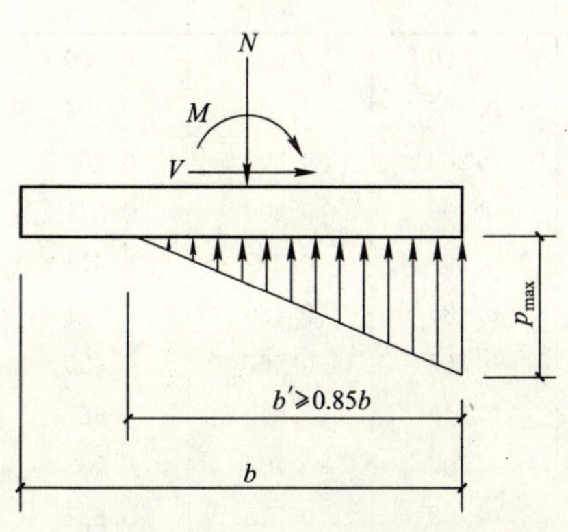

图 9-20 基础底面压力分布的限制

4. 地基变形的计算

建筑物的地基变形计算值，不应大于地基变形允许值。

当采用土的压缩模量计算箱形基础的最终沉降量时，可按下式计算：

$$s=\sum_{i=1}^{n}\left(\psi'\frac{p_c}{E'_{si}}+\psi_s\frac{p_0}{E_{si}}\right)(z_i\bar{\alpha}_i-z_{i-1}\bar{\alpha}_{i-1}) \tag{9-67}$$

式中 s——箱形基础最终沉降量；

ψ'——考虑地基回弹影响的沉降计算经验系数，无经验时取 $\psi'=1.0$；

ψ_s——沉降计算经验系数，按地区经验采用；当缺乏地区经验时，可按表 4-4 采用；

p_c——箱形基础底面处地基土自重压力标准值；

p_0——相应于荷载效应的准永久组合下，不应计入风荷载和地震作用，基础底面处附加压力；

E'_{si}、E_{si}——基础底面下第 i 层土的回填再压缩模量和压缩模量；

n——沉降计算深度范围内所划分的地基土层数；

z_i、z_{i-1}——基础底面至第 i 层、第 $i-1$ 层底面的距离；

$\bar{\alpha}_i$、$\bar{\alpha}_{i-1}$——基础底面计算点至第 i 层、第 $i-1$ 层底面范围内平均附加应力系数，按表 4-5 采用。

沉降计算深度按式(4-16)或式(4-17)确定。

当采用土的变形模量计算箱形基础的最终沉降量时，则按下式计算：

$$s=p_k b\eta\sum_{i=1}^{n}\frac{\delta_i-\delta_{i-1}}{E_{0i}} \tag{9-68}$$

式中 p_k——相应于荷载效应的准永久组合下，基础底面处的平均压力；

b——基础底面宽度；

δ_i、δ_{i-1}——与基础长宽比 l/b 及基础底面至第 i 层土和第 $i-1$ 层土底面的距离深度 z 有关的无因次系数，可按表 9-3 采用；

E_{0i}——基础底面下第 i 层土的变形模量，通过试验或按地区经验确定；

η——修正系数，可按表 9-4 确定。

按 E_0 计算沉降时的 δ 系数 **表 9-3**

$m=\frac{2z}{b}$	$n=\frac{l}{b}$						$n\geqslant10$
	1	1.4	1.8	2.4	3.2	5	
0.0	0.000	0.000	0.000	0.000	0.000	0.000	0.000
0.4	0.100	0.100	0.100	0.100	0.100	0.100	0.104
0.8	0.200	0.200	0.200	0.200	0.200	0.200	0.208
1.2	0.299	0.300	0.300	0.300	0.300	0.300	0.311
1.6	0.380	0.394	0.397	0.397	0.397	0.397	0.412
2.0	0.446	0.472	0.482	0.486	0.486	0.486	0.511
2.4	0.499	0.538	0.556	0.565	0.567	0.567	0.605
2.8	0.542	0.592	0.618	0.635	0.640	0.640	0.687
3.2	0.577	0.637	0.671	0.696	0.707	0.709	0.763
3.6	0.606	0.676	0.717	0.750	0.768	0.772	0.831
4.0	0.630	0.708	0.756	0.796	0.820	0.830	0.892

续表

$m=\frac{2z}{b}$	$n=\frac{l}{b}$						$n\geqslant10$
	1	1.4	1.8	2.4	3.2	5	
4.4	0.650	0.735	0.789	0.837	0.867	0.883	0.049
4.8	0.668	0.759	0.819	0.873	0.908	0.932	1.001
5.2	0.683	0.780	0.834	0.904	0.948	0.977	1.050
5.6	0.697	0.798	0.867	0.933	0.981	1.018	1.096
6.0	0.708	0.814	0.887	0.958	1.011	1.056	1.138
6.4	0.719	0.828	0.904	0.980	1.031	1.090	1.178
6.8	0.728	0.841	0.920	1.000	1.065	1.122	1.215
7.2	0.736	0.852	0.935	1.019	1.088	1.152	1.251
7.6	0.744	0.863	0.948	1.036	1.109	1.180	1.285
8.0	0.751	0.872	0.960	1.051	1.128	1.205	1.316
8.4	0.757	0.881	0.970	1.065	1.146	1.229	1.347
8.8	0.762	0.888	0.980	1.078	1.162	1.251	1.376
9.2	0.768	0.896	0.989	1.089	1.178	1.272	1.404
9.6	0.772	0.902	0.998	1.100	1.192	1.291	1.431
10.0	0.777	0.908	1.005	1.110	1.205	1.309	1.456
11.0	0.786	0.922	1.022	1.132	1.238	1.349	1.506
12.0	0.794	0.933	1.037	1.151	1.257	1.384	1.550

注：l 与 b——矩形基础的长度与宽度；

z——为基础底面至该层土底面的距离。

修正系数 η 　　表 9-4

$m=\frac{2z_n}{b}$	$0<m\leqslant0.5$	$0.5<m\leqslant1$	$1<m\leqslant2$	$2<m\leqslant3$	$3<m\leqslant5$	$5<m\leqslant\infty$
η	1.00	0.95	0.90	0.80	0.75	0.70

按公式(9-68)进行沉降计算时，沉降计算深度 z_n，应按下式计算：

$$z_n=(z_m+\xi b)\beta \tag{9-69}$$

式中 z_m——与基础长宽比有关的经验值，按表 9-5 确定；

ξ——折减系数，按表 9-5 确定；

β——调整系数，按表 9-6 确定。

z_m 值和折减系数 ξ 　　表 9-5

l/b	$\leqslant1$	2	3	4	$\geqslant5$
z_m	11.6	12.4	12.5	12.7	13.2
ξ	0.42	0.49	0.53	0.60	1.00

调整系数 β 　　表 9-6

土 类	碎 石	砂 土	粉 土	黏性土	软 土
β	0.30	0.50	0.60	0.75	1.00

箱形基础的整体倾斜，可根据荷载偏心、地基的不均匀性、相邻荷载的影响和地区经验进行计算。箱形基础的允许沉降量和允许整体倾斜值，应根据建筑物的使用要求及其对相邻建筑物可能造成的影响按地区经验确定。但横向整体倾斜的计算值 α_T，在非抗震设计时宜符合下式的要求：

$$\alpha_T \leqslant \frac{b}{100H_g} \tag{9-70}$$

式中 b——箱形基础宽度；

H_g——建筑物高度，指室外地面至檐口的高度。

9.2.4 箱形基础结构计算

1. 基础底面反力的计算

在箱形基础结构设计中，首先要确定基底反力分布及其大小。在上个世纪 50 年代，设计箱形基础时，一般采用日莫契金法确定基底反力。该法假定箱形基础为刚性板，地基为半无限大弹性体，并采用链杆法求解。

随着我国经济建设的发展，大量高层建筑不断兴建，为了获得不同地基上高层建筑箱形基础底面反力的分布规律，从上个世纪 60 年代开始，我国有关科研设计单位就对北京、上海、江苏、河北等地不同地基土上的高层建筑箱形基础底面反力分布规律进行了实测，并对实测结果进行了统计分析。分析表明：一般黏性土上基底反力，沿基底横向和纵向均呈抛物线分布(图 9-21)；而软土上基底反力，沿基底横向呈悬链形分布，沿纵向却呈抛物线分布(图 9-22)。

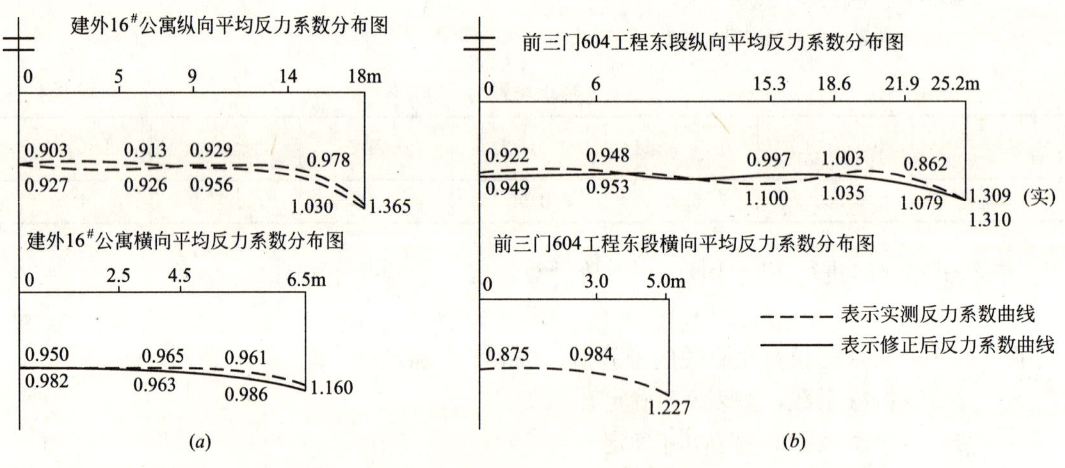

图 9-21 一般黏性土地基上基底反力分布

《高层建筑箱形与筏形基础技术规范》(JGJ 6—1999)，根据以上箱形基础底面反力分布规律和统计分析结果，给出了箱形基础底面反力计算法——分块系数法。其计算步骤可归纳为：

1）根据地基土的类别和基底长边与短边的比值不同，将基础底面划分成不同数量的区格。

2）计算每个区格范围内的地基反力：

$$p_i = \frac{\Sigma F}{LB}\alpha_i \tag{9-71}$$

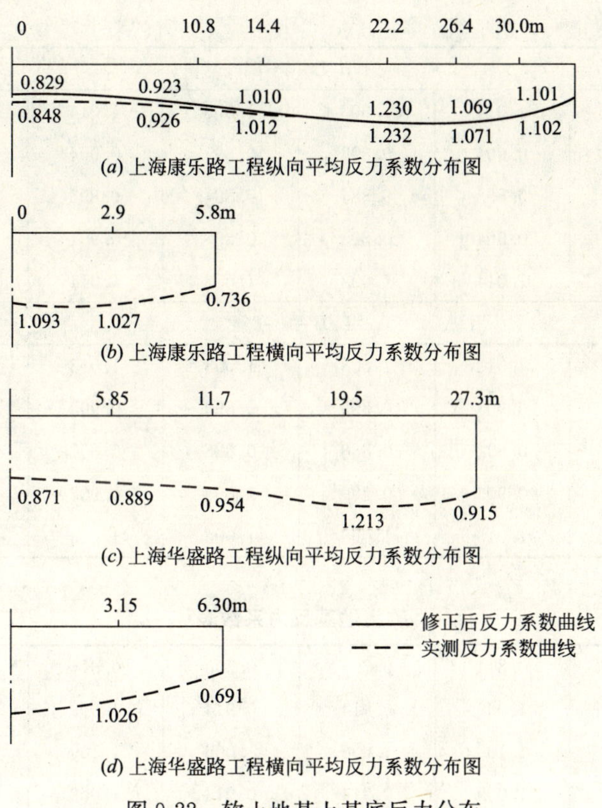

图 9-22 软土地基上基底反力分布

式中 p_i——第 i 个区格上的基底反力(kN/m^2)；

ΣF——上部结构竖向荷载、箱形基础自重和挑出部分台阶上的土重设计值(kN)；

L、B——箱形基础底面的长边与短边(包括底板挑出部分)(m)；

α_i——第 i 区格的反力系数，按表 9-7、表 9-8 或表 9-9 采用。

黏性土地基反力系数 **表 9-7**

$L/B=1$							
1.381	1.179	1.128	1.108	1.108	1.128	1.179	1.381
1.179	0.952	0.898	0.879	0.879	0.898	0.952	1.179
1.128	0.898	0.841	0.821	0.821	0.841	0.898	1.128
1.108	0.879	0.821	0.800	0.800	0.821	0.879	1.108
1.108	0.879	0.821	0.800	0.800	0.821	0.879	1.108
1.128	0.898	0.841	0.821	0.821	0.841	0.898	1.128
1.179	0.952	0.898	0.879	0.879	0.898	0.952	1.179
1.381	1.179	1.128	1.108	1.108	1.128	1.179	1.381
$L/B=2\sim3$							
1.265	1.115	1.075	1.061	1.061	1.075	1.115	1.265
1.073	0.904	0.865	0.853	0.853	0.865	0.904	1.073
1.046	0.875	0.835	0.822	0.822	0.835	0.875	1.046
1.073	0.904	0.865	0.853	0.853	0.865	0.904	1.073
1.265	1.115	1.075	1.061	1.061	1.075	1.115	1.265

续表

L/B=4～5							
1.229	1.042	1.014	1.003	1.003	1.014	1.042	1.229
1.096	0.929	0.904	0.895	0.895	0.904	0.929	1.096
1.081	0.918	0.893	0.884	0.884	0.893	0.918	1.081
1.096	0.929	0.904	0.895	0.895	0.904	0.929	1.096
1.229	1.042	1.014	1.003	1.003	1.014	1.042	1.229
L/B=6～8							
1.214	1.053	1.013	1.008	1.008	1.013	1.053	1.214
1.083	0.939	0.903	0.899	0.899	0.903	0.939	1.083
1.069	0.927	0.892	0.888	0.888	0.892	0.927	1.069
1.083	0.939	0.903	0.899	0.899	0.903	0.939	1.083
1.214	1.053	1.013	1.008	1.008	1.013	1.053	1.214

软土地基反力系数表 表 9-8

0.906	0.966	0.814	0.738	0.738	0.814	0.966	0.906
1.124	1.197	1.009	0.914	0.914	1.009	1.197	1.124
1.235	1.314	1.109	1.006	1.006	1.109	1.314	1.235
1.124	1.197	1.009	0.914	0.914	1.009	1.197	1.124
0.906	0.966	0.811	0.738	0.738	0.811	0.966	0.906

砂土地基反力系数表 表 9-9

L/B=1							
1.5875	1.2582	1.1875	1.1611	1.1611	1.1875	1.2582	1.5875
1.2582	0.9096	0.8410	0.8168	0.8168	0.8410	0.9096	1.2582
1.1875	0.8410	0.7690	0.7436	0.7436	0.7690	0.8410	1.1875
1.1611	0.8168	0.7436	0.7175	0.7175	0.7436	0.8168	1.1611
1.1611	0.8168	0.7436	0.7175	0.7175	0.7436	0.8168	1.1611
1.1875	0.8410	0.7690	0.7436	0.7436	0.7690	0.8410	1.1875
1.2582	0.9096	0.8410	0.8168	0.8168	0.8410	0.9096	1.2582
1.5875	1.2582	1.1875	1.1611	1.1611	1.1875	1.2582	1.5875
L/B=2～3							
1.409	1.166	1.109	1.088	1.088	1.109	1.166	1.409
1.108	0.847	0.798	0.781	0.781	0.798	0.847	1.108
1.069	0.812	0.762	0.745	0.745	0.762	0.812	1.069
1.108	0.847	0.798	0.781	0.781	0.798	0.847	1.108
1.409	1.166	1.109	1.088	1.088	1.109	1.166	1.409

续表

$L/B=4\sim5$							
1.395	1.212	1.166	1.149	1.149	1.166	1.212	1.395
0.922	0.828	0.794	0.783	0.783	0.794	0.828	0.992
0.989	0.818	0.783	0.772	0.772	0.783	0.818	0.989
0.992	0.828	0.794	0.783	0.783	0.794	0.828	0.992
1.395	1.212	1.166	1.149	1.149	1.166	1.212	1.395

应当指出，分块系数法适用于上部结构与荷载比较匀称的框架结构、剪力墙结构，地基比较均匀，箱形基础悬挑长度不宜超过0.8m，无相邻荷载影响的单幢建筑。当纵横方向荷载不很匀称时，应分别将不匀称荷载对纵、横方向对称轴产生的力矩所引起的地基不均匀反力和按式(9-71)算出的反力进行叠加。力矩引起的地基不均匀反力按直线变化计算。

分析表明，按分块系数法所求得基底反力算得的整体弯曲的弯矩比日莫契金法小1/3～1/2。显然，分块系数法更符合实际情况，更经济一些。

对于上部结构刚度、荷载不对称，地基不均匀的建筑，基底反力可采用分层地基上的刚性板计算模型，按链杆法计算。

2. 箱形基础底板、顶板厚度的确定

(1) 底板厚度

箱形基础底板厚度应根据实际受力情况、整体刚度及防水要求确定，底板厚度不应小于300mm。底板除计算正截面受弯承载力外，尚需计算受剪承载力和受冲切承载力。

1) 受剪承载力计算：

箱形基础底板斜截面受剪承载力应符合下式要求：

$$V_s \leqslant 0.7\beta_{hs} f_t (l_{n2} - 2h_0) h_0 \tag{9-72}$$

式中 V_s——距墙边缘 h_0 处，作用在图9-23中阴影部分面积上的地基土平均净反力设计值；

f_t——混凝土轴心抗拉强度设计值；

β_{hs}——受剪承载力截面高度影响系数；

l_{n2}——计算区格长边的净长度；

h_0——板的有效高度。

2) 受冲切承载力计算：

箱形基础底板应满足受冲切承载力的要求。当底板区格为矩形双向板时，底板的截面有效高度应符合下式要求(图9-24)：

$$h_0 \geqslant \frac{(l_{n1}+l_{n2}) - \sqrt{(l_{n1}+l_{n2})^2 - \dfrac{4p_n l_{n1} l_{n2}}{p_n + 0.7\beta_{hp} f_t}}}{4} \tag{9-73}$$

式中 h_0——底板的截面有效高度；

l_{n1}、l_{n2}——计算板格的短边和长边的净长度；

p_n——扣除底板自重后的基底平均净反力设计值，地基反力系数按表9-7～表9-9采用。

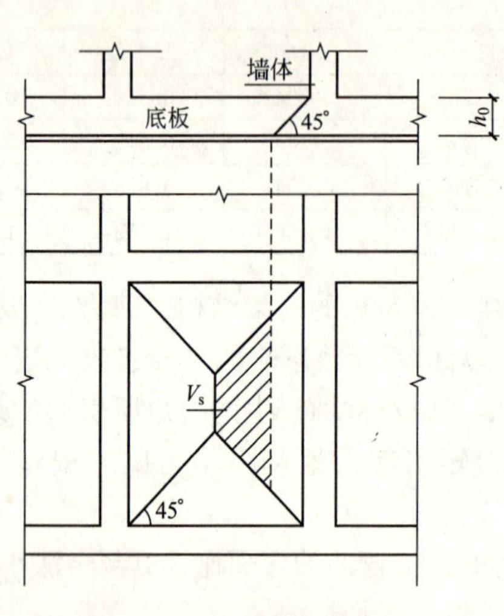

图 9-23 V_s 计算方法示意图

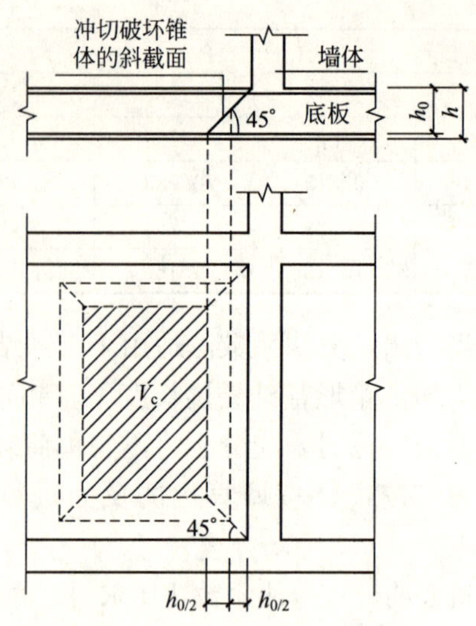

图 9-24 底板冲切的计算

(2) 顶板厚度

当上部结构嵌固在箱形基础顶板时，顶板除满足正截面受弯承载力和斜截面受剪承载力要求外，其厚度尚不应小于 200mm。

3. 箱形基础弯曲内力的计算

高层建筑的箱形基础是一种地下空间结构。由于它与上部结构和地基共同作用的结果，使它的受力分析变得十分复杂。迄今为止，尚无比较精确的分析方法。《高层建筑箱形与筏形基础技术规范》(JGJ 6—1999)根据大量观测分析资料，给出了箱形基础近似计算法。

分析表明，高层建筑箱形基础在上部结构荷载和地基反力作用下，将发生整体弯曲和局部弯曲。整体弯曲是指，箱形基础类似于放置在地基上的梁，在上部结构荷载和地基反力作用下发生的弯曲。任一截面的弯矩和剪力由静力平衡条件求得。弯矩由顶板和底板承受，使顶板受压、底板受拉❶。局部弯曲是指，以墙体作为支承的顶板和底板，分别在顶板荷载和底板反力作用下发生的弯曲，其内力按楼盖或倒置楼盖计算方法进行计算。

实测结果和分析表明，当符合下列条件时由于上部结构刚度很大，箱形基础整体弯曲在基础中产生的内力很小，可忽略不计。在计算中只考虑局部弯曲作用。

这些条件是：

1) 地基压缩层内的土层在竖向和水平向较均匀。

2) 上部结构为平、立面布置较规则的剪力墙、框架、框架-剪力墙体系。

对不符合上述条件要求的箱形基础，应同时考虑局部弯曲和整体弯曲的作用。地基反力按式(9-71)确定。考虑到箱形基础底板位于墙下的实测的地基反力大于跨中的数值，底板局部弯曲产生的弯矩应乘以 0.8 的折减系数；计算整体弯曲时应考虑上部结构与箱形基础的共同作用；对框架结构，箱形基础的自重应按均布荷载处理，箱形基础承受的整体弯矩按下列公式计算(图 9-25)：

---

❶ 沿箱形基础短向靠近中间截面顶板可能受拉，底板受压。

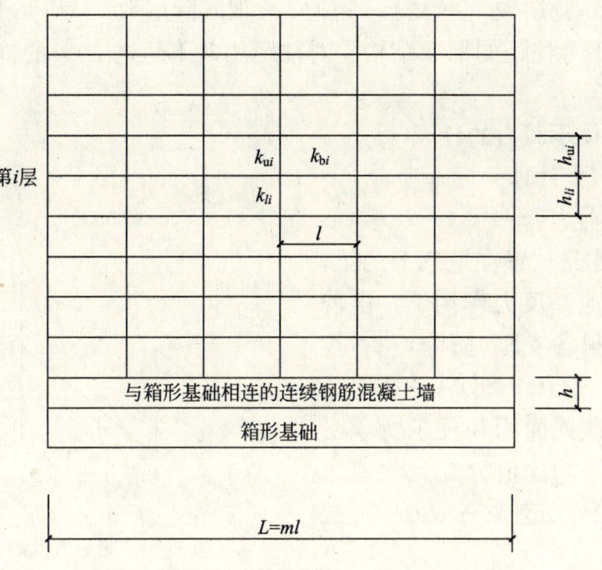

图 9-25　公式(9-74)和式(9-75)中符号示意

$$M_F = M\frac{E_F I_F}{F_F I_F + E_B I_B} \tag{9-74}$$

$$E_B I_B = \sum_{i=1}^{n}\left[E_b I_{bi}\left(1+\frac{k_{ui}+k_{li}}{2k_{bi}+k_{ui}+k_{li}}m^2\right)\right] + E_w I_w \tag{9-75}$$

式中　M_F——箱形基础承受的整体弯矩；

M——建筑物整体弯曲产生的弯矩，可按静定梁分析或采用其他有效方法计算；

$E_F I_F$——箱形基础的刚度，其中 E_F 为箱形基础混凝土弹性模量，I_F 为按工字形截面计算的箱形基础惯性矩，工字形截面的上、下翼缘宽度分别为箱形基础顶板、底板的全宽，腹板厚度为在弯曲方向的墙体厚度的总和；

$E_B I_B$——上部结构的总折算刚度；

E_b——梁、柱的混凝土弹性模量；

k_{ui}、k_{li}、k_{bi}——第 i 层上柱、下柱和梁的线刚度，其值分别为$\frac{I_{ui}}{h_{ui}}$、$\frac{I_{li}}{h_{li}}$和$\frac{I_{bi}}{l}$；

I_{ui}、I_{li}、I_{bi}——第 i 层上柱、下柱和梁的截面惯性矩；

h_{ui}、h_{li}——第 i 层上柱、下柱的高度；

L——上部结构弯曲方向的总长度；

l——上部结构弯曲方向的柱距；

E_w——在弯曲方向与箱形基础相连的连续钢筋混凝土墙的弹性模量；

I_w——在弯曲方向与箱形基础相连的连续钢筋混凝土墙的截面惯性矩，其值为$\frac{th^3}{12}$；

t——在弯曲方向与箱形基础相连的连续钢筋混凝土墙体厚度的总和；

h——在弯曲方向与箱形基础相连的连续钢筋混凝土墙体的高度；

m——在弯曲方向的节间数；

n——建筑物层数，不大于 8 层时，n 取实际层数，大于 8 层时，n 取 8。

公式(9-75)用于等柱距的框架结构。对柱距相差不超过 20%的框架也可适用，此时，l 取柱距的平均值。

4. 箱形基础墙体承载力的计算

(1) 墙体截面剪力计算

1) 纵墙截面的剪力：

将箱形基础看作是放置在地基上的梁，在上部结构荷载和地基反力作用下，由静力平衡条件极易求得各支座(横墙)左右控制截面的总剪力 $V_{j,l(r)}$(图 9-26)，然后将总剪力根据纵墙的横截面面积和柱子所承受的竖向荷载大小的平均比值分配到各道纵墙上。第 i 道纵墙第 j 支座左右截面所分配到的剪力

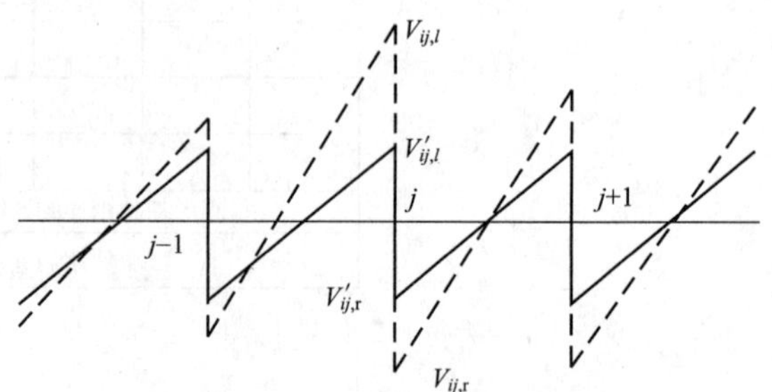

图 9-26　第 i 道纵墙截面的剪力计算

$$V_{ij,l(r)}=\frac{1}{2}\left(\frac{b_i}{\Sigma b_i}+\frac{N_{ij}}{\Sigma N_{ij}}\right)V_{j,l(r)} \tag{9-76}$$

式中　$V_{ij,l(r)}$——第 i 道纵墙第 j 支座左、右截面所分配到的剪力；

b_i——第 i 道纵墙的宽度；

Σb_i——各道纵墙宽度之和；

N_{ij}——第 i 道纵墙第 j 支座柱的荷载；

ΣN_{ij}——第 j 道横墙上各柱的竖向荷载之和。

由于在计算纵墙总剪力 $V_{j,l(r)}$ 时，地基反力全部计入其中，实际上地基反力中有一部分要传给横墙。因此，要从式(9-76)所求得的第 i 道纵墙第 j 支座左、右截面剪力中扣除该处横墙所承担的剪力，即

$$V'_{ij,l(r)}=V_{ij,l(r)}-p(A_1+A_2) \tag{9-77}$$

式中　p——地基反力；

A_1、A_2——引起相应横墙剪力的地基反力作用面积，按图 9-27a 中阴影面积计算。

2) 横墙截面的剪力：

$$V_{ji,r(l)}=p(A'_1+A'_2) \tag{9-78}$$

式中　$V_{ji,r(l)}$——第 j 道横墙第 i 支座(纵墙)右、左截面所分配的剪力；

A'_1、A'_2——产生 $V_{ji,r(l)}$ 的地基反力作用面积，按图 9-27b 中阴影面积计算。

(2) 墙体受剪承载力计算

箱形基础的内、外墙，除与剪力墙连接者外，墙身的受剪截面应符合下式要求：

$$V_w\leqslant 0.25 f_c h_w \tag{9-79}$$

式中　V_w——墙体截面剪力设计值；

f_c——混凝土轴心抗压强度；

h_w——墙身竖向有效截面面积。

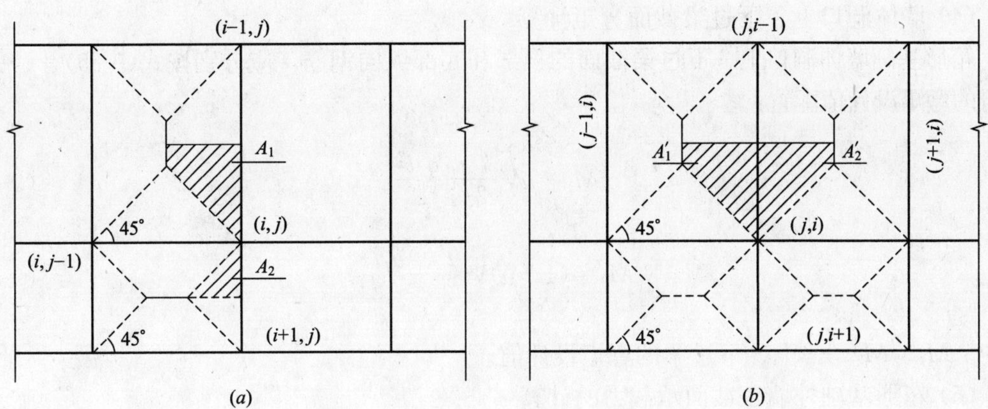

图 9-27　纵、横墙截面剪力的计算

(a)纵墙截面剪力的计算；(b)横墙截面剪力的计算

(3) 墙体洞口上、下过梁受剪承载力计算

箱形基础墙体洞口上、下过梁受剪截面应分别符合下列公式要求：

$$V_1 \leqslant 0.25 f_c A_1 \tag{9-80}$$

$$V_2 \leqslant 0.25 f_c A_2 \tag{9-81}$$

$$V_1 = \mu V + \frac{q_1 l}{2} \tag{9-82}$$

$$V_2 = (1-\mu)V + \frac{q_2 l}{2} \tag{9-83}$$

$$\mu = \frac{1}{2}\left(\frac{b_1 h_1}{b_1 h_1 + b_2 h_2} + \frac{b_1 h_1^3}{b_1 h_1^3 + b_2 h_2^3}\right) \tag{9-84}$$

式中　V_1、V_2——上、下过梁的剪力设计值；

V——洞口中点处的剪力设计值；

μ——剪力分配系数；

q_1、q_2——作用在上、下过梁上的均布荷载设计值；

l——洞口的净宽；

f_c——混凝土轴心抗压强度设计值；

A_1、A_2——上、下过梁的有效截面积，上、下过梁可取图 9-28*a* 及图 9-28*b* 的阴影部分计算，并取其中较大值。

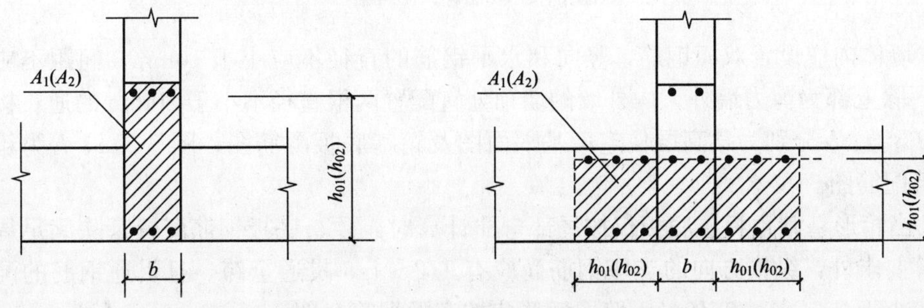

图 9-28　洞口上、下过梁有效截面积

(4) 墙体洞口上、下过梁截面弯矩计算

箱形基础墙体洞口上、下过梁截面的顶部和底部纵向钢筋，应分别按式(9-85)、(9-86)求得的弯矩设计值配置：

$$M_1=\mu V\frac{l}{2}+\frac{q_1 l^2}{12} \tag{9-85}$$

$$M_2=(1-\mu)V\frac{l}{2}+\frac{q_2 l^2}{12} \tag{9-86}$$

式中 M_1、M_2——上、下过梁的弯矩设计值。

(5) 箱形基础外墙正截面承载力的计算

首先求出作用在外墙上的土压力、地面超载引起的侧压力和水压力，然后计算外墙内力，最后按正截面承载力进行配筋计算。

9.2.5 箱形基础构造要求

(1) 箱形基础内、外墙与柱交接处的尺寸应符合图 9-29 的要求。

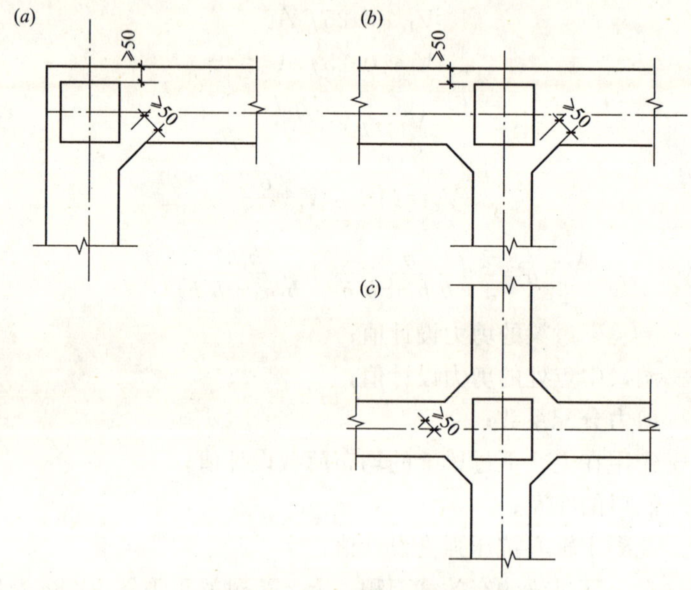

图 9-29 柱与箱基的连接

(a)角柱；(b)边柱；(c)中柱

(2) 墙体内应设置双面钢筋，竖向和水平钢筋的直径不应小于 10mm，间距不应大于 200mm。除上部为剪力墙外，内外墙的墙顶处宜配置两根直径不小于 20mm 的通长构造钢筋。图 9-30*a*、*b* 分别为某高层住宅箱基平面图及箱基底板配筋图；图 9-31*a*、*b* 为箱基外墙及内墙配筋图。

(3) 当箱形基础顶板、底板仅按局部弯曲计算时，顶、底板钢筋配置量除满足局部弯曲的计算要求外，纵横方向的支座钢筋尚应有 1/2～1/3 贯通全跨，且贯通钢筋的配筋率分别不应小于 0.15%、0.10%；跨中钢筋应按实际配筋全部连通。

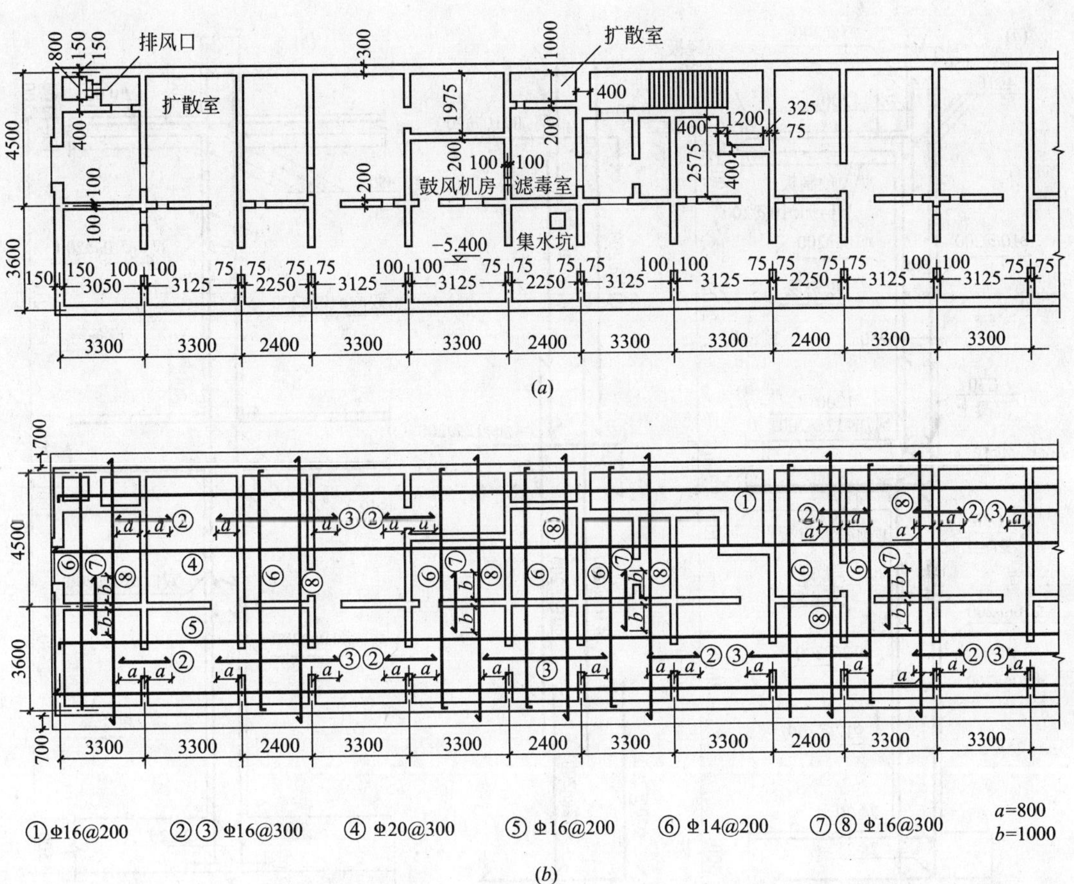

图9-30 某高层住宅箱基平面图及箱基底板配筋

(a)箱形基础(地下室部分)平面布置；(b)箱形基础底板配筋平面

(4) 当箱形基础顶板、底板按整体弯曲和局部弯曲计算时，在顶、底板配筋时，应综合考虑承受整体弯曲的钢筋与局部弯曲的钢筋的配置部位，以充分发挥各截面钢筋的作用。

(5) 门洞宜设在柱间居中部位，洞边至上层柱中心的水平距离不宜小于1.2m，洞口上过梁的高度不宜少于层高的1/5，洞口面积不宜大于柱距与箱形基础全高乘积的1/4。

墙体洞口周围应设置加强钢筋，洞口四周附加钢筋面积不应小于洞口内被切断钢筋面积的一半，且不少于两根直径为16mm的钢筋，此钢筋应从洞口边缘处延长40倍钢筋直径。

(6) 底层柱纵向钢筋伸入箱形基础的长度应符合下列规定：

1) 柱下三面或四面有箱形基础墙的内柱，除四角钢筋应直通基底外，其余钢筋可终止在顶板底面下40倍钢筋直径处。

2) 外柱与剪力墙相连的柱及其他内柱的纵向钢筋应直通到底。

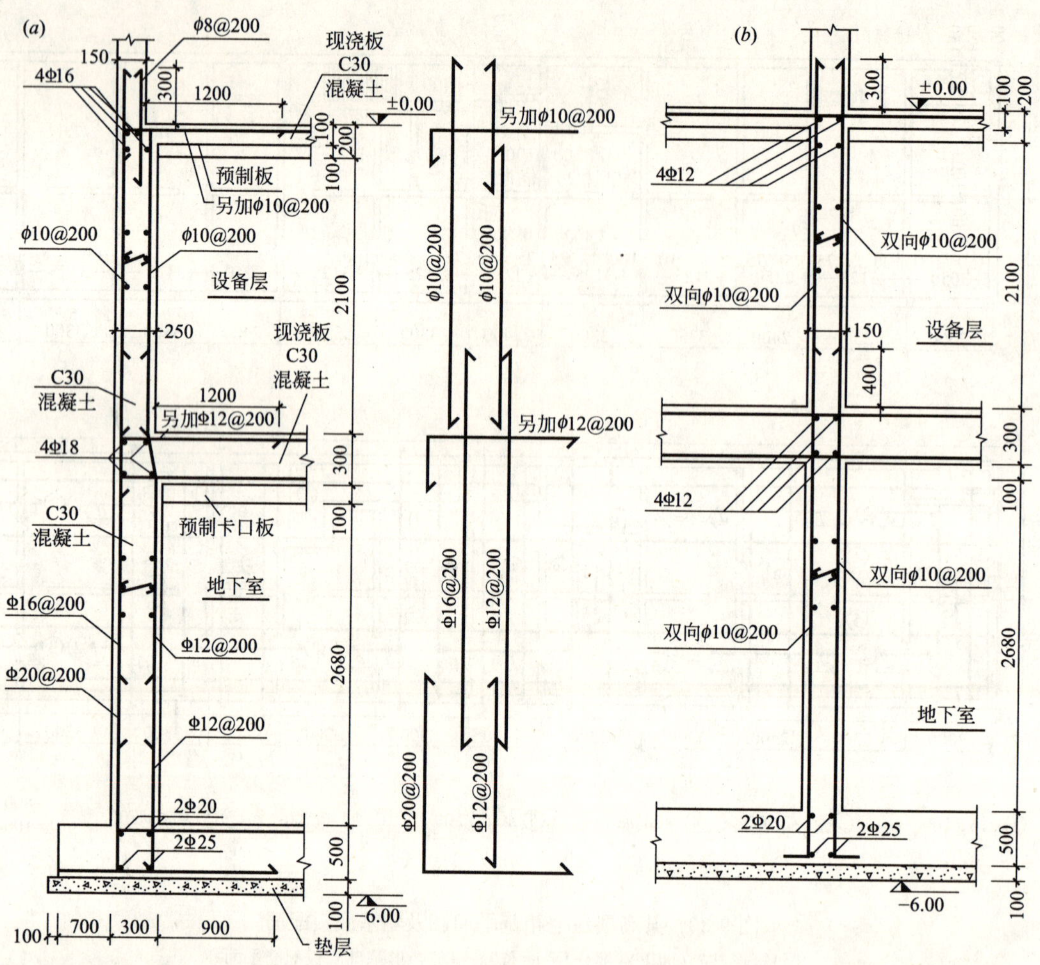

图 9-31 箱形基础内、外墙的配筋

第10章 软弱地基

10.1 一般要求

软弱地基是指主要由淤泥、淤泥质土、冲填土、杂填土或其他高压缩性土层构成的地基。在建筑地基的局部范围内有高压缩性土层时，应按第12章局部软弱土层考虑和处理。

由于软弱地基土层压缩模量很小，所以在荷载作用下产生的变形很大。例如，有的建筑物建造在软弱地基上，基础沉降竟达1600mm之多。因此，在软弱地基上建造房屋就必须注意减小基础的沉降，使之控制在容许范围以内。那么怎样才能达到这一要求呢？首先在地基勘察时，应查明软弱土层的均匀性、组成、分布范围和土质情况。冲填土尚应了解土层在压力作用下，孔隙水排除的条件。杂填土应查明堆积历史，明确自重下稳定性、湿陷性等基本因素，其次，在设计房屋时，应该考虑上部结构和地基的共同作用。对建筑体型(建筑物的平面形状和高度变化)、荷载情况、结构类型和地质条件等先进行综合分析，然后确定合理的建筑措施、结构措施和地基处理方法。此外，在施工时应注意对淤泥和淤泥质土基槽底面的保护，减少扰动。荷载差异较大的房屋和构筑物，宜先建重的和高的部分，后建轻的和低的部分。

下面仅就在设计时应考虑的建筑措施、结构措施和地基处理方法等作一扼要介绍。

10.2 建筑措施

(1) 建筑体型应力求简单，高度差异(或荷载差异)不宜过大。

设计时，在满足使用和其他要求的前提下，建筑平面形状应力求简单，尽量避免弯曲多变，高度差异(或荷载差异)不宜过大，避免立面高低参差不齐。实践证明，建筑体型复杂的建筑物，不均匀沉降常是造成墙身开裂的主要原因。

(2) 设置沉降缝，将建筑物划分成几个刚度较好的部分。

由于使用上的要求，建筑体型较复杂时，应根据其平面形状、高度差异(或荷载差异)、地质情况，在建筑物适当部位用沉降缝将其划分成几个刚度较好，即长高比(建筑物的长度L与高度H_f之比)较小的单元。这样可以减小因地基不均匀沉降在墙体内引起的应力，避免墙身开裂。

房屋和构筑物的下列部位宜设置沉降缝：

1) 建筑平面的转折处。

2）高度差异（或荷载差异）较大处。

3）长高比过大的砌体承重结构或钢筋混凝土框架结构的适当部位。

4）地基土的压缩性有显著差异处。

5）建筑结构（或地基）类型不同处。

6）分期建造房屋的交界处。

基础沉降缝构造参见图 10-1。沉降缝应有足够的宽度，缝宽可按表 10-1 采用。

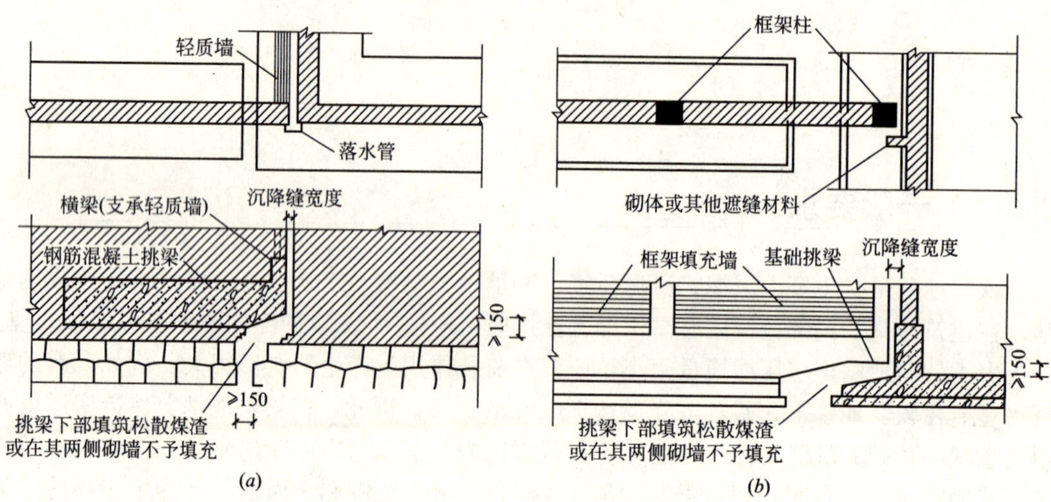

图 10-1　基础沉降缝构造示意图

(*a*)砖石承重结构条形基础沉降缝；(*b*)框架结构基础沉降缝

房屋沉降缝宽度　　**表 10-1**

房屋层数	沉降缝宽度(mm)	房屋层数	沉降缝宽度(mm)
二～三	50～80	五层以上	不小于 120
四～五	80～120		

注：当沉降缝两侧单元层数不同时，缝宽按高层者取用。

(3) 相邻建筑物基础间拉开一定距离

当相邻建筑物高度差异（或荷载差异）较大或在已有建筑邻近建造房屋时，两建筑物基础间宜拉开一定距离。其间隔距离按表 10-2 选取。

相邻建筑物基础间隔距离　　**表 10-2**

影响建筑的预估平均沉降量 s/mm ＼ 相邻建筑物基础间隔距离/m ＼ 被影响建筑的长高比	$2.0 \leqslant \frac{L}{H_f} < 3.0$	$3.0 \leqslant \frac{L}{H_f} < 5.0$
70～150	2～3	3～6
160～250	3～6	6～9
260～400	6～9	9～12
＞400	9～12	≥12

注：1. 表中 L 为房屋长度或沉降缝分隔的单元长度(m)，H_f 为由基础底面起算的房屋高度(m)。

2. 当被影响建筑的长高比为 $1.5 < \frac{L}{H_f} < 2.0$ 时，其间距可适当缩小。

(4) 调整建筑物各组成部分的标高

建筑物各组成部分的标高，应根据可能产生的不均匀沉降采取下列相应措施。

1) 室内地坪和地下设施的标高应根据预估沉降量予以提高，房屋和构筑物各部分(或设备之间)有联系时，可提高沉降较大者的标高。

2) 房屋或构筑物与设备之间应留有足够的净空。当房屋或构筑物有管道穿过时，应预留足够尺寸的孔洞，或采用柔性的管道接头等。

10.3 结构措施

为了减小房屋和构筑物的沉降和不均匀沉降，可采取下列结构措施。

10.3.1 减小基础底面附加应力

由地基变形的式(4-12)可见，基底附加应力愈大，地基变形愈大，相应的不均匀变形也就愈大。因此，为了减小基础的沉降和不均匀沉降，就需要减小基底附加应力。

通常，采取以下措施来减小基底附加应力：

(1) 选取轻型结构，减小墙体自重，采用架空地板代替室内厚填土。

(2) 设置地下室或半地下室，采用覆土少、自重轻的基础形式。

设置地下室或半地下室的作用在于，通过减轻作用在地基上的基础自重以减少基底附加应力。我国一些高层建筑就是采用这种补偿性设计的办法来减小建筑物沉降和不均匀沉降的，并已收到了良好的效果。

10.3.2 调整各部分的荷载分布、基础宽度或埋置深度

当基础不均匀沉降超过容许值时，可适当调整房屋各部分的荷载分布或采用不同的基础宽度和埋深，以达到均匀沉降的目的。例如，对于持力层软弱且厚度变化比较大，而下卧层为坚硬的土层时，可将基础在软土厚度较厚的区段适当加宽，以降低基底应力，或将该处基础适当落深，使之与其他区段的软持力层厚度接近，尽量达到均匀沉降。

10.3.3 选用较小的基底应力

如果作用在地基上的应力较大，有时会使软土的天然结构遭到破坏。这时，地基的承载力将急剧下降，变形显著增加。所以，对于要求严格控制不均匀沉降的或属重要的房屋和构筑物，必要时应选用较小的基底应力，使地基的可靠度有所增加，以保证建筑物的安全和正常使用。

10.3.4 增加基础和上部结构的整体刚度和强度

对于建筑体形复杂、荷载差异较大的框架结构，可采用加强基础整体刚度的办法，如采用箱基、桩基、厚度较大的筏基等，以减小建筑物的不均匀沉降。

对于砌体承重结构，宜采用下列增强整体刚度和强度的措施：

(1) 对于三层和三层以上的房屋，其长高比$\frac{L}{H_f}$宜小于或等于2.5，当房屋的长高比为$2.5<\frac{L}{H_f}\leqslant 3.0$时，宜做到纵墙不转折或少转折；内墙间距不宜过大，必要时可适当增强基础刚度和强度。当房屋的预估最大沉降量小于或等于120mm时，在一般情况下其长高比可不受限制。

（2）墙内设置钢筋混凝土圈梁或钢筋砖圈梁。所谓圈梁，就是在房屋一定高度处的墙体内沿水平方向设置一些封闭式的钢筋混凝土梁或砖配筋带。圈梁的作用主要是增强建筑物的整体性，提高砌体的强度，可以防止墙体出现裂缝，阻止裂缝继续开展。

圈梁应符合下列构造要求：

1）圈梁应设置在外墙和主要内墙上，并宜在平面上形成封闭的形状。当圈梁因墙身开洞不能通过时，可按图 10-2 所示方法处理。圈梁的宽度一般与墙厚相同；当墙厚大于 240mm 时，不宜小于 1/2 墙厚。

2）钢筋混凝土圈梁的高度不宜小于 120mm，纵向钢筋不宜小于 4ϕ8，箍筋间距不大于 300mm(图 10-3)。

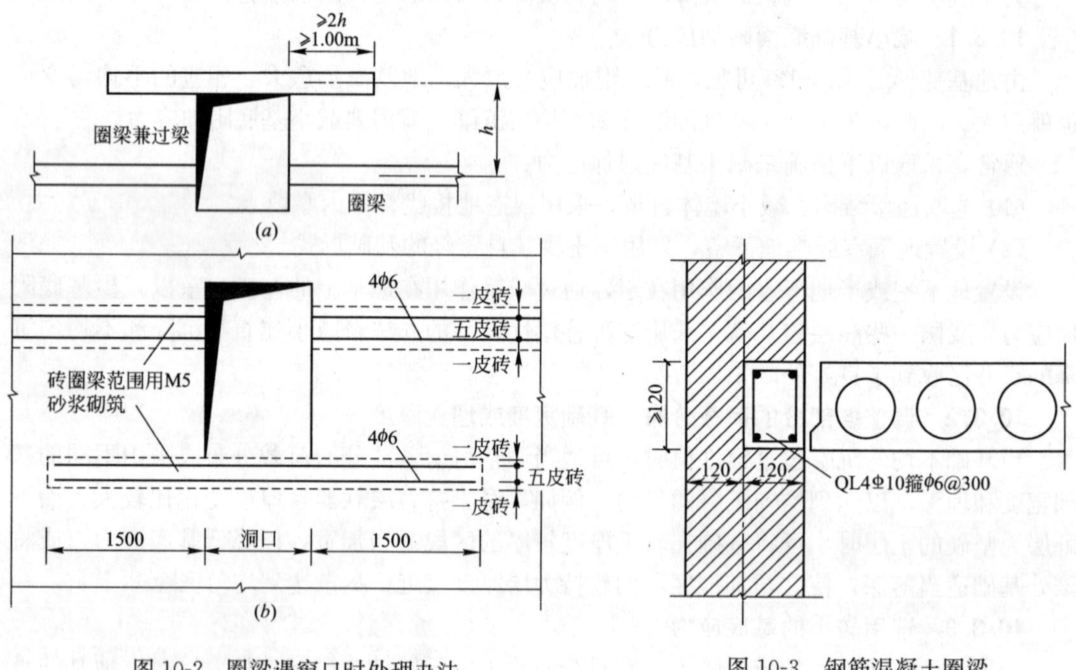

图 10-2　圈梁遇窗口时处理办法

(*a*)钢筋混凝土圈梁；(*b*)钢筋砖圈梁

图 10-3　钢筋混凝土圈梁

3）钢筋砖圈梁应采用强度等级不低于 M5 的砂浆砌筑，圈梁高度一般为 4～6 皮砖，水平通长钢筋不宜小于 4ϕ6，水平间距不宜大于 120mm，并分上下两层设置(图 10-4)。

4）当圈梁兼做过梁时，过梁部分钢筋由计算决定。

圈梁位置应按下列要求设置：

1）对于比较空旷的单层房屋，如车间、仓库、食堂等，当墙厚小于或等于 240mm，檐口标高 5～8m 时，应在檐口标高处设置圈梁一道；当檐口标高大于 8m 时，在适当位置宜增设一道。

2）对有电动桥式吊车或较大振动设备的单层工业厂房，除在檐口或窗顶设置钢筋混凝土圈梁外，尚宜在吊车梁标高处或墙中适当位置增设。

3）对于多层房屋，如宿舍、办公楼等，在基础和顶层处，宜各设置一道，其他各层可隔层设置，必要时也可层层设置。

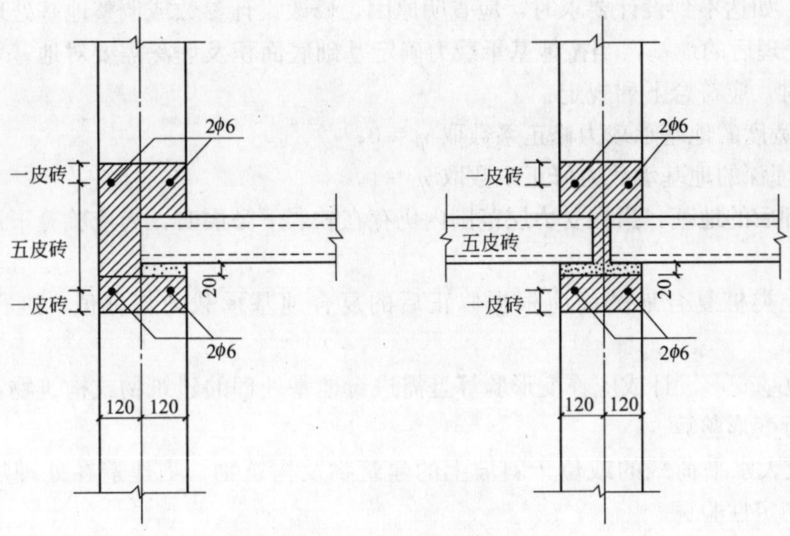

图 10-4 钢筋砖圈梁

(3) 对开洞过大致使墙体削弱时，宜在削弱部位适当配筋或采用构造柱及圈梁加强。

10.4 软弱地基的处理

10.4.1 基本规定

(1) 在选择地基处理方案前，应完成下列工作：

1) 搜集详细的岩土工程勘察资料、上部结构及基础设计资料等。

2) 根据工程的要求和采用天然地基存在的主要问题，确定地基处理的目的、处理范围和处理后要求达到的各项技术经济指标等。

3) 结合工程情况，了解当地地基处理经验和施工条件，对于有特殊要求的工程，尚应了解其他地区相似场地上同类工程的地基处理经验和使用情况等。

4) 调查邻近建筑、地下工程和有关管线的情况。

5) 了解建筑场地的环境情况。

(2) 在选择地基处理方案时，应考虑上部结构、基础和地基的共同工作，并经过技术经济比较，选用处理地基或加强上部结构和处理地基相结合的方案。

(3) 地基处理方法的确定宜按下列步骤进行：

1) 根据结构类型、荷载大小及使用要求，结合地形地貌、地层结构、土质条件、地下水特征、环境情况和对相邻建筑的影响等因素进行综合分析，初步选出几种可供考虑的地基处理方案，包括选择两种或多种地基处理措施组成的综合处理方案。

2) 对初步选出的各种地基处理方案，分别从加固原理、适用范围、预期处理效果、耗用材料、施工机械、工期要求和对环境的影响等方面进行技术经济分析和比较，选择最佳的地基处理方法。

3) 对已选定的地基处理方法，宜按建筑物地基基础设计等级和场地复杂程度，在有代表性的场地上进行相应的现场试验或试验性施工，并进行必要的测试，以检验设计参数和处理效果。如达不到设计要求时，应查明原因，修改设计参数或调整地基处理方法。

(4) 经处理后的地基，当按地基承载力确定基础底面积及埋深需要对地基承载力特征值进行修正时，应符合下列规定：

1) 基础宽度的地基承载力修正系数取 $\eta_b=0$；

2) 基础埋深的地基承载力修正系数取 $\eta_d=1$。

经过处理后的地基，当在受力层范围内仍存在软弱下卧层时，尚应验算下卧层的地基承载力。

对水泥土类桩复合地基尚应根据修正后的复合地基承载力特征值，进行桩身强度验算。

(5) 按地基变形设计或应作变形验算且需进行地基处理的建筑物或构筑物，应对处理后的地基进行变形验算。

(6) 受较大水平荷载的或位于斜坡上的建筑物及构筑物，当建造在处理后的地基上时，应进行稳定性验算。

(7) 复合地基应进行载荷试验，试验应符合《建筑地基处理技术规范》(JGJ 79—2002)附录 A 的规定。

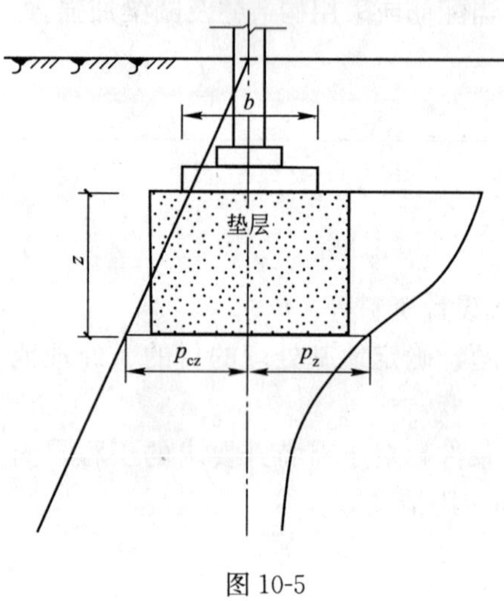

图 10-5

10.4.2 换填垫层法

1. 一般规定

换填垫层法是指，挖去地表浅层软弱土层或不均匀土层，回填坚硬、较粗粒径的材料，并分层夯压密实，形成垫层的地基处理方法。换填垫层法适用于浅层软弱地基及不均匀地基的处理。

2. 设计

换填垫层，一般选择砂石、粉质黏土、粉煤灰和灰土等性能稳定，无侵蚀性的材料。垫层应分层夯实，每层夯实后的干密度应达到设计标准。垫层的承载力特征值可通过试验并结合实践经验确定。

垫层设计包括确定垫层厚度和宽度(图10-5)。

(1) 垫层厚度

垫层厚度应根据需置换软弱土的深度或下卧土层的承载力确定，并符合下式要求：

$$p_{cz}+p_z\leqslant f_{az} \tag{10-1}$$

式中 p_z——相应于荷载效应标准组合时，垫层底面处的附加压力值(kPa)；

p_{cz}——垫层底面处土的自重压力值(kPa)；

f_{az}——垫层底面处经深度修正后的地基承载力特征值(kPa)。

垫层底面处的附加压力值 p_z 可分别按下列公式计算：

条形基础

$$p_z=\frac{b(p_k-p_c)}{b+2z\tan\theta} \tag{10-2}$$

矩形基础

$$p_z=\frac{bl(p_k-p_c)}{(b+2z\tan\theta)(l+2z\tan\theta)} \tag{10-3}$$

式中 b——矩形基础或条形基础底面宽度(m)；

l——矩形基础底面的长度(m)；

p_k——相应于荷载效应标准组合时，基础底面处的平均压力值(kPa)；

p_c——基础底面处土的自重压力值(kPa)；

z——基础底面下垫层的厚度(m)；

θ——垫层的压力扩散角(°)，宜通过试验确定，当无试验资料时，可按表 10-3 采用。

压力扩散角 θ **表 10-3**

换填材料 / z/b	中砂、粗砂、砾砂、圆砾、角砾、石屑、卵石、碎石、矿渣	粉质黏土、粉煤灰	灰土
0.25	20°	6°	28°
≥0.50	30°	23°	

注：1. 当 $z/b<0.25$，除灰土取 $\theta=28°$外，其余材料均取 $\theta=0°$，必要时，宜由试验确定。
2. 当 $0.25<z/b<0.5$ 时，θ 值可内插求得。

按式(10-1)确定垫层厚度一般采用试算法，即先假定垫层厚度，然后按式(10-1)进行验算，如不满足要求时，再假设一个厚度进行验算，直至满足要求为止。

为了简化计算，这里介绍一种垫层厚度直接计算法。现将其原理说明如下：

在式(10-1)中，

$$p_{cz}=\gamma_0 d+\gamma_{垫}z \tag{a}$$

$$p_z=\alpha\cdot p_0 \tag{b}$$

$$f_{az}=f_{ak}+\gamma_m(d+z-0.5) \tag{c}$$

或

$$f_{az}=f_{ak}+\gamma_0 d+\gamma_1 z-0.5\gamma_m \tag{10-4}$$

$$z=bm \tag{10-5}$$

将式(*a*)、式(*b*)和式(10-4)代入式(10-1)，并注意到式(*d*)，经整理后得：

$$\alpha\leqslant c+\frac{b}{p_0}(\gamma_1-\gamma_{垫})m \tag{10-6a}$$

其中

$$c=\frac{1}{p_0}(f_{ak}-0.5\gamma_m) \tag{10-6b}$$

$$n=\frac{l}{b} \tag{d}$$

式中 γ_m——垫层底面以上天然土的重度加权平均值(kN/m³)；

d——基础埋置深度(m)；

γ_0——埋深范围内土的重度(kN/m³)；

γ_1——垫层厚度范围内天然土层重度，地下水位以下取有效重度(kN/m³)；

z——换填垫层厚度(m)；

$\gamma_{垫}$——换填垫层重度(kN/m³)；

p_0——相应于荷载效应标准组合时基础底面附加压力(kN/m^2)。

将式(10-3)与式(b)比较，得：

$$\alpha=\frac{n}{(1+2m\tan\theta)(n+2m\tan\theta)} \tag{10-7}$$

式(10-6a)与式(10-1)是等价的。其中 α 为附加压力系数。如将式(10-7)代入式(10-6a),则可解出 m 的解析表达式，最后可按式(10-5)求出垫层厚度 z。但是，这种计算方法的过程过于繁琐，不便应用。为此，我们采用图解法确定垫层厚度。

现来分析式(10-6a)和式(10-7)。不难看出，它们是联立方程组。式(10-6a)是直线方程，其中 c 为直线在纵轴上的截距，$\frac{b}{p_0}(\gamma_{软}-\gamma_{垫})$为直线的斜率；而式(10-7)为曲线方程。它们在直角坐标系中的图像的交点(m，α)，即为方程组的解。

为了利用图解法求解未知数 m 值，现建立直角坐标系(图 10-6)。令 m 为横轴，α 为纵轴。式(10-7)给出了 α 与 m 之间的关系，只要 n 值给定，则它的图像就确定了。因此，可以首先将方程(10-7)的曲线绘在直角坐标系中，而方程(10-6a)的直线，则随已知条件的变化而变化，为了在坐标系中绘出这条直线，我们先求出在直线上的两个指定点的坐标，即

当 $m=0$ 时

$$\alpha_1=c=\frac{1}{p_0}(f_{ak}-0.5\gamma_m) \tag{10-8}$$

当 $m=1.5$ 时

$$\alpha_2=c+\frac{b}{p_0}(\gamma_1-\gamma_{垫})\times1.5 \tag{10-9}$$

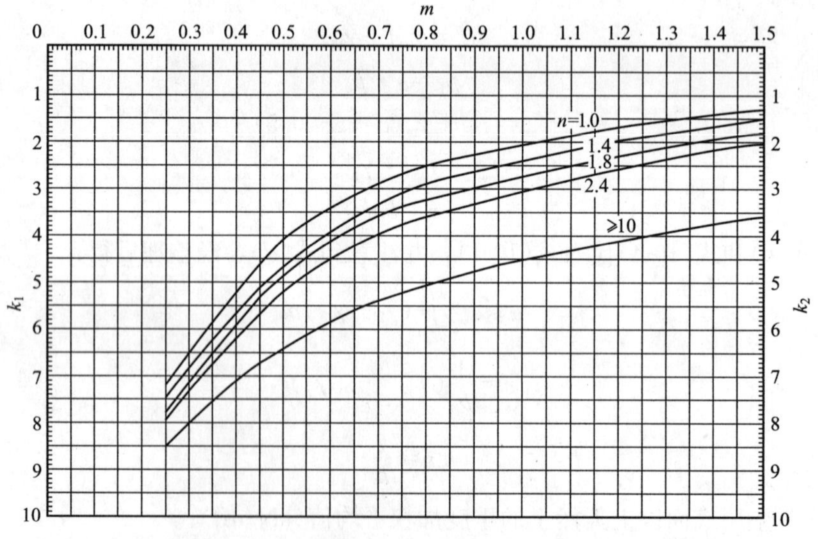

图 10-6　换填垫层厚度计算曲线之一

(适用于中砂、粗砂、砾砂、圆砾、角砾、石屑、卵石、矿渣)

将点(0，α_1)和点(1.5，α_2)分别标注在左、右纵轴上(图 10-6)，并连以直线，则由直线与相应 n 值的曲线交点，就可求得未知数 m 值。

为了应用方便，在制图时图 10-6 中两侧的纵坐标值均放大了 10 倍，即 $k_1=10\alpha_1$、$k_2=10\alpha_2$。

上面以矩形基础为例来说明按图解法确定 m 值的原理。实际上，对条形基础也是适用的。因为在式(10-7)中，只要令 $n\rightarrow\infty$(实际上只需 $n\geqslant10$ 即可)，并求其极限，即为条形基础情况。即

$$\alpha=\lim_{n\to\infty}\frac{n}{(1+2m\tan\theta)(n+2m\tan\theta)}=\frac{1}{1+2m\tan\theta}$$

图 10-6 为中砂、粗砂、砾砂、圆砾、角砾、石屑、卵石、矿渣垫层厚度计算曲线，图 10-7 为灰土垫层厚度计算曲线。

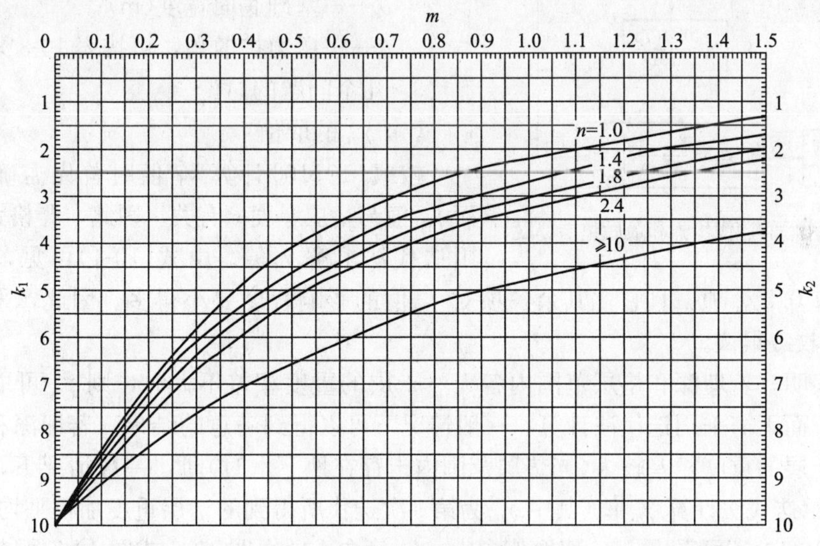

图 10-7　换填垫层厚度计算曲线之二

(适用于灰土)

现将按图解确定垫层厚度的计算步骤总结如下：

1) 按下式算出垫层以上天然土层重度的算术平均值

$$\gamma_{\rm m}=\frac{1}{2}(\gamma_0+\gamma_1)$$

2) 按下式算出 k_1 值：

$$k_1=\frac{1}{p_0}(f_{\rm ak}-0.5\gamma_{\rm m})\times10 \tag{10-10}$$

3) 按下式算出 k_2 值：

$$k_2=k_1+\frac{15b}{p_0}(\gamma_1-\gamma_{\text{垫}}) \tag{10-11}$$

4) 在左右纵坐标轴上分别找到 k_1、k_2 值所对应的点，然后连直线，从该直线与相应 n 值的曲线交点向上引竖直线，在横坐标轴上就可得出 m 值。

5) 按下式计算垫层厚度：

$$z=bm$$

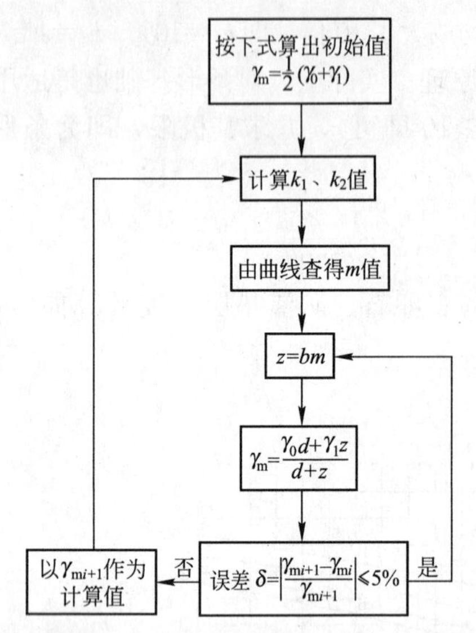

图 10-8　计算 γ_m 的迭代步骤和最后垫层厚度

6）必要时按图 10-8 所示迭代法求出重度加权平均值 γ_m，最后确定垫层厚度。

垫层的厚度不宜小于 0.5m，也不宜大于 3m。

（2）垫层宽度

垫层底面的宽度应满足基础底面应力扩散的要求，可按下式确定：

$$b'=b+2z\tan\theta \tag{10-12}$$

式中　b'——垫层底面宽度（m）；

b——基础底面宽度（m）；

θ——压力扩散角，可按表 10-3 采用。

3. 几个问题的讨论

（1）γ_m 的取值

按式（10-10）计算 k_1 值时首先需确定 γ_m 值，而 γ_m 值与垫层厚度 z 有关。因此，严格说来，应采用迭代法求解 γ_m 值。由式（10-4）可见，γ_m 对 f_{az} 值的影响只有 $0.5\gamma_m$ 项，且它比其余各项对 f_{az} 值的影响程度要小得多。因此，采用迭代法计算 γ_m 时收敛很快。

计算表明，若埋深和垫层范围内各天然土层的重度相差不大时，则 γ_m 可取它们的算术平均值，而无需采用迭代法计算，一般情况下可以得到满意的结果。若埋深和垫层范围内各天然土层的重度相差较大（当垫层范围内土存在地下水时）时，一般情况下，则应按框图 10-8 所示迭代法计算 γ_m 值（其中 γ_{mi} 为第 i 次迭代所得到的土层重度加权平均值）。

由式（10-10）还可看出，γ_m 值取值愈大，k_1 值愈小，由图 10-6 或图 10-7 所查得的 m 值愈大，即垫层厚度愈厚。因此，为了简化计算，可将 γ_m 值取得稍大一些，这是偏于安全的。

（2）验算换填垫层下地基承载力时自重压力的计算

验算换填垫层下地基承载力时，软土层顶面的自重压力应为埋深范围内土的自重和垫层自重所引起的压力之和。而不是天然土层自重压力之和。计算时应加以注意。

【例题 10-1】　某砖混结构住宅楼内墙基础埋深 $d=H=1$m，相应于荷载效应标准组合时，上部结构传至基础顶面的竖向力 $F_k=120$kN/m。地质剖面如图 10-9 所示。地下水位在基础底面处，埋深范围内为杂填土，重度 $\gamma_0=17.5$kN/m³，基底下为软黏土，其承载力特征值 $f_{ak}=50$kN/m²，饱和重度 $\gamma_1=17.8$kN/m³。试确定换填垫层厚度和宽度。

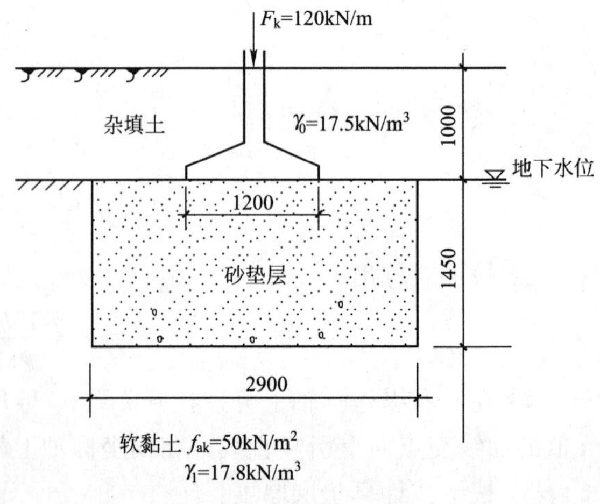

图 10-9　例题 10-1 附图

【解】　采用中砂作为换填垫层材料，经深度修正后承载力特征值 $f_a=120$kN/m²，饱和重度 $\gamma_{垫}=19$kN/m³。

（1）按式（7-2）确定基础宽度

$$b=\frac{F_k}{f_a-\bar{\gamma}H}=\frac{120}{120-20\times1}=1.20\text{m}$$

(2) 计算基底附加压力

$$p_0=\frac{F_k+G_k}{b}-\gamma_0 d=\frac{120+1.2\times1\times20}{1.2}-17.5\times1=102.5\text{kN/m}^2$$

(3) 计算平均重度值

$$\gamma_m=\frac{17.5+(17.8-10)}{2}=12.65\text{kN/m}^3$$

(4) 计算系数 k_1 和 k_2 值

$$k_1=\frac{1}{p_0}(f_{ak}-0.5\gamma_m)\times10=\frac{1}{102.5}(50-0.5\times12.65)\times10=4.26$$

$$k_2=k_1+\frac{15b}{p_0}(\gamma_1-\gamma_{垫})=4.26+\frac{15\times1.2}{102.5}[(17.8-10)-(19-10)]=4.05$$

(5) 确定垫层厚度

在图 10-6 的左、右纵坐标轴上分别找到 $k_1=4.26$、$k_2=4.05$ 值所对应的点，然后连以直线，从该直线与相应 $n\geqslant10$ 的曲线交点向上引竖直线，在横坐标轴上得出 $m=1.24$。于是，垫层厚度

$$z=mb=1.24\times1.2=1.49\text{m}$$

取 $z=1.5$m

$$\gamma_m=\frac{\gamma_0 d+\gamma_1 z}{d+z}=\frac{17.5\times1+7.8\times1.50}{1+1.50}=11.68\text{kN/m}^3$$

$$误差\ \delta=\left|\frac{\gamma_{mi+1}-\gamma_{mi}}{\gamma_{mi+1}}\right|=\left|\frac{11.68-12.65}{11.68}\right|=8.3\%>5\%$$

(6) 进行第 2 次迭代求垫层厚度

将上次所得的 $\gamma_m=11.68\text{kN/m}^3$ 代入式(10-10)中，得：

$$k_1=\frac{1}{p_0}(f_{ak}-0.5\gamma_m)\times10=\frac{1}{102.5}(50-0.5\times11.68)\times10=4.31$$

而

$$k_2=k_1+\frac{15b}{p_0}(\gamma_1-\gamma_{垫})=4.31+\frac{15\times1.2}{102.5}[(17.8-10)-(19-10)]=4.10$$

由图 10-6 查得 $m=1.20$，于是，垫层厚度为 $z=1.2\times1.2=1.44$m

取 $z=1.45$m

(7) 验算

$$\gamma_m=\frac{\gamma_0 d+\gamma_1 z}{d+z}=\frac{17.5\times1+7.8\times1.45}{1+1.45}=11.76\text{kN/m}^3$$

$$\delta=\left|\frac{\gamma_{mi+1}-\gamma_{mi}}{\gamma_{mi+1}}\right|=\left|\frac{11.76-11.68}{11.76}\right|=0.68\%<5\%$$

由表 10-3 查得，当 $m\geqslant0.5$ 时，$\theta=30°$

$$\gamma_0 d+\gamma_{垫}z+\frac{bp_0}{b+2z\tan\theta}=17.5\times1+(19-10)\times1.45+\frac{1.2\times102.5}{1.2+2\times1.45\tan30°}=73.34\text{kN/m}^2$$

$$f_{az}=f_{ak}+\gamma_m(d+z-0.5)=50+11.76(1+1.45-0.5)=72.93\text{kN/m}^2\approx73.34\text{kN/m}^2$$

（计算无误）

（8）计算垫层宽度

$$b'=b+2z\tan\theta=1.2+2\times1.45\times\tan30°=2.87\text{m}$$

取 $b=2.90\text{m}$

【例题 10-2】 钢筋混凝土框架柱基础，相应于荷载效应标准组合时，上部结构传至基础顶面的竖向力 $F_k=358\text{kN}$，基础埋深 $d=H=2\text{m}$。埋深范围内为人工填土，其重度 $\gamma_0=16.5\text{kN/m}^3$，基底下为很厚的黏性土，重度 $\gamma_1=17.5\text{kN/m}^3$，承载力特征值 $f_{ak}=70\text{kN/m}^2$。试确定垫层的厚度和宽度。

【解】 采用灰土作为换填垫层材料，经深度修正后承载力特征值 $f_a=185\text{kN/m}^2$，重度 $\gamma_{垫}=18.5\text{kN/m}^3$。

（1）确定基础宽度

$$A=\frac{F_k}{f_a-\overline{\gamma}H}=\frac{358}{185-20\times2}=2.47\text{m}^2 \qquad l=b=1.60\text{m}$$

（2）计算基底附加压力

$$p_0=\frac{F+G_k}{A}-\gamma_0 d=\frac{358+2.56\times2\times20}{1.6\times1.6}-16.5\times2=146.8\text{kN/m}^2$$

（3）计算系数 k_1 和 k_2 值

$$\gamma_m=\frac{\gamma_0+\gamma_1}{2}=\frac{16.5+17.5}{2}=17\text{kN/m}^3$$

$$k_1=\frac{1}{p_0}(f_{ak}-0.5\gamma_m)\times10=\frac{1}{146.8}(70-0.5\times17)\times10=4.19$$

$$k_2=k_1+\frac{15b}{p_0}(\gamma_1-\gamma_{垫})=4.19+\frac{15\times1.6}{146.8}(17.5-18.5)=4.02$$

（4）确定砂垫层厚度

在图 10-7 的左右纵坐标轴上分别找到 $k_1=4.19$、$k_2=4.02$ 值所对应的点，然后连以直线，从该直线与相应 $n=1$ 的曲线交点向上引竖直线，在横坐标轴上得出 $m=0.52$。于是，垫层厚度

$$z=mb=0.52\times1.6=0.832\text{m}$$

取 $z=0.9\text{m}$。

$$\gamma_m=\frac{\gamma_0 d+\gamma_1 z}{d+z}=\frac{16.5\times2+17.5\times0.9}{2+0.9}=16.81\text{kN/m}^3\approx17\text{kN/m}^3$$

（5）验算

$$\gamma_0 d+\gamma_{垫}z+\frac{blp_0}{(b+2z\tan\theta)(l+2z\tan\theta)}=16.5\times2+18.5\times0.9+\frac{1.6\times1.6\times146.8}{(1.6+2\times0.9\tan28°)^2}$$
$$=107.12\text{kN/m}^2$$

$$f_{az}=f_{ak}+\gamma_m(d+z-0.5)=70+16.81(2+0.9-0.5)=110.34\text{kN/m}^2>107.12\text{kN/m}^2$$

（计算无误）

（6）计算垫层宽度

$$b'=b+2z\tan\theta=1.6+2\times0.9\times\tan28°=2.56\text{m}$$

取 $b'=l'=2.60\text{m}$

10.4.3 水泥粉煤灰碎石桩法

1. 一般规定

水泥粉煤灰碎石桩法是指，由水泥、粉煤灰、碎石、石屑或砂等混合料加水拌和形成高粘结强度桩，并由桩、桩间土和褥垫层一起组成复合地基的地基处理方法。

水泥粉煤灰碎石桩(简称 CFG 桩)法适用于处理黏性土、粉土、砂土和已自重固结的素填土等地基。对淤泥质土应按地区经验或通过现场试验确定其适用性。CFG 桩应选择承载力相对较高的土层作为桩端持力层。CFG 桩复合地基设计时应进行地基变形验算。

2. 设计

CFG 桩可只在基础范围内布置，桩径宜取 350～600mm。桩距应根据设计要求的复合地基承载力、土性、施工工艺等确定，宜取 3～5 倍桩径。桩顶和基础之间应设置褥垫层，其作用是将建筑物荷载按合理的比例传给桩和桩间土。褥垫层厚度宜取 150～300mm，当桩径大或桩距大时褥垫层厚度宜取高值。褥垫层材料宜选中砂、粗砂、级配砂石或碎石等，最大粒径不宜大于 30mm。

CFG 桩复合地基承载力特征值，应通过现场复合地基载荷试验确定，初步设计时也可按下式估算：

$$f_{spk}=m\frac{R_a}{A_p}+\beta(1-m)f_{sk} \tag{10-13}$$

$$m=\frac{A_p}{A_e}=\left(\frac{d_p}{d_e}\right)^2 \tag{10-14}$$

式中 f_{spk}——复合地基承载力特征值(kPa)；

R_a——单桩竖向承载力特征值(kN)；

A_p——桩的截面积(m^2)；

β——桩间土承载力折减系数，宜按地区经验取值，如无经验时取 0.75～0.95，天然地基承载力较高时取大值；

f_{sk}——处理后桩间土承载力特征值(kPa)，宜按当地经验取值，如无经验时，可取天然地基承载力特征值；

m——面积置换率；

d_p——桩身直径(m)；

A_e、d_e——一根桩分担的处理地基面积和等效圆直径(m)。

现将式(10-13)推导如下：

CFG 桩复合地基承载力由两部分组成，即桩的承载力与桩间土承载力之和

$$f_{spk}=\frac{R_a}{A_e}+\frac{(A_e-A_p)f_{sk}}{A_e} \tag{a}$$

令

$$m=\frac{A_p}{A_e}$$

将上式代入式(a)，得

$$f_{spk}=m\frac{R_a}{A_p}+(1-m)f_{sk} \tag{b}$$

考虑到桩间土承载力的发挥程度，引入折减系数 β，于是上式改写成

$$f_{spk}=m\frac{R_a}{A_p}+\beta(1-m)f_{sk}$$

推导完毕。

面积置换率 m 与桩的间距 s 有关，在设计中一般先选定桩距，然后算出面积置换率。如前所述，桩距宜取 3～5 倍桩径。

若桩采用正方形布置(图 10-10a)，则面积置换率可按下式计算：

$$m=0.785\left(\frac{d_p}{s}\right)^2 \tag{10-15a}$$

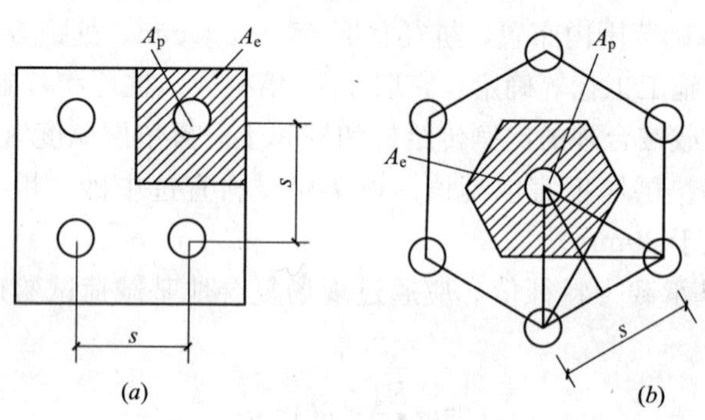

图 10-10　CFG 桩的布置

(a)正方形布置；(b)等边三角形布置

若桩采用等边三角形布置(图 10-10b)，则面积置换率按下式计算：

$$m=0.907\left(\frac{d_p}{s}\right)^2 \tag{10-15b}$$

式中 s 为桩的间距。表 10-4 给出了面积置换率 m 与桩距 s 的对应关系表。

面积置换率 m 与桩距 s 的关系　　**表 10-4**

桩的间距 s		$3d_p$	$3.5d_p$	$4.0d_p$	$4.5d_p$	$5.0d_p$
面积置换率 m	正方形布置	0.0872	0.0641	0.0491	0.0388	0.0314
	等边三角形布置	0.1010	0.0741	0.0567	0.0448	0.0363

单桩竖向承载力特征值 R_a 的取值，应符合下列规定：

(1) 当采用单桩载荷试验时，应将单桩竖向极限承载力除以安全系数 2。

(2) 当无单桩载荷试验时，可按下式估算：

$$R_a=u_p\sum_{i=1}^{n}q_{si}l_i+q_pA_p \tag{10-16}$$

式中　u_p——桩的周长(m)；

n——桩长范围内所划分的土层数；

q_{si}、q_p——桩周第 i 层土的侧阻力、桩端端阻力特征值(kPa)；

l_i——第 i 层土的厚度(m)。

桩体试块抗压强度平均值应满足下式要求：

$$f_{cu}\geqslant 3\frac{R_a}{A_p} \tag{10-17}$$

式中 f_{cu}——桩体混合料试块(边长为150mm的立方体)标准养护28d立方体抗压强度平均值(kPa)。

综上所述，现将按地基承载力计算CFG桩复合地基的步骤叙述如下：

(1) 根据设计要求的复合地基承载力、土的物理力学性质、施工工艺，确定桩径 d_p 和桩距 s。

(2) 按表10-4确定面积置换率 m。

(3) 按式(10-18)求出复合地基桩顶平均应力

$$\sigma_p=\frac{1}{m}[f_{sp,k}-\beta(1-m)f_{sk}] \tag{10-18}$$

(4) 按下式算出复合地基中单桩桩顶承受的平均竖向力

$$Q_p=\sigma_p A_p \tag{10-19}$$

(5) 根据勘探报告和建筑物荷载情况确定桩尖的持力层，并选定桩长，然后按式(10-16)算出 R_a，并按式 $Q_p \leqslant R_a$ 验算单桩承载力，如不满足要求，则可调整面积置换率 m、桩径 d_p 或桩长，再进行验算，直至满足要求为止。

(6) 基础底面下桩的数量，可按下式计算：

$$n=\frac{mA}{A_p} \tag{10-20}$$

式中 A——基础底面积。

地基处理后的变形计算应按《建筑地基基础设计规范》(GB 50007—2002)的有关规定执行。复合土层的分层与天然地基相同，各复合土层的压缩模量等于该层天然地基压缩模量的 ξ 倍，ξ 值可按下式确定：

$$\xi=\frac{f_{spk}}{f_{ak}} \tag{10-21}$$

式中 f_{ak}——基础底面下天然地基承载力特征值(kPa)。

变形计算经验系数 ψ_s 根据当地沉降观测资料及经验确定，也可采用表10-5数值。

变形计算经验系数 Ψ_s **表10-5**

$\overline{E}_s$/MPa	2.5	4.0	7.0	15.0	20.0
ψ_s	1.1	1.0	0.7	0.4	0.2

注：$\overline{E}_s$ 为变形计算深度范围内压缩模量的当量值，应按下式计算：

$$\overline{E}_s=\frac{\Sigma A_i}{\Sigma \frac{A_i}{E_{si}}}$$

式中 A_i——第 i 层土附加应力系数沿土层厚度的积分值；

E_{si}——基础底面下第 i 层土的压缩模量值(MPa)，桩长范围内的复合土层按复合土层的压缩模量取值。

地基变形计算深度应大于复合土层的厚度，并应符合《建筑地基基础设计规范》(GB 50007—2002)中地基变形计算深度的有关规定。

【例题10-3】 某高层钢筋混凝土剪力墙结构住宅，地上24层，地下2层。采用钢筋混凝土箱形基础。基底尺寸 $B\times L=30.6\text{m}\times 31.8\text{m}$。埋深 $d=6.4\text{m}$，基底持力层土的承载力特征值 $f_{ak}=150\text{kPa}$。基底下各土层参数如表10-6所示。

例题 10-3 附表　　表 10-6

土层编号	桩周侧阻力特征值 q_{si}(kPa)	桩端端阻力特征值 q_p(kPa)	土层厚度(m)	压缩模量(MPa)
③	31		1.0	7.66
④	34		0.9	21.50
⑤	29		2.7	11.89
⑥	31		2.3	25.00
⑦	34		2.7	13.35
⑧	57	1028	6.4	82.06

设计要求：

(1) 采用 CFG 桩复合地基，处理后的地基承载力特征值 $f_{sp,k} \geqslant 400$kPa(未经深度修正值)；

(2) 地基变形满足《建筑地基基础设计规范》(GB 50007—2002)要求。

试设计 CFG 桩复合地基。

【解】 1. CFG 桩复合地基承载力计算

(1) 确定桩距和面积置换率

采用强度等级 C15 的混凝土桩，桩径 d_p 为 420mm，取桩的间距 $s=3.5d_p=3.5\times420\text{mm}=1470\text{mm}$。采用正方形布置。由表 10-4 查得面积置换率 $m=0.0641$。

(2) 确定单桩所承受的平均竖向力 Q_p。

按式(10-18)算出复合地基桩顶平均应力，设取 $\beta=0.8$，$f_{sk}=f_{ak}=150$kPa

$$\sigma_p=\frac{1}{m}[f_{spk}-\beta(1-m)f_{sk}]=\frac{1}{0.0641}[400-0.8(1-0.0641)150]=4488\text{kPa}$$

按式(10-19)算出

$$Q_p=\sigma_p A_p=4488\times\frac{1}{4}\times3.14\times0.42^2=621.8\text{kN}$$

(3) 计算单桩承载力特征值

设桩长 $l=11$m，桩尖持力层选在圆砾⑧层上，单桩承载力特征值为

$$R_a=U_p\sum_{i=1}^{n}q_{si}l_i+q_pA_p=3.14\times0.42\times(31\times3.3+34\times3.6+29\times2.7+57\times1.4)$$
$$+1028\times\frac{1}{4}\times3.14\times0.42^2=647\text{kN}>Q_p=621.8\text{kN}\quad(\text{符合要求})$$

2. 复合地基变形的计算(从略)

3. 桩体强度验算

取 C15 混凝土立方体抗压强度平均值

$$f_{cu}=15\text{N/mm}^2>3\frac{R_a}{A_p}=3\times\frac{647\times10^3}{3.14\times210^2}=14.0\text{N/mm}^2$$

4. 褥垫层的材料及厚度

褥垫层材料采用中砂，厚度取 300mm。

10.4.4 砂石桩法

1. 一般规定

砂石桩法是指，采用振动、冲击或水冲等方式在地基中成孔后，再将碎石、砂或砂石挤入已成的孔中，形成砂石所构成的密实桩体，并和原桩周土组成复合地基的地基处理方法。

砂石桩法适用于挤密松散砂土、粉土、黏性土、素填土、杂填土等地基。对饱和黏土地基上对变形控制要求不严的工程也可采用砂石桩置换处理。砂石桩也可处理可液化地基。

采用砂石桩处理地基应补充设计、施工所需的有关技术资料。对黏性土地基，应有地基土的不排水抗剪强度指标；对砂土和粉土地基应有地基上的天然孔隙比、相对密度或标准贯入击数、砂石料特性、施工机具及性能等资料。

2. 设计

(1) 砂石桩的布置及间距

砂石桩孔位宜采用等边三角形或正方形布置。砂石桩直径可采用 300～800mm，可根据地基土质情况和成桩设备等因素确定。对饱和黏性土地基宜选用较大直径。

砂石桩的间距应通过现场试验确定。对粉土和砂土地基，不宜大于砂石桩直径的 4.5 倍；对于黏性土地基不宜大于砂石桩直径的 3 倍。初步设计时，砂石桩的间距可按下列公式估算：

1) 松散粉土和砂土地基可根据挤密后要求达到的孔隙比 e_1 来确定。

等边三角形布置

$$s=0.95\xi d\sqrt{\frac{1+e_0}{e_0-e_1}} \tag{10-22}$$

正方形布置

$$s=0.89\xi d\sqrt{\frac{1+e_0}{e_0-e_1}} \tag{10-23}$$

$$e_1=e_{max}-D_{r1}(e_{max}-e_{min}) \tag{10-24}$$

式中 s——砂石桩间距(m)；

d——砂石桩直径(m)；

ξ——修正系数，当考虑振动下沉密实作用时，可取 1.1～1.2；不考虑振动下沉密实作用时，可取 1.0；

e_0——地基处理前砂土的孔隙比，可按原状土样试验确定，也可根据动力或静力触探等对比试验确定；

e_1——地基挤密后要求达到的孔隙比；

e_{max}、e_{min}——砂土最大、最小孔隙比；

D_{r1}——地基挤密后要求达到的相对密度，可取 0.70～0.85。

2) 黏性土地基：

等边三角形布置

$$s=1.08\sqrt{A_e} \tag{10-25}$$

正方形布置

$$s=\sqrt{A_e} \tag{10-26}$$

式中 A_e——1 根砂石桩承担的处理面积(m^2)；

$$A_e=\frac{A_p}{m} \tag{10-27}$$

式中 A_p——砂石桩的截面积(m^2)；

m——面积置换率。

(2) 砂石桩的长度

砂石桩长度可根据工程要求和工程地质条件通过计算确定。

1）当松软土层厚度不大时，砂石桩长宜穿过松软土层。

2）当松软土层厚度较大时，对按稳定性控制的工程，砂石桩的长度应不小于最危险滑动面以下 2m 的深度；对按变形控制的工程，砂石桩长度应满足处理后地基变形量不超过建筑物的地基变形允许值，并满足较弱下卧层承载力的要求。

3）对可液化的地基，砂石桩桩长应按现行国家标准《建筑抗震设计规范》(GB 50011—2001)的有关规定采用。

4）桩长不宜小于 4m。

(3) 砂石桩的处理范围

砂石桩的处理范围应大于基底范围，处理宽度宜在基础外缘扩大 1～3 排桩。对可液化地基，在基础外缘扩大宽度不应小于可液化土层厚度的 1/2，并不应小于 5m。

(4) 桩体材料

桩体材料可用碎石、卵石、角砾、圆砾、砾砂、粗砂、中砂或石屑等硬质材料，含泥量不得大于 5%，最大粒径不宜大于 50mm。砂石桩桩孔内的填料量应通过现场试验确定，估算时可按设计桩孔体积乘以充盈系数 β 确定，β 可取 1.2～1.4。如施工中地面有下沉或隆起现象，则填料数量应根据现场具体情况予以增减。

砂石桩顶部宜铺设一层厚度为 300～500mm 的砂石垫层。

(5) 砂石桩复合地基承载力特征值的确定

砂石桩复合地基承载力特征值，应通过现场复合地基载荷试验确定，初步设计时，也可通过下列方法估算。

1）对于采用砂石桩处理的复合地基，可按下式计算：

$$f_{spk}=mf_{pk}+(1-m)f_{sk} \tag{10-28}$$

$$m=\left(\frac{d}{d_e}\right)^2 \tag{10-29}$$

式中 f_{spk}——砂石桩复合地基承载力特征值(kPa)；

f_{pk}——桩体承载力特征值(kPa)，宜通过单桩载荷试验确定；

f_{sk}——处理后桩间土承载力特征值(kPa)，宜按当地经验取值，如无经验时，可取天然地基承载力特征值；

m——面积置换率；

d——桩身平均直径(m)；

d_e——1 根桩分担的处理地基面积的等效圆直径

等边三角形布桩 $$d_e=1.05s \tag{10-30}$$

正方形布桩 $$d_e=1.13s \tag{10-31}$$

矩形布桩 $$d_e=1.13\sqrt{s_1 s_2} \tag{10-32}$$

s、s_1、s_2 分别为桩间距、纵向间距和横向间距。

2）对于小型工程的黏性土地基，如无现场载荷试验资料，初步设计时，复合地基承载力特征值也可按下式估算：

$$f_{spk}=[1+m(n-1)]f_{sk} \tag{10-33}$$

式中 n——桩土应力比，如无实测资料时，可取2～4，原土强度低取大值，原土强度高取小值。

(6) 砂石桩处理地基的变形计算

经砂石桩处理后的地基变形计算，应按式(4-12)计算，复合土层的压缩模量可按下式计算：

$$E_{sp}=[1+m(n-1)]E_s \tag{10-34}$$

式中 E_{sp}——复合土层压缩模量(MPa)；

E_s——桩间土压缩模量(MPa)，宜按当地经验取值，如无经验时，可取天然地基压缩模量；

n——桩土应力比，在无实测资料时，对黏性土可取2～4；对粉土、砂土可取1.5～3，原土强度低取大值，原土强度高取小值。

上面只介绍了几种常用的地基处理方法。关于其他处理方法可参见《建筑地基处理技术规范》(JGJ 79—2002)。

10.5 压实填土的密实度

为了提高填土的承载力，降低其压缩性，换土垫层、房心填土及其他人工填土工程都需要压实。这些经过分层压实的填土称为压实填土。

10.5.1 土的压实原理

实践证明，对含水量很高的黏性土进行夯实或碾压时会出现软弹现象，此时土的密实度是不会增加的。对很干的土进行夯实或碾压时，显然也不能把土充分夯实。只有在适当的含水量范围内，才能使土的压实效果最好，在一定的压实功能条件下，使土最容易压实，并能达到最大密实度的含水量，称为最优含水量(或最佳含水量)，用符号w_{op}来表示，此时对应的干密度为最大干密度，用符号ρ_{dmax}来表示。

土的最优含水量和最大干密度可用室内击实试验测得。测定方法是采用锤重为2.5kg，锤底直径为50mm，落距460mm，容积为1000cm^{3}的击实仪。将同一种土(土料直径小于5mm)配制成六、七份不同含水量的试样，用同样的击实功能，分别对每一试样分三层击实。每层击数：砂土和粉土20击；黏性土30击。然后，测定各试样击实后的密度ρ和含水量w，用公式$\rho_d=\dfrac{\rho}{1+w}$计算干密度ρ_d，从而绘出击实曲线，即w-ρ_d关系曲线(图10-11)。

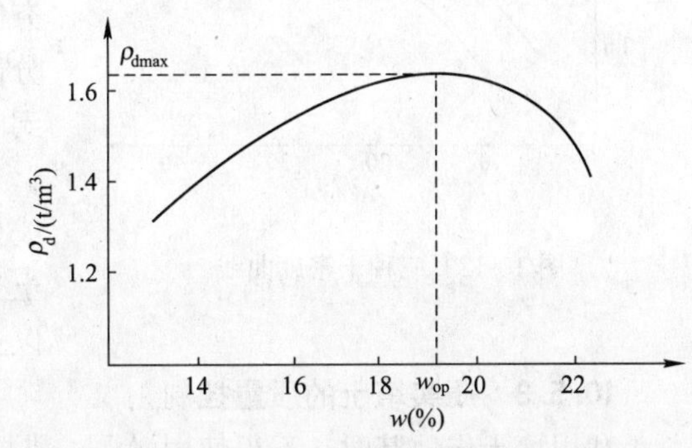

图10-11 干密度与含水量的关系曲线

分析击实曲线可知，当含水量较低时，干密度ρ_d随着含水量w的增加而增高，这表明击实效果在逐步提高；当含水量超过某一限值w_{op}后，干密度ρ_d则随着含水量w的增加而降低，这表明击实效果在逐步下降。在击实曲线上出现一个干密度 ρ_d 峰值，即最大干密度 ρ_{dmax}。相应于这个峰值的含水量就是最优含水量 w_{op}。

具有最优含水量的土，其击实效果最好。这是因为含水量很低时，土中水主要是吸着水，土粒周围的水膜很薄，颗粒间很大的电分子引力阻止了颗粒移动，因而击实就比较困难。当含水量适当增大时，吸着水外面薄膜水逐渐变厚，颗粒间电分子引力减弱，薄膜水起着润滑作用，使土粒易于移动，击实效果变好；但是当含水量继续增大，以致土中出现了自由水，在击实的短时间内，孔隙中的自由水无法立即排出，势必阻止土粒靠拢，因而击实效果反而下降。

10.5.2 影响压实效果的因素

由以上分析可知，含水量和黏粒对土的压实性影响较大，黏性土或粉土中的黏粒愈多(即塑性指数愈大)，其最优含水量愈高，最大干密度却愈低。根据试验研究，黏性土的最优含水量大约比塑限高 2%，即 $w_{op}=w_p+2$；粉土的最优含水量大约为 14%～18%。

当无试验资料时，可按下式计算黏性土、粉土的最大干密度。

$$\rho_{dmax}=\eta\frac{\rho_w d_s}{1+w_{op}d_s} \tag{10-35}$$

式中 ρ_{dmax}——压实填土的最大干密度；

η——经验系数，对于黏土取 0.95，粉质黏土取 0.96，粉土取 0.97；

ρ_w——水的密度；

d_s——土粒相对密度(过去称比重)；

w_{op}——最优含水量(%)。

当压实填土为碎石或卵石时，其最大干密度可取 2.0～2.2t/m³。

砂土的击实性能与黏土不同，干砂在压力与振动作用下，容易密实。稍湿的砂土，因表面张力作用使砂土互相靠紧，阻止颗粒移动，击实效果不好。饱和砂土，表面张力消失，击实效果良好。

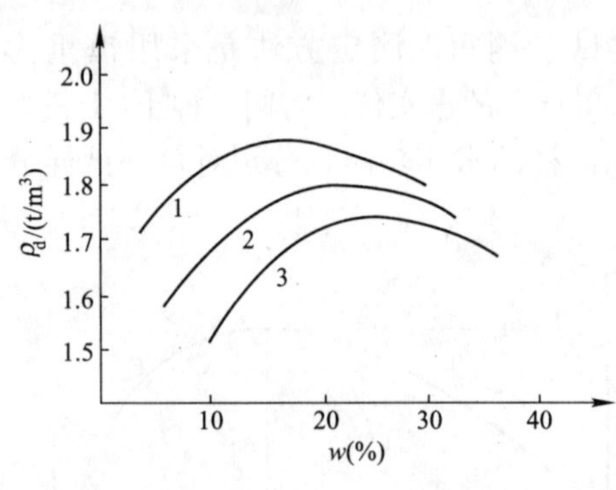

图 10-12 三种干密度曲线

在同类土中，土的粒径级配对土的压实效果影响很大，粒径级配不均匀的容易压实，均匀的则不易压实。

影响土的压实效果除了含水量、土的组成、级配外，还有压实功能。对同一种土，用人力夯实时，因能量小，要求土粒之间有较多的水分使其更为润滑，因此，最优含水量较大而得到的最大干密度却较小，如图 10-12 所示曲线 3。当用机械夯实时，夯击能量较大，得出的曲线如图 10-10 中的曲线 1 和曲线 2。因此，当填土夯实密度不足时，可改用大的夯实能量补夯，以达到所要求的密度。

10.5.3 压实填土的质量控制

利用填土作地基时，不得使用淤泥、耕植土、冻土、膨胀土以及有机物含量大于 8% 的土作填料，当填料内含有碎石土时，其粒径一般不大于 200mm。

压实填土的密实程度可用压实系数 λ_c 来衡量，压实系数为土的控制干密度 ρ_d 与最大干密度 ρ_{dmax} 的比值，即

$$\lambda_c = \frac{\rho_d}{\rho_{dmax}} \tag{10-36}$$

压实填土的密实度和含水量应符合表 10-7 的规定。

压实填土地基质量控制值 **表 10-7**

结构类型	填土部位	压实系数 λ_c	控制含水量(%)
砌体承重结构和框架结构	在地基主要受力层范围内	≥0.97	$w_{op}\pm2$
	在地基主要受力层范围以下	≥0.95	
排架结构	在地基主要受力层范围内	≥0.96	
	在地基主要受力层范围以下	≥0.94	

对于房心填土和基础回填土夯实后的最小干密度一般要求为 1.5～1.65t/m^3。

压实填土的承载力应根据试验确定。

必须指出：室内击实试验与现场夯实或碾压的最优含水量是不一样的。所谓最优含水量是针对某一种土，在一定的夯实机械、夯实功能和填土分层厚度等条件下测得的。如果这些条件改变，就会得出不同的最优含水量。因此，对于重要填土工程，应在现场进行碾压试验，以求得现场施工条件下的最优含水量。

第11章 桩基础

11.1 桩的功能与种类

建造荷载比较大的工业与民用建筑时，若地基的软弱土层较厚，采用浅基础不能满足地基变形要求，做其他人工地基又没有条件或不经济时，常采用桩基础。桩基的作用是将荷载通过桩传给埋藏较深的坚硬土层，或通过桩周围的摩擦力传给地基。前者称为端承桩，后者称为摩擦桩(图 11-1)。

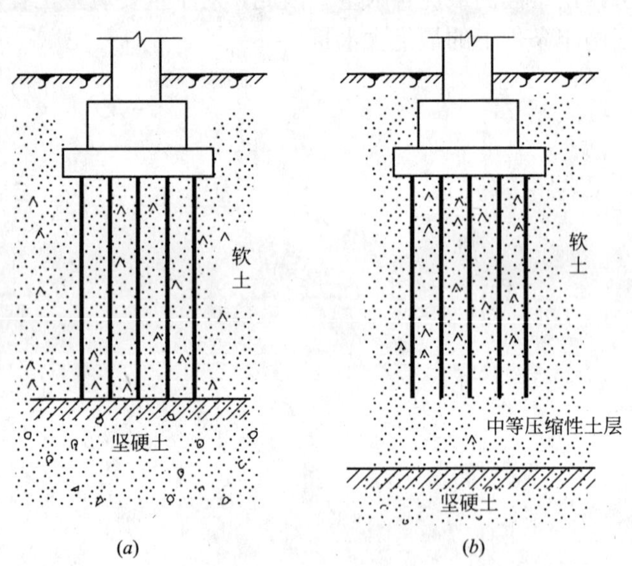

图 11-1 桩基
(a)端承桩；(b)摩擦桩

端承桩适用于表层软弱土层不太厚，而下部为坚硬土层的情形。端承桩的上部荷载主要由桩端阻力承受，桩侧摩擦力较小。

摩擦桩适用于软弱土层较厚，下部有中等压缩性的土层，而坚硬土层距地表很深的情形。摩擦桩的上部荷载由桩侧摩擦力和桩端阻力共同承受。

目前，桩广泛采用混凝土或钢筋混凝土材料制作。按施工方法不同，它分为下述的几种类型。

11.1.1 钢筋混凝土预制桩

这种桩预先在钢筋混凝土构件厂或现场预制，然后用打桩机打入土中。

预制桩横断面尺寸不小于200mm×200mm，桩长一般不超过12m。混凝土的强度等级不应低于C30。桩的主筋应按计算确定，配筋率不宜小于0.8%；纵筋直径为12～25mm。箍筋直径为6～8mm，间距不大于200mm，在桩的两端箍筋加密，桩顶处设置三片钢筋网片，以增强局部抗压强度。在桩尖处将所有纵向钢筋都焊接在一根芯棒上，以抵抗入土阻力，参见图11-2。

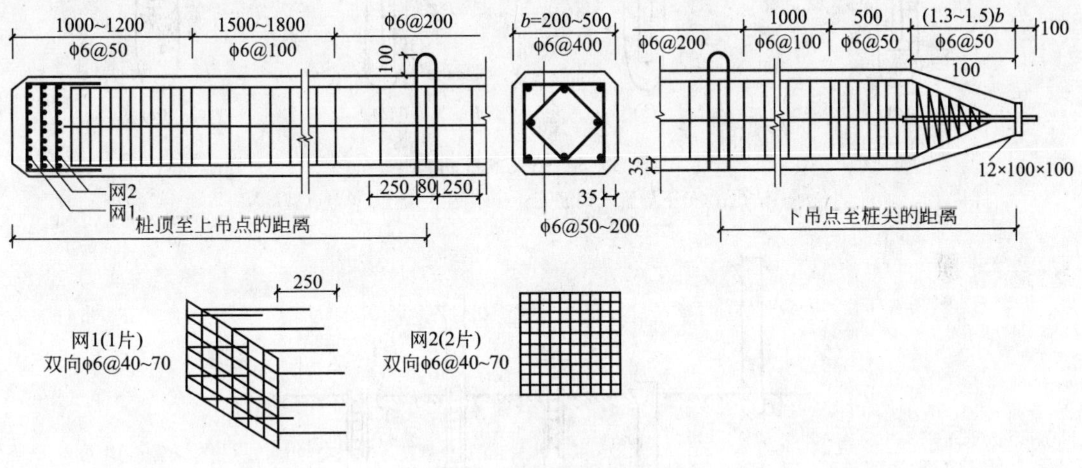

图11-2 钢筋混凝土预制桩

在选择打桩机时，必须注意锤重与桩重相适应，否则不是桩打不下去，就是把桩打坏。

预制桩施工方便，容易保证质量，但这种桩造价较高。此外，打桩时有较大的振动和噪声，应注意对附近房屋的影响。

11.1.2 灌注桩

这种桩是用机具在现场钻孔，然后向孔内浇灌混凝土而成的。有时也需要在孔内加一定数量的钢筋。用于灌注桩的混凝土的强度等级不应低于C20。

常见的灌注桩有以下几种：

(1) 钻孔灌注桩

这种桩的施工方法是使用钻机在桩位上钻孔，然后向孔内浇灌混凝土(见图11-3)。桩径一般为600～1500mm。桩长15～30m，纵筋不宜小于φ16，最小配筋率宜采用0.20%～0.65%，箍筋不小于φ8@200。适用于一般黏性土及砂土。其优点是施工时振动小、无噪声，缺点是桩尖处的虚土不易清除干净，影响桩的承载力。

(2) 振动灌注桩

这种桩是将带活瓣桩尖的钢管经振动沉入土中至设计标高，然后在钢管内灌入混凝土，再将钢管振动拔出，使混凝土留在孔中，即成灌注桩(见图11-4)。在工业与民用建筑中，灌注桩直径一般采用300mm，桩长一般不超过12m。桩上部放置长度不少于1/3桩长的构造钢筋笼，最小配筋率承压时不宜小于0.2%，受弯时不宜小于0.4%，钢筋伸出桩顶长度不小于30倍钢筋直径，以便与承台连接。

振动灌注桩的优点是造价低，桩长可随持力层的埋深具体情况而变，桩顶标高能够齐

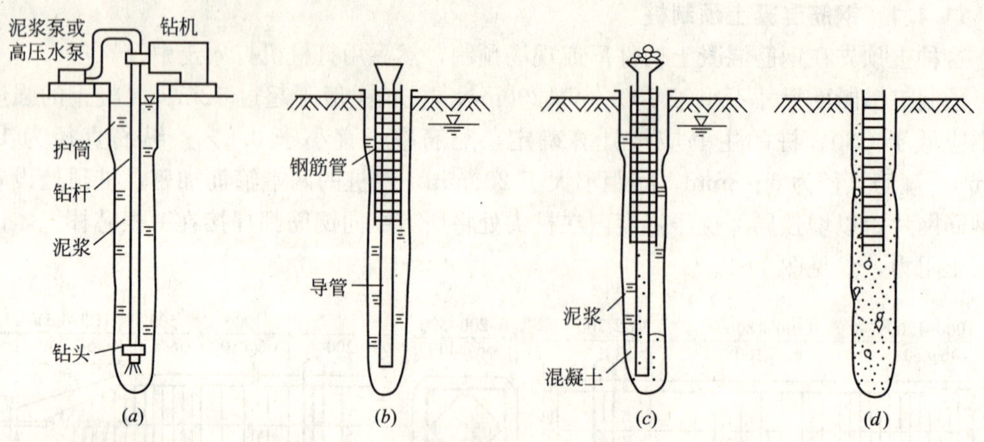

图 11-3　钻孔灌注桩

(a)钻孔；(b)下导管及钢筋笼；(c)灌注混凝土；(d)成型

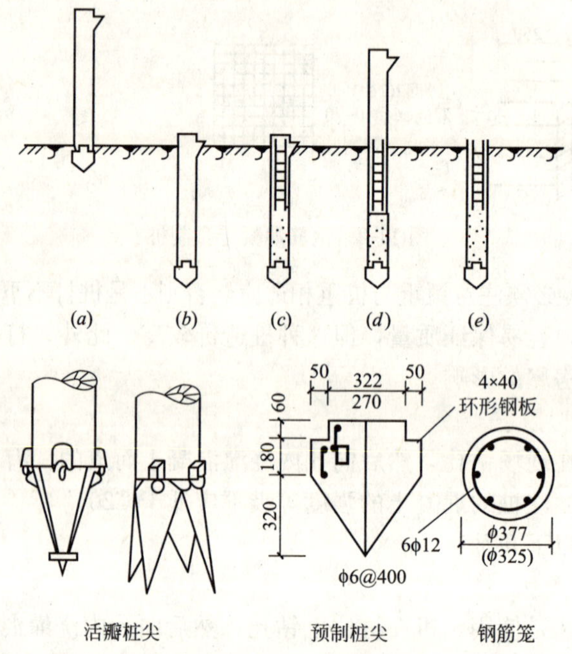

图 11-4　振动灌注桩

(a)就位；(b)沉管；(c)浇筑混凝土，放置钢筋笼；(d)边振边拔；(e)成型

平；缺点是，当在饱和的黏性土中施工时，有时钢管拔起后桩身发生颈缩现象。这种桩和预制桩一样，在施工时有振动，也应注意对附近房屋的影响。

(3) 钻孔扩底灌柱桩

用钻具钻孔后，再借助安装在钻杆下端的扩孔机将孔底扩大，当钻杆旋转时逐渐撑开扩孔机的两把扩刀，其扩大角度不宜超过 15°。扩大后的直径不宜大于 3 倍的桩身直径。孔底扩大后可大大提高桩的承载力。这种桩适用于碎石土及砂土地基，不宜用于流动状态的黏性土、松散砂土(图 11-5)。

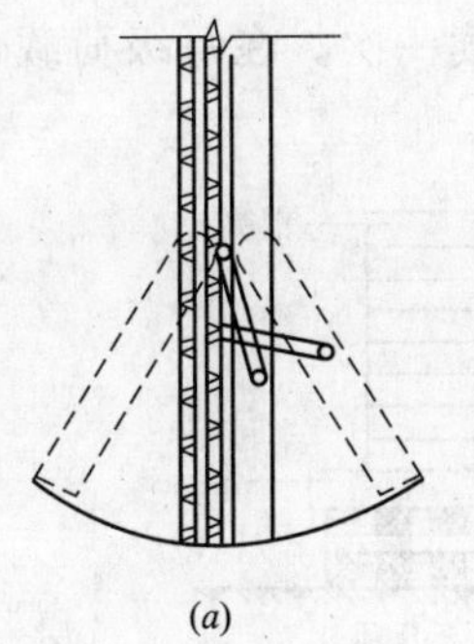
(a)

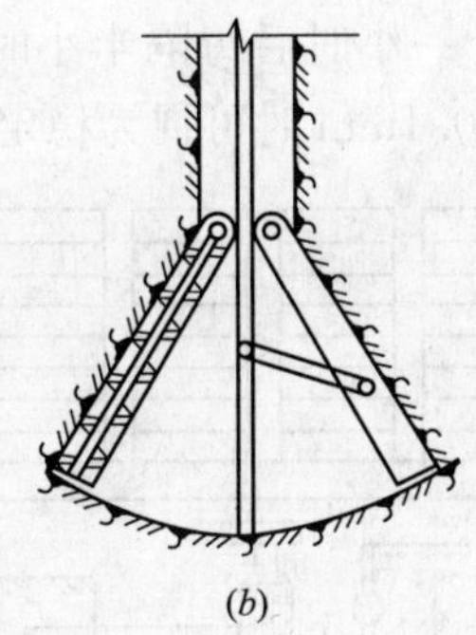
(b)

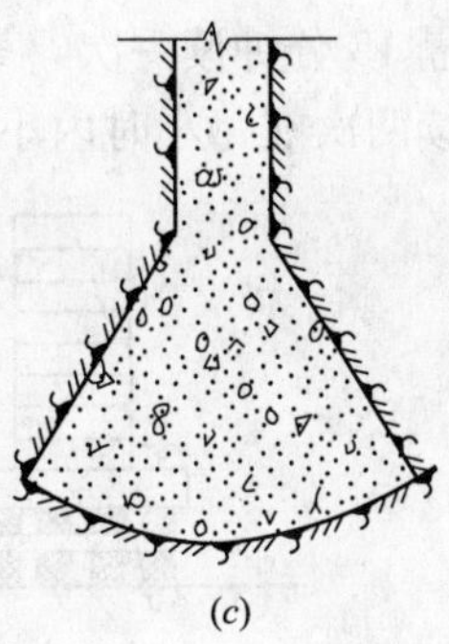
(c)

图 11-5　钻孔扩底灌注桩

(a)钻头；(b)扩底；(c)灌注混凝土

11.2 单桩竖向承载力的确定

在设计桩基时，首先要知道一根桩能承受多大荷载，即单桩承载力。

单桩竖向承载力特征值按下述方法确定。

11.2.1 根据土对桩的阻力确定

1. 按单桩静载荷试验确定

按静载荷试验能较好地反映单桩的实际承载力，因此《建筑地基基础设计规范》(GB 50007—2002)规定，对地基基础设计等级为甲、乙级的建筑物，单桩承载力特征值应通过单桩静载荷试验确定。并规定在同一条件下的试桩数量不宜少于总桩数的1%，且不少于3根。在地质条件相同的地区，也可参照已有试验资料根据具体情况确定。

单桩竖向静载荷试验的加载反力装置宜采用锚桩，当用堆载时应遵守以下规定：

1）堆载加于地基的压应力不宜超过地基承载力特征值。

2）堆载的限值可根据其对试桩和对基准桩的影响而定。

3）堆载量大时，宜利用桩(可利用工程桩)作为堆载的支点。

4）试验反力装置的最大抗拔或承重能力应满足试验加载的要求。

试桩、锚桩(压重平台支座)和基准桩之间的中心距离应符合表11-1的规定。

试桩、锚桩和基准桩之间的中心距离　　　**表 11-1**

反力系统	试桩与锚桩(或压重平台支座墩边)	试桩与基准桩	基准桩与锚桩(或压重平台支座墩边)
锚桩横梁反力装置 压重平台反力装置	$\geqslant 4d$ 且 >2.0m	$\geqslant 4d$ 且 >2.0m	$\geqslant 4d$ 且 >2.0m

注：d 为试桩或锚桩的设计直径，取其较大者(如试桩或锚桩为扩底桩时，试桩与锚桩的中心距尚不应小于2倍扩大端直径)。

开始试验的时间：预制桩在砂土中入土7天后；黏性土不得少于15天；对于饱和软黏土不得少于25天。灌注桩应在桩身混凝土达到设计强度后，才能进行。静载荷试验通常采用油压千斤顶加载(图11-6)，加载分级不应小于8级，每级加载量宜为预估极限荷载的1/8～1/10。测读桩沉降量的间隔时间，每级加载后，每第5、10、15分钟时各测读一次，以后每隔 15 分钟读一次，累计一小时后每隔半小时读一次。在每级荷载作用下，桩的沉降量连续两次在每小时内小于 0.1mm 时可视为稳定。

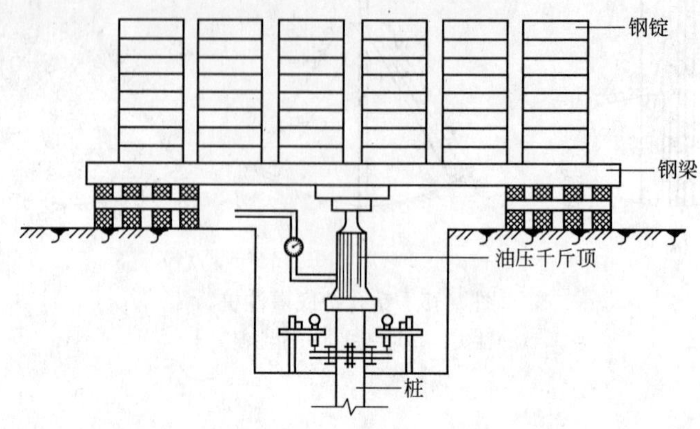

图 11-6　单桩静载荷试验

符合下列条件之一时可终止加载：

1）当荷载-沉降（Q-s）曲线上有可判定极限承载力的陡降段（如图 11-7 中的 B 点），且桩顶总沉降量超过 40mm。

2）$\dfrac{\Delta s_{n+1}}{\Delta s_n} \geqslant 2$，且经 24 小时尚未达到稳定。

3）25m 以上的非嵌岩桩，Q-s 曲线呈缓变型时，桩顶总沉降量大于 60～80mm。

4）在特殊条件下，可根据具体要求加载至桩顶总沉降量大于 100mm。

注：① Δs_n 为第 n 级荷载的沉降增量；Δs_{n+1} 为第 $n+1$ 级荷载的沉降增量；

② 桩底支承在坚硬岩（土）层上，桩的沉降量很小时，最大加载量不应小于设计荷载的两倍。

下面介绍根据 Q-s 曲线确定单桩竖向极限承载力的方法；

（1）《建筑地基基础设计规范》（GB 50007—2002）法

1）作 Q-s 曲线和其他辅助分析所需曲线。

2）当陡降段明显时，取相应陡降段起点的荷载值（图 11-7）。

3）当出现上述停止加载第二种情况时，取前一级荷载值。

4）Q-s 曲线呈缓变型时，取桩顶总沉降量 s＝40mm 所对应的荷载值。

5）按上述方法判断有困难时，可采用其他方法（如图 lg$Q$-s 法、百分率法等）综合确定。

6）参加统计的试桩，当满足其极差不超过平均值的 30％时，可取其平均值为单桩竖向极限承载力。极差超过平均值的 30％时，宜增加试桩数量并分析离散过大的原因，结合工程具体情况确定

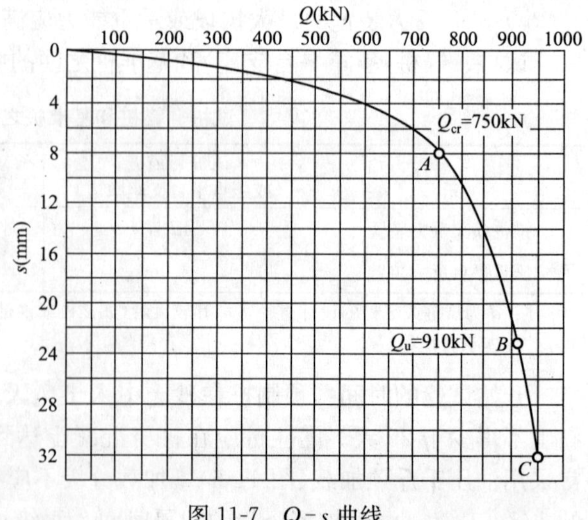

图 11-7　Q-s 曲线

极限承载力❶。

7）将单桩竖向极限承载力除以安全系数2，为单桩竖向承载力特征值R_a。

（2）lg$Q$-s法

对陡降段起点不十分明显的Q-s曲线，将试桩Q-s曲线记录资料绘在半对数坐标纸上，即将荷载Q值绘在对数坐标上，而将对应的沉降值绘在普通算数坐标上。这样绘出的Q-s曲线就是lg$Q$-s曲线。这种曲线的曲线段和陡降直线段分界点比较明显，我们取直线段的起始点为极限荷载（图11-8）。这种方法简单明确，并且还能划分出桩的极限摩擦力与桩尖阻力。其具体做法是：将以极限荷载为起点的直线段延长与横坐标相交，交点与坐标原点间的荷载值即为极限摩擦力，剩余部分为桩尖阻力。用这种方法划分的结果与实测值是十分接近的。

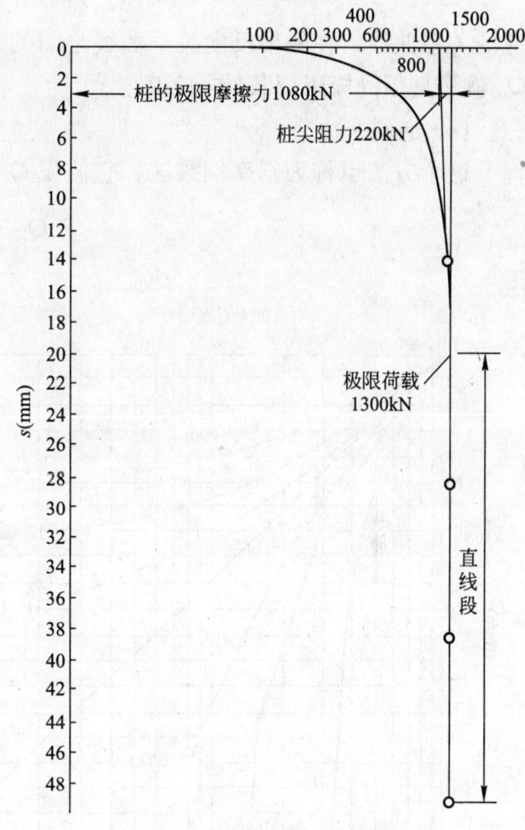

图11-8 lg$Q$-s法

（3）百分率法

这个方法也称为指数方程法，它假定Q-s关系曲线可用下列关系式表示

$$Q=Q_u(1-e^{-\alpha s}) \tag{11-1}$$

式中 α——反映Q-s曲线形状的系数；

Q_u——待求的极限荷载(kN)；

s——相应于荷载Q的沉降(mm)。

经过移项，并取对数，式(11-1)可写成下面形式

$$s=-\frac{1}{\alpha}\ln\left(1-\frac{Q}{Q_u}\right) \tag{11-2a}$$

或

$$s=k\lg\left(1-\frac{Q}{Q_u}\right) \tag{11-2b}$$

其中$k=\frac{2.3}{\alpha}$，式(11-2)关系表明，如果式(11-1)成立，则s与$\lg\left(1-\frac{Q}{Q_u}\right)$的关系是一条直线，其斜率为$k$。

极限荷载Q_u可通过试算求得，具体做法是：根据试桩Q-s记录资料，首先假设一个Q_u然后求出与前各级荷载的累计值Q_i的比值，将Q_i所对应的沉降s_i值和$\lg\left(1-\frac{Q_i}{Q_u}\right)$值，

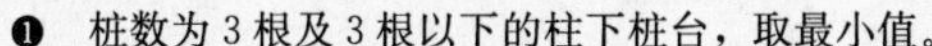

❶ 桩数为3根及3根以下的柱下桩台，取最小值。

在半对数坐标纸上绘出 $s_i-\lg\left(1-\frac{Q_i}{Q_u}\right)$关系曲线。这样，每假定一个 Q_u，便可作出一条相应的关系曲线，在两根反向关系曲线之间的过渡区，便可找到一条近似直线，它所对应的 Q_u 就是真正的极限荷载(图 11-9)。

(4) 逆斜率法

这个方法也称为斜率倒数法，它假设 Q-s 曲线是一条双曲线(图 11-10a)，它的方程为

$$Q=\frac{s}{a+bs} \tag{11-3}$$

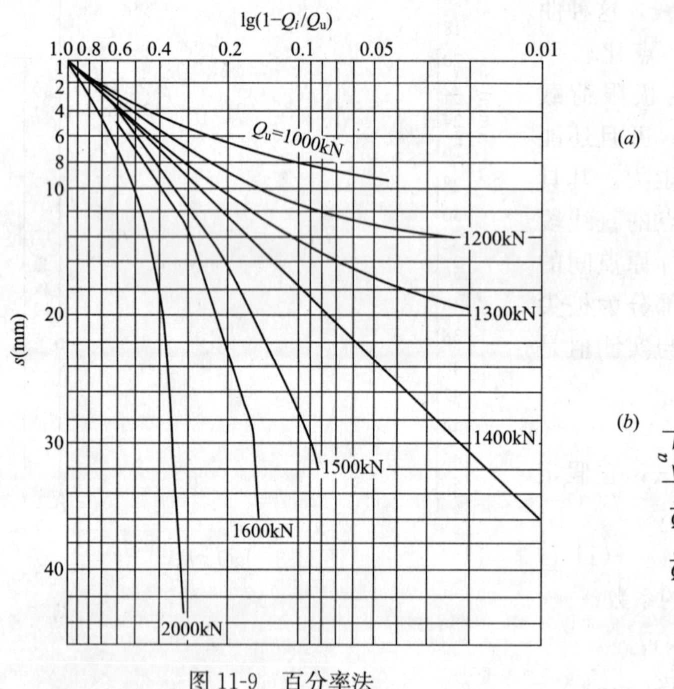

图 11-9　百分率法

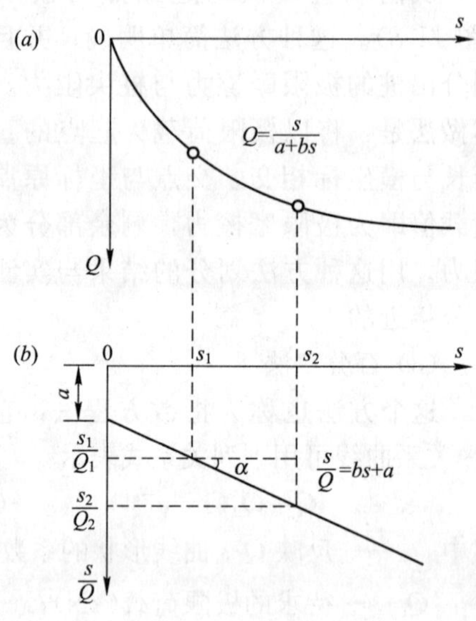

图 11-10　逆斜率法

其中 a、b 为常数。

以 s 除以式(11-3)等号右边的分子、分母，得

$$Q=\frac{1}{\frac{a}{s}+b} \tag{11-4a}$$

显然，当 s 非常大时，所对应的 Q 值就是极限荷载，于是

$$Q_u=\frac{1}{b} \tag{11-4b}$$

式(11-3)经过简单变换后，可写成

$$\frac{s}{Q}=bs+\alpha \tag{11-5}$$

由上式可见，$\frac{s}{Q}$与 s 的关系曲线是一条直线，此直线的斜率的倒数(称为逆斜率)等于极限荷载。由图 11-10b 可得

$$Q_u=\frac{1}{b}=\frac{1}{\tan\alpha}=\frac{s_2-s_1}{\frac{s_2}{Q_2}-\frac{s_1}{Q_1}} \tag{11-6}$$

按这个方法确定的 Q_u 比较接近实测值，而且试桩加荷未到破坏阶段，就可预先求出极限荷载。

2. 按触探试验参数确定

地基基础设计等级为丙级的建筑物，可采用静力触探及标贯试验参数确定单桩竖向承载特征值。

3. 按经验公式确定

当初步设计时，单桩竖向承载力特征值可按下式估算：

(1) 摩擦桩

$$R_a=q_{pa}A_p+u_p\Sigma q_{sia}l_i \tag{11-7}$$

(2) 端承桩

$$R_a=q_{pa}\cdot A_p \tag{11-8}$$

式中 R_a——单桩的竖向承载力特征值(kN)；

q_{pa}——桩端阻力特征值(kN/m²)，可按地区性经验确定，对于预制桩也可按表 11-2 选用；

A_p——桩底端的横截面面积(m²)；

u_p——桩身的周边长度(m)；

q_{sia}——桩侧阻力特征值(kN/m²)，可按地区性经验确定，对于预制桩也可按表 11-3 选用；

l_i——按土层划分的各段桩长(m)。

预制桩桩端土(岩)阻力特征值(kPa)　　表 11-2

土的名称	土的状态	桩尖入土深度(m)		
		5	10	15
黏性土	$0.5<I_L\leqslant0.75$	400～600	700～900	900～1100
	$0.25<I_L\leqslant0.5$	800～1000	1400～1600	1600～1800
	$0.0<I_L\leqslant0.25$	1500～1700	2100～2300	2500～2700
粉土	$e<0.7$	1100～1600	1300～1800	1500～2000
粉砂	中密、密实	800～1000	1400～1600	1600～1800
细砂		1100～1300	1800～2000	2100～2300
中砂		1700～1900	2600～2800	3100～3300
粗砂		2700～3000	4000～4300	4600～4900
砾砂	中密、密实	3000～5000		
角砾、圆砾	中密、密实	3500～5500		
碎石、卵石	中密、密实	4000～6000		
软质岩石	微风化	5000～7500		
硬质岩石		7500～10000		

注：1. 表中数值可根据地区性经验采用。

2. 入土深度超过 15m 时按 15m 考虑。

3. 桩端进入持力层深度根据桩径及地质条件确定，一般为(1～3)d(d 为桩径)。

预制桩桩侧阻力特征值(kPa) 表 11-3

土的名称	土的状态	q_{sia}	土的名称	土的状态	q_{sia}
填土		9～13	粉土	$e<0.9$	10～20
淤泥		5～8		$e=0.7\sim0.9$	20～30
淤泥质土		9～13		$e<0.7$	30～40
黏性土	$I_L>1$	10～17	粉细砂	稍密	10～20
	$0.75<I_L\leqslant1$	17～24		中密	20～30
	$0.5<I_L\leqslant0.75$	24～31		密实	30～40
	$0.25<I_L\leqslant0.5$	31～38	中砂	中密	25～35
	$0.0<I_L\leqslant0.25$	38～43		密实	35～45
	$I_L\leqslant0$	43～48	粗砂	中密	35～45
红黏土	$0.75<I_L\leqslant1$	6～15		密实	45～55
	$0.25<I_L\leqslant0.75$	15～35	砾砂	中密、密实	55～65

注：1. 表中数值仅用作初步设计的估算。

2. 尚未完成固结的填土和以生活垃圾为主的杂填土可不计其桩侧阻力。

对于嵌岩灌注桩，可按端承桩设计，其单桩承载力特征值应根据岩石强度及施工条件确定。当桩底与岩石间无虚土存在时，可参照《建筑地基基础设计规范》(GB 50007—2002)确定。

11.2.2 根据桩身混凝土强度确定

计算中应按桩的类型和成桩工艺的不同将混凝土轴心抗压强度设计值乘以工作条件系数 ψ_c。桩身强度应符合下列要求

$$Q\leqslant A_p f_c \psi_c \tag{11-9}$$

式中 f_c——混凝土轴心抗压强度设计值；按现行《混凝土结构设计规范》(GB 50010—2002)取值；

Q——相应于荷载效应基本组合时的单桩竖向力设计值；

A_p——桩横截面面积；

ψ_c——工作条件系数，预制桩取 0.75，灌注桩取 0.6～0.7(水下灌注桩或长桩时取低值)。

11.3 单桩水平承载力的确定

单桩的水平承载力取决于桩的截面刚度、入土深度、土质条件、桩顶水平位移容许值和桩顶嵌固情况等因素。一般通过现场水平静载荷试验确定。

11.3.1 静载试验方法、临界荷载和极限荷载

桩的水平静载荷试验是在现场条件下进行的，由此测得的承载力值和地基土水平抗力系数最符合实际情况。

单桩水平静载荷试验通常采用水平放置的千斤顶加载(图 11-11)，桩在水平静载作用

下产生的水平位移用百分表测量。试验时一般常用单向多循环加载法。加载应分级进行，每级荷载增量约为预计水平极限荷载的 1/10～1/15。每级荷载施加后，恒载 4 分钟测读水平位移，然后卸载至零，停 2 分钟测读残余水平位移，至此完成一个加卸载循环，如此循环 5 次便完成一级荷载的试验观测。当桩身折断或水平位移超过 30～40mm 时，即可终止试验。为了确定单桩的水平临界荷载和极限荷载，我们根据单桩水平静载荷试验记录绘制水平力-时间-位移（H_0-T-u_0）和水平力-位移梯度$\left(H_0\text{-}\dfrac{\Delta u_0}{\Delta H_0}\right)$曲线（图 11-12）。

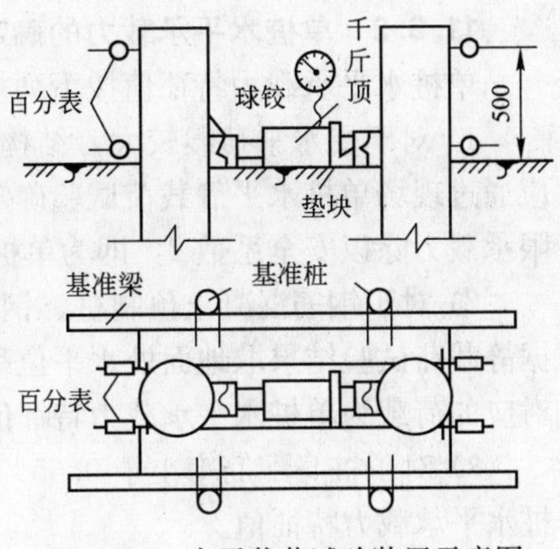

图 11-11　水平载荷试验装置示意图

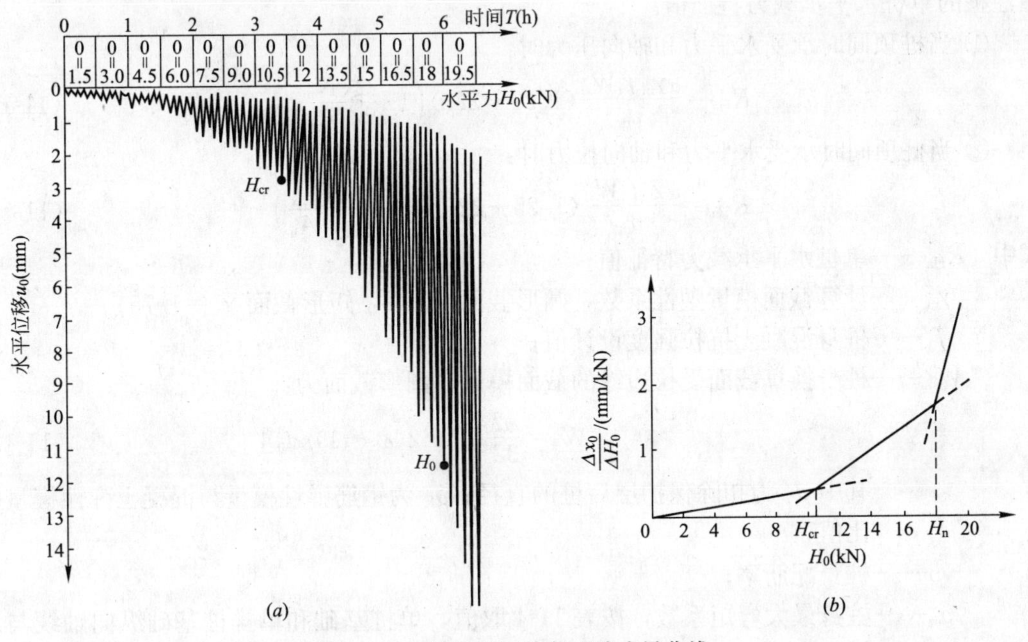

图 11-12　单桩水平静载试验成果曲线

(*a*) H_0-T-u_0 曲线；(*b*) H_0-$\dfrac{\Delta u_0}{\Delta H_0}$

单桩水平临界荷载 H_{cr}（桩身受拉区混凝土明显退出工作前的最大荷载）按下列方法综合确定：

取 H_0-T-u_0 曲线出现突变（在相同荷载增量的条件下，出现比前一级明显增大的位移增量）点的前一级荷载为水平临界荷载 H_{cr}（图 11-12*a*）。

取 H_0-$\dfrac{\Delta u_0}{\Delta H_0}$曲线第一直线段的终点（图 11-12*b*）为水平临界荷载 H_{cr}。

单桩水平极限荷载可根据下列方法综合确定：

取 H_0-T-u_0 曲线明显陡降的前一级荷载为极限荷载。

取 H_0-$\dfrac{\Delta u_0}{\Delta H_0}$曲线第二直线段终点对应的荷载为极限荷载（图 11-12*b*）。

11.3.2 单桩水平承载力的确定

单桩水平承载力特征值按下列规定确定。

1）对于受水平荷载较大，结构安全等级为一级的建筑桩基、单桩水平承载力特征值应通过现场单桩水平静载荷试验确定。必要时可进行带承台桩的载荷试验。将单桩水平极限承载力除以安全系数2，即为单桩水平承载力特征值。

2）对于钢筋混凝土预制桩、钢桩、桩身全截面配筋率不小于0.65%的灌注桩，可根据静载荷试验结果取地面处水平位移为10mm(对水平位移敏感的建筑取水平位移6mm)所对应的荷载为单桩水平承载力特征值。

3）对于桩身配筋率小于0.65%的灌注桩，可取单桩水平静载荷试验的临界荷载为单桩水平承载力特征值。

4）当缺少单桩水平静载荷试验资料时，可按下列公式估算桩身配筋率小于0.65%的灌注桩的单桩水平承载力特征值。

① 当桩顶同时承受水平力和轴向压力时：

$$R_{Ha}=\frac{\alpha\gamma_m f_t W_0}{\upsilon_m}(1.25+22\rho)\left(1+\frac{\zeta_N N_{min}}{\gamma_m f_t A_n}\right) \tag{11-10}$$

② 当桩顶同时承受水平力和轴向拉力时：

$$R_{Ha}=\frac{\alpha\gamma_n f_t W_0}{\upsilon_m}(1.25+22\rho)\left(1-\frac{\zeta_N N'_{max}}{\gamma_m f_t A_n}\right) \tag{11-11}$$

式中 R_{Ha}——单桩水平承载力特征值；

γ_m——计算截面模量塑性系数，圆形截面 $\gamma_m=2$，矩形截面 $\gamma_m=1.75$；

f_t——桩身混凝土抗拉强度设计值；

W_0——桩身换算截面受拉边缘的截面模量，圆形截面为：

$$W_0=\frac{\pi d}{32}[d^2+2(\alpha_E-1)\rho d_0^2] \tag{11-12}$$

其中 d_0 为扣除保护层后桩的直径；α_E 为钢筋弹性模量与混凝土弹性模量的比值；

ρ——桩身配筋率；

υ_m——桩身最大弯矩系数，按表11-4取值，单桩基础和单排桩基础纵向轴线与水平力方向相垂直的情况，按桩顶铰接考虑；

N_{min}、N'_{max}——作用在桩顶的最小轴向压力和最大轴向拉力；

A_n——桩身换算截面积，圆形截面为：

$$A_n=\frac{\pi d^2}{4}[1+(\alpha_E-1)\rho] \tag{11-13}$$

ζ_N——桩顶竖向力影响系数，竖向压力取 $\zeta=0.5$，竖向拉力取 $\zeta=1.0$；

α——桩的水平变形系数，按下列计算：

$$\alpha=\sqrt[5]{\frac{mb_0}{EI}} \tag{11-14}$$

m——桩侧水平抗力系数的比例系数，宜通过单桩水平静载荷试验确定，并按式(11-15)确定，当无静载荷试验资料时，可按表11-5取值；

$$m=\left(\frac{H_{cr}}{x_{cr}}\upsilon_x\right)^{5/3}\frac{1}{b_0(EI)^{2/3}} \tag{11-15}$$

b_0——桩身的计算宽度(m)，按表11-6规定采用；

H_{cr}——单桩水平临界荷载(kN)；

x_{cr}——单桩水平临界荷载对应的位移；

υ_x——桩顶位移系数，可按表11-4采用(先假定m值，试算α值)；

EI——桩身抗弯刚度，对钢筋混凝土桩，$EI=0.85E_cI_0$，其中，I_0为桩身换算截面惯性矩，圆形截面，$I_0=\frac{W_0d}{2}$。

桩顶(身)最大弯矩系数 υ_m 和桩顶水平位移系数 υ_x **表11-4**

桩顶约束情况	桩的换算埋深(ah)	υ_m	υ_x
铰接、自由	4.0	0.768	2.441
	3.5	0.750	2.502
	3.0	0.703	2.727
	2.8	0.675	2.905
	2.6	0.639	3.163
	2.4	0.601	3.526
固　接	4.0	0.926	0.940
	3.5	0.934	0.970
	3.0	0.967	1.028
	2.8	0.990	1.055
	2.6	1.018	1.079
	2.4	1.045	1.095

注：1. 铰接(自由)的υ_m系桩身的最大弯矩系数，固接υ_m系桩顶的最大弯矩系数。

2. 当$ah>4$时取$ah=4.0$。

地基土水平抗力系数的比例系数 m 值 **表11-5**

序号	地基土类别	预制桩、钢桩		灌注桩	
		m(MN/m^4)	相应单桩在地面处水平位移(mm)	m(MN/m^4)	相应单桩在地面处水平位移(mm)
1	淤泥，淤泥质土，饱和湿陷性黄土	2～4.5	10	2.5～6	6～12
2	流塑($I_L>1$)、软塑($0.75<I_L\leqslant1$)状黏性土，$e>0.9$粉土，松散粉细砂，松散、稍密填土	4.5～6.0	10	6～14	4～8
3	可塑($0.25<I_L\leqslant0.75$)状黏性土，$e=0.75$～0.9粉土，湿陷性黄土，中密填土、稍密细砂	6.0～10	10	14～35	3～6
4	硬塑($0<I_L<0.25$)、坚硬($I_L\leqslant0$)状黏性土，湿陷性黄土，$e<0.75$粉土，中密的中粗砂，密实老填土	10～22	10	35～100	2～5
5	中密、密实的砾砂、碎石类土			100～300	1.5～2

桩身计算宽度 b_0 **表11-6**

桩身直径d或边宽b(m)	圆　柱	方　桩
>1	$0.9(d+1)$	$b+1$
≤1	$0.9(1.5d+0.5)$	$1.5b+0.5$

5）当缺少单桩水平静载荷试验资料时，可按下式估算预制桩、钢桩、桩身配筋率不小于0.65%的灌注桩单桩水平承载力特征值：

$$R_{Ha}=\frac{\alpha^3 EI}{v_x}x_{0a} \tag{11-16}$$

式中　x_{0a}——桩顶容许水平位移。

其余符号意义同前。

《建筑地基基础设计规范》(GB 50007—2002)规定，当承台侧面的土未经扰动或回填密实时，应计算土抗力的作用。当水平推力较大时，宜设置斜桩。

11.4 桩的根数及布置

11.4.1 桩的平面布置

1. 墙下桩基

墙下桩的布置可依照荷载情况和横墙间距大小具体确定。

墙下的桩的布置应注意以下一些问题：

1）当混合结构墙的基础荷载不超过200kN/m，横墙间距小于10m时，可采用单排直线布置(图11-13*a*)；如荷载较大，桩距过小或空旷房屋，宜采用双排交错布置(图11-13*b*)。桩的最小中心距离，对于预制桩、灌注桩应大于3*d*(*d*为桩的直径或桩截面的边长)。

2）应尽量使群桩形心与荷载重心重合，务使各桩受力基本均匀，不可布置得过于零散，造成施工不便。

3）在纵横墙交接处宜布置桩(见图11-13*c*、*d*)。避免在墙体洞口下布置桩，如必须布置时，应对洞口处的承台梁采取加强措施。

2. 独立桩基

独立桩基的桩采用对称布置，在桩基中常采用三桩承台、四桩承台、六桩承台等(图11-14)。此外，在桩基中也有采用二桩承台、五桩承台、八桩承台及九桩承台等。桩距 $s\geqslant 3d$，同时边桩距承台边缘距离 $\geqslant d$，参见表11-7和表11-8附图。

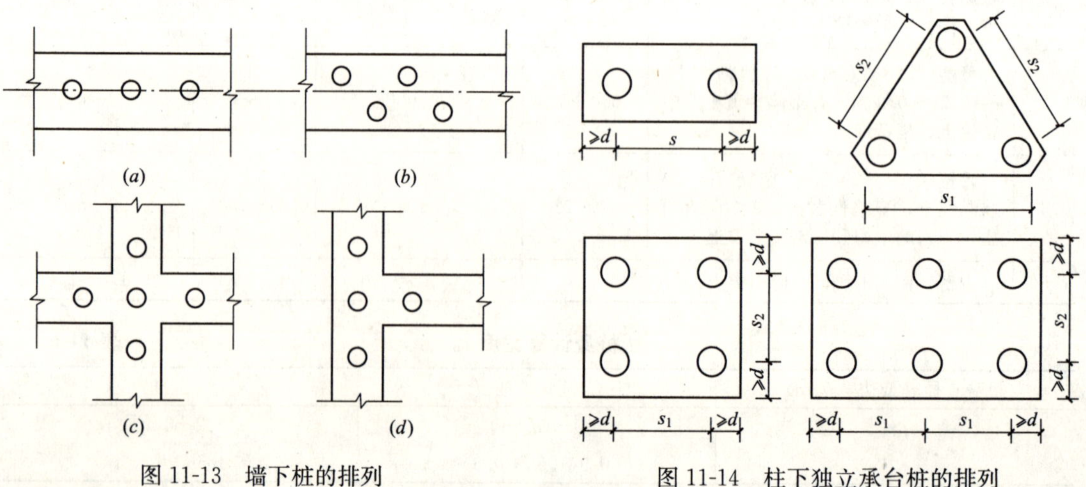

图11-13　墙下桩的排列

图11-14　柱下独立承台桩的排列

11.4.2 桩数的确定

1. 墙下桩基

确定墙下桩基的桩数时，通常取房屋的一个开间作为单元进行计算。

(1) 轴心竖向荷载作用下

$$n=\frac{F_k+G_k}{R_a} \tag{11-17}$$

式中 n——每一开间的桩数；

F_k——相应于荷载效应标准组合时，作用于一个开间内的承台顶面的竖向力(kN)；

G_k——一个开间范围内承台自重和承台上的土重标准值(kN)；

R_a——单桩竖向承载力特征值(kN)。

(2) 偏心竖向荷载作用下

偏心竖向力作用下，除满足式(11-17)要求外，尚应满足下列要求：

$$Q_{kmax}=\frac{F_k+G_k}{n}+\frac{M_{yk}x_{max}}{\Sigma x_i^2}\leqslant 1.2R_a \tag{11-18}$$

式中 Q_{kmax}——相应于荷载效应标准组合时，在一个开间内单桩所承受的最大轴向压力(kN)；

n——桩数；

M_{yk}——相应于荷载效应标准组合时，作用于群桩(一个开间内)上的外力对通过群桩形心的 y 轴的力矩(kN·m)；

x_i——桩 i 至桩群形心的 y 轴的距离(m)；

x_{max}——桩群中受力最大的桩至通过桩群形心 y 轴的距离(m)；

R_a——单桩竖向承载力特征值(kN)。

以上符号意义见图 11-15。

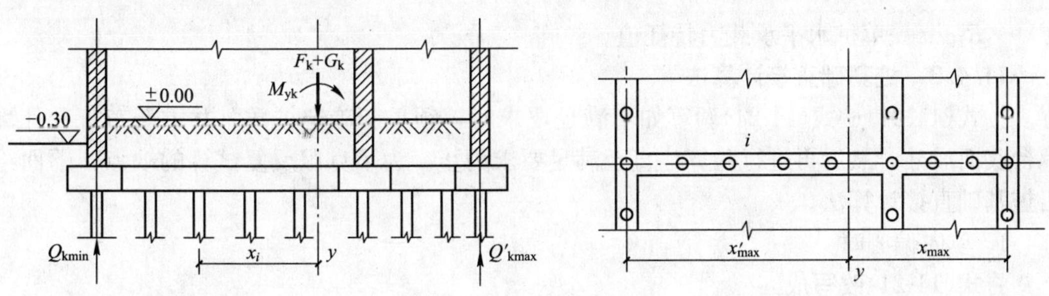

图 11-15 墙下桩基布置图

2. 柱下桩基

桩基受轴心竖向荷载作用下，桩数按下式计算，即

$$n=\frac{F_k+G_k}{R_a} \tag{11-19}$$

式中 F_k——相应于荷载效应标准组合时，传至承台顶面的竖向力(kN)；

G_k——承台自重和承台上土自重标准值(kN)。

其余符号意义同前。

当桩基受单向偏心竖向荷载时，单桩所承受的轴向压力应满足以下条件：

$$Q_k=\frac{F_k+G_k}{n}\leqslant R_a \tag{11-20}$$

$$Q_{kmax}=\frac{F_k+G_k}{n}+\frac{M_{yk}x_{max}}{\Sigma x_i^2}\leqslant 1.2R_a \tag{11-21}$$

$$Q_{kmin}=\frac{F_k+G_k}{n}-\frac{M_{yk}x_{max}}{\Sigma x_i^2}\geqslant 0 \tag{11-22}$$

当桩基受双向偏心竖向荷载时，单桩所承受的轴向压力除满足式(11-20)外，尚应满足以下条件：

$$Q_{kmax}=\frac{F_k+G_k}{n}+\frac{M_{xk}y_{max}}{\Sigma y_i^2}+\frac{M_{yk}x_{max}}{\Sigma x_i^2}\leqslant 1.2R_a \tag{11-23}$$

$$Q_{kmin}=\frac{F_k+G_k}{n}-\frac{M_{xk}y_{max}}{\Sigma y_i^2}-\frac{M_{yk}x_{max}}{\Sigma x_i^2}\geqslant 0 \tag{11-24}$$

式中 M_{xk}、M_{yk}——相应于荷载效应标准组合时，作用于承台底面通过群桩形心的 x、y 轴的力矩(kN·m)；

x_{max}、y_{max}——群桩中受力最大的桩至通过群桩形心的 y、x 轴线的距离(m)；

Σx_i^2、Σy_i^2——群桩各桩对 y、x 轴的距离平方和(m^2)；

R_a——单桩竖向承载力特征值(kN)；

Q_{kmax}、Q_{kmin}——桩基中单桩所承受的最大压力和最小压力(kN)。

当桩基受水平荷载时，单桩所承受的水平力应满足下列条件：

$$H_{ik}=\frac{H_k}{n}\leqslant R_{Ha} \tag{11-25}$$

式中 H_{ik}——相应于荷载效应标准组合时，作用于任一单桩的水平力；

H_k——相应于荷载效应标准组合时，作用于承台底面的水平力；

n——桩数；

R_{Ha}——单桩水平承载力特征值。

11.4.3 桩基础直接计算法

按式(11-21)～式(11-24)验算如不满足要求时，须重新确定桩数、并重新布桩及计算承台底面尺寸，然后再进行验算，直至满足要求为止。为了克服反复试算的缺点，下面给出桩基础直接计算法。

1. 单向偏心时

将式(11-21)改写成

$$Q_{kmax}=\frac{F_k}{n}+\frac{AH\bar{\gamma}}{n}+\frac{M_{yk}}{\dfrac{\Sigma x_i^2}{x_{max}}}\leqslant 1.2R_a \tag{11-26}$$

令

$$\left.\begin{aligned}A&=ms^2\\ \frac{\Sigma x_i^2}{x_{max}}&=k_y s\end{aligned}\right\} \tag{11-27}$$

式中 s——桩的间距(m)；

m、k_y——系数，它与桩数和桩的排列方式有关，其值可由表 11-7 查得。

将式(11-27)代入式(11-26)，并经整理后得

$$\frac{F_k}{1.2R_a}+\frac{s^2H\bar{\gamma}}{1.2R_a}m+\frac{n}{k_y}\cdot\frac{M_{yk}}{1.2R_a s}\leqslant n \tag{11-28}$$

由表 13-7 可见，对几种常用的桩基类型，比值 n/k_y，变化不大，在实际计算中可取 1.5。于是，式(11-28)可改写成

$$\frac{1}{1.2R_a}\left(F_k+\frac{1.5M_{yk}}{s}\right)\leqslant n-\frac{s^2H\bar{\gamma}}{1.2R_a}m \tag{11-29}$$

令

$$\alpha=\frac{1}{1.2R_a}\left(F_k+\frac{1.5M_{yk}}{s}\right) \tag{11-30a}$$

$$\beta=\frac{s^2H\bar{\gamma}}{1.2R_a} \tag{11-30b}$$

这时，式(13-28)可简化成

$$\alpha=n-m\beta \tag{11-31}$$

在 n、m 一定情况下，α 和 β 之间成线性关系，即式(11-31)为直线方程。根据式(11-31)可绘出几种常用的桩基类型图线(图 11-16)。

单向偏心桩基系数值 表 11-7

类型	Ⅰ(n=4)	Ⅱ(n=5)	Ⅲ(n=6)	Ⅳ(n=8)
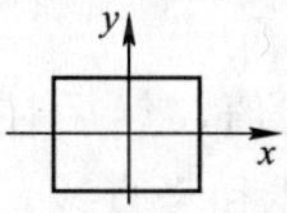	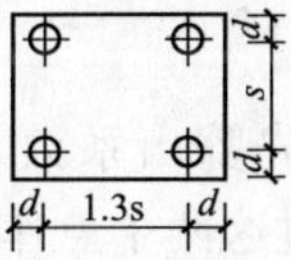 d, 1.3s, d; d, s, d	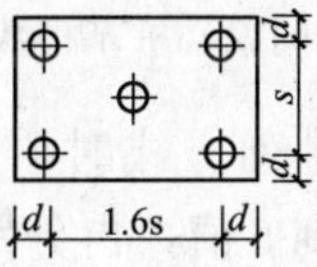 d, 1.6s, d; d, s, d	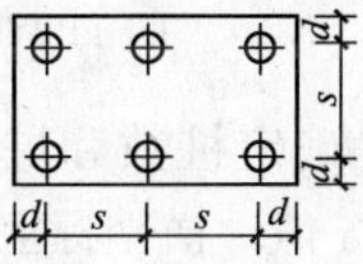 d, s, s, d; d, s, d	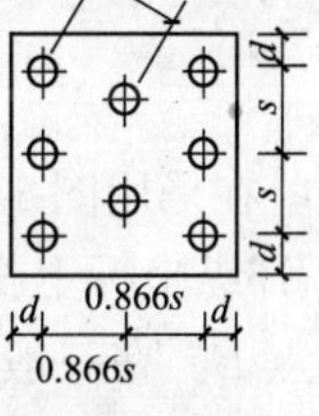 s; d, 0.866s, d; 0.866s; d, s, s, d
m	3.290	3.791	4.459	6.413
k_y	2.60	3.20	4.00	5.20
n/k_y	1.54	1.56	1.50	1.54
η	0.468	0.412	0.336	0.240
类型	Ⅴ(n=9)	Ⅵ(n=12)	Ⅶ(n=13)	Ⅷ(n=16)
	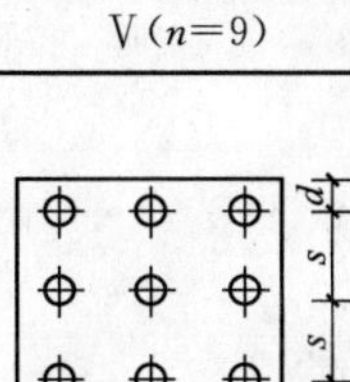 d, 1.3s, 1.3s, d; d, s, s, d	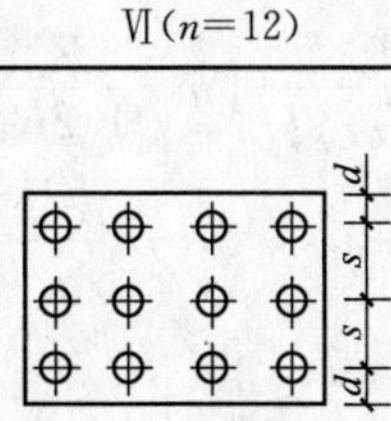 d, s, s, s, d; d, s, s, d	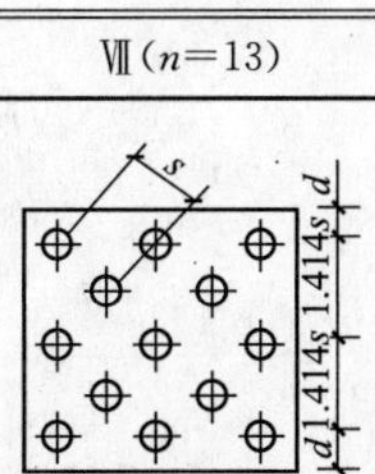 s; d, 1.414s, d; 1.414s; d, 1.414s, 1.414s, d	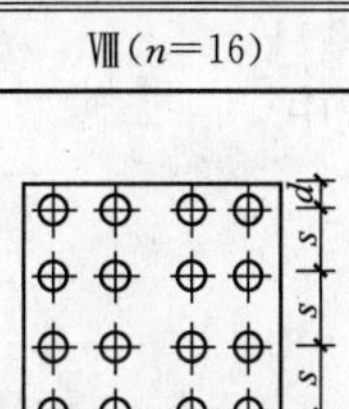 d, s, s, s, d; d, s, s, s, d
m	8.711	9.799	12.236	13.469
k_y	7.80	10.0	9.90	13.30
n/k_y	1.16	1.20	1.31	1.20
η	0.132	0.122	0.107	0.089

注：$d=(1/3)s$，$\eta=(n/k_y)(1/m)$。

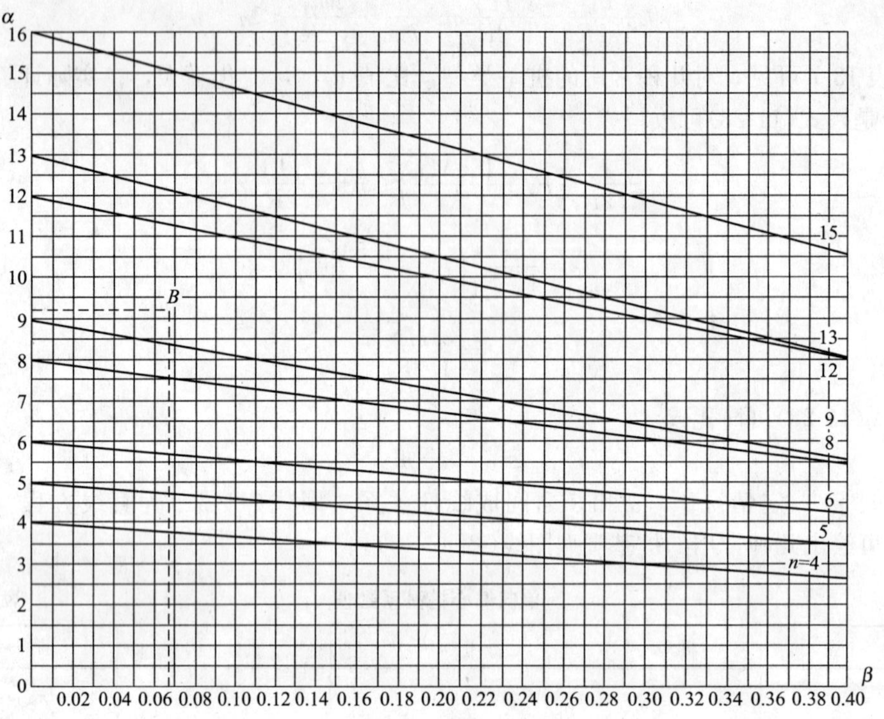

图 11-16　单向偏心桩基桩数直接计算图

在采用图 11-16 确定桩数和桩的排列方式时，应首先算出系数 α 和 β 值，然后在图 11-16纵坐标上找到 α 值，横坐标上找到 β 值，再分别通过这两个点作水平线和竖直线，得交点 B。在一般情况下，B 点并不一定恰好位于图 11-16 的直线上。当然，可以选择 B 点右上方的直线所对应的桩基类型作为设计方案，但当该直线距交点 B 较远时，这时所确定的桩数过于保守。为了获得合理的桩基方案，我们可选择与 B 点相近的直线所对应的桩基类型方案。然后再按下列公式计算桩间距：

$$s_1 \geqslant 2\sqrt{b}\sin\left(\frac{\theta}{3}-30^\circ\right) \tag{11-32}$$

式中

$$b=\frac{0.4R_a}{m\bar{\gamma}H}\left(n-\frac{F_k}{1.2R_a}\right) \tag{11-33}$$

$$\theta=\arccos\left(-\frac{c}{\sqrt{b^3}}\right) \tag{11-34}$$

$$c=\frac{1}{2}\eta\frac{M_{yk}}{\bar{\gamma}H} \tag{11-35}$$

为了满足条件(11-22)的要求，桩距尚应符合以下条件

$$s_1 \geqslant s_{\min}=\sqrt[3]{c+\sqrt{c^2+b_1^2}}+\sqrt[3]{c-\sqrt{c^2+b_1^3}} \tag{11-36}$$

式中

$$b_1=\frac{1}{3}\frac{F_k}{m\bar{\gamma}H} \tag{11-37}$$

现将式(11-32)和式(11-36)推证如下：

(1) 式(11-32)的推证：

当查图 11-16 时，若交点 B 不在该图直线上，则需调整桩的间距。以求得合理的数值。式(11-28)与桩基承载力条件 $Q_{max}\leqslant1.2R_a$ 等价。由此可求出合理的间距。式(11-28)经变换后，得：

$$s^3-\frac{1.2R_a}{\gamma\cdot Hm}\left(n-\frac{F_k}{1.2R_a}\right)\cdot s+\eta\frac{M_k}{\gamma H}\leqslant0 \tag{a}$$

令

$$b=\frac{1}{3}\cdot\frac{1.2R_a}{\gamma\cdot Hm}\left(n-\frac{F_k}{1.2R_a}\right) \tag{b}$$

$$c=\frac{1}{2}\eta\frac{M_k}{\gamma\cdot H} \tag{c}$$

η——系数，

$$\eta=\frac{n}{k_y}\cdot\frac{1}{m} \tag{11-38}$$

将式(b)、(c)代入式(a)，得：

$$s^3-3bs+2c\leqslant0 \tag{d}$$

若 $c^2-b^3\leqslant0$，则式(d)的一个解(合理解)为：

$$s_1=\frac{-1-\sqrt{3}i}{2}\sqrt[3]{-c+\sqrt{c^2-b^3}}+\frac{-1+\sqrt{3}i}{2}\sqrt[3]{-c-\sqrt{c^2-b^3}} \tag{e}$$

现将式(e)中$-c+\sqrt{c^2-b^3}$和$-c-\sqrt{c^2-b^3}$写成共轭复数：

$$z=-c+\sqrt{b^3-c^2}\,i=r(\cos\theta+i\sin\theta) \tag{f}$$

$$\bar{z}=-c-\sqrt{b^3-c^2}\,i=r(\cos\theta-i\sin\theta) \tag{g}$$

式中 r——复数的模(图 3-17)，$r=\sqrt{(-c)^2+(\sqrt{b^3-c^2})^2}=\sqrt{b^3}$；

θ——复数的幅角，$\theta=\arccos\dfrac{-c}{\sqrt{b^3}}$。

将式(f)、(g)代入式(e)得：

$$s_1=\frac{-1-\sqrt{3}i}{2}\sqrt[3]{r(\cos\theta+i\sin\theta)}+\frac{-1+\sqrt{3}i}{2}\sqrt[3]{r(\cos\theta-i\sin\theta)}$$

根据复数求根公式，上式可写成：

$$s_1=\frac{-1-\sqrt{3}i}{2}\sqrt[3]{r}\left(\cos\frac{\theta}{3}+i\sin\frac{\theta}{3}\right)+\frac{-1+\sqrt{3}i}{2}\sqrt[3]{r}\left(\cos\frac{\theta}{3}-i\sin\frac{\theta}{3}\right)$$

注意到 $r=\sqrt{b^3}$，并经简化后，得：

$$s_1=2\sqrt{b}\left(\frac{\sqrt{3}}{3}\sin\frac{\theta}{3}-\frac{1}{2}\cos\frac{\theta}{3}\right)$$

上式最后可写成：

$$s_1=2\sqrt{b}\sin\left(\frac{\theta}{3}-30°\right)$$

推证完毕。

(2) 式(11-36)的推证：

式(13-22)是保证桩基不出现拉力的条件。将式(13-27)代入式(13-22)得：

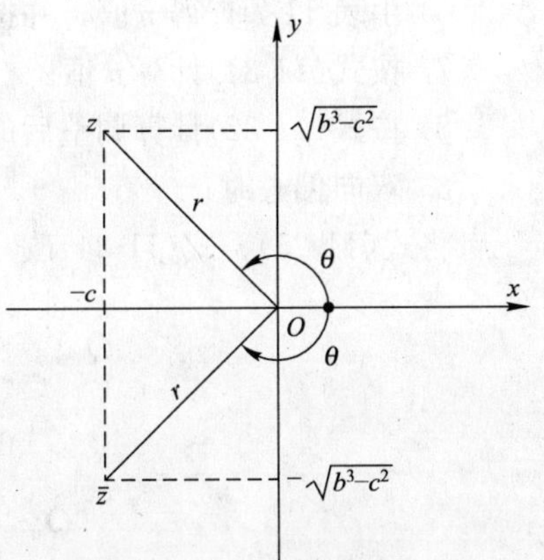

图 11-17　共轭复数

$$\frac{F_{\mathrm{k}}}{n}+\frac{\bar{\gamma}Hms^{2}}{n}-\frac{M_{\mathrm{yk}}}{k_{\mathrm{y}}s}\geqslant 0 \tag{a}$$

经整理后，得：

$$s^{3}+\frac{F_{\mathrm{k}}}{m\bar{\gamma}H}s-\eta\frac{M_{\mathrm{yk}}}{\bar{\gamma}H}\geqslant 0 \tag{b}$$

令

$$b_{1}=\frac{1}{3}\frac{F_{\mathrm{k}}}{m\bar{\gamma}H} \tag{c}$$

$$c=\frac{1}{2}\eta\frac{M_{\mathrm{yk}}}{\bar{\gamma}H} \tag{d}$$

于是式(b)可写成：

$$s^{3}+3b_{1}s-2c\geqslant 0 \tag{e}$$

解式(e)，最后得桩基不出现拉力的最小桩距：

$$s_{\min}=\sqrt[3]{c+\sqrt{c^{2}+b_{1}^{3}}}+\sqrt[3]{c-\sqrt{c^{2}+b_{1}^{3}}}$$

推证完毕。

综上所述，现将单向偏心桩基具体计算步骤总结如下：

1）根据构造要求初步选择桩距 s

2）按式(11-30a)计算 α 值：

$$\alpha=\frac{1}{1.2R_{\mathrm{a}}}\left(F_{\mathrm{k}}+\frac{1.5M_{\mathrm{yk}}}{s}\right)$$

3）按式(11-30b)计算 β 值：

$$\beta=\frac{s^{2}H\bar{\gamma}}{1.2R_{\mathrm{a}}}$$

4）根据 α、β 值，在图 11-16 上确定出交点 B，并找出与该点相近的直线所对应的桩数和桩的排列方式。

5）根据所确定的桩数 n，由表 11-8 查出 m 值，并按式(11-33)算出 b 值。

6）由表 11-7 查得 η 值，并按式(11-35)算出 c 值。

7）按式(11-34)计算 θ 值。

8）按式(11-32)计算调整后的桩距 s_1，并验算条件(11-36)是否满足要求。

2. 双向偏心时

将式(11-23)、式(11-24)改写成

$$Q_{\mathrm{kmax}}=\frac{F_{\mathrm{k}}}{n}+\frac{A\bar{\gamma}H}{n}+\frac{M_{\mathrm{xk}}}{\frac{\Sigma y_{i}^{2}}{y_{\max}}}+\frac{M_{\mathrm{yk}}}{\frac{\Sigma x_{i}^{2}}{x_{\max}}}\leqslant 1.2R_{\mathrm{a}} \tag{11-39a}$$

$$Q_{\mathrm{kmin}}=\frac{F_{\mathrm{k}}}{n}+\frac{A\bar{\gamma}H}{n}-\frac{M_{\mathrm{xk}}}{\frac{\Sigma y_{i}^{2}}{y_{\max}}}-\frac{M_{\mathrm{yk}}}{\frac{\Sigma x_{i}^{2}}{x_{\max}}}\geqslant 0 \tag{11-39b}$$

令

$$\left.\begin{aligned} &A=ms^2\\ &\frac{\Sigma y_i^2}{y_{\max}}=k_x s\\ &\frac{\Sigma x_i^2}{x_{\max}}=k_y s\\ &r=\frac{k_x s}{k_y s}=\frac{k_x}{k_y} \end{aligned}\right\} \tag{11-40}$$

式中 m、k_x、k_y 和 r 可由表 11-8 查得。

将式(11-40)代入式(11-38)，经整理后得

$$\frac{F_k}{1.2R_a}+\frac{s^2H\bar{\gamma}}{1.2R_a}m+\frac{n}{k_x}\frac{M_{xk}}{1.2R_a s}+\frac{n}{k_y}\frac{M_{yk}}{1.2R_a s}\leqslant n \tag{11-41}$$

并注意到 $k_y=\frac{k_x}{r}$，于是，上式可写成

$$\frac{F_k}{1.2R_a}+\frac{s^2H\bar{\gamma}}{1.2R_a}m+\frac{n}{k_x}\frac{M_{xk}}{1.2R_a s}+\frac{n}{k_x}\frac{rM_{yk}}{1.2R_a s}\leqslant n \tag{11-42}$$

设

$$\overline{M}_{xk}=M_{xk}+rM_{yk} \tag{11-43}$$

于是，式(11-42)可改写成

$$\frac{F_k}{1.2R_a}+\frac{s^2H\bar{\gamma}}{1.2R_a}m+\frac{n}{k_x}\frac{\overline{M}_{xk}}{1.2R_a s}\leqslant n \tag{11-44a}$$

将式(11-44a)和式(11-28)比较可见，双向偏心桩基可换算成单向偏心的情形来计算，这时，只需将双向弯矩 M_{xk}、M_{yk} 按式(11-43)折算成单向弯矩 $\overline{M}_{xk}$ 即可。此外，由表 11-8 可见，对表中所列几种常用的桩基类型比值 $r=\frac{k_x}{k_y}\approx1.3$，而比值 $\frac{n}{k_x}=1\sim1.56$，在实际计算中可近似取 $\frac{n}{k_x}=1.4$。于是式(11-44a)可写成

$$\frac{1}{1.2R_a}\left(F_k+1.4\frac{\overline{M}_{xk}}{s}\right)=n-\frac{s^2H\bar{\gamma}}{1.2R_a}m \tag{11-44b}$$

双向偏心桩基系数值 **表 11-8**

类　型	Ⅰ(n=4)	Ⅱ(n=5)	Ⅲ(n=6)	Ⅳ(n=8)
y, x	d, s, d; d, 1.3s, d	d, s, d; d, 0.8s, 0.8s, d	d, s, d; d, s, s, d	d, s, s, d; d, 0.975s, 0.975s, d
m	3.290	3.791	4.459	6.995
k_x	2.60	3.20	4.00	5.850
k_y	2.00	2.40	3.00	4.50
r	1.30	1.33	1.33	1.30
n/k_x	1.54	1.56	1.50	1.35
η	0.468	0.412	0.366	0.193

续表

类　型	Ⅴ(n=9)	Ⅵ(n=12)	Ⅶ(n=16)
—			
m	8.464	9.799	16.221
k_x	7.50	10.0	10.66
k_y	6.00	8.00	13.33
r	1.25	1.25	1.25
n/k_x	1.2	1.20	1.00
η	0.142	0.122	0.059

注：$d=(1/3)s$，$\eta=(n/k_x)(1/m)$。

令
$$\alpha=\frac{1}{1.2R_a}\left(F_k+\frac{1.4\overline{M}_{xk}}{s}\right) \tag{11-45}$$

$$\beta=\frac{s^2H\overline{\gamma}}{1.2R_a}$$

这样，方程(11-44b)也可简化成式(11-31)的形式

$$\alpha=n-m\beta$$

根据上式可绘出几种常用的桩基类型图线(图 11-18)。

现将双向偏心桩基计算步骤总结如下：

1）初步选择桩距 $s=3d$；

2）按式(11-43)计算：

$$\overline{M}_{xk}=M_{xk}+1.3M_{yk}$$

3）按式(11-45)计算：

$$\alpha=\frac{1}{1.2R_a}\left(F_k+1.4\frac{\overline{M}_{xk}}{s}\right)$$

4）按式(11-30b)计算：

$$\beta=\frac{s^2H\overline{\gamma}}{1.2R_a}$$

5）根据 α、β 值，在图 11-18 上求得交点，并找出与其相近的直线所对应的桩数及桩的排列方式。

6）根据 n 值由表 11-8 查得 m 值，并按式(11-33)算出 b。

7）由表 11-8 查出 η 值，并按式(11-35)算出 c 值。

以下计算步骤与单向偏心情况相同。

3. 关于方程 $s^3-3bs+2c=0$ 根的讨论

方程 $s^3-3bs+2c=0$ 可写成简化形式的三次方程：

$$s^3+ps+q=0 \tag{a}$$

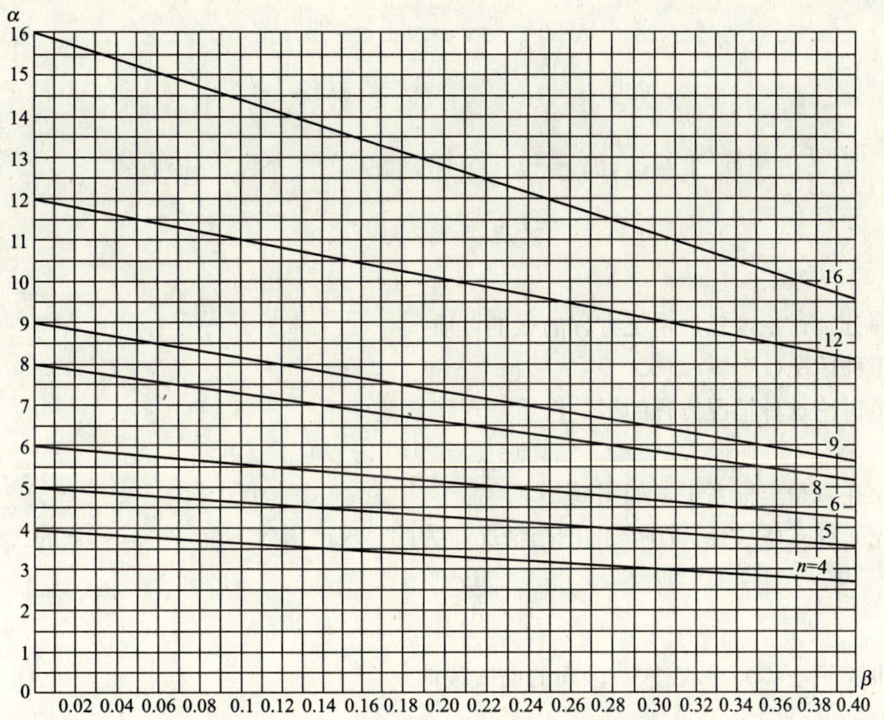

图 11-18　双向偏心桩基桩数直接计算图

式中

$$p=-3b,\ q=2c$$

方程(a)的解可分成三种情况：

(1) 当$\left(\frac{q}{2}\right)^2+\left(\frac{p}{3}\right)^3<0$，即$c^2-b^3<0$时，方程有三个根，分别是：

$$s_1=2\sqrt{b}\sin\left(\frac{\theta}{3}-30^\circ\right) \tag{b}$$

$$s_2=2\sqrt{b}\cos\frac{\theta}{3} \tag{c}$$

$$s_3=-2\sqrt{b}\sin\left(\frac{\theta}{3}+30^\circ\right) \tag{d}$$

其中

$$b=\frac{0.4R_a}{m\gamma H}\left(n-\frac{F_k}{1.2R_a}\right)$$

$$c=\frac{1}{2}\eta\frac{M_{yk}}{\gamma H}$$

(2) 当$\left(\frac{q}{2}\right)^2+\left(\frac{p}{3}\right)^3>0$，即$c^2-b^3>0$时，方程有三个根，分别是：

$$s_1=A+B \tag{e}$$

$$s_2=-\frac{1}{2}(A+B)+i\frac{\sqrt{3}}{2}(A-B) \tag{f}$$

$$s_3=-\frac{1}{2}(A+B)-i\frac{\sqrt{3}}{2}(A-B) \tag{g}$$

式中
$$A=-\sqrt[3]{c-\sqrt{c^2-b^3}}$$
$$B=-\sqrt[3]{c+\sqrt{c^2-b^3}}$$

(3) 当$\left(\frac{q}{2}\right)^2+\left(\frac{p}{3}\right)^3=0$，即 $c^2-b^3=0$ 时，方程有三个根，分别是：

$$s_1=-2\sqrt[3]{c} \qquad (h)$$
$$s_2=s_3=\sqrt[3]{c} \qquad (i)$$

下面分别讨论这三种情况方程的根的性质：

第 1 种情况($c^2-b^3<0$)

为了讨论这种情况方程的根的性质，现将函数

$$y=s^3-3bs+2c \qquad (j)$$

的图象绘在直角坐标系中，如图 3-19 所示。

首先研究式(j)的函数图象的凹凸情况，为此，求出函数 $y=s^3-3bs+2c$ 的二阶导数：

$$\frac{\mathrm{d}y^2}{\mathrm{d}s^2}=6s \qquad (k)$$

当 $s<0$ 时，$\frac{\mathrm{d}y^2}{\mathrm{d}s^2}<0$。故在这一区间的曲线段向下凹；当 $s>0$ 时，$\frac{\mathrm{d}y^2}{\mathrm{d}s^2}>0$。故在这一区间的曲线段向上凹。由此可以得出，曲线与纵坐标轴的交点(0，2c)为拐点(图 11-19)。

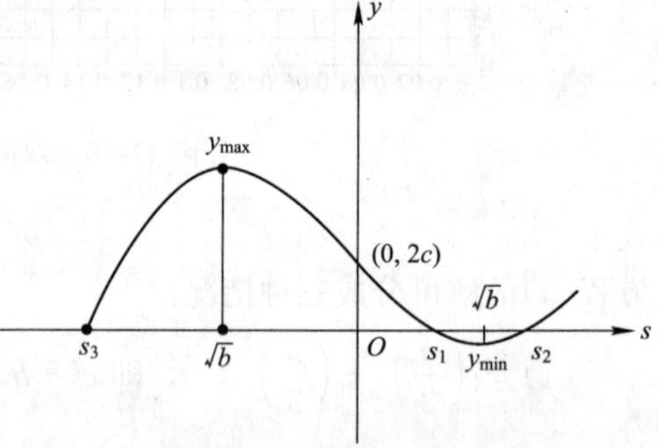

图 11-19　函数 $y=s^3-3bs+2c$ 图象

方程的第 3 个根 $s_3<0$，对于工程而言，无实际意义，故舍去。而方程的第 1、2 个根 s_1、s_2 均为正实根，且 $s_1<s_2$，可以采用。在设计中，若取桩距 $s=s_1$，或取 $s=s_2$，则恰好满足桩基承载力条件 $Q_{kmax}=1.2R_a$ 的要求。显然，在满足构造要求下，取 $s=s_1$ 的桩基最经济合理。若桩距 s 在 $s_1\sim s_2$ 范围内取值，则函数 y 为负值，即均满足桩基承载力条件 $Q_{kmax}<1.2R_a$ 的要求。若取桩距 $s=\sqrt{b}$，则函数 y 为极小值，这时桩基的安全储备最大。若取 $s<s_1$，则桩基显然不安全，而取 $s>s_2$，则桩基也将不安全。这是因为后者桩基底面积增大，桩基自重增加而引起的桩的轴力增量，超过桩距增加使抵抗矩增大而引起桩的轴力减小量的原故，这时函数值 y 为正，于是出现 $Q_{kmax}>1.2R_a$ 的情况。由此可以得到这样一个结论：即桩基中桩的间距不总是愈大愈安全。

第 2 种情况($c^2-b^3>0$)

这时方程的第 1 个根 $s_1<0$，第 2、3 个根 s_1、s_3 为复数，对于工程而言，这些解均无实际意义，故舍去。产生这种情况的原因，是由于所确定的桩数少，桩基承载力不足所致。

第 3 种情况($c^2-b^3=0$)

这时方程的第 1 个根 $s_1<0$，舍去。第 2、3 个根 s_1、s_3 相等，且均为正实根，可以

采用。

【例题 11-1】 已知作用在室内地面标高处相应于荷载效应标准组合时的轴力值 $F_k=2132\text{kN}$，作用在承台底面处的力矩 $M_{yk}=710\text{kN}\cdot\text{m}$，承台埋深 $H=1.5\text{m}$（图 11-20），基础平均重度标准值 $\overline{\gamma}=20\text{kN/m}^3$。桩的直径 $d=300\text{mm}$，单桩竖向承载力特征值 $R_a=300\text{kN}$。试确定柱下桩基的桩数及桩的排列方式。

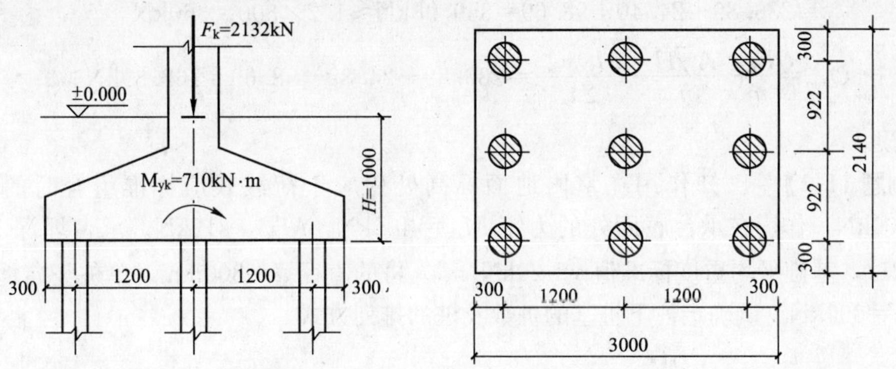

图 11-20 例题 11-1 附图

【解】 设桩距初步选择 $s=3d=3\times300=900\text{mm}$。

$$\alpha=\frac{1}{1.2R_a}\left(F_k+1.5\frac{M_{yk}}{s}\right)=\frac{1}{1.2\times300}\left(2132+1.5\frac{710}{0.9}\right)=9.209$$

$$\beta=\frac{s^2H\overline{\gamma}}{1.2R_a}=\frac{0.9^2\times1.5\times20}{1.2\times300}=0.0675$$

由图 11-16 查得，与交点 B 相近的桩数 $n=9$。

为了获得经济桩基方案，进一步求得合理的桩距。由表 11-7 查得，当 $n=9$（类型Ⅴ）时，$m=8.711$，$\eta=0.132$。

$$b=\frac{0.4R_a}{m\overline{\gamma}H}\left(n-\frac{F_k}{1.2R_a}\right)=\frac{0.4\times300}{8.711\times20\times1.5}\left(9-\frac{2132}{1.2\times300}\right)=1.413$$

$$c=\frac{1}{2}\eta\frac{M_{yk}}{\overline{\gamma}H}=\frac{1}{2}\times0.132\times\frac{710}{20\times1.5}=1.562$$

$$c^2-b^3=1.562^2-1.413^3<0$$

符合公式应用条件。

$$\theta=\arccos\left(\frac{-c}{\sqrt{b^3}}\right)=\arccos\left(\frac{-1.562}{\sqrt{1.413^3}}\right)=158.43^\circ$$

$$s_1=2\sqrt{b}\sin\left(\frac{\theta}{3}-30^\circ\right)=2\sqrt{1.413}\sin\left(\frac{158.43^\circ}{3}-30^\circ\right)=0.922\text{m}$$ [❶]

$$b_1=\frac{1}{3}\cdot\frac{F_k}{m\overline{\gamma}H}=\frac{1}{3}\times\frac{2132}{8.711\times20\times1.5}=2.719$$

---

❶ 为说明直接计算法的正确性，这里的数字未取整。

$$s_{\min}=\sqrt[3]{c+\sqrt{c^2+b_1^3}}+\sqrt[3]{c-\sqrt{c^2+b_1^3}}=\sqrt[3]{1.562+\sqrt{1.562^2+2.719^3}}$$

$$+\sqrt[3]{1.562-\sqrt{1.562^2+2.719^3}}=0.376\text{m}<s=0.922\text{m}$$

$$Q_{\max}=\frac{F_k}{n}+\frac{A\bar{\gamma}H}{n}+\frac{M_{yk}x_{\max}}{\Sigma x_i^2}=\frac{2132}{9}+\frac{3.00\times2.44\times20\times1.5}{9}+\frac{710\times1.20}{6\times1.20^2}$$

$$=236.89+24.40+98.69=359.98\text{kN}\approx1.2\times300=360\text{kN}$$

$$Q_{\min}=\frac{F_k}{n}+\frac{A\bar{\gamma}H}{n}-\frac{M_{yk}x_{\max}}{\Sigma x_i^2}=236.89+24.89-98.69=162.89\text{kN}>0$$

计算无误。

【例题 11-2】 已知作用在室内地面标高处相应于荷载效应标准组合时的轴力值 $F_k=2200\text{kN}$，作用在承台底面处的力矩 $M_{xk}=400\text{kN}$，$M_{yk}=212\text{kN}$。承台埋深 $H=1\text{m}$（图11-21），基础平均重度标准值 $\bar{\gamma}=20\text{kN/m}^3$。桩的直径 $d=300\text{mm}$，单桩竖向承载力特征值 $R_a=300\text{kN}$。试确定柱下桩基的桩数及桩的排列方式。

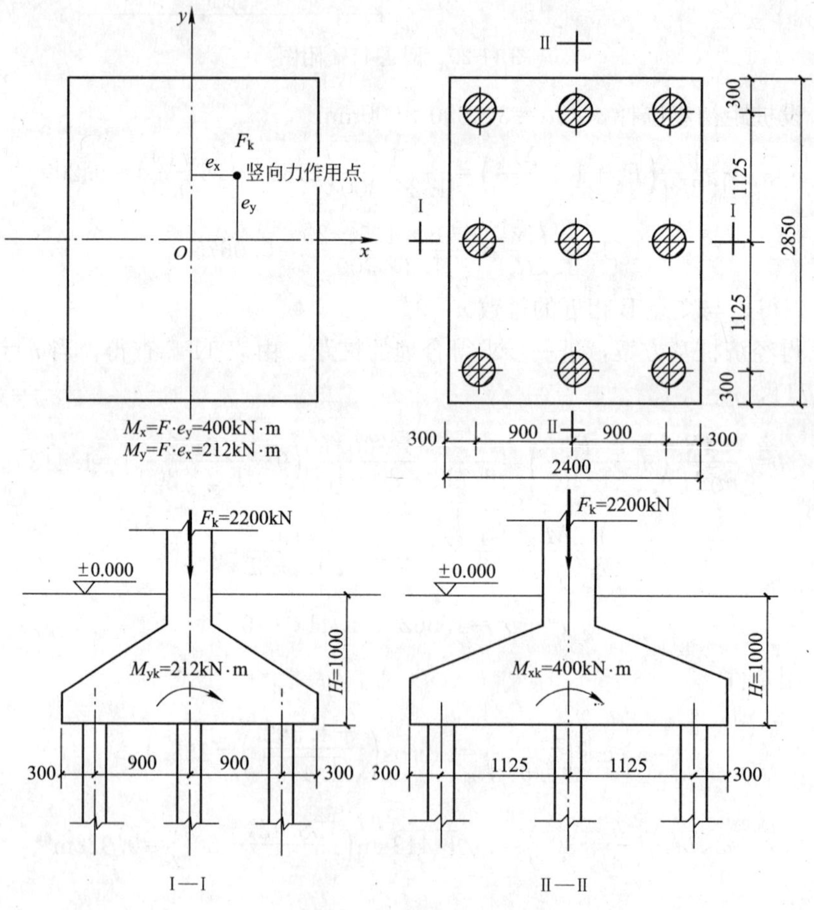

图 11-21 例题 11-2 附图

【解】 设桩距初步选择 $s=3d=3\times300=900\text{mm}$。

$$\overline{M}_{xk}=M_{xk}+1.3M_{yk}=400+1.3\times212=675.6\text{kN}\cdot\text{m}$$

$$\alpha=\frac{1}{1.2R_a}\left(F_k+1.4\frac{\overline{M}_{xk}}{s}\right)=\frac{1}{1.2\times300}\left(2200+1.4\frac{675.6}{0.9}\right)=9.030$$

$$\beta=\frac{s^2H\gamma}{1.2R_a}=\frac{0.9^2\times20\times1}{1.2\times300}=0.045$$

由图 11-18 查得，与交点 B 相近的桩数 $n=9$。由表 11-8 查得，当 $n=9$(类型Ⅴ)时，$m=8.464$，$\eta=0.142$。

$$b=\frac{0.4R_a}{m\gamma H}\left(n-\frac{F_k}{1.2R_a}\right)=\frac{0.4\times300}{8.464\times20\times1}\left(9-\frac{2200}{1.2\times300}\right)=2.048$$

计算桩数 $n=9$ 时的折算力矩准确值。这时，$r=1.25$，于是，

$$\overline{M}_{xk}=M_{xk}+1.25M_{yk}=400+1.25\times212=665\text{kN}\cdot\text{m}$$

$$c=\frac{1}{2}\eta\frac{\overline{M}_{xk}}{\gamma H}=\frac{1}{2}\times0.142\times\frac{665}{20\times1}=2.361$$

$$c^2-b^3=2.361^2-2.048^3<0$$

符合公式应用条件。

$$\theta=\arccos\left(\frac{-c}{\sqrt{b^3}}\right)=\arccos\left(\frac{-2.361}{\sqrt{2.048^3}}\right)=143.66°$$

$$s_1=2\sqrt{b}\sin\left(\frac{\theta}{3}-30°\right)=2\sqrt{2.048}\sin\left(\frac{143.66°}{3}-30°\right)=0.879\text{m}$$

按构造要求 $s=0.90$m。

$$b_1=\frac{1}{3}\cdot\frac{F_k}{m\gamma H}=\frac{1}{3}\times\frac{2200}{8.464\times20\times1}=4.332$$

$$s_{\min}=\sqrt[3]{c+\sqrt{c^2+b_1^3}}+\sqrt[3]{c-\sqrt{c^2+b_1^3}}=\sqrt[3]{2.361+\sqrt{2.361^2+4.332^3}}$$
$$+\sqrt[3]{2.361-\sqrt{2.361^2+4.332^3}}=0.366\text{m}<s=0.90\text{m}$$

$$Q_{\max}=\frac{F_k}{n}+\frac{A\gamma H}{n}+\frac{M_{xk}y_{\max}}{\Sigma y_i^2}+\frac{M_{yk}x_{\max}}{\Sigma x_i^2}=\frac{2200}{9}+\frac{2.40\times2.85\times20\times1}{9}+\frac{400\times1.125}{6\times1.125^2}+\frac{212\times0.9}{6\times0.9^2}$$
$$=244.4+15.2+59.26+39.25=358.1\text{kN}\approx1.2\times300=360\text{kN}$$

$$Q_{\min}=\frac{F_k}{n}+\frac{A\gamma H}{n}-\frac{M_{xk}y_{\max}}{\Sigma y_i^2}-\frac{M_{yk}x_{\max}}{\Sigma x_i^2}=244.4+15.2-59.26-39.25=161.09\text{kN}>0$$

计算无误。

11.5 承台的设计与计算

11.5.1 承台及其连系梁的构造

承台是上部结构与群桩之间相联系的结构部分。承台按照受力特点分为承台板和承台梁。承台板用于独立的桩基或满堂桩基。承台板平面尺寸应根据上部结构要求、桩数及布桩形式确定。平面形状有三角形、矩形、多边形和圆形等。承台梁用于墙下桩基。

承台的构造，除满足抗冲切、抗剪切、抗弯承载力和上部结构的要求外，尚应符合下列要求：

1）承台板的宽度不应小于 500mm。边桩中心至承台板边缘的距离不宜小于桩的直径或边长，且桩的外边缘至承台板边缘的距离不小于 150mm。对于条形承台梁，桩的外边

缘至承台梁边缘的距离不小于 75mm。

2）承台板的最小厚度不应小于 300mm。

3）承台板的配筋，对于矩形承台其钢筋应双向均匀通长布置(图 11-22a)，钢筋直径不宜小于 10mm，间距不宜大于 200mm。对于三桩承台板，钢筋应按三向板带均匀布置，且最里面的三根钢筋围成的三角形应在柱截面范围内(图 11-22b)。承台梁的主筋除满足计算要求外，尚应符合现行《混凝土结构设计规范》(GB 50010—2002)关于最小配筋率的规定，主筋直径不宜小于 12mm，架立筋不宜小于 10mm，箍筋直径不宜小于 6mm(图 11-23)。

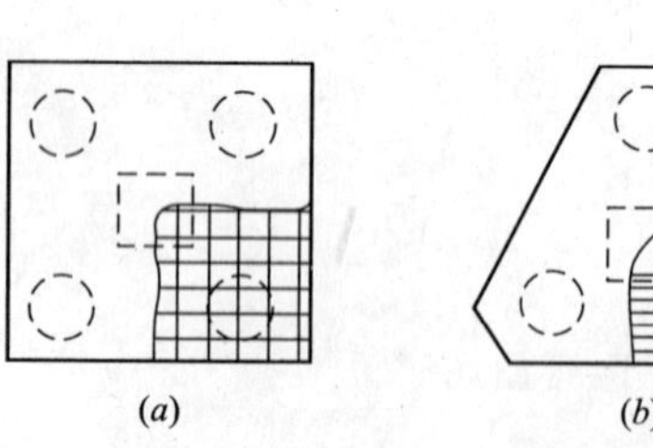

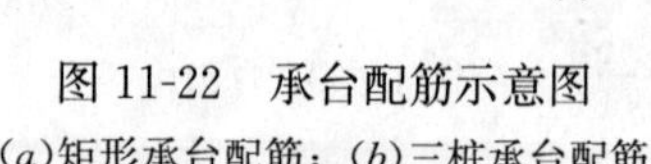

图 11-22　承台配筋示意图

(a)矩形承台配筋；(b)三桩承台配筋

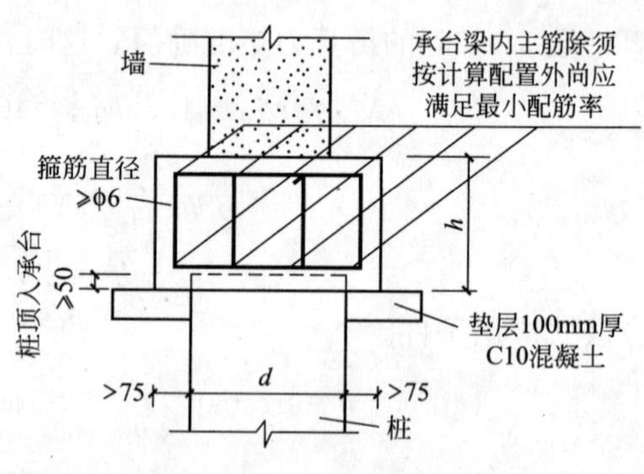

图 11-23　承台梁的剖面图

4）承台混凝土强度等级不应低于 C20，纵向钢筋保护层厚度不应小于 70mm，当有混凝土垫层时，不应小于 40mm。

5）承台之间的连接应符合下列要求：

① 单桩承台，宜在两个互相垂直的方向上设置连系梁。

② 两桩承台，宜在其短向设置连系梁。

③ 有抗震要求的柱下独立承台，宜在两个主轴方向设置连系梁。

④ 连系梁顶面宜与承台位于同一标高。连系梁的宽度不应小于 250mm，梁的高度可取承台中心距的 1/10～1/15。

⑤ 连系梁的主筋应按计算要求确定。连系梁内上下纵向钢筋直径不应小于 12mm 且不应少于 2 根，并应按受拉要求锚入承台。

11.5.2　承台的计算

试验表明，承台板有以下两种破坏形式。

受弯破坏：当承台板厚度比较小，而配筋数量又不足时，常发生弯曲破坏，为了防止发生这种破坏，在承台板底部要配有足够数量的钢筋。

冲切和受剪破坏：当承台板厚度比较小，但配筋数量比较多时，常发生冲切(沿柱边或变阶处形成≥45°的破坏锥体，如图 11-24 所示；或在角桩处形成≥45°的破坏锥体，见图 11-25；或受剪破坏。为了防止发生这种破坏，承台板要有足够的厚度。

1. 承台板厚度的确定

承台板厚度不能直接求得，通常须根据经验或参考已有类似设计，初步假设一个承台厚度，然后按下列条件验算。

(1) 柱下桩基础独立承台受冲切承载力的验算

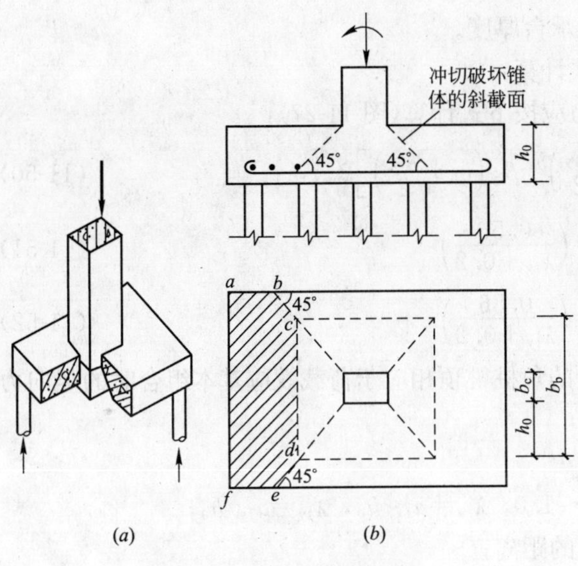

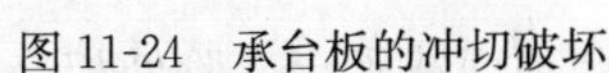
图 11-24 承台板的冲切破坏

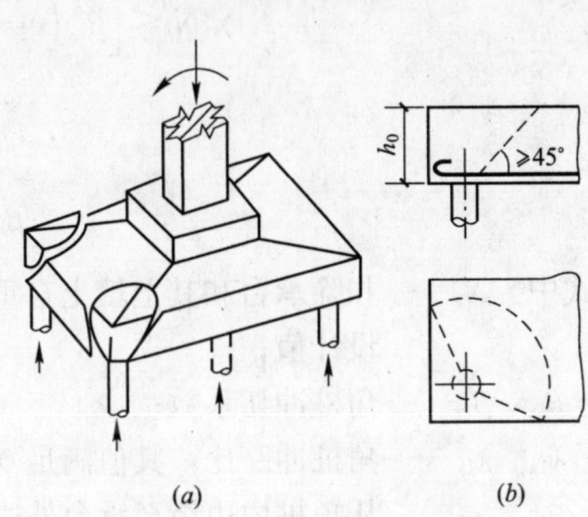

图 11-25 角桩冲切破坏

1) 柱对承台的冲切，可按下列公式验算(图 11-26)：

$$\gamma_0 F_l \leqslant 2[\beta_{ox}(b_c + a_{oy}) + \beta_{oy}(h_c + a_{ox})]\beta_{hp} f_t h_0 \tag{11-46}$$

$$F_l = F - \Sigma N_i \tag{11-47}$$

$$\beta_{ox} = 0.84/(\lambda_{ox} + 0.2) \tag{11-48}$$

$$\beta_{oy} = 0.84/(\lambda_{oy} + 0.2) \tag{11-49}$$

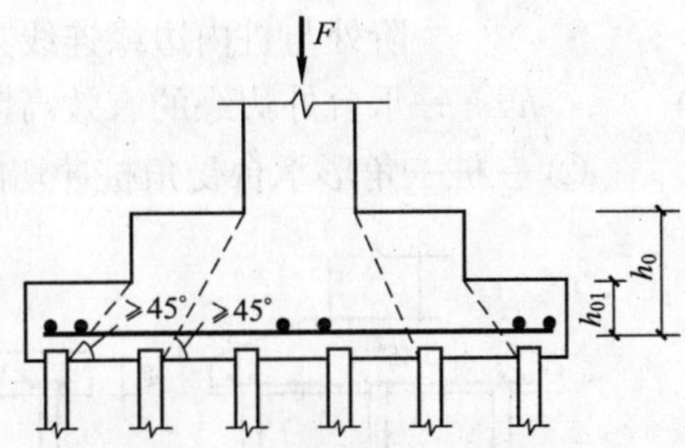

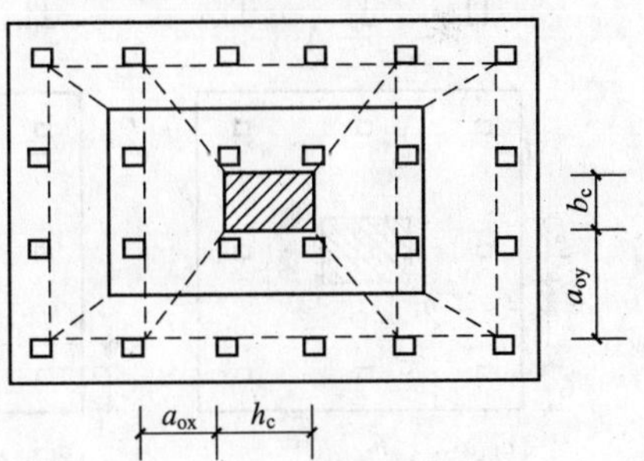

图 11-26 柱对承台冲切计算示意图

式中 γ_0——结构重要性系数；

F_l——扣除承台及其上填土自重，作用在冲切破坏锥体上相应于荷载效应基本组合的冲切力设计值，冲切破坏锥体应采用自柱边或承台变阶处至相应桩顶边缘连线构成的锥体，锥体与承台底面的夹角不小于 45°(图 11-26)；

h_0——冲切破坏锥体的有效高度；

β_{hp}——受冲切承载力截面高度影响系数，当截面高度 $h \leqslant 800$mm 时，$\beta_{hp}=1.0$，当$h \geqslant 2000$mm 时，$\beta_{hp}=0.9$，其间按内插法取用；

β_{ox}、β_{oy}——冲切系数；

λ_{ox}、λ_{oy}——冲跨比，$\lambda_{ox}=a_{ox}/h_0$、$\lambda_{oy}=a_{oy}/h_0$、a_{ox}、a_{oy}为柱边或变阶处至桩边的水平距离；当 $a_{ox}(a_{oy})<0.2h_0$ 时，$a_{ox}(a_{oy})=0.2h_0$；当 $a_{ox}(a_{oy})>h_0$ 时，$a_{ox}(a_{oy})=h_0$；

F——柱根部轴力设计值；

ΣN_i——冲切破坏锥体范围内各桩的净反力设计值之和。

对中低压缩性土上的承台，当承台与地基土之间没有脱空现象时，可根据地区经验适当减小柱下桩基础独立承台受冲切计算的承台厚度。

2）角桩对承台的冲切，可按下列公式计算：

① 多桩矩形承台受角桩冲切的承载力应按下式计算(图 11-27)：

$$\gamma_0 N_l \leqslant \left[\beta_{1x}\left(c_2+\frac{a_{1y}}{2}\right)+\beta_{1y}\left(c_1+\frac{a_{1x}}{2}\right)\right]\beta_{hp} f_t h_0 \tag{11-50}$$

$$\beta_{1x}=\left(\frac{0.56}{\lambda_{1x}+0.2}\right) \tag{11-51}$$

$$\beta_{1y}=\left(\frac{0.56}{\lambda_{1y}+0.2}\right) \tag{11-52}$$

式中 N_l——扣除承台和其上填土自重后的角桩桩顶相应于荷载效应基本组合时的竖向力设计值；

β_{1x}、β_{1y}——角桩冲切系数；

λ_{1x}、λ_{1y}——角桩冲跨比，其值满足 0.2～1.0，$\lambda_{1x}=a_{1x}/h_0$，$\lambda_{1y}=a_{1y}/h_0$；

c_1、c_2——从角桩内边缘至承台外边缘的距离；

a_{1x}、a_{1y}——从承台底角桩内边缘引 45°冲切线与承台顶面或承台变阶处相交点至角桩内边缘的水平距离，当柱或承台变阶处位于该 45°线以内时，则取由柱边或变阶处与桩内边缘连线为冲切锥体的锥线(图 11-27)；

h_0——承台外边缘的有效高度。

② 三桩三角形承台受角桩冲切的承载力可按下列公式计算(图 11-28)：

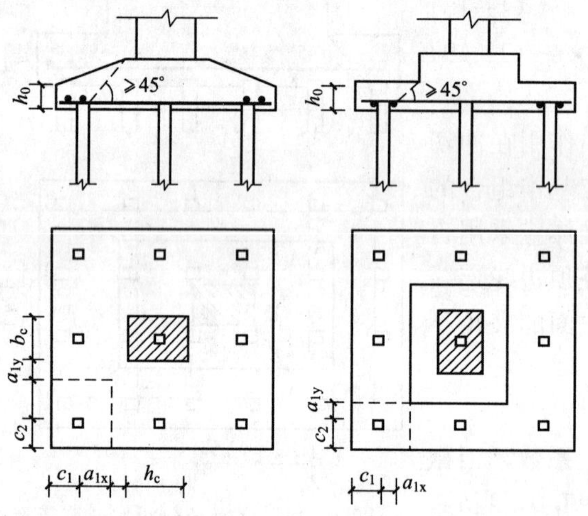

图 11-27 矩形承台角桩冲切计算示意图

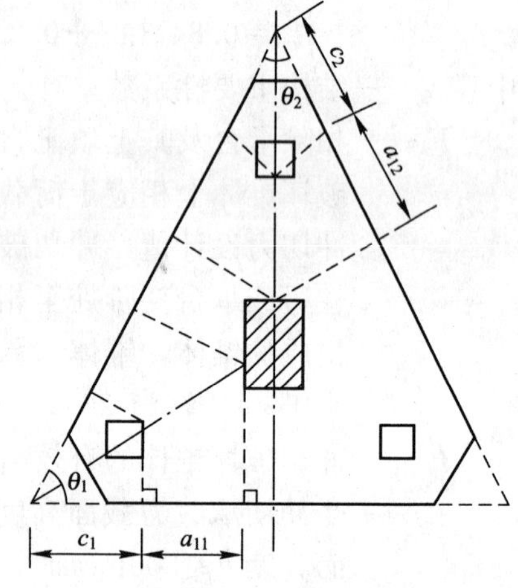

图 11-28 三角形承台角桩冲切计算示意图

底部角桩

$$\gamma_0 N_l \leqslant \beta_{11}(2c_1+a_{11})\tan\frac{\theta_1}{2}\beta_{hp} f_t h_0 \tag{11-53}$$

$$\beta_{11}=\left(\frac{0.56}{\lambda_{11}+0.2}\right) \tag{11-54}$$

顶部角桩

$$\gamma_0 N_l \leqslant \beta_{12}(2c_2+a_{12})\tan\frac{\theta_2}{2}\beta_{hp} f_t h_0 \tag{11-55}$$

$$\beta_{12}=\left(\frac{0.56}{\lambda_{12}+0.2}\right) \tag{11-56}$$

式中 λ_{11}、λ_{12}——角桩冲跨比，$\lambda_{11}=\frac{a_{11}}{h_0}$，$\lambda_{12}=\frac{a_{12}}{h_0}$；

a_{11}、a_{12}——从承台底角桩内边缘向相邻承台边引 45°冲切线与承台顶面相交点至角桩内边缘的水平距离；当柱位于该 45°线以内时则取柱边与桩内边缘连线为冲切锥体的锥线。

对圆柱及圆桩，计算时可将圆形截面换算成正方形截面。

(2) 柱下桩基础独立承台板受剪承载力的验算

柱下桩基独立承台应分别对柱边和桩边、变阶处和桩边连线形成的斜截面进行受剪计算(图 11-29)。

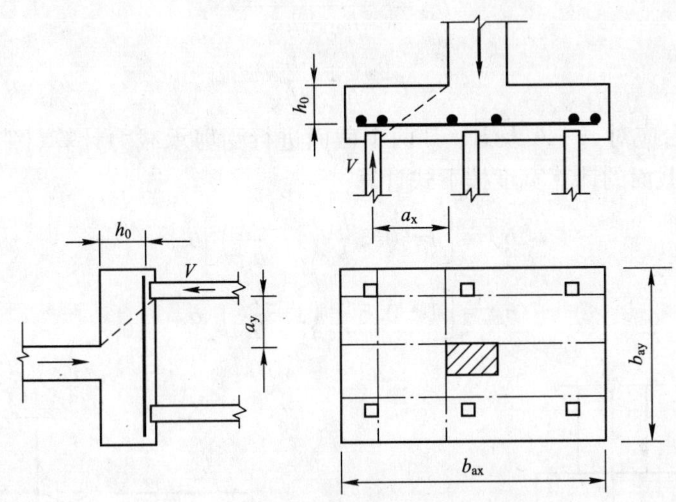

图 11-29 承台斜截面受剪计算示意图

当柱边外有多排桩形成多个剪切斜截面时，尚应对每个斜截面进行验算。斜截面受剪承载力可按下列公式计算

$$\gamma_0 V \leqslant \beta_{hs}\beta f_t b_0 h_0 \tag{11-57}$$

$$\beta=\frac{1.75}{\lambda+1.0} \tag{11-58}$$

式中 V——扣除承台及其上填土自重后相应于荷载效应基本组合时斜截面的最大剪力设计值；

b_0——承台计算截面处的计算宽度；阶梯形承台变阶处的计算宽度、锥形承台的计算宽度分别按式(11-60)、式(11-61)和式(11-62)、式(11-63)确定；

h_0——计算宽度处的承台有效高度；

β——剪切系数；

β_{hs}——受剪切承载力截面高度影响系数，按下式计算：

$$\beta_{hs}=\left(\frac{800}{h_0}\right)^{1/4} \tag{11-59}$$

当 $h_0<800$mm 时，h_0 取 800mm；$h_0>2000$mm 时，h_0 取 2000mm；

λ——计算截面的剪跨比，$\lambda_x=\frac{a_x}{h_0}$，$\lambda_y=\frac{a_y}{h_0}$；$a_x$、$a_y$ 为柱边或承台变阶处至 x、y 方向计算一排桩的桩边的水平距离；当 $\lambda<0.3$ 时，取 $\lambda=0.3$；当 $\lambda>3$ 时，取 $\lambda=3$。

对于阶梯形承台应分别在变阶处(A_1—A_1，B_1—B_1)及柱边(A_2—A_2，B_2—B_2)进行斜截面受剪计算(图 11-30)。

计算变阶处截面 A_1—A_1、B_1—B_1 的斜截面受剪承载力时(图 11-30)，其截面有效高度均为 h_{01}，截面计算宽度分别为 b_{y1} 和 b_{x1}。

计算柱边截面 A_2—A_2 和 B_2—B_2 处的斜截面受剪承载力时(图 11-30)；其截面有效高度均为 $h_{01}+h_{02}$，截面计算宽度按下式计算：

对 A_2—A_2

$$b_{y0}=\frac{b_{y1}h_{01}+b_{y2}h_{02}}{h_{01}+h_{02}} \tag{11-60}$$

对 B_2—B_2

$$b_{x0}=\frac{b_{x1}h_{01}+b_{x2}h_{02}}{h_{01}+h_{02}} \tag{11-61}$$

对于锥形承台应对 A—A 及 B—B 两个截面进行受剪承载力计算(图 11-31)，截面有效高度均为 h_0，截面的计算宽度按下式计算

对 A—A

$$b_{y0}=\left[1-0.5\frac{h_1}{h_0}\left(1-\frac{b_{y2}}{b_{y1}}\right)\right]b_{y1} \tag{11-62}$$

对 B—B

$$b_{x0}=\left[1-0.5\frac{h_1}{h_0}\left(1-\frac{b_{x2}}{b_{x1}}\right)\right]b_{x1} \tag{11-63}$$

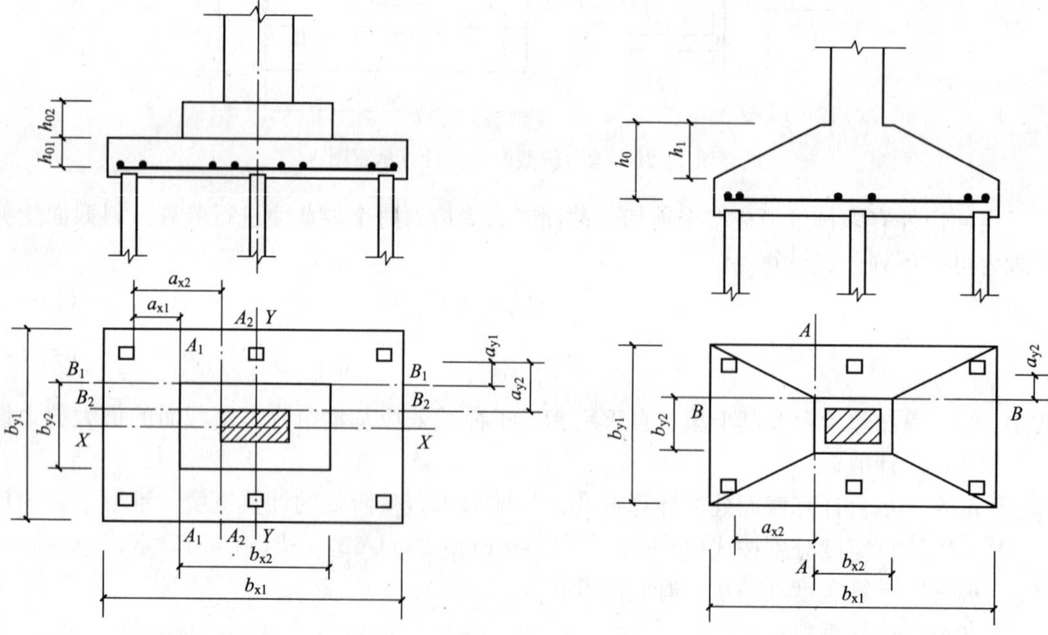

图 11-30　阶梯形承台斜截面受剪计算示意图　　图 11-31　锥形承台受剪计算示意图

2. 承台板配筋计算

承台板在桩顶反力的作用下，受力情况与倒置的双向板相似，所受弯矩按承台开裂情况分别进行计算。裂缝首先在承台板底面中部或中部附近平行于短边方向出现，然后再在

平行于长边方向的中部或中部附近出现，形成两个相互垂直，通过中心的破裂面(图11-32 a、b、c)，故这类承台板应双向配筋；对于平面为三角形承台板，裂缝则从边缘开始，并向中央展开(图 11-32d)，故这种承台板应按三角形配筋(配筋宽度取桩的直径)，这样可使主筋集中在边缘，并与裂缝垂直，以便有效地阻止裂缝的开展。

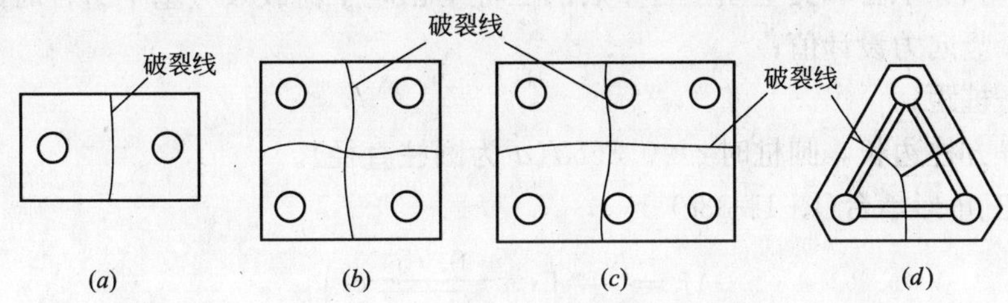

图 11-32　承台板裂缝开展图

(a)二桩承台；(b)四桩承台；(c)六桩承台；(d)三桩承台

《建筑地基基础设计规范》(GB 50007—2002)给出了矩形和三角形承台板的弯矩简化计算公式。

(1) 矩形承台板(图 11-33a)

$$M_x = \Sigma N_i y_i \tag{11-64}$$

$$M_y = \Sigma N_i x_i \tag{11-65}$$

式中　M_x、M_y——分别为垂直 y 轴和 x 轴方向计算截面处的弯矩设计值；

x_i、y_i——垂直 y 轴和 x 轴方向自桩轴线到相应计算截面的距离；

N_i——扣除承台和其上填土自重后相应于荷载效应基本组合时的第 i 桩竖向力设计值。

(2) 三角形承台

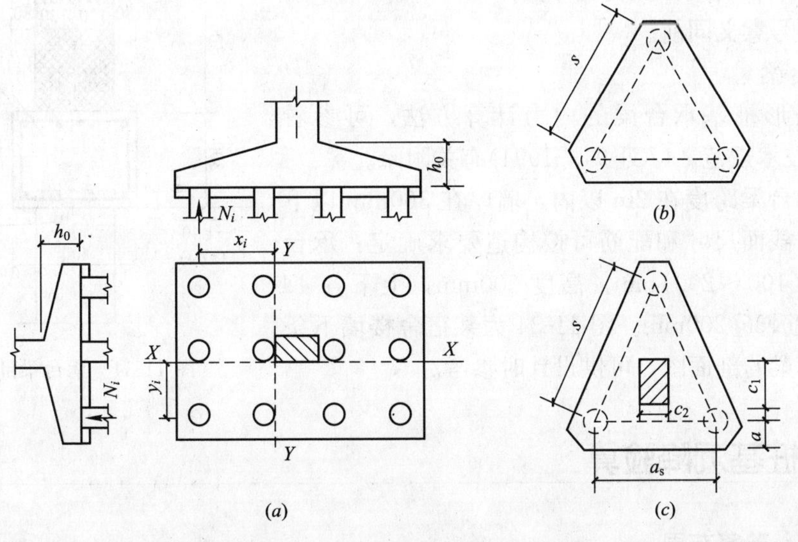

图 11-33　承台弯矩计算示意图

1）等边三角形承台(图 11-33b)

$$M=\frac{N_{max}}{3}\left(s-\frac{\sqrt{3}}{4}c\right) \tag{11-66}$$

式中 M——由承台形心至承台边缘距离范围内板带的弯矩设计值；

N_{max}——扣除承台和其上填土自重后的三桩中相应于荷载效应基本组合时的最大单桩竖向力设计值；

s——桩距；

c——方柱边长，圆桩时 $c=0.866d$(d 为圆柱直径)。

2）等腰三角形承台(图 11-33c)

$$M_1=\frac{N_{max}}{3}\left(s-\frac{0.75}{\sqrt{4-\alpha^2}}c_1\right) \tag{11-67}$$

$$M_2=\frac{N_{max}}{3}\left(\alpha s-\frac{0.75}{\sqrt{4-\alpha^2}}c_2\right) \tag{11-68}$$

式中 M_1、M_2——由承台形心到承台两腰和底边的距离范围内板带的弯矩设计值；

s——长向桩距；

α——短向桩距与长向桩距之比，当 α 小于 0.5 时，应按变截面的二桩承台设计；

c_1、c_2——垂直于、平行于承台底边的柱截面边长。

求出承台板危险截面弯矩后，即可按下式进行配筋计算：

$$A_s=\frac{M}{0.9h_c f_y} \tag{11-69}$$

式中 A_s——受力钢筋截面面积；

f_y——钢筋抗拉强度设计值。

其余符号意义同前。

3. 承台梁

墙下条形桩基承台梁的内力计算方法，可参看《建筑桩基技术规范》(JGJ 94—1994)有关附录。

对于承台梁跨度在 2m 以内，墙厚在 360mm 以下时，承台梁截面尺寸和配筋可按构造要求确定：承台宽度=d+(100～200)mm，高度 300mm，上下各 4Φ12mm，箍筋φ6@200mm。图 11-34 为某宿舍楼墙下条形桩基承台梁的剖面图，可供设计时参考。

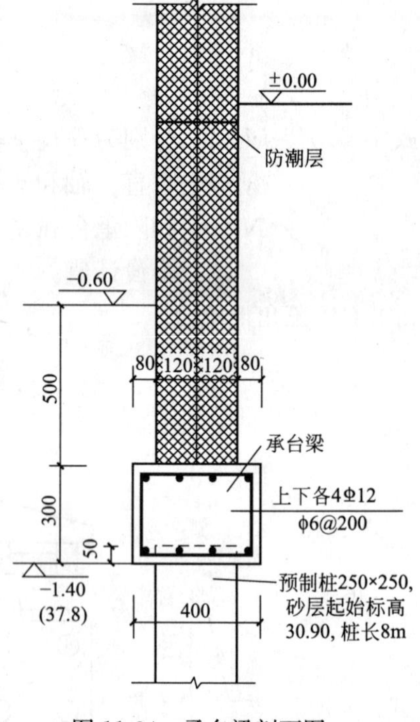

图 11-34 承台梁剖面图

11.6 桩基沉降验算

11.6.1 验算范围

对以下建筑物的桩基应进行沉降验算：

1）地基基础设计等级为甲级的建筑物桩基。

2）体型复杂、荷载不均匀或桩端以下存在软弱土层的设计等级为乙级的建筑物桩基。

3）摩擦型桩基。

嵌岩桩、设计等级为丙级的建筑物桩基、对沉降无特殊要求的条形基础下不超过两排桩的桩基、起重机工作级别 A5 及 A5 以下的单层工业厂房桩基(桩端下为密实土层)，可不进行沉降验算。

当有可靠地区经验时，对地质条件不复杂、荷载均匀、对沉降无特殊要求的端承型桩基也可不进行沉降验算。

桩基础的沉降不得超过建筑物的沉降允许值，并应符合表 6-8 的规定。

11.6.2 验算方法

计算桩基础沉降时，地基内的应力分布宜采用各向同性均质线性变形体理论，并宜按实体深基础方法计算。

采用实体深基础计算桩基础最终沉降量时，采用单向压缩分层总和法按式(4-12)计算。其中基底附加压力应为桩底平面处的附加压力，沉降计算经验系数 ψ_s 应以实体深基础桩基沉降计算经验系数 ψ_p 代替。其值应根据各地区桩基础沉降观测资料及经验统计确定。在不具备条件时，ψ_p 值可按表 11-9 选用。

实体深基础计算桩基沉降经验系数 ψ_p **表 11-9**

$\overline{E}_s$(MPa)	$\overline{E}_s<15$	$15\leqslant\overline{E}_s<30$	$30\leqslant\overline{E}_s<40$
ψ_p	0.5	0.4	0.3

实体深基础基底面积按图 11-35 采用，其中 φ 为土的内摩擦角。

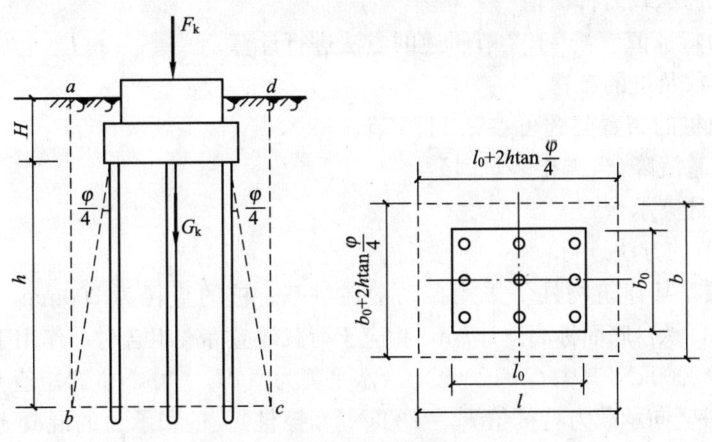

图 11-35 桩基沉降的验算

11.7 桩基设计的步骤

桩基础的设计与计算可按下列步骤进行：

(1) 调查研究，收集设计资料

设计桩基时，首先要进行调查研究，充分掌握必要的设计资料，包括建筑的类型、荷载大小和性质、工程地质勘察资料、材料供应情况以及施工条件(如桩的制造、运输、沉桩设备)等，并了解当地使用桩基的经验，以供设计参考。

(2) 选择桩的类型、桩长、截面尺寸和配筋

桩的类型、桩长、截面尺寸及配筋，应根据作用在桩基上的荷载大小和性质、地基的情况、施工条件及当地使用桩基经验等因素确定。

桩端应尽量支承在坚硬的土层上，以提高单桩承载力。桩端进入坚硬持力层的深度，对于黏性土和砂土，一般为1～3倍的桩径；对于碎石土不宜小于1～2倍桩径。当存在软弱下卧层时，桩基以下坚硬持力层厚度一般不宜小于5倍桩径。穿越软土层支承于倾斜基岩上的端承桩，当强风化岩层厚度小于2倍桩径时，桩端应嵌入微风化岩层。

桩的截面尺寸应与长度相适应。对于端承桩，桩长与设计桩径之比 l/d(简称长径比)应符合表11-10的规定。

桩的长径比 **表11-10**

桩　型	穿越一般黏性土、粉土、砂土	穿越淤泥、自重湿陷性黄土
端承桩	$l/d \leqslant 60$	$l/d \leqslant 40$
摩擦桩	不限	不限

预制桩的混凝土强度等级不应低于C30；灌注桩不应低于C20。

桩的主筋应按计算确定，打入式预制桩的最小配筋率不宜小于0.8%；静压预制桩的最小配筋率不宜小于0.6%；灌注桩的最小配筋率不宜小于0.2%～0.65%(小直径桩取大值)。其主筋长度，当为抗拔桩时应通长布置。主筋混凝土保护层不应小于30mm。

(3) 确定单桩承载力特征值

单桩承载力特征值应按11.2节所述的方法进行计算。

(4) 确定桩数及桩的布置

关于桩数及桩的布置问题可参见11.4节。

(5) 验算桩基沉降(当需要验算时)

(6) 设计、计算承台

参见11.5节的方法进行。

【例题11-3】 某建筑物柱下采用振动灌注桩基。桩的直径为300mm，柱断面尺寸为500mm×500mm，承台底面标高−1.7m，相应于荷载效应标准组合时，作用于承台上的总竖向力值 $F_k+G_k=2000$kN(其中 $G_k=200$kN)，水平剪力值 $H_k=40$kN，弯矩值 $M_k=200$kN·m(图11-36)，单桩竖向承载力特征值 $R_a=230$kN(摩擦桩)。桩和承台的混凝土强度等级均为C20，$f_t=1.1\text{N/mm}^2$，承台配筋采用HRB335级钢筋，$f_y=300\text{kN/mm}^2$。试设计桩基。

【解】 (1) 桩数的确定和布置

按试算，偏心受压时所需的桩数 n 可按中心受压计算并乘以一个增大系数 $\mu=1.1$～1.2，现取 $\mu=1.1$。于是

$$n=\frac{F_k+G_k}{R_a}\mu=\frac{2000}{230}\times1.1=9.57$$

取 $n=9$。设桩中心距 $s=3d=3\times300=900$mm，根据布桩原则，采用图11-34的布桩

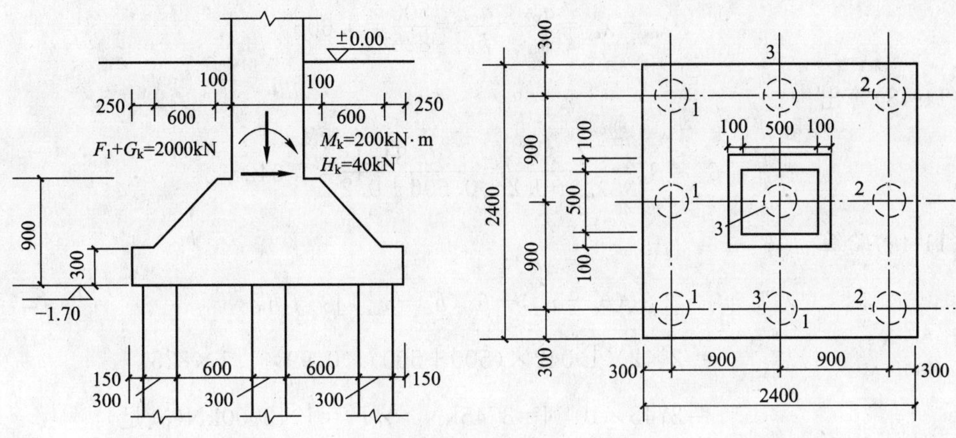

图 11-36 例题 11-3 附图

形式。

(2) 单桩竖向承载力验算

由式(11-19)得

$$Q_k = \frac{F_k + G_k}{n} = \frac{2000}{9} = 222.2\text{kN} < R_a = 230\text{kN}$$

由式(11-21)和式(11-22)得

$$Q_{kmax} = \frac{F_k + G_k}{n} + \frac{M_k x_{max}}{\Sigma x_i^2}$$

$$= 222.2 + \frac{(200 + 40 \times 0.9) \times 0.9}{2 \times 3 \times 0.9^2}$$

$$= 222.2 + 43.7 = 265.9\text{kN} < 1.2R_a$$

$$= 1.2 \times 230\text{kN} = 276\text{kN}$$

$$Q_{kmin} = 222.2 - 43.7 = 178.5\text{kN} > 0$$

(3) 承台计算

1) 冲切承载力验算

① 受柱冲切验算

设承台高度 h=900mm，则 β_{hp}=0.99，而承台有效高度

$$h_0 = h - 75 = 900 - 75 = 825\text{mm}$$

$$F_l = (F_k - \Sigma N_i)1.25 = \left(1800 - \frac{1800}{9}\right) \times 1.25^{❶} = 2000\text{kN}$$

$$a_{ox} = a_{oy} = 900 - \frac{500}{2} - \frac{300}{2} = 500\text{mm} > 0.2h_0 = 0.2 \times 825 = 165\text{mm，且} < h_0 = 825\text{mm}$$

❶ 这里 1.25 为荷载分项系数平均值。

$$\lambda_{ox}=\lambda_{oy}=\frac{a_{ox}}{h_0}=\frac{a_{oy}}{h_0}=\frac{500}{825}=0.606$$

按式(11-48)算出

$$\beta_{ox}=\beta_{oy}=\frac{0.84}{\lambda_{ox}+0.2}=\frac{0.84}{0.606+0.2}=1.042$$

按式(11-46)验算

$$2[\beta_{ox}(b_c+a_{oy})+\beta_{oy}(h_c+a_{ox})]\beta_{hp}f_t h_0$$
$$=2\times2\times1.042\times(500+500)\times0.99\times1.1\times825$$
$$=3745\times10^3\text{N}=3745\text{kN}>\gamma_0 F_l=1\times2000\text{kN}(满足)$$

② 受角桩冲切验算

$$N_l=N_{max}=\left(\frac{F_k}{n}+\frac{M_k x_{max}}{\Sigma x_i^2}\right)\times1.25$$
$$=\left(\frac{1800}{9}+43.7\right)\times1.25=304.6\text{kN}$$

$$a_{1x}=a_{1y}=900-\frac{300}{2}-\frac{500}{2}=500\text{mm}$$

$$\lambda_{1x}=\lambda_{1y}=\frac{a_{1x}}{h_0}=\frac{a_{1y}}{h_0}=\frac{500}{825}=0.606$$

按式(11-51)算出

$$\beta_{1x}=\beta_{1y}=\frac{0.56}{\lambda_{1x}+0.2}=\frac{0.56}{0.606+0.2}=0.695$$

按式(11-50)验算

$$\left[\beta_{1x}\left(c_2+\frac{a_{1y}}{2}\right)+\beta_{1y}\left(c_1+\frac{a_{1x}}{2}\right)\right]\beta_{hp}f_t h_0$$
$$=2\times0.695\times\left(450+\frac{500}{2}\right)\times0.99\times1.1\times825$$
$$=874\times10^3\text{N}=874\text{kN}>\gamma_0 N_l$$
$$=1\times304.6=304.6\text{kN}(满足)$$

2）斜截面受剪承载力验算

$V=3N_{max}=3\times304.6\text{kN}=913.8\text{kN}$，$a_x=a_y=500\text{mm}$，$\lambda_x=\lambda_y=\frac{a_x}{h_0}=\frac{a_y}{h_0}=\frac{500}{825}=0.606$，按式(11-58)算出

$$\beta=\frac{1.75}{\lambda_x+1.0}=\frac{1.75}{0.606+1.0}=1.09$$

按式(11-62)算出截面计算宽度为

$$b_0 = b_{y0} = \left[1 - 0.5\frac{h_1}{h_0}\left(1 - \frac{b_{y2}}{b_{y1}}\right)\right]b_{y1}$$
$$= \left[1 - 0.5 \times \frac{600}{825} \times \left(1 - \frac{700}{2400}\right)\right] \times 2400$$
$$= 1782\text{mm}$$

按式(11-57)验算斜截面受剪承载力：

其中
$$\beta_{hs} = \left(\frac{800}{h_0}\right)^{1/4} = \left(\frac{800}{825}\right)^{1/4} = 0.99$$

于是
$$\beta_{hs}\beta f_t b_0 h_0 = 0.99 \times 1.09 \times 1.1 \times 1782 \times 825$$
$$= 1745.1 \times 10^3\text{N}$$
$$= 1745.1\text{kN} > \gamma_0 V$$
$$= 1 \times 913.8 = 913.8\text{kN}(满足)$$

3）配筋计算

桩号如图 11-36 所示，各桩净反力设计值（荷载分项系数取 1.25）如下：

1 号桩：
$$N_{n1} = \left(\frac{F_k}{n} - \frac{M_k x_{max}}{\Sigma x_i^2}\right) \times 1.25$$
$$= \left(\frac{1800}{9} - 43.7\right) \times 1.25 = 195.3\text{kN}$$

2 号桩：
$$N_{n2} = \left(\frac{F_k}{n} + \frac{M_k x_{max}}{\Sigma x_i^2}\right) \times 1.25 = (200 + 43.7) \times 1.25$$
$$= 304.6\text{kN}$$

3 号桩：
$$N_{n3} = 250\text{kN}$$

各桩对于 x 轴和 y 轴方向截面的弯矩设计值分别为

$$M_x = \Sigma N_i y_i = (195.3 + 304.6 + 250)(0.9 - 0.25)$$
$$= 487.4\text{kN} \cdot \text{m}$$
$$M_y = \Sigma N_i x_i = (304.6 \times 3)(0.9 - 0.25)$$
$$= 594\text{kN} \cdot \text{m}$$

沿 x 轴方向的钢筋截面面积

$$A_s = \frac{M_y}{0.9h_0 f_y} = \frac{594 \times 10^6}{0.9 \times 825 \times 300} = 2667\text{mm}^2$$

沿 x 轴方向每 m 长度内的钢筋面积

$$\overline{A}_s = \frac{A_s}{l} = \frac{2667}{2.40} = 1112\text{mm}^2/\text{m}$$

选Φ14@120（A_s＝1283mm²/m）。

沿 y 轴方向的钢筋面积

$$A_s = \frac{M_x}{0.9h_0 f_y} = \frac{487.4 \times 10^6}{0.9 \times 825 \times 300} = 2188\text{mm}^2$$

沿 y 轴方向每 m 长度内的钢筋面积

$$\overline{A}_s = \frac{A_s}{b} = \frac{2188}{2.40} = 912\text{mm}^2/\text{m}$$

选Φ14@140（A_s＝1100mm²/m）。

桩基配筋参见图 11-37。

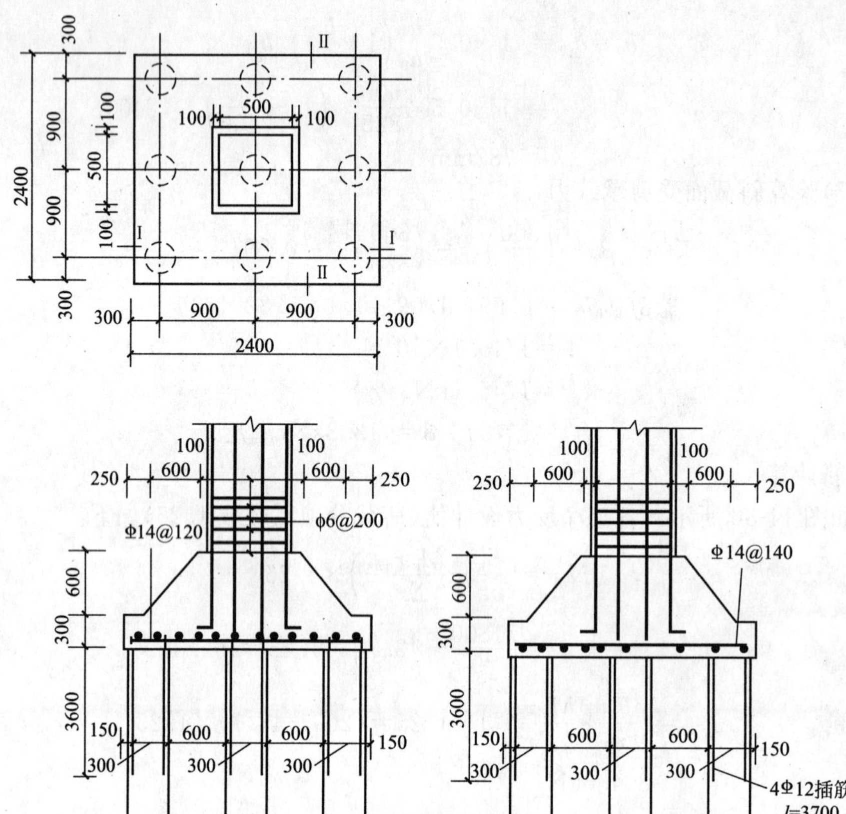

图 11-37 桩基配筋详图

第12章 基槽检验与地基的局部处理

12.1 基槽检验

基槽检验就是现场基础施工时常说的验槽。

为了确保验槽这一环节的实施，在基础施工图纸上常常注明："待基槽挖至设计标高后，请通知勘察和设计部门。经会同验槽后，方可再进行基础工程施工。"为什么挖完基槽后不能立即就进行下一工序施工呢？这是因为建筑的地基和基础设计主要是以工程地质勘察资料为依据的，而工程地质勘察的钻探工作又只能在一栋建筑物周边地基的几个钻孔内进行。所以，两钻孔间的地层变化规律是无法准确无误地加以描述的。特别是在杂填土较多的城区地基，更是如此。因此，为了普遍探明基槽内土质变化情况和局部特殊土质情况(如松软土质，老的房基，路面，坑，沟、坟穴等)，以及核对建筑物位置、平面尺寸、槽宽、槽深是否与设计图纸一致，就需要在基础工程施工前验槽。

根据验槽结果，必要时应进行补充钻探和测试工作，并研究原地基基础设计方案是否需要修正。如遇有异常地基，则应确定地基的局部处理方法。

验槽主要是以细致观察、量测为主，并辅以钎探配合。

12.1.1 观察验槽

首先根据槽帮土层分布情况及走向，初步判明全部基底是否已挖至设计要求的土层(图 12-1)。其次，检验槽底，检查时应观察刚开挖的且结构没有受到破坏的原状土(如果不是刚开挖的槽，就需要先铲去表面已经风干、水浸或受冻的土层)，观察它的结构、孔隙、湿度、含有物等，确定是否为原设计的持力层土质，必要时还应往下挖掘，以确定基底设计标高距持力层的深度。为了使检验工作具有代表性，并保证重点结构部位的地基土合乎设计要求。验槽的重点应选在柱基、墙角、承重墙下或其他受力较大的部位。除在重点部位取土鉴定外，还应对整个槽底进行全面观察。察看槽底土的颜色是否一致，土的坚硬程度是否一样(可从铲挖槽底的感觉上判断)，是否有局部含水量异常的现象(过干或过湿)，踩上去有否颤动的感觉。总之，凡有异常现象的部位，都应该调查清楚其原因和范围，以便为地基处理和结构设计变更提供详尽的资料。

观察验槽虽能比较直观地对槽底进行详细检查，但只能观察槽底表土，而对槽底以下主要受力层深度范围内土的变化和分布情况，以及是否有墓穴、软弱土层等情况，还无法清楚地探明。为此，还应该用钎探检查。

钎 探 记 录 表 表 12-2

施工单位________ 单位工程名称________

钎探部位________ 轴线槽底标高________

锤重 10kg 落距 500mm 钎杆直径 ϕ25mm

每步打入深度 300mm 钎探日期____年____月____日

顺序号	钎探步数					顺序号	钎探步数				
	第一步	第二步	第三步	第四步	第五步		第一步	第二步	第三步	第四步	第五步
1	10	14	24	26	26	52	12	18	28	28	31
2	9	15	27	28	31	53	9	17	21	29	28
3	9	13	23	25	29	54	10	14	21	24	29
4	8	16	20	28	27	(55)	7	8	8	11	26
5	11	11	20	22	30	(56)	7	9	8	15	29
(6)	5	7	7	9	7	(57)	8	6	7	19	29
7	10	15	22	23	24	58	12	13	23	29	32
8	11	17	27	27	30	…					
9	7	14	23	29	29	…					
10	9	13	23	25	26	95	10	14	22	29	32
11	12	14	25	29	32	96	12	13	21	28	35
12	10	13	22	30	30	97	12	15	29	30	36
(13)	9	4	6	6	27	98	11	16	24	28	32
14						(99)	4	13	25	25	30
15						(100)	3	17	26	29	29
…						101	12	19	22	26	29
…						102	13	18	27	29	31

施工负责人________施工班________记录人________

12.2 地基的局部处理

根据基槽检验查明的局部异常地基，在探明原因和范围后，均需妥善处理。具体处理方法可根据地基情况、工程性质和施工条件而有所不同，但均应符合使建筑物的各个部位沉降尽量趋于一致，以减小地基不均匀沉降的处理原则。

12.2.1 松土坑(填土、墓穴、淤泥等)的处理

当坑的范围较小，可将坑中松软虚土挖除，使坑底及四壁均见天然土为止，然后采用与坑边的天然土层压缩性相近的材料回填(图 12-4*a*)。例如：当天然土为第四纪砂土时，用砂或级配砂石回填，回填时应分层夯实，或用平板震捣器振密，每层厚度不大于200mm。如在地下水位以上天然土为较密实的黏性土，则用 3∶7 灰土分层夯实回填；如为中密的可塑的黏性土或新近沉积黏性土，则可用 1∶9 或 2∶8 灰土分层夯实回填。

当坑的范围较大或因其他条件限制，基槽不能开挖太宽，槽壁挖不到天然土层时，则应将该范围内的基槽适当加宽，加宽的宽度应按下述条件决定：当用砂土或砂石回填时，基槽每边均应按 $l_1 : h_1 = 1 : 1$ 坡宽放宽；当用 1∶9 或 2∶8 灰土回填时，按 $l_1 : h_1 = 0.5 : 1$坡宽放宽(图 12-4*b*)；当用 3∶7 灰土回填时，如坑的长度不大(长度≤2m，且为具有较大刚性的条形基础时)，基槽可不放宽，但需将灰土与松土壁接触处紧密夯实。

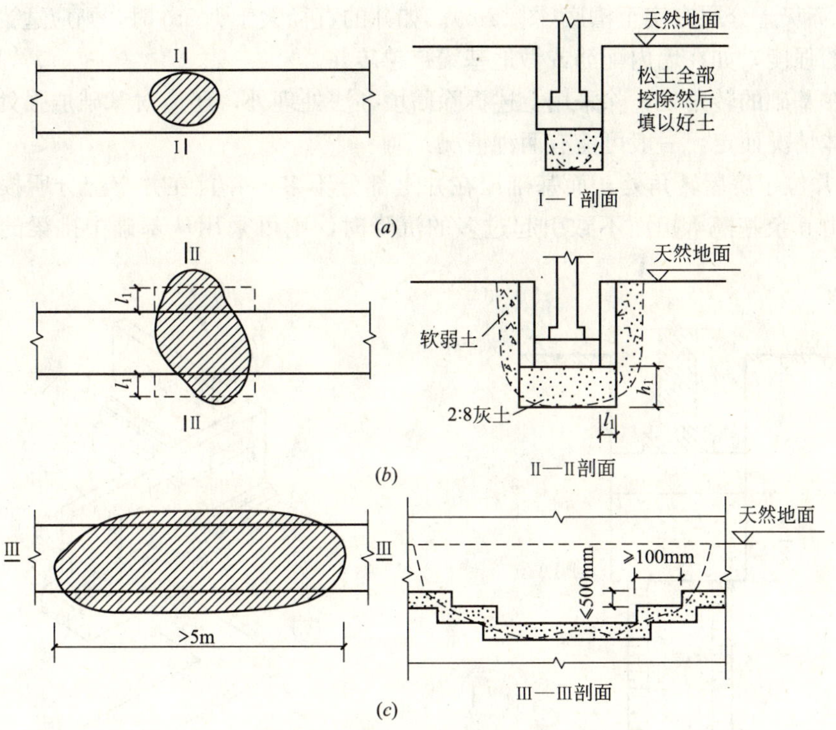

图 12-4 松土坑的处理

如坑在槽内所占的范围较大(长度在 5m 以上),且坑底土质与一般槽底天然土质相同,也可将基础落深,做 1∶2 踏步与两端相接(图 12-4*c*),踏步多少根据坑深而定,但每步高不大于 0.5m,长度不小于 1m。

在单独基础下,如松土坑的深度较浅时,可将松土坑内的松土全部挖除,将柱基落深;如松土坑较深时,可将一定深度范围内的松土挖除,然后用与坑边的天然土压缩性相近的土料回填。至于换土的具体深度,应视柱基荷载和松土的密实程度而定(详见第 10 章换填垫层法)。

在以上几种情况中,如遇到地下水位较高,或坑内有积水无法夯实时,亦可用砂石或混凝土代替灰土。寒冷地区冬季施工时,槽底换土不能使用冻土,因为冻土不易夯实,且解冻后强度会显著降低,造成较大的不均匀沉降。

对于较深的松土坑(如坑深大于槽宽或大于 1.5m 时),槽底处理后,还应适当考虑是否需要加强上部结构的强度,以抵抗由于可能发生的不均匀沉降而引起的内力。常用的加强办法是:在灰土基础上 1～2 皮砖处(或混凝土基础内)、防潮层下 1～2 皮砖处及首层顶板处,各配置 3～4 根 ϕ8～ϕ12mm 钢筋(图 12-5)。

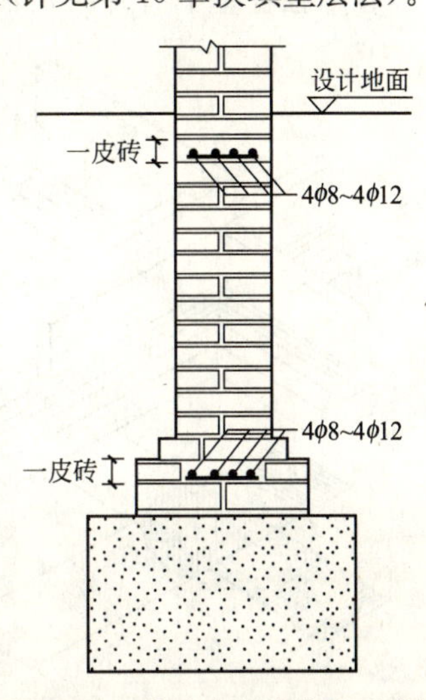

图 12-5 基础内配筋构造示意图

12.2.2 砖井或土井的处理

当砖井在基槽中间,井内填土已较密实,则应将井的砖圈拆除至槽底以下 1m(或更多些),在此拆除范围内用

2∶8或3∶7灰土分层夯实至槽底(图12-6)。如井的直径大于1.5m时，则应适当考虑加强上部结构的强度，如在墙内配筋或做地基梁跨越砖井。

若井在基础的转角处，除采用上述拆除回填办法处理外，还应对基础加强处理。采用办法视具体情况而定，一般可能有两种情况：

1）当井位于房屋转角处，而基础压在井上部分不多，并且在井上部分所损失的承压面积，可由其余基槽承担而不致引起过多的沉降时，则可采用从基础中挑梁的办法解决(图12-7)。

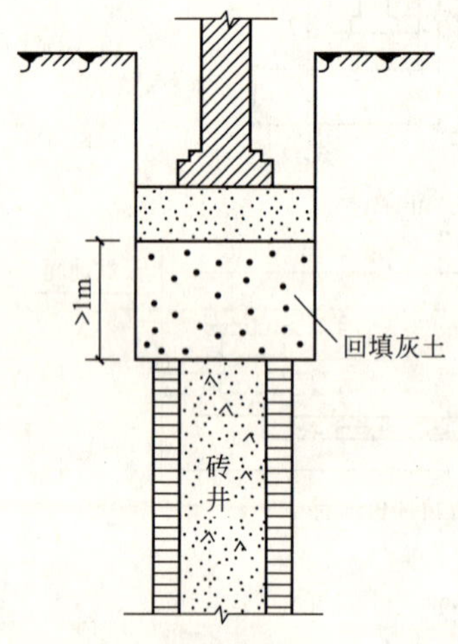

图12-6　基槽下砖井处理方法

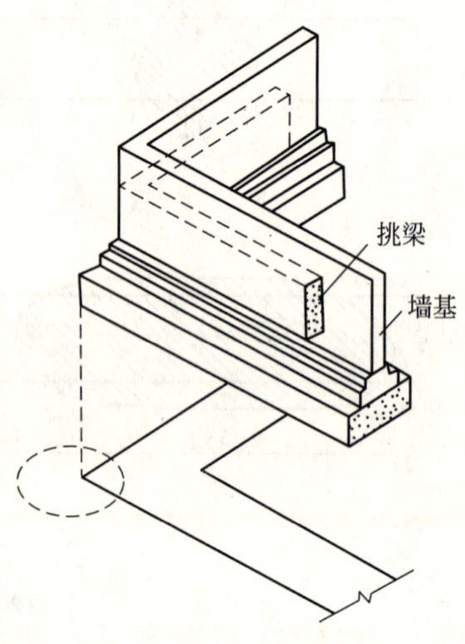

图12-7　墙角下砖井处理方法之一

2）当井位于墙的转角处，而基础压在井上的面积较大，且采用挑梁办法较困难或不经济时，则可将基础沿墙长方向向外延长出去，使延长部分落在老土上。落在老土上的基础总面积，应等于井圈范围内原有基础的面积(即$A_1+A_2=A$)，然后在基础墙内再采用配筋或钢筋混凝土梁来加强(图12-8)。

在单独柱基下有井时，如挖除处理有困难，可适当扩大基础底面积(扩大多少由计算确定)；或与相邻基础连接在一起，做成联合基础。当条件许可时，可用大块石将下面软土挤紧，再选用上述办法回填处理。若井内不能夯实时，则可在井的砖圈上加钢筋混凝土盖封口，上部再回填处理。

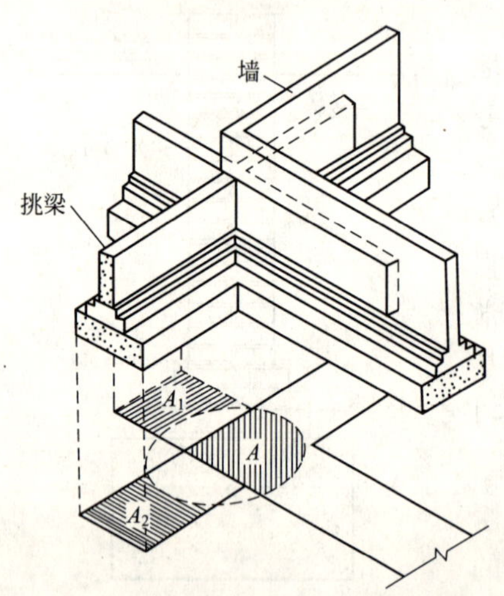

图12-8　墙角下砖井处理方法之二

12.2.3　局部范围内硬土(或其他硬物)的处理

当柱基或部分基槽下，有比其他部分坚硬得多的土质时，例如：基岩、旧墙基、老灰土、化粪池、大树根、砖窑底、压实的路面等，均应尽可能挖除，以防建筑物由于受硌产生较大的不均匀沉降，造成上部建筑开裂。

硬土(或硬物)挖除后，视具体情况回填或落深基础。

12.2.4　管道的处理

如在槽底以上有上下水管道，应该采取防止漏水的措施，以免漏水浸湿地基，造成不均匀沉陷，当地基为填土或湿陷性❶的土层时，尤其应注意这个问题。

如管道位于槽底以下时最好拆迁，或将基础局部落低，否则需要采取防护措施，避免管道被基础压坏。例如在管道周围包筑混凝土，用铸铁管或混凝土管代替缸瓦管等。此外，在管道穿过基础或基础墙时，必须在基础或基础墙上管道的周围，特别是上部，留出足够尺寸的空间，使建筑物产生沉降后不致引起管道的变形或损坏(图 12-9*a*)。

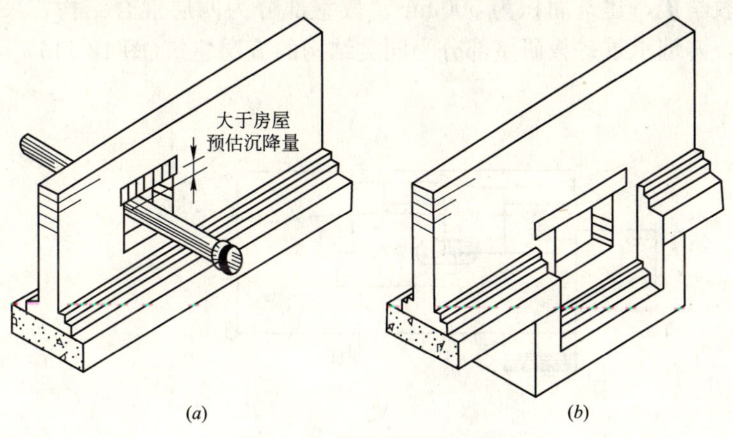

图 12-9 管道穿墙的处理

当管道穿过基础，而基础又不允许切断时，可将这部分基础局部适当落深，使管道穿过基础墙，并照上述留出足够尺寸的空间(图 12-9*b*)。

12.2.5 “橡皮土”的处理

当地基为黏性土，且含水量很大趋于饱和时，夯实后会使地基土变成踩上去有一种颤动感觉的“橡皮土”。所以，当发现地基土含水量很大趋近于饱和时，要避免直接夯拍。这时，可采用晾槽或掺白灰粉的办法降低土的含水量，然后再根据具体情况选取施工方法及基础类型。如果地基土已发生了颤动现象，则应采取措施，如利用碎石或卵石将泥挤紧或将泥挖除，此时挖除部位应填以砂土或级配砂石。

12.2.6 人防通道的处理

一般情况下，均不应将新建建筑物设计在已有人防工程或人防通道上(建人防工程时已考虑将来接建上部建筑物者除外)。

如由于特殊原因，建筑物必须跨越人防通道时，除应将人防工程顶部的非夯实填土分层夯实外，基础部分还应采取相应的跨越措施。

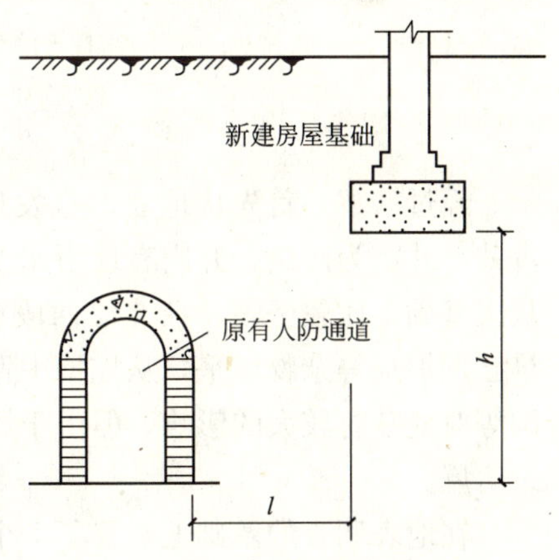

图 12-10 基础和人防通道的距离

当人防通道与基础方向平行时(图 12-10)，如 $\frac{h}{l} \leqslant 1$ 时，可不进行任何处理；如 $\frac{h}{l} > 1$ 时，则应将基

❶ 有的土在自重应力和附加应力作用下，遇水以后将产生很大的沉陷，我们就称这种土具有湿陷性，例如我国西北地区的黄土大多具有湿陷性。

础落深至满足$\frac{h}{l}=1$即可。

12.3 地基局部处理实例

有一中学教学楼，建筑面积为5000m²。教室部分为四层混合结构，采用钢筋混凝土预制空心楼板，砖墙承重；教研室部分为同类结构的五层建筑(图12-11a)。

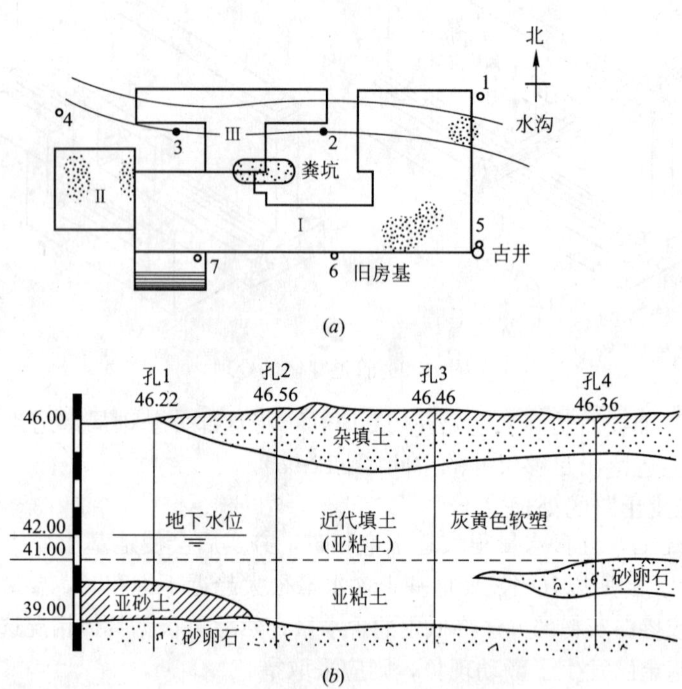

图12-11　某中学建筑平面图及地质剖面图

Ⅰ—教室　Ⅱ—教研楼　Ⅲ—附属房屋(单层)·钻孔

经过勘察，首先从地表调查发现：在教学楼东南角处，有一直径2m、深6m左右的古井，井壁为砖砌，井内有地下水及水下淤泥(厚达1m)。另外，在南墙中段有旧房基的灰土基础，比较坚硬，在北墙西段有一粪坑，深2m多。在教学楼东北部横贯一条水沟，早已用炉灰等杂物填平，从挖槽中发现沟深2～3m。该场地内的古井、旧房基、粪坑、水沟等对地基有较大的影响，但由于场地的限制，建筑位置不宜移动，只能在这种条件下建筑房屋。

在地表调查的基础上布置了7个勘察钻孔，以便查明杂填土与老土的地质情况，钻孔的布置如图12-11a所示，钻探结果见图12-11b地质剖面图。

根据野外钻探记载，在标高41m以上粉质黏土内含有碎砖、瓦块、灰渣等杂物，尤其在标高43.5m以上杂物成分较大，系明显的杂填土，其颜色为灰色、灰黄色。杂填土地基承载力特征值当时确定为$f_{ak}=180\text{kN/m}^2$。

为了进一步弄清杂填土分布情况及基础底面下主要压缩层内有无空穴或过硬过软的特

殊情况，于挖槽后进行了普遍钎探。钎探深度为 1.5m，钎子是用 2m 长 ϕ22mm 钢筋制成，钎头为比较钝的尖角，打锤时是由专人用一个 12 磅大锤，举锤离钎顶 500～700mm，将钢钎竖直打入土中，钎孔位置按梅花形排列，钎孔距离为 1.5m，每入土 300mm 做一次锤击数的记录。钎探结果表明，该地杂填土在较大范围内还是比较均匀的，建筑物不致产生较大的差异沉降。

通过以上地表调查、地质钻探及普遍钎探，对该处杂填土地基深度、范围及密实度的分布规律有了初步的概念。在利用杂填土作为地基的原则下尚有两种考虑。第一，将上层 3m 厚的杂填土全部挖掉，即挖到 43.5m 标高处。这样处理可以去掉含杂物多的杂填土和旧房基、粪坑、水沟的影响，而下面还保留 2.5m 厚杂填土(这层土比较均匀)。这样做基础比较可靠，但是基础工程量大，杂填土利用得不充分。因此，又提出了第二方案，这个方案是把上层杂填土保留，作为地基用，而旧房基和粪坑、水沟的影响仅仅是局部的，对这些具体问题作特殊处理，大部分杂填土就可以利用。经过分析比较，最后还是采取了第二方案。

第二方案将基底落在 45.00m 标高处，基础埋深 1.4m，比第一方案少挖槽 1.5m 深。对局部坏土具体处理如下：水沟、粪坑及其他用炉灰填积的，在标高 45.00m 以下部分挖除，因钎探表明炉灰深度一般不超过 1m，最深处 1.4m，所以决定全部清除。由于该地一般杂填土比较密实，因此采用 3：7 灰土填实至基底，取地基承载力特征值 180kN/m^2，旧房基因在基底以下尚比较密实，估计在新建筑物作用下沉降量不会太大，故采取加强上部结构抗弯刚度的办法处理，即在两间教室范围内较硬地基上相对应的六个开间中，对窗口进行加强。办法是在窗台以下 8 皮砖里配两层钢筋，每层放 3Φ8mm；在窗口上用2Φ10mm及 2Φ14mm 钢筋，与钢筋混凝土过梁内钢筋(主筋与架立筋)连起来，形成一个连续的过梁，以增强在此段抵抗反弯变形的刚度。对古井的处理：将基底以下 2.7m 范围内的杂填土、井壁予以清除，用细砂加细石回填，此时井底尚保留一部分下层淤泥，对这层淤泥用片石挤满之后回填细砂，如图 12-12 所示。

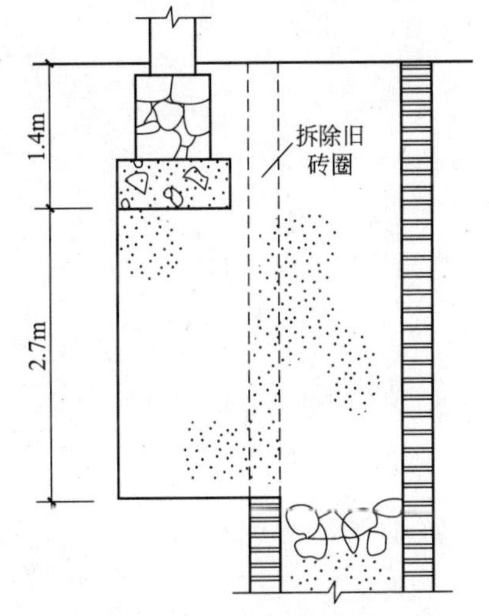

图 12-12 古井处理示意

外墙基础底面宽度为 1.2m，内墙基础底面宽度为 1.6m，原设计基础下部为三步灰土基础，施工时变更为 C10 毛石混凝土，毛石混凝土之上为 M5 砂浆砌毛石基础。

为了总结经验，积累设计资料，在砖墙砌至一层窗台时，即开始进行沉降观测，在施工期间观测了四次，交付使用后又观测了一次，总计观测天数为 262 天，最后一次观测时的日沉降量小于 0.1mm。总计最大沉降量为 25mm，根据第 5 号钻孔土样资料计算得出的沉降量为 19mm，按第 4、7 号钻孔土样资料计算，教研楼部分南墙的沉降量为 28mm，在该处实测沉降量与计算结果接近。实测最大局部倾斜发生在南墙，即有旧房基的位置上，局部倾斜为 0.0004。根据各测点的沉降实测值，绘制了等值沉降曲线，如图 12-13 所示。

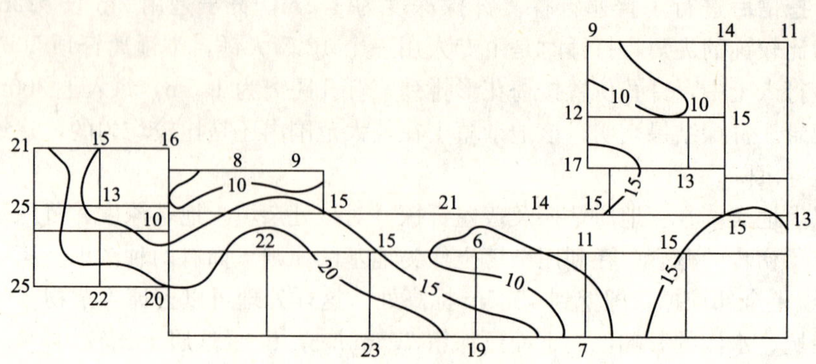

图 12-13　等值沉降曲线

附录

附录A　标准贯入试验和轻便触探试验

1. 标准贯入试验

标准贯入试验设备主要由标准贯入器、触探杆和穿心锤三部分组成(图 A-1)。触探杆一般用直径 42mm 的钻杆，穿心锤重 63.5kg。操作要点如下：

(1) 先用钻具钻至试验土层标高以上约 150mm 处，以避免下层土受扰动。

(2) 贯入前，应检查触探杆的接头，不得松动。贯入时，穿心锤落距为 760mm，使其自由落下，将贯入器竖直打入土层中 150mm。以后每打入土层 300mm 的锤击数，即为实测锤击数 N'。

(3) 拔出贯入器，取出贯入器中的土样进行鉴别描述。

(4) 若需继续进行下一深度的贯入试验时，即重复上述操作步骤进行试验。

(5) 当触探杆长度大于 3m 时，锤击数应按下式进行钻杆长度修正。

$$N=\alpha N' \tag{A-1}$$

式中　N'——标准贯入试验锤击数；

α——触探杆长度校正系数，可按表 A-1 确定。

2. 轻便触探试验

轻便触探试验设备主要由探头、触探杆、穿心锤三部分组成(图 A-2)。触探杆系用直径 25mm 的金属管，每杆长 1.0～1.5m，穿心锤重 10kg，操作要点如下：

(1) 先用轻便钻具钻至试验土层标高，然后对所需试验土层连续进行触探。

(2) 试验时，穿心锤落距为 500mm，使其自由下落，将探头竖直打入土层中，每打入土层 300mm 的锤击数即为 N_{10}。

(3) 若需描述上层情况时，可将触探杆拔出，取下探头，换以轻便钻头，进行取样。

(4) 本试验一般用于贯入深度小于 4m 的土层。

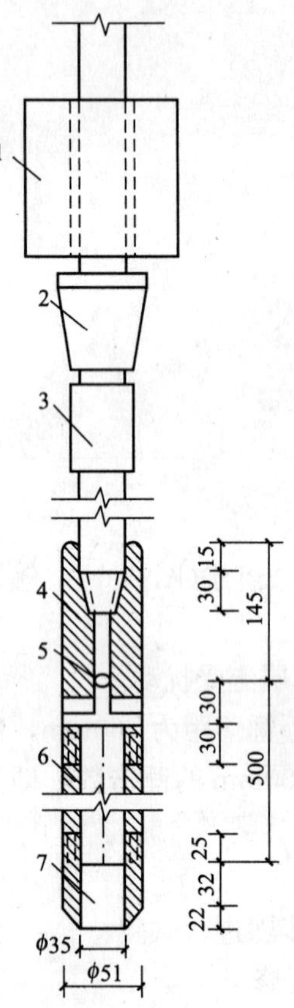

图 A-1　标准贯入试验设备
（单位：mm）
1—穿心锤；2—锤垫；3—触探杆；4—贯入器头；5—出水孔；6—贯入器身（两半圆管组成）；7—贯入器靴

触探杆长度校正系数　　表 A-1

触探杆长度/m	≤3	6	9	12	15	18	21
α	1.00	0.92	0.86	0.81	0.77	0.73	0.70

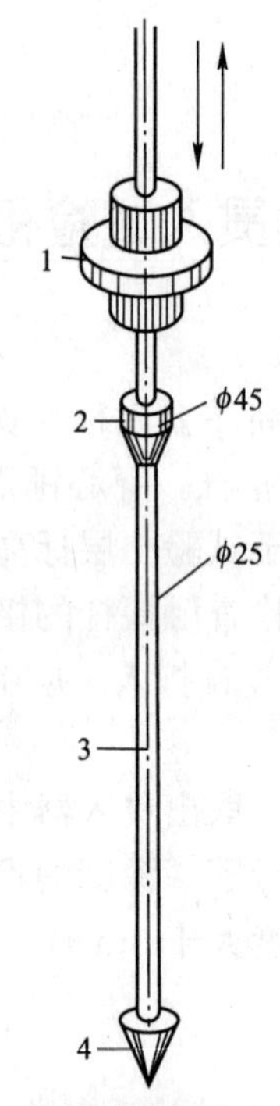

图 A-2　轻便触探试验设备
（单位：mm）
1—穿心锤；2—锤垫；3—触探杆；4—锤头

附录 B　抗剪强度指标的计算方法

1. 一元线性回归原理

(1) 散点图及回归线

我们把具有多种可能发生的结果而最终发生哪一种结果是不能事先肯定的现象，称为随机现象。表示随机现象的各种结果的变量，称为随机变量。例如，土的物理力学指标，就是随机变量。

一元回归研究的是两个随机变量之间的关系。对于两个随机变量 X、Y，若通过试验，观测到它们的 k 组对应的观测值为：

X	x_1	x_2	…	x_k
Y	y_1	y_2	…	y_k

取直角坐标系的横轴表示 X 的观测值，纵轴表示 Y 的观测值，则由上面 k 组对应的观测值在 xoy 平面上得 k 个点，参见图 B-1a。

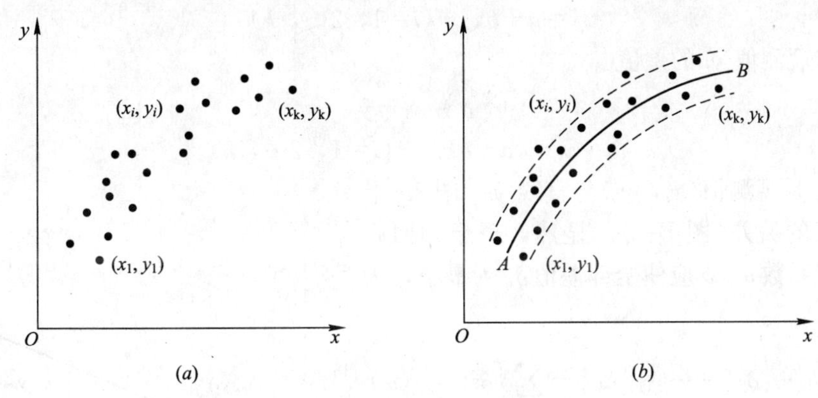

图 B-1　随机变量 X、Y 散点图和回归线

一般地说，因为 X、Y 为随机变量，这 k 组观测值对应的 k 个点，不像有函数关系那样，在 xoy 平面上形成一条曲线，而是比较分散地落在坐标纸上。所以，这种图称为随机变量 X 与 Y 的散点图。

从散点图看来，很难用一条确定的曲线把 k 个点连接起来，但这 k 个点也不是毫无规律的。其中大部分点子都集中在一个窄条内，即集中在某条曲线 AB 附近(图 B-1b)。这说明，这 k 个点是遵循某种规律分布的。也就是说，随机变量 X 与 Y 是相关的。这样，我们可用这个窄条内该条曲线 AB 来近似地表示随机变量 X 和 Y 的相关关系。曲线 AB 就称为随机变量 X 与 Y 的回归线，曲线 AB 的方程称为随机变量 Y 与 X 的回归方程。

假如随机变量 X 与 Y 的回归线是一条直线(图 B-2)，则 X 与 Y 的关系就称为线性回归，其回归方程称为线性回归方程。

图 B-2　线性回归线

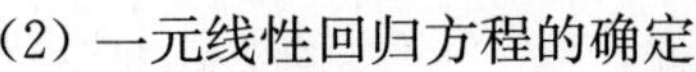
(2) 一元线性回归方程的确定

设随机变量 X 与 Y 通过试验观测得到 k 组对应的观测值：

X	x_1	x_2	…	x_k
Y	y_1	y_2	…	y_k

如果其散点图大致呈线性，则可用线性回归方程来表示它们的相关关系。

设随机变量 Y 与 X 的线性回归方程为

$$\hat{y}=a+bx \quad \text{(B-1)}$$

式中 a——y 轴上截距；

b——回归系数，即回归直线的斜率。

待定系数 a、b 应根据按线性回归方程所得到的值 $\hat{y}$ 与观测值 y_i 尽量接近的原则确定。为此，我们将随机变量 X 的观测值 x_i(1，2，…，k)代入方程(B-1)

$$\hat{y}=a+bx_i \quad (i=1, 2\cdots, k) \quad (a)$$

并求出它与观测值 y_i 的差值

$$\delta_i=y_i-\hat{y} \quad (b)$$

即

$$\delta_i=y_i-(a+bx_i) \quad (i=1, 2\cdots, k) \quad (c)$$

差值 δ_i 是观测值(x_i，y_i)与直线 $\hat{y}=a+bx$ 上对应点的值的偏差(图 B-3)。显然，理想的回归方程的待定系数 a、b 应使全部差值 δ_i 为最小，为此，应使

$$|\delta_1|+|\delta_2|+\cdots+|\delta_k|=\sum_{i=1}^{k}|\delta_i| \quad (d)$$

为最小。为了避免绝对值运算上的麻烦，通常将上式改写成

$$Q=\delta_1^2+\delta_2^2+\cdots+\delta_k^2=\sum_{i=1}^{k}\delta_i^2 \quad (e)$$

于是，所要确定的待定系数 a、b，应使 Q 值为最小。这个方法称为最小二乘法。

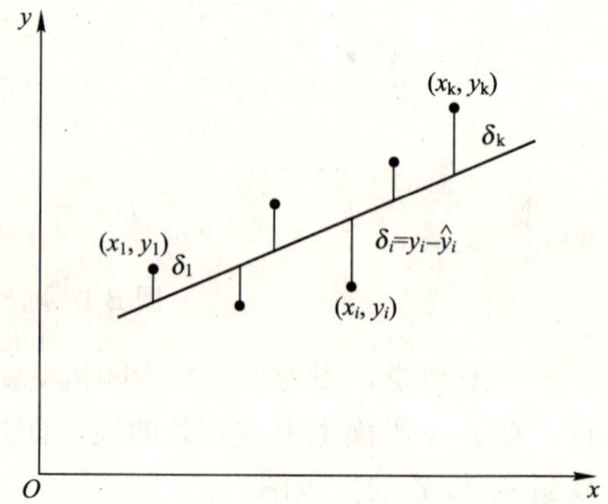

图 B-3 观测值 y_1 与估计值 $\hat{y}$ 的差异

将式(c)代入式(e)，得

$$Q=\sum_{i=1}^{k}[y_i-(a+bx_i)]^2 \quad (f)$$

根据高等数学中多元函数求极值的方法，把 Q 对 a、b 求偏导数，并令它们等于零，即

$$\left.\begin{array}{l}\dfrac{\partial Q}{\partial a}=0\\ \dfrac{\partial Q}{\partial b}=0\end{array}\right\} \quad (g)$$

解上面方程组，即可求出待定常数

$$\left.\begin{array}{l}a=\bar{y}-b\bar{x}\\ b=\dfrac{1}{\Delta}(k\Sigma x_iy_i-\Sigma x_i\Sigma y_i)\end{array}\right\} \quad \text{(B-2)}$$

式中

$$\left.\begin{array}{l}\bar{x}=\dfrac{1}{k}\Sigma x_i \quad \bar{y}=\dfrac{1}{k}\Sigma y_i\\ \Delta=k\Sigma x_i^2-(\Sigma x_i)^2\end{array}\right\} \quad \text{(B-3)}$$

将式(B-2)代入式(B-1)，就可得线性回归方程。

2. 抗剪强度指标 φ_i、c_i 基本值的确定

(1) 直剪试验

如前所述，黏性土和粉土第 i 组的抗剪强度方程可写成

$$\tau_f = c_i + \sigma \tan\varphi_i$$

将它与回归方程(B-1)

$$\hat{y} = a + bx$$

对照，即可得出

$$\tan\varphi_i = b = \frac{1}{\Delta}(k\Sigma\sigma\tau_f - \Sigma\sigma\Sigma\tau_f) \tag{B-4a}$$

于是，每组试验内摩擦角的基本值

$$\varphi_i = \arctan\left[\frac{1}{\Delta}(k\Sigma\sigma\tau_f - \Sigma\sigma\Sigma\tau_f)\right] \tag{B-4b}$$

$$\Delta = k\Sigma\sigma^2 - (\Sigma\sigma)^2 \tag{B-5}$$

每组试验粘聚力的基本值

$$c_i = a = \tau_{fm} - \sigma_m \tan\varphi_i \tag{B-6}$$

式中 σ——法向应力；

τ_f——土的抗剪强度；

k——每组试样数；

σ_m——每组试样法向应力平均值，$\sigma_m = \frac{\Sigma\sigma}{k}$；

τ_{fm}——每组试样抗剪强度平均值，$\tau_{fm} = \frac{\Sigma\tau_f}{k}$；

φ_i——每组(第 i 组)试验土的内摩擦角基本值；

c_i——每组(第 i 组)试验土的粘聚力基本值。

(2) 三轴剪切试验

图 B-4a 表示由三轴剪切试验得到的一组 k 个摩尔圆。现在的问题是，如何找到一条与各圆“密切最好的”公共包线(回归线)$\tau_f = c_i + \sigma\tan\varphi_i$。为此，我们来分析任一摩尔圆至公共包线的距离(图 B-4b)。

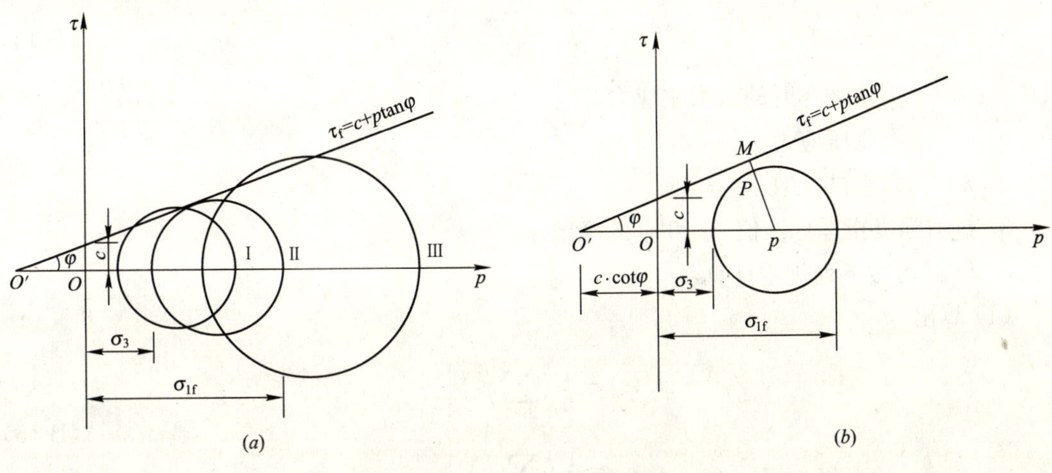

图 B-4 摩尔圆及其至直线的距离

设摩尔圆的半径为 $\tau=\frac{1}{2}(\sigma_{1f}-\sigma_3)$，圆心为 $p=\frac{1}{2}(\sigma_{1f}+\sigma_3)$，摩尔圆至公共包线 $\tau_f=c_i+\sigma\tan\varphi_i$ 的距离 $d=PM$(图 B-4b)。

$$d=(c_i\cdot\cot\varphi_i+p)\sin\varphi_i-\tau=(c\cdot\cos\varphi_i+p\sin\varphi_i)-\tau$$

令

$$a=c_i\cdot\cos\varphi_i$$

$$b=\sin\varphi_i$$

于是

$$d=(a+bp)-\tau$$

求 k 个摩尔圆"密切最好的"公共包线，即选取适当的 a、b(即 c_i、φ_i)使 k 个距离的平方和最小，即求

$$Q=\Sigma[(a+pb)-\tau]^2=\Sigma[\tau-(a+pb)]^2 \tag{B-7}$$

为最小。因此，问题又归结为求一般线性回归问题。将式(B-7)和式(f)对照，并注意到式(B-2)

$$b=\sin\varphi_i=\frac{1}{\Delta}(k\Sigma p\tau-\Sigma p\Sigma\tau)$$

由此

$$\varphi_i=\arcsin\left[\frac{1}{\Delta}(k\Sigma p\tau-\Sigma p\Sigma\tau)\right] \tag{B-8}$$

而

$$a=c_i\cdot\cos\varphi_i=\tau_m-p_m\sin\varphi_i$$

由此

$$c_i=\frac{1}{\cos\varphi_i}(\tau_m-p_m\sin\varphi_i) \tag{B-9}$$

$$p=\frac{1}{2}(\sigma_{1f}+\sigma_3) \tag{B-10}$$

$$\tau=\frac{1}{2}(\sigma_{1f}-\sigma_3) \tag{B-11}$$

$$\Delta=k\Sigma p^2-(\Sigma p)^2 \tag{B-12}$$

$$\tau_m=\frac{\Sigma\tau}{k} \tag{B-13}$$

$$p_m=\frac{\Sigma p}{k} \tag{B-14}$$

式中 σ_{1f}——剪切破坏时的最大主应力；

σ_3——周围压应力；

k——每组试验数。

3. 抗剪强度指标标准值 φ_k 和 c_k 的确定

φ_k 和 c_k 可按下列规定计算：

(1) 算出

$$\left.\begin{aligned}\varphi_m&=\frac{1}{n}\left(\sum_{i=1}^{n}\varphi_i\right)\\ c_m&=\frac{1}{n}\left(\sum_{i=1}^{n}c_i\right)\end{aligned}\right\} \tag{B-15}$$

$$\left.\begin{aligned}\sigma_{\varphi}&=\frac{\sqrt{\sum_{i=1}^{n}\varphi_i^2-n\varphi_{\mathrm{m}}}}{n-1}\\\sigma_{c}&=\frac{\sqrt{\sum_{i=1}^{n}c_i^2-nc_{\mathrm{m}}}}{n-1}\end{aligned}\right\}\tag{B-16}$$

$$\left.\begin{aligned}\delta_{\varphi}&=\frac{\sigma_{\varphi}}{\varphi_{\mathrm{m}}}\\\delta_{c}&=\frac{\sigma_{c}}{c_{\mathrm{m}}}\end{aligned}\right\}\tag{B-17}$$

其中 n 为试验组数。

（2）算出统计修正系数

$$\left.\begin{aligned}\psi_{\varphi}&=1-\left(\frac{1.704}{\sqrt{n}}+\frac{4.678}{n^2}\right)\delta_{\varphi}\\\psi_{c}&=1-\left(\frac{1.704}{\sqrt{n}}+\frac{4.678}{n^2}\right)\delta_{c}\end{aligned}\right\}\tag{B-18}$$

（3）计算 φ_{k} 和 c_{k}

$$\left.\begin{aligned}\varphi_{\mathrm{k}}&=\psi_{\varphi}\varphi_{\mathrm{m}}\\c_{\mathrm{k}}&=\psi_{c}c_{\mathrm{m}}\end{aligned}\right\}\tag{B-19}$$

参 考 文 献

[1] 建筑地基基础设计规范(GB 50007—2002). 北京：中国建筑工业出版社，2002

[2] 建筑桩基技术规范(JGJ 94—1994). 北京：中国建筑工业出版社，1995

[3] 混凝土结构设计规范(GB 50010—2002). 北京：中国建筑工业出版社，2002

[4] 建筑地基处理技术规范(JGJ 79—2002). 北京：中国建筑工业出版社，2002

[5] 建筑结构荷载规范(GB 50009—2001). 北京：中国建筑工业出版社，2002

[6] 张季容，朱向荣编著. 简明建筑基础计算与设计手册. 北京：中国建筑工业出版社，1997

[7] 陈仲颐、叶书麟主编. 基础工程学. 北京：中国建筑工业出版社，1991

[8] 周果行. 工民建专业毕业设计指南. 北京：中国建筑工业出版社，1990

[9] 本书编委会. 建筑地基基础设计规范理解与应用. 北京：中国建筑工业出版社，2004

[10] 沈杰编. 地基基础设计手册. 上海：上海科学技术出版社，1988

[11] 钱力航主编. 高层建筑箱形与筏形基础的设计计算. 北京：中国建筑工业出版社，2003

[12] 陈希哲编著. 土力学地基基础. 第4版. 北京：清华大学出版社，2004

[13] 华南理工大学等. 地基基础. 北京：中国建筑工业出版社，1995

[14] 徐芝纶著. 弹性理论. 北京：人民教育出版社，1960

[15] 龙驭球编. 弹性地基梁的计算. 北京：人民教育出版社，1981

[16] 陈国兴主编. 高层建筑基础设计. 北京：中国建筑工业出版社，2000

[17] 郭继武主编. 建筑地基基础. 北京：高等教育出版社，1990

[18] 同济大学本书编委会. 多层及高层房屋结构设计：下册. 上海：上海科学技术出版社，1982

[19] 郭继武. 非均质地基上梁的计算. 土木工程学报，1964(5)

[20] 郭继武. 偏心受压基础直接计算法. 冶金建筑，1979(3)

[21] 郭继武，张述勇. 桩基础直接计算法. 建筑结构，1980(5)

[22] 赵明华等编著. 土力学地基与基础疑难释义. 第2版. 北京：中国建筑工业出版社，2003

[23] 高层建筑箱形与筏形基础技术规范(JGJ 6—1999). 北京：中国建筑工业出版社，1999

[24] 设计组. 北京展览馆结构部分. 北京：中国建筑工业出版社，1956

[25] 卢存恕编著. 建筑结构中的应用数学. 北京：中国建筑工业出版社，1987

[26] 郭继武. 关于《偏心受压基础直接计算法》一文问题的答复. 冶金建筑，1979(10)

[27] 诸葛瑞清，单独基础基底弯矩速算法. 冶金建筑，1979(3)